杭州全书

杭帮菜文献集成

第 10 册 中华人民共和国成立以来杭帮菜文献 （二）

王国平 总主编

杭州出版社

杭州国际城市学研究中心浙江省城市治理研究中心出版项目

杭州全书编纂指导委员会

杭州全书编辑委员会

杭州全书总序

　　城市是有生命的。每座城市，都有自己的成长史，有自己的个性和记忆。人类历史上，出现过不计其数的城市，大大小小，各具姿态。其中许多名城极一时之辉煌，但随着世易时移，渐入衰微，不复当年雄姿；有的甚至早已结束生命，只留下一片废墟供人凭吊。但有些名城，长盛不衰，有如千年古树，在古老的根系与树干上，生长的是一轮又一轮茂盛的枝叶和花果，绽放着恒久的美丽。杭州，无疑就是这样一座保持着恒久美丽的文化名城。

　　这是一座古老而常新的城市。杭州有8000年文化史、5000年文明史。在几千年历史长河中，杭州文化始终延绵不绝，光芒四射。8000年前，跨湖桥人凭着一叶小木舟、一双勤劳手，创造了辉煌的"跨湖桥文化"，浙江文明史因此上推了1000年；5000年前，良渚人在"美丽洲"繁衍生息，耕耘治玉，修建了"中华第一城"，创造了灿烂的"良渚文化"，被誉为"东方文明的曙光"。而隋开皇年间置杭州、依凤凰山建造州城，为杭州的繁荣奠定了基础。此后，从唐代"灯火家家市，笙歌处处楼"的东南名郡，吴越国时期"富庶盛于东南"的国都，北宋时即被誉为"上有天堂，下有苏杭"的"东南第一州"，南宋时全国的政治、经济、科教、文化中心，元代马可·波罗眼中的"世界上最美丽华贵之天城"，明代产品"备极精工"的全国纺织业中心，清代接待康熙、乾隆几度"南巡"的旅游胜地、人文渊薮，民国时期文化名人的集中诞生地，直到新中国成立后的湖山新貌，尤其是近年来为世人称羡不已的"最具幸福感城市"——杭州，不管在哪个历史阶段，都让世人感受到她的分量和魅力。

这是一座勾留人心的风景之城。"淡妆浓抹总相宜"的"西湖天下景"，"壮观天下无"的钱江潮，"至今千里赖通波"的京杭大运河（杭州段），蕴涵着"梵、隐、俗、闲、野"的西溪烟水，三秋桂子，十里荷花，杭州的一山一水、一草一木，都美不胜收，令人惊艳。今天的杭州，西湖成功申遗，中国最佳旅游城市、东方休闲之都、国际花园城市等一顶顶"桂冠"相继获得，杭州正成为世人向往之"人间天堂""品质之城"。

这是一座积淀深厚的人文之城。8000年来，杭州"代有才人出"，文化名人灿若繁星，让每一段杭州历史都不缺少光华，而且辉映了整个华夏文明的星空；星罗棋布的文物古迹，为杭州文化添彩，也为中华文明增重。今天的杭州，文化春风扑面而来，经济"硬实力"与文化"软实力"相得益彰，文化事业与文化产业齐头并进，传统文化与现代文明完美融合，杭州不仅是"投资者的天堂"，更是"文化人的天堂"。

杭州，有太多的故事值得叙说，有太多的人物值得追忆，有太多的思考需要沉淀，有太多的梦想需要延续。面对这样一座历久弥新的城市，我们有传承文化基因、保护文化遗产、弘扬人文精神、探索发展路径的责任。今天，我们组织开展杭州学研究，其目的和意义也在于此。

杭州学是研究、发掘、整理和保护杭州传统文化和本土特色文化的综合性学科，包括西湖学、西溪学、运河（河道）学、钱塘江学、良渚学、湘湖（白马湖）学等重点分支学科。开展杭州学研究必须坚持"八个结合"：一是坚持规划、建设、管理、经营、研究相结合，研究先行；二是坚持理事会、研究院、研究会、博物馆、出版社、全书、专业相结合，形成"1+6"的研究框架；三是坚持城市学、杭州学、西湖学、西溪学、运河（河道）学、钱塘江学、良渚学、湘湖（白马湖）学相结合，形成"1+1+6"的研究格局；四是坚持全书、丛书、文献集成、研究报告、通史、辞典相结合，形成"1+5"的研究体系；五是坚持党政、企业、专家、媒体、市民相结合，形成"五位一体"的研究主体；六是坚持打好杭州牌、浙江牌、中华牌、国际牌相结合，形成"四牌共打"的运作方式；七是坚持权威性、学术性、普及性相结合，形成"专家叫好、百姓叫座"的研究效果；八是坚持有章办事、有人办事、有钱办事、有房办事相结合，形成良好的研究保障体系。

《杭州全书》是杭州学研究成果的载体，包括丛书、文献集成、研究报告、通史、辞典五大组成部分，定位各有侧重：丛书定位为通俗读物，突出"俗"字，做到有特色、有卖点、有市场；文献集成定位为史料集，突出"全"字，做到应收尽收；研究报告定位为论文集，突出"专"字，围绕重大工程实施、通史编纂、世界遗产申报等收集相关论文；通史定位为史书，突出"信"字，体现系统性、学术性、规律性、权威性；辞典定位为工具书，突出"简"字，做到简明扼要、准确权威、便于查询。我们希望通过编纂出版《杭州全书》，全方位、多角度地展示杭州的前世今生，发挥其"存史、释义、资政、育人"作用；希望人们能从《杭州全书》中各取所需，追寻、印证、借鉴、取资，让杭州不仅拥有辉煌的过去、璀璨的今天，还将拥有更加美好的明天！

是为序。

2012 年 10 月

中华人民共和国成立以来
杭帮菜文献（二）

周鸿承　编

目　　录

二、论文

三、新闻报道、评论、散文

二、论文

1. 基于共演理论的餐饮业态创新研究——以"休闲美食之都"杭州为例

摘要： 餐饮业作为民生行业，在"保增长、扩内需、促发展"的市场背景下，行业总体规模不断扩大，在国民经济中的地位和作用明显提升，市场潜力巨大，前景广阔。餐饮业态创新，既有利于餐饮业结构优化及餐饮企业绩效提升，又有利于更好地满足消费者日益升级的餐饮消费需求。而目前国内对餐饮业态创新的研究相对薄弱。在这一背景下，本文开展了对餐饮业态创新的研究。

共同演化理论是目前国外组织与环境研究领域的热点之一，其理论思想为研究餐饮业态创新提供了新的方向，也为本文的研究奠定了理论基础。本文从餐饮业态创新的理论综述入手，在系统回顾已有相关研究成果的基础上，探讨基于共演理论的餐饮业态创新问题。这一研究，一方面拓展了餐饮业的研究视域，为我国共演理论的研究提供新方向，为业态创新的研究提供新领域；另一方面为餐饮业态创新提供新思路，为政府相关部门决策提供参考。

本文共分为七章。第一章，介绍本文的选题背景与研究意义，研究内容与研究方法、创新之处；第二章，系统回顾和梳理了中外业态变迁和餐饮业态创新的现有研究结果，论述了本研究的主要理论基础；第三章，分析了餐饮业态创新的时代紧迫性，并从主动力、原动力和次动力三方面构建了餐饮业态创新的动力系统；第四章，以共演、共创、共赢为主线，剖析了餐饮业态创新机制，并构建了基于共演理论的餐饮业态创新理论模型；第五章，提出了基于共演理论的餐饮业态创新对策和建议；第六章，"以休闲美食之都"为例，分析餐饮业态创新情形；第七章，概括本文的主要研究结论，分析研究不足，提出今后的研究展望。

本文主要研究结论包括：餐饮业态是指应市场需求而形成的经营形态和组织形式的结合，是现代餐饮业的具体表现形式；餐饮企业持续发展的需要是业态创新的主动力所在，消费者需求是业态创新的原动力，餐饮业态创新的次动力是市场竞争的加剧；基于共演理论的餐饮业态创新遵循角色共演、价值共创、合作共赢的思路，以角色共演为现实基础，价值共创为实现路径，合作共赢作为必然结果；发挥企业主体功能，转变消费者角色，强化政府服务职能是基于共演理论的餐饮业态创新对策；"休闲美食之都"业态创新成果，是企业业态创新、政府良治有为和消费者积极主动共同作用的结果。

关键词：餐饮业态；共同演化理论；业态创新；对策

第一章　绪论

第一节　研究背景和研究意义

一、选题背景

（一）在新时代背景下餐饮业发展呈现更加旺盛的势头

进入二十一世纪以来，得益于居民收入的不断增长、城市化的稳步推进和消费观念的转变，餐饮产业作为服务业中的重要产业之一，取得了突飞猛进的发展。2006 年，全国餐饮零售总额首次突破万亿元大关，达到 10345.5 亿元，同比增长 16.4%，与 1978 年相比增长了 188 倍。2010 年国家统计局统计开始将餐饮业作为"消费形态的类别"单独进行统计，结果显示 2010 年全国餐饮收入 17636 亿元，比 2009 年又增长 18%，占全社会消费品零售总额的 11.4%。至此，餐饮业连续 20 年实现了两位数的高速增长。我国餐饮业在"保增长、扩内需、促发展"的市场背景下，行业总体规模不断扩大，在国民经济中的地位和作用明显提升，正迎来一个餐饮业大发展的时期，市场潜力巨大，前景广阔。

餐饮业作为民生行业，作为对城市内涵发展具有重大战略意义的行业，近年来在满足人民饮食生活需要、拉动经济增长、调整经济结构、扩大社会就业、创造税收、丰富人民物质文化生活、传播城市文化等方面，都产生了积极、显著的影响。餐饮业已经成为提升城市生活水平的品质行业，发展现代服务业的主导行业，扩大社会就业的民生行业，传播民族文化的特色行业，推进城市旅游的窗口行业。

（二）消费者需求的提升使餐饮业态创新成为势所必然

餐饮业迅猛发展的同时，随着时代的更迭，"体验经济时代""美学经济时代""娱乐经济时代"等新时代名词层出不穷，在时代背景下，消费者需求也发生着巨大的变化。时至今日，个人旅行、公务差旅、商务活动、居家消费、休闲娱乐等逐渐成为新的餐饮消费动机，餐饮消费突破了传统的商务餐、家庭餐等范畴，逐渐向多元化转变；人们的餐饮消费已经摒弃了以往单纯对口腹之欲、对奢靡与猎奇等需求的满足，转而注重饮食养生、休闲娱乐、审美享受等高层次需求的满足。消费者需求的变化对餐饮业态的不断创新提出了一次巨大挑战，虽然目前餐饮业一直保持旺盛的发展势头，但餐饮业的竞争优势与业态构成却未能与产业规模保持同步提升。我国餐饮业一直维持比较传统的业态模式，集中程度低、企业竞争力缺乏，缺乏主动适应消费需求的创新意识一直是困扰餐饮业发展的突出问题，是餐饮业亟待突破的瓶颈。

"民以食为天，食以安为先。"餐饮业是关乎人民健康、生命安全的民生行业、良心工程，企业追求经济效益的同时，更多的要承担社会责任。近几年，随着"苏丹红""三聚氰胺""瘦肉精""染色馒头""牛肉膏""地沟油"等名词的爆红，涉及食品安全问题的恶性事件频出，对餐饮业造成了极为恶劣的影响。保障食品安全，不滥用食品添加剂、不采用有害原材料，为消费者提供放心产品，是消费者和时代对餐饮业提出的共同呼唤。

面对目前餐饮业的种种问题与困境，业态创新成为时代的必然选择。创新要求企业以实现消费者需求的最大满足为核心，准确把握经营范围和管理方式，增强创新意识，加强产品创新、技术创新、管理创新，打造强势品牌，推进产业融合；消费者积极参与企业创新、政府决策，实现有效的双向沟通；政府全力打造餐饮大环境，积极引导业态创新，为企业提供制度、政策保障，服务企业，激励创新。搭建企业、消费者与政府共演平台，以价值共创为目标，实现消费者价值最大化，打造合作共赢界面，是实现餐饮业态创新的不二法则。

（三）"休闲美食之都"的打造是餐饮业态创新的成功典范

继杭州成功打造"东方休闲之都""生活品质之城""中国茶都"的城市金名片之后，杭州在2011年1月年获得了"休闲美食之都"称号。杭州餐饮业始终保持旺盛的创新精神，如传统中餐中的火锅、外送、休闲餐饮、半成品销售等业态都获得了较快发展，西餐则逐渐细分出街边外卖式、商务简餐式、高档会所式三个不同类型以适应不同消费对象，而茶楼也细分为都市茶艺馆、景区茶馆、农家茶室、社区茶室和主题茶馆等类型。同时，随着杭州人均收入水平不断提高、旅游市场拉动、生活节奏加快和消费观念的变化，消费者需求日新月异，不断推动着餐饮业态创新的脚步，市场对新业态的消费也对新业态起到各种反馈作用。杭州首创了政府强力打造"休闲美食"这一餐饮品牌的概念和行动，并在政策、资源等多方面对创新提供大力支持，为餐饮业营造了良好的创新环境。企业、消费者与政府之间的高效率合作，使得杭州餐饮业态不断创新丰富。因此，选择杭州案例来研究企业、消费者、政府三方参与的餐饮业态创新具有较强的代表性，能够对其它地区餐饮业态创新提供具有普遍借鉴意义的经验。

二、选题意义

（一）理论意义

1．拓宽餐饮业研究视域

本文从共演的视角探讨餐饮业态创新的问题，从全新的视角进行研究餐饮业态如何创新。该种研究方法，一定程度上弥补了当前餐饮业研究多从单个餐饮企业微观经营角度或餐饮业行业宏观分析的视角出发这一现状，拓宽了餐饮业的研究视角和领域。

2．为我国共演理论的研究提供新方向

近年来，我国关于共同演化理论的研究逐步增多，但是大多集中于理论梳理、概念界定、技术与制度、企业经济、产业集群等相关领域的研究中，将共演理论应用于餐饮业态研究尚属空白。本文以共演理论中组织与环境的相关理论为基础，将企业、政府和消费者三者作为研究对象，对其互动机理、价值共创、利益共享、共赢界面的研究拓展了我国共演理论的研究领域。

3．为业态创新的研究提供新领域

本文以企业、消费者、政府为三大主体，探讨、寻找我国餐饮业态创新的社会经济规律，分析、解释餐饮业态创新过程中企业、消费者、政府的共演、共创和共赢过程，丰富、完善业态创新的相关理论内容。

（二）现实意义

1．为餐饮业态创新提供新思路

餐饮已经成为城市生活的重要组成，并将继续为市场的繁荣和城市的发展提供动力支持。搭建企业、消费者、企业三方共演平台，探讨三者之间的互动关系、价值共创过程，以及合作共赢的目标取向，通过共赢界面持续推进创新，是餐饮业在全新时代背景下实现创新的有效途径。

2. 为政府部门决策提供参考

本文深入剖析了共演视角下餐饮业态创新机制，就如何提升餐饮业态创新界面提出了对策建议，并针对杭州这一典型案例进行了剖析。文中这些对策的提出为政府的商业贸易部门、工商管理部门、卫生检测部门、城市规划部门等餐饮相关部门的决策提供了参考。

3. 为其他地区餐饮业态发展提供宝贵借鉴

本文以杭州这一典型三方共演推进创新的个案进行实证研究，从全新的角度诠释"休闲美食之都"的成功经验，具有一定的开创性及现实的现实应用价值和时代意义，对其政府、企业、消费者三方共同推进业态创新的模式研究，对其他地区具有一定的借鉴意义。

第二节　研究内容

一、研究框架

本文共有七章内容，其中第二章至第六章为主体部分。

第一章，绪论。主要介绍本文的时代背景和研究意义，提出研究内容，阐述本文的研究方法、创新之处。

第二章，文献综述和理论基础。从国外研究和国内研究现状两方面，系统梳理国内外业态创新、餐饮业态创新的现有文献，为本文相关研究奠定了理论基础。

第三章，餐饮业态创新的紧迫性和动力系统分析。分析了餐饮业态创新的紧迫性，并从主动力、原动力和次动力三方面分析了餐饮业态创新的动力系统。

第四章，基于共演的餐饮业态创新理论模型。本部分以共演、共创、共赢为主线，分析了餐饮业态创新机制。角色共演部分对共演进行场景分析，并对企业、消费者和政府进行角色定位，剖析三者之间的互动关系；价值共创是餐饮业态创新的实现路径，以消费者需求为起点，需求内化为过程，最终实现消费者价值提升；合作共赢是餐饮业态创新的最终目标。本部分通过模型构建更直观地展现这一创新机制。

第五章，对策建议。从企业、消费者、政府三个角度对餐饮业态创新提出对策建议。

第六章，实证分析。以"休闲美食之都"杭州为业态创新的成功范例，从政府、企业行为角度论述，并通过对三条美食街区的问卷调查，研究杭州餐饮业态创新的消费者满意度，验证杭州餐饮业态创新成绩。

第七章，研究结论及展望。对前述研究内容作简要总结并指出存在的不足。

二、技术路线

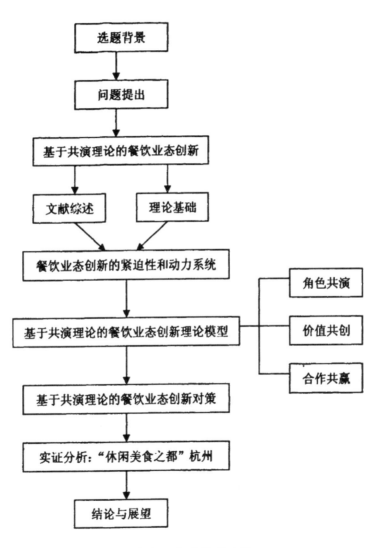

图 1-1 本文研究的技术路线

第三节 研究方法和创新新之处

一、研究方法

（一）规范研究与实证分析相结合

本文通过相关图书资料、电子资料和互联网信息，查阅大量业态创新、餐饮创新、共同演化等相关论文与著作，奠定研究的理论基础。实证研究方法中，选取"休闲美食之都"这一成功案例，针对杭州餐饮业态创新，分析企业、消费者政府三方共演，深入三者之间的互动关系，以及对业态创新的共同推进。

（二）定性分析和定量分析相结合

以语言描述为主的分析手段是定性分析。本文采用定性分析方法描述了餐饮业态的概念、体验时代下各类餐饮的概念等。定量分析是一种以数据和模型说明为主的分析手段。本文运用定量分析一方面是查阅历年统计年鉴、行业数据，另一方面是利用实地调查问卷获得的大量数据，利用数据为本文研究提供数据支撑，增强论证的可信度。

（三）问卷调查法与描述性经验分析法相结合

本文采用问卷调查的方法，设计消费者满意度问卷，获取杭州餐饮业态创新的消费者满意程度的相关资料。描述性经验分析方法是一种简单实用的分析问题的方法。这种方法的特点是侧重于分析因素间的关联，本文据此分析了企业、消费者、政府间的互动合作关系，奠定了业态创新的基础平台。

二、创新之处

本文在以下方面具有一定创新：

（一）以共演理论为切入点研究业态创新，选题新颖

本文的选题具有一定的创新性。尽管已有诸多学者对餐饮创新进行相关研究，但将共同演化理论引入该领域的尚属空白。共同演化理论早已成为国内外社会经济领域的研究热点之一，运用该理论探讨餐饮业态创新问题的具有一定的前瞻性，选题新颖。

（二）对餐饮业态创新机制进行深入剖析，内容丰富

基于共演理论的视角下，以企业、消费者、政府三方共演搭建基础平台，共创价值。通过企业、政府、消费者的共同作用，实现消费者价值最大化，企业效益提高，政府绩效提升，最终实现合作共赢，保障创新的持续开展，本文的这一分析思路具有新意。

（三）提出实施餐饮业态创新的对策建议，适用性强

随着人民生活水平的提高，餐饮业作为与生活极为相关的行业，具有强劲的市场前景和发展潜力。本研究不仅强调前瞻性、系统性和科学性，而且其创新价值集中表现在适用性方面，可为我国其他城市发展餐饮乃至其他行业提供切实可行的发展路径。

第二章　文献综述和理论基础

第一节　文献综述

一、餐饮业态的概念界定

（一）业态的概念

"业态"一词起源于 20 世纪 60 年代的日本学术界，最初意指"零售组织形态"。"业态"一词在英语中被翻译为"Type of Operation"，将其视作"经营方式"的另一种说法。关于业态的定义，日本学术界从不同角度对其进行了定义。铃木安昭认为零售业态与零售形态是同一用语，并将其定义为"零售经营者关于具体零售经营场所——店铺的经营战略的总和"。日本零售业协会则认为业态是根据消费者的购物志向来划分的，所谓业态是对应于消费者购买习惯的营业形态。向山雅夫则认为，具有相同经营方式和相同经营技术、方法的零售商业机构的集合便是业态，具体包括百货店、超市、便利店等商业形态。安士敏（1992）将业态定义为营业的形态。除此之外，兼村荣哲从广义和狭义来定义业态。狭义的业态是从销售或直接接触消费者的店铺的角度来定义的，主要指那些为消费者提供各种零售服务的店铺，或销售层面上的营销要素组合形式，具体是指店铺、商品、销售、价格等营销要素的组合形式。广义上的业态在包括狭义业态的同时，亦包含支撑狭义业态运营的经营形态、所有制形式、企业形态及运营组织等。所以，从广义的业态定义看来，折扣商店、便利店、家居用品中心等等是业态，自由连锁店、正规连锁店、特许连锁店这些新型经营形态也是业态。

20 世纪 80 年代初，业态作为分析研究商业零售活动的工具被引入我国，意指"销售组织形式""销售组织方式"，或"企业形态""商店形态"。实

际上，直到 20 世纪 90 年代中期，"零售业态"一词才被人们接受并得到广泛使用。原国家国内贸易部在 1998 年颁布了《零售业态分类规范意见（试行）》，那时起，业态一词才被我国官方认可。在《新经济词典》中，"业态"的定义是：对某一目标市场，体现经营者意向与决策的营业形态。萧新永（1994）认为业态是以服务为手段、以人为中心的销售方式。刘汝驹（1999）认为业态就是经营的形态，根据行业经营方式将零售店分为各种形态。陈晓辉（2000）认为业态即商业种类，并依据经营重点进行划分。蔡文浩（2001）认为，业态是指组织为实现销售目的而采取的经营方式和组织形式的总称。李飞（2003）认为，零售业态即零售形态，是为满足某一特定目标市场需求而形成。萧桂森（2004）认为业态是提供销售和服务的类型化服务形态，是针对特定消费者的需求，按照既定的战略目标，并且有选择地运用店铺位置、店铺规模、店铺形态、商品经营结构、价格政策、销售方式、销售服务等经营手段。

（二）餐饮业态的界定

关于餐饮业态的定义，目前可查阅的文献中，有明确概念表述仅现于侯兵、许云飞（2007）《我国餐饮业竞争优势变迁与业态创新》一文，他们将餐饮业态定义为"为满足不同目标市场的饮食消费需求而形成的不同的经营形态，具体划分为分散式与集群式两种基本类型"。除此之外，目前大多数机构或学者都是从餐饮业的分类角度对餐饮业态进行界定，比较具有代表性的有：

（1）在中国烹饪协会制订的《餐饮业态分类标准（讨论稿）》中，把我国餐饮业划分成为包括家酒楼饭庄、家常餐馆、快餐、火锅、西餐厅、休闲餐厅、宾馆餐饮、主题餐厅、茶餐厅、食堂等在内的 15 种业态类型。

（2）韩明（2002）认为餐饮业态可具体划分为宾馆餐饮、特色餐馆、快餐、送餐、休闲餐饮、家庭厨房工程。

（3）刘菲（2006）将餐饮业分为大众式餐厅、主食餐厅、自助餐厅、超市餐厅、自制特色餐厅、快餐厅、休闲式餐厅、风味餐厅、娱乐性餐厅、俱乐部式餐厅等业态。

（4）郭焱（2006）认为，餐饮业态按照不同的划分标准有不同的界定。如按供应时间可划分为早餐餐厅、正餐餐厅、茶点餐厅、夜宵餐厅。按服务对象的不同又可划分为旅游餐厅、会议餐厅、企事业单位餐厅。按经营的组织形式，餐饮业态包含独立经营的餐厅、依附经营的餐厅、连锁经营的餐厅等等。

（5）彭娟（2007）基于餐饮零售连锁经营业态表现形式将餐饮零售连锁经营业态划分为快卖店、快餐店、小吃店、专卖店、休闲厅、餐厅、酒楼、美食广场八大类。

（6）嵇步峰，侯兵（2008）结合英国餐饮业态分类模式和我国实际，将餐饮业态分为商业型和非商业型两大类（详见图2-1）。

（7）徐文燕（2011）将餐饮业态划分为饭店餐饮、社会餐饮和工艺餐饮三大类型。

尽管不同的学者或研究机构对餐饮业态的定义具有一定差异性，但他们都认为"业态是一种经营形式或经营形态"，并以此为出发点。参考借鉴以上列举的各类业态、餐饮业态的定义和相关界定，本文对于"餐饮业态"试做如下定义：餐饮业态是指应市场需求而形成的经营形态和组织形式的结合，是现代餐饮业的具体表现形式。据此，餐饮业态创新应是以消费者需求为起点，以实现企业收益最大化、消费者价值最大化为目标而进行的创新活动。

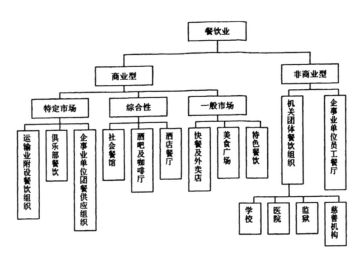

图 2-1 餐饮业态分类

资料来源：嵇步峰、侯兵. 餐饮管理 [M]. 北京：中国纺织出版 2008:11. （有修改）

二、中外相关研究综述

（一）业态变迁的一般理论综述

业态研究由来已久，但关于业态的研究大多集中于零售业态，对餐饮业态的研究几近空白。但零售业态理论的发展对业态理论的研究发展也有极大的借鉴意义。美国学者罗伯特·E. 卢斯（1982）在《零售商业企业的经营管理》一书中，对业态变迁的五大定律进行了归纳，即车轮理论、手风琴理论、自然选择理论、辩证发展论和生命周期定律（详见表2-1）

表2-1 业态变迁的五大定律

理论分类	提出者及时间	代表作品
车轮理论	梅尔科尔姆·P·麦克奈尔 (1958)	《战后时期显著的发展趋势》
手风琴理论	豪威尔 (1943)，布兰德 (1963)	《纽约梅西的历史》
自然选择理论	德理斯曼 (1968)	N/A
辩证发展论	吉斯特 (1968)	《营销和社会：概念的引入》
生命周期理论	戴韦森、伯茨、巴斯 (1976)	《零售生命周期》

资料来源：王新栋.国内零售业态发展研究[D].北京工业大学，2007:12.（有修改）

1. 车轮理论

零售之轮理论又称"零售之轮理论"，是解释业态变迁最著名的，也是最早的理论。该理论认为，业态的演化划分为进入、上升和衰退等三个阶段，是一个连续变化或进化的周期性过程，犹如车轮旋转一样。新的业态最初均奉行"低成本、低毛利、低价格"的经营政策，与传统的业态进行抗争。一旦成功，革新的业态开始转入上升阶段，促使新业态企业进行改善和提升。于是费用支出增加，必然导致企业转人高费用、高价格、高毛利的境地，逐步转入了衰退阶段。此时，又有新的革新者以低成本、低毛利、低价格为特色的零售业态问世，于是车轮又重新转动。

2. 手风琴理论

手风琴理论从商品品种幅度的扩大和缩小的角度来解释新型业态的诞生问题。该理论认为，在经营宽而浅和窄而深的商品组合的零售店之间有个交替的变化过程，经营范围的差异是导致业态变迁的原动力。零售业态的生成、发展就像被演奏的手风琴那样，品种幅度时宽时窄，在综合化与专门化之间摇摆。

3. 自然选择理论

该理论遵循生物体在适者生存的基础上进化和演变的观点，是基于"适者生存"或"森林法则"的概念而提出的。"自然淘汰理论"的德理斯曼认为，零售商持续面临着诸如技术革新、生产结构、竞争态势及消费增长等方面的环境变化，只有那些适应消费者需求，社会、文化和法律环境变化的零售商才能生存下来。

4．辩证发展论

辩证发展理论运用了黑格尔关于正、反、合的辩证法，理念就是"如果你打不过它们，就加入它们"。零售辩证过程理论认为，旧业态是"正"，新业态表示为"反"，新旧业态竞争的结果即是"合"，新旧两种业态相互取长补短，最终合成更新的业态。

5．生命周期理论

零售生命周期假说是1976年由美国的戴韦森、伯茨和巴斯三人共同提出的。该假说认为，业态有其生命周期，历经革新期、发展期、成熟期，最终走向衰落期。组织所处阶段不同，其面对的市场特点以及应该采取的行动策略也有所区别。

6．其他理论观点

除业态变迁的五大定律之外，国内外学者还从其他各个不同的方面对业态变迁进行了相关研究。在业态创新的推动力研究方面，Peter Spriddell（1994）认为消费者是推动零售业发展的动力所在，政府是对零售业发展形势所做出的反应，而不是对它的领导。Pim den Hertog、Erik Brouwer（2000）从零售业自身发展和顾客需求的角度，对推动业态创新的因素进行了研究。他们认为不断变化的消费者行为，持续增多的零售网点的和延长的营业时间，无店铺零售和其他新零售商的出现，平行化、多样化和附加的服务元素的增加，以及针对供应商和消费者的后勤服务、消费者角色的变化，是推动业态的变革的主要力量。此外，我国学者张建春（1997）认为政府在业态创新中扮演重要角色，政策的颁布是为了规制零售业的发展，防止零售业发展的随意性和盲目性。李怀政（2001）认为业态创新是指以全新的业态要素组合替代原有的业态要素组合，其原动力在于业态创新的纯收益，在市场经济条件下，业态创新之所以成为企业参与市场竞争的工具，关键在于业态的变化能起到适应市场需求的作用。王德章、王艳红等（2001）认为从我国国情看来，经济发展水平是推动零售业发展创新的主要动力。对业态创新的模式研究上，Thomas Foscht（2003）认为合作伙伴，忠诚顾客的建议，内部职工的构思和通过对竞争对手的观察是业态创新的思路来源，供应商主导的创新，服务创新，顾客引导的创新，通过外部服务带来的创新和范例创新则是相应的创新模式。Pim den Hertog、Erik Brouwer（2000）认为供应商主导的创新是零售业态创新的主要模式。Thomas Angerer（2003）提出高校和科研院所是未来的创新源。

（二）餐饮业态创新研究综述

在餐饮业态创新方面，经过大量的资料文献查阅后发现，仅找到侯兵、许云飞（2007）的《我国餐饮业竞争优势变迁与业态创新》一文，该文划分了我国餐饮业态的基本类型，分析了我国餐饮业的传统竞争优势以及奥运背景下我国餐饮业竞争优势的变迁，最后基于竞争优势变迁提出我国餐饮业态创新的方向及策略。除此之外，可查阅的文献内，关于餐饮业态的研究仍以业态分析为主，创新则侧重从餐饮企业创新行为角度进行相关研究。

1. 关于餐饮业态应用开发的相关研究

刘菲（2000）对典型的餐饮业态进行了市场扫描与介绍。韩明（2002）认为宾馆餐饮、特色餐馆、快餐、送餐、休闲餐饮、家庭厨房工程等餐饮业态的形成，对丰富餐饮市场，增强餐饮业竞争力起到了重要作用。李樱（2005）从百年老店、特色餐饮和产业集群三方面入手，对长沙餐饮业展开系统论述，认为餐饮作为第三产业中极具分量与引领效应的产业，已经成为拉动消费的重要力量。彭娟（2007）通过研究表示，地区经济水平、行业政策、行业技术和竞争状况，餐饮连锁企业的经营理念、管理水平、资金状况和市场消费需求是餐饮零售连锁经营业态形成的内部动因，并对餐饮零售连锁经营业态进行了详细分类。沈和江（2007）研究了乡村"流动饭店"这一新型餐饮业态，对其类型、特点、流向规律以及流动动因进行了分析。他认为"流动饭店"的产生，是城乡统筹机制等多种因素共同作用的结果，是乡村农民生活水平不断提高、消费理念不断变革的重要反映。蒋微芳（2011）基于场所依赖理论，以杭州餐饮业为例，对餐饮业态创新进行了实证研究。

2. 关于餐饮企业创新的相关研究

关于餐饮企业创新的相关研究，大致可分为两类，一类是从"经营"角度出发，一类是从"创新系统"角度进行研究。

（1）经营角度的餐饮创新研究。曲秀梅（2002）从餐饮消费的新趋势着手，探讨了中国餐饮企业创新的客观环境，以及中国餐饮企业的创新建设问题。冼峰（2003）认为在时代迁移、社会变革、产业升级、饮食转型、竞争加剧的历史条件下，创新已成为餐饮业的中心议题，并就中国餐饮业的创新必然、创新原则、创新体系和创新对策加以了探讨。邵万宽（2004）借助案例分析，从经营理念、经营文化、菜点创新、服务创新、管理创新、品牌营造等角度全面分析阐述了餐饮企业的创新活动。王圣果（2005，2006）认为创新不仅能给广大消费者带来实惠、美食，即物质与精神的双重享受，而且还能给企业带来丰厚的利润和可持续发展的机遇，是餐饮企业可持续发展的动力，提出餐饮创新应涵盖经营理念的创新、营销方式的创新、服务艺术的创新、餐饮设计的创新四方面。董延宁、刑相勤（2009）在分析餐饮企业创新竞争力综合评价指标体系的基础上，运用模糊层次关系评价方法对餐饮企业创新的竞争力进行了综合评价。马开良（2009）提出了宾馆餐饮的战略定位与创新经营的物种策略：弘扬传统优势，硬件软件升华，巩固市场地位；设计产品，打造品牌；压缩规模，力推精品；降低门槛，吸纳市民；改变管理，激励员工热情。胡一刀（2010）认为菜品创新是餐饮行业激烈竞争带来的市场行为，菜品追求差异化也将是今后整个餐饮行业的发展方向，但是目前餐饮创新中普遍存在的"拿来主义"却反而会成为制约餐饮创新的障碍。

餐饮创新内容方面，学者关注最多的是餐饮产品创新问题。高传峰（2005）指出，在菜品创新中，绿色餐饮、健康餐点和大众菜点是未来发展的趋势，同时开发适应分餐制需求的各式菜点，发掘传统菜点的潜在价值。李韬（2005）提出了菜品创新的一般综合过程，即"了解顾客需求—提炼、升华顾客需求的深层次精髓—创造更高需求服务创新—打破厨政人员思维定式—选择相配合的食材—菜品试制—菜品试卖—改进、定型、推出"。同时，李韬强调了餐饮创新中服务创新的重要性，他提倡加强"美食顾问"、功能性服务、高成熟度服务和交互式服务。纪有华（2006）主张"洋为中用"，认为以中餐为本，引进西餐科学化、标准化理念的"中西合璧"的餐饮创新已成为当前餐饮国际化背景下的主要创新模式。高向丽（2009）基于营销创新的基本概念、创新驱动因素及创新内容等基本理论，探讨了中国餐饮企业如何进行市场和产品创新以提高企业竞争力，提出了基于市场细分创新推进目标顾客群体创新、发展规模餐饮扩大市场份额、餐饮特色创新、餐饮产品切入点、餐饮产品标准创新和餐饮产品组合创新等策略建议。陈帆帆（2009）以中国古代旅游餐饮游戏文化为研究重点，分析了餐饮游戏文化发展历史中的游戏实例，总结提出了游戏性餐饮产品的开发建议模式，找出将游戏融入餐饮产品的可行性设计方法，通过市场调研，探讨游戏型餐饮产品设计在实习生活当中运用的可行性与未来发展。李斌（2011）以杭州"蒸功夫"为实证，提出餐饮与养生理念相结合进行创新，健康餐饮，是餐饮品更是健康品。

此外，在餐饮文化创新的研究方面，李韬（2005）提出餐饮文化创新要以彰显特色为基础，以所弘扬的价值观为核心，以互动共鸣为根本。在品牌创新的相关研究上，何志文（2009）认为创新是餐饮品牌的灵魂，产品创新和管理创新中的标准化、现代化加速了餐饮行业的集团化、连锁化趋势，促进了中餐品牌的强势崛起。他还指出，中西合璧餐和主题餐饮在今后较长时期内仍然会是餐饮业态创新的两大重要发展方向。也有学者从餐饮空间设计创新角度读餐饮创新进行研究。肖振萍（2009）将民族文化运用到餐饮空间设计中，认为民族文化满足了消费者的精神需求，同时指出具有鲜明特色的民族文化餐饮空间的营造主要通过对空间处理，材质符号设计，色彩符号设计和陈设品设计，及其他辅助手段加以烘托，形成强烈的民俗文化空间。吴宗敏（2010）在探讨岭南餐饮空间本土化设计的传承与创新中，指出本土文化是餐饮空间创新的根基，餐饮空间创新要兼备遵循传统与糅合现代、主题性设计与个性化创新相结合。

（2）餐饮企业创新系统构建研究。杨铭铎等（2006）以中西方餐饮业的差距为切入点，分析了差距的根本原因在于企业创新不足，进而提出要从观念、制度、管理、产品和人才创新五个方面构建餐饮企业的创新系统。此外，杨铭铎创造性地把美学与餐饮相结合，比较全面、系统地对餐饮美学的理论及其应用进行了研究，并以饮食美学为基础构建了餐饮企业产品创新系统及其评级系统，完善了餐饮美学和餐饮企业产品创新系统的理论研究体系。杨铭铎（2010）进一步完善了餐饮企业创新系统理论，详细探讨了餐饮企业创新的主体系统、客体系统、运作系统这三大子系统的内涵及运行路径，论述了创新系统的评价目标及标准，最终对如何完善餐饮企业创新体系作出综合阐述。

第二节　理论基础

本文在共演视角下探讨餐饮业态创新，共同演化理论、价值共创理论、融合理论为这一研究提供了理论支撑，是本研究的三大重要理论基础。

一、共同演化理论

共同演化（co-evolution）的概念最初出自生物学，将其作为一个严谨的概念术语提出，最早出现于 Ehrlich & Raven（1964）的论文《蝴蝶与植物：关于共同演化的研究》之中，他研究了蝴蝶与花草类植物间的演化关系，认为并行演化是大自然多样化的基本机制之一。第一个将共同演化思想用于社会经济环境研究中的是 Norgaarg（1984，1994），他认为共同演化不仅是"共同"的，更是"演化"的，是"相互影响的各种因素之间的演化关系"，共同演化不仅是"共同"，更是"演化"，是"相互影响的实体间的演化关系"。共同演化要求演化双方之间具有改变对方适应性特征的双向因果关系，有别于并行发展中同时适应一个环境的情形（Murmann，2003）。同时，共同演化必须符合达尔文的一般分析框架，复制者和互动者之间有明确界定，可以运用复制、选择和变异的观点来描述共同演化过程，如组织的共同演化具有多向因果、多层嵌套、非线性、路径依赖、正反馈等特性（Volberda & Lewin，2003）。亦有学者将共同演化关系解释为一个不断演化中的多边合作网络，创造协同效应，企业间有共生、共栖、竞争、竞合四种关系，通过学习机制、适应过程来合作（史讳馨，2010）。

共同演化理论已被用于生物—文化、生态—经济、生产—消费、技术—偏好、行为—制度、人类基因—文化等各类的相互作用的研究，其中制度与技术、组织与环境是国内外学者关注的两大热点。长期以来，从技术变迁为基础的产业动态角度来研究经济增长是传统演化增长理论的研究重点，但是 Nelson（2001，2002）在制度经济理论的影响下，开始将制度分析与经济增长理论相结合，认为技术与制度的共同演化过程是经济增长的主要动力。在将技术与制度共同演化运用到产业框架的理论研究中，有学者认为，政府加强网络形成的同时必须增加协调，政府有效治理的关键在于技术与制度协同及共同演化（徐军玲，2008），企业群体和国家大学群体的互动是推动技术和制度的共同演化主要力量（Murmann，2003），共同演化源于技术与制度之间的互动，不同的互动模式对组织的知识创新和扩散产生的影响亦不相同（Pelikan，2003）。生物学视域的共同演化观目的在于提高生物与其群落的匹配度，类似地，组织的共同演化观旨在提高组织应对环境变化的能力。产业、企业与其所处环境之间的共同演化是产业、企业行为、外在制度、国家制度变化相互作用的结果（Lewin，Long & Carroll，1999）。企业的适应性行为和市场选择是相互作用的，企业内和企业间共同演化的动力机制可分为幼稚选择动力机制、管理选择动力机制、层级更新动力机制和全面更新动力机制（Volberda & Lewin，2003）。互动机制是组织在环境中生存和发展不可缺少的条件，企业在与环境的互动产生适应性特征，适应性特征是企业有效地制定战略的必要条件（Foster & Metcalfe，

2005）。传统企业发展战略观存在一定缺陷，在环境多变情况下，基于协同演化的企业战略观具有较强的适应性（郭卫东，2010），合适的企业创新路径是在一定限制条件下初始创新路径与产业创新网络共同演化的结果（刘宏程、全允桓，2009）。此外，企业适应性行为与网络化的交互影响是集群发展的推动力量，集群网络化的过程是由个别企业成功的探索式战略向大多数企业利用式战略转变的过程（吴结兵、郭斌，2010）；各层次的协同演化也能促使产业集群随着环境的变化进行良性的演变和持续的发展，并获得较强的集群稳定性（赵进、刘延平，2010）。不难发现，共同演化思想是集生物学理论、演化理论、复杂科学理论等众多研究领域研究精华的产物，具有较强的普遍适用性，可适用于所有与环境相关的研究领域。

二、价值共创理论

价值共创理论是在社会发生深刻变革下产生的，有助于增强传统竞争力，并成为新的竞争优势的来源。20世纪70年代，海皮尔发现多数产品创新并非来自于企业内部，而是来源于产品的最终消费者。价值共创的思想由 Normann，Ramirez 于1998年提出，他们认为价值创造的基本部分是供应商和消费者之间的互动；Gumesson（2000）认为除供应商和消费者之外，价值创造过程中包含更多的参与者，如更大的价值群；Payne，Holt（2001）认为价值会受到外部影响（如其他参与者）的影响，会随着时间推进不断被创造。美国管理学大师普拉哈拉德和拉马斯瓦米（2003）在《消费者王朝：与顾客共创价值》一书中对价值共创进行了详细的阐述。普拉哈拉德认为共同创造价值，始于消费者更为主动地参与产品的生产、销售和消费当中，即消费者在生产体系中角色的变化。Stephen L.Vargo、Paul P.Maglio、Melissa Archpru Akaka（2008）认为使用价值驱动价值共创过程，交换价值进行调节和监控；随着服务科学的发展，服务系统的所有参与者共同创造价值；市场创新和进化是价值共创带来的必然结果；所有交换的核心资源是知识。共创价值的四种方法是对话、接近、减少风险和透明（刘莉莉，2002）。对话即在价值链的各个阶段与消费者进行对话，参与和交流；所谓接近，就是让消费者更容易接近价值体验；通过和大众互动企业可以有效减少价值管理风险；增加透明度也有助于帮助用户成为价值的共创者。Venkat Ramaswam 在《共同创造的力量》一书中提出了共同创造模式的四个步骤：第一步是确定所有利益相关者，第二步是了解各利益群体的互动情况，第三步分享体验并共同商讨提升方法，第四步是保持持续的对话。

三、产业融合理论

对产业融合的讨论，最早源于数字技术的出现而导致的产业之间的交叉。欧洲委员会"绿皮书"（1997）将融合定义为"产业联盟和合并、技术网络平台和市场等三个角度的融合"；美国学者格里斯坦和卡恩（1997）指出"为了适应产业增长而发生的产业边界的收缩或消失的经济现象是为产业融合"。日本学者植草益（2001）认为产业融合不仅出现在信息通信业，能源业、金融业、制造业和运输业的产业融合也在发展当中。他把产业融合定义为通过技术革新和放宽政策来降低行业之间的壁垒，加强行业企业之间的竞争合作关系。从融合的原因来看，产业之间具有共同的技术基础是产业融合发生的前提条件，即一产业的发明或技术革新能够有意义地影响和改变其它产业产品的竞争、开发特征和价值创造过程（Lei，2000），所以产业融合一般发生在产业之间的交叉处和边界，而不是产业内部（马健，2006）。政策管制放松、管理创新和技术创新，或战略联盟的产生是产业融合产生的主要动因（Yoffie，1996）。具有通用界面标准的模块是产业融合实现的载体（朱瑞博，2003）。从融合过程的角度看来，只有经历技术融合、产品与业务融合、市场融合三个阶段，才能完成产业融合和创新的整个过程，这几个阶段可以是前后衔接，也可能是同步相互促进的（陆国庆，2001）。从融合的层次性来看，技术融合、业务与管理融合，最后再到市场融合阶段，是产业融合由低到高的层次（胡汉辉、邢华，2003；胡志彪等，2003）。从产业融合的作用来看，产业融合能够有效增强产业竞争力、提升产业创新能力：加剧市场竞争；延长产业链，实现产业的价值增值；催生新的合作形态，推动经济一体化发展（郑明高，2011）。

第三章　餐饮业态创新的紧迫性和动力系统分析

第一节　餐饮业态创新刻不容缓

在经济发展和社会转型的大背景下，餐饮业的经营环境和经营状况都发生了较大的变化，尽管餐饮行业规模持续扩大、投资份额持续增长，但随着经营成本的上升，餐饮业盈利能力却持续下降，同时由于本土强势品牌的缺失和创新能力的不足，政府监管理念和法规建设的相对滞后，使业态创新成为餐饮业发展的必然选择，对餐饮业的转型升级和持续发展有着十分必要的作用。

一、餐饮业规模及投资持续快速增长

近年来，尽管处于不景气的经济环境中，但是餐饮业凭借其行业的特殊性，得以"独善其身"，逆势而上。截至 2010 年初，全国餐饮营业网点接近 500 万个，从业人员逾 2200 万人。2010 年全国餐饮收入 17636 亿元，比 2009 年增长 18%，占全社会消费品零售总额的 11.4%，至此，餐饮业连续 20 年实现了两位数的高速增长。同时，中式正餐、西式正餐、火锅、休闲餐饮、快餐、宾馆餐饮等各类餐饮市场细分不断深化，且都取得较快发展。从消费支出来看，餐饮业拉动内需作用明显。2010 年，我国城镇居民人均消费性支出 13471 元，比上年增长 9.8%，增速高于上年 0.7 个百分点，扣除价格因素，实际增长 6.4%；人均食品支出 4805 元，占消费性支出总额的 35.7%，同比增长 7.3%。餐饮消费持续增长的同时，餐饮业的投资规模不断扩大。据统计，2009 年，我国城镇餐饮业投资达 2332.7 亿元，同比增长 34.4%，高于全国投资增长率近 4 个百分点。同时，在全聚德、小肥羊等上市公司的示范效应的引领下，餐饮知名品牌陆续上市，如 2009 年底在深圳交易所上市的湘粤情，开盘价为 26.66 元，比发行价增长 41.06%。总市值超过 50 亿元。随着行业规模的扩容，投资的持续增长，餐饮业发展迅速，市场广阔，必须要适时推进行业创新和升级，才能保障质量和速度协调统一。

二、餐饮企业盈利能力低位徘徊

近年来，在各种内外部竞争压力以及餐饮业自身产业能力限制等因素的制约下，餐饮企业的盈利能力呈现不断下降的趋势，发展正逐步进入微利时代。2009 年度全国餐饮百强企业的利润为 10.43%，比 2008 年度百强企业下降约 3 个百分点，2010 年全国餐饮百强企业的成本费用利润率进为 7.5%。近年来，由于通胀压力、气候和季节性因素的影响，以蔬菜、肉禽制品为代表的原材料价格大幅上涨不断攀升，致使餐饮业的盈利水平不断下降。根据国家统计局监测，2011 年 7 月份，全国居民消费价格总水平同比上涨 6.5%，食品类价格同比上涨 14.8%，粮食价格上涨 12.4%，肉禽及其制品价格上涨 33.6%（猪肉价格上涨 56.7%），蛋价格上涨 19.7%，水产品价格上涨 15.0%，鲜菜价格上涨 7.6%，鲜果价格上涨 4.9%。与此同时，劳动力不断升值，人口红利逐渐衰减。近年来，随着人员短缺的加剧、各地最低工资标准的上调，使餐饮业工资标准不断提高，直接加大了餐饮业的用工成本。2010年4月，杭州上调最低工资标准，由960元提高到1100元，非全日制工作最低小时工资标准由8元调整到9元。同时，北京等一些城市还提出给农民工增加养老、医疗等各项保险的要求，将餐饮业的人工成本提高了30%以上，增加了企业的守法成本。餐饮业作为劳动密集型行业，利润下降在所难免。可以预见，原材料价格的上涨以及餐饮业的人工成本的大幅上升，将进一步挤压餐饮利润空间，降低行业盈利水平。随着餐饮微利时代的来临，在竞争激烈的市场中，企业很难把成本压力转移给消费者，因而必须要通过技术、产品、经营管理等方面的全面创新，寻求新的利润增长点来保持一定的盈利能力。

三、餐饮创新和品牌建设仍需加强

近年来，创新是餐饮业中炙手可热的话题，目前的餐饮企业、餐饮工作者的创新意识较以前有了很大进步，但是不难发现，这种创新并未形成全面的创新。目前餐饮企业的创新行为依旧只停留在菜点更新的浅层次上，而忽略了餐饮经营中的经营创新、品牌创新、架构创新等诸多方面。诸多餐饮经营者在创新过程中"东施效颦"，采用简单的"拿来主义"。餐饮菜肴是一种产品，存在鲜明的生命周期，菜品的生命周期分为导入试销、发展成长、成熟饱和、老化衰退四个阶段，但是由于一味模仿和粗制滥造，现今菜品退化几乎延长到了整个生命周期，新产品的生命周期大为缩短。餐饮创新的薄弱和片面性尤其体现在对品牌创新的认识的模棱两可，多数经营者依旧认为餐饮品牌创新就是创新菜肴、加大品牌宣传，忽略了品牌建设中文化的融入，特色的挖掘。大多数的餐饮企业在打造品牌的时候，都忽略了本土特色的融入，缺乏深度挖掘和提炼，没有形成系列化、层次化、标准化，更缺少名牌菜品，如提起全聚德就会想起北京烤鸭，这就暴露了餐饮创新行为的局限性和餐饮品牌创新的薄弱性。纵观川菜、杭菜都是依靠餐饮品牌的创新与经营提升了其在市场上的竞争力，只有真正实现全面创新、独立创新，将文化与特色融入品牌建设，才能在如今中外餐饮企业和各地特色餐饮抢占市场的激烈竞争中站稳脚跟。

四、监管理念及法规建设相对滞后

一直以来，我国餐饮业在快速发展中有低水平发展现象，缺乏相应的规划领导。我国尚未建立适用于餐饮业的国家级法规，缺乏系统严格、体系完善的强制性标准和市场准入制度，餐饮考量标准参差不齐，技术知识含量低、内容不全面。同时，由于我国餐饮业进入门槛较低，经营主体多，监管难度大，相关法规标准体系仍不够健全，致使有些企业特别是小型餐饮企业经营卫生质量仍不如人意，原材料进货渠道不够规范，质量保障体系不够完善，食品质量监管仍需加强。从目前的市场形势看来，原有的一些法律法规已不适应行业发展的需要，必须进行修订和完善。以"早餐工程"为例，对早餐企业的政策扶持，需要较长时期才能见效，但部分地方政府受限于财政能力和机构调整，相关扶持政策变更较快，对早餐企业制定的政策往往无法落实。地方政府在扶持早餐企业的同时，附加的限制性条件，如价格限制、时间限制、通行证办理等，这些限制性条件原意在于规范化管理，但由于无法落实于无证摊贩，由此造成了正规摊点的比较劣势。因此，餐饮市场繁荣的同时，政府监管理念及相关法律法规仍处于相对滞后状态。要不断推进政府对餐饮业的监管职能的调整，要做到对不同规模、不同业态实施分类管理。面对日益严峻的食品安全问题，按照《餐饮服务许可管理办法》《餐饮服务食品安全监督管理办法》，坚决加强对食品安全的检查、监管、整治力度，改变目前对食品安全缺乏事前评估和内部监管的局面。

第二节　餐饮业态创新的动力系统分析

一、主动力：餐饮企业持续发展的需要

经过三十年的改革与发展，餐饮业已经成为我国改革开放经济发展中起步最早、起点最高、发展最快、收效最为显著、市场化程度最高的行业之一。与此同时，在完全竞争的市场环境下，餐饮业也进入了一个新历史阶段，餐饮企业在拥有发展机遇的同时也面临着更大的挑战，创新是餐饮企业持续发展的呼唤。

在餐饮需求层面，随着餐饮业的发展和人民生活水平的显著提高，餐饮消费者日益成熟。在饮食活动中，消费者不再只是满足于菜品的色、香、味，而是更加注重身心及精神上的高层次需求，要求吃出文化、吃出品位，越来越追求多样化、个性化。铺天盖地的餐饮广告，"一元菜"的价格诱导，"东施效颦"的菜式创新，这些传统的营销方式对消费者的刺激已十分有限。餐饮消费者对餐饮产品的深度挖掘与广度开发的要求，表现得越来越突出、越来越强烈。在餐饮供给层面，由于餐饮业技术含量不高、进入门槛较低、投资回报率高，使得餐饮业吸引着众多资本形态的注入，尤其是目前随着国际化的加快，餐饮

业成为发达国家对外资本和品牌输出的载体。迄今为止，餐饮业已经成为投资热点，不同水平、不同档次的餐饮企业已近基本形成了完全竞争的市场格局，市场竞争逐渐白热化，给餐饮企业带来了沉重的压力和冲击力。但在如此激烈的竞争环境下，创新不足却是餐饮企业普遍存在的问题。一是餐饮企业管理层缺乏创新意识及创新知识，没有丰富的知识和专业指导，创新难以实现突破；二是餐饮企业的创新仍只停留在菜点、环境等浅层，未提高到文化、品牌等更深层次中；三是缺乏相应的开发和研究机构，限制了创新能力的提高。面对日新月异的技术、瞬息万变的市场需求和日趋激烈的竞争，餐饮企业如何面对并走出经营困境，冲破长期困扰我国餐饮企业"做不大、做不久"的发展瓶颈，加强创新是餐饮企业生存和发展的根本要求，是企业提高经济效益的重要途径，是企业适应市场竞争的必然选择。

二、原动力：消费者需求的变化要求餐饮业态创新

消费需求是人的本能需求，使人生下来就是天然的消费者，消费行为贯穿整个生命的历程。在不同的社会发展阶段，消费者需求都受到所处的时代的"型塑"和"控制"。随着"体验经济时代""美学经济时代""娱乐经济时代"等新时代代名词层出不穷，在新时代背景下，消费者需求也发生着相应变化。餐饮业作为城市现代服务业的龙头产业，随着物质生活水平的不断提高，生活方式的更迭，消费理念的改变，餐饮消费需求也无时无刻不发生着变化。消费者需求的变化对餐饮业态创新提出了一次巨大挑战，明确自身的市场定位，锁定目标群体，准确把握经营范围和管理方式，紧跟消费者需求变化的步伐，以实现消费者需求的最大满足为核心，才是餐饮企业在当前市场中立于不败之地的不二法则。当前，消费者需求主要呈现出以下特征：

（1）个性化。随着生活水平的日益提高，个体差异性的增强，消费者个性化需求日益高涨。个性化消费已成为消费的主流，传统的大众化产品已远远不能满足如今的消费者需求。消费者会寻找同类产品间的细微差别，并将这种差别延伸为追求个人的独特性，追求自我个性的张扬，兴趣爱好的满足，要求消费体验内容、方式的个性化。

（2）感性化。美国著名未来学家奈斯比特曾说过，每当一种新技术被引进社会，人类必然要产生一种要加以平衡的反应，即产生一种高情感，否则新技术就会遭到排斥。这种高情感在消费上则表现为感性需求的上升。按照马斯洛需求层次理论，在物质条件得到极大满足后，消费者追求的便是精神上的满足和体验，消费者在选择时就会更倾向于能与其心理需求产生共鸣的产品，商品由过去的提供功能价值变为展现个性和愉悦生活的载体。

（3）休闲化。随着休闲时代的来临，人们越来越注重休闲的重要性。据预测，2015年左右，发达国家将进入休闲娱乐时代。与传统的需求形式相比，休闲化消费需求更加注重消费环境的舒适与轻松，服务和消费方式的自由与便捷，对产品的功能性要求相对弱化，更注重附加产品及环境效应等。

（4）便捷化。随着生活节奏的加快，人们的时间成本不断上升，时间观念增强，在消费中希望能有额外的服务来节省时间，因此，消费者需求越来越强调消费的便利性和快捷性。消费者更愿意把所需要的一切商品和服务集中起来购买，组成一个需求集合。在这种需求变化驱使下，进一步推进了餐饮业的融合化、集聚化发展，各式综合型餐饮、美食街区顺势大展拳脚。

（5）主动化。消费者已经不再满足于被动地接受企业的诱导和操纵，更希望主动参与产品设计与制作。在餐饮业，消费者参与已融入餐厅设计、产品创新、服务提升等方面。消费者越来越希望与企业一起，按照其新的生活意识和消费需求开发能与他们产生共鸣的"生活共感型"产品，开拓反映消费者创造新的生活价值观和生活方式的"生活共创型"市场。

三、次动力：市场竞争加剧使餐饮业态创新势在必行

餐饮市场的消费潜力巨大，但同时餐饮业是一种可进入性比较强的行业，亦是一个容易赶超的行业，小额投资即可运营，造成全国餐饮网点急剧膨胀，市场存在较高的竞争风险。之所以导致如此激烈的竞争，一方面由于餐饮市场的需求易受环境、社会、文化等各方面因素的影响，市场需求瞬息万变，企业对餐饮市场的把握和适应相对困难；另一方面，餐饮产品本身具有很强的模仿性，绝大部分没有专利，餐饮企业间的竞争往往是在短暂的创新之后，出现大量同类产品，相互争夺共同的目标市场。同时，目前我国餐饮企业大多定位不准、管理落后，在激烈的市场争夺中，必然导致一部分餐饮企业失利，最终倒闭或转手。据2009年一份统计显示，北京每月有10%的餐馆开张，8%的餐馆转让或倒闭，这一数据得到大量餐饮人的认同，可见餐饮业竞争之激烈程度。

在中国餐饮市场竞争日益激烈的同时，外资餐饮力量的不断增长，使餐饮市场竞争从国内企业竞争为主发展到国内企业与外资企业的竞争，给餐饮业带

来了巨大的冲击。1987年，美国肯德基在北京开设第一家门店，拉开了外资餐饮进入中国的序幕。截至目前，一些进入世界500强的餐饮集团，如麦当劳、索迪斯等都已经在中国形成了广泛而深远的影响，国外知名品牌纷纷通过兼并收购、直接投资等方式在中国开疆拓土。截至2011年4月，百胜集团已在中国大陆开出了超过3200家肯德基餐厅，500多家必胜客餐厅，100多家必胜宅急送和20家东方既白餐厅，员工人数30万，2010年中国百胜的营业额为336亿元人民币；而国内最大的中餐集团"小肥羊"，截至2010年底，在内地直营的餐厅数量是179家，特许经营的餐厅是274家，2010年在国内销售额近18亿元人民币，仅为百胜的二十分之一，其他企业更是难以望其项背。此外，2009年，百胜集团购买了"小肥羊"20%的股份，2010年又将其持股比例提高至27.2%。由此可见，国际餐饮企业来势凶猛，随着国际品牌的相继入驻、餐饮并购的频频上演，中国日益成为国际餐饮巨头的角斗场，外资餐饮对中国餐饮产业的影响也更加深入，对国内餐饮市场形成了巨大的竞争压力。纵观国外知名餐饮的成功之路，中国餐饮企业与国外餐饮企业最大的差距莫过于创新，因此，在国内外双重压力的激烈竞争环境下，餐饮业态创新势在必行、刻不容缓。

第四章　基于共演的餐饮业态创新理论模型

在当前快速变化的市场环境下，企业与环境关系的认识经历了一个从被动到主动再到互动的过程，企业之间也经历了一个从独立到对立再到合作的过程。业态创新仅仅依靠企业内部创新将不足以应对消费者需求、技术发展、经营环境的快速变化。消费者是业态创新的最终使用者，政府是业态创新的环境缔造者，将消费者、政府作为重要力量参与在业态创新中起着举足轻重的作用。餐饮业要保持持久有力的竞争力，获得持续创新的能力，业态创新就必须要联合多边力量，整合各方资源，同心协力，各尽其职，各守其位，各创其新，产生1+1>2的效应。因此，共演已成为从餐饮企业战略到产业战略发展的必然趋势，成为业态创新的重要途径。

第一节　角色共演：餐饮业态创新之现实基础

在餐饮业态创新过程中，企业、消费者、政府三者互动合作，构建合作平台，共同推进餐饮业态创新的实现。其中，企业发挥核心主体的功能，是业态创新的主要行动方；消费者是餐饮业态创新的原动力和价值诉求所在，是餐饮业态创新的有力推动者；政府也切实转换角色，成为餐饮业态创新的引导者、服务者，提供环境保障。

一、共演场景分析

（一）有为政府实施良治的目标使然

随着市场经济体制改革的深化，政府已经不可能采取"行政包办"的办法来全面承担社会经济发展的职责，政府正从"全能政府"逐渐转向"有限政府"、从管理型政府走向服务型政府。政府职能随着社会经济的不断发展并伴随着现代性的不断成长而发展变化，在新的时代背景下，传统的管理型政府和统治型政府已不能适应社会发展的要求，政府职能必须转向以善治、良治为治理目标的服务型政府。实现政府的善治和良治就要求政府要以民众的普遍福祉进步为治理目标，在餐饮业态创新和良治政府的时代召唤下，政府需摒弃传统的单纯追求 GDP 增长、税收增加的政府获益观念，以作为民生行业的餐饮业的创新发展为行动契机，统筹经济、环境、文化、社会收益，以合作共赢为行动目标，保障人民生活水平不断提高，城市环境不断优化，产业形态不断升级，企业形象不断提升。实现这一目标，政府必须充分发挥企业、公民个人等社会主体共同参与业态创新的积极性和主动性，充分利用各方优势，实现优势互补、多赢互利的良好格局，实现创新主体的良性互动、促进经济的协调持续发展。

（二）高绩效企业是创新的动力源泉

随着餐饮业完全竞争市场的形成，企业竞争力越来越集中地表现在创新能力的强弱上，创新已经成为提高企业绩效的根本途径之一。随着餐饮市场中产品类型的极大丰富，餐饮供求基本平衡或者供过于求，餐饮产品的结构性过剩时代已经来临，市场的主要矛盾不再是产品数量不足，而是由数量转变为质量、由传统产品转变为创新产品的竞争问题。在此背景下，餐饮企业绩效的考量也不再是单纯追求经济利润最大化，而是更加追求企业整体价值最大化，企业之间的竞争也由传统的物力、财力竞争转向对顾客获得能力、市场占有能力、创新能力的竞争。企业不仅要实现质量、服务一体化，提供"零缺陷"产品和"零抱怨"服务，还更要把握市场即时消费潮流，通过对顾客服务和信息跟踪，做到即时响应需求，同时深入了解消费者潜在需求，超前开发产品，引导顾客在更高层次和更新领域的消费引领消费需求。面对日趋激烈的市场竞争，为保障企业的生存和发展，培育企业的核心竞争优势，餐饮企业必须高度重视业态创新，积极开拓经营范围、创新经营模式，提高企业附加价值，真正实现顾客满意、提高顾客忠诚度，实现顾客价值最大化。

（三）积极活跃的消费者为餐饮业态创新提供激励

积极活跃的餐饮消费者是搭建餐饮业态创新共演平台的重要基础，消费者是业态创新的重要激励条件。在整个餐饮业态创新过程中，消费者发挥着举足轻重的作用，消费者激励和参与是业态创新成功的重要因素。首先，业态创新是面对消费者的创新，其根本目的是满足消费者需求。随着消费者主权时代的来临，以及餐饮业步入完全竞争市场的背景下，企业追求效益提升已不能单纯考虑自身的内在因素，而是要把握市场、注重消费者需要，将消费者作为最为重要的环境因素，企业的创新观点要能够兼顾企业利益和顾客价值的关系。其次，消费者主动积极是顾客参与的前提条件。积极主动的消费者拥有强烈的体验需求、有求新求异的认知需求，通过主动沟通和积极参与，能够有助于消费者自我需求或与其得以完美实现。消费者会基于自身的利益、价值观和兴趣等因素的考虑，通过企业电子平台、网络虚拟社区、市场调研、消费反馈和投诉等方式参加到餐饮业态创新中，消费者已经成为企业创新与发展的内生性要素，是企业获取竞争优势，保持长远发展的不竭动力。

二、角色定位

（一）企业：创新者

在餐饮业态创新的过程中，餐饮企业是责无旁贷的核心主体，是业态创新的创新者、实践者。在企业战略、消费需求的引导下，企业管理者和员工的创新精神和创新思想是餐饮新业态思想的直接来源；随后在企业的战略引领下，企业对创新思想进行落实；新业态产生后，企业主导、消费者参与，进行市场试验，在市场试用中发现问题，进而改进创新。因此，在餐饮业态创新的全过程中，企业是贯穿始终的主体创新者。如果缺少了企业对菜品的创新、技术的改进、服务的完善、经营的提升，餐饮业态创新就缺少了最基本的产品支撑和行动主体，市场需求、政府扶持最终也无法实现对餐饮业态的创新。

（二）消费者：推动者

消费者作为一种创新力量在参与餐饮业态创新中起着举足轻重的作用。餐饮业态创新的逻辑起点是消费者需求，业态创新的最终享用者是餐饮消费者，创新业态和产品接受市场检验的界面也是消费者，因此，消费者在餐饮业态创新中不再是被动的成果享用者，而是创新推动者、参与者，也是评价者。餐饮业是与消费者直接接触的服务行业，经营的整个过程离不开消费者的参与，在餐饮业态创新过程中充分发挥消费者的作用，在创新概念产生阶段充分消费者需求和建议，将有效减少创新中的不确定性，让创新的结果更加符合市场要求；消费者参与也能提高创新的质量，有利于把消费者的不满意程度降到最低；同时，消费者参与也缩短了创新周期，在业态创新开发过程中能够吸纳消费者建议测评，提高新业态的市场适应性。

（三）政府：引导者

政府是餐饮业态创新的引导者、服务者。对餐饮业态创新系统来说，市场环境是基本环境，但由于市场本身的固有缺陷，市场环境对创新的激励和保障作用是有限的，需要政府运用"看得见的手"，转变政府职能，从强制管制转变为服务，在协调、规划、沟通中，刺激餐饮企业的创新能动性，调动消费者的参与积极性，营造最有利于业态创新的环境。政府作为资源的配置者、力量的整合者、制度的保障者、舆论的引导者，通过各项措施为企业充分施展创新才能提供舞台，为消费者提供互动参与渠道，保障餐饮业态创新的有序进行。

三、互动合作搭建共演平台

（一）消费者与企业

消费者与企业之间是一种基于市场导向的互动关系。消费者是企业创新的外部动力。餐饮业作为与消费者最基本的生活需求息息相关的行业，消费者行为的变化，包括饮食文化、消费需求以及生活方式的变革，对餐饮企业的经营活动都具有直接诱导作用，刺激企业创新意识和行为。同时，消费市场反馈也是企业衡量创新成果优劣、改进创新行为最重要的指标。

消费者推进企业创新，企业亦能反作用于消费者。企业通过对产品和服务的创新，能够不断创造出新型的消费文化，例如药膳引领的饮食养生文化等，引导消费者需求，实现从无到有的改变，为消费者饮食活动赋予更多内容和层次；企业通过创新经营方式，开发新型业态，例如在餐饮店加入食材零售，开发半成品生产销售等，能够影响和改变消费者的原有消费观念和消费习惯，对消费者行为进行再塑造。

（二）企业与政府

企业与政府之间是一种基于政策导向的互动关系。政府宏观政策引导、激励、保障企业的创新行为，是企业创新政策性资源的来源。政府的基本职能表现为组织公共物品的供给，因此政府应通过组织基础设施建设，制定城市发展规划，向企业提供土地等稀缺资源，诱导企业创新。政策性资源也是政府能为企业提供的特殊服务之一，减少税费，放宽许可，人才引进，能够有效节约企业创新成本，刺激创新行为。政府最重要的公共服务是信息服务，政府利用其特殊地位，及时搜集各方面信息传递到企业，降低企业因信息不完全造成的损失。

企业是政府宏观政策的具体响应者和实践者，并通过经营状况对政府宏观行为进行信息反馈，通过税收直接反哺政府。企业是市场的主体，是大量社会资源的实际控制者和使用者，政府对市场的调控行为以及政府的各项经济举措，必须要通过企业经营活动才能传递给消费者，为消费者创造价值，才能为大众所感知、评判，继而影响政府的权威与形象，影响政府的能力与效果。同时，企业作为政府各项扶持措施、优惠政策的直接受益者，经营状况改善之后获取的经济利益，会通过税收反哺政府，使政府拥有更多的财政收入。

（三）政府与消费者

政府与消费者之间是一种基于民生导向的互依共生关系。企业作为微观经济活动主体，谋求的是企业经营的微观经济利益；政府作为公共利益的代表，谋求的是国家和全社会的宏观经济利益。因此，政府能够真正代表消费者利益，以最大化满足消费者需求、改善民生、提高居民幸福指数作为政府宏观行为的出发点和落脚点。餐饮业是关乎人民群众最基本生活的民生行业，政府通过美食街区的规划、惠民餐饮项目等的建设，切实改善了消费者的餐饮丰富度和便利度，同时一定程度上改变了人们的生活方式，诱导了新型消费需求的产生。

消费者能够引导企业的创新行为，对政府的宏观行为同样具有引导和推动作用。政府行为的出发点是谋求社会公共利益及改善民生，更有效的社会治理必然要体察民间诉求和依赖民间智慧。随着社会透明度的扩大，消费者民主意识、参政意愿的增强，消费者已不再是被动的规划对象，而是主动参与政府规划的构思，成为政府政策制定的重要参考对象。作为政府行为的落脚点，消费者对政府行为的感知、评判及有效反馈，是政府衡量政策、规划正确与否的根本标准，也是拟定调整措施以及今后发展规划的重要依据。

基于以上角色定位相关论述，本章以角色共演、价值共创、合作共赢为研究主线，构建了基于共演理论的餐饮业态创新理论模型，如图 4-1 所示。

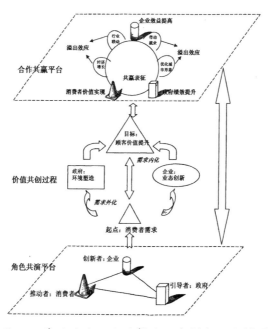

图 4-1 基于共演理论的餐饮业态创新理论模型

第二节　价值共创：餐饮业态创新之实现路径

餐饮业态的三大参与者通过共演搭建创新平台，归根结底目的在于各自的利益诉求，在某种意义上说，利益诉求是一种价值诉求的延伸和表现形式，如果离开价值诉求单纯解决利益问题，很可能导致主体间行动的不一致，合作创新难以维系。因此，只有在创新主体之间达成总体性的价值共识，并用这种共识激发主体参与者的行动实践，才能实现价值共创，共同推进餐饮业态创新的整体发展。消费者作为业态创新的原动力，同时也是价值共创的立足点和落脚点。消费者需求是创新的起点，通过需求外化将信息传递给企业和政府，企业和政府进一步将需求内化，根据消费者需求制定创新计划，通过业态创新最终实现消费者价值最大化的利益诉求，消费者价值实现，新的需求产生，周而复始，构成一个稳定的价值共创循环系统，借此实现从角色共演到合作共赢的目标达成。

一、消费者需求：价值共创之起点

毫无疑问，消费者需求是业态创新的起点，亦是价值共创的起点。企业和政府的创新动力源于消费者需求的变化，创新行为要以满足消费者需求为准则。随着消费者自我意识的增强，消费者变被动为主动，通过将自身需求"外化"，积极参与价值创造。需求"外化"即消费者将需求信息传递给企业和政府的过程，主要通过信息传递和用脚投票两种方式实现。

（一）用脚投票

"用脚投票"最早由美国经济学家蒂伯特提出的，意指居民们通过"用脚投票"，居民在选择能满足其偏好的公共产品与税负的组合时，从不能满足其偏好的地区迁出，迁入可以满足其偏好的地区居住。在餐饮业，用脚投票则形象地表现为消费者对餐饮企业不满意则选择不再光顾，满意则产生重复消费。从顾客价值的角度来看，驱动顾客价值的关键因素是产品对顾客需求满足的切合程度，假若餐饮企业无法满足或切合消费者需求，顾客价值就会减少，消费者便会选择抛弃该企业。因此，用脚投票是消费者最显著的表达需求是否得到满足的方式。

（二）信息传递

顾客反馈是现今开放的市场环境下餐饮创新的重要创意来源。共同创造价值开始于消费者在生产体系中角色的转变。消费者从彼此孤立到联系在一起，从无知到见多识广，不再被动接受和盲目追求，而是选择通过各类渠道主动将自身偏好和需求信息传递出去。除传统的人际传递方式外，随着网络、传媒的发展，消费者能够通过问卷调查、网络经验分享社区、企业网站、体验活动等方式反馈消费体验，参与企业的产品创新；通过民意听证会、政务信息平台了解政府规划发展方向，提出需求和建议。各类信息平台的搭建，消费者与企业、政府间有效的对话与沟通，是消费者需求外化顺利实现的关键。

二、顾客价值提升：价值共创之目标

（一）顾客价值是企业经营的必然选择

彼得·德鲁克早在 1954 年就提出了顾客对企业的重要性，他提出顾客创造才是企业经营的唯一目的，而非传统观念中的利润诉求，利润只是顾客创造的衡量尺度，是应付未来风险的保险，是组织发展的储备资源。顾客价值是顾客在一定的使用情境中产生的对产品的偏好和评价，影响顾客价值的因素包括产品功效、产品属性、使用感知等（Woodruff，1997）。从顾客需求的角度来看，顾客价值从根本上讲就是对顾客需求满足的切合程度，顾客才是顾客价值的最终评判者。在消费者更加追求消费过程精神满足的背景下，企业必须转变经营导向和标准，以消费者需求为导向，以顾客价值实现为标准，积极实施顾客价值战略。现代消费者追求多种生活方式，餐饮消费的目的不再是单纯的生理需求，而是巩固、丰富和发展特定的生活方式。消费者对餐饮企业的评价已经不再是围绕菜品、价格等表面的、物质的要素展开，而是按照自己的"生活期望"和"生活联想"等精神要素进行评价。现代生活方式重在追求生活情趣和情感认同，餐饮产品和经营形态中凝结的精神、文化要素是对消费者生活方式、情感偏好的有效折射。餐饮业提供的餐饮形态和产品如果与消费者生活格调和生活联想是一致的，那么消费者会认为自己的生活方式获得了支持和发展。随着餐饮消费市场规模的增加和市场细分的深入，市场争夺越发以顾客资源为中心，现代餐饮企业的经营方向必然以顾客价值为核心，这正是本文认为的价值共创目标所在。

（二）顾客价值与合作共赢

Karl Albrecht 在其著作《看得见的顾客》中也提出，企业具有五种无形的资产：顾客的忠诚、产品线给顾客的印象和魅力、忠实且训练有素的员工、组织内的服务文化、经营力。市场竞争的本质是顾客资源的争夺，企业在开展竞争过程中必然关注顾客价值实现度，赢得竞争必须赢得顾客。消费者价值的实现程度直接决定了顾客的满意度和以后的购买行为，顾客忠诚度是靠顾客满意度取得的；而利润又极大受到顾客忠诚所带来的重复性消费和习惯性消费的影响，忠诚的客户能够给企业带来超常的利润空间。因此，顾客价值的实现程度决定着企业的市场地位和经济效益，是提升企业绩效的有效途径。

顾客价值的实现的为企业带来经济效益的同时，政府能够直接从企业经营增长中获取更多的税收收入，以及行业整体提升带来的GDP增长、就业增加等。另一方面，顾客价值的创造不仅倚赖于企业产品和服务，政府行为也直接或间接作用于顾客价值的实现，如宏观消费环境的塑造、对企业经营的扶持等。消费者价值的实现程度同样反作用于政府，为政府赢得更强的公信力、更好的施政口碑、更高的民意支持。综上，顾客价值的实现是实现企业、消费者、政府三方合作共赢的必经之路和有效途径。

三、需求内化：价值共创之过程

需求"内化"是企业和政府将其获得的消费者需求信息进行整合、分析和吸收，并采取相应行为以适应和满足消费者需求的过程。需求内化是企业和政府准确把握消费者偏好、期望和消费趋势，了解目前供给缺失的重要手段，是餐饮企业和政府进行业态创新活动的前提和基础。

（一）企业：业态创新

企业是业态创新的核心主体，是业态创新的创新实践者。企业的相关经营管理创新活动是实现业态创新的最直接途径和最有效的方式。消费者需求内化的过程，对企业而言是即时把握市场信息、响应消费者需求，通过企业内部的经营管理创新直接推进业态创新的活动过程，餐饮企业通过理念创新、架构创新、品牌创新、连锁经营和产业融合来实现和推进这一进程，借此不断满足消费者需求、实现顾客价值的提升。因此，企业业态创新的过程也是消费者价值实现的过程。

1. 理念创新

当前的社会革命，不是技术、设备的革命，而是观念的革命。如何取得经营成功、在竞争中制胜，经营理念的设定成为关键。其一，日本学者井植薰曾表示"如果不愿以适应市场的发展、不能及时调整经营方针，一味责怪自己的行业日薄西山，这是落后的经营思想，很难将企业经营好"。因此，餐饮企业应树立"立足市场，创造市场"的市场观，响应需求，善于创新和引领。其二，质量是企业的生命。随着消费者对餐饮的要求日益精致化，在餐饮质量上要企业要树立"精益求精，不断超越"的质量观，把握企业的生命线。其三，作为服务型企业的餐饮业，提升服务品质是迎战竞争的永恒良策。餐饮企业在高度竞争的环境下，应树立"尽心精心，从我做起"的服务观，适应"心经济"时代的服务要求。其四，餐饮企业应在"以信为本，以诚求利"的营销观下，打造企业品牌优势，树立良好的市场信誉。其五，人才是餐饮业发展的当务之急，餐饮企业应树立"招贤纳士，以人为本"的人才观，重视产值、利润的创造者——人的因素，实施以人为本的管理。

2. 架构创新

餐饮企业架构创新主要包含产品创新、组织创新和生产流程的创新等。企业通过产品创新满足消费者基本功能型需求；通过组织创新构建学习型组织、创新型组织，提高创新能力；通过生产流程的创新能够有效提高工作效率，节约成本，缩短消费者等候时间，减少顾客抱怨等。企业架构创新中最为核心的是产品创新，产品是餐饮企业存在和发展的基础，是消费者需求的中心内容，产品创新的创造是企业创新中最基本的内容。这里产品包括有形产品和无形产品。有形产品即餐饮企业提供的菜肴，其价值由菜品的功能、特性、品质、品种与式样等产生；无形产品即服务，优质的服务应处于一个动态的变化状态中，是因人而异、因需不同的，从而显示经营者的用心与新意。产品创新来源于两方面，一是企业创新，二是顾客参与。首先，产品创新依靠企业内部的创新精神和创新活动。创新是企业的灵魂，产品创新、服务创新是企业最基本的创新活动。餐饮企业必须要在产品创新上不断适应现代人的饮食需要和审美要求，以开放创新为发展理念，增强企业活力；通过改进服务方式，创新服务环节等增加产品附加值。同时，异业联盟和产业融合，是餐饮企业创新发展的重要体现，为餐饮产品注入了新的内涵。餐饮与娱乐业、零售业、制造业等其他产业的融合，已经成为餐饮产品创新的一大特色与价值来源。其次，顾客参与也正逐渐成为餐饮企业创新的重要方式。消费者在就餐过程中，对菜品或服务提出的改进意见，乃至消费投诉，或是消费者提供的私家制作方法，都可成为企业创意的来源。顾客参与式的产品创新能够大大缩短研发周期，减少市场风险，更大的贴近和满足消费者需求。

3. 品牌创新

品牌创新是餐饮企业创新活动的提升环节，品牌意味着顾客忠诚度与满意度，是企业潜在的竞争力、获利能力的代表，是企业持续发展、扩大经营的前提条件。企业品牌创新是以餐饮产品和服务的改进为基础，以满足消费者对原有产品和服务的更高需求为目标，通过更改品牌价值属性或者赋予品牌全新的价值属性，如对现有品牌深度、广度和相关度的开发延伸。企业品牌价值创新能够提高顾客忠诚度，增加餐饮产品价值，促进企业声誉的价值溢出等。值得注意的是，企业的品牌形象是顾客对品牌的总体感知和看法，消费者能否认可是评判品牌成败的最终标准，品牌只存在于消费者的头脑中。因此，品牌创新的最终实现依旧要依赖于消费者的感知和评判，由消费者树立口碑，让消费者的习惯型消费进一步铸就品牌；维护品牌形象、提升品牌价值就应设法加强消费者和品牌之间的关系，提高消费者对品牌的忠诚度。

4. 连锁经营

连锁经营作为餐饮业态的重要形式，在我国经历了近十年的快速发展期，目前从发展规模、经营水平、盈利能力等多方面均呈现出良好发展态势，连锁经营已经成为餐饮业首选的经营模式（彭娟，2007）。连锁经营是未来餐饮业态创新的重要的主要方向之一，其经营方式能够能为餐饮企业带来诸多的竞争优势。首先，连锁经营意味着能用较低的成本和消耗获得较大的收益，通过发挥规模效应，降低流通费用，不断提高企业经济效益。其次，成功的连锁经营在公众中有良好的企业形象，有较高的知名度和美誉度，具有广告宣传效应，有利于提高中小型餐饮企业的市场竞争能力，扬长避短，实现企业资源的优化配置。最后，连锁经营对企业产品质量的保障作用明显，统一的采购渠道、规范化的管理模式和生产监管，对餐饮企业食品安全、服务质量能起到有效的统一规范作用，是保障消费者利益、提高消费满意度的必然选择。

5. 产业融合

产业融合是目前各行业发展的重要趋势之一，深刻地改变着传统产业，引起产业结构的复杂化和产业边界的模糊化，这种融合趋势极大地提高了企业的市场绩效，既适应了消费者多元化的消费需求，又不断创造并引领新型消费需求。当融合成为必然趋势时，餐饮业也不例外。餐饮与演艺、养生保健、零售、食品加工等其它产业的融合，是创新价值的重要来源，将成为餐饮企业未来发展的一大创新手段。目前餐饮企业的异业联盟已初显成效，消费者可以在满足口腹之欲的同时欣赏异域风情，享受保健食疗的同时能购买药材乃至服装，在餐饮零售门店购买加工半成品，餐饮店加入休闲活动，为消费者提供一站式休闲餐饮体验。企业加强异业联盟与产业融合，不仅有利于丰富经营内容，提升竞争力，也有利于增加顾客的消费体验，提升消费满意度，满足顾客价值最大化的追求。

（二）政府：环境塑造

政府在价值共创中担当的是宏观环境的塑造、优化任务。听取民意，立足民生，优化餐饮空间布局和市场结构，改善餐饮市场环境以及保护城市生态环境，为消费者打造更为优良的消费环境。

1. 空间结构优化

餐饮业作为民生行业，其最基本的功能是满足消费者就餐需求，便利消费者生活。因此，餐饮业在空间布局上要做到网点全面，市场结构上要保持业态均衡。政府应根据城市区域人口分布特征和现有空间布局，合理规划商业空间。积极倾听民意，在餐饮网点稀少、就餐拥挤地区，通过规划美食街、招商引资等方式增加餐饮企业入驻，扫除餐饮盲点。同时，政府应根据消费者生活方式、消费习惯的改变，即时响应市场需求，对发展滞后但需求旺盛的餐饮形态积极扶持，如早餐工程、夜宵市场的建设，适当放宽政策、加强准入性，使餐饮业能最大化满足消费者需求，真正实现便民、惠民、利民。

2．市场环境改善

政府对市场环境的改善，源自消费者对公正、透明的消费环境以及丰富餐饮内容的需求。据此，本文将餐饮市场环境分为经营环境和投资环境。第一，政府是促进餐饮业的良性竞争和发展的主要力量，通过加强市场监管、完善政策法规等方式，坚决抵制恶性竞争，构建和谐、多元、融合、开放的市场环境。政府在为餐饮企业营造良好的经营和竞争环境、保障企业利益的同时，也能为消费者创造更为公正、透明的消费环境，极大减少商业欺诈发生。第二，政府是优化投资环境的行为主体。政府建设基础设施、完善配套设施、颁布优惠政策等举措，是餐饮业招商引资的重要条件。外来优秀品牌和企业的入驻，不仅能极大丰富消费者选择、满足消费者需求，还能为本地企业带来先进的管理理念和经营经验。

3．城市生态保护

传统经济学的价值观认为没有劳动参与的东西没有价值，也就是自然资源和环境没有价值，但这早已不适应现代经济的发展。消费者对自然的向往和追求，使生态环境价值已被放到一个前所未有的重要位置。良好的生态环境是城市招商引资、吸引消费者的重要资源，如今的消费者愿意付出更高的成本在环境优美的餐厅享受饕餮美食，优美的生态环境已经成为餐饮需求的重要组成，生态环境为餐饮业带来的高附加值也已经在经济效益上有所显现。创造更大的环境价值提高环境为餐饮业带来的附加值，为消费者打造自然、绿色的生活和消费环境，必须要依靠政府的全局行为，加大环境保护力度，维持生态健康，加强对生态景区、保护区中餐饮企业的排污监管等。

第三节　合作共赢：餐饮业态创新之必然结果

基于共演的业态创新是企业、政府、消费者三方合作共同作用的结果，因此，餐饮业态创新的目标也不仅局限于餐饮企业本身的获益，而是要使创新主体在合作中实现共赢，在创新过程中互惠互利、相得益彰，实现多方的共同收益。餐饮业态创新的共赢局面由餐饮业的所有利益相关者构成，这里的利益相关者，不仅包括餐饮企业、消费者、政府三者，而且涵盖所有能对餐饮业发展产生影响的产业或团体，包括农业、畜牧业等上游产业，流通业，金融业，广告传媒业，行业协会，社会组织等。餐饮业的发展和创新离不开各相关者的参与和投入，这些利益相关者在对餐饮业态创新注入专用性投资的同时，也分担了一定的风险。这些利益相关者只有从餐饮业态创新成果中分得一杯羹，如获得合理的利润、销售及市场的同步增长，改进供应链效率，建立更为长期的合作关系等，才能产生持续支持餐饮业态创新的动力，为餐饮业态创新的持续开展提供保障。因此，餐饮业要以"共赢"为价值理念、行为规范，摒弃唯一地追求自身利益最大化，而是按照可持续性原则，追求相关者利益的协调化和最大化，构建和谐的共赢界面，实现餐饮业态创新的良性循环，最终推进餐饮业态持续不断的创新。

一、餐饮业态创新共赢之表征

餐饮业态创新由企业、消费者、政府三方共同实现，业态创新带来的合作效应首先表现为这三者的获益，即企业效益提高、顾客价值实现和政府绩效提升。

（一）企业效益提高

企业是餐饮业态创新的主体力量和直接实践者，是创新资源的最大占有者，也是餐饮业态创新的最大获益者。餐饮业态创新为餐饮企业带来的利益表现为企业直接经济收益的增加，创新过程中企业的经营管理能力的同步提升，良好的企业形象和品牌美誉的塑造，以及核心竞争力的形成。

餐饮业态创新的过程是餐饮企业实现自身发展的过程，是企业适应市场趋势的过程，但最终是企业追求更大效益的过程。通过产品创新，餐饮企业能够提高菜品的更新速度，提升菜肴品质，在"色、香、味、形"及功效上的改进及创新，使产品功能更好地满足消费者需求，产品的竞争力得到提高，从而改善现有市场，招徕新客户，直接增加了企业的经济收益。通过对经营内容或经营方式的创新，企业能够取得先机，开拓市场，抢先占领新市场。从现实效果看来，有效的餐饮产品创新和经营方式创新可以使企业在市场销售、产品成本等方面取得明显经济收益。企业参与业态创新的过程也是自身经营管理能力不断提升的过程，业态创新有利于进一步增强企业的竞争意识、创新意识，使企业更注重创新资金的投入、创新人才的培养，这些都将成为企业潜在的竞争能力，能全方位有效提高企业素质，为企业带来长远利益。业态创新同样为企业带来了良好的企业形象和品牌美誉。品牌对企业而言，是潜在的竞争力与获利能力，对消费者而言，是质量与信誉，在目前以顾客满意度、忠诚度和企业知名度、美誉度为中心的品牌经营时代，良好的企业形象和品牌美誉使企业的更能赢得消费者的信任、赞誉和支持，是企业占领市场、赢得优势的制胜法宝。餐饮企业的核心竞争力表现为企业的整体行动能力，企业在业态创新过程中，不但完成了对产品、技能、体制、价值观等核心竞争力基本要素的积累和升级，同时创新理念的植入和能力提高，构成了企业竞争优势最重要的动力和源泉。

（二）顾客价值实现

消费者购买和消费的绝不是产品，而是价值。餐饮业态创新动力源自消费者，满足消费者需求是创新的目标所在，企业在为顾客创造价值的过程中不断积累经验，提高顾客价值的创造和传递效率，优化价值创造过程；消费者参与创新是为了满足需求之后提高消费体验，以最低的成本获得最大化的价值，在餐饮消费中获得更高的性价比、乐价比。

餐饮业消费者价值主要受到产品、经济、服务、品牌、体验、便利和环境等因素的综合影响。产品是企业为顾客提供价值的载体，所有价值都需通过产品传递给顾客。企业研发新菜品，改良传统菜肴，挖掘民间菜谱，在产品创新上下足功夫，满足了消费者的功能性需求。经济因素是消费者寻求高性价比考虑的首要因素，业态创新带来的价格降低、附加消费减少、促销活动增多，满足了消费者用最低成本获得最大价值的期望。业态创新离不开服务创新，个性化服务的增多，人性化服务的普及，服务流程的改进，以及体验式设计的增多，不仅解决了同质化带来的矛盾，同时提高了消费满意度，增强了消费者的消费体验。同时，品牌的塑造和知名度的提高，增强了消费者的购买信心以及情感归属。业态创新过程中，餐饮环境得以改善，如规范的市场环境、良好的消费环境、优美的生态环境，能提高餐饮附加值，优化消费体验，使消费者获得较高乐价比。餐饮业对区域规划、消费过程、服务流程的完善，提高了消费者的时间、体力、精力上的便利性，节约了非货币成本，一定程度上影响着消费者的价值实现。总体而言，餐饮业态创新使消费者价值得以实现和提升，在改善消费关系质量的基础上，增强消费者的合作愿望，将顾客满意上升到顾客忠诚，再提升至承诺和拥护，实现餐饮业态创新系统的良性循环。

（三）政府绩效提升

在餐饮业态创新的利益诉求上，政府从协调发展的思路出发，采取的是一种"零回报"策略。但是"零回报"并不意味着"无回报"，作为政策的提供者和部分创新资金的注入者，政府的"零回报"是指并不分享业态创新带来的直接经济利益，而是追求间接、长远和无形的利益，谋求政府绩效的长久提升，实现向"善治"型政府的转变。政府绩效的提升涵盖政治、经济、文化、社会四个方面。

政治绩效的提升在政府参与创新的过程中即得以实现。政府通过问需于民、问权于民、问计于民，切实落实民众的知情权、参与权、选择权和监督权，使政府的规划决策能够适应需求、相应民意，各项工作政策得以顺利开展和落实。经济绩效的提升显示在税收和引资两方面：业态创新使企业经济效益提升，营业收入增加，为政府带来更多的税收收入；市场的持续繁荣和投资环境的改善，能够为当地吸引更多的餐饮以及其它行业的投资者入驻。文化绩效主要表现在软实力的提升，餐饮业态创新带来饮食文化和传统文化的复兴是对文化产业做出的贡献，餐饮行业品牌的成功塑造，对城市文化内涵的加深、城市软实力的提升都具有一定作用。社会绩效则体现在政府公信力的提升上。公信力代表着社会成员对政府的认可及信任，政府参与餐饮业态创新，规划餐饮业发展建设，直接触及民生行业，提高行业便利程度，改善人民生活品质，对提升政府公信力具有直接的积极作用。

二、餐饮业态创新的溢出效应

餐饮业态创新收益外溢正是共赢界面形成的最佳表现，溢出效应主要表现在社会经济增长、相关行业发展、劳动力就业和城市生活品质四方面。

（一）经济增长新"引擎"

餐饮业与人们最基本的生活消费需求紧密相连，餐饮业的发展对经济发展的拉动作用日益显著。业态创新为餐饮业发展注入了新的活力，带来餐饮业的经济收益持续增长、行业规模不断扩大，在实现餐饮业内部升级的同时，能够对优化现代服务业的产业结构、拉动社会经济增长做出巨大贡献。以杭州餐饮业为例，自 2005 年杭州餐饮零售额突破百亿大关之后，始终保持强劲的增长势头，在社会零售品销售总额中所占比重也持续保持在 10% 以上。

（二）带动相关行业联动发展

餐饮业态创新过程中，随着生产规模的扩大，生产制造流程的改进，经营管理的创新，能够直接增加餐饮业上游产业，如农业、养殖业的市场销售额，以及下游产业，如食品加工业的生产提高，带动其他如建筑装潢业、设备制造业、教育培训业、广告传媒业等相关产业联动发展。提高相关产业的经济效益的同时，刺激相关产业的共同创新，在发挥扩大内需的积极作用的同时，带动产业链整体效率提高和升级。

（三）带动劳动就业

业态创新带来餐饮业的持续繁荣，是满足人们生活、拉动消费需求、促进经济发展的基础，更是承载劳动力从第一、二产业向第三产业转移的重要力量。餐饮企业由于网点多、门槛低，经营主体多样，就业形式灵活，既能为高知识水平专门人才提供岗位，也能够为文化水平较低的人员提供众多的就业机会，业态创新带来的异界联盟更是进一步扩大了餐饮业的从业范围，为其他行业从业人员提供了更多的就业选择。

（四）优化城市形象

民以食为天，餐饮业的发展关乎人民生活品质，是"民生经济"、城市形象的重要展示窗口。餐饮业态创新，实现了餐饮业空间布局、产品内容、市场结构等方面的优化升级，增强了餐饮消费的便利性，提高了产品和服务的质量，能够切实改善饮食生活，提升现代服务业的水平和档次，促进城市生活品质的提高。同时，餐饮业态创新带来的行业品牌效应，是城市形象的重要载体和表现方式。城市生活品质的提高，餐饮行业品牌的塑造，对优化城市形象、塑造城市品牌具有直接的积极效应。

综上所述，基于共演理论的餐饮业态创新是以企业、消费者、政府的角色共演为基础，以消费者需求作为业态创新的起点和核心，将满足消费者需求的目标诉求上升为实现顾客价值最大化，通过价值共创这一手段和途径，以企业为核心主体，政府提供服务保障，同心协力，共同打造共赢局面。共演平台的稳固程度和协作效率，能够直接影响到共赢局面的获益和溢出效应的显著程度；同样，共赢局面的收益越大、溢出越显著，将对共演平台的三大主体产生更大的激励作用，为进一步持续和深入角色共演提供动力和保障，有效促进业态创新机制的良性互动和循环。

第五章　基于共演理论的餐饮业态创新对策研究

本文认为基于共演理论的餐饮业态创新是企业、消费者、政府三方共同作用的过程，因此，在前文研究的基础上，本章从"发挥企业主体功能""转变消费者角色"以及"强化政服务职能"三个层面出发，以使餐饮业态实现持续创新和消费者价值最大化为目标，深入探讨基于共演理论的餐饮业态创新对策。

第一节　发挥企业主体功能，提高餐饮企业创新能力

一、深化产品创新，打造强势品牌

餐饮企业深化产品创新要从有形产品和无形产品着手，即菜肴创新和服务创新。餐饮企业对菜肴的创新是餐饮消费的现实要求，是企业发展的必经之路。菜肴创新，首先必须遵循的原则是迎合消费者需求，菜点创新上必须符合现代消费者的口味、习惯和购买能力的需求，最大限度地满足不同层次、不同群体的消费需求。其次，要紧跟时代主旋律，餐饮最易受到社会文化、消费潮流等因素的影响，时代主旋律，如健康、绿色、生态等，往往是最具发展空间和潜力的创新切入点。再次，在如今时间成本增加的快节奏环境下，菜肴创新要走出必须使用高档原料、精雕细刻的误区，力求原料普通、简单易制。这一方面满足了大众消费市场的需求，使创新菜肴的受众面更广泛，同时能够缩短等候时间，减轻企业成本和厨房操作压力，如此，创新产品才能具有更长久的生命力。无形产品的创新，即服务创新要求餐饮企业重视消费者的即时需求，将餐饮服务工作由传统的"标准化、程序化、规范化"向"感情化、个性化、细微化"转变，其核心是把握不同阶段、不同层次的服务需求，培养员工善于观察、用心服务的能力。同时，创新服务流程，缩短消费者等候时间，提高工作效率，也是服务创新的重要内容。

品牌对企业而言，它代表的是潜在的竞争力与获利能力；对消费者而言，它代表的是质量与信誉。餐饮企业要迎接各种挑战，就要坚持品牌创新，以树立品牌为先导，以提高品牌素质为基础，打造强势品牌。打造强势餐饮品牌，除传统的品牌缔造手段之外，必须在创新开放上下足功夫，挖掘文化内涵。文化是品牌的基本内涵，要充分利用中华饮食悠久的历史渊源和深厚的文化底蕴，使品牌的培育或体现东西交融、南北聚合的特点，或体现自成一体的风范，不断丰富、充实、扩大品牌的文化内涵和外延，推进品牌向高层次、多样化方向

发展。同时,企业必须不断与顾客沟通与对话,及时了解顾客对企业品牌的认知,通过即时互动,保持品牌的特色与优势,拓展品牌新的竞争力。

二、加快产业融合,增强消费体验

随着技术创新和扩散速度的日益加快,产业融合已经成为产业经济发展中的重要现象。产业融合能够不断促进产业创新、提升产业竞争力,催生新的合作形态,延长产业链,实现产业的价值增值,推动经济一体化发展(郑明高,2011)。产业融合为餐饮企业提供创新机遇的同时,体验经济的时代背景也为餐饮企业创新提供了全新的理念,为餐饮企业适应新消费时代的需求,提供了新方式,为餐饮企业的发展开辟了崭新的发展空间和广阔天地。在体验经济的视角下,餐饮企业要更多地融入娱乐、文化、健康、审美等功能。借鉴 Pine,Gilmore 体验四大类型,即消遣、教育、遁世和审美,以及处于四个方面的交叉的"甜蜜地带"的体验,餐饮业态创新可向如下方向开展融合型创新经营:

(1)娱乐型餐饮。娱乐不仅是一种最古老的体验之一,而且在当今是一种更高级的、最普通的、最亲切的体验。娱乐型餐饮能够使消费者在消费过程中感到轻松、带来欢笑,通过消费者参与餐厅的各类活动、观看艺术歌舞演出、开展联谊和狂欢活动等形式,把娱乐体验渗透到消费者就餐的全过程,使消费者达到愉悦身心、放松自我的目的。

(2)文化型餐饮。文化型餐饮要扩展消费者的视野,增加消费者的知识,必须使消费者积极使用大脑和身体。中华饮食典故数不胜数,膳食理论博大精深,现今诸多餐饮企业着力研究传统菜谱、文学名著,对其中蕴含的历史传说和事件加以挖掘,不断给消费者带来想象、联想、思考空间。同时,各类主题餐厅也通过环境、服务、菜肴等方式向消费者传递着各种知识。餐饮企业这种将餐饮、历史、文化相结合的经营方式,向消费者传递新产品、新消费理念、新生活方式,使其获得独特文化体验。

(3)审美型餐饮。山清水秀、绿树成荫的餐厅环境选址;宽敞明亮的餐厅空间、曲调悠扬的背景音乐、独具特色的装饰物品;品位独特、设计精巧的餐饮用具;色香俱佳、极富诱惑力的美味菜肴等,从视觉、听觉、触觉、味觉等多重角度,给消费者带来由外及内体验美好的感觉,获得美感体验。在审美型餐饮中,有一部分能同时给消费者带来遁世体验,例如身处僻静的景区深处的餐厅,消费者可以暂时摆脱生活中扮演的角色,抛开大量的工作和琐事,在轻松幽静的环境中寻找摆脱束缚和压力后的真实自我。

（4）综合型餐饮。娱乐型餐饮能带给消费者轻松愉悦的心情；教育型餐饮能使消费者获取知识，开阔视野；审美型餐饮带给消费者美的享受，寻找真实自我。而综合型餐饮则是同时涉及以上三种类型的功能，能带给消费者处于多方面的交叉的"甜蜜地带"的体验，更能引起消费者的共鸣，更能给消费者带来难忘的记忆，这也是各类型餐饮业态发展完善的目标。加强产业融合的同时，企业应注重微观经营环境的优化和创新，以增强消费者的消费体验。在体验经济、美学经济等新型时代背景下，在消费者物质需求得到极大满足的前提下，环境带来的享受程度逐渐成为消费者择地消费的主导因素。消费环境创新，已经成为业态创新的重要内容，已成为未来发展的必然趋势，企业对其经营场所微观环境的塑造，重在创意和美感，针对不同目标群体，营造风味各异的就餐场景。如餐厅目标市场多为年轻群体，环境则会侧重简约、时尚等元素；目标市场多为商务客人，餐厅则会更注重品味的塑造和私密空间的划分。同样，餐饮企业也会依据所处地理位置选择合适风格，如大型综合体内的餐厅多以年轻时尚为主题，风景区内的山水餐厅则会侧重自然感和艺术性。瞄准目标市场，选择合适定位，根据消费者偏好打造具有独创性的饮食环境，是餐饮企业塑造微观环境的重要准则。

三、加强人才培养，激发创新热情

餐饮人才是餐饮业最重要的资源，但目前创新型人才严重缺乏是餐饮企业普遍面临的问题。如何激发员工工作热情和创新意识，可以归纳为：合理的薪酬、有发展力的职业前景、不断学习和提高的机会、浓郁的创新氛围、一定的创新激励。第一，树立以人为本的管理理念。充分尊重每一位员工的发展需求，制定合理的薪酬计划；充分挖掘员工的才能长处，做到人尽其才；提供学习和提升的机会和环境，使员工自身价值与企业价值共同提升。第二，建立新型的学习型组织。企业可通过给予员工丰富的教育和培训机会，促进员工能力的提升。员工通过向同行业学习和借鉴菜肴的创新、先进管理经验的应用；员工之间的技艺接错和交流；共同了解、研发新原料的使用等，学习型组织的构建是企业创新的基础。第三，建立创新成果激励机制。面对餐饮企业员工缺乏创新动力、安于现状的问题，要充分调动员工的创新热情，必须采取相应的奖励和制度。在学习型组织的氛围中，企业要大力倡导对菜肴、流程、服务等方面的创新，对研发出带来良好市场反响的创新产品，或对经营管理有一定改善作用的技术创新的团队或员工，积极给予鼓励，对激励全员创新起到良好的示范作用。同时，将创新作为绩效考评的标准，从而培养出企业团队的创新意识和习惯。

第二节　转变消费者角色，拓宽主体间多向沟通渠道

一、更新营销手段，增加顾客参与

在体验经济背景下，消费者角色发生了巨大变化。首先，在消费决策上，消费者并非完全的理性购买者，而是感情和理性并重，消费者购买的动机会处于感情的需求或审美的喜好；其次，在需求层次上，消费者的需求层次提高，对情感、文化、自我实现等体验需求比重加大；再次，在需求内容上，消费者对标准化产品需求下降，对个性化产品需求上升；最后，也是最重要的一点，在需求方式上，消费者由被动接受产品转变为主动参与。消费者参与创新的目的是为企业创新提供信息，或是为体验新产品是否符合自身需要。随着消费者主动性的增强，越来越多的顾客渴望参与企业创新活动。更新营销手段，实施营销理念和营销模式创新，关注消费者的体验价值，满足旅游者的参与愿望，顾客参与式营销成为企业的合适选择。顾客参与式营销不同于传统营销中企业单方面向消费者提供产品或服务，它是以企业与消费者互相尊重、信赖为基础的一种伙伴式合作关系，通过这种方式，企业可以更贴切的满足顾客需要，顾客也能通过多层面的参与"自己满足自己的需要"。美国的一份调查结果表明：成功的新产品中，有60％至80％的创意来自用户，或是采用了用户自行研发的改革。在餐饮业态创新中，消费者可通过以下手段实现顾客参与：一是积极参与菜肴的创意、设计和革新，将民间制作创意提供给餐饮企业，对现有菜肴提出改进意见等；二是消费者参与产品的制作过程，如自助厨房这一新型业态的产生，正是满足了消费者对成就感、怀旧感、猎奇感的需要，增加生活情绪；三是消费者参与定价，定价实质是消费者对企业产品或服务的评价，企业可侧面检视自己的经营水准。最后，顾客监督性参与，这一参与方式能够对企业的经营起到督导作用，但实际上是顾客维护自己权益的过程。

二、完善中介职能，拓宽沟通渠道

实现消费者与企业、政府之间的有效沟通，必须借助中介力量，这里中介力量包括网络平台、传媒力量和行业组织等。随着网络化和传媒力量的发展，

网络和传媒的信息搜集、整合、传播功能发挥到了极致。越来越多的餐饮企业开始注意网络营销和网络信息收集，借助各大网站和传媒平台广泛听取消费者建议，企业通过网络和媒体力量，挖掘消费者信息，了解消费者需求和建议，从中提取可信的、新颖的内容，通过大量的信息分析，解释和预测消费者的行为及未来趋势，解决经营和创新中面临的问题。

职能健全的行业组织也是实现有效沟通的重要方式。行业组织在推进企业和政府的有效沟通的同时，也是维护消费者权益，倾听消费者需求的重要渠道。行业组织通过开展信息咨询服务、行业信息公开、举办大型节庆、搭建信息互动平台等方式，能够大量接受消费者投诉，广纳消费者建议，维护消费者合法权益，为企业创新提供动力支持；同时向消费者公开行业最新资讯，举办节庆活动，能够引导消费需求，推广创新成果。

第三节 强化政府服务职能，优化餐饮业态创新环境

一、强化监管力度，加大创新扶持

目前餐饮业的过度竞争，导致了市场经营秩序紊乱，食品安全问题日益严峻，已严重影响到餐饮业的行业信誉及健康有序发展。因此，加强市场规范势在必行。要打击餐饮业非法经营行为，坚决取缔无证照的违法经营活动；加强企业卫生安全监督，提高食品安全水平，建立食品卫生安全等级制度，让消费者吃得放心、吃得健康；对休闲茶室等兼具休闲娱乐活动设施的场所，坚决打击赌博等违法活动；对餐饮企业经营行为进行规范，制止商业欺诈，遏制带来负面影响的营销行为，促进公平竞争，通过引导企业建立相关制度，开展规范经营、诚信经营。

作为服务业基础行业之一的餐饮业，政府应加大对其创新的扶持力度，适度放宽政策，在降低 POS 机刷卡费率、广告准许度等方面为餐饮企业提供更多便利。主要可在以下几点做出改进：一是从政府层面加大对餐饮业的宣传推介力度，将其作为城市魅力的重要内容；二是开展餐饮理论研究，加强高层管理及职业经理人层面的经验交流，提高行业执业素质，增强创新意识；三是增加本地餐饮与国内外同行的交流与学习；四是引进著名餐饮企业、管理公司，以其先进的理念为本地餐饮企业给予导向性支持；五是加强餐饮市场信息采集和分析研究，在企业投资、市场运行、发展趋势等方面加强对企业的引导服务。

二、改进区域规划，优化市场结构

餐饮业是与人民生活基本需求息息相关的行业，餐饮业的空间布局、网点分布、交通便利程度，都极大影响了消费者的消费便利度、消费次数以及餐饮企业的经营状况。政府作为城市商业格局和区域规划的制定者、决策者，应充分考虑餐饮业的特殊性，以"便民"和"利商"为指导，积极发展美食街区，同时根据不同区域的市貌、人口等特点，合理规划美食街空间布局，实现餐饮行业的整体空间布局均衡发展。

合理安排空间布局的同时，政府以实现市场结构均衡为目标，积极发展各类餐饮市场。以早餐市场为例，过去三年内，早餐市场的平均增长率保持在14%左右，高于同期 GDP 增长率四到八个百分点，2009 年早餐市场规模已达1876.7 亿元。各类餐饮市场的需求状况从早餐市场的旺盛发展可见一斑，但目前餐饮市场却大多呈现早餐不丰富、夜宵市场供应不足、特色小吃风味不足的状况，且分布零散，缺少系统化。为均衡餐饮行业结构，必须大力发展餐饮分类市场，丰富餐饮产品类型，继续推进"早餐工程"、餐饮夜市，放宽如营业时间、营业范围等限制性条件，优化餐饮市场结构，增强消费便利度，丰富消费内容，为餐饮业态创新提供更多便利条件。

三、合理配置资源，关注生态生息

配置各类资源、整合各方力量是政府的服务职能之一，也是餐饮业态创新的实现前提。为了实现餐饮业态创新，政府通过财政收入和财政支出，及其掌握的土地、基础设施、公共服务等资源，再以分配的资源配置手段为餐饮业态创新的发展提供资源支持。在企业、消费者、政府三方参与的业态创新中，由于资源来源的不同，必然导致利益的多边性，各自目标取向的差异性，要将各类资源整合起来，形成有序的参与，必须借助政府的行政手段和施政权威完成资源配置和力量整合。

城市的生态生息是政府必须关注的焦点，是关乎城市环境生活品质的重要内容。只有一流的环境才能吸引一流的人才和企业入驻，也只有一流的环境才能吸引消费者的驻留。关注城市生态生息就要求政府在以下三方面加大管理力度：一是加强生态建设，让生态成为生活化的生态，生活成为生态化的生活。加大环境保护监管力度，建设生态城市，为餐饮业态创新提供良好的生态环境保障。二是促进资源节约，推动节约型发展模式。传统餐饮业作为高消耗的行业，在利润下降的压力下，节能降耗的低碳路线是其创新和发展的必然选择和明智之举。三是推进有机更新，把城市作为一个有机体、生命体，在促进餐饮业态创新发展、新陈代谢的同时，保护传统饮食文化、本土餐饮特色，保留城市的"生命链条"，实现永续发展。

第六章　实证分析：以"休闲美食之都"杭州为例

2011 年 1 月 10 日，杭州正式被中国饭店协会授予"中国休闲美食之都"，成为全国首个获此殊荣的城市，这是杭州继 2006 年被世界休闲组织授予"东方休闲之都"称号后获得的又一城市殊荣。休闲美食是在传统餐饮去功能化过程中的特殊产物，是通过环境的营造、文化的注入、风格的形成和潮流的引领而塑造形成。杭州的休闲美食分为以主题餐厅为代表的都市休闲美食和以农家乐为代表的农家休闲美食两大流派，各具特色、相得益彰、互为补充，满足了消费者审美体验、娱乐体验和教育体验的综合需求，成为新的消费时代下餐饮 2.0 业态的典型代表。"休闲美食之都"的挂牌，是杭州政府强力打造、企业积极创新、消费者强烈激励所取得的重大成果，杭州餐饮业态创新取得的成绩在全国总体处于领先地位，许多做法和经验值得其他地区学习和借鉴。

第一节　杭州市餐饮业态创新情景分析

一、杭州市餐饮业全景扫描

民以食为天。曾为中国历史古都之一的杭州市，餐饮文化最早可以追溯到千年前的吴越国时期。当时的杭州是中国经济和文化最繁华的地区之一，杭州菜发展到较高水平，尤以水产菜闻名于世。到北宋时期，杭州经济文化已经进入国内一流城市行列，其饮食文化仍然沿袭前代之风，以精致、奢侈闻名于世。一代文豪苏东坡曾用"天下酒宴之繁盛，未有如杭城也"来描绘杭州美食。南宋时期，作为都城的杭州的餐饮业更是达到了鼎盛时期，南北文化的交融，使杭州成为全国的烹饪技术中心。据吴自牧《梦粱录》记载，当时杭州诸色菜肴达 280 余种，烹饪手法达 15 种，杭州餐饮业还出现了餐饮民间组织——奇巧饮食社。元代的杭州餐饮业，茶楼、酒肆、饮食店铺遍布城内外，西湖上"主人满船富肴酒"。清、民时期，杭州餐饮业始终处于全国一流行列，出现了一大批知名字号，如奎元馆、楼外楼等。

杭州餐饮业历经千年鼎盛发展，如今正迎来改革开放后的繁荣复兴。近年来，杭州市委、市政府把美食行业作为发展民生、改善民生的重要抓手，不断提高人民生活品质，推动"民生经济"的跨越发展。在杭州市制定的"培育十大特色潜力行业发展规划和行动计划"中，餐饮业作为第一大行业得到了大力扶持，杭州市政府为餐饮业发展设立了专项资金，从政府层面加大境内外宣传推介，扶持本土品牌企业建设扩张，这些举措对杭州餐饮业的发展都起到了关键作用。同时，杭州市建立了较为成熟完善的行业组织，如杭州市餐饮旅店行业协会、杭州杭菜研究会、杭州市咖啡西餐行业协会、杭州市茶楼业协会等，它们利用其服务、沟通、协调、自律功能，对杭州市餐饮业态创新与发展起到了巨大的推动与支撑作用。自 2005 年杭州餐饮营业收入首次突破百亿大关，达到 100.86 亿元之后，2009 年，这一数字又被迅速改写，达到 203.28 亿元。至 2010 年底，杭州有餐饮企业近 2 万家，总餐位达到 140 余万个，吸纳就业人员近 30 万人，营业额预计超过 230 亿元。至 2010 年底，杭州已有 20 家杭帮菜企业被评为"中华餐饮名店"，有 6 家被授予"国际餐饮名店"。年销售超过 10 亿的企业有两岸咖啡和澳门豆捞，分别达 22 亿、13 亿；年销售超亿元的企业达 12 家；杭州楼外楼则位居全国餐饮人均劳效榜首，年人均营业额 37.2 万元。凭借旺盛的市场需求和政府的大力支持，杭州餐饮业规模迅速扩大，经营业绩持续攀升，初步形成了从传统产业向现代产业转型的发展新格局。

如今，杭州将以获得"中国休闲美食之都"称号为新的起点，继续实施服务业优先发展战略，进一步做大做强餐饮业，坚持创新开放，培育更多名企、名店、名师、名菜，促进政府引导力、企业主体力和消费者推动力三力合一，不断扩大"中国休闲美食之都"的知名度和影响力。

二、杭州市餐饮业态创新共演场景分析

（一）领先全国的业态创新

创新是杭州餐饮业的灵魂，是杭州餐饮企业的根本竞争力所在。从 1986 年开始，全市性的创新菜大赛就已在杭州展开，地域、菜系界限在杭州统统被打破，外帮菜、历史名菜均经过创新改善进入杭州餐厅。杭州餐饮企业的创新摒弃了简单地引进和重复，而是更多地从当代的饮食需求和审美偏好出发，将传统与现代相结合、外地菜点与本地化相结合、精致菜肴与家庭菜点相结合，在国内餐饮界独领风骚。例如百年老店楼外楼在传承传统名菜的同时，在专家的指导下，开发出了使古代宴肴重现光彩的"乾隆宴""仿宋宴""东坡宴"，与西湖景观相辉映的"西湖船宴"，针对现代饮食新观念——"重养身、重情调"的"龙井茶菜系列"，风情万种、雅俗共赏的"荷花宴"等创新菜肴，高贵典雅、菜中极品"蟹粉佳肴系列"等创新菜肴。在2009年西湖美食文化节的八大菜系烹饪大师厨艺展示环节中，杭州知名餐饮企业共同打造了"杭州传统名菜宴、新杭州名菜宴、都市时尚宴、南宋官府宴、婚庆喜宴、西湖龙井茶宴、天目竹笋宴、江南风情宴"，构筑成一席天堂盛宴，向全国同行展示传统杭菜与创新杭菜的风采。杭州茶馆则创新性地将自助茶点引入茶楼，为杭州茶馆注入新的活力，开创了杭州茶馆发展的新纪元。据2010年杭州的一项调查显示，在对88家杭州市重点餐饮企业抽样调查中，有38家企业共投入新产品开发费用887万元，平均每家投入23.3万元。正是杭州餐饮企业的这种创新精神和创新意识，才使杭州餐饮企业的激烈的市场竞争中拔得头筹并立于不败之地，并推进了整个餐饮业态创新的进程。

产品创新的同时，杭州餐饮企业已经步入以顾客满意度、忠诚度和企业知名度、美誉度为中心的品牌经营、连锁发展时代。至2010年底，杭州已有20家杭帮菜企业被评为"中华餐饮名店"，有6家被授予"国际餐饮名店"。据统计，"十五"期间，杭州品牌连锁餐饮零售额平均增长44.1%，高于餐饮零售额21.6个百分点。餐饮连锁零售额由2001年占全市餐饮零售总额的13%发展到2005年的25.3%。2010年8月，中国饭店协会发布了《中国餐饮调查报告》，杭州饮食服务集团公司连续第二年蝉联中国餐饮品牌30强第一，并位居全国餐饮业盈利能力榜首；杭州楼外楼则位居2010全国餐饮人均劳效榜首，年人均营业额为37.2万元。同时，杭州餐饮企业在全国范围内大力发展连锁经营，在取得了良好收益的同时也推广了杭州餐饮品牌。以杭州外婆家餐饮连锁为例，截至2010年初，杭州著名餐饮企业"外婆家"已在全国拥有27家门店。由此可见，品牌已成为杭州餐饮企业的重要资本，其核心竞争因素开始由硬实力转向软实力，也成为杭州餐饮业态创新的重要成果之一。

（二）有为政府的强势推动

为扩大杭州餐饮业的知名度和影响力，进一步打响杭州"美食天堂"的城市品牌，向中国饭店协会申请授予"中国美食之都"称号，杭州市政府为此做出了大量工作和扶持措施。

首先，杭州市成立了申报"美食之都"工作协调小组，成员单位由市贸易局、市卫生局、市质监局、市工商局、市统计局、市商业资产经营公司、杭州文广集团、杭州报业集团等组成，明确分工与职责，为"美食之都"提供了完善的部门体制保障。其次，杭州市提出了"五个一"工程，即形成一个报告——《杭州餐饮业发展报告》（附《杭州餐饮国际化行动计划》），作为申报报告的行业状况和数据支撑；编写一本书，即编纂并公开发行《杭帮菜》，以图文并茂的形式介绍杭州餐饮业发展历史、反映发展现状，宣传发展成就；制作一集宣传片，反映杭州餐饮的综合性影响；表彰一批先进单位和个人；开展一次系列报道，在报刊、电视、网站进行为期半个月的杭州餐饮宣传报道。再次，为配合杭州申报"休闲美食之都"，杭州市政府主持开展了众多节庆活动。如举办第十一届中国（杭州）美食节，包括第二届素食文化节、咖啡西餐文化节、国际酒吧嘉年华、杭州餐饮名店评选等活动。开展国际化交流活动，组团到新加坡等地推介杭帮菜，扩大杭州餐饮的知名度。开展国内知名餐饮交流活动，组织2010中国营养美食文化节、"名楼荟萃迎世博"、"杭帮菜进世博"等活动。开展茶文化活动，组织茶宴（菜、点）征集品鉴、茶艺师技能大赛等活动。扩展美食场所，推出中山南路、胜利河等一批美食夜市、美食街；支持知名餐饮发展连锁经营；引进国内外知名美食。开辟美食专栏、美食专题电视节目等。推出区、县美食品牌，如余杭"羊锅节"、萧山"三江美食节"、临安"山珍美食节"、淳安"秀水节"一品千岛湖有机鱼等。建设"杭帮菜博物馆"；实施餐饮服务和烹饪技能提升工程，组织万名从业人员岗位技能培训。

杭州市政府大力扶持餐饮业、打造"休闲美食之都"的举措，开创了从政府层面重力打造行业品牌的先河，也为杭州餐饮业态创新提供了坚实的保障。

（三）繁荣活跃的餐饮市场

繁荣活跃的餐饮市场是杭州市"休闲美食之都"的又一重要特征。杭州餐饮业的消费者需求的变化始终走在时代的前沿，杭州餐饮企业在积极响应消费者需求的同时，消费者也主动参与各项市场调查与沟通平台，积极向企业和政府反馈信息，借此推进餐饮业态的创新。消费者的满意程度作为业态创新的最终鉴定结果，是检验业态创新是否成功的重要标准，是验证共演是否达到共赢的最典型的方式。下文就将重点通过消费者问卷调查的数据分析，研究杭州消费者的相关行为及其对杭州餐饮业态创新的满意度。

第二节 "休闲美食之都"——共演的标杆之作

分析过杭州市餐饮业共演场景之后，不难发现，在企业的积极创新、政府的大力推动和消费者强劲激励下，"休闲美食之都"是杭州餐饮业由共演到共赢的最好表征和最大硕果。根据前文论述，活跃的消费者是餐饮业态创新的原动力所在，消费者满意度是检验餐饮业态创新"共演—共创—共赢"成果的重要标准和有力说明。为了解杭州消费者对餐饮业态创新的满意程度，本研究对杭州市政府重力打造的两条美食街区——高银巷美食街、胜利河美食街进行消费者问卷调查，问卷调查数据由 2010 年 7 月开始对目标美食街中餐饮消费者现场调查所得。问卷调查共发放问卷 700 份，回收问卷 617 份，回收率 88.1%；经筛选，有效问卷 599 份，有效率 97.1%。通过对问卷数据的分析，不仅能够获得消费者满意度信息，顾客价值的实现程度也能通过此数据得到一定程度反映，能够有效地印证杭州餐饮业态创新由共演到共赢的成果和效应。

随着生活节奏的加快、时间成本的提升，情侣约会、朋友活动、商务沟通等逐渐成为新的餐饮消费动机，消费者游走于各个餐厅间以满足胃口同时，借以融合人际关系、促进感情、聊天谈事办事，这就要求餐饮消费功能逐渐复合化，从满足人们单一的功能性需求向满足人们多样化需求转变，从满足人们物质层面的需求逐步实现满足人们精神层面的需求。来自高银巷和胜利河的 599 份消费者问卷统计分析结果显示，"家庭用餐"占总数的 41%，"朋友邀约"18%，成为消费者最主要的消费动机（详见图 6-1）。由此可见，餐饮消费场所逐渐成为人们家庭聚会、朋友活动的主要场所。

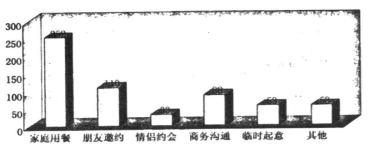

图 6-1 杭州市高银巷、胜利河美食街消费者消费动机分析

　　值得注意的是,地处游客集散地的高银巷的296份问卷统计结果显示,"家庭用餐"动机所占29.1%,"朋友邀约""商务沟通""临时起意"和"其他"分别占据19.9%、16.2%、14.2%和16.6%,各项消费动机不相上下(详见图6-2)。

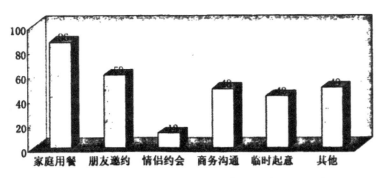

图 6-2 杭州市高银巷美食街消费者消费动机分析

　　而来自居民集聚地的胜利河美食街的303份问卷显示,"家庭用餐"比例高达54.8%,"朋友邀约"和"商务沟通"分别占17%和13%(详见图6-3)。由此可见,美食街的主体功能与其空间地理位置紧密相关。政府部门规划美食街区时应充分考虑城市整体布局和功能分区,确定美食街的核心功能;餐饮企业也应充分考虑所处地理位置,瞄准目标市场,准确定位。

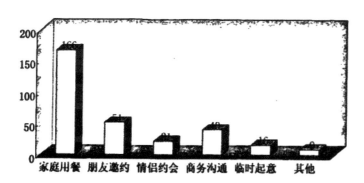

图 6-3 杭州市胜利河美食街消费者消费动机分析

　　杭州餐饮业的产品花样翻新不拘一格,而价格面向大众回归合理,面向大众消费的准确市场定位既是杭州餐饮业的重要特点,也是杭州餐饮业的重要的竞争优势之一。大众化的定位，使餐饮消费成为居民日常生活的一部分，切实发挥改善民生的作用；消费者消费频率的提高，也能为餐饮业带来更多的收益和发展机遇。从599份消费者问卷的分析结果看，54.3%的消费者每月前往餐饮场所消费次数在2—4次之间（详见图6-4），其中年龄在21—30岁之间，平均月总收入在"2501—3500元"的年轻群体又成为这一群体的消费主力。

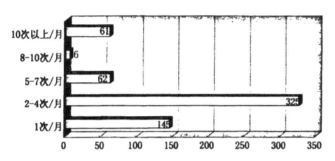

图6-4 杭州市高银巷、胜利河美食街消费者消费频率分析

通过599份消费者问卷统计分析，64.3%的消费者认为美食街餐饮产品性价比"适中"，30.7%的消费者认为性价比"偏高"（详见图6-5），其中平均月总收入在"2501-3500元"的21—30岁之间的"企事业单位一般职员"对性价比的评价最高。由此也印证了杭州餐饮业注重质和价的协调统一，以及面向大众的市场定位。

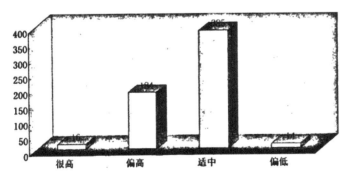

图6-5 杭州市高银巷、胜利河美食街消费者对"性价比"的评价

在杭州，餐饮逐步成为一种休闲手段，作为休闲的主题而存在。"江南忆，最忆是杭州"，杭州美景自古令诸多文人骚客心驰神往，坐拥天堂美景，享受

饕餮盛宴，是杭州餐饮得天独厚的一大优势，"美器"在为美食增添趣味与美感，再佐以贴心得体的优质服务，杭州休闲美食的魅力展露无遗。企业在环境塑造上可谓不遗余力，主题餐厅特色鲜明、山水餐厅品位高雅、时尚餐厅紧跟潮流。通过消费者问卷发现，63.1%的消费者对餐饮就餐环境"满意"，30.7%的消费者认为"普通"，4.2%消费者表示"非常满意"，仅2%左右消费者表示"不满意"或"非常不满意"（详见图6-6）。

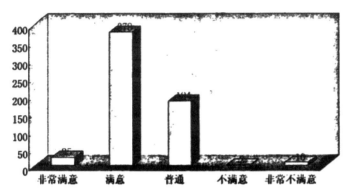

图6-6 杭州市高银巷、胜利河美食街消费者对"就餐环境"的评价

美食街的卫生状况反映企业的食品安全等级和政府相关部门的监管力度。在599份问卷中，61.3%的消费者认为卫生状况"较卫生"，24.5%的消费者认为"卫生"，7.9%的消费者认为"不卫生"（详见图6-7）。消费者较高的卫生认可，是对企业食品安全卫生的信任，也是对政府卫生监管部门工作的有力肯定。

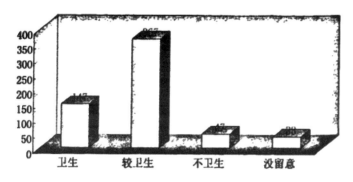

图6-7 杭州市高银巷、胜利河美食街消费者对"卫生状况"的评价

杭帮菜原先只是浙菜中的一个地方菜，杭帮菜能走红，其根本原因是杭帮菜善于学习与创新。同时，杭州餐饮业在服务上的领先理念也为其博得了众多好评，用心做事，使消费者感受到舒心、放心、省心。来自消费者问卷的调查结果显示，52.1%的消费者对美食街产品种类感到"满意"，仅3.8%的消费者感到"不满意"或"非常不满意"（详见图6-8）。

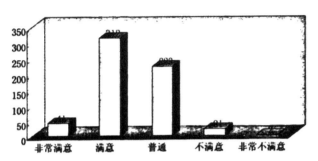

图6-8 杭州市高银巷、胜利河美食街消费者对"产品类型"的评价

在对"服务质量"的评价中，49.4%的消费者认为"好"，42.9%的消费者认为"一般"，认为"很好"的消费者占5.7%（详见图6-9）。不难看出，杭州餐饮企业在产品和服务上的创新和完善已经取得市场的认同。

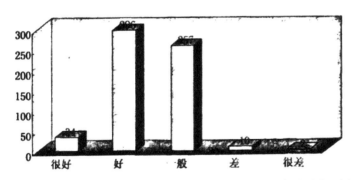

图6-9 杭州市高银巷、胜利河美食街消费者对"服务质量"的评价

杭州市餐饮业呈网状分布于杭州市区及五大县市，呈现区县（市）联动、重点突出、"点—线—面"合理分布的空间格局。杭州市区的都市餐饮网点主要集中在上城区、下城区和西湖景区，有商业配套餐饮区、特色美食街区、农家休闲美食区和临时性餐饮网点四种类型。杭州市根据不同城区的市貌、

人口特点，对餐饮空间布局进行合理规划，已基本实现餐饮网点全城覆盖、便民惠民的目标。调查问卷统计分析结果显示，在599份问卷中，41.7%的消费者对"交通便利性"的评价为"满意"，5.2%的消费者表示"非常满意"（详见图6-10）。

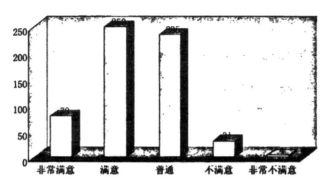

图6-10 杭州市高银巷、胜利河美食街消费者对"交通便利性"的评价

通过以上数据分析不难看出，通过企业、政府的协同作用，杭州市餐饮业在功能完善、市场开拓、环境塑造、产品服务、空间布局等方面均取得了一定发展成就。企业产品和服务、政府规划和监管，都获得了消费者较高的评价和认同，由此印证了杭州市餐饮业态创新中共演界面的有效作为已经取得了一定的成效，餐饮业态创新成果初显，并有较大的继续提升空间。

第七章　结论与展望

第一节　主要研究结论

本文运用共同演化理论、价值共创理论和产业融合理论，对餐饮业态创新的紧迫性和动力系统进行分析，对基于共演理论的理和餐饮业态创新机理进行剖析，提出餐饮业态创新对策建议，得出如下结论：

第一，餐饮业态是指应市场需求而形成的经营形态和组织形式的结合，是现代餐饮业的具体表现形式。

第二，尽管餐饮业规模及投资持续快速增长，但企业盈利能力低位徘徊、餐饮创新和品牌建设以及监管理念、法规建设相对滞后，迫使餐饮业态加速创新。餐饮企业持续发展的需要是业态创新的主动力所在，消费者需求是业态创新的原动力，而市场竞争加剧则使餐饮业态创新势在必行。

第三，基于共演理论的餐饮业态创新主要遵循角色共演、价值共创、合作共赢的主体思路。以角色共演为现实基础，价值共创为实现路径，合作共赢作为必然结果。其中消费者需求是一切创新之起点，消费者价值提升则是创新的落脚点。

第四，基于共演的餐饮业态创新对策主要包括：发挥企业主体功能，提高餐饮企业创新能力；转变消费者角色，拓宽主体间多向沟通渠道；强化政府服务职能，优化餐饮业态创新环境。

第五，杭州市"休闲美食之都"的成功申报，是企业经营创新、政府良治有为和消费者积极主动共同作用的结果。

第二节　研究不足与展望

本文将共演理论引入到餐饮业态研究领域，是一项尝试性研究，文中诸多论述尚处于较浅层次，尤其以下方面有待今后进一步深入研究：

第一，受限于餐饮业态现有研究成果较少，本文关于餐饮业态创新的理论综述内容较大程度上借鉴了零售业态变迁的一般性理论和餐饮企业创新的研究结论。今后关于此类研究应紧密结合餐饮业个性特征，立足餐饮业态本身，探讨餐饮业态创新的相关问题。

第二，从多方合作层面利用共演理研究餐饮业态创新文献资料相对缺乏，所以本研究在理论上的支持略显松散、不够紧密。本文以共演理论为理论基础，剖析餐饮业态创新机制，由于多方共演是一个复杂的系统和过程，建立在共演基础上的餐饮业态创新机制也应是复杂的，但本文对此研究略显简单。因此，进一步深化共演基础上的业态创新机理应成为今后研究的重点内容。

第三，如果要深入研究三方共演对餐饮业态创新的影响，分析各方行为能否对业态创新起促进作用以及能起到多大程度的刺激效果，及业态创新的取得的效果程度，需要通过大量数据进行数理分析，但由于相关指标体系的难以确立，使本研究科学性稍显不足。所以今后应考虑征询更多的意见，建立测量维度和详细指标体系，将问卷进行完善，从而深入分析影响程度、创新效果。

参考文献

1. 专著

[1][美]B.约瑟夫.派恩.体验经济[M].夏业良等译.北京:机械工业出版社,2008:21-23.

[2][美]C.K.普拉哈拉德.消费者王朝:与顾客共创价值[M].王永贵译.北京:机械工程出版社,2005:5-8.

[3][荷]弗罗门.J.经济演化:探究新制度经济学的理论基础[M].李振明等译.北京:经济科学出版社,2003:57-60.

[4]嵇步峰、侯兵.餐饮管理[M].北京:中国纺织出版社,2008:10-12.

[5]李怀斌.客户嵌入型企业范式研究[M].北京:清华大学出版社,2009:67-74.

[6]李虹,王焕宇,程玉贤.餐饮管理[M].北京:中国旅游出版社,2009:7-11.

[7]鲁若愚.多主体参与的服务创新[M].北京:科学出版社,2010:33-35.

[8][美]马丁.威茨曼.分享经济[M].林青松等译.北京:中国经济出版社.1984:56-60.

[9]马健.产业融合论[M].南京:南京大学出版社,2006:5-15.

[10]宁亮.促进创业活动的政府行为研究[M].南昌:江西人民出版社,2009:54-70.

[11]秦晓.市场化进程:政府与企业[M].北京:社会科学文献出版社,2010:70-86.

[12]饶志明.协同演化的企业战略观[M].长春:吉林大学出版社,2009:63-71.

[13]邵万宽.现代餐饮经营创新[M].沈阳:辽宁科学技术出版社,2004:158-173.

[14]夏云风.商业模式创新与战略转型[M].北京:新华出版社,2011:105-111.

[15]杨铭铎.现代餐饮企业创新——创新系统构建研究[M].北京:科学出版社,2010:70-89.

[16]郑明高.产业融合：产业经济发展的新趋势[M].北京：中国经济出版社，2011：5-10.

[17]张平.合作战略[M].北京：中国经济出版社，2009：57-70.

[18]朱发仓.浙江流通产业演进动力研究[M].杭州：浙江工商大学出版社，2008：79-91.

[19]郑杭生，杨敏，奂平清."中国经验"的亮丽篇章——社会学视野下"杭州经验"的理论与实践[M].北京：中国人民大学出版社，2010：267-274.

[20]张明立.顾客价值：21世纪企业竞争优势的来源[M].北京：电子工业出版社，2007：38—42.

[21]Norgaarg.R.B.Developmentbetrayed:theendofprogressandaco-evolutionaryrevisioningofthefuture[M].Routledge，LondonNewYork，2002.

2．期刊

[1]方永恒，许晶.产业集群系统协同演化动力模型研究[J].两安建筑科技大学学报（自然科学版），2011(1)：13-118.

[2]郭卫东.基于协同演化的企业战略观构建[J].商业时代，2010(21)：94-95.

[3]贺慧玲.合作创新，利益共享——手机电视运营模式探讨[J].世界宽带网络，2006(6)：36-39.

[4]华强.零售业态演化规律的理论探讨[J].商业经济与管理，2002(7)：66-67.

[5]何勇，杨德礼，吴清烈.基于努力因素的供应链利益共享契约模型研究[J].计算机集成制造系统，2006(11)：1865-1868.

[6]侯兵，许云飞.我国餐饮业竞争优势变迁与业态创新[J].扬州大学烹饪学报，2007(3)：45-50.

[7]韩明.多种业态构筑多彩餐饮世界[J].中国经济信息，2002(6)：29-30.

[8]刘菲.上哪吃饭去：餐饮业态浏览[J].商业文化，2006(6)：61.

[9]刘莉莉.与消费者共创价道[J].经理世界，2002(9)：96-97.

[10]刘宏程，全允桓.产业创新网络与企业创新路径的共同演化研究：中

外 PC 厂商的比较 [J]. 科学学与科学技术管理，2010(2)：72-76.

[11] 李骏阳，陈艺春. 第四方物流与第三方物流利益共享合作机制研究 [J]. 商业经济与管理，2004(8)：4-8.

[12] 李大元，项保华. 组织与环境共同演化理论研究述评 [J]. 外国经济与管理，2007(11)：9-16.

[13] 彭娟. 我国餐饮零售连锁经营业态形成及分类 [J]. 商场现代化，2007(3)：7-8.

[14] 潘小慈. 餐饮业的现状、问题与对策分析——以浙江省为例 [J]. 商场现代化，2009(12)：23-25.

[15] 吴钊. 体验经济时代六大消费趋势 [J]. 商业时代，2003(24)：15.

[16] 吴结兵，郭斌. 企业适应性行为、网络化与产业集群的共同演化——绍兴县纺织业集群发展的纵向案例研究 [J]. 管理世界，2010(2)：141-155.

[17] 史神馨. 基于共同演化的供应链合作伙伴协调能力研究 [J]. 物流科技，2010(6)：120-123.

[18] 王核成，赵丽娟，宋士显. 长期竞争优势：知识、能力、产品的共同演化 [J]. 企业经济，2005(8)；58—59.

[19] 夏春玉. 零售业态变迁理论及其新发展 [J]. 当代经济科学，2002(7)：32-35.

[20] 杨玲玲，魏小安. 旅游新业态的"新"意探析 [J]. 资源与产业，2009(12)：15-17.

[21] 杨丽媛. "众包"之后的商业模式：价值共创 [J]. 成功营销，2010(11)：23-24.

[22] 叶正茂，洪远朋. 共享利益的理论渊源与实现机制 [J]. 经济学动态，2006(8)：17-22.

[23] 张福军. 共同演化理论研究进展 [J]. 经济学动态，2009(3)：108-111.

[24] 赵进，刘延平. 产业集群生态系统协同演化的环分析 [J]. 科学管理研究，2010(4)：70-72.

[25][英] 詹姆斯·米德. 分享经济的不同形式 [J]. 冯举译. 经济体制改革，1989(2).

[26]EhrliehP&PRaven. Butterfliesandplants: Astudyinco-evolution[J].

Evolution18(4)：586-608.

[27]Giannoccaro.I&Pontrandolfo.P.Supply Chain Coordination by Revenue Sharing Contacts[J]. International Journal of Production Economics. 2004(89)：131-139.

[28]Lcwin. A. Y&C. P. Longa & T. N. Carroll. The co-evolution of new organizational forms[J]. Organization Science，10(5)：535-542.

[29]Nelson. R.B ringing institution into evolutionary growth thcory[J]. Journal of Evolutionary Economics，12：17-28.

[30]Norgaarg. ILB. Developmentbetrayed: the end of progress and a co-evolutionary revisioning of the future[M]. Routledge, LondonNewYork.

[31]Norgaarg. R. B. Co-evolutionary development potential[J]. LandEconomics'60：160-173.

[32]Pelikan. P. Bringing institutions into evolutionary economics[J]. Journal of Evolutionary economics，13：237—258.

[33]StephenLVargo，PaulP. Maglio，MelissaArchpruAkaka：On value and value co-creation: Aservice systems and service Iogicperspective[J]. European Management Journal，2008，26(3):145-152.

[34]Volberda. H. W&A. Y. Lewin. Co-evolutionary dynamic swith in and between firms[J]. Journal of Management Studies，40(8)：2105-2130.

3. 报纸
[1]专家把脉杭州美食[N].杭州日报，2011-01-10(10).

4. 论文集、会议录、专著中析出的文献：
[1]庞学铨.休闲评论（第一辑）[C].浙江大学出版社，2009.

5. 学位论文
[1]程华胜.体验经济时代旅游消费者行为研究[D].上海：上海大学，2007.

[2]黄凯南.企业和产业共同演化理论研究[D].山东：山东大学.2007.

[3]蒋微芳.基于场所依赖理论的休闲业态创新研究[D].浙江：浙江工商大学，2011.

[4]李剑.区域旅游产品创新系统及其指标体系研究——基于价值共创的视角[D].浙江：浙江工商大学，2007.

[5]李欣.消费行为与零售业态互动关系及百货业营销策略研究[D].江苏：河海大学，2007.

[6]茅培华.基于业态创新的零售企业创新系统及其模式研究[D].浙江：浙江工商大学，2008.

[7]彭涛.基于利益相关者视角的品牌价值创造机理分析[D].重庆：重庆交通大学，2008.

[8]孙璐.中国零售业态结构优化研究[D].黑龙江：东北林业大学，2005.

附录

附录一：杭州美食街消费者满意度调查问卷

您好！我们是来自浙江工商大学旅游与城市管理学院的一名在读硕士生，目前正在完成毕业论文的写作。此问卷旨在了解您对美食街的满意程度，您的意见和建议将有助于我顺利完成论文。您的回答将受到严格保密。

感谢您在百忙之中完成此问卷，谢谢您的配合！

1. 请问您的性别：

   A．男　　　　　　　　　B．女

2. 请问您的年龄：

   A．20岁以下　　　　　　B．21—30岁　　　　　C．31—40岁

   D．41—50岁　　　　　　E．51岁及以上

3. 您的平均月总收入：

   A．1500元及以下　　　　B．1501—2500元　　　C．2501—3500元

   D．3501—4500元　　　　E．4501–5500元　　　　F．5500元以上

4. 请问您的职业：

   A．国家公务员　　　　　　　　　　B．企事业单位负责人

C．企事业单位中层管理人员　　　D．企事业单位一般职员

E．个体工商户　　　　　　　　　F．无业、待业、下岗人员

G．离、退休人员　　　　　　　　H．其他

5．请问您本次消费是：

A．家庭用餐　　　　B．朋友邀约　　　　C．情侣约会

D．商务沟通　　　　E．临时起意　　　　F．其他

6．请问您平均每月到美食街的次数是：

A．1次　　　　　　B．2—4次　　　　　C．5—7次

D．8—10次　　　　E．10次以上

7．您认为美食街的普遍性价比：

A．很高　　　　　　B．偏高　　　　　　C．适中　　　D．偏低

8．您对美食街的就餐环境：

A．非常满意　　　　B．满意　　　　　　C．普通

D．不满意　　　　　E．非常不满意

9．您认为美食街的卫生情况：

A．卫生　　　　　　B．较卫生　　　C．不卫生　　　D．没留意

10．您对美食街的产品类型：

A．非常满意　　　B．满意　　　C．普通

D．不满意　　　　E．非常不满意

11．您认为杭州美食街的服务质量：

A．很好　　　　　　B．好　　　　C．一般

D．差　　　　　　　E．很差

12．请问您对于美食街附近的交通通畅度：

A．非常满意　　　B．满意　　　C．普通

D．不满意　　　　E．非常不满意

本问卷已填写完毕，再次谢谢您的配合。谢谢！

附录二：杭州美食街消费者满意度调查数据统计表

	问题	百分比 (%)	数量（人）
Q1	请问您的性别：	100.0	599
	A. 男	40.4	242
	B. 女	59.6	357
Q2	请问您的年龄：	100.0	599
	A.20 岁以下	24.4	146
	B.21—30 岁	50.4	302
	C.31—40 岁	17.5	105
	D.41—50 岁	4.5	27
	E.51 岁及以上	3.2	19
Q3	您的平均月总收入：	100.0	599
	A.1500 元及以下	13.0	78
	B.1501—2500 元	29.9	179
	C.2501—3500 元	34.7	208
	D.3501—4500 元	14.5	87
	E.4501—5500 元	6.0	36
	F.5500 元以上	1.8	11
Q4	请问您的职业：	100.0	599
	A. 国家公务员	5.3	32
	B. 企事业单位负责人	3.2	19
	C. 企事业单位中层管理人员	9.0	54
	D. 企事业单位一般职员	53.1	318
	E. 个体工商户	17.9	107
	F. 无业、待业、下岗人员	3.0	18
	G. 离、退休人员	3.5	21
	H. 其他	5.0	30
Q5	请问您本次消费是：	100.0	599
	A. 家庭用餐	42.1	252
	B. 朋友邀约	18.4	110
	C. 情侣约会	5.5	33
	D. 商务沟通	14.7	88
	E. 临时起意	9.7	58
	F. 其他	9.7	58
Q6	您平均每月到美食街的次数是：	100.0	599
	A.1 次	24.2	61
	B.2—4 次	54.3	325
	C.5—7 次	10.4	62
	D.8—10 次	1.0	6
	E.10 次以上	10.2	61

	问题	百分比 (%)	数量（人）
Q7	您认为美食街的普遍性价比：	100.0	599
	A. 很高	2.7	16
	B. 偏高	30.7	184
	C. 适中	64.3	385
	D. 偏低	2.3	14
Q8	您对美食街的就餐环境：	100.0	599
	A. 非常满意	4.2	25
	B. 满意	63.1	378
	C. 普通	30.7	184
	D. 不满意	0.3	2
	E. 非常不满意	1.7	10
Q9	您认为美食街的卫生情况：	100.0	599
	A. 卫生	24.5	147
	B. 较卫生	61.3	367
	C. 不卫生	7.9	47
	D. 没留意	6.3	38
Q10	您对美食街的产品类型：	100.0	599
	A. 非常满意	6.8	41
	B. 满意	52.1	312
	C. 普通	37.2	223
	D. 不满意	3.5	21
	E. 非常不满意	0.3	2
Q11	您认为杭州美食街的服务质量：	100.0	599
	A. 很好	5.7	34
	B. 好	49.4	296
	C. 一般	42.9	257
	D. 差	1.7	10
	E. 很差	0.3	2
Q12	您对美食街附近的交通通畅度：	100.0	599
	A. 非常满意	5.2	79
	B. 满意	41.7	250
	C. 普通	39.2	235
	D. 不满意	13.2	31
	E. 非常不满意	0.7	4

【文章来源】樊莹：《基于共演理论的餐饮业态创新研究——以"休闲美食之都"杭州为例》，浙江工商大学硕士学位论文，2011 年

2. 杭州美食街区的时空分布及特征分析

摘要：通过文献分析法和田野调查法，从时空分析的视角探求杭州美食街区的发展历史、演变规律及特征。结果发现在服务经济和城市休闲化等多重因素的推动下，美食街区逐渐成为城市居民和外来旅游者光顾游览的重要场所。杭州美食街区从 20 世纪 90 年代起步，在市场和政府双股力量的推动下，业已成为城市的金名片。发展至今，历经形成期、初步发展期和快速发展期 3 个阶段，每一阶段均有知名的街区出现。在空间上，拥有美食街数量最多的是拱墅区，但经济效益最好的是上城区；在布局上，杭州美食街呈现"一轴两极"的"哑铃形"格局，如今逐渐形成"环西湖美食圈"的形态。美食街在形成过程中遵循消费市场依附和原料市场依附的内在机理。

关键词：美食街区；杭州；空间；分布

在服务经济和城市休闲化等多重因素的推动下，城市街区逐渐由过去单一的通勤功能演变为集商贸、餐饮、旅游、休闲和集散等多功能于一身，成为生产与生活的主要载体，并朝着多主题、多类型、多特色的方向发展。其中，众多具有特定自然地理条件和深厚历史底蕴的街道逐渐被改建、活化为历史文化街区，成为城市旅游和游憩活动的空间[1]。美食主题街区属于城市文化街区的特色组成部分，是文化创意和消费需求融合下城市餐饮、休闲娱乐等业态集聚化和规模化的综合体现[2]。杭州自古繁华，六朝古都的人文底蕴造就东方休闲之都，众多美食街区不仅成为杭州城市旅游发展中极富地方特色的产品，又是充分展示杭州历史、文化、休闲、餐饮和娱乐等众多要素魅力的代表，作为城市旅游文化资源的重要组成部分，已经形成一种独特的旅游文化经济现象[3]。因此，解读这一特殊文化经济现象产生与演变的历史缘由和发展规律，找出其在城市化、城市旅游化和城市休闲化的大背景下担负的角色和作用就显得重要而有意义。但与杭州发达的美食经济相比，学术界对杭州美食街区的关注并不热络，仅有的成果大部分散落在有关城市旅游、旅游资源和历史文化街区的研究论文中，对美食街区的专门研究非常少，两者相比显得十分不相称。因此，本文试图透过时间和空间的维度，找出杭州美食街区的发展轨迹，并结合街区空间布局的形态，展示美食街区形成和发展的空间特征。

1 杭州美食街区的发展历程及特征

1.1 美食街区的概念

美食街是一种盛行于华人社会的商业形态，起源于路边摊、夜市，经过城市化建设与改造的洗礼，逐渐被正规化后所形成。其往往是在一个建筑范围或区域空间内，由多家综合的餐饮、食品业种店集合构成，提供消费者多元组合性餐饮服务的开放空间[4]。美食街作为商业街的一个类型，是大量餐饮企业聚集在一个街区所形成的企业集群，也是城市众多旅游目的地中的一个[5]。杭州美食街的发展历史悠久，但一直是以自然形成的美食摊点、店铺自然聚集的形式为主。近十几年来，为配合杭州休闲之都、城市旅游等理念的落实，杭州市政府逐渐意识到把城市打造成一个综合旅游产品的重要性，于是在推动和完善传统街区主题化修建的运动中，美食街区作为满足旅游者和本地居民需求的一种复合型的商业街正式兴起并逐渐壮大，通过正规管理、运作与经营，受到消费者的追捧和喜爱。

1.2 杭州美食街区的发展历程及基本特征

从商业本质的视角看，美食街区是产业集群的一种典型类型，是由众多餐饮企业汇聚到一条街区上所形成的商业形态，是为了获得集聚效应所带来的规模经济。梳理考察杭州美食街的发展史，就会发现一条清晰的成长路径（表1）：美食街的雏形起源于流动性和定时性街边摊贩、夜市与大排档。这些餐饮业态的出现很大的动力是市场自发，是在消费驱动和居民谋生手段创新的双重因素推动下形成的，这一时期主要发生在20世纪90年代。进入21世纪后，为了配合城市环境整治、旧城改造以及经营正规化等要求，流动性路边摊逐渐被取缔，夜市和大排档也被整顿，逐渐形成固定区域的规范化经营，这一时期出现的美食街区仍旧是消费驱动的结果。众多先前自发形成的餐饮集聚现象，伴随商品经济的进一步发展，城市居民"外食"消费频次的增多以及旅游经济效应的更大释放后，从零星的、不成规模的普通街区逐渐形成餐饮企业汇聚的形态，所谓现代意义上的美食街正式问世，这一变化主要发生在 2003—2007 年。2007 年后，政府逐渐加强美食街规划和建设，政府主导成为这一时期美食街大量出现的根本原因。借鉴国内外成功的经营模式，结合旧城改造和历史街区的保护与开发，以及依循打造多元城市旅游产品的思路，美食街成为满足多方需求的文化消费场所，并逐渐成为城市最亮丽的风景线。

表 1　杭州美食街区的发展阶段

Tab.1　The development stage of Hangzhou food district

阶段	美食街区	开街时间	定位
形成期（2002 年之前）	舟山东路美食街	2000 年前后	商业美食街：商业、餐饮、休闲
	信义坊商业街	2002 年	商业街：餐饮、商业、娱乐、文化
	河坊街	2002 年 10 月	历史街区：小吃、字画、古玩
	滨江"垃圾街"	2002 年前后	商业美食街：商业、餐饮
初步发展期（2003–2007 年）	高银巷美食街	2004 年 10 月	美食街：杭州特色菜
	河东路美食街	缺失	美食街：餐饮、商业
	保俶路美食街	缺失	美食街：餐饮、商业
快速发展期（2008 年之后）	百井坊巷	2005 年后整修	历史街区：建筑、休闲、商业、餐饮
	竞舟路美食街	2005 年前后	美食街：餐饮、商业、休闲娱乐
	近江海鲜美食街	2006 年前后	美食街：餐饮、商业、休闲娱乐
	南宋御街（中山南路）美食街	2009 年 9 月	历史街区：建筑、商业、旅游、餐饮
	小河直街	2009 年 9 月	历史街区：居住、旅游、商业、公建
	胜利河美食街	2009 年 12 月	美食街：特色小吃、烧烤、工艺
	大兜路美食街	2010 年 9 月	历史街区：明清建筑、餐饮、运河
	三墩美食街	2011 年 2 月	美食街：夜市、小吃
	西塘河台湾美食街	2012 年 12 月	主题美食街：台湾美食

注：根据杭州旅游网 (http://www.gotohz.com/chi/)、新浪微博载细数杭州美食街 (http://weibo..com/zt/s?k=10216&haspic=1) 和杭州旅游指南等资料整理所得

1.2.1 形成期（2002 年之前）

一般说来，企业集群的形成初期，表现为一个或少数几个企业被某一地区的优势条件（如低廉的劳动成本、便利的交通环境、丰富的自然资源、尚未开发的大市场、政府税收的优惠、舒适的生活环境等有利的外部条件）所吸引，甚至偶然的原因而选择某个区域[6]。早期，杭州美食街区的形成正是遵循了这一市场规律，是个别餐饮企业被尚未开发的大市场所吸引而最先入驻，例如舟山东路美食街和滨江"垃圾街"的出现是为了满足庞大学生市场消费的需要。这两条街区都坐落在大学区内，前者位于浙江大学城市学院与浙江树人大学之间，而后者则在滨江大学城的核心区域。固定的客户群保证了最先入驻企业的成功，于是吸引更多的同行加入，两条原本普通的街道，在餐饮企业一再地集聚后成为享誉杭州大学生界鼎鼎有名的美食街。但严格意义上说，舟山东路和滨江"垃圾街"的出现充满了偶然性，是短时期内人口快速增加所出现的补给性供给，与历史上由于居民消费所引起的餐饮企业集聚现象有较大差别。当然，这一时期，除了市场驱动外，政府也逐渐意识到主动作为的意义，尤其是看到像上海新天地这样的成功案例后，萌生了打造杭州新天地的想法，信义坊商业街、河坊街正是这一理念的践行。虽然前者最初的定位与当时的市场气候不相符，但经过多次的改造后逐渐有了生机。河坊街毗邻西湖，吸引了庞大的游客市场，成为杭州最成功的历史文化街区之一。这一时期，美食街区的形成动力主要是消费市场驱动，定位以单一的餐饮性质为核心，虽有政府力量介入，但主动打造特色和主题美食街的概念还未真正形成。

1.2.2 初步发展期（2003—2007 年）

进入 2003 年后，餐饮和旅游经济的潜力进一步释放，杭州限额以上的餐饮企业收入（零售额）有较大幅度的增加，同时旅游总收入也较之前有更快的进步（图 1）。接续之前累积的市场人气，众多位于消费市场或原料市场附近的美食街逐步壮大而成为真正意义上的美食街区。例如河东路、竞舟路、百井坊巷、近江海鲜美食街等接壤居住区或商圈，满足本地居民的日常消费，如今业已成为全杭州市的热门消费场所。高银巷、保俶路临近西湖景区，兼顾本地市场的同时也满足众多旅游者的就餐需求，成为旅游经济的新亮点。这一时期，杭州美食街的成长动力仍以市场自发驱动为主，政府选择性进行开发、建设、并对逐步壮大的街区进行适度的管理和修顿。街区定位依旧是餐饮为核心，其他商业元素和业态不多，但消费市场被进一步培育，人气和知名度逐渐提升，初步具备了现代美食街的特征。

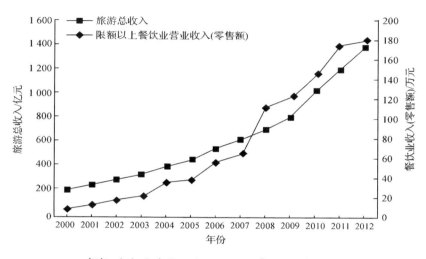

图 1　2000—2012 年杭州旅游总收入与限额以上餐饮业营业收入（零售额）情况

1.2.3 快速发展期（2008 年之后）

2008 年之后，宏观经济正遭受全球金融危机的考验，增速出现小幅下滑，但生活消费领域的支出并没缩减，旅游、餐饮收入（零售额）均出现较大程度的增加（图 1）。这一时期，杭州市政府出台实施了《十大特色潜力行业发展规划（2007—2020）》，美食行业被推举为重点发展的行业之首，计划在湖滨、城市中心、城东、城南、城西等区块打造特色美食街区。在政府强有力的推动下，出现了许多具有历史文化特色的主题美食街。例如修复和还原了南宋御街——中山南路美食街，形成中华美食文化圈；结合城北旧城改造和历史文化复兴的指向，开发了小河直街、胜利河美食街以及大兜路、西塘河台湾美食街等极具杭州地方特色的街区，成为历史文化街区活化和文化创意产业发展的代表性案例。同时，美食街区的建设重心向城北扩张，还出现了杭州城最西边的三墩美食街。这一变化的原因，一是中心城区的美食街区建设已接近完备，基本满足市场需求；二则与城北城市复兴和产业结构调整密切相关；另外，与城北运河文化、历史文化的保护开发以及京杭大运河申遗等均有重要的联系。因此，美食街的定位和类型较之前出现了一些变化，街区的历史感和文化性增强，形象与功能开始多元化，商业价值和文化价值同时被关注。另外，将街区开发与城市建设相融合，成为城市人文关怀、服务居民的举措。随着时间的推进，郊区和景区又将会是下一波美食街区开发建设的重点区域。如今在西湖景区龙井路、灵隐路、西溪湿地以及滨江的浦沿等地，已经出现了不同繁华程度的美食集聚区，成为中心城区之外的又一个餐饮经济亮点。

2 杭州美食街区的空间分布及特征

空间布局是指一定地域范围内经济部门的集聚和分布，而布局形式则表现为经济密度和空间布局相互作用引起的地域布局类型[7]。杭州美食街区的空间分布是依据客源市场、原料市场并结合城市改造、文化创意产业发展而逐步形成现有格局的。

2.1 行政区划视角的空间分布结构分析

从实际分布来看，大部分美食街位于主城区的上城、下城、拱墅、江干、西湖和滨江6个行政区内（表2、图2）。其中，数量以拱墅区最多，共有6条，上城区和西湖区各为3条，下城区2条，其余经济区各为1条，但实际经济效益却并不一一相称。上城区是杭州传统的市中心，人口密度极高，虽然美食街数量不是最多，但拥有武林、湖滨和南山路3个商圈，成为众多餐饮企业集聚的区块，住宿和餐饮业零售额占比高达14.8%，位列行政区之首，是名副其实的餐饮业强区；西湖区的总面积位列杭州主城区第一，但较大部分属于景区，因此人口密度最低，但依托发达的旅游经济，带动了美食街的发展。此外，游览区内的美食街也在兴起，一定程度上提高了其住宿餐饮业零售额的占比；拱墅区虽然在绝对数量上领先，但地理位置偏北，且缺少商圈的支撑，所以餐饮经济并不是最发达，位列最后一名。由此可以看出，美食街在一定程度上承载了杭州餐饮消费的需求，但传统消费习惯以及Shopping Mall模式的兴起和地理位置等原因仍旧是决定餐饮市场格局的重要因素。

表 2　杭州 6 大行政区内美食街与其他情况

行政区	美食街名称	街区数量/条	人口密度/(万人/km2)	2012年社会消费品零售总额/万元	住宿餐饮业零售额占比/%	占比排名
上城区	南宋御街，河坊街，高银巷美食街	3	1.9367	249.4	14.80	1
下城区	百井坊巷，河东路美食街	2	1.7110	619.2	6.75	5
拱墅区	信义坊商业街，舟山东路美食街，大兜路美食街，胜利河美食街，小河直街，台湾美食街	6	0.63	318.4	4.49	6
江干区	近江海鲜美食街	1	0.48	257.3	8.24	3
西湖区	保俶路美食街，竞舟路美食街，三墩美食街	3	0.31	322.9	9.72	2
滨江区	"垃圾街"	1	0.44	56.1	7.31	4

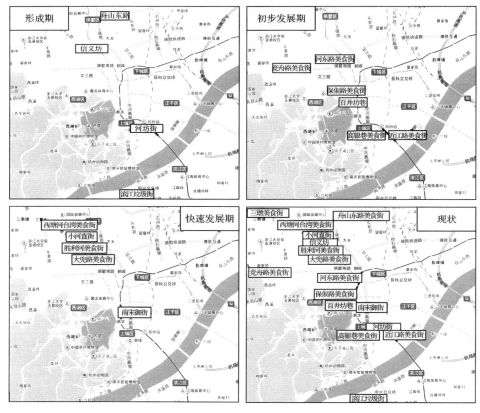

图 2　不同时期杭州美食街区在 6 大行政区内的分布情况

2.2 美食街空间分布形态分析

历史上看，杭州美食街主要分布于上城区，因为大量的人口、商业、交通、旅游、文化和政治等要素集中于此，形成浓郁的发展气候。近年来，伴随城北工业区改造和运河文化资源保护开发，美食街分布逐步向北扩张，逐渐形成由南向北"一轴两极"的"哑铃形"分布格局（图3）[8]。"一轴"主要是指以中河路和上塘路为基本轴线，"两极"分别是指位于上城区境内的"南极"和位于拱墅区境内的"北极"。

图3 杭州美食街空间分布形态

"南极"区块内分布着最为著名的历史文化街区——清河坊、吴山广场、城隍庙、武林广场、湖滨路商业圈和南山路商业圈等，以及在此基础上形成的河坊街、高银巷美食街和南宋御街（中山南路美食街）等反映地方传统饮食文化的美食街区。无论是人气、知名度或者餐饮业零售额，都是杭州餐饮业的高地，以接待本地消费者和外来游客为主，成为杭州旅游休闲市场的代表之一。

相比之下，"北极"则是后起之秀，在知名度、人气和营业额等方面均低于"南极"。这一区块的开发充分利用了京杭大运河的遗产，将运河文化、明清建筑等要素与美食街相互融合，形成了复古、怀旧又不失时尚的特色。不管是早期开发的信义坊商业街，还是后来大力推动的胜利河美食街、大兜路历史文化街区、小河直街等都与运河、历史、明清建筑等要素密不可分，成为全杭城餐饮区块中最重视运河文化的地方。

2.3 美食街空间分布的演变趋势分析

《杭州十大特色潜力产业发展规划（2007—2020）》中明确指出：原则上每个城区都要规划建设一条具有相对集聚效应的特色美食街。经过几年的推动和运作，这个目标逐渐达成（图2）。当前，在"一轴两极"的"哑铃形"分布格局之基础上，逐渐向西扩展形成西溪高庄美食区块、西湖景区龙坞茶村和慈母桥村区块，向南扩展形成之江度假区美食中心和滨江美食娱乐城，大致勾勒出一个"环西湖"的美食圈（图4）。但新一轮美食街区的出现，不管是开发要素的利用还是消费市场的定位均发生巨大改变：传统市中心的美食街大都以历史街区为依托，以满足居民市场为目标，但分布于西溪、西湖腹地和之江度假区等地的街区则以优美的生态环境为依托，以旅游者和节假日的休闲游客为市场目标，在美食街多元化的开发和经营方面更进一步。

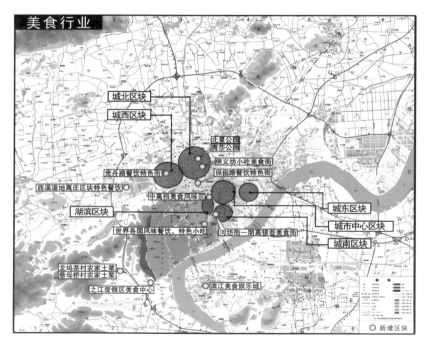

图4 杭州美食街空间分布的演变趋势

2.4 美食街空间分布特征

按产生地域来看，美食街形成的类型主要有市场依附型和原料地依附型两种[6]。其中，市场依附型的美食街主要分布于居民区、商业区、旅游区、学校区和工厂区等，而原料依附型则临近原材料产地或集散地，例如河鲜、海鲜美食街往往靠近渔场或码头，土菜美食街往往坐落于郊区等。如果要精确地将杭州 16 条美食街一一对应于某个依附类型，可能并不客观现实，毕竟许多街区是由多种因素共同作用而形成的。本研究中，笔者尝试着寻找街区成型过程中最大的依附因素，并将其归于此类，结果发现绝大部分街区依附于客源市场，在消费需求的刺激下逐渐形成并壮大（表 3 ）。

表 3　杭州美食街的依附类型

依附类型	客源市场区位	美食街
市场依附型	居民区	河东路美食街、信义坊商业街、大兜路美食街、胜利河美食街、小河直街、台湾美食街、竞舟路美食街、三墩美食街
	商业区	百井坊巷
	旅游区	南宋御街、河坊街、高银巷美食街、保俶路美食街
	学校区	舟山东路美食街、滨江"垃圾街"
原料依附型	临江区	近江海鲜美食街

2.4.1 依附于居民区

民以食为天，美食街的兴起和发展与周边居民的消费密不可分，16 条美食街的成长轨迹与居民消费的带动强度形成明显的相关性。例如河东路美食街位于朝晖小区腹地，周边庞大的居住人口，成为美食街的常客。竞舟路美食街位于城西，其周边大片的住宅区是杭州著名的卧城，客源非常充足。相比之下，信义坊商业街、大兜路美食街、胜利河美食街、小河直街、台湾美食街在建设之初也考虑到运河旅游的游客，但实际情况来看，外来游客的比重不高，仍以本地市场为主。

2.4.2 依附于旅游区

旅游六要素中的"食"被众多专家认为是带动旅游经济最重要的一部分，何况杭州是中国最著名的旅游城市之一，每年前来旅游的人数如织，因此满足这一市场的需求自然成为许多美食街开发建设的初衷。位于西湖附近的南宋御街、河坊街、高银巷美食街、保俶路美食街均肩负着这样的使命，其中位于吴山脚下的河坊街更是其中的典型代表。河坊街所在的清河坊历史街区，是古杭州最繁华的地段，如今开发成休闲步行街，不仅是游客认知和了解古杭州的窗口也是满足就餐需要的场所，与其背对的高银巷美食街发挥此类的作用就更加明显。

2.4.3 依附于商业区

商圈本是流动人口最密集的区域，无论是商场顾客还是写字楼的上班族均离不开饮食的需要。百井坊巷在杭州诸多美食街中并不起眼，但却是周边商场顾客和写字楼办公人群最青睐的用餐地点。街道并不长，也没有彻底整修，但囊括了特色服装店、化妆品店和各种美食，丁哥黑鱼馆、张胡李龙虾馆、图门烧烤等著名餐饮连锁也隐身于小小的街巷。

2.4.4 依附于学校区

舟山东路和滨江"垃圾街"是杭州城最有名的大学生美食街，伴随着城市学院、树人大学以及滨江高教园区的建立而出现并壮大。如今被称作"垃圾街"的街道完全改变了过去破旧、垃圾满地的状况，摇身一变成为杭州城中自我发展最好的美食街。

2.4.5 依附于原料市场

近江海鲜美食街是16条街区中唯一依附于原料市场的一条。江干区政府开发之初正是看重其有别于其他美食街的特色，邻近江海鲜批发市场，可以获得鲜活的食材，如今，独树一帜的近江海鲜美食街是杭州城内吃海鲜的绝佳去处。

3 结论

无论是美食街区还是现代 ShoppingMall 型的大商场均是餐饮企业在空间上的集聚，两者最大的区别在于前者以水平延伸为特色，后者则以垂直向上为标志。尽管和而不同，但两者凭借各自的优势均受到市场的青睐。尤其是美食街区与城市改造、历史文化和滨水等旅游资源的开发具有天然的契合性，塑造出别具一格的餐饮集聚形态，无形中增添了其他餐饮业态不可比拟的优势。杭州十多年的美食街发展之路正是遵循与旅游发展和城市建设协同的路径。在整体的发展过程中，美食街区历经3个阶段，无论从开发数量、开发主题、开发手段、开发主体以及开发方式和市场定位等均发生明显改变。从数量来看，初期是零散的、个别的、不成体系的。经过不断的积累，发展开始加快，数量大幅度增加；开发主题从过去单一性的餐饮特色向融合历史、文化、建筑和运河资源等多要素的文化消费形象转变；开发手段的多元化表现为与城市改造、城市建设、旅游发展相结合；开发主体从市场自发形成主导演变为政府主导、市场运作和企业参与的新型开发模式；市场定位则从过去单一的本地市场为主逐渐过渡为兼顾本地和外地的复合市场为目标。

另外，伴随街区开发中的历史演变，空间格局的变化也非常明显。历史上，依托于上城区大量人口消费所形成的美食圈结构逐渐向北延伸，在城北的运河附近形成新的餐饮消费聚集区，最终促成由南向北"一轴两极"的"哑铃形"分布格局。依循旅游西进和城市东扩的思路，这一格局又将打破，向西扩展形成西溪高庄美食区块、西湖景区龙坞茶村和慈母桥村区块，向南扩展形成之江度假区美食中心和滨江美食娱乐城，最终形成"环西湖"的美食圈。从其依附分布来看，杭州大部分街区依托于消费市场产生与存在。经过多年发展，美食街区的类型更加丰富、特色更加鲜明、布局更加合理、空间更加广阔、经济和文化效益更加突出，从而使美食街走上新的台阶，这一特殊的餐饮业集聚形态将更加成熟。

参考文献

[1] 王晶 . 历史文化街区游憩空间结构分析及其优化研究：以昆明市文化巷为例 [J]. 云南师范大学学报：哲学社会科学版，2008，11(6):130-136.

[2] 徐秀美，李洁 . 美食主题街区顾客餐饮满意度评价模型研究：以昆明祥云美食街为例 [J]. 旅游研究，2013，5(1):79-83.

[3] 王玲 . 杭州沿大运河历史文化街区旅游产业发展路径研究 [J]. 浙江树人大学学报，2013，13(1):47-51.

[4] 维基百科 [EB/OL][2013-12-14].http://zh.wikipedia.org/wiki/%e7%be%8e%e9%a3%9f%E5%bb%a3%e5%a0%B4.

[5] 百度百科 . 历史文化街区 [EB/OL].[2013-12-14].http://baike.baidu.com/view/506413.htm#sub506413.

[6]郑贤贵.美食街演化过程和原因的实证研究[J].西南民族大学学报:人文社会科学版,2008,29(4):243-245.

[7]百度百科.空间经济[EB/OL].[2013-12-14].http://baike.baidu.com/link?urlTput18bbCa2nkk_4dxbzlybBifvagfsepgDmhxyeSf2qG04ROzZ-n7kNlOIm13vP.

[8]新浪浙江吃遍杭州:细数杭州美食街[EB/OL].(2011-09-28)[2013-12-14].http://www.zj.xinhuanet.con/special/2011-09/28/com-tent23794379.htm.

【文章来源】华钢:《杭州美食街区的时空分布及特征分析》,《杭州师范大学学报(自然科学版)》,2014年第3期

3. "街、院、景"——杭州余杭区羊锅村美食街商业空间的思考

摘要：通过记述浙江杭州余杭区羊锅村美食街的设计过程，体现建筑师对传统商业文化与现代建筑空间的种种思考，以及对空间尺度变化的阐述。

关键词：空间；人文；体验；新中式

0 引言

羊锅村美食街位于杭州市余杭区未来科技城内，该区域形态完整、底蕴深厚、生态良好、交通便捷，距西溪湿地仅5km之遥，南侧为余杭创新基地核心区、西北侧紧邻仓前历史街区，东靠仓前高教园区。基地通过良睦路、海曙路、余杭塘北路联系周边地区，地铁5号线从区块南侧穿过，并在基地东南侧设置仓前站地铁出入口。未来区块内的余杭塘河、闲林港还将规划水上巴士停靠点。区域交通便捷，出行方式多元，优势明显。

1 设计思考

项目所在地仓前镇位于杭州城西古运河畔，具有800余年历史。仓前掏羊锅是杭州传统特色美食文化。如何汲取仓前文化的深厚底蕴，实现传统与现代的交融；如何与周边杭州师范大学等现代建筑求同存异、和谐共生；如何吸引周边人流，增强建筑本体活力：是我们在设计时需要重点解决的。

2 设计理念

设计取意于中国文化之精髓，传承儒家之思想，结合仓前之印象。整个设

计以仓前文化为核心，以传统建筑空间布局为主题，以"街道、院落、景观"为载体，着力于打造一条集餐饮、休闲于一体的新中式风格商业街。在设计中我们着重从以下两方面对本项目的空间设计进行探索和思考。

2.1 空间与建筑

羊锅村美食街的建成将给周边居民、高教园区和未来科技城的人们提供一个以餐饮为主，集休闲、娱乐、购物等多功能为一体的体验，为这一地块注入更多活力。如何集聚人气是设计成功的关键，因此我们将设计的重点落在了"体验"上，希望人们在尽享美食之余更愿意在其间游玩和嬉戏。以人的心理和行为作为建筑设计的导向，营造一个如同电影一般、具有情节的、可以游戏其间并令人愉悦的空间。整个项目的建筑设计主要从以下四个方面体现情景式建筑的特点。

2.1.1 公共空间的展示性

设计中一个重要的特点在于其公共的交通组织系统对于外立面而言并非不利因素，如楼梯、走廊、骑楼这些空间不仅为人们解决了水平或竖向交通以及遮风避雨的需要，同时也为整个商业建筑提供展示，人们进餐和嬉戏的场所正是从这些地方开始的。可以看人，也可以被看，可以赏景，也可以本身作为街景。通过人性化尺度和开放式公共空间的设计聚积更多的人气。

2.1.2 院落空间的主题性

空间序列之于建筑，犹如韵律节奏之于音乐。通过三个主院落主题的营造，以开始、引导、高潮、尾声等序列来表达设计的主题性。设计力求使场地中的人通过感知活动接收到周围场地、建筑所传达的信息，并结合自己的体验，形成一定的认知和看法，从而产生归属感。

在南区步行街设计时，我们打破了传统中式街巷尺度较小的概念。根据对人行视线的角度分析，辅之以景观设计，将步行街尺度放宽至19—27m，建成后现场体验空间尺度恰到好处。传统狭窄的街道空间虽更符合中式尺度，但容易形成快速通过的行为心理。而宽阔的街道在景观的映衬下并未失去中式韵味，反而与建筑灰空间的结合形成内外交融的公共空间，让人乐于停留，空间层次更为丰富、灵动，展现出其独特魅力。

项目整体鸟瞰　　　　　　　　　　　　　　　　　　　　　　　　　沿河景观

院　　　　　　　　　　　　　　　　景　　　　　　　　　　　　　　街

2.1.3 人行动线的叙事性

人行动线即游走，强调"移步换景、步移景异"的空间关系。设计中我们对动线进行了精心规划，人们或向园而行，或穿水而过，时而依宅，时而傍水。正如电影艺术中"蒙太奇"手法，蜿蜒多变的动线结合建筑与环境展示一幕幕的场景片段，设计因而具有了明显的叙事性，通过片段的不断并置与叠加形成了对空间的整体印象。

2.1.4 人文精神的细节表达

人文精神的传承是我们在设计中的深层追求，对典型建筑元素的选取能够唤起人们对文脉的集体回忆。在设计中通过四个方面来塑造建筑的文化特点。首先是"精细"，无论整体还是细部的构造，无不体现出现代技术所隐含的精巧、细致的品质；其次是"轻灵"，主要表现在建筑构件的尺度及视觉分量上；再次是"提炼"，通过对地方元素中典型的建筑语言和视觉印象的再现，达到认同感；最后是"融合"与"创新"，"融合"延续了仓前当地建筑、自然与文化的兼收并续，"创新"则是追求整体的现代精神意识。而对建筑意象的表达则更倾向于石材、玻璃、素木等现代材质，以更好地服务其功能空间。

2.2 园林与游路

首次接触到项目时，我们即联想到了中国传统园林建筑的水与景的特色，又身处仓前这样一个人文文化集聚的特色环境。当然园林不全是亭台榭舫和小桥流水，园林还有另外一个特征"行观游变"，即可行、可观、可游、可变。与西方建筑不同，传统中国园林体现的是东方的建筑美学观。在动静之中体验空间的变化，通过对游路的精心设计，于方寸之间营造自然山水情趣。

本工程既是未来周边区块的商业餐饮中心之一，也是城市的开放公园。通过园林的启发，设计过程中对游路的营造为整个项目设计的开展建立起一个构架。

（1）可行——具有通达性，可穿梭其间。在体现商业交通的通达性，满足商业基本的交通要求的同时，满足城市慢行系统的要求。

（2）可观——强调园林的师法自然，曲径通幽。一方面注重片区景观资源的生态性保护，使之有景可赏；另一方面体现空间的"看与被看"，折射出街区活力和地区文化。

（3）可游——传统园林中的游园，在一方庭院之中领悟自然的奥妙。未来的闲林港畔特色餐饮美食街不仅有美食，更有活色生香的生活，游走其间，尽享现代商业的轻松。

（4）可变——建筑作为餐饮这一功能的载体，不仅需充分满足这一功能的内在需要，更需具有可变性。以此适应商业模式的灵活多变，更具生存能力。

3 规划设计

由于用地的局限以及各建筑单体功能的内在联系，采用普通的分散式序列布局或独栋式建筑布局已不适合本方案的客观情况。同时考虑传统建筑的内在肌理和空间形态，在设计过程中我们采用以街道加院落的形式来组织商业空间，并以景观节点进行串联的设计手法，依据地形现状，考虑空间张弛关系，将相关单体组团后紧密联络、适度整合，做到分区明确、流线清晰，为创造一个具有传统韵味的现代建筑群提供了可能。

羊锅村美食街项目整个地块的布局以"三大广场、两个区块、两条步行街"为核心及纽带。串联起其中的建筑群，形成统一的建筑布局。

（1）"三大广场"由南向北即入口广场、中心广场、休闲广场。南侧"入口广场"融入仓前文化主题，是羊锅村美食街的起点与序曲。"中心广场"位于南北、东西向轴线的交点，正对游船码头，是设计的高潮。位于北侧的"休闲广场"则更多考虑周边居民、儿童休闲生活的需要，结合轮滑、攀岩等游乐设施为人们提供一个安全、快乐的聚集之地。

（2）"两大区块"，南北两大区块中南区由于用地内已存在倒"L"型规划道路的局限，建筑沿道路两侧呈线性布置，主要经营仓前传统特色美食"掏羊锅"，共约 30 家。北区为综合性的商业餐饮步行街，采用"组团庭院式"这一传统肌理，共分 3 个大组团，设有多种经营模式。

（3）"两条步行街"设计以"步行"为人类行为特征，南北两区各包含有一条步行街。南区步行街呈线性，宽约 20m，在餐饮高峰期时限制车流进入。北区商业步行街为纯人行步行街并与周边院落有机结合。两条步行街首尾相连，既相互独立又彼此联系，构成羊锅村美食街的骨架。

4 结语

从城市角度来看，这片区域需要的不仅仅是一个满足自身功能的建筑群，建筑如何融入城市历史和环境，即其地域性是建筑师必须考虑的问题。在这里我们从功能设置到体量控制，再到具体的立面材质、景观布局均体现了自身对城市性及历史性的思考和表达。事实也证明了尊重本土历史文化，针对不同场所和功能的建筑设计无疑是一条持续且可无限激发灵感的源泉之路。

项目地点：杭州余杭区仓前镇
项目功能：餐饮、商业
建筑面积：4.5 万 m²
用地面积：3.8 万 m²
建成时间：2015.03
设计单位：浙江工业大学建筑规划设计研究院有限公司

【文章来源】丁坚红、魏丹枫：《"街、院、景"——杭州余杭区羊锅村美食街商业空间的思考》，《建筑技艺》，2015 年第 4 期

4. 杭州楼外楼的经营之道

"一楼风月当酬饮，十里湖山豁醉眸。"这副对联说的就是杭州西湖著名菜馆——楼外楼。楼外楼坐落于景色清幽的孤山南麓，面对淡妆浓抹的佳山丽水。这座已有145年悠久历史的名店素以"佳肴与美景共餐"而驰名海内外。

楼外楼虽是一家久负盛名的百年老店，但他们不愿躺在"金字招牌"上过日子，而是围绕着"质量第一，信誉第一，宾客第一"的服务宗旨，在实践中探索开创，努力去实现一流的服务设施、一流的服务水平、一流的卫生标准、一流的队伍素质，取得了市场主动权，在激烈的市场竞争中社会效益和经济效益再上新台阶。仅1994年1月至10月，全店营业额就达2425万元，创利452万元，分别比上年同期增长24%和34%，成为浙江同行中的"大哥大"。楼外楼的经营之道可概括为如下几点：

1. 室雅景美，硬件过硬。"硬件"建设是菜馆成功的基础。如何创建与秀丽的西湖景色相辉映的用餐环境，使宾客一跨进店门就具有舒适感、亲切感、满意感，是菜馆经营者孜孜以求的目标。近年来，楼外楼对餐室设置和内部装饰进行了六七次大的改造。首先改造扩大了门厅，门厅内配置花木，模山范水、设置大型水产水族馆，常年放养水产海鲜，使菜馆花木扶疏，锦鳞游弋，富有"知鱼之乐"观赏效果。登上旋转式悬挂楼梯，各厅一式落地长窗，凭窗眺望，湖中三岛、六桥烟柳，尽入眼帘。菜馆在环境改造中始终珍视名楼的文化传统，悉心增添文化氛围。底层西厅开设"霞爽厅""清绮阁""闲云阁"3个小包厢，突出清雅特色，二楼则采用东阳木雕和竹编艺术，新辟7个各具特点的包厢，以仿古和野趣见长。此外，还改造新辟了"俄罗斯餐厅""四季火锅厅"等。整个菜馆全部设置中央空调或立式、窗式空调，盛夏凉风习习，寒冬温暖如春。该店还将赵朴初、沙孟海、费新我、唐云、吴湖帆、江寒汀等名家为楼外楼所作书画陈列于厅廊，供人观赏，给人以清新雅致的审美感受。在改造餐厅的同时，还增添了厨房设施、餐饮用具和消毒器具，大量采用不锈钢设备，实现了灶具煤气电气化，餐具防护柜子化，餐具消毒蒸气化，菜具消毒电子化，厨具用具金属化，确保食品卫生和环境整洁。自 1985 年起，菜馆年年被评为杭州市文明卫生单位和食品卫生信得过单位。

2. 精细鲜活，佳肴美食。提高烹调质量，确保名店特色，是楼外楼的生命所在。为了做到源于传统、高于传统、坚持特色、不断创新，该店着力于培养一代又一代烹调师，使之代代相继，名师辈出，现已拥有厨师 60 余名，其中特级厨师 9 名，一、二级厨师 4 名。为确保菜点质量和名菜特色，该店坚持做到"鲜""准""精"。所谓"鲜"，是指把好进货关，确保菜点原料的鲜活度，决不降格以求。特别是传统名菜"西湖醋鱼""叫化童鸡"和"油爆大虾"等，必须采用活原料。所谓"准"，是指配科品种齐全，数量及菜点核价准确，做到货真价实，买卖诚实，决不亏待顾客。所谓"精"，是指菜点烹调要精心制作，做到选料严谨，切配精细，小料齐全，精心烹调，装盘美化，确保色、香、味、形、器、质俱美。对传统名菜，一定要有名师严格按照名菜的制作规程精心制作，以保证传统名菜的风味特色，做到名实相称。在精制传统名菜的基础上，还精心发掘烹制出一批具有地方特色的创意名菜，如"双味脆梅"就是依据《三国演义》中"望梅止渴"和"煮酒论英雄"的典故创制的精品。同时，还新创了许多工艺菜、创新菜、仿古菜，如"龙凤呈祥""一帆风顺""熊猫戏竹""团团圆圆""白雪红梅""橙汁鸡腿"等，"乾隆船菜"更是轰动一时、声名远播。这些创新菜宛如一幅画、一首诗、一支歌，给百年老店谱写了新的篇章、新的乐曲。这些新老名菜引得许多海外游客、外事单位、社会团体和大中型企事业单位选择楼外楼作为宴请宾客的最佳场所。

3. 优质服务，软件不"软"。发扬名店特色，更需优质服务。楼外楼职工在"内宾面前我是杭州，外宾面前我是中国"的思想感召下，把宾客视为亲人，将爱心融合到整个服务过程之中，坚持主动热情，诚恳耐心。他们在服务实践中不断总结经验，并吸取同行的先进经验，逐步形成了具有楼外楼企业风格的优质服务规程，概括为"六句话""四十八个字"，即"站立迎宾，笑脸相迎；引宾入席，敬茶送巾；斟酒分菜，介绍特色；按序上菜，掌握节奏；为宾结账，准确迅捷；宾客餐毕，礼貌道别。"对风味宴席和重要的接待任务，服务人员要做到"六知""三了解"，即知道主客身份、宴请标准、参加人数、安排桌数开席时间和菜式品种；了解宾客风俗习惯、生活忌讳和特殊需要。如欧洲人忌讳"琦"；朝鲜人忌讳"4"，宴请时服务员就不提这些数字；如日本人忌讳绿颜色，服务员就穿红颜色衣服接待……为了向客人提供规范化的优质服务，服务员们苦练基本功。就说走步吧，上菜的服务员对一般菜看走常步，火候菜看走疾步，汤汁菜看走碎步，菜近桌旁走踮步，遇到障碍走窃步。对来客，他们丰俭由人，不以貌取人，无论消费水平高低，均做到一视同仁，热情服务。所以，楼外楼的风味特色和优质服务吸引了众多的散客和回头客，散客现已占年接待量的1/2 以上。由于把创一流服务升华到为楼外楼争荣、为杭州争光、为祖国争辉的高度，从而使中外宾客近悦远来，他们深情地赞道：楼外楼无愧为一流名店，这里景美，菜美，人情亦美。

4. 勤奋求实，开拓创新。这是楼外楼的企业精神，并贯穿于经营管理和服务之中，形成了特有的管理模式。他们对各项工作都要求高标准、高质量，实现"社会菜馆宾馆化，服务水平创一流"的整体目标。他们邀请大学教师讲授"全面质量管理"课程，根据本店实际逐步完善形成了《接待服务规范》《厨房工作规范》和《质量管理规范》，责、权、利紧密结合，环环紧扣，将工作纳入正规化和制度化的轨道。与此同时，他们在经营管理上转换经营机制，积极寻求拓展机会，逐步向集团化经营发展，先后在澳大利亚合作创办佩思帝宫酒楼，承包经营西湖"溪中溪"菜馆，委托管理宝善宾馆餐饮部，在绍兴合作经营茂源酒家作为楼外楼分店，还在西湖湖滨新开了楼外楼珍宝海鲜馆，在市区开设了楼外楼贸易公司等。近年来，楼外楼先后创新的菜式品种达 20 余种，研制并推出婚宴、寿宴、商宴、西湖风味宴、海鲜宴、船宴、乾隆宴等 7 个品种的 21 套套菜，而且做到每季度增加 6 只新菜肴。继 1993 楼外楼食品节后，1994 楼外楼浙菜研讨会和 1995 楼外楼·台湾饮食文化研讨会接连举办，均取得了良好的社会效益和经济效益。名店自有名店的规范。楼外楼纪律严明、治店严格、奖惩分明。在这里没有发生过那种让顾客厌恶的"斩客""回扣"现象，职工们一举手一投足，也是有规有矩，体现出文雅之美，颇具"大家"风范。

山外青山楼外楼，这家百年老店在商品经济的大潮中，充分发挥"天时、地利、人和"的优势，使高速运转的生产经营活动始终处于一种和谐一致、积极进取的氛围之中。楼外楼永远是中外宾客的"美食天堂"！

【文章来源】梅思嘉：《杭州楼外楼的经营之道》，《商业经济与管理》，1995 年第 3 期

5. "老字号"餐饮企业的顾客消费体验与评价研究—— 以"杭帮菜"老字号为例

摘要：在参考相关文献和研究成果的基础上，结合浙江老字号餐饮的经营现状，以顾客感知为前提，设计出影响"杭帮菜"非物质文化遗产体验质量评价的 30 个具体指标。借助因子分析的方法提炼出影响消费者体验质量的 4 大关键因素。采用重要性—绩效分析方法，列出目前"杭帮菜"餐饮老字号企业优势区域、改善区域、低度优先区域和供应过度区域，为餐饮业体验研究提供新的思路和方法。

关键词："老字号"；餐饮企业；消费体验；评价

"杭帮菜"以其悠久的历史、鲜明的风味特色和显著的文化个性蜚声海内外，是浙江菜最重要的组成部分。2007 年，"杭帮菜"烹饪技艺入选浙江省非物质文化遗产目录，这标志着浙江饮食文化的研究和保护上升到一个新的台阶。然而，近些年来各种餐饮业态层出不穷，各种菜式也百花齐放，与川菜、粤菜迅猛发展势头及重庆火锅遍地开花的格局相比，"杭帮菜"老字号的发展是缓慢而滞后的[1]。本研究以传统"杭帮菜"餐饮老字号为研究对象，以游客和消费者为样本，调查"杭帮菜"非物质文化遗产资源在消费市场端的体验质量及消费者对"杭帮菜"的审美评价。

通过文献检索发现餐饮老字号与饮食文化的体验质量研究的相关文献很少，较少学者对该领域进行定性定量研究，但体验研究在旅游科学领域已经较为成熟。有关旅游体验评价和旅游体验质量的研究主要是从旅游满意度测评体系[2]、旅游期望与体验模型[3]、旅游目的地体验质量评价[4]等方面进行论述的。在旅游节事感知质量方面也有较多的成果可供本文借鉴，如 Crompton & Love 的研究发现，游客对节庆服务的质量感知包括多个维度，分别为活动气氛、信息发布、便利设施、停车场所及现场销售[5]。张涛在前人节事体验感知的基础上设计开发了美食节的 26 个体验测量量表[6]。赵荣光先生的饮食审美"十美风格"[7]对菜品审美的评价也有重要意义。总体来看，国内学者对"老字号"餐饮企业的存续和发展都怀有强烈的危机感，所做研究多以定性为主，或局限于某一产品或服务，对揭示企业整体满意度的消费者体验研究缺乏科学的分析量表和评价手段。本研究通过重要性—绩效研究法可以弥补该方面的空白。

1 研究方法与样本选择

1.1 研究方法

统计研究采用重要性—绩效分析方法，该方法是借助测量消费者对特定服务菜品的重要性和实际感知绩效的程度，然后按照优先顺序排列，以等级均值为分隔点，将体验空间分成 4 个象限的一种方法。第一象限表示消费者对该项服务重视程度高，实际感知程度也高，即为感知的优势区，在此象限中的属性应继续保持优势；第二象限表示消费者对该服务重视与期望程度较高，但其实际感知的绩效较低，两者落差大，在此象限中的属性应为重点改善区；第三象限表示消费者对该项服务重视程度和期望不高，且其实际感知绩效也低，此象限中的属性应采取低度优先的策略；第四象限表示消费者对该项属性重视度不高，但其实际感知绩效却不错，该区域属于供给过度区[8]。

本文通过调查游客对"杭帮菜"消费的各个属性的重要程度和实际绩效进行评价，利用统计软件分析调查数据，根据"杭帮菜"体验质量所处的象限进行策略分析。

1.2 样本设计

参照相关的文献，结合经营"杭帮菜"的老字号和著名餐厅实际现状，以顾客感知为前提，设计出影响"杭帮菜"非物质文化遗产体验质量评价的 30 个具体指标。研究问卷以消费者行为理论为基础，设计分为三部分：一是消费者的基本资料，包括性别、年龄、教育程度、职业、个人月收入；二是消费者的行为特征，包括信息获得渠道、推荐意愿、再光顾意愿、满意度；三是根据前述 30 个指标设计出 30 个问题[6, 8, 9]。重要性分级打分要求消费者对 30 个指标进行判断，按照它们在消费者心目中的重要程度进行打分，采用 Likert 五点量表法：1 表示完全不重要，2 表示较不重要，3 表示一般重要，4 表示较重要，5 表示十分重要。绩效性分级打分要求游客根据自身的实际体验，对 30 个指标的满意度进行打分，同样采用 Likert 五点量表法：1 表示非常不满意，2 表示较不满意，3 表示一般满意，4 表示较满意，5 表示十分满意。为保证相关数据的真实性和有效性，调查小组多次进行实地考察，于 2015 年 2 月和 3 月分别在杭州楼外楼、知味观、杭州酒家、杭帮菜博物馆发放问卷 320 份，回收 315 份，其中有效问卷 309 份，回收率和有效率分别为 98.4% 和 96.6%。抽样获得的 309 个有效样本中，涵盖了不同性别、年龄、文化程度、职业和收入水平的消费者，样本随机性比较强，避免了研究的片面性。所选的几家餐饮老字号是传统"杭帮菜"的代表性企业，这些餐厅存续时间久，商誉好，受众广，其经营产品涵盖杭州菜肴和点心精华，地理位置大都处于商业和旅游景区，具有典型的代表性。

2 "杭帮菜"非物质文化遗产消费体验质量分析

2.1 调研样本的人口统计学基本特征

消费者的基本资料数据经过软件 SPSS 20 处理，得出调研样本的基本特征，详见表 1。

表 1　受访者人口统计学特征

	评价项目	频数	比例（%）
性别	男	145	46.9
	女	164	53.1
	小于 25	67	21.7
	25—35	113	36.6
年龄	36—45	69	22.3
	46—55	33	10.7
	56—65	16	5.2
	66 以上	11	3.6
	公务员	30	9.7
	企业人员	113	36.6
职业	教学科研人员	52	16.8
	学生	42	13.6
	其他	71	23

续表

	评价项目	频数	比例（%）
教育程度	初中以及以下	14	4.5
	中专或高中	49	15.9
	大学	226	73.2
	硕士以及以上	20	6.5
月收入	2000 以下	37	12
	2001—6000	154	49.8
	6001—10000	93	30.1
	10000 以上	24	7.8

2.2 消费者行为分析

分析各类消费者的消费体验满意度，得出结果如下：从性别来看，女性的非常满意度较高，达到 17.2%；从年龄来看，36—45 岁人群满意度较高，占总满意度的 16.5%；从职业来看，企业人士满意度较高，占总满意度的 29.1%。

分析消费者获得"杭帮菜"信息渠道的频率分布如下：朋友介绍占 32%，广告 13.9%，网络 15.9%，杂志等 38.2%。由调查可以发现"杭帮菜"的传播主要依靠口碑。

2.3 影响消费者体验质量的关键因素

本研究采用消费者对"杭帮菜"体验质量的重要性评价作为因子分析的数据来源，分析影响消费者体验质量的关键因素。通过 SPSS 20 对数据进行分析，首先进行 Cronbachsa 系数检验，得出系数为 0.832，意味着各项目之间有较高的相关性，内在信用度较高，同时做适用性检验，通过 KMO 和 Bartlett 的球形检验，判断变量之间的相关性，KMO 统计量数值为 0.936，同时 Bartlett 球形检验的统计值显著性概率为 0.000，小于 5%，说明数据具有相关性，数据适合做因子分析。再采用主成分萃取法对 30 项指标提取公因子，使用方差最大化正交旋转法对提取的公因子进行旋转，以使公因子有较满意的解释。按照特征值大于 1 的标准，提取 4 个公因子，得到累计方差贡献率为 64.462%（详见表 2），说明 4 个因子较好地概括了 30 个指标的含义。

表2　因素分析汇总表

公因子	指标	因子负载	特征值	方差贡献率（％）
F1：菜品与直接服务	菜肴卫生情况	0.677	13.447	44.822
	菜肴造型	0.785		
	菜肴色泽	0.787		
	菜肴口味	0.841		
	食材质地与质量	0.689		
	菜肴香味	0.757		
	服务特色	0.738		
	服务及时与准确性	0.803		
	菜肴种类	0.762		
	服务态度	0.817		
	菜肴特色	0.796		
F2：演绎与享乐	饮宴席间的文化情趣	0.605	2.595	8.651
	适当参与烹调过程	0.792		
	美食技艺表演	0.798		
	菜肴解说服务	0.677		
	娱乐设施与舞台服务	0.815		
	停车服务	0.589		
	周边环境宜人性	0.673		
	装盘器皿与盘饰	0.564		
	上菜时间与节奏	0.584		
F3：文化与价格	杭帮菜的饮食文化氛围	0.600	1.528	5.092
	场所环境的舒适度	0.672		
	菜肴的营养搭配	0.506		
	消费价格	0.551		
	治安环境	0.586		
	周边环境卫生情况	0.802		
F4：环境卫生与交通便利	道路标识	0.740	1.469	4.896
	餐饮场所卫生情况	0.546		
	餐饮设施的安稳性	0.509		
	交通便利性	0.693		

由表 2 可知，第一公因子（F1）大都围绕具体"杭帮菜"菜品和直接服务，所以命名为菜品与直接服务因子。该公因子方差贡献率为 44.822%，位于所有变化因子的首位，说明这个因子对消费者体验质量的高低有着显著性的影响，其中菜肴口味、服务态度、准确性和及时性在第一个公因子的负载很高，说明消费者在消费体验时对服务的敏感度和要求是很高的。第二个公因子（F2）大都围绕娱乐技艺表演和宴饮间的享乐，所以命名为演绎与享乐因子。该因子提示我们要重视"杭帮菜"饮食文化的舞台演绎方式，在"杭帮菜"饮食文化的体验过程中技艺表演和消费者参与对体验的效果会有显著的提升作用。第三个公因子（F3）主要是"杭帮菜"文化塑造以及价格和舒适度，所以将其命名为文化与价格因子。第四个公因子（F4）主要关注消费者消费的便利性和环境卫生安全，所以将其命名为环境卫生与交通便利因子。归纳命名的 4 个因子对"杭帮菜"非物质文化遗产体验质量已产生一定影响，且影响程度不一，从因子分析角度看，影响显著性排序为 F1 菜品与直接服务，F2 演绎与享乐，F3 文化与价格，F4 环境卫生与交通便利。

2.4 不同特征的消费者对"杭帮菜"非遗文化体验的差异性

2.4.1 年龄对 F1 菜品和直接服务影响显著

表 3 是年龄对"杭帮菜"非遗文化体验的方差分析表。可以看出，F2、F3、F4 这三个公因子的显著性概率 P 值均大于 0.05，说明这三个公因子消费者体验质量各要素不存在显著性差异，但 F1 的显著性概率 0.04<0.05，说明这个因子存在显著差异。均值比较发现，年龄在 65 岁以上的老年人群体对菜品和直接服务因子重视程度比较高，详见图 1。

表 3　年龄与体验因子方差检验表

		平方和	均方	F	显著性
F1& 年龄	组间（组合）	11.535	2.307	2.384	.040
F2& 年龄	组间（组合）	6.977	1.395	1.409	.222
F3& 年龄	组间（组合）	2.383	.477	.470	.798
F4& 年龄	组间（组合）	10.972	2.194	2.261	.050

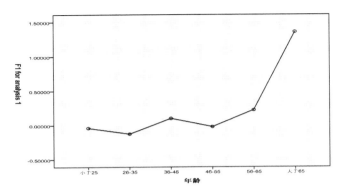

图 1 年龄—体验因子均值图

2.4.2 性别对 F4 环境卫生与安全因子影响显著

由表 4 可知，F1、F2、F3 这三个公因子的显著性概率 P 值均大于 0.05，说明这三个公因子消费者体验质量各要素不存在显著性差异，但 F4 的显著性概率 0.041<0.05，说明这个因子存在显著差异。均值比较发现，女性对环境卫生与安全因子重视程度比较高，详见图 2。

表 4   性别与体验因子方差检验表

		平方和	均方	F	显著性
F1& 性别	组间（组合）	2.522	2.522	2.541	0.112
F2& 性别	组间（组合）	3.230	3.230	3.266	0.072
F3& 性别	组间（组合）	0.100	0.100	0.100	0.753
F4& 性别	组间（组合）	4.151	4.151	4.215	0.041

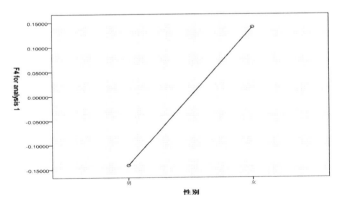

图 2 性别—体验因子均值图

2.4.3 信息来源对菜品和直接服务体验因子影响显著

从表 5 可以看出，F2、F3、F4 这三个公因子的显著性概率 P 值均大于 0.05，说明这三个公因子消费者体验质量各要素不存在显著性差异，但 F1 显著性概率 0.024<0.05，说明这个因子存在显著差异。均值比较发现，朋友介绍和网络来源的客户在 F1 因子上得分较高，这两种来源往往在菜品推荐上有较好的评论和预先的认知，故得分较高有其合理性。这也间接说明口碑营销往往体验质量更好，详见图 3。

表 5　信息来源与体验因子方差检验表

		平方和	均方	F	显著性
F1& 信息来源	组间（组合）	9.338	3.113	3.212	0.024
F2& 信息来源	组间（组合）	3.507	1.169	1.172	0.322
F3& 信息来源	组间（组合）	2.199	0.733	0.730	0.535
F4& 信息来源	组间（组合）	3.317	1.106	1.108	0.347

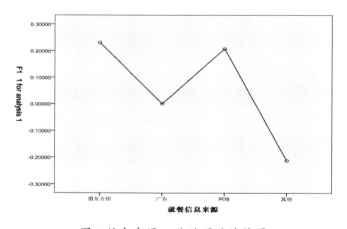

图 3 信息来源 – 体验因子均值图

2.5 消费者对"杭帮菜"非物质文化遗产体验质量评价的重要性—绩效分析

为了确保重要性—绩效分析的科学性，需要先分析游客对质量属性的重要性评价和绩效评价之间的差别是否具有显著性。由表 6 可知，30 项中绝大多数指标的显著性水平都低于 0.05，说明"杭帮菜"非遗文化体验质量绝大多数指标的重要性与实际感知绩效水平之间存在显著性差异，也说明"杭帮菜"非遗文化体验质量评价适合做重要性—绩效分析。

表6　配对样本 T 检验

样本配对		均值	标准差	均值的标准误	Sig（双侧）
对 1	期望周边卫生情况	4.5311	.72738	.05031	.000
	周边环境卫生情况	4.1196	.91989	.06363	.000
对 2	期望景区道路与标识	4.4258	.81187	.05616	.000
	景区道路与标识	4.1531	.89093	.06163	.000
对 3	期望交通便利性	4.4737	.88824	.06144	.000
	交通便利性	4.1435	1.04167	.07205	.000
对 4	期望餐饮场所卫生情况	4.6890	.66789	.04620	.000
	餐饮场所卫生情况	4.2344	.85348	.05904	.000
对 5	期望设施安全性与稳定性	4.6411	.67967	.04701	.000
	餐饮设施安全性与稳定性	4.2919	.83550	.05779	.000
对 6	期望菜肴卫生情况	4.6842	.69738	.04824	.000
	菜肴卫生情况	4.3206	.83643	.05786	.000
对 7	期望服务特色	4.4211	.84052	.05814	.000
	服务特色	4.0574	.96404	.06668	.000
对 8	期望服务态度	4.6268	.76237	.05273	.000
	服务态度	4.1053	.99924	.06912	.000
对 9	期望服务及时性与准确性	4.5263	.80892	.05595	.604
	服务及时性与准确性	4.1196	.95578	0.6611	.000
对 10	期望菜肴种类	4.4976	.76664	.05303	.000
	菜肴种类	4.1483	.93645	.06478	.000
对 11	期望菜肴特色	4.5263	.71423	.04940	.000
	菜肴特色	4.1675	.89641	.06201	.000
对 12	期望菜肴造型	4.3541	.73314	.05071	.000
	菜肴造型	4.0526	.89448	.06187	.000
对 13	期望菜肴口味	4.6029	.70041	.04845	.000
	菜肴口味	4.1005	.91696	.06343	.000

续表

样本配对		均值	标准差	均值的标准误	Sig（双侧）
对 14	期望菜肴色泽	4.5167	.76646	.05302	.000
	菜肴色泽	4.1053	.97489	.06743	.000
对 15	期望食材质地与质量	4.6890	.59962	.04148	.000
	食材质地与质量	4.1914	.86142	.05959	.000
对 16	期望菜肴香味	4.4833	.76016	.05258	.000
	菜肴香味	4.0766	.93226	.06449	.000
对 17	期望装盘器皿与盘饰	4.3349	.80430	.05563	.000
	装盘器皿和盘饰	4.2057	3.58291	.24784	.000
对 18	期望上菜节奏与时间	4.5981	.69420	.04802	.000
	上菜节奏与时间	4.0526	.99136	.06857	.000
对 19	期望菜肴营养搭配	4.4211	.85751	.05932	.000
	菜肴营养搭配	3.9713	.96034	.06643	.000
对 20	期望宴饮文化情趣	4.2201	.89838	.06214	.000
	宴饮席间的文化情趣	3.7129	1.12398	.07775	.000
对 21	期望杭帮菜文化氛围营造	4.4067	.76092	.05263	.000
	杭帮菜饮食文化氛围营造	3.7608	1.15617	.07997	.000
对 22	期望场所环境舒适度	4.5502	.80181	.05546	.000
	场所环境舒适度	3.9713	.96034	.06643	.000
对 23	期望适当参与烹调过程	3.7847	1.26588	.08756	.000
	适当参与烹调过程	3.3684	1.30574	.09032	.000
对 24	期望消费价格	4.3445	.92818	.06420	.000
	消费价格	3.8325	1.04038	.07196	.000
对 25	期望娱乐设施和舞台服务	3.7703	1.18682	.08209	.000
	娱乐设施和舞台服务	3.3014	1.33735	.09251	.000
对 26	期望美食技艺表演	3.5742	1.30660	.09038	.000
	美食技艺表演	3.1627	1.36309	.09429	.000
对 27	期望周边环境宜人性	4.3493	.85906	.05942	.000
	周边环境宜人性	3.9809	1.07400	.07429	.000

续表

	样本配对	均值	标准差	均值的标准误	Sig（双侧）
对 28	期望治安环境	4.5167	.87209	.06032	.000
	治安环境	4.1531	.99301	.06869	.000
对 29	期望菜肴解说服务	4.1053	1.11304	.07699	.000
	菜肴解说服务	3.5646	1.23136	.08517	.000
对 30	期望停车场地	4.3301	.99087	.06854	.000
	停车场地	3.5837	1.16599	.08065	.000

数据分析可以看出，游客对 30 项指标评价的重要性平均值 I 值为 4.400；30 项变量实际表现的总平均值 P 为 3.967。于是重要性 I 轴和实际表现 P 轴的垂直相交点就定位在 I=4.400，P=3.967 的点上。由图 4 分析可以得出以下结论。

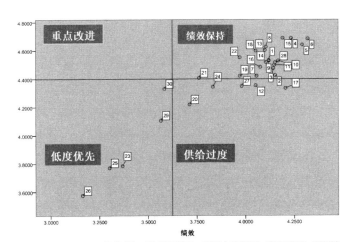

1周边卫生情况；2景区道路与标识；3交通便利性；4餐饮场所卫生情况；5设施安全性与稳定性；6菜肴卫生情况；7服务特色；8服务态度；9服务及时性与准确性；10菜肴种类；11菜肴特色；12菜肴口味；13菜肴色泽；14菜肴色香；15食材质地与质量；16菜肴香味；17装盘器皿与盛物；18上菜节奏与时间；19菜肴营养搭配；20餐饮文化情感；21杭帮菜文化氛围营造；22场所环境舒适度；23店当参与烹调过程；24消费价格；25娱乐设施和舞台服务；26美食技艺表演；27周边环境宜人性；28治安环境；29菜肴解说服务；30停车场地

图 4 "杭帮菜"非物质文化遗产体验重要性—绩效图

一是绩效保持象限，包括菜肴卫生情况、菜肴色泽、菜肴口味、食材质地与质量、交通便利性、服务特色、服务及时性与准确性、菜肴种类、服务态度、菜肴特色、上菜时间与节奏、杭帮菜的饮食文化氛围、场所环境的舒适度、菜肴的营养搭配、治安环境、道路标识、周边环境卫生情况、餐饮场所卫生情况、餐饮设施的安稳性、菜肴香味 20 项指标，这些指标的重要性与实际绩效都高于平均水平，但这些指标的重要性平均值都高于绩效平均值，所以在现实中，这些指标还需要继续改进。同时，F1、F3、F4 三个因子的指标落在此象限较多，说明"杭帮菜"菜品与直接服务、文化与环境卫生交通情况总体不错，应当继续完善保持优势。二是重点改进象限，这个指标的重要性水平高于平均水平，可是绩效水平却低于平均水平，对应的策略是重点改善策略，从调查结果看目前杭州这几家传统"杭帮菜"老字号的经营管理水平较高，并无继续重点改善的要点。三是低度优先象限，包括适当参加烹调过程、娱乐设施与舞台表演、美食技艺表演、菜肴解说服务、停车服务这些指标的重要性和绩效都低于平均水平，对应的策略是低度优先策略。但从已有的经营情况和消费体验情况来看，第一、第二象限要素"杭帮菜"的体验情况都相对较好，如果想要获得进一步提升，该象限要素可能需要被提上日程。四是供给过度象限，包括环境宜人性指标、消费价格、宴饮文化情趣、菜肴造型、装盘器皿与盘饰，这些指标的绩效大于平均水平，但重要性却低于平均水平。说明这两个指标已经做得不错，结合资源情况，杭帮菜经营者可以减少这方面的投入，以便集中有限的资源到其他方面。

总而言之，本文采用重要性—绩效分析法、因子分析法和单因素方差分析法对"杭帮菜"饮食文化类产品的消费体验质量提升问题进行了积极的探索和有益的尝试，并且同时运用主成分萃取法对影响"杭帮菜"体验质量 30 项指标提取了 4 个公因子——菜品与直接服务、演绎与享乐、文化与价格、环境卫生与交通便利。这 4 个因子对杭帮菜的消费体验质量产生一定影响，且影响程度不一，影响显著性排序为直接服务、演绎与享乐、文化与价格、环境卫生与交通便利。通过单因素方差分析发现，年龄对菜品与直接服务因子影响显著；女性对环境卫生和交通便利情况更敏感；信息来源的不同对菜品和直接服务的体验效果也不一样。当然各个地方的餐饮"老字号"经营水平参差不齐，消费者体验差异也很大。有些地区经济、文化、人口等社会因素变迁得很快，因此本研究的实证结果未必适用于所有餐饮"老字号"企业，但分析方法可以借鉴。

参考文献

[1] 侯兵，朱敏．淮扬饮食文化景观谱系的构建及其旅游开发价值 [J].扬州大学烹饪学报，2013(4):40-46.

[2] 董观志，杨凤影．旅游景区游客满意度测评体系研究 [J].旅游学刊，2005(1):27-30.

[3]Ryan Chris.Recreation Tourism: A Social Science Perspective[M].London:Routledge，1991:68-79.

[4] 谢彦君．旅游体验的情境模型：旅游场 [J].财经问题研究，2005(12):64-69.

[5]Crompton J.L., Love L. L..The predictive validity of alternative approaches to evaluating quality of a festival[J].Journal of Travel Research，1995，34(1):11-24.

[6] 张涛．美食节感知质量及提升策略研究 [J].旅游学刊，2010(12):58-62.

[7] 赵荣光．饮食文化概论 [M].北京：高等教育出版社，2012:221-235.

[8] 魏遐，周倩雯，林枫．茶文化旅游体验质量评价研究 [J].云南民族大学学报，2014(5):387-390.

[9] 张雪婷．少数民族地区民俗旅游产品游客体验质量要素体系构建研究 [J].旅游论坛，2009(8):497-502.

【文章来源】史涛、金晓阳：《"老字号"餐饮企业的顾客消费体验与评价研究——以"杭帮菜"老字号为例》，《美食研究》，2015 年第 3 期

6. 餐饮行业最佳折扣力度实证研究——基于大悦城外婆家实例研究

摘要：打折促销是现代营销的主要手段，尤其餐饮行业打折促销更是常见的提高就餐人数的手段。但销量上来的同时，由于单价的下降，销售额并不是总能得到提升，更遑论利润了。尤其餐饮行业的特殊性，更使得餐厅使用折扣手段的时候要更加谨慎。本文以上海大悦城外婆家为实证研究对象，建模分析在一定客流条件下，餐饮行业应该怎样确定自己的折扣力度，以期对餐饮连锁、购物中心管理起到一些指导意义。

关键词：折扣促销；最优销量/折扣率；销售最大化

一、研究背景及目的

通过折扣促销来提高销售量是现在零售餐饮行业常用的促销手段，但此手段并不是总能提升销售额，更遑论利润。当折扣带来的销售量提升没有办法弥补折扣本身造成的单价下降所带来的损失的时候，折扣促销就对销售额带来了损害。

相比起零售行业，餐饮行业折扣对于销量的提升作用更不明显，主要表现在两个方面：（1）受场地限制，当折扣吸引来的客流多于餐厅能够同时最大用餐人数的时候，就必然会出现等位、服务质量下降、等餐时间加长等隐性成本；（2）受到场地、翻台率限制，餐饮销量上涨有一个明显的极值，即使价格再低，每天的就餐人数（销量）也不可能多于某一特定值。

本文旨在通过建立折扣促销力度与销售额之间的函数关系，建立最优化模型，通过求解模型来找到使得销售额最大化的最优折扣力度，从而对商场活动以及餐饮行业促销提供一定的指导依据。

二、研究方法 & 模型建立

餐饮行业的折扣活动种类较多，很多时候在同一时间内有数个折扣促销活动同时存在，很难区分单个活动对于销量拉升的效果。因此在具体研究中，可以用"当天平均折扣力度"作为衡量餐厅折扣活动力度。"当天平均折扣力度"是指当天平均单价占正价（无活动）时候平均单价的百分比。有了此变量即可找到促销力度与销售额之间的函数关系，并求解关于销售额的一阶线性约束最优化问题。通过求解最优化方程即可得到最佳折扣力度。

首先建立模型来观察折扣力度与销售额的关系，以 S（sales）代表销售，D（Discount）代表折扣力度，P（Price）代表正价时单价，A（Amount）代表销量，即我们需要的最后结果为：

$$\text{MAX: } S = F(D, A, P)$$
$$\text{ST: } A \leq A_{MAX} \quad \cdots\cdots\cdots ①$$

公式①进一步梳理各变量之间关系可以发现，上述模型各变量满足以下的关系：

$$S = D * P * A; \quad A = f(D); \quad P = P$$

因为餐厅是开在购物中心里，购物中心当日客流（Customflow，用字母 C 表示）对餐厅的销量同样会起到非常大的影响作用，而且由于某一家餐厅折扣能够吸引到的目的性消费者（仅仅是为了来这家餐厅吃饭而来购物中心）的数量在大多数时候相较于购物中心的客流量来说都可以忽略不计，因此我们也可以认为餐厅折扣与商场客流两个变量之间是相对独立的。

我们认为折扣力度对于销量影响边际效应应该是递减的。当折扣力度很小（销量不高）的时候，折扣力度增加的边际效益很大；随着折扣力度增加，客流增多，就餐环境恶化，再提升折扣力度对于销量提升的帮助已经很小了。商场客流对餐厅销量的影响也与之类似。基于此情况，对数函数是最佳的拟合函数形式为：

$$A = f(D) = \beta_1 \ln(D) + \beta_2 \ln(C) + \beta_0 \quad \cdots\cdots\cdots ②$$

将公式②带入模型①中，我们可以得到一个有关变量 D 和 C 的一阶线性约束最优化模型：

$$\text{MAX}: S = D * \bar{P} * (\beta_1 \ln(D) + \beta_2 \ln(C) + \beta_0)$$

$$\text{ST}: \beta_1 \ln(D) + \beta_2 \ln(C) + \beta_0 \leq A_{MAX} \qquad \cdots \cdots \cdots ③$$

$$C \leq C_{MAX}$$

用拉格朗日法求解最优化方程可以发现，S 是 C 的单调函数，即随着商场客流的上升，餐厅的销售额将会增加。在客流一定的情况下，且当 $-\beta_1 \leq Amax$ 时，模型有最优路径：

$$\ln(D^*) = -\frac{\beta_2}{\beta_1}\ln(C) - \frac{\beta_0}{\beta_1} - 1 \qquad \cdots \cdots \cdots ④$$

根据商业逻辑估计，各项系数应该满足 $\beta_1 < 0$；$\beta > 0$，由最优路径可以看出，餐厅的最佳折扣率是商场客流的单调递增函数。也就是说，当商场客流足够多的时候，餐厅不需要给出很高的折扣（很低的折扣率）就能够达到最佳销量，从而得到最佳销售额；当商场客流不足时，餐厅就需要给出很高的折扣（很低的折扣率）吸引消费者到店就餐，达到最佳销售额。

三、实证检验

1. 数据描述

我们以外婆家大悦城店作为实证检验对象。我们监测了外婆家大悦城店2011 年 1 月 1 日至 2013 年 12 月 31 日两年（共计 1096 天）的每日销售额与交易笔数（销量）数据以及大悦城每日客流，排除数据异常、重大节假日（当天店铺客流过高）等异常数据，共有有效样本量 1026 个，各回归变量描述如表一所示：

表一回归变量信息描述

Variable	Obs	Mean	Std.Dev.	Mni	Max
a|	1026	281.6862	45.404	173	394
lnd|	1026	4.3545	1002669	4.043051	4.60517
Incl	1026	9.599283	2597517	8.806481	10.44316

2.回归分析、检验及模型改进

用 stata 软件对待估计模型（见下式）进行回归分析，即我们可以得到商场客流、外婆家折扣以及外婆家交易量之间的拟合函数关系：

A=-116.52In（D）+12S.65In（C）-417.06

回归结果与我们设想的折扣率与交易量呈负相关，商场客流量与交易量成正相关的相关关系符合。

模型回归结果可决系数 R_2=0.5000，通过 F 检验的概率大于 99.999%，回归模型通过传统的整体 F 分布检验，各变量均通过变量间的 99% 置信度下 T 检验（P<0.00000）。

对回归结果进行高斯 – 马尔可夫经典假设检验发现，模型不存在自相关、多重共线性，但存在较为严重的异方差情况，white 检验显示模型大概率存在异方差，以 99.999% 概率拒绝原假设（模型同方差）。

为了处理异方差问题，用 FGLS（可行广义最小二乘法）生成权重变量 invvar，并对原回归模型进行带权重回归，FGLS 所得模型同样通过整体拟合度 F 检验与各回归变量拟合度 T 检验。模型可决系数 R_2=0.5074，通过整体拟合度 F 检验概率为 99.999%。同时改进过后的模型也解决了异方差问题，FGLS 回归拟合表达式为：

A=-138.98In（D）+128.19In（C）-474.23

将系数带入最优化模型中，我们可以得出外婆家大悦城店最优折扣为：

D*=C0.922*e-2.412

四、模型运用

有了如上的折扣最优路径，对于某一家购物中心在特定时间内开展多大力度的折扣促销活动有着较大的指导意义。仍然以大悦城家外婆家为例。大悦城 4 月份平日日均客流约为 12 万人节假日日均约为 1.5 万人。带入最优化路径中计算可以得出 4 月外婆家推荐打折区间为平均折扣 74 折（平日）到平均折扣 89 折（节假日）之间。在购物中心餐饮活动管理行为中，即可以以此为重要依据与商户进行活动沟通，以达到销售最大化目的。

参考文献

[1] 张旭.需求与价格具有相关性下的会员制商场阶段型价格折扣模型研究.科研管理，2007 年第 1 期

[2] 郑伟.餐饮团购的现状及发展思路研究.四川烹饪高等专科学校学，2013 年 1 期

[3] 宁连举，涨莹莹.网络团购消费者购买选择行为偏好及其实证研究.东北大学学报（社会科学版），2011 年第 5 期

【文章来源】魏璞、谢廷皓：《餐饮行业最佳折扣力度实证研究——基于大悦城外婆家实例研究》，《商场现代化》，2014 年第 7 期

7. 从"杭帮菜"看中餐餐饮的困境与对策

　　摘要： 本文以"杭帮菜"为例，对中餐餐饮存在的问题与对策进行探讨。分析了餐饮业存在的问题，指出餐饮业存在着：产品线过长、同质化竞争严重；品牌缺少支撑，未能形成强势品牌的餐饮企业；餐厅布局单一，未能对消费者的就餐目的进行区别对待；促销手段匮乏，未能形成持续热点聚拢并维持人气等问题。在此基础上，给出了解决对策，认为发展中餐饮需要做好如下几方面的工作：适度压缩酒店规模及产品线，作好差异化经营；提高品牌意识，塑造具有地域特色的品牌形象；营造良好就餐环境，提升服务水平；整合营销方式，提升宣传效果。

　　关键词： 杭帮菜；餐饮；品牌；问题；对策

一、"杭帮菜"的发展历程及严峻的现实

　　杭州饮食文化源远流长，"杭帮菜"在数千年的历史长河中积淀了深厚的底蕴，形成了自己的独特风味。"龙井虾仁""西湖醋鱼""叫化童鸡"等36只脍炙人口的杭州名菜成了"杭帮菜"的代表。20世纪80年代末90年代初，一批有志青年（国企出来的厨师居多）抓住市场经济发展的大好时机，创办起自己的杭帮菜馆，新"杭帮菜"由此悄然崛起。至90年代中后期，新阳光、新花中城、新开元、新世纪、新三毛等一大批面积达数千乃至上万平方米的新字号杭帮菜馆陆续开出，这些"新字号"的杭帮菜馆定价灵活，菜品创新投入，餐饮服务档次不断提高，经营规模不断扩大，使"杭帮菜"牢固确立了自己的地位并日益发展壮大。也就是在此同一时期，几乎我国所有的大中城市都经历过两次大的外来菜系冲击本地菜系的风潮，一次是川菜，一次是粤菜。冲击之后便是川菜、粤菜打败本地菜系。"杭帮菜"却在这两次冲击面前波澜不惊，迄今为止，整个杭城几乎没有几家纯粹的经营川菜或粤菜的餐馆。不仅外埠菜系未能打进杭州，"杭帮菜"反而异军突起，积极进军全国市场，火遍大江南北。

上海是杭帮菜馆进军外省的第一桥头堡。从 1996 年开始，杭州江南春、张生记、红泥等大型餐馆纷纷赴上海开设分店。成功"抢滩"上海后，"杭帮菜"可谓风行一时，四处蔓延。数十家杭帮菜馆已经涉足苏州、无锡、镇江、扬州、北京、大连、沈阳、包头、西安、新疆的库尔勒以及粤菜的大本营广州等大中城市，在全国掀起"杭帮菜"热。2000 年以后，一大批"杭帮"餐饮知名企业，通过资本积累，打造出了一批航母级的超级餐馆旗舰店。不过正如杭州阳光餐饮公司经理王翔所说的那样，2003 年"非典"时期几乎是"杭帮菜"发展的"分水岭"。从 1996 年到 2003 年，发展一直如火如荼。"非典"以后，"杭帮菜"就进入了"阵痛期"。2003 年全年，整个杭州城没有开出一家大型的杭帮菜馆。2004 年"杭帮菜"更是遭遇了有史以来的严冬期。2004 年至今，大多数杭帮菜馆经营惨淡，勉强维持生计，部分菜馆甚至歇业。比较典型的如：位于黄龙体育中心，面积达 1.3 万平方米的五环喜乐大酒店关门谢客；而后，位于凯旋路的大阳光酒店悄悄地拉上了卷帘门。作为"杭帮"餐饮巨头的代表红泥餐饮，不仅在杭州拥有红泥花园，在省内也有不少航母级的分店，同样不得不开始了"瘦身"运动。先是把红泥花园一楼的停车场"让"给了肯德基，再是把海鲜池的黄金地段转给了 NIKE 经销商，紧接着关闭了富阳、萧山分店。2004 年 12 月 10 日，曾在宁波火爆一时的"杭帮菜"航母宁波红泥大酒店也突然把"地盘"让给了宁波当地的盛业大酒店。在外地风起云涌的"杭帮菜"热也逐渐回落，很多杭帮菜馆不得不开源节流，打折、减薪、裁员……总之，"杭帮菜"如今面临一系列的问题与困境。

二、"杭帮"餐饮存在的问题

1. 产品线过长，同质化竞争严重

如果我们将饭店分为大酒店、中档酒店与小吃店三类的话，大酒店无疑为"杭帮"餐饮的代表。对这些酒店的经营管理方式加以分析，就可以看出"杭帮"餐饮存在着非常严重的同质化竞争问题。这突出地表现在如下几个方面：1）店面规模贪大；2）装潢求高；3）菜肴品种求全；4）价格定位趋同。随着杭州餐饮业的发展，"杭帮"餐饮中的大型酒店的面积与装修档次越来越高。十多年前，杭州还没有一家能容纳下 100 桌酒席的饭店。1990 年娃哈哈公司举

办团拜会，当时杭州根本没有这么大的餐馆，只得分开放在南方大酒家、杭州酒家、太子楼、素春斋，总经理敬酒要跑四个地方、过两条马路。而现在不论是在杭州还是在外地的"杭帮菜"的代表性酒店，营业面积动则在 5000 平方米以上，甚至达 10000 多平方米，如在杭州的原"五环喜乐"面积达 13000 平方米；名人名家萧山店的面积达 8000 平方米；戴记农庄在上海的酒店有 10000 多平方米的营业面积；"张生记"在南京市中心的新街口开设了 5000 平方米酒店；"红泥"在南京的一家酒店占三层楼，有 100 个包间，2000 多个餐位，营业面积达 12000 平方米。与这些酒店规模相应的，酒店的装潢也非常考究，红泥对其在南京的那家店的装修就用了 4000 多万。在竞相攀比提高酒店的装修档次的同时，"杭帮"餐饮还普遍采取了低价路线，将毛利定在 20%—30%。而在各家酒店提供的菜肴方面，各个酒店除提供具有杭州特色的数十款典型的杭式招牌菜外，还普遍提供其他菜系的一些菜肴，几乎每一家酒店的菜肴都在 200 种以上。但真正给消费者留下深刻印象的并不多，正如有的消费者指出的那样："这些大酒店吃来吃去，无外乎老鸭煲、烤菜之类，别无新意。"

2. 品牌缺少产品支撑，未能形成具有强势品牌的餐饮企业

任何组织的声誉与口碑都是建立在其所提供的产品与服务上的。餐饮作为一个服务性的行业，就餐环境与服务态度无疑对其品牌的塑造有着巨大的影响。但作为服务内容的核心——饭菜的质量更是营造其品牌的基石。"杭帮"餐饮的各家代表性企业在改善就餐环境、提高服务水平、创新菜肴等方面都作出了巨大的努力。上述诸种努力中，改善就餐环境、提高服务水平对营造"杭帮"餐饮企业品牌形象具有积极正面的影响，创新菜肴对这些企业的品牌正面影响却很小。"杭帮菜"继"叫化童鸡""西湖醋鱼""东坡肉""宋嫂鱼羹"等 36 道精品老杭菜之后，又推出了"芙蓉水晶虾""八宝鸭""鸡汁雪鱼""鳖腿刺参""明珠香芋饼""脆皮鱼""珍宝蟹""吴山鸭舌""白沙红蟹""砂锅鱼头王""双味鸡""蒜香蛏鳝"等 48 道新杭州名菜。这些菜肴只是提升了"杭帮菜"的整体声誉，对各个"杭帮"餐饮企业的品牌提升却没有太大的助益。究其原因是这些菜肴并没有如"西湖醋鱼"之于"楼外楼"；"老鸭煲"之于"张生记"那样真正成为某个酒家的专属名菜，由此消费者在进行选择时不可能像准备吃"西湖醋鱼"一定要去"楼外楼"，吃"老鸭煲"最好还是去"张生记"那样形成对某个酒家的专属印象。

3.餐厅布局单一，未能对消费者的就餐目的进行区别对待

"杭帮"餐饮的各个酒家在努力提高酒店的硬件设施的同时，对酒店的软设施普遍关注不够。走进任何一家酒家，其店内布置大同小异，根本没有或很少考虑对顾客的就餐用途与目的。如果说预订包厢还能让消费者有所选择的话，包厢之外的大厅就餐，各"杭帮"餐饮酒家就不再对顾客进行丝毫的区别接待了。

4.促销手段匮乏，未能形成持续热点聚拢并维持人气

"杭帮"餐饮各酒店普遍的促销手段就是在开业时动用各种媒体进行大力宣传。一时间成为所在城市或地区的热点，从而吸引人们前来就餐。成名之后，这些店家几乎再没有进行其他宣传活动，充其量也就是推出几款特价菜作些优惠促销，更多地靠人际关系、口头传播来达到宣传的目的。一旦所在城区有其他类似酒家开业，原来的酒店相当一部分的客源将被吸引过去。"杭帮"餐饮酒店不能聚拢人气的另外两个原因则在于菜肴的品种与就餐的环境。如前所述，"杭帮"餐饮任意一家酒店的菜肴品种都在200种以上，而这些菜单几乎是从不更新的，即便是更新，也只是推出少数的几款新品，并不能给人一种整体上变更的感觉。由于装修成本巨大，"杭帮"餐饮的酒家当然不能随便停业进行装修，但因为中餐餐饮的固有特点——油烟大、汤汁多等，就餐环境很快就显得陈旧，空气也变得污浊，这对那些餐位铺了地毯的酒家影响更为突出。凡此种种，就餐环境的恶化，菜肴没有新意，当然造成了客源的转向与流失。

三、杭帮餐饮发展的对策

1.适度压缩酒店规模及产品线，作好差异化经营

如同生产制造企业存在规模经济的问题一样，酒店也不是越大越好。一味的贪大求全，不可避免地不能对消费者的需求进行适度的细分，由此必然有部分消费者未能得到满意的服务。一旦面临竞争对手的差异化经营，这部分客户（通常是那些价值很高的客户）自然会流失到竞争对手那里去。"杭帮菜"这些年竞争的残酷现实已使各家酒店认识到了这一点。2006年春节以来，"杭帮菜"各知名酒家不谋而合——选择了"瘦身"。西湖大道附近的金色阳光由原来的1万多平方米减到了现在的四五千平方米，好阳光现在也只剩2000多平方米营业面积。建国路上的新三毛大酒店这家原面积七八千平方米的"杭帮菜"

航母，今年春节后进行了装修，只留出其中一部分继续做餐饮。在外地经营的杭帮菜馆也同样进行了瘦身。在上海，原 10000 平方米的戴记农庄，如今缩减到了 3000 多平方米；在北京，娃哈哈大酒店新开出的第 5 家门店，与过去动辄上万平方米的门店不同，只有 1500 平方米。在适度缩小营业面积的同时，各"杭帮"餐饮企业还应适度调整所提供的菜肴，力争进行差异化特色经营。过去那种动则提供数百种菜肴的经营方式，不仅使每款菜肴的质量很难保证，同时也增加了采购难度，提高了贮藏与保鲜费用，增加了运营成本。事实上，消费者一般在外就餐常点的菜肴品种也就在数十种左右，因而各酒家完全没有必要像现在这样提供多菜系、多品种的杂而全的服务。杭州有些酒家的实践也证实了这一点。在众安桥营业已经 6 年的娃哈哈大酒店，去年缩小一半规模，变为 4000 平方米酒店。酒店调整了经营策略，从原来的"航母级"脱胎换骨成"精品"杭菜馆，取得了巨大的成功。

2. 提高品牌意识，塑造具有地域特色的"杭帮"品牌形象

品牌经营对一个企业的重要性，具有地域特色的品牌对来自区域内的企业或经营者的重要性自不待言。"杭帮菜"的成功，除各个酒家用心经营外，他们努力塑造的具有地域特色的"杭帮"品牌也功不可没。自南宋以来的，历经一千多年的历史积淀，杭帮菜形成了以"叫化童鸡""西湖醋鱼""东坡肉""宋嫂鱼羹"等为代表的精品老杭菜，它们撑起了具有区域特征的"杭帮"品牌，当然改革开放后新开发出来的 48 道杭州名菜对该品牌形象进一步进行了充实。"杭帮菜"这几年能风靡全国，正是基于这一具有区域特色的"杭帮"品牌。同时在"杭帮菜"的经营方面，我们也再度看到了浙江经济赖以成功的法宝——集群化经营。1999 年初，"杭帮菜"进军大上海。从张生记首家分店开张开始，楼外楼、万家灯火、红泥、新开元等"杭帮菜"酒店纷纷举旗跟进。目前在沪的"杭帮菜"餐馆就多达 2000 余家。事实上，在北京、江苏、广东、香港、台湾等地，"杭帮"餐饮经营莫不如此。红泥、张生记、新开元、新三毛、万家灯火、新阳光，形成了杭州的"六大家族"，他们共同竞争的结果就是在餐饮市场上形成了具有浙江特色的"杭帮"餐饮集群，无意中共同打造了"杭帮"餐饮这一具有地域特色的品牌。

3. 营造良好就餐环境，提升服务水平

杭帮餐饮在硬件设施上已经走在全国餐饮企业的前列，但在餐厅的装潢材

料的选取上应对中餐餐饮的特点需有更多的考虑。为了避免现有装潢条件下，每隔几年，因为就餐环境恶化需要停业进行重新装修的局面，杭帮餐饮完全可以采用一些新的装饰方式对餐厅进行装修。事实上，如果采用户外广告更换模式对餐厅墙壁采用壁纸装潢的话，需要更换时只需将壁纸更换掉，就完全可以在不影响营业的情况下，为顾客营造焕然一新的就餐环境，必会大大提高"杭帮"餐饮企业的效益。

参考文献

[1] 源远流长杭帮菜. [EB/OL]. http://maps. chinaok. corn/city/hang.html

[2] 超大酒店不再主流杭州餐饮争相瘦身?[EB/OL].http://biz.zj01.com.cn/05biz/system/2005/06/22/006140966.shtml

[3] 卢荫衔. 杭帮菜你凭什么打天下.[N] 每日商报，2005，7:(25).

[4] 许群，王经俊."杭帮菜"还能撑多久?[EB/OL].http://news.xinhuanet.corn/focus/2004-09/08/content_1943770_2.html

[5] 李丞.我国餐饮业发展活力增强，今年总额将破一万亿 [N]. 北京现代商报，2006(3).

【文章来源】袁安府：《从"杭帮菜"看中餐餐饮的困境与对策》，《江苏商论》，2006 年第 9 期

8. 电子商务环境下新白鹿连锁餐饮企业发展对策研究

摘要： 连锁餐饮业迅速发展，竞争也愈演愈烈。然而在连锁餐饮业高速发展的同时，电子商务的兴起对连锁餐饮业的发展带来了一定的冲击。本文以新白鹿为例，主要运用 SWOT 分析法分析电子商务环境下连锁餐饮企业的发展现状以及对策。

关键词： 电子商务；连锁餐饮企业；发展对策

一、绪论

当前我国电子商务正在进入密集创新和快速扩张的新阶段，逐渐成为促进我国消费需求，促进传统产业升级、发展现代服务业的重要动力。近三年来我国电子商务成交额逐年增长，2015 年达到了 18 万亿元。2014 年我国连锁餐饮企业的营业收入达到 27860 亿元，打破了连续三年收入下滑的趋势；2015 年全国餐饮企业的营业额突破 3 万亿元，同比增长 11.4%，预计 2016 年将超过 3.5 万亿元。新白鹿餐厅是杭州知名的中餐连锁餐厅，以经营杭帮菜为主，主要招牌有蛋黄鸡翅、一品开背虾等。截至 2014 年 4 月，新白鹿餐厅在杭州一共拥有 11 家门店，上海 2 家门店，总员工数超过 1000 人。新白鹿餐厅是属于连锁经营模式中的特许经营，它的经营模式分析如下：

表 1.1 新白鹿特许经营模式分析

决策	以总部为主，加盟店为辅
资金	加盟店出资
经营权	独立
分店经理	加盟店主原则上总部供应
商品来源	经由总部规定
价格管制	原则上总部规定
促销	总部统一实施
总部与分店关系	经营理念共同理念
合同约束力	强硬
外观形象	完全一样，内部风格各异
合同规定加盟时间	多为 5 年以上

新白鹿餐厅近年来发展迅速，截至 2014 年底，在原来的基础上又新开了 2 家加盟店，餐厅每年的营业额以 30%—40% 增加。数据表明，一个 300 餐位的新白鹿餐厅每年能实现约 650 万元利润。如果投资 400 万元，只需要 7.4 个月即可收回全部的投资。

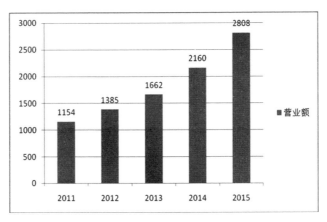

图 1.1 新白鹿近五年销售额（万元）

此外，新白鹿餐厅通过建立企业自身网站，将餐厅的资料以网络的力量传递给消费者。打开新白鹿餐厅的网站，就能详细了解到新白鹿餐厅的详细信息。同时，新白鹿餐厅也在微博和微信上注册了餐厅的账号，用图文结合的方式将餐厅介绍给更多的消费者，缩短了资金回收的周期。

二、新白鹿餐厅的 SWOT 分析

（一）优势（Strength）

1. 餐饮价格适中且层次丰富

新白鹿是连锁餐饮企业中性价比最高的代表餐厅之一，以低消费价格和地道杭帮菜出名。在高消费的今天，家庭成员或者朋友聚餐一次的价格往往会在 500—800 元甚至更高。然而，新白鹿餐厅却以人均消费 40—50 元的消费水平吸引消费者，菜肴精致且价格较低。消费者可以以其他餐厅的几分之一的价格享受到更加实惠的菜肴。

同时，针对不同的消费市场和消费理念的人群，新白鹿在推出平价菜以外也不乏满足高端消费者的食品，层次丰富，顾客可选性较大。

2. 实行特色管理且服务科学统一

新白鹿餐厅的最大特色之处在于独特风格的装修以及规范的服务。每个餐厅都会有自己的装修风格，或温馨或时尚或简约，但在一定程度上有着某些共通之处，都在致力于为消费者创造舒适的用餐环境。

同时新白鹿餐厅又以统一、优质的服务出名。餐厅以客户至上，为客户疯狂，100% 满足客户的需求，面带微笑面对投诉和投诉，并积极为客户解决问题。

3. 品牌效应带来订单且收货价值最大

在杭州现有的连锁餐饮企业之中，新白鹿是和外婆家、知味观齐名的餐厅之一，这为它的品牌效应打下了坚实的基础，成为杭州市民出行聚餐的首选。

根据研究发现，顾客对一家餐厅的满意度和接受程度与顾客让渡价值有关，指的是顾客总价值与顾客总成本之间的差额。新白鹿针对这些因素创造价值最高，成本最低，最优秀的客户服务交付的价值。

新白鹿是连锁餐饮企业中性价比最高的代表餐厅之一，以较低的消费价格和地道的杭帮菜出名。在高消费的今天，家庭成员或者朋友聚餐一次的价格往往会在 500—800 元甚至更高，这样的高消费确实也让一些消费者负担不起。然而，新白鹿餐厅却以人均消费 40—50 元的消费水平吸引消费者，菜肴精致且价格较低，最低的一道菜肴仅仅售价 3 元。因此，消费者可以以其他餐厅的几分之一的价格享受到更加实惠的菜肴。

4. 服务范围较广且深受顾客喜爱

在众多的连锁餐饮企业当中，新白鹿餐厅是少数几家囊括各个年龄阶段的餐厅之一，它以地道的杭帮菜吸引了年轻群体、中年、老年消费者，其大多数是由家庭或者团体的方式就餐，深受各个年龄段人的喜爱。再观绿茶、弄堂里这些知名的杭州餐厅，几乎都是以 10—35 岁的青少年、中年为主，鲜少有中老年年龄段的消费者。然而相比之下，新白鹿的服务范围就较大。

（二）劣势（Weakness）

1. 信息系统有待改善

在新白鹿的餐厅中，电子菜单点菜、电子钱包付款这些方面的服务都已经普遍运用。然而，在收银、收货、库房材料管理等基础的几个方面，在供应链的运用上面就显得较为薄弱，缺乏战略信息化规范化与管理的运用。

2. 企业管理水平的制约

相对于传统意义上的连锁经营管理，现代电子商务环境下的连锁餐饮企业的管理更加注重更高水平的管理技术，需要将现代企业管理技术与互联网技术相结合。但是和大部分连锁餐饮企业一样，新白鹿餐厅的管理技术和互联网技术结合的程度不高，管理者在实行决策时管理水平受到制约。

（三）机会（Opportunity）

1. 大众餐饮业发展前景较好

2013 中国的高端餐饮营业额同比下降近 90%，平均率为 40%—50%，差的企业甚至达到了 80%。在这样的情况下，我国的大众餐饮的业绩却有明显的上升，平均营收增长速度均在 10% 以上。

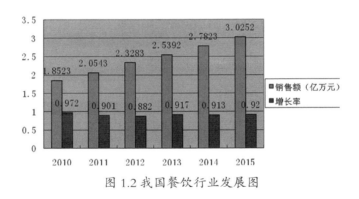

图 1.2 我国餐饮行业发展图

2. 政策的扶持

2010 年国家商务部发布了关于进一步做好餐饮业有关工作通知，指出加快餐饮业发展的重要意义，协力推进餐饮业的发展。同时，发布了《全国餐饮业发展规划纲要》，全面加强食品安全立法和标准体系建设。这些都有利于我国连锁餐饮企业能够健康快速的发展。

（四）威胁（Threats）

1. 电子商务的冲击

在电子商务高速发展的今天，一些新的 App 像百度外卖、口碑外卖、美团等的开发，使得消费者只需要在网上选择自己需要的餐点并且用手机付款，就能享受送货上门的服务。然而，相对于新白鹿这样的传统意义上的连锁餐饮企业却只局限于店内消费，并没有网上下订单、服务员上门送餐的服务，这无疑减少了新白鹿的消费客流。

因此，新白鹿餐厅必须采取一些措施增加自身的消费客流，减轻电子商务对传统连锁餐饮行业的冲击。首先，在店面外部放置有关店面介绍的布告牌，餐厅的特色活动、新品菜肴、活动时间以及参与方式等等的信息，使得消费者在路过或者进入餐厅的时候能够注意到。同时，聘用人员在人流量较多的路段以及公共场所分发宣传单，举办户外宣传活动，挖掘更多潜在的消费者。

我国连锁餐饮企业快速发展，然而大部分企业均只强调扩张的规模和数量而忽略了企业内部的管理，电子商务环境下的连锁餐饮企业的发展凸显出更多的漏洞。电子商务具有广告宣传、网上订购、电子账户、服务传递、意见征询等等的功能，能够帮助连锁餐饮企业更好的发展，但如果不能很好地电子商务运用到管理中，反而会出现许多的问题。

新白鹿餐厅作为连锁餐饮业的一员，其本身也存在很多问题。首先，新白鹿餐厅虽然是一家较为受欢迎的连锁餐厅，但是它总部与门店的信息管理系统混乱，各项具体的功能并不齐全，基础较为薄弱。其次，和大部分连锁餐厅一样，发展过快而导致自身的管理水平低下，缺乏高素质的管理人才。再者，新白鹿的营销推广手段较为匮乏，推广水平低，缺乏企业自身特色。

三、电子商务环境下连锁餐饮企业发展对策研究

（一）完善连锁餐饮企业的信息管理系统

1. 新白鹿总部管理信息系统

连锁型餐饮企业应该建立并且完善科学、高效和实用的信息化管理体系。在完成电子菜单、电子付款这些浅层次的电子商务信息化运用后之后，努力推进供应链管理系统、内部仓储管理系统、人力资源管理系统、商品进销存管理系统、进货管理系统等等的连锁总部更深层次的管理信息系统。

2. 新白鹿门店管理信息系统

在门店管理信息系统中，从收款机管理、补货管理、到货管理、盘点管理、

退库管理、数据统计、系统管理、食材货位管理、销售管理、到退出系统等等的信息系统也要相应的完善升级。

新白鹿应该循序渐进，实施个性化的合理开发方案，必须强调信息管理系统在新白鹿的可行性，不必盲目的模仿其他企业。

（二）提高连锁餐饮企业自身的管理水平

现阶段我国传统连锁餐饮企业的管理水平尚且较为薄弱，无法和国外完备的电子商务模式相比较。新白鹿需要将互联网技术与经营管理技术相结合，更好、更全方位的运用的餐厅的经营管理当中，提高自身管理水平，与世界趋势接轨。

新白鹿餐饮总部应该集中对各个门店的店长以及管理层的人员进行全方位的管理素质培训，提高其管理经营的技巧，使其拥有正确的判断能力和决策能力。

（三）多渠道营销推广，实行标准化管理

连锁餐饮企业在营销渠道上面采取多渠道的手段推广，以更加新颖的手段吸引消费者，不再局限于传统的刻板营销手段才能在竞争的洪流中更好发展。

1. 促销手段推广

新白鹿餐厅需要结合自身的情况，掌握消费者消费趋向后，将已有的餐点或者单品进行创新组合，推出消费者喜爱的新组合餐点。并进行适当的降价，让消费者感觉更加实惠。最后，注意促销组合的可控性、灵活性和成本，在维持最低利润的基础上进行促销推广。

2. 加强店外宣传力度

在人流较多的街道或者超市门口，向路人分发宣传单和资料，使消费者对企业印象深刻。虽然新白鹿餐饮在杭州已经小有名气，但重要节假日的宣传仍是重要宣传方法。同时，加强互联网上的宣传，完善新白鹿自身的门户网站，将近期的活动、特色餐点或者需要宣传的内容进一步宣传。

（四）在所处相对不成熟的环境下发展自身的特色

1. 开动创新思维，研发特色餐点

消费者在餐厅中消费的不仅局限在物质方面，还包括精神方面的享受。新白鹿餐厅应在杭帮菜的基础上，尝试开发不同的特色餐点，升级原有的餐单。在餐点的组合上可以根据颜色、气味进行新的开发，同种类的食材再次重组等，给消费者一种新的视觉盛宴。

2. 构建属于自身的特色企业文化

新白鹿的餐饮文化不知单单包括企业文化，更包括餐厅的环境、装修以及特色。近几年来，随着消费者消费意识的转变，时光、青春等主题餐厅纷纷涌现出来，体现出它们它独特的企业文化。

杭州一家的新白鹿餐厅尝试在餐厅中播放属于企业本身的《新白鹿之歌》，同时调整店内灯光，为顾客营造了一个新的用餐环境。精致的装修、迥异的风格、优质的服务、平价实惠的餐点是新白鹿的竞争优势。

参考文献

[1] 王耀宁. 中国特许快餐业与西方快餐业的比较分析 [D]. 对外经济贸易大学，2010.

[2] 肖怡. 连锁餐饮企业市场营销 [M]. 北京：北京大学出版社，2007.

[3] 江小蓉. 餐饮服务与管理新编 [M]. 北京：旅游教育出版社，2012.

[4] 陈拥军. 连锁企业信息系统管理 [M]. 北京：北京大学出版社，2009.

[5] 陈守冲. 基于电子商务模式的餐饮连锁企业经营管理存在的问题及对策研究 [J]. 商业文化（下半月），2012(10)：27-28.

【文章来源】章艳：《电子商务环境下新白鹿连锁餐饮企业发展对策研究》，《智富时代》，2016 年第 2 期

9. 论杭帮菜菜品的得名与流行原因

摘要：杭帮菜的部分名菜名称，一则因历史人物及传说、南宋迁都临安、泄愤朝廷奸臣、神话与杭州民间传说、乾隆皇帝野史等"故事"而得名，二则因杭州西湖与武林门两大景点得名。名菜的"故事"有着文化、政治内涵。杭州在南宋以后商业经济发达，其地理位置优越，人口繁密，古代即为旅游胜地，历史上在此出现南北文化大融合，南北厨师手艺结合出新，为杭州菜系特色的形成提供了历史、经济、人口饮食需求及烹调技术等条件，造就了杭帮菜的辉煌。

关键词：杭帮菜；杭州；南宋；西湖；浙江菜系；"东坡肉"

杭州菜之所以能成为浙江菜系的代表，是因为该菜以爆、炒、烩、烤、焖为主，制作程序精细，富于变化；口味上具有清鲜、淡雅、香脆等特点；用料十分讲究，菜名富有诗意；且多数菜肴又以历史人物和风景名胜命名，诸如东坡肉、宋嫂鱼羹、叫化童鸡、西湖醋鱼、西湖莼菜汤、龙井虾仁、虎跑素火腿等，饮食文化气氛十分浓厚。到目前为止，专题研究其名称形成、流行缘由及成因的不多见。笔者认为，一些著名的杭帮菜，虽是饮食的菜肴，但具有文化、政治的内涵。

一、杭帮菜名称形成的缘由

（一）因历史人物及传说得名

1. 因历史文豪得名

杭州历史悠久。唐宋以后，许多中原文化名人到此任职。其中以白居易与苏轼最为著名。两位文豪除政绩突出外，也留下了一些与他们历史典故有关的名菜。

（1）春笋步鱼

杭州知味观经理董顺翔认为，"春笋步鱼"成为杭州名菜与唐朝诗人白居易有关。长庆二年（822），白居易任杭州刺史。长庆四年（824）清明节，白居易私下到上塘河附近考察农耕情况。午饭时，他进入一农夫家中，看见一位奶奶与成年孙子在吃饭，桌上有一碗野笋炒步鱼。面对主人的热情接待，白居易品尝了"野笋炒步鱼",感觉其味无穷。回家之后,白居易命令下人如法制作了这道菜。经过白居易的宣扬,多年以后,野笋被改成春笋。从此,"春笋步鱼"成为杭州地区名菜[1]。步鱼,也称土步鱼,即沙鳢,在杭州地区河流出产。

文化内涵剖析:此道菜"春笋"同"土步鱼"的结合,"故事"在民间传扬,一方面,"故事"佐证了《新唐书》卷一一九《白居易传》中记载白居易在杭任职治理钱塘湖,使湖水可灌溉良田千顷,以及为市民修水井等功绩的真实性;另一方面,也说明了杭州平民对优秀官员的怀念。

（2）东坡肉及东坡菜系列

北宋文豪苏轼,除在词赋、散文与书法方面有着深厚造诣外,对美食烹饪技术也有丰硕成果。

东坡肉(又名滚肉)是杭州名菜,相传是民间为纪念苏轼所做。其中有许多历史"故事"。《徐州古今名馔》记载,宋朝熙宁十年(1077),苏轼至徐州任知州,率领民众抗洪水,保卫了徐州城。全城居民为感谢身先士卒的模范知州,一些富家杀猪宰羊,携带美酒佳肴,到官府衙门慰劳苏轼。盛情难却,苏轼收下后交代下人把肉材制成滚肉,反送给参加抗洪的贫困民众。广大民众吃后,感觉滚肉香甜松酥,肥而不腻,交口相赞,并美誉为"回赠肉"。此后,苏轼到黄州(今湖北黄冈市)任职,当时黄州猪肉价格低廉,苏轼叫下人按照徐州做法,制成"滚肉"。民众竞相模仿,戏称为"东坡肉"(因苏轼号东坡居士)。宋哲宗元祐四年(1089)七月,苏轼再次任杭州知州。第二年夏天,杭州洪水泛滥。苏轼及早组织抗洪防灾,使当地人民度过了艰苦时期,民众夸赞他为贤明的父母官。一些富家人士得知苏轼在徐州、黄州时嗜好吃滚肉,于是逢年就组织佣人送猪肉到衙门给苏知州拜年。苏轼叫仆人将肉切成方块,烧得红酥酥、香喷喷的,派人分送给参加修通西湖的贫困民工们吃,民众吃后无不称奇叫绝,把苏知州的猪肉称为"东坡肉"[2]。

除"东坡肉"外,因苏轼得名的杭州菜还有"东坡豆腐"等。元丰二年(1079)十二月,苏轼被贬黄州任官。黄州的豆类制品,自古闻名。文豪苏轼又擅长烹饪,他创新了当地的豆腐菜肴。名菜加名人,鲜香味醇,质嫩色艳,人称"东坡豆腐"。银红明亮,咸鲜清香,故又名"东坡豆腐肘"。从此,这道创新菜很快就在湖北流传开来。东坡菜系列,如东坡茄子(用茄子、鸡胸肉、猪肉馅等食材)、东坡绣球(以虾仁、香菇、荸荠、肉馅、蛋皮丝为原材料)、东坡酥、东坡素肉（以豆腐、豆腐干、冬瓜为材料）[3]。

文化内涵剖析："东坡肉"是名人与饮食菜谱的完美结合。显示了中国古代人生哲理与美食丰富的文化内涵。第一，从人生哲理分析，苏轼屡经官场挫折而意志越坚。苏轼被贬黄州、杭州之时，除欣赏江山之美景外，还通过创制美食，展示逆境中乐观豁达的精神。第二，从政治平等分析，通过"回赠肉"之名，反映了苏轼身为宋朝官员，与黄州、杭州平民同呼吸共命运的鱼水关系。第三，从政治措施分析，苏轼被贬官后，孤身一人，他运用烹饪手法，采用与民同甘苦的处世策略。

（3）糟烩鞭笋

苏轼到杭州任官之后，闲暇之余，与广元寺的方丈、和尚交往默契。一日，和尚们招待他烹调技巧低劣的竹笋菜，苏轼于是亲自下厨，将"竹笋烹饪法"亲授给了厨房和尚。这道选材嫩鞭笋与香糟，通过煸、炒、烩烹饪技术制成的"糟烩鞭笋"，和尚们品尝后回味无穷。从此，由苏知州创制"糟烩鞭笋"素菜，便在浙江地区寺院与平民之中流传[4]。

2. 因南宋迁都临安得名

21 世纪的杭州菜系中有许多"宋菜"。"宋菜"是南宋定都"临安"（今杭州）后传承至今的浙江菜。著名的菜有以下几种。

（1）宋嫂鱼羹

相传宋五嫂原为北宋汴京（今河南开封）的一家餐馆女厨师，由于特别善于制作鱼羹名满汴京城内。南宋迁都临安后，宋氏家族也南迁，在临安苏堤下开设餐馆。淳熙六年（1179）三月，南宋皇帝赵构登御舟在西湖游玩，用餐时间，吃了宋五嫂的鱼羹，感觉其味甜美无比，老太监听见卖鱼羹的宋五嫂有汴京口音，认出此人竟是当年在汴京卖鱼羹的熟人。赵构下令宋五嫂晋见，宋五嫂于是端上拿手的鱼羹来献。赵构对宋嫂鱼羹赞誉有加，特别赏赐百两纹银给宋五嫂。此事一传十，十传百，"宋嫂鱼羹"就此扬名全浙江地区[5]。

文化内涵剖析：第一，从南宋移民历史角度分析，"宋嫂鱼羹"从菜系角度，证明了南宋北方民众移民临安的历史（吴松弟《北方移民与南宋社会变迁》，台北：文津出版社，1993 年版）。第二，从杭州地方语言学分析，"宋五嫂"有汴京口音的"故事"，为一些学者主张杭州方言保留了唐宋时期极为发达的一些儿缀与词缀的语言观点提供佐证。

（2）西湖醋鱼

此菜又称叔嫂传珍。相传宋朝有宋姓兄弟，家住杭州，以打鱼为业。杭州赵氏官员有一次带领地痞流氓到西湖游玩，在湖边看见一洗衣妇女，秀丽貌美，知是宋兄之妻，为强抢此女，设计把宋家哥哥毒打至死。宋家叔嫂到官府告状，但官府与赵氏官员勾结，反把宋家叔嫂棒打一顿。告状失败后，宋嫂设计让宋弟外逃，离家之前，宋嫂烹饪了一碗鱼汤，有糖加醋，手法奇特。宋弟问今日鱼菜如何这般烹饪？嫂子解释道：鱼中甜酸兼备，意在提醒你永远记住你哥哥冤死，牢记嫂嫂心中饮恨的辛酸。后来，宋弟在朝廷考得了功名回到浙江雪耻仇恨。但宋嫂已离家在外。一次，宋弟应约赴宴，宴席中感觉鱼菜有嫂子烧的美味，四处派人寻找，才知道宋嫂为了避免赵氏官员回来报复，改名换姓进入官府当厨工。宋弟找到了宋嫂后，辞了朝廷官职，与宋嫂一起重新过起捕鱼谋生的平民生活[6]。

文化内涵剖析：宋代林升《题临安邸》一诗，抨击的南宋部分官员纵情声色。西湖醋鱼的"故事"从菜系角度，揭露了"赵氏官员"的腐朽行为，说明了南宋一些官员苟且偏安的状态。

3.因泄愤朝廷奸臣得名

以"一品南乳肉"菜为代表。传说蒙古军队大举南侵，官居一品的南宋右丞相贾似道奉命领兵到鄂州（今湖北武昌）。贪生怕死的贾贼私下向蒙古首领乞降。回到临安后，极力主张向蒙古军队投降，打击诬陷主战派大臣。由于贾似道投降误国，南宋面临国破家亡，而贾似道却每日与歌妓、宠姜在一起游玩取乐。朝廷及民众上下无不切齿痛恨贾贼，许多愤怒大臣与民众欲吃贾似道的肉皮，方能解心中怨恨。于是民众把"南乳肉"易名为"一品南乳肉"，食之如啮贾似道奸臣之躯，以解除心中怨气[7]。

文化内涵剖析：南宋许多朝廷大臣与民众积极主张抗击金兵，广大南宋民众担心战争灾难，因此对投降派极为痛恨。从战争角度分析，"一品南乳肉"菜，反映南宋临安民众对和平生活的内心渴望，体现了民众对卖国奸臣的怨恶。

4.因神话传说、杭州民间野史、清朝乾隆皇帝野史得名

（1）掌上明珠

掌上明珠是杭州厨师根据神话传说故事创制的一道名菜。

"西湖明珠自天降，龙飞凤舞到钱塘。"据传古时候，住在银河东西两边

的玉龙和金凤，在银河的仙岛上找到了一块白玉。他们俩一个用爪磨，一个用嘴啄，终于把这块白玉磨成一颗明珠。王母娘娘得知这一消息后，派天兵天将把珠子偷去藏在深宫里。王母在生日那一天把那颗明珠拿了出来，放在手掌上供各路神仙观赏。玉龙和金凤发现了明珠的毫光，就急忙追到天宫去向王母讨还明珠。你争我夺，一不小心，王母的手一松，掌上明珠就从天上掉了下来。玉龙和金凤为了保护这颗明珠，也一前一后地伴随着下来。明珠落地后变成了美丽、清澈的西湖，玉龙和金凤也变成了玉皇山和凤凰山。从此，风景秀丽的西湖，变成了中国大好河山的掌上明珠。

（2）桂花鲜栗羹

传说唐明皇时的一年中秋之夜，寂寞的嫦娥在广寒宫里凝望人间，看到杭州的西湖美景胜似天堂。吴刚手击桂树，直震得"天香桂子落纷纷"。嫦娥想让月中的桂花在人间天堂永久飘香，她俯拾桂子不停地掷向杭州。此时灵隐寺德明和尚半夜起身去厨房做早餐。清晨，他把栗子粥盛给大家吃，全寺众僧都赞此粥奇香可口。德明和尚便将撒落在地上的桂子捡起种在山坡上。从此，西湖四周就有了金桂、银桂、丹桂和四季桂等不同品种的桂花。桂花栗子粥经过不断的改进，演变成为闻名中外的桂花鲜栗羹[8]。

（3）斩鱼圆

斩鱼圆是一道杭州地区的特色名菜，归属浙菜系。鱼圆菜的产生与秦始皇有关。传说始皇酷爱食美鱼又怕鱼刺，许多御膳名厨因鱼刺而沦为秦始皇刀下冤鬼。有位御厨帮此皇帝做鱼菜，他拿刀剁鱼块，突然看见鱼刺从鱼肉中被打击出来。他灵机一动，把鱼肉一团团地扔进煮沸的美味汤中，成为皎洁鲜嫩的鱼圆，味道鲜美。这位厨师也因"斩鱼圆"受到皇帝嘉奖。此后，鱼圆烹饪方法流入民间，平民称为"鱼丸"。据说杭州的斩鱼圆也源于此。斩鱼圆制作讲究、颗粒大，入口松嫩，更富有特色[9]。

（4）"鱼头豆腐"

相传"鱼头豆腐"与清乾隆皇帝微服私访相关。一天，乾隆皇帝微服游玩到杭州吴山，下山后带随从人员进入一家饭铺求食。当日天时已黑，饭店菜饭几乎售罄，店老板将剩余半只鱼头与一块豆腐同锅烧煮，凑合成一碗菜端上。乾隆皇帝饱吃这道"鱼头豆腐"后，感觉味道胜过皇家御膳。几年以后，他再次来杭州，就对吴山这家饭店重赏御封，题写了"皇饭儿"匾牌。从此，饭店生意繁盛，改名"王润兴"。"鱼头豆腐"用料低廉，经济实惠，烹饪简便，现已成为浙省平民家庭的佳肴[10]。

（二）因杭州景点得名

与杭州菜相关的景点有西湖与武林门两大景点。

1. 西湖景点

（1）西湖莼菜汤

此菜又名鸡火莼菜汤，系浙江地区古代风味名菜。据《西湖游览志》所记，乾隆皇帝微服私访浙江，到杭州之后，经常采用莼菜为美食材料。此菜选用西湖出产莼菜为基本材质，美味适口，富有特色。莼菜鲜绿，配料红色，光彩鲜艳。莼菜含有胶质秘维生素，营养丰富。早在《世说新语》中有"莼鲈之思"的典故。改革开放后，一些国外华侨、寄居他乡的浙江人，回到浙江，都要吃这道名菜，寄托思乡之情。

（2）西湖牛肉羹

此菜是杭州地区传统名菜之一，美味可口，顺口润滑。许多市民及外地客人习惯将它提前上席，作为引发食欲的开胃羹汤。西湖牛肉羹也是杭州地区平民喜爱的佳肴。选用鸡蛋、牛肉及香菇，即可做成物美价廉的美汤佳肴。此牛肉羹在浙江地区为普通平民的家庭菜肴。

（3）西湖龙井虾仁

因选用清明节前后的龙井茶配以虾仁制作而得名，是一道具有浓厚地方风味的杭州名菜。

相传某年清明节前后，乾隆皇帝微服私访下浙江，天降大雨，乾隆在西湖生产龙井茶的一农家躲雨，喝了农家龙井新茶后，感觉鲜香无比，带走一些茶叶。天黑之前来到一家饭店，要了一道爆炒虾仁。空闲之余，拿出茶叶泡来喝。店内伙计无意中发现乾隆皇帝龙袍衣角，马上报告饭店老板，店主听了一惊，竟把茶叶误当成葱花放入锅中同炒，爆炒后急忙端出迎客。不料乾隆皇帝还没吃菜，已闻龙井茶特殊的香味，尝菜后大声感叹道："妙哉！美味！龙井虾仁！"此后，"西湖龙井虾仁"这道名菜名扬浙江地区。

2. 武林门景点

武林门，亦名北关门，明代改称武林门。武林门外自隋代以来一直是沟通中国南北大运河的大集市。

（1）武林熬鸭

武林熬鸭是一道浙江省的汉族传统名菜，属于浙菜系。根据南宋御房菜谱仿制，有外来菜系的口味，外表油亮，熬鸭肉质酥松，鸭样不变外形，油而不厌，口感不腻，其味无穷，长期以来被浙江地区市民认为是一道别具特点的美味佳肴。

（2）武林爊鸭

武林爊鸭，"爊"是烹饪的一种特殊手法。宋朝将肥鸭埋入灰火中煨烤至熟叫爊。元朝以后，逐步演变为把鸭、肉等原料调和各种香料，加水采用微火细烹饪。与 21 世纪的一些烹饪制法相似。南宋洪迈在《夷坚志》中记载了此菜的制作方法。此鸭制成后，色泽酱红，肉质酥烂并且松爽入口，蒜香四溢，风味独特，为浙江地区的民间家庭佳肴。

二、杭帮菜名称文化氛围浓厚、"故事"众多的成因

（一）杭州历史悠久，经济发达，是造成杭州菜特色的历史与经济原因

历史上对杭州地区影响最大的，是吴越国和南宋时期。

吴越国是五代十国时期的十国之一，为钱镠在公元 907 年所建，都城为钱塘（今杭州）。这是两浙地区较长的稳定发展时期。吴越国极盛时，其范围包括今之浙江、上海、苏州和福建福州。

南宋临安府的各种商品经济发达。据南宋周密《武林旧事》记载，南宋时临安地区的商业有四百余行，万物所聚，对外贸易甚盛。高丽、波斯等五十多个国家轮船到临安港口，与南宋各地商人进行外贸交易。宋朝专设"市舶司"主管对外贸易。许多风景区也有外国商人居住，临安西湖更加妩媚动人，吸引了不少中外游客；酒肆茶楼、艺场教坊、驿站旅舍等服务性行业及夜市也很兴盛[11]。

（二）优越的地理位置，旅游胜地，为杭州菜繁盛提供了客源

吴越国以钱塘为都城，钱塘沿海各国通商贸易发达。由于吴越国王迷信宗

教，在钱塘四周兴建许多宗教建筑，又动用巨额资金扩建灵隐寺，同时，净慈寺、昭庆寺、六通寺等寺庙，六和塔、保俶塔、雷峰塔等宗教建筑得到修缮。灵隐寺等寺院是名满天下的古刹，钱塘江是当时的观潮胜地。

南宋吴自牧在《梦粱录》中写道：临安民俗"赏玩殆无虚日"，城市西部有西湖风光，东部有钱塘江观潮，两处风景"皆绝景也"[12]。南宋到临安观光者，除国内各地市民、赴京赶考的学子，国内来杭贸易的商人外，还有外国使臣、僧侣。浙江地区及西湖的风景名胜声名远播，在国内外影响增大。当时临安府人口已达 124 万多人（《宋史》卷一八五《食货志》）。南宋朝廷对外来流民实行妥善安置的政策，仅在临安府城内外就设立了二十余个接待处。据有关地方志书记载，当时二十余年间，累计接待 300 万人次[13]。

（三）历史上的南北文化大融合，为杭州菜系的形成提供了烹调技术条件

南宋定都杭州时，大量的北方厨师及点心师南下，在一定程度上促进了南北饮食文化的交流。可以说，如今的杭州菜点，是在南宋临安的"京杭风味"基础上发展起来的，具有"南料北烹""口味交融"的特点。杭州菜点大都结合当地的风土人情、历史典故、民间传说及西湖美景进行制作，为的是增加文化色彩，增添旅游佳趣，弘扬与发展杭州的饮食文化。杭州菜点讲究色、香、味、形、器，选料严谨，制作精细，注重口味，在国内外宾客中享有盛誉。

从外表看，杭帮菜仅为中国菜系之一。从菜系分析，杭帮菜是南宋宫廷菜、官府菜、市民菜、寺院菜、船菜的融合。从深刻原因探讨，它涉及杭州历史、文化、民族，以及地方政治经济、烹饪技术、人口迁移等诸多因素。因此，弘扬杭帮菜，不仅是饮食业的事情，也是杭州精神文明建设的一大工程。2008 年，杭州市政府采纳杭州市餐饮行业著名人士建议，动工修建"中国杭帮菜博物馆"，于 2012 年初正式开馆，这标志着杭州市 21 世纪文化建设又上了一个更高的台阶。

参考文献

[1]董顺翔.春笋步鱼菜，杭州传统名菜名点[M].杭州：浙江人民出版社，2013：33.

[2]胡忠英.杭州南宋菜谱[M].杭州：浙江人民出版社，2013：13.

[3]陈日立.吃透你了，杭州[M].济南：山东美术出版社，2011：42.

[4]齐耀珊编.杭州府志[M].杭州：民国十五年（1926）铅印本，杭州图书馆馆藏.

[5]吴自牧.梦粱录[M].杭州：浙江人民出版社，1984：120-125.

[6]中国烹饪协会名厨专业委员会.中国味道[M].青岛：青岛出版社，2013：70.

[7]〔元〕脱脱，等.宋史[M].北京：中华书局，1977.

[8]董顺翔.春笋步鱼菜，杭州传统名菜名点[M].杭州：浙江人民出版社，2013：206.

[9]沈关忠，等.斩鱼圆，杭州楼外楼名菜谱[M].杭州：浙江科技出版社，2000：45.

[10]中国烹饪协会名厨专业委员会.中国味道[M].青岛：青岛出版社，2013：71.

[11]周密.武林旧事[M].杭州：浙江人民出版社，1984：56-59.

[12]吴自牧.梦粱录[M].杭州：浙江人民出版社，1984：45-48.

[13]杭州市地方志编纂委员会.杭州市志·人口篇[M].北京：中华书局，1999：234-245.

【文章来源】黄明光、柴畅：《论杭帮菜菜品的得名与流行原因》，《南宁职业技术学院学报》，2016年5期

10. 以成本控制破解餐饮业转型升级难题——以杭州餐饮市场为例

摘要：中央"八项规定"高压下的 2013 年中国餐饮业，政务、公务餐饮消费骤然下滑。不仅直接导致高端餐饮萎缩甚至倒闭，面对商务、公务和百姓消费的大众餐饮也处在忐忑不安、利润下滑的困惑之中。餐饮业面对新形势、新变化，只有从成本管理的角度，调整市场定位、转型经营业态、拓新科学管理思路，才能重新立足并获得可持续发展的能力。

关键词：餐饮业；转型；成本；管理

2014 年农历新年之时，杭州西湖风景名胜区三十家经营高端餐饮的私人会所全部关闭，转而经营面向大众的茶楼、酒楼，这意味着面向少数富人和公务、政务高端餐饮、"土豪"餐饮走到了尽头，转型成为必然。2013 年，包括杭州餐饮在内的全国各地餐饮普遍出现了营业额、利润增速的"双降"甚至亏损，餐饮打折之风"杀红了眼"，这是中国餐饮市场在政策"震荡期"的特征，也是餐饮的理性回归、本质还原。

过去一年的餐饮业状况，并不意味着中国餐饮消费市场增速到了真正见顶下拐的程度。十八大报告提出"两个倍增"，实现国内生产总值倍增和城乡居民人均收入比 2010 年翻一番，还有近 4 亿人要城镇化，未来餐饮业还会以中高速增长，餐饮消费潜力巨大。[1]2013 年餐饮市场的调整，是打破原有支撑公务、政务消费，恶性竞争，破坏资源的不健康、不合理的餐饮市场格局，重新培育餐饮大市场、大消费、大未来的一种良性的大调整，这种调整态势还将持续 3 至 5 年。转型升级是餐饮新趋势、新变化情况下，餐饮业机遇与挑战、生存与发展的必然要求。高端餐饮需要转型面向大众餐饮，中端餐饮同样也面临转型升级，以成本管理控制为杠杆，破解转型升级中面临的种种瓶颈。

一、大众餐饮新释意

大众餐饮是 2013 年餐饮业转型升级最热门的一个词。什么是大众餐饮？所谓的大众餐饮面对的是广大民众，是老百姓能轻松消费、经常消费的餐饮。过去的三十年，中国经济持续高速发展，国民收入不断增加，珠三角、长三角、京津地区和一些部门、一些行业的工薪阶层收入已经处在较富裕的阶层，这个阶层收入的民众需要有中高端的大众餐饮需求。因此，完整的大众餐饮不仅仅是低廉餐饮，而是应该覆盖低、中、高三个层面，它们都是大众餐饮。这种包含三个层面的大众餐饮是由国民收入分配和不同需求决定的，是大众对食物原料、美味、环境、审美、健康、功能的不同取向与消费。大众餐饮中的高端餐饮，不是以公务、政务消费为支撑，而是以餐饮审美消费、文化消费为侧重的个人消费。大众餐饮的三个层面从结构上应该是三角形，中、低端大众餐饮占绝大部分。

处在"振荡期"的大众餐饮的形成与发展，需要政府引导、市场培育。未来的三至五年，餐饮业细分格局加剧，最终形成多元的、平衡的、健康的、可持续发展的良性餐饮市场。转型升级中的餐饮业，成本管理控制体系决定了餐饮市场定位、创新模式、用工方式以及运营生产规模。

二、差别化转型，准确定位，合理控制运营成本

餐饮业类型丰富，业态多样，分类指导、差别化转型是成本控制的需要。

对于高端餐饮包括五星饭店餐饮，由于前期的高投入，生产营运中的高费用，精品团队的高工资，如果一味地转向低中端大众餐饮，从成本核算的角度从发，利润从 15%—20% 下降至 8% 的临界点，即使吸引了顾客，赢得了人气，也很难长久维持经营。这类餐饮企业除了承认高端餐饮市场份额大面积萎缩的残酷现实之外，在缩小经营规模的同时，应该将转型的目标客群由公款消费转向商务人士、高收入人群，同时大打服务牌，服务与文化将是高端大众餐饮的新卖点。使客人满意、惊动、感动，是餐饮服务的三个境界，服务不仅是为他人做事情，而且是做他人需要的事情。预测顾客需求要在他到来之前；满足顾客需求要在他开口之前；化解顾客抱怨要在他不悦之前；给顾客惊喜要在他离

店之前。这样的高端餐饮做的不仅是菜点，还有高端细致的服务与体贴，服务会不断提升餐饮品质。因此，以人性化的服务和浓郁的文化氛围赢得市场份额，以减少高端餐饮高成本运营带来的高风险。

中端餐饮或者称为中档餐饮在这次的"振荡期"中，也同样面临转型升级的大洗牌。人员短缺严重、成本持续上升、市场需求多变、社会责任担当加大、传统发展模式将面临前所未有的挑战，一部分商宴、民宴和散单市场份额也会被高端餐饮抢去。中端餐饮是劳动密集型企业，单店规模经营在新形势下已经没有过多的竞争优势。杭州餐饮从巨无霸餐厅转型到小而精、个性化餐厅的发展方向，充分印证了这一趋势。过去的一年，杭州外婆家餐饮管理公司旗下六十家单店，经营规模在 300 至 500 平方米，客流量、营业额、利润不降反升。而单店规模在 800 平方米以上的中端餐饮，如花中城、张生记……营业额普遍下降 40% 以上。业态的同质化加剧了"震荡期"中端餐饮的恶性竞争，八折不算打折，五折成常态化，19 元的自助餐也在杭州城出现……中端餐饮的竞争，既是产品的竞争，更是成本控制与管理的竞争，以成本定位，成为中端餐饮转型升级必须要解决的难题，而面向大众的低端快餐餐饮、小吃餐饮、特色餐饮定位大众贴地气，虽然经营面积较小，经营上非但未受调整的影响，反而异军突起，除了品种受大众喜爱、价廉的因素之外，成本易控制，成本效率高是生存发展的重要因素。

三、确定适当的经营规模和合理定价，破解"四高"持续上升的难题

有相当部分的餐饮业经营者直言：现在不是员工为老板打工，而是老板为员工打工。人工高、租金高、原材料高、费率高"四高"成为餐饮企业发展的瓶颈。

餐饮业是劳动密集型企业，用工荒制约着企业的发展，用工成本持续增长将不可避免。劳动与人力社会保障部官员称，2012 年开始，我国劳动力资源开始出现拐点，劳动力供给呈下降趋势。未来五年，中国最低工资标准年均增长 13% 以上，行业普通劳动力工资名义增速也将保持在 14% 左右，[2] 劳动力人口下降和劳动力工资不断上涨已经成为趋势；餐饮业经营选址通常在城市的黄金

地段,租金只升不降将不可逆转;原材料涨价,水、电、气费不断呈调整上涨之势;国家对低碳、节能、环境的高标准加重餐饮经营的税费成本。许多餐饮经营者面对经营下滑和成本上升,转型升级举步维艰。餐饮经营巨无霸企业已经没有优势甚至面临高风险。因此,确定合理的经营规模,既符合大众餐饮的多元化需求,也是破解"四高"经营风险的有效途径。

在我国香港、台湾地区和西方国家成熟的餐饮市场上,为会务服务的少数星级宾馆还保留着较大面积的餐厅,而社会餐饮多以小型化立足。弹丸之地的香港,餐饮市场十分繁荣,遍布的 3000 多家茶餐厅,经营规模大多在 50—60 平方米,租金每月约 30 万港币,人工费人均每月需 1.5 万港币;遍布台湾的小吃店、茶餐厅、小餐饮不下 7000 家,经营规模也大多数在 30—100 平方米,竞争十分激烈。但是,这些小餐饮特色餐饮非常受旅行者和当地民众的喜爱,生意十分红火。单店面积小,用工少,租金总价低,业者把更多的精力和心思放在产品的出品、特色和服务上,减少浪费、控制成本、讲究经营效率,同样可能取得不错的回报。这种小规模、多元化的灵活经营方式,值得正处在转型升级困惑中的大陆餐饮业很好的借鉴。

去年在杭州出现的专营湖州馄饨的"张素珍",以经营台湾小吃、速食的"台北街头"……经营规模均在 100 平方米以下,装修主题突出、简洁明快,开业至今门庭若市,利润丰厚,连锁直营店很快一家接一家地开张,成本控制十分有效。这种类似茶餐厅的个性化特色餐饮,将成为大众餐饮消费的新趋势和新时尚。

无论是大众餐饮的哪一类,竞争的核心是产品和价格。在倡导大众消费的形势下,选择好老百姓喜爱的菜肴品种,制订平均化的利润率,放低利润期望值,以量取胜,薄利多销,是转型中的必然选择。因此,出品的调整与成本的控制将成为赢利的关键。

四、建立中央厨房,最大化外包产业链以降低运营成本

餐饮经营专家认为,未来国内餐饮经营利润将平均化,进入微利时代是餐饮业的合理回归。餐饮经营从原料、加工、生产、运输、包装、销售、服务诸环节节点都要建立有效的成本控制措施。

1. 建立中央厨房，依托中央厨房，让餐饮半成品、准成品进入餐馆，可以大大节约人力成本

连锁餐饮企业建立中央厨房，不仅可以使出品标准化，保证产品的品质和安全，同时，也是降低成本，赢得利润的有效手段。中央厨房的建立和运营，首先可以采用工厂化、机械化的生产方式，以流水线的高效率，摆脱中式餐饮传统的手工制作加工高成本的缺陷。将进料、加工、半成品、准成品进入工厂化生产，有效地控制人力成本、原料成本、物流成本。可以使餐馆厨房面积缩小，加工烹调人员减少，贮藏设备减少，厨余减少，出品速度加快，菜点产品更趋向于标准化。在劳动力紧张和劳动力成本持续上升的情况下，大大地节省开支。

规模较小的餐饮企业，虽然没有建立属于自己的中央厨房的条件，但是，可以借助社会餐饮的中央厨房，根据本店的实际需求，分解菜点程序，订制半成品或准成品，到厨师手上的不仅仅有半成品，还有准成品，只要加热就可以上桌，摆脱对厨师的过分依赖和对店面规模的过大要求。餐饮企业也逐渐转型为制造服务业，大大降低成本要素。

2. 最大限度地外包产业链，是破解成本高的又一有效方法

随着食品工业的发展和市场分工的细化，餐饮生产中的大多数环节都可以用外包的方式来完成。中小餐饮企业不必再配备自己专业的采购队伍，只要每天通过电脑统计的方式，通过网络、电话等方式，向各原料供应商订制配送，包括品种、数量、规格、价格等等，实行采购外包，节省人员开支和运输成本。制作复杂的菜点品种、耗时较长的菜点品种、供应量较大的菜点品种、本地名菜名点，都可以根据自己的要求，交给专业公司生产订制外包，以准成品的方式进入厨房，摆脱中式烹调厨房面积大、厨师劳动强度高、工作环境差、过分依赖厨师经验的困惑。外包还包括洗涤外包、营销策划外包等环节，实现多、快、好、省目标，使利润最大化。

五、强化厨房工艺创新，利用技术信息实行科学管理，向节约要效益

中式餐饮企业一把炒勺一把刀的生产方式，目前已经有了很大的改观，许多现代化的厨房器械已经在广泛运用。破解转型升级中的成本控制，向工艺要

效益，向节约要效益，在餐饮企业还有很长的路要走。中式厨房的设备简陋、热效率低，工艺过程模糊不精确，限制了成品的质量恒定，造成了生产成本和效益的不对称。新式万能蒸烤箱可以做 200 多道中菜；电磁炉的热功效可以比传统煤气高十倍；部分工艺用机器人替代，以一当十；一些传统中式烹调方法可以借用先进的西餐设备烹调，大胆改革中餐烹调的落后因素，改良不符合现代营养健康、卫生理念的传统产品；创新餐饮自助式服务等等，努力降低工艺成本和能耗。

信息化能促进效率，重视信息技术化是餐饮业经营转型升级的必要手段。传统餐饮企业在采购、加工、烹调、贮备、点菜率、成本与利润等方面，以经验替代数据管理，势必会造成采购失衡、烹调失准、库存量未达到最优化、财务数据偏差等状况。现代餐饮企业要借助 POS 点菜系统和餐饮管理系统，有效地分析每天的经营状况和动态，通过数据的筛选，制订最佳的运营模式，减少资金占用，有效地控制现金流，使企业有足够的资金面对市场波动与扩张。

在国内餐饮转型升级的大洗牌中，充满了危机，也蕴藏着巨大的商机。餐饮业在面对大众市场和利润平均化的现状下，只有用成本管理体系、价格体系，研发贴近市场的菜点品种，强化工艺制作科技含量，创新营销模式，才能真正完成转型升级并立于不败之地。

参考文献

[1] 中国烹饪协会 . 携手迎接新挑战打造餐饮产业链 .[DB/OL].http://www.ccas.com.cn.2013-12-25.

[2] 金三林 . 劳动力成本上升对中国物价的影响 [N]. 东方早报 .2003-05-31.

【文章来源】陈永清：《以成本控制破解餐饮业转型升级难题——以杭州餐饮市场为例》，《江苏商论》，2014 年第 6 期

11. 杭州新老名菜总体特征量化比较

摘要：通过对杭州新老名菜的品种类型、刀工成形、烹调方法、滋味类型、色彩、质感等六个方面进行量化分析，得出杭州新老名菜的总体特点，并比较分析。

关键词：杭州菜；饮食特征；量化分析

杭州菜历史悠久，烹饪技艺精湛，在长期的历史发展过程中形成一批著名菜品。1956 年，在杭州市工人文化宫举办了饮食博览会，从各大餐馆选送的 200 多道菜中选出 36 个杭州名菜，后经浙江省人民政府认定发布。这 36 个名菜是：西湖醋鱼、东坡肉、龙井虾仁、干炸响铃、叫化童鸡、八宝童鸡、百鸟朝凤、栗子炒子鸡、红烧卷鸡、糟鸡、杭州酱鸭、杭州卤鸭、火踵神仙鸭、蛤蜊汆鲫鱼、春笋步鱼、清蒸鲥鱼、糟青鱼干、斩鱼圆、鱼头豆腐、鱼头浓汤、生爆鳝片、油爆虾、虾子冬笋、番虾锅巴、一品南乳肉、蜜汁火方、排南、咸件儿、荷叶粉蒸肉、栗子冬菇、火腿蚕豆、火蒙鞭笋、糟烩鞭笋、南肉春笋、油焖春笋、西湖莼菜汤。

在 2000 年 10 月第二届西湖博览会召开之际，国家国内贸易局、杭州市人民政府举办的"首届中国美食节"隆重推出新杭州名菜评选活动。先后有 67 家酒店、餐馆推出了 213 只菜肴参选，经评委审定，48 道新杭州名菜脱颖而出。这 48 道名菜是：椒盐乳鸽、蒜香蛏鳝、莲子焖鲍鱼、明珠香芋饼、浪花天香鱼、西湖一品煲、纸包鱼翅、鲍鱼扣野鸭、香包拉蛋卷、竹叶子排、特色大王蛇、白玉遮双黄、白沙红蟹、芙蓉水晶虾、钵酒焗石蚝、翠绿大鲜鲍、稻草鸭、开洋冻豆腐、树花炖土鸡、砂锅鱼头王、笋干老鸭煲、脆皮鱼、山龟煨王蛇、手撕鸡、铁板鲈鱼、亨利大虾、鸡汁鳕鱼、蟹酿橙、武林熬鸭、香叶焗肉蟹、木瓜瑶柱盅、元鱼煨乳鸽、过桥鲈鱼、吴山鸭舌、风味牛柳卷、珍珠日月贝、西湖蟹包、西湖莲藕脯、双味鸡、鳖腿刺参、松仁素果、钱江肉丝、蟹汁鳜鱼、金牌扣肉、八宝鸭、蛋黄青蟹、莲藕炝腰花、杭州八味。

根据浙江科学技术出版社 1988 年版的《杭州菜谱》和浙江摄影出版社 2000 年版的《新杭州名菜》，分别对杭州新老名菜的品种类型、刀工成形、烹调方法、滋味类型、色彩、质感等六个方面进行量化分析，以求对杭州新老名菜总体特征进行比较，从中看出杭州菜的发展变化和趋势。该章节由浙江旅游职业学院饮食文化研究所所长何宏教授完成。

一、杭州名菜品种类型的量化分析

（一）杭州传统名菜品种类型的量化分析

《杭州菜谱》一书中的 36 道名菜共分 6 大类：冷菜、肉菜、禽蛋菜、水产菜、植物菜、其他菜。但在冷菜里，既有"排南"这样的肉菜，也有"糟青鱼干"这样的水产菜，还有"糟鸡""杭州卤鸭""杭州酱鸭"这样的禽蛋菜。而品种类型主要是分析菜肴的原料构成，我们根据这个原则将品种类型分为山珍海味菜、肉菜、禽蛋菜、水产菜、植物菜和其他菜来讨论。两种以上类型主料，主次关系明显的，以主要的原料归类，如"虾子冬笋"，其中冬笋 400 克，虾子仅 5 克，我们把该菜归入植物菜类；两种以上类型主料，但是并列关系的，如"火腿蚕豆"，我们则把该菜归入其他菜类。

根据以上原则，我们把 36 个杭州传统名菜的品种类型的统计数据列表如下：

表 1　杭州传统名菜品种类型统计表

类型	山珍海味菜	肉菜	禽蛋菜	水产菜	植物菜	其他菜
款数	0	6	8	12	8	2
所占比例 %	0%	16.7%	22.2%	33.3%	22.2%	5.6%

由上表可见杭州传统名菜中各类名菜的构成有下列特点：

（1）水产菜在数量上高居各类菜之首。水产菜所占比例达 33.3%，这与杭州是江南的"鱼米之乡"分不开。杭州传统名菜中的"西湖醋鱼""龙井虾仁"享誉中外，"春笋步鱼""清蒸鲥鱼""鱼头豆腐""生爆鳝片""鱼头浓汤""斩鱼圆"等均为杭州水产菜的名品。

（2）禽蛋菜、植物菜位居次席，平分秋色，所占比例均为 22.2%。8 道禽蛋菜中，以鸡为主料的有 5 道，以鸭为主料的有 3 道，但烹调方法和滋味类型多样，显示出杭州菜高超的烹调手法。植物菜在杭州传统名菜中占有相当高的比例，凸显出杭州崇尚清淡、自然的个性。

（3）比较而言，肉菜所占比例不高，其原料均为猪肉，有些还采用浙江特产金华火腿入馔，如"排南""蜜汁火方"。杭州传统名菜中的肉菜虽数量不多，但很有特色。

（4）有趣的是，在杭州传统名菜中，竟没有一个山珍海味菜。从中可以看出，杭州传统名菜是根植于民间、根植于老百姓之间的。

（二）杭州新名菜品种类型的量化分析

《新杭州名菜》一书中的 48 道名菜共分 6 大类。现将书中名菜的品种类型的统计数据列表如下：

表 2　杭州新名菜品种类型统计表

类型	山珍海味菜	肉菜	禽蛋菜	水产菜	植物菜	其他菜
款数	8	5	9	20	1	5
所占比例 %	16.7%	10.4%	18.7%	41.7%	2.1%	10.4%

由上表可见新杭州名菜中各类名菜的构成有下列特点：

（1）水产菜在数量上高居各类菜之首。水产菜所占比例达 41.7%，如果加上山珍海味菜中的海味珍贵菜品，水产菜可占到新杭州名菜的一半。

（2）禽蛋菜的比例在由 18.7%，原料大部分为鸡、鸭，但"椒盐乳鸽"的出现使杭州名菜中禽蛋菜的原料丰富了。

（3）杂烩式的其他菜明显增多，占到 10.4%，"杭州八味"即是其中的典型。

（4）山珍海味菜有 8 道，占 16.7%。随着人民生活水平的提高，人们有更多的机会享有高档菜肴。

（三）杭州新老名菜品种类型量化分析的比较

（1）水产菜在杭州新老名菜中数量均高居各类菜之首，而且新名菜在比例上还有所提高。杭州名菜在品种类型上凸显出江南水乡的特点。

（2）禽蛋菜的比例在由 22.2% 到 18.7%，基本持平。原料则有传统的鸡、鸭，扩大到鸽子，丰富了禽蛋菜中的原料来源。

（3）肉菜由 16.7% 降至 10.4%，可以看出随着人民生活水平的提高，对营养越来越重视。

（4）杭州新名菜出现高档化的倾向，突出表现在植物菜由22.2%降为2.1%，而山珍海味菜从没有迅速上升到16.7%。当然，在其他菜的原料中有些含植物，但已经处于从属地位了。而山珍海味菜的成一定规模出现，和评选杭州名菜所处的历史时期有着很大的关系。20世纪50年代简朴的观念被新世纪崇尚消费的观念所取代。

（5）36道杭州传统名菜，原料仅有20多种；而48道新杭州名菜的原料已达70余种，从中可以看到取料的广泛为杭州菜的创新提供了广阔的空间。

二、杭州名菜刀工成形的量化分析

我们在分析名菜的刀工成形、烹调方法、滋味类型、色泽、质感时，以主料或菜肴主体为统计对象。如果一菜只有一种主料，则计一种刀工形状；如果一菜有两种或两种以上的主料，刀工处理后形状相同，则只计一种刀工形状，如果形态不同，则分别计1/2、1/3或1/4（两种、三种或四种不同形态的主料）合计为1。杭州名菜中较多地使用花刀，刀工成形后再制成各类造型，如片、丝、粒、丁、茸（糊泥）等制成卷、圆子、饼、花形等。我们在统计中均以最初刀工成形的方法计。

（一）杭州传统名菜刀工成形的量化分析

现将杭州传统名菜刀工成形的统计数据列表分析如下：

表3　杭州传统名菜形状（刀工成形）统计表

形状	出现次数	所占比例（%）
整形	13	36.1%
块	11.5	32.0%
片	4	11.1%
段	2.5	6.9%
丁	1.5	4.2%
茸（糊泥）	1	2.8%
丝	1	2.8%
卷	1	2.8%
条	0.5	1.3%

如上表所示，杭州传统名菜在刀工成形后的形态方面有以下特点：

（1）杭州传统名菜以整形最多，占36.1%，其中主要以整禽、整鱼等等居多。整形的菜肴既能体现原料本身的面貌特征，又充分体现了杭州传统名菜制作精细、因时而异的特点。除了这些未加雕琢以自然完整形态入选的名菜外，运用整料去骨加工的传统名菜，有不少也是以整形出现的，如"八宝童鸡""叫化童鸡"等。这样能保持原料的天然形态，而且也去除了原料中很大部分的骨骼组织，为顾客的食用提供了良好的先决条件，很是受顾客的欢迎。在保持菜肴原料整形和原汁原味的同时，更进一步地为顾客着想，整料去骨也成为杭州传统名菜制作中的特色。

（2）块所占的比例较高，出现11.5次，占32%。主要以家禽和蔬菜类为主要原料。例如"排南""东坡肉""蜜汁火方""一品南乳肉""咸件儿""荷叶粉蒸肉""虾子冬笋""南肉春笋""春笋步鱼"等等菜肴。由此可见，笋在杭州传统名菜中的运用非常之多，竹笋性味甘、微寒，有清热消痰，利膈健胃，和中润肠的功效。现代医学认为，经常食用竹笋有降低胆固醇，防治高血压，糖尿病，肥胖病等作用。这也充分说明了杭州人们在注重饮食营养的同时，已经把注重更趋向于合理利用食品的膳食作用，从一定程度上体现了杭州人们饮食观念的转变与升华。

（3）片占的比例较高、有11.1%。这类形状的菜肴一般都是运用时间较短、速度较快的烹调方法熟制而成的。这也反映了杭州传统名菜以爆、炒、熘等为主的特点，如"生爆鳝片""糟香鱼干""糟鸡"等等。

（4）段、丁、茸（糊泥）丝、卷、条等所占的比例不大，六种加在一起仅占20.8%。杭州传统名菜注重原味，而小型原料在加工过程中减少了原有的本味，故在杭州传统名菜中的比例较少。

（二）杭州新名菜刀工成形的量化分析

现将新杭州名菜刀工成形的统计数据列表分析如下：

表4　新杭州名菜形状（刀工成形）统计表

形　状	出现次数	所占比例（%）
整形	24.5	51.0%
块	11.5	23.9%
茸（糊泥）	5	10.4%
片	2	4.2%
卷	2	4.2%
丝	1.5	3.1%
段	1	2.1%
丁	0.5	1.1%

如上表所示，新杭州名菜在刀工成形后的形态方面有以下特点：

（1）新杭州名菜中以整形为最多占了51%。其中以整鸡、整鸭、整鱼为多。如"亨利大虾""稻草鸭""铁板鲈鱼"等。这些菜肴注重自然美，不刻意用刀工去雕饰，充分体现了新杭州名菜讲究自然美的形态特征。也有许多经过花刀处理的整形菜肴，如"浪花天香鱼""脆皮鱼"等。这样制作出来的菜肴，既能保持原料特有的味道和形态，但又不是远来意义上的整形，充分体现了烹饪与美学的完美结合。同时,海鲜和贝壳类也有明显的增加。如"钵酒焗石蚝""翠绿大鲜鲍""珍珠日月贝"等等。

（2）块的比例也较高，出现11.5次，占23.9%。其中有禽类，水产类和豆制品等，都是把原料加工成块状后烹制成熟的菜肴，如"椒盐乳鸽""金牌扣肉""白沙红蟹""竹叶子排""香叶焗肉蟹""元鱼煨乳鸽""蛋黄青蟹""山龟煨王蛇"和"开洋冻豆腐"等等。

（3）茸菜在新杭州名菜中有明显的增加，出现5次，占10%。这也恰恰反映了杭州名菜精巧细腻的加工特点。如"西湖蟹包""明珠香芋饼""西湖莲藕脯"等等。

（4）片、卷、丝、段、丁，所占的比例不大，分别为4.2%、4.2%、3.1%、2.1%、1.1%。片的菜肴有"过桥鲈鱼"；卷有"风味牛柳卷""香包拉蛋卷"；丝的菜肴有"钱江肉丝"；段的菜肴仅占一个，"特色大王蛇"；丁在配料中有使用，如"八宝鸭"中的八宝都是以丁的形状使用的，这样容加工的原料容易成熟，口感香脆、酥脆、风味独特。

（三）杭州新老名菜刀工成形量化分析的比较

（1）杭州传统名菜中整形有出现 13 次，占 36.1%，新杭州名菜中整形出现 24.5 次，占 51%。从这些数据可以看出，整形一直是杭州名菜刀工成形的主流。但相比杭州传统名菜，新杭州名菜中整形又有明显增加，结果表明杭州人们在讲究饮食营养的同时，已经把目光转向菜肴的形态美上。人们在"吃好"的基础上，对菜肴欣赏价值提出了更高的要求。也从一定角度反映了菜肴的发展趋势。在整形菜肴中海鲜和贝壳类也明显增加，说明了随着人民生活水平提高，海鲜贝壳类已经越来越受到人们的欢迎。

（2）块基本上没有什么变化，仍然是杭州名菜中刀工成形的重要成形形状。杭州传统名菜中出现 11.5 次，占 32%。新杭州名菜中出现 11.5 次，占 23.9%。相比杭州传统名菜，新杭州名菜中茸菜明显有强烈的增长态势，杭州传统名菜中仅出现 1 次，占 2.8%，新杭州名菜出现 5 次，占 10.4%。茸菜的原料一般以禽类、鱼类为主，相比其他原料而言，禽类、鱼类的组织更细腻，因此制作菜肴会更为便捷，禽类、鱼类的营养成分较高，以茸制作出来的菜肴一般都口感滑嫩，酥脆，而且便于人体消化吸收，体现了杭州名菜精巧细腻的特点。主要有"斩鱼圆"等等。然而，新杭州名菜将茸菜作作出了改进，从选料上讲，它在原有的基础上，加入了海鲜类和蔬菜类，主要有"西湖蟹包""蟹酿橙"和"明珠香芋饼"等等。这也给杭州名菜注入了新的活力。

（3）片在杭州传统名菜中出现 4 次，占 11.1%，在新杭州名菜中出现 2 次，占 4.2%；段在杭州传统名菜中出现 2.5 次，占 6.9%，在新杭州名菜中出现 1 次，占 2.1%；丝在杭州传统名菜中出现 1 次，占 2.8%，在新杭州名菜中出现 1.5 次，占 3.1%；卷在杭州传统名菜中出现 1 次，占 2.8%，在新杭州名菜中出现 2 次，占 4.2%；丁在杭州传统名菜中出现 1.5 次，占 4.2%，在新杭州名菜中出现 0.5 次，占 1.1%。

小型原料一般都是以爆、炒、熘等烹调方法加热成熟的。这也是杭州名菜的制作的特点，更是杭州名菜中不可缺少的组成部分。

三、杭州名菜烹调方法的量化分析

杭州名菜是由多种多样的烹调技法制成的。常用的烹调方法有炸、蒸、烧、炖、炒、煎、焖、煮、烩、熏、蜜汁、烤、冷菜、熘、扒、爆、氽、瓢、拔丝、煨等。我们在量化分析时，如果一款菜由两样以上不同菜肴合成，则每种菜肴的烹调方法各以几分之一统计，如"西湖醋鱼"，溜、煮各占 1/2。如果一种主料用几种不同的烹调方法制成菜品，则每种方法各以几分之一统计，如"东坡肉"，煮，氽、焖，蒸各计 1/4。每道菜的烹调方法合计为 1。

（一）杭州传统名菜烹调方法的量化分析

现将杭州传统名菜所用烹调方法的统计数据列表如下。

表 5　杭州传统名菜烹调方法统计表

烹调方法	使用次数	所占比例
蒸	6	21.8%
炸	5	16.0%
煮	5.25	14.2%
溜	5	9.4%
焖	2.75	5.8%
氽	3	5.8%
烧	2.6	4.8%
炒	1.7	4.2%
煎	1.5	3.8%
蜜汁	1	3.1%
炖	1	2.7%
烤	0.7	2.1%
煨	0.5	2.1%

根据上表并结合我们对杭州传统名菜的研究可以看出，杭州传统名菜在烹调方法的使用上有以下特点：

（1）蒸、煮方法使用最多，分别占 16.7% 和 14.3%，位列第一、第二。蒸菜讲究火候，主料大多选用鲜嫩之品，原汁原味，尤以清蒸见长，如"清蒸鲥鱼""荷叶粉蒸肉""糟青鱼干"等。煮菜一般汤宽，不要勾芡，基本方法与烧菜较类似，只是最终的汤汁量比较多，如"南肉春笋""西湖醋鱼""杭州卤鸭"等。

（2）炸、溜技法比重较大。均占13.9%，居第三。在炸技法中分支较多，成品特点也各不相同，一般讲求外脆里嫩，恰到好处。代表菜有"干炸响铃""油爆虾"等。而溜成品讲求滑嫩滋润，卤汁馨香，口味多变，如"虾子冬笋""火腿蚕豆"等。

（3）焖、氽、烧也占一定的比例。焖技法讲究火候，制品要求酥烂，滋味醇厚，汤鲜味美，为典型的火功菜，如"油焖春笋""东坡肉"等。氽法多用于小型水产原料的加工，一般以沸水旺火迅速加热，成品断生即可，保持原料鲜嫩味美，注重本味。如"斩鱼圆"等。烧一般以红烧为多，讲求柔软入味，浓香可口，如"鱼头豆腐""鱼头浓汤"等。

（二）杭州新名菜烹调方法的量化分析

现将杭州新名菜所用烹调方法的统计数据列表如下。

表6　新杭州名菜烹调方法统计表

烹调方法	使用次数	所占比例
炸	11.3	23.5%
蒸	7.7	16.1%
溜	6.8	14.2%
炒	4.5	9.4%
煎	2.8	5.8%
炖	2.8	5.8%
烤	2.3	4.8%
烧	2	4.3%
煨	1.8	3.8%
氽	1.5	3.1%
煮	1.3	2.7%
焖	1	2.7%
涮	1	2.1%
焗	1	2.1%
炝	0.7	1.6%
熏	0.3	6%

根据上表并结合我们对新杭州名菜的研究可以看出，新杭州名菜在烹调方法的使用上有以下特点：

（1）炸、蒸方法使用最多，分别占21.8%和16.0%，位列第一和第二，其中炸菜有10.5道，一般以干炸和清炸为主，而且成品要求一般外脆里嫩，如"椒盐乳鸽""竹叶子排"等。蒸菜有7.7道，一般以清蒸见长，而且蒸菜讲究火候，主料大多选用鲜嫩之品，原汁原味，如"鲍鱼扣野鸭""开洋冻豆腐"等。

（2）溜、炒技法比重也比较大，14.2%和9.4%。溜一般是将原料先成熟后浇汁入味的烹调方法，如"浪花天香鱼""西湖蟹包"等。炒菜尤以滑炒见长，力求快速烹制，尽量保持鲜嫩爽脆之本味，代表菜有"白沙红蟹""蛋黄青蟹"等。

（3）煎、炖也占一定比例。均占5.8%。煎菜一般成品要求是外面香酥，里面酥嫩，如"香包蛋拉卷""明珠香芋饼"等。炖技法讲求火候运用，制品要求酥烂，滋味醇厚，汤鲜味美，为典型的火功菜，如"西湖一品煲""树花炖土鸡"等。

（三）杭州新老名菜烹调方法量化分析的比较

（1）通过比较可以看出炸的烹调方法明显增多，从原来的13.9%增加到21.8%。炸的菜肴一般保持整形美观，说明杭州菜更加注意形态。

（2）从图表分析中看出，蒸、溜两种烹调方法，在杭州传统名菜中分别是16.7%和13.9%，在新杭州名菜中分别是16.0%和14.2%。说明蒸和溜是在杭州菜中占有相当重要的烹调方法。

（3）煮，炒。煮和炒在老杭州菜中分别是14.6%和4.4%，在新杭州菜中煮和炒分别是2.7%和9.4%。在新杭州菜中煮的烹调方法明显减少，而炒的烹调方法明显增加。煮使一些营养素在长时间高温下损失，而炒由于是短时间高温加热，使营养素能尽量保持。

（4）在老杭州名菜中有蜜汁的烹调方法，而在新杭州名菜中蜜汁则消失了。杭州传统名菜中没有涮法，在新杭州名菜中出现了。杭州人对菜的烹调技法越来越创新。因为甜菜吃多了会引起消化不良、食欲减退，甚至体重增加，造成肥胖、高脂血症，对老年人身体健康不利。而涮是吃火锅时使用的一种加热方法，也可以说明将厨房的加工方法移到餐桌上，此法多用新鲜原料，使用筷子夹住来回烫食，即简单而且又能保持菜肴的原汁原味。

总之，杭州名菜在烹调方法上擅长蒸、炒、炸、熘等烹制方法，烹调河鲜有独到之功。"熟物之法，最重火候"，杭州常用的烹调方法多样。"因料施烹"也是杭州菜烹调方法使用上又一特征。

四、杭州名菜滋味类型的量化分析

滋味是食品中的呈味物质溶于唾液从而刺激舌面的味蕾产生的味觉。从生理学的角度讲，只有酸、甜、苦、咸四种基本味，我国烹饪界通常把味分为酸、甜、苦、咸、鲜、麻、辣七种。根据谢定源先生的研究，中国菜的滋味类型分为 18 种，而杭州名菜基本上不含苦和麻味。我们粗略地将杭州名菜的类型分为 6—8 种。

（一）杭州传统名菜滋味类型的量化分析

现将杭州传统名菜滋味类型的统计数据列表分析如下：

表 7　杭州传统名菜滋味类型统计表

味型名称	出现次数	所占比例
鲜咸	20	55.5%
咸甜	6	16.7%
咸鲜甜	5	13.9%
酸甜	3	8.3%
鲜咸酸甜	1	2.8%
咸酸	1	2.8%

通过分析比较可见，杭州传统名菜在滋味类型上具有明显特点，主要体现在下面几个方面：

（1）与其他地方菜相类似，杭州传统名菜以鲜咸味为最基本的类型。在杭州传统风味的 36 道名菜中，鲜咸味型有 20 道，所占比例为 55.5%。从菜肴中鲜咸味型所占的比例来看，以水产类最高，其次为肉类，较低的为植物类菜。这说明浙江菜在烹制水产菜、肉类菜时，多突出本味、鲜味。

（2）甜味菜较多是杭州传统名菜的一个特点。其中咸甜有较大比例有 6

道占 16.7%，是杭州传统名菜中极具特色的味型。咸甜、鲜咸甜、酸甜、鲜咸酸甜分别有 6、5、3、1 道菜，占 16.7%、13.9%、8.3% 和 2.8%。含甜味的菜共计有 15 道，占总菜量的 41.7%。

（3）酸味菜也颇有特点。酸甜、鲜咸酸甜、酸咸分别占 8.3%、2.8%、2.8%，带酸味菜总共占 13.9%。这些菜除以鲜咸为基础外，往往添加甜味调料，形成鲜咸酸甜等口味。

（二）杭州新名菜滋味类型的量化分析

现将新杭州名菜滋味类型的统计数据列表分析如下：

表 8　新杭州名菜滋味类型统计表

味型名称	出现次数	所占比例
咸鲜	27	56.2%
咸鲜辣	10	20.8%
咸鲜甜酸	3	6.2%
咸鲜酸	2	4.2%
鲜咸甜	2	4.2%
酸鲜辣	2	4.2%
鲜酸甜	1	2.1%
甜酸辣	1	2.1%

通过分析比较可见，新杭州名菜在滋味类型上具有明显特点，主要体现在下面几个方面。

（1）与老杭州名菜相类似，浙江新名菜以鲜咸味为最基本的类型。在浙江风味的 48 道名菜中，鲜咸味型有 27 道，所占比例为 56.5%。从菜肴中鲜咸味型所占的比例来看，以水产类最高，其次为肉类，较低的为植物类菜。这说明浙江菜在烹制水产菜、肉类菜时，多突出本味、鲜味。

（2）辣味菜的出现也是新浙江名菜的一个亮点。其中鲜咸辣有较大比例有 10 道占 20.8% 是浙菜中极具特色的味型。鲜酸辣、酸甜辣，分别有 2、1，道菜，占 4.2%、2.1%。含辣菜共计有 13 道，占总菜量的 27.1%。

（3）酸味菜、甜味菜也颇有特点。鲜咸酸甜、鲜咸酸、鲜酸辣、鲜酸甜、酸甜辣分别占 6.2%、4.2%、4.2%、2.1%、2.1%，带酸味菜总共占 18.8%。鲜咸酸甜、鲜咸甜、鲜酸甜、酸甜辣分别占 6.2%、4.2%、2.1%、2.1%，带甜菜总共占 14.6%。这些菜除以鲜咸为基础外，往往添加一些调料，形成鲜咸酸甜、鲜酸甜、酸甜辣等口味。

（三）杭州新老名菜滋味类型量化分析的比较

（1）从表 7 和 8 中可知道，浙江菜从以前到现在都是以鲜咸味作为最基本口味。在 36 道老菜肴中鲜咸味有 20 道，所占比例为 55.5%，而在新菜肴中鲜咸味有 27 道，所占比例为 56.2%。这足以说明杭州菜的主流口味是没有变的，都是突出本味、鲜味。

（2）杭州新名菜中出现了辣味，改变了杭州传统菜肴没有辣味的历史。在表 4 中看出辣味的出现，使杭州菜肴的口味发生了许多的变化，鲜咸辣、鲜酸辣、酸甜辣分别占 20.8%、4.2%、2.1%，带辣味共计 27.1%。这说明辣味开始受到杭州人喜爱。不过这种辣味一般属微辣型，与湖南、四川等地的辣味型在程度上尚有很大的距离。

（3）酸味菜、甜味菜依然还是杭州喜爱的口味。在杭州老名菜肴中甜味共有 15 道，占 41.7%；杭州新名菜肴中共有 7 道，占 14.6%。甜味菜的减少也反映杭州人对饮食保健的注重，越来越多的人知道过多的食用甜类食物会增加热量，引起肥胖，引起心血管方面的疾病，从中看出杭州人营养知识水平的提高。老菜肴酸味共有 5 道，占 13.9%；新菜肴酸味共有 9 道，占 18.8%。从数据可知在新老杭州菜肴中酸味的变化不是很大，酸味还是杭州人的选择。

五、杭州名菜色彩的量化分析

色彩是评价菜肴质量的重要指标之一。由于原料的色彩多种多样，再加上烹调时调味品的颜色，菜肴加热后颜色也会发生变化，因此，成菜的颜色更是繁多，极不利于量化分析。针对这一情况，我们在研究菜肴的颜色时简而化之，将菜肴的色彩分为本色、红色和黄色三类。本色菜是指不用有色调料及其他方法刻意改变菜肴颜色而保持自然色的菜肴，即不进行人为着色的菜肴；红色菜和黄色菜则是指通过添加有色调料或采取其他方法使菜肴变成红色或黄色的菜肴。统计时，对于有汤汁的菜肴以汤汁色彩计；对于无汤汁的菜肴则按成菜后主料色彩计。

（一）杭州传统名菜色彩的量化分析

杭州传统名菜色彩的统计如下表。

表9　杭州传统名菜色彩统计表

颜色	出现次数	所占比例
红色	19	52.8%
本色	9	25.0%
黄色	8	22.2%

根据上表可见杭州传统名菜在色彩上有以下特点：

（1）本色与黄色菜肴在杭州菜中几乎差不多，所占比例分别为25.0%和22.2%，但红色菜肴却占所有杭州老名菜的一半多，有52.8%。本色菜烹调时不加有色调料，突出原料的固有色彩，不作粉饰，突出了明净秀丽，清新淡雅之美。代表菜品有"龙井虾仁""鱼头浓汤""蛤蜊汆鲫鱼""清蒸鲥鱼"等。

（2）红色菜肴常常是在烹调时加入适量的有色调料，如酱油、酱类、醋、糖色等制成，如"西湖醋鱼""东坡肉""杭州酱鸭""蜜汁火方"等。黄色菜肴一般是在烹调时加入较少量的有色调料，使菜肴呈现黄色；一些炸、烤等烹调方法制作的菜肴也可形成黄色，如"干炸响铃""八宝童鸡""叫化童鸡""糟鸡"等。这些呈暖色调的红、黄菜肴色彩鲜艳，诱人食欲。

（二）杭州新名菜色彩的量化分析

新杭州名菜色彩的统计如下表。

表10　新杭州名菜色彩统计表

颜色	出现次数	所占比例
红色	18	37.5%
本色	21	43.7%
黄色	9	18.8%

根据上表可见新杭州名菜在色彩上有以下特点：

在新杭州名菜中本色，红色菜和本色菜几乎平分秋色，分别占37.5%和43.7%。黄色菜肴相对少了，只占有18.8%。本色菜的代表菜品有"浪花天香鱼""芙蓉水晶虾""笋干老鸭煲""元鱼煨乳鸽""松仁素果"等。红色菜肴有"武林熬鸭""钱江肉丝""金牌扣肉""铁板鲈鱼""竹叶子排"等。黄色菜肴有"椒盐乳鸽""手撕鸡""鸡汁鳕鱼"等。

（三）杭州新老名菜色彩量化分析的比较

杭州传统名菜与新杭州名菜在色彩上对比可以看出，本色菜由 25.0% 上升到 43.7%，从色彩上看，杭州菜更加追求本色、自然；红色菜由 52.8% 下降到 37.5%，黄色菜也由 22.2% 到 18.8%，说明食物着色的趋势在下降。

六、杭州名菜质感的量化分析

菜肴的质感是指人们在咀嚼食物时，食物刺激口腔而产生的一种触觉感受。质感的类别很多，我们将杭州名菜中所出现的各种质感分为 8 类，以便进行量化分析。

软嫩、鲜嫩、香嫩、滑嫩、细嫩、肥嫩等→嫩

酥松、酥脆、酥软、香酥、外酥里嫩等→酥

柔软、绵软等→松软

脆爽、脆嫩、香脆、脆硬等→脆

软烂、肥烂、酥烂等→烂

滑爽、清爽、柔滑等→柔滑

柔韧、干香等→韧

软糯、绵糯、香糯、鲜糯、柔糯、肥糯等→糯

（一）杭州传统名菜质感的量化分析

现将杭州传统名菜质感的统计数据列表如下。

表 11　杭州传统名菜质感统计表

质感	出现次数	所占比例
嫩	19.5	54.2%
酥	5	13.9%
松软	0.5	1.4%
脆	3.5	9.7%
烂	3	8.3%
糯	2.5	6.9%
柔滑	1	2.8%
韧	1	2.8%

由于某些菜肴的质感差异很小，因此在统计时可能出现个别菜肴的质感归类尚待进一步推敲，但就总体而言，对分析结果影响不大。根据上表可见杭州传统名菜在质感上有以下特点。

（1）杭州老名菜的质感以"嫩"最为突出。菜肴的质感主要与其原料、刀工成型、烹调方法有着直接的关系。首先，原料质地是菜肴质感形成的基础。杭州老名菜所用的动物原料以鱼虾、鸡鸭、猪肉等为主，这些原料组织中含水量高、结缔组织少、肌肉持水性强，经烹调后能保持质嫩的特点；而所用的植物原料更是柔嫩的豆腐和各种鲜嫩蔬果为主，为成菜的质嫩提供了物质基础。其次，刀工成形和烹调方法是菜肴质感形成的关键。杭州名菜中，有相当数量的菜肴原料被加工成细小或极薄的形状，有些还要上浆，这样有利于快熟和保持水分。而蒸、烧、炖、炒等烹调方法的大量使用，更促使菜肴形成"嫩"的特点。如"清蒸鲥鱼""红烧卷鸡""鱼头豆腐"等。

（2）"酥"在杭州名菜的质感中紧随其后，但有一定的距离。"酥"多由油传热的烹调方法形成。若菜肴采用炸、熘、煎等烹调方法制作，当原料与高温油接触后，组织中的水分迅速气化逸出，往往形成酥松、酥脆、外酥里嫩的质感。

（3）"脆""烂"在杭州名菜的质感中也占有一席之地。

（二）杭州新名菜质感的量化分析

现将新杭州名菜质感的统计数据列表如下。

表 12　新杭州名菜质感统计表

质感	出现次数	所占比例
嫩	18.2	37.8%
酥	9	18.8%
松软	1	2.1%
脆	11.7	24.4%
烂	2.2	4.6%
糯	4.7	9.4%
柔滑	1	2.1%
韧	0.2	0.4%

（1）新杭州名菜的质感以"嫩"为首，具有嫩的质感的菜占新杭州名菜的37.8%。"嫩"质感特点的形成，无疑与新杭州名菜的选料、原料的本身的质地、刀工处理、上浆挂糊及烹调方法有关。新杭州名菜在选料上为求细、嫩、鲜，尤以水产品为多。菜肴的嫩度与原料本身含纤维少，水分充足有着密切关系，原料的质感是菜肴质感形成的基础。蒸、炒、炸等烹调方法的广泛使用。新杭州名菜在刀工处理上讲究精巧细腻，有效地割断原料的纤维组织。加之上浆，挂糊措施，不仅形成外边柔滑或脆嫩质感，更有效保持了原料内部水分及营养成分。从而使菜肴保持了"嫩"的特点。

（2）"脆"在新杭州名菜中占第二位，所占比例为24.4%。"脆"以方面表现为原料本身的清脆，爽脆和脆嫩等。是由于原料结构紧密、口感舒适而产生。另外有通过巧妙的熟处理而形成。例如："吴山鸭舌""西湖莲藕晡""莲藕炝腰花""亨利大虾""双味鸡"等。说明杭州人比较喜欢吃炸、煎的菜。炸以油导热体，原料大多经挂糊，拍粉处理，从而使原料内部水分不易流失，形成外脆里嫩的特有质感。受到大部分人士的喜爱。

（3）"酥"在新杭州名菜中占第三位，所占比例为18.8%。例如："椒盐乳鸽"就是采用炸的烹调方法制作，当原料与高油温的油接触后使原料迅速成熟，从而达到外酥里嫩的质感。笋干老鸭煲则是采用炖的烹调方法制作，使原料长时间用小火或微火加热至酥松的质感。手撕鸡都是采用烤的烹调方法制作，使鸡与高温接触从而达到鸡肉酥嫩的质感。由上可见"酥"质感的形成主要与烹调方法有关，大多采用炸、炖、烤的烹调方法的菜肴都具有"酥"的质感。

（4）"糯"在新杭州名菜中也占有一定比重，所占比例为9.4%，选料上常用鳖、鱼翅、刺参等富含胶原蛋白的原料。再者是在菜肴制作中加入了糯米及烹调方法上使用了焖蒸等长时间加热的方法，从而形成质柔滑的特点。如"竹叶子排""八宝鸭""莲子焖鲍鱼""纸包鱼翅""鳖腿刺参"等。这些菜肴营养丰富，口感诱人，给人有一种吃了还想再吃的感觉。

（三）杭州新老名菜质感量化分析的比较

（1）表11和表12中可以看出"嫩"是杭州新老名菜共同的质感特点。"嫩"在杭州老名菜占54.2%，而在新杭州名菜中占37.8%。"嫩"的质感下降给其他质感的发展提供了良好的基础，更为杭州名菜注入了新的活力。说明杭州新名菜在质感上开始向多元化方向发展。

（2）"脆"在杭州老名菜中占 9.7%，在杭州新名菜中占 24.4%。由此看出"脆"越来越受杭州人们的喜爱。然而，"脆"质感又以炸最为突出，油炸菜肴已经是人们饮食的重要组成部分。油炸的菜肴营养丰富，口味香脆。而油炸的菜肴一般都经过拍粉、挂糊，这样制作出来的菜肴营养成分能得到更好的保护。这说明杭州人们已经更加重视菜肴的营养了。

（3）"酥"在杭州老名菜中占 13.9%，在杭州新名菜中占 18.8%。从数据中看出，"酥"的质感有所增加。其中部分菜肴，如："金牌扣肉""笋干老鸭煲"等等，中医认为，猪五花条肉味甘咸、性平、有滋阴，治热病、伤津之功效。竹笋消食健胃、清肺化痰、解毒透疹之功效。老鸭肉性味甘、咸、微寒。有滋阴养胃、利水消肿的功效。从一定角度说明杭州人们已经开始注重菜肴的饮食保健作用。

（4）"糯"在杭州老名菜中占 6.9%，在新杭州名菜中占 9.8%。说明"糯"质感在杭州新名菜中有一定的增长。大量的鳖、鱼翅、刺参等高档原料的使用，从而看出杭州人们在追求美食的同时越来越注重菜肴的档次。已经不局限于"吃饱"，而是更趋向于"吃好"。反映了杭州人们对菜肴的质感提出了更高的要求。

七、量化分析结果及其比较结论

改革开放以来，杭帮菜名菜肴的总体特征是：传统名菜水产食材比重最高（达 33.3%），禽蛋、植物次之，肉菜再次之，没有利用名贵山珍野味制作的菜肴，体现的传统杭帮菜家常菜精做、细做的特征。新杭州名菜水产食材比例依旧最高（达 41.7%），鸡鸭是大部分禽蛋菜肴的主要食物原料，"杭州八味"这种大杂烩式菜品增多，山珍海味菜有 8 道（16.7%）。从品种类型上来说，杭州水产菜比重依然最高，符合江南水乡特点；肉食类菜肴主要食物原料是鸡、鸭、猪，猪肉类菜肴相对减少；植物性食材为主的菜肴种类减少，山珍海味类菜肴类型增多，这跟 21 世纪初国人崇尚餐饮消费、标榜"富裕"的心态有关。

综上所述，大致可以得出关于杭州新老名菜变化的主要特点：

（1）从品种类型来看，水产菜在杭州新老名菜中数量均高居各类菜之首，在品种类型上凸显出江南水乡的特点；禽蛋菜、肉菜也占有相当比例；杭州新名菜出现高档化的倾向，植物菜急剧萎缩，而山珍海味菜迅速上升至突出地位，其原委恐和评选杭州名菜所处的历史时期有着很大的关系。20世纪50年代简朴的观念被新世纪崇尚消费的观念所取代。杭州名菜的原料增加更为显著，从中可以看出新时期饮食文化交流的速度越来越快了。

（2）从原料的形状（刀工成形）来看，整形一直是杭州名菜刀工成形的主流；块是杭州名菜中刀工成形的重要成形形状；茸菜方法增加较多，原料也从禽类、鱼类扩展到海鲜类和蔬菜类；小型原料一般都是以爆、炒、熘等烹调方法加热成熟的；此外，片、段、丝、卷、丁等形状也有一定的运用。

（3）从烹调方法上来看，炸的方法大幅增加，说明杭州菜更加注意形态；蒸、溜在杭州菜中是相当重要的两种烹调方法；煮法减少而炒法增加也是杭州名菜变化的特点之一；而蜜汁在传统名菜和新名菜中从有到无，以及涮从无到有，也可看出杭州菜在烹调方法上的演变。

（4）从滋味类型来看，无论是新老名菜，都以咸鲜味作为最基本口味。酸味菜、甜味菜依然还是杭州喜爱的口味。杭州新名菜中出现了辣味，但甜味菜有减少的趋势。

（5）从成菜的色彩来看，杭州传统名菜与新杭州名菜相比较，本色菜的比例上升，而红色菜和黄色菜的比例在下降。

（6）从菜肴的质感来看，无论新老杭州名菜，"嫩"的特点都很突出；"脆""酥""糯"在新杭州名菜中有较大的增幅，而"烂""韧"等特点则有所降低。

需要说明的是，以上讨论是以《杭州菜谱》和《新杭州名菜》中的菜品为主要分析对象，它从总体上体现了杭州菜的典型特点，但也有不尽相同之处。一般来说，名菜是地方风味菜中档次较高的一类菜肴，与档次较低的民间菜比，所用原料的质量要高一些，菜肴口味要清淡一些，形态更美观一些，色彩更艳丽一些。在名菜的筛选上存在着人为因素；在量化分析中，对各考察对象的分类、归类、统计、分析也有不少值得再斟酌、推敲、核准之处。因此，这里统计、分析的结果可能与实际情况小有出入。但名菜不失为各地方菜的典型代表，统计分析结果大致能够反映出杭州名菜的基本特点。

参考文献

[1]祝宝钧执笔.新杭州名菜[Z].杭州：浙江摄影出版社，2000.

[2]戴宁主编.杭州菜谱（修订版）[Z].杭州：浙江科学技术出版社，1988.

[3]戴宁，林正秋主编.浙江美食文化[M].杭州出版社，1998.

[4]何宏.新概念中华名菜谱.安徽名菜[M].上海：上海辞书出版社，2004.

[5]王锡琪主编.浙江烹饪文集[C].杭州：浙江省烹饪协会，2002.

[6]赵荣光.杭州菜热销的分析与思考[J].饮食文化研究，2001(1):34-40.

[7]陈永清.杭帮菜发展与思考[J].扬州大学烹饪学报，2004,21(2):23-28.

【文章来源】何宏、金晓阳、王坚、徐迅：《杭州新老名菜总体特征量化比较》，《浙江旅游职业学院学报》2005年第1期

12. 现代城市街区中小饮食业态的营造与发展——以杭州市为例

摘要：作为现代城市生活的重要组成部分——小饮食业态，如何通过有序的规划，逐步改变原有的"脏乱差"面貌，进一步提升业态形象，将是城市街区规划与发展中不可或缺的重要一环。

关键词：现代城市街区；小饮食；策略营造

一、城市街区小饮食业态的现状

据对杭州市部分街区的调查情况来看，小饮食业态在当前存在的主要问题有以下几点：一是由于小饮食业态多数开在街头巷尾，在城市、城市街区中没有相应的规划，基本处于布局无序的状态。二是由于单体规模小，经营不规范，多数小饮食店表现为"脏乱差"。三是多数为家庭作坊式，经营者大多未经过专业培训，所制产品仅是一般的"家常菜"，少有真正意义上的传统美食传承和文化。四是多数群体属于社会基层，不具备从事其他行业的专业技能，一旦"小饮食业态"被彻底拆除，将直接影响到这一群体的基本生存，进而会激化社会矛盾。综上所述，政府有心通过整治，提升城市形象，但政府未能有效地解决上述群体的生活保障问题。从经营者的角度看，多数并不愿意被动的拆迁，一则影响长期以来形成的稳定客流，二则会导致经营成本的上升。

二、城市街区改造的实证分析

1.浙江省杭州市河坊街历史街区的保护与改造

20世纪70年代末，河坊街位于吴山脚下，是旧时清河坊的一部分。自民国以来，孔凤春香粉店、万隆火腿店等，成为当时远近闻名"老字号"。但随着杭州商业中心北移，清河坊基本退出商业历史舞台。1999年，杭州市政府决定将河坊街区重新开发，建成一条仿古的、集"特色与旅游"一体的商贸旅游步行街。其开发和改造，并不完全等同于一般意义上的街区改造，它在整体改造时，一是将原住居民整体迁出，不再保留原有的居住功能；二是保留了部分民国时期的老建筑原址，作为历史文化的传承；三是将其余的建筑重建或局部翻新，并将小饮食店以补偿搬迁的形式同步拆除；四是拓宽并延伸相邻高银街，由此形成了现今的建筑格局。为弥补饮食业态的缺失，相邻的高银街相继引入一些传统美食的老字号，逐渐形成了一条特色"美食街"。

2. 杭州背街小巷的整治

2005 年，为打造"生活品质之城"，杭州市政府颁发了《关于实施背街小巷改善工程的若干意见》，其中关于"小饮食业态"相关的有以下三条：

①存量改善原则。除少量有碍市容、交通必须拆迁的建筑外，一般不考虑征地拆迁。

②功能提升原则。通过工程实施，使背街小巷基础设施得到完善，同时使其两侧环境及景观有所改善，交通状况得到缓解，服务功能得到提升。

③标本兼治原则。要严格控制破墙开店，对有店无照的经营户规范化；背街小巷改善工程沿线农贸市场内部改造、早点摊"退路入室"整治等。

三、现代城市街区小饮食业态的发展构想

1. 旧城街区中小饮食业态的改造

①打破藩篱，合为一起，建立开放街区。打破原有的封闭小区，将街区基础设施建设与城市基础设施建设合为一体，小区内网建设与外网建设并行发展，提高居民基础设施服务水平，有利于打破城市道路建设的"断点"，提高城区道路畅通率。

②建设街区制，细化街区服务范围，使其呈现网格化。现有的小区建设在无形中阻断了社区网格的连续性，降低了政府基层工作人员的服务效率。小区建设与街道社区管理体系相融合，同时让社区服务适应不断增长的城市人口。

③对于群众反映的安全感下降问题，街区制建设的发展，消除了小区建设的硬件屏障，原有的公共安全资源将随着街区制建设深入居民中间。

2. 特色小镇中小饮食业态的构建

未来特色小镇的建设，总体上是在保护山水田园，修复生态环境，全域协

调统筹。一是以旅游功能为主的商业街应充分考虑小饮食业态的布局，但必须同时管控。二是区域商贸中心应结合周边的交通性道路布局，与生活区域保持一定距离。三是在居住区集中区域通过改水、改电、改厨、改厕方式，实现对现有传统建筑基础设施的改善提升。四是传承与创新建筑形式，延续本土建筑特色与风貌，彰显地域特色。

参考文献

[1]［加］简·雅各布斯.美国大城市的死与生[M].金衡山，译.南京：译林出版社，2005.

[2]［英］露丝·芬彻，［英］库尔特·艾夫森.城市规划与城市多样性[M].叶齐茂，倪晓辉，译.北京：中国建筑工业出版社，2012.

【文章来源】陈铄：《现代城市街区中小饮食业态的营造与发展——以杭州市为例》，《求知导刊》2018年第6期

13. 杭州滨江杨家墩商业街饮食摊点卫生现状研究

摘要：高校周边的餐饮业快速发展，在这些大学所在地普遍存在着以大学生餐饮消费为主的"美食街""商业街"。当代大学生作为一个特殊的餐饮消费群体正受到越来越多的关注。本文以杭州滨江大学生作为调查对象，通过问卷调查的方式了解杨家墩饮食摊点的卫生现状，并进一步分析存在的问题，再提出相应的建议和改进措施，以求更好地管理商业街的饮食卫生。

关键词：大学生；美食街；卫生管理

一、引言

卫生状况的好坏和消费者的身体健康可谓是息息相关。小吃街街边小吃以其物美价廉、方便快捷等优点逐渐被人们喜爱，但街边小吃本身存在诸多安全隐患，对人们的身体健康会造成一定的危害。营养不全面，卫生状况不保证，所以很容易造成食物中毒，以及存在食源性疾病的危险。随着生活水平的不断提高，人们的生活方式也有了比较大的改变，在外就餐已经成为一些人的习惯。很多大学生不喜欢在校内食堂就餐，而选择去外面，路边摊已经成为他们的首要选择。很多学校周边都设有路边摊或者餐馆，虽然这些摊点餐馆已经纳入相关部门管理，但是卫生状况还是较差。由于客流量巨大，摊点从业人员的卫生意识逐渐较弱，导致卫生状况渐渐地跟不上了。有许多传染病，如伤寒、痢疾、病毒性肝炎、结核病和某些寄生虫病等，往往通过不健康的服务员污染食品而引起。因此，餐饮服务员卫生工作的好坏，直接影响进餐者的身体健康。本文以滨江大学生作为调查对象，通过问卷的方式了解饮食摊点的卫生现状，找到问题所在，并提出相应的建和改进措施，以求在现有条件下达到卫生的标准。

二、饮食摊点卫生

（一）注意采购及食品制作过程卫生

首先通过合法的供应商来购买安全的食品原料和食品添加剂。然后应该保证食品的贮存场所以及制作设备的清洁，原料摆放需有条理（生熟分开，保持清洁，控制温度，控制时间）避免交叉污染。还要使用安全的水去除食品中的有害物质，把食物煮熟。接着在出售制成品的时候应注意食物的保存，要在食物上加上遮盖物使食物保持温度和不受污染。最后注意食物制作者自身和制作工具的卫生，按要求佩戴口罩手套以及正确着装。避免用手直接接触食物。

（二）管理者定期检查

作为唯一监督方，应尽到自己的责任，以身作则，不能看到却视而不见。根据上层要求按时完成检查工作。管理方要和食品药品监管、卫生、教育、工商、公安、街道等多部门配合。做好本职工作的同时积极参与宣传培训工作。

（三）购买者为自身负责

民以食为天，每个人都是从食物中获取生活所需的能量，所以食物的卫生安全对于每个人来说都是至关重要的。然而绝大多数大学生对就餐过程中各环节的卫生状况虽有一定的要求，但对其具体的卫生标准认识却很模糊。因此大学生对存在卫生安全隐患食品的危害认识严重不足。据参考文献资料可发现在一部分调查对象中，当代大学生对《食品卫生法》"看过""读过""仔细研究过"的比例分别是 5%、0.5%、0.3%。可见当代大学生对食品安全的概念基本都不了解。

三、商业街饮食摊点存在的饮食卫生问题

（一）整体环境有所改善但仍令人担忧

虽然在 2013 年美食街管理层对美食街的整体环境有所改善，拆了部分人流量巨大区域的桌椅以保证通行顺畅，对地面卫生的监管以及要求相对之前也有所提升，但是由于美食街整体的区域范围有点小，垃圾处理点只能设置在附近，并且就在美食街对面，每次顾客经过，都会闻到一阵恶臭，捂着鼻子迅速

离开，这不仅给顾客带来不好的印象，而且在各种食物垃圾的堆积下，细菌的滋生也给美食街食品卫生带来了极大的安全隐患。

（二）制作环境在外部原因下存在的问题

夏天，在中午和下午两个就餐高峰期因为人流量的巨大加上狭小的空间，店家制作食品的环境十分差，在部分区域内等待食品的学生挤在店家前，再加上需要高效作业，边流汗边制作食品的店家有很多，食品的卫生受到了极大的威胁。所以有些店主只能自费买空调和空调扇，这也极大地增加了店家的营运成本。

物品买卖沟通是必要的过程，交流过程中唾液的散布也是食品安全的一大重要问题，虽然有明文规定需要佩戴口罩，可是由于监管力度的放松难免有漏网之鱼。

由于特殊的地理环境，距离美食街10米不到的地方就有一条马路，车辆行驶过后灰尘飞扬，而多数小吃摊的食品以及配料都直接放在桌子上，汽车排出的尾气以及灰尘都直接覆盖到了食品上，对食品的质量有了极大的影响，再加上用餐高峰期学生多，摊主往往很忙，所以经常会出现摊主一手拿食品另一只手拿零钱递给学生，这更是对学生健康的一种强烈不尊重。

（三）管理层的疏于管理以及商家的自身原因

由于管理层疏于上层的压力并没有按时去检查，导致一些店家忽视了佩戴口罩以及着装的个人卫生问题，对于摊位的内部卫生也毫不在意。只要有部分店家抱着这种侥幸心理，美食街食品卫生就很难提升一个档次。

美食街大部分食物都是顾客打包带走的，因此部分店家把打包盒直接暴露在外，方便制作好食品就直接摆放到包装盒当中，因此一些粉尘很容易掉进去。一些店家在贩卖制成品的时候为了吸引顾客而将食品暴露在空气中，这也是一种很不卫生的现象。很多食品的加工配料也是暴露在空气中。

四、滨江区大学生对美食街食品卫生管理提出的建议

（一）改善环境

拆迁垃圾处理点，但是要保证垃圾有地方扔，并且垃圾的运输不影响美食街的运营，可以在清晨的时候处理。在靠近美食街的地方提倡不驾车以减少尾

气对食品的污染。在保证通风良好的前提下为店家提供散热和供热系统，避免店家在炎热环境下边流汗边制作食物。提供足够的空间方便店家制作食品，以免店家手忙脚乱不顾食物原料卫生。每个店家规定一个人负责制作食品另一个负责收银。规定贩卖成品的店家必须保证食品的卫生，没有顾客购买的情况下不得暴露在空气中。

（二）加强管理监督力度

工商、城管部门行政统一管理与食品卫生监督管理相结合。可以实施科技监管，在部分关键位置全部安装摄像头，以杜绝不良现象，便于在第一时间发现问题并进行矫正。制定实施细则，使之有法可依，有章可循，统一规划定点经营。加强防蝇、防尘设施建设。切实加强管理和监督检查，以杜绝卫生检查一阵风，检查过后马上松的现象。也可以实施明察暗访相结合的办法，不定时抽查以免部分店家抱有侥幸心理忽视相关制度。加强执法力度，奖罚分明，不留卫生死角。加强污水处理工作。

（三）完善相关制度，做好相关培训宣传工作

国家完善相关管理监督体系。对从业者加强卫生法规知识的培训，在思想上树立人民健康人人有责的观念，切实加强对其的法制教育，使之了解食品卫生法以及传染病防治法等。定期对从业人员进行培训并且组织考核，经过卫生部门考核合格后才能持证上岗，但也要杜绝一人办证全家上岗的不良现象。

政府应该充分认识到大学高校周边餐饮行业的发展对城市带来的巨大经济贡献，对餐饮规模形式进行统一规划，通过政府和媒体的宣传作用吸引优秀行业前来投资，力争打造一个有良好制度，良好卫生环境的美食街。各所大学应定期组织学生参加食品安全知识教育的宣传会，普及食品卫生教育。在各个大学以及周边美食街大力宣传食品卫生法，使之深入人心。提高群众自我保健意识。

五、小结

随着餐饮业的发展，大学生生活水平和消费能力的提高，现代大学生更注重饮食方面的卫生，也更注重日常饮食的附加值。像这种以学生为主要消费群体的美食街将会越来越多，大学生的饮食卫生安全也会收到越来越多的关注。

然而这种密集，并且迅速的消费方式仍然值得人们思考。如何使之透明化、安全化将是一直以来人们所要讨论的话题。此论文通过对滨江区大学生的调查来对杭州滨江区杨家墩美食街的食品卫生管理提出良好的建议，使之更好的发展并且能够保障大学生的身体健康。

参考文献

[1] 张薇. 成都高校周边餐饮业发展现状及市场开发策略 [J]. 区域经济，2011(1).

[2] 张晓阳，王伟敏. 学校周边地区饮食摊点卫生状况及管理对策 [J]. 江苏预防医学，2004(3).

[3] 王伟红，苏亚勒，柳占东，潘鎏增. 学校周边"小饭桌"食品安全监管成效初探 [J]. 临床合理用药，2012(12B).

[4] 董娟，王庆玲，顾丽晨. 关于大学生对街边小吃安全卫生认知的调查报告——以石河子大学为例 [J]. 中小企业管理与科技，2014(2).

【文章来源】魏弘垣：《杭州滨江杨家墩商业街饮食摊点卫生现状研究》，《商情》，2014 年第 49 期

14. 连锁餐饮顾客满意度研究——以"外婆家"为例

摘要：当今餐饮业在蓬勃发展中，而连锁餐饮这种业态也在飞速发展，崭露头角。文章通过用 SERVPERF 量表设计两份问卷：5 个维度和 22 个指标的权重由专家问卷来确定，一份连锁餐饮服务质量问卷确定连锁餐饮的总得分。通过最终的加权得分，比较服务质量差异产生的原因，从而得出影响顾客满意的重要因素。

关键词：连锁餐饮；SERVPERF；服务质量；顾客满意

一、研究背景及意义

随着中国经济的不断发展，产业结构的不断优化升级，餐饮业作为第三产业服务业中的一个重要组成部分也在近几年取得了巨大的发展。在我国餐饮业迅猛的发展的同时，餐饮也逐渐向大众化转型，在如今的很多商业中心，餐饮已经成为吸引客流的重要影响因素，是支撑和带动商业发展的关键力量。在这种背景下，顾客对餐饮服务的质量提出了更高的要求，而连锁餐饮作为餐饮行业中的重要成员，对其服务的研究同样不可忽视。本文是以连锁餐饮品牌"外婆家"为例，展开研究。

二、相关文献综述

（一）感知服务质量

20 世纪 70 年代，学术界开始展开对服务质量的研究。为了有效区分服务质量与产品质量，北欧学者 Gronroos 从认知心理学的角度出发，率先提出"感知服务质量"的概念，随后大量学者在其基础上开展后续研究，相继获取了丰富的研究成果。感知服务质量一直是服务营销研究的焦点。1988 年，PZB 总结了服务质量的 10 个维度，合并为有形性、可靠性、保证性、回应性和移情性 5 个维度，开发出了 SERVQUAL 量表。Cronin 和 Taylor 认同

SERVQUAL 量表中的 22 个问项能够充分说明服务质量，但认为 SERVQUAL 量表同时对顾客的期望和感知进行度量是不科学的，因为在顾客消费结束后测量服务期望属于后验性行为，同一消费者容易产生期望不一致。因此提出采用"绩效"这个变量代替 SERVQUAL 量表中的"感知—期望"这一变量来衡量服务质量，由此开发了 SERVPERF 评价法，即绩效感知服务质量测评法。该方法最核心的变化就是将 SERVQUAL 量表中的"感知服务"和"期望服务"两个变量变为"服务绩效"一个变量，即仅选用"服务绩效"这一变量来度量顾客感知的服务质量。

（二）顾客满意度

1965 年，Cardozo 首次在营销领域引入了顾客满意，提出了顾客满意是驱动购买行为的因素的观点。在二十世纪七八十年代，在国外学者的研究基础上，关于顾客满意度的相关理论基础构建出来了。虽然对顾客满意研究比较成熟，但是针对相关议题的争议一直存在。对于其概念的界定，笔者通过对相关文献的总结认为主要存在两种观点。一种认为顾客满意是对购买行为的事后感受。而另一种观点则从过程的角度来研究，认为顾客满意是事后对消费行为的评价。到目前为止，由 Oliver（1997）提出的消费者满意感定义在学术界得到一致认可，具有权威性，他是这样定义消费者满意感的：满意感是消费者对产品和服务的特征或产品和服务本身满足自己需要程度的一种判断。

（三）餐饮业感知服务质量

颜实（2011）通过建立感知服务质量差距模型，如图 1 所示，指出我国餐饮业服务感知服务质量差距的存在是由诸多因素导致的。这些因素极大地制约了我国餐饮业的发展，并概括了四种主要原因。

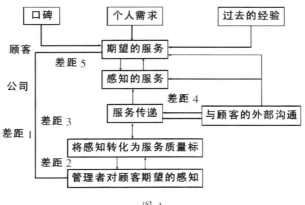

图 1

冯军运用 SPSS 统计软件，通过实证分析并将调查结果代入建立了基于餐饮业顾客感知价值机理的餐饮企业顾客感知服务质量差距模型，通过鲜明的对比数据指出了餐饮业顾客感知方面的不足，为餐饮业提高顾客感知价值提供了切实可行的建议。谢春昌用结构方程方法探索服务质量和感知价值的细分维度对服务忠诚的影响。研究表明：服务质量的各细分维度对于服务忠诚的影响大多都是通过顾客感知价值的各个细分维度作中介来实现的。

三、问卷设计与数据分析

笔者主要考虑了 SERVQUAL 量表和 SERVPERF 量表。SERVQUAL 模型是细化服务质量，然后找出期望服务和感知服务之间的差别。SERVPERF 的理论依据在于，顾客感知服务质量是一种态度，是期望的函数，而本次的态度又是以前态度和满意的函数，以前所接受的每一次服务经历都是一个差异的修正过程，也就是说如果采用顾客期望和顾客感知之差异的方法衡量顾客感知服务质量，不可避免地会产生重复计算期望的现象。所以笔者在前人的研究之上参考了 SERVQUAL 模型，并采用了其中 5 个一级指标以及 22 项二级评价指标作用本文研究连锁餐饮感知服务质量和顾客满意度的指标评价评价体系。

表 1 SERVQUAL 模型量表清单

目标	要素层及权重	指标层	总权重
连锁餐饮感知服务质量	有形性 0.25	1. 该餐厅服务设施齐全且运行良好，使用便捷	0.0451
		2. 该餐厅服务设施具有吸引力	0.0584
		3. 该餐厅服务人员衣着干净整洁	0.0418
		4. 该餐厅环境以及餐具干净卫生	0.0525
		5. 该餐厅菜肴外观诱人，口感良好	0.0710
		6. 该餐厅菜单制作精美，设计合理	0.0414
	可靠性 0.23	1. 该餐厅对顾客承诺的服务能够及时完成	0.0270
		2. 顾客遇到困难时该餐厅服务人员能够热心、及时帮助	0.0253
		3. 该餐厅是值得信任的	0.0345
		4. 该餐厅收费是合理的	0.0363
		5. 该餐厅服务人员能够准确记录各项消费	0.0493
	响应性 0.18	1. 该餐厅服务人员能够告诉顺客提供服务的准确时间	0.0480
		2. 该餐厅服务人员能够按时为顺客提供服务	0.0464
		3. 该餐厅服务人员热情且非常愿意帮助顾客	0.0675
	保证性 0.19	1. 该餐厅服务人员值得信赖	0.0621
		2. 在该餐厅用餐时可以感到安全	0.0540
		3. 该餐厅服务人员始终彬彬有礼	0.0667
		4. 该餐厅服务人员有足够的用具用于为顾客提供服务	0.0310
	移情性 0.15	1. 该餐厅能给予顾客特殊照顾	0.0375
		2. 该餐厅服务人员能够理解顾客特定需求	0.0405
		3. 该餐厅能够把顾客的利益放在首位	0.0290
		4. 该餐厅营业时间合理且方便	0.0347

第一步，采用 AHP 法设计专家问卷，评估 5 个维度的 22 个指标的权重，其结果如表 1 所示。

第二步，设计出连锁餐饮服务质量问卷。问卷的题项设置，主要参照李克特五级量表的形式，将连锁餐饮服务质量的评价定量地划分为五个等级：非常不满意、不满意、一般、满意、非常满意，依次赋值 1 到 5。通过网络问卷的方式对有过"外婆家"消费经历的消费者发放问卷 240 份，回收问卷 238 份，回收率为 99.2%，对所回收的问卷进行筛选后，有效问卷为 223 份，有效率为92.9%。

经过简单的问卷数据整合和处理，可以获得 22 项指标层的得分，加上专家问卷得到的权重，可以获得最终的权重得分，如表 2 所示。

表 2 SERVQUAL 模型量表修正权重清单

要素层	指标层	总权重	得分	权重得分
有形性	1. 该餐厅服务设施齐全且运行良好，使用便捷	0.0451	3.5236	0.1589
	2. 该餐厅服务设施具有吸引力	0.0584	3.4448	0.2012
	3. 该餐厅服务人员衣着干净整洁	0.0418	3.7632	0.1573
	4. 该餐厅环境以及餐具干净卫生	0.0525	3.8520	0.2022
	5. 该餐厅菜肴外观诱人，口感良好	0.0710	3.3680	0.2391
	6. 该餐厅菜单制作精美，设计合理	0.0414	3.1889	0.1320
可靠性	1. 该餐厅对顾客承诺的服务能够及时完成	0.0270	3.5252	0.0952
	2. 顾客遇到困难时该餐厅服务人员能够热心、及时帮助	0.0253	3.5775	0.0905
	3. 该餐厅是值得信任的	0.0345	3.6597	0.1263
	4. 该餐厅收费是合理的	0.0363	3.5681	0.1295
	5. 该餐厅服务人员能够准确记录各项消费	0.0493	3.2178	0.1586
响应性	1. 该餐厅服务人员能够告诉顾客提供服务的准确时间	0.0480	2.9357	0.1409
	2. 该餐厅服务人员能够按时为顾客提供服务	0.0464	3.6851	0.1710
	3. 该餐厅服务人员热情且非常愿意帮助顾客	0.0675	3.5123	0.2371
保证性	1. 该餐厅服务人员值得信赖	0.0621	3.4825	0.2163
	2. 在该餐厅用餐时可以感到安全	0.0540	3.7783	0.2040
	3. 该餐厅服务人员始终彬彬有礼	0.0667	3.5541	0.2371
	4. 该餐厅服务人员有足够的用具用于为顾客提供服务	0.0310	3.2267	0.1000
移情性	1. 该餐厅能给予顾客特殊照顾	0.0375	3.3256	0.1247
	2. 该餐厅服务人员能够理解顾客将定需求	0.0405	3.5557	0.1440
	3. 该餐厅能够把顾客的利益放在首位	0.0290	3.7513	0.1088
	4. 该餐厅营业时间合理且方便	0.0347	3.6895	0.1280

四、研究结论与展望

（一）研究结论与建议

通过观察表 2，可以看到可靠性加权得分普遍偏低，尤其在 1 和 2 方面，加权得分低于 0.1，是 22 项指标绩效中最低的，拉低了顾客满意度。而有形性得分普遍高于水准，其中"该餐厅菜肴外观诱人，口感良好"这项指标绩效最高，是顾客满意度的有力支撑。可见，连锁餐饮在扩大规模的同时，对厨师专业技能的培训，菜品配方的研发投入要相当重视，才能保证菜肴的口感与美感，从而提高顾客的满意度。同时又由于连锁餐饮这个行业的特殊性，店员的素质参差不齐，不能统一控制。笔者针对其弱势环节，提出了如下几个建议：

1. 坚持顾客就是上帝的原则，树立一切以顾客的需求为追求的服务理念，站在顾客的角度，可以最高限度的提高餐饮服务质量。如果仅仅站在中层管理人员的角度是没有办法做到无偏差质量管理的，因为对于员工或者经理人员他们自己的经济利益都是排在第一位的。因此，无法保证顾客的需求得到满足。只有从顾客的角度考虑才能知道自己的不足，进而改进自己的不足，提高顾客满意度，提高自己的服务水平，只有这样才能实现高效管理。

2. 合理规划餐厅的布局。同时根据各地区的用餐情况，确定 2 人桌，4 人桌和大桌的比例，争取让顾客减少排队等候时间。在顾客等待处，增加简易的娱乐设施，比如电视机、电脑、象棋之类，减少顾客等待过程中的烦闷感。为了要等待的顾客也满意，可以采取采用一些奖励措施，比如可以根据顾客的等待时间给予顾客一些折扣优惠。为不同的人群提供各种类型的备用餐具。如软质防摔的儿童餐具。如果是中餐连锁也可以适当增加刀叉，满足各类人群的餐具需求。

（二）研究不足

1. 本文仅仅从感知服务质量的角度来对顾客满意度进行研究，并没有考虑相关影响因素的完整性，例如顾客价值、转换成本等等都可能影响顾客的满意度。就导致在一定程度上使研究结论的可接受性有所降低。

2. 同时本文问卷设计存在一定的不足。针对本研究笔者对量表进行了修正尽量做到将所有科学的指标加入进来，但仍然会有所疏漏。在问卷中，笔者虽然尽力做到对各个概念的进行精确解释，力求调研对象能正确理解相关问项，但是调研结果仍可能和实际情况有所差别。

（三）研究展望

1. 本研究所开发的理论量表在餐饮行业领域具有一定的普适性，可以依据本研究的理论量表，对其他餐饮类型进行实证检验，形成更加科学的餐饮感知服务质量量表。

2. 关于感知服务质量和顾客满意度的研究，今后可以融入其他的影响因素，如价格、情境因素等，而非仅仅局限于服务，并扩展到顾客忠诚、顾客购买动机等方面。

参考文献

[1] Gronroos C. An Applied Service Marketing Theory[J]. European Journal of Marketing, 1993, 16(7):30-41.

[2]Parasuraman A, Zeithaml V A, Berry L L. 'SERVQUAL: a Multiple-item Scale for Measuring Consumer Perceptions of Service Quality'[J]. Journal of R etailing, 1988,64(1):12-40.

[3]Cronin J J, Taylor S A. Measuring Service Quality: A R eexamination and Extension [J]. Journal of Marketing,1992,56(3):55-68.

[4]Cardozo R N. An Experimental Study of Customer Effort, Expectation, and Satisfaction [J]. Journal of Marketing R esearch,1965,2(3):244-249.

[5]O liver R L, Rust R T, Varki S. Customer delight: Foundations, findings, and managerial insight [J].Journal of Retailing, 1997,73(3):311- 336.

[6]颜实 . 基于感知服务质量差距模型的餐饮业竞争策略研究 [J]. 现代管理科学，2011(03):114-116.

[7]冯军，陈莉，李雅丽 . 餐饮业顾客感知价值机理及模型研究 [J]. 商业时代 ,2013(06):34-35.

[8]谢春昌 . 服务质量和感知价值对服务忠诚的影响——基于餐饮业和细分维度的探索 [J]. 西部论坛 ,2013(01):91-100.

[9]吴冠之，张艳妍 .B2C 环境下感知服务质量与顾客满意度的关系研究 [J]. 北京邮电大学学报 (社会科学版)，2008,10(5):1-5.

[10]莫枢淑 . 基于 SERVQUAL 模型的高校餐厅服务质量评价研究 [D]. 福州大学，2010.

[11]刘晶晶，张清禄 . 感知服务质量的研究综述 [J]. 东莞理工学院学报 ,2014(02):89-95.

[12]方宇通 . 顾客感知服务质量评价方法的实证比较——对 SERVPERF 和

SERVQUAL 的再探讨 [J]. 宁波工程学院学报 ,2012,24(4):53-57.

[13] 石嘉莹，李娜 . 基于顾客满意的个性化餐饮服务研究——以"海底捞"为例 [J]. 商场现代化 ,2016(10).

【文章来源】胡海涛：《连锁餐饮顾客满意度研究——以"外婆家"为例》，《市场周刊》，2017 年第 11 期

15. 连锁餐饮企业的成本控制——以"外婆家"为例

摘要： 古人云：民以食为天。在饮食方面，从古至今已经经历了非常大的变化。但不变的是餐饮业仍然是一个与人们生活密不可分的行业。对于连锁餐饮企业来说，做好成本控制则是非常之重要的。有效控制成本对于提高连锁餐饮业的经济效益是至关重要的，对于提高产品的质量也是举足轻重的。本文将着眼于连锁餐饮业的成本控制进行研究。以分析连锁餐饮业的成本构成为起点，再依据在餐饮业成本构成来深入讨论连锁餐饮业的成本控制和控制方法。

关键词： 餐饮业；成本控制；成本构成；连锁

1. 前言

中国是四大文明古国之一，关于饮食文化自然有着悠久的历史。无论你在社会中扮演怎样的角色，无论是逢年过节还是日常生活，饮食支出必定在你的消费支出中占有一席之地。随着我国社会主义市场经济不断发展、国民文化素质日益提高，人们的消费观念越来越趋于理智化。

正因为人们消费观念的大大转变，使餐饮企业的利润空间大不如从前了。于是乎一些走中端亲民路线的连锁餐饮企业在全国范围内迅速崛起。然而如何能够在众多的竞争者中脱颖而出，降低成本、提高质量并持续保持竞争优势的位置却不是那么一件容易的事情了。

2. 我国连锁餐饮企业的特点

2.1 连锁餐饮业的现状

在我国最近几年，走亲民化线的连锁餐饮企业发展非常之迅速。在温州像外婆家、去茶去、拉芳舍等亲民的连锁餐饮企业十分让消费者青睐。倘若是遇上就餐高峰期排队等上一个多小时也不足为怪。此类连锁餐饮企业已经不再走传统的豪华、高档酒店式路线，它们拥有舒适的就餐环境，高水准的菜品以及优质的服务质量，更为重要的是它们的价格亲民。想在市场竞争中持续保持着独有的优势，他们必须制定适用于自己发展的成本控制策略。

2.2 我国连锁餐饮企业产品的特点

在我国连锁餐饮企业都有共同的特点就是生产与销售环节是紧密相连的，菜品种类十分之多，各家分店之间的菜品标准也难以严格量化统一。与此同时，就我国现阶段来说大多数的连锁餐饮企业都还是只是停留于传统的手工加工型企业的阶段。连锁餐饮企业的自动化控制率很低，并且无论是在加工的过程中也好，在保存过程中也好，连锁餐饮企业的原材料相当容易变质，非常容易造成浪费。一旦菜品的原材料变质将会直接影响到产品质量和销售，严重的甚至会导致企业的顾客流失，使其利润降低。

3、连锁餐饮业成本的构成

成本是指人们在进行生产与经营活动过程中，或者为了能够达到一定的目的而耗费的资源，例如：人力资源、物力资源和财力资源。连锁餐饮业的成本构成主要可以分为直接成本和间接成本两个大类。直接成本又可以分为直接材料费用和直接人工费用，例如：食物、饮料的采购成本、制作成本、厨师的工资以及福利。间接成本则是生产经营过程中所引发的其他费用，一些间接的人事费用和一些固定的间接费用。

4. 连锁餐饮企业成本控制存在的主要问题

餐饮企业想要做大做强，走亲民的连锁路线是一种非常好的方法。近几年，在我国连锁餐饮企业的发展也是非常之快，然而快速发展的同时也必然会出现许多问题。成本控制则是其中非常重要的问题之一。

4.1 原材料成本控制存在的问题

对于连锁餐饮企业来说，由于原材料种类的多样和容易变质的特质导致了企业在采购和保存方面的成本都比较难控制。与此同时，一些企业对于原材料的成本控制没有建立实用的制度，使企业在原材料的控制方面更是困难。许多连锁餐饮企业仍缺乏完善的采购制度，这使企业在采购方面的成本控制缺乏规范与监督，采购人员全凭借自己的经验进行采购，这样很容易致使价格和质量不成比例。

4.2 人工成本控制存在的问题

连锁餐饮企业是一种劳动密集型的服务性产业。除了菜品的质量以外，服务的质量则是企业吸引顾客的另一重要因素，厨房里的厨师更是组成连锁餐饮企业的竞争力的核心要素。有一些连锁餐饮企业没有对人员的使用进行科学的合理规划。招聘的人员素质水平参差不齐。甚至还有一些企业忽视了员工的忠诚度，制定的奖惩制度都不够完善。

4.3 管理理念存在的问题

目前，许多连锁餐饮企业表面上走的是连锁路线，但在管理方面与连锁的概念还相差甚远。管理者在原材料、采购、配方等方面忽视了连锁餐饮企业各个分店之间的联系，常有各家分店各自为政的现象出现，各家分店之间标准不统一，加大了连锁餐饮企业在成本控制的难度。

5. 连锁餐饮企业成本的控制手段

前文在讨论连锁餐饮企业的成本构成时将之分为直接成本与间接成本两大类，那么在分析连锁餐饮企业的成本控制手段的时候，我们也将分别从连锁餐饮企业的直接成本和间接成本入手讨论。

5.1 直接成本控制

菜品原材料的成本是连锁餐饮企业直接成本的重要组成部分之一。对于菜品原材料的成本控制主要发生在三个环节：采购环节、生产环节和储存环节。

5.1.1 采购成本

在外婆家的团队里，做采购的团队被分成了供应部和标准执行部两个部门，其中供应部门负责中餐中蔬果和一些本地食材的采购，规模化采购使其能从供应方处得到优惠的价格。作为连锁餐饮企业，那么每家分店的菜品自然不是大相径庭的，菜品的质量也应该保证在一个水平上。因此每家分店所用的材料也应该是差不多的。那么采取规模化采购的方式来降低成本对于连锁餐饮企业是非常适用的一种方式。

标准执行部门则担负着把"外婆家餐厅"升级为"外婆家工厂"的重任。不同于供应部，标准执行部不用每天逛农贸市场，其任务之一是寻找能够大规模生产食材的工厂，并将鸡鸭鱼肉等食材的宰杀和粗加工处理找到外包方。工厂还会将外婆家所需的食材进行粗加工，从而减少外婆家的人工成本。外婆家将采购环节分成了两个部门，是非常值得连锁餐饮企业借鉴的。

5.1.2 生产成本

生产成本主要是指菜品从原材料被加工成菜品整个过程的消耗。对于任何形式的餐饮企业来说，生产成本都是主观能动性最大的一部分，也应该算是最难控制的成本之一了。因为将原材料加工成菜品的可变因素很多，同一道菜品让不同的人来加工，原材料的消耗量肯定是不一样的。同样的，相同的原材料让不同的厨师来加工，产出的菜品质量也是不一样的。

因此，在生产过程中的原材料的控制可以将其分为两类。第一类是价格较低使用率较频繁的原材料，例如：油、盐、糖之类的调味料。此类原来的使用应更多考虑厨师自己的习惯来控制，在每次提取新的原材料的时候，进行登记，只要保证原材料的使用在合理方位之内即可。第二类则是价格较高的原材料，也就是指菜品最主要的原材料。此类原材料则需确定被认购之后再提取使用，以免造成不必要的损耗。

5.1.3 人工成本

厨房里的厨师无论对于怎样经营形式的餐饮企业来说是非常重要的。

首先，要提高厨师们的工作效率，主要可以从简化程序、提高机械化效率方面着手。连锁餐饮企业需要认真研究每一个环节的工作步骤，针对自己的企业的特色，简化作业程序。对多余的环节进行删除，甚至一些环节还可以交给顾客自己完成。

其次，就是连锁餐饮企业的员工薪酬。员工薪酬则可以分为薪金和非薪金两种，建立好工资系统以及科学合理的员工出勤考核制度，优秀的要给予嘉奖，违反制度的也要给予惩戒。

5.2 间接成本控制

间接成本的主要分析的是除厨房外的员工薪酬以及其他一些经常性费用。

间接人员成本的控制。连锁餐饮企业是属于劳动密集型的服务类产业。即便是间接人力成本也是连锁餐饮业成本的重要组成部分之一。

首先，连锁餐饮企业安排的人员要满足经营活动所需要的基本数。其次，要对每一个员工进行科学合理的分工定岗，要做到精简编制。再次，在分配任务的时候也要量才而用。在考虑员工各方面素质之后，因岗设人。如根据餐厅每日经营中的谷峰段客流量的变化去安排人员，必要的时候多安排或者少安排，甚至是不安排。在节假日或者是特殊日子的时候，企业还可以雇用临时工来保证人手充足。

5.3 管理理念的改变

我国在饮食方面重视口味和特色。在经营连锁餐饮企业的时候，管理者要根据自己企业的实际情况来建立一套适合本企业的标准体系。比如：在一些受大众欢迎的特色菜品上要可能的量化、统一，尽量保证各家分店在此类菜品上保证口味和特色的一致。对于各家分店之间的管理要保证菜品在质量方面能够稳定，服务质量方面也要保证在统一水平上。

6. 结束语

连锁餐饮企业要想增加自己的经济效益，对其成本地合理规划与有效地控制是非常之重要的。企业必须在产品、服务最优化的同时，尽可能做到成本最小化。

参考文献

[1] 雷琳，赵小凯 . 连锁餐饮业成本控制的管理策略 [J]. 中国贸易，2012:7.

[2] 黄瀚玉 . 外婆家的混搭收获 [J]. 全国商情，2013:13.

[3] 赵艳丰 . 连锁中餐企业如何解决三大问题 [J]. 中国食品，2012:17.

[4] 任艳青 . 浅析酒店业如何进行餐饮成本控制 [J]. 会计之友，2010:31.

【文章来源】黄晓容：《连锁餐饮企业的成本控制——以"外婆家"为例》，《财经界》，2015 年第 24 期

16. 中国菜菜名中的文化意境及英译研究——以杭帮菜为例

摘要：具有文化内蕴的中国菜菜名中有着中国独有的文化意境美，在翻译菜名时要准确地体现这种文化意境应当采用以下5种方法：采用意译加音译的方法传递出菜名的方言音韵美；直译加注释法表达以吉利的数字命名的菜名；意译法可以较好地表达以美好的植物和器物命名的菜名；直译加典故注释能确切表述含有文化典故的菜名；而菜名中蕴含的造型艺术采用意译或直译加食材注释法比较好。

关键词：菜名；文化意境；英译

中国饮食文化著称于世，一百多年前，孙中山先生在《治国方略》一文中写道："我中国近代文明进化，事事皆落人之后，惟饮食一道之进步，至今尚为文明各国所不及。中国所发明之食物，固大盛于欧美；而中国烹调法之精良，又非欧美所可并驾。"[1]中国饮食文化历史悠久，菜肴制作精美，是中国传统文化中的瑰宝。因此，中国菜肴一直深受世界各国的喜爱。孙中山先生曾在文中表述："近年华侨所到之地，则中国饮食之风盛传。在美国纽约一城，中国菜馆多至数百家。凡美国城市，几无一无中国菜馆者。美人之嗜中国味者，举国若狂。"[1]而在改革开放的今天，随着中外交往的日益频繁，大量外国人因为各种需要来到中国，有机会接触中国美食，推广中国饮食文化，菜名英译尤为重要。

一、菜名中的文化意境

在相当一部分具有文化内蕴的中菜名中存在着一种中国独有的文化意境，这是翻译的难点。首先，我们先探讨一下翻译中的文化概念。许多学者从翻译研究的视角对翻译中的文化进行了探索。奈达认为，翻译中的文化包括物质的、社会的、宗教的、语言的、审美的等社会因素，而这些共性正是人类交际的基础。[2]

彼得·纽马克则指出："文化反映语言的社会属性，指一个团体及其环境中的活动、观点以及它们对某一事物和过程的表征的整体。"[3]从他们的论述中知道，文化分为物质层面的和精神层面的，菜肴本身属于物质文化，它的文化内蕴需要菜名进行传递，菜名是中华民族精神文化的体现，融合了语言、文化心理、文化历史等各个方面。而意境一词原指文艺作品或自然景象中所表现出来的情调和境界，也是美学中所要研究的重要问题，孙中山先生称赞中国饮食文化："烹调者，亦美术之一道也。"[1]中国菜肴亦如美术作品般体现出一种中国文化独有的意境之美。与之呼应，中国菜命名也充满了浪漫主义色彩，它在饮食中增加审美联想，提高菜肴品位，使菜肴呈现出中国画卷般的意境美，成为一件饮食艺术品。中国菜名的文化意境美应从中国文化出发，对菜肴进行诠释，使菜名荷载一种美学功能，让食客感受其意境美感。但中西两种不同的菜名命名风格体现了中西文化的差异，这给译者带来困难，那么如何在翻译中最大限度地体现中国菜菜名命名的意境美？本文拟以杭帮菜命名为例，从文化分析的角度对中国菜名意境美的英译进行研究，分析其特点、规律及蕴含的丰富深厚的文化内蕴，从而推动中外饮食文化的交流。

二、菜名文化意境的英译

菜名作为中国饮食文化的一部分，传递出独特的中国文化底蕴，它给食客传递菜肴的第一印象作用近似广告。对比中西饮食文化，西方菜更加重视饮食的营养性、健康性和烹饪的科学性，西方菜名往往具体说明菜肴的食材和烹饪法，语言结构有相对的固定格式，供食客选择；而中国菜名则不同，体现一种不同的审美趣味，要求能体现色、香、味、型，甚至复杂的文化内涵。

以杭帮菜为例，杭帮菜中的一些菜名不只展现菜肴的食材和烹饪方法，而是着眼于菜肴本身的色香味和具有杭州地域造型的特色，针对食客的心理，取一个蕴含文化底蕴的菜名，使得菜名富有诗情画意；或以地域文化的角度命名，饱含文化韵味，使人产生丰富的审美联想。菜名是食客挑选菜肴的依据，本文试图借鉴彼得·纽马克的翻译理论对菜名英译进行探讨。按照英国翻译家彼得·纽马克划分的三大文本范畴分类，菜名的翻译应当属号召型和信息型文本，文本强调可读性和信息性。就可读性而言，在菜名翻译中，译者充分发挥译语的优势，表达上符合译语的规范。这要求，"译者再现源语的文化异性（foreignness）的同时，使译语符合译语文化的表达方式"[4]。不拘泥于源语的表达方式，译文能让译语受众接受的同时，尽量传递出菜名中具有的文化意境美，吸引食客品尝菜肴。而信息性而言，菜名应能显示出菜品的食材和烹饪方法，方便食客按自己的喜好进行选择。中文菜名的命名特点之一为重名称上的美感，轻菜肴信息的表达，这使游客无法获得其他可食性信息。因此，翻译时，要把菜肴的信息通过各种翻译方法显示出来，使译语读者能够体验菜名文化中的意境之美。具体来说，对杭帮菜菜名的文化意境分四个方面来探讨，分别是菜名方言音韵、文化心理、文化典故、造型艺术。本文试图从这四个方面探讨杭帮菜的意境之美如何在英译中得到体现。

（一）用意译加音译法来翻译含方言音韵的菜名

杭帮菜菜名大量使用杭州方言命名。杭州方言属于吴语的一种，呢喃吴语使菜肴具有细腻、唯美的江南水乡的韵味。杭州因曾是南宋都城，所以受官话的影响很大，语言同时受北方方言影响，因而杭州形成了独特的语言变异现象。如杭州人把东西竖起来称作"笃"，于是有了"倒笃菜"。"倒笃菜"命名源于制作过程。为了防止腌菜在制作过程中烂掉，一般将菜坛子倒过来摆放，使废液自然沥出，杭州百姓形象地称之为"倒笃菜"。另外，说话加个"儿"字是另一个特点，"儿"字出现在词语的中间或后面。如，刨黄瓜儿（敲竹杠）、耍子儿（玩耍）、小伢儿（小孩子）、踏儿哥（三轮车夫）、敲瓦片儿（AA制）、敲拐儿（瘸子）等。"儿"字用在菜名中也有很多，如，"油包儿""肉饼儿""葱爆桧儿""笑靥儿"等。

翻译这类菜名时，要尽量传递出菜名的方言音韵美，采取意译加音译的方法。意译的目的是显示菜肴的食材和烹饪法，将之传递给食客，实现菜名的信息功能，方便选择。加注音译的目的有两个：一是可以让外国的食客体会到杭州话的语言美，给他们以品尝异国菜肴的情调，使菜名的召唤功能加强；二是因为杭帮菜有些菜的原料和做法独特，唯杭州独有，菜名在英语中不能找到完全一一对应的叫法，例如，"倒笃菜""葱爆桧儿"等。这种菜名采用音译有利于菜肴独特文化内涵的传播。翻译时，音译要注明是杭州方言的结构和语音，和普通话加以区分，以免食客误解，如：油包儿（Steamed Oil Bun， called youbaor in Hangzhou dialect）、肉 饼 儿（Meat Pancake，called roubingr in Hangzhou dialec））、葱爆桧儿（Shallot Stuffed Pancake，called congbaohuir in Hangzhou dialect）、笑靥儿（Fried Sugar Pastry，called xiaoyer in Hangzhou dialect）、倒笃菜（Pickles，called daoducai in Hangzhou dialect）。

（二）杭帮菜菜名中的文化心理翻译

数千年来，中国人对幸福、富贵、平安、健康、和睦、地位等的渴望，始终如一。因此，逢年过节、贺寿、新婚典礼等许多场合，人们都要讲一些"吉利话"，就是中国人希望通过这些语言来祈求吉利。这种文化心理表现在日常生活、民风民俗等各个方面，在菜名中当然也有所表现，即取用带有吉利含义的字眼以及中华民族喜闻乐见的象征和寓意美好的动植物、器物来给菜肴命名，表达各种美好的希望，显示中国菜肴与众不同的个性和迷人的魅力。在喜庆宴会及节日饮食中这种命名取向尤为突出。

1. 直译加注释翻译以吉利的数字命名菜名

杭帮菜名中大量使用数字，使菜名结构简洁。杭帮菜中使用最多的数字缩略语为"一品"（西湖一品煲、肥鸡豆腐片汤一品、酥油野鸡爪一品等）和"八宝"（王太守八宝豆腐、八宝鸭、八宝肉等），这两个词在汉语中，都属于吉利词。在中国，官分九品，一品是封建社会中官品的最高一级。八宝是佛教中八种表示吉庆祥瑞之物，也是天子八种印玺的总称，八也和"发"谐音。

在此类词的翻译中，数字缩略语隐含的意义中国人不同程度上有所了解，但国外食客却缺乏相关的背景知识。如果直译过去，译文只能反映其词汇表面意义，该译文在目的语中无法传达隐含的食材信息。在这种情况下，译者必须使译文显现出隐含的食材信息，然后根据具体情况进行整体考虑，选择直译或直译加注释。

（1）直译加食材注释

"八宝"系列菜肴内一定有八种食材，且不可能在中文菜名中显示，翻译时采用直译加注释的方法，通过保留缩略语形式传达了词汇表面的意思，又通过解释缩略语的内容传达了食材信息，无疑会给外国读者更加直观的印象。"八宝"译为 eight delicacies，让食客知道菜肴中有八种珍贵的食材，引起食客的兴趣，另需加八种食材的注释。例如：王太守八宝豆腐 Fired Tofu with

Eight Delicacies, Wanghome-style（black mushroom, mushroom, pinenuts, melonseeds, diced chicken and ham）、八宝鸭 Duck Stuffed with Eight Delicacies（shelled shrimp, ham, diced chicken, lotus seeds, dried mushrooms, lima beans, diced bamboo shoots and glutinous rice）、八宝肉 Stewed Meat with Eight Delicacies（mussels, eagle claw herbal, black mushroom, jelly fish, walnuts, bamboo shoots, ha and sesame oil）。

杭帮菜"西湖一品煲"的菜名中无任何食材信息，"一品"这只是形容食材用料的名贵，译时也采取直译后加食材注释，应译为 West Lake Supreme Delicacies in Casserole（shark fin, sea cucumber, scallop, abalone, fish maw, chicken and vegetable）。

（2）直译

而当"一品"形容菜肴味道的鲜美时，菜名中往往已有食材信息，只需把菜名直译即可，"一品"一词可以不译。如"肥鸡豆腐片汤一品"译为 Chicken and Bean Curd Slices Soup，"酥油野鸡爪一品"译为 Fried pheasant with pickled Cucumber in Ghee。

2. 意译法翻译以美好的植物和器物命名菜名

为了使菜肴富有艺术特色，充满诗情画意的美感，从食材的相似度出发，杭帮菜菜名中以中国人喜闻乐见的植物和珍贵的器物代替菜肴中的食材。植物中最常用的是芙蓉。"芙蓉"即荷花或莲花，在中国，它是圣洁的代表，佛教神圣净洁的象征。李白赞芙蓉"清水出芙蓉，天然去雕饰"，周敦颐形容芙蓉"出淤泥而不染，濯清涟而不妖"。它以清新淡雅的姿态、纯洁高雅的品性，给人以美的感受。在菜名中，芙蓉（lotus）常用来代替蛋清（egg white）。清代中期的烹饪书童岳荐撰著的《调鼎集》中，就记载有"芙蓉鸡""芙蓉蛋"的做法。如今在杭帮菜中也有以"芙蓉"命名的菜肴，如"燕窝芙蓉汤一品"。金玉、翡翠、水晶等高贵的器物也常用于菜名中，给人以高贵美感，如水晶（crystal）代替猪肉皮冻（porks kin jelly），白玉（white jade）代替豆腐（tofu）等。杭帮菜中以这些命名的有"鹌子水晶脍""仙掌煨白玉"等。

在杭帮菜菜名的翻译中，这些菜名缺乏食材的信息，宜采用意译的方法，译出食材，这是因为菜名的信息性的传递总是最重要的。由于文化的差异，翻译时还应考虑外国食客的心理，放弃菜名的喻义。鹌子水晶脍译为 Boiled Quail

Eggs in Pork Skin Jelly；燕窝芙蓉汤一品译为 Bird's Nest soup in egg white；仙掌煨白玉译为 simmered Duck Web with Shrimp Mousse and Tofu Balls。

(三)直译加典故注释翻译文化典故

在菜名中突出文化典故之美是中国菜菜名命名原则之一，杭帮菜也不例外。杭州历史悠久，自秦设县治以来，已有两千多年历史，杭州还是五代吴越西府和南宋行都，西湖也是才子佳人的浪漫之地，故而杭帮菜菜肴中的文化典故颇多，围绕杭州演绎了众多的历史故事。包含文化典故的菜有"西湖醋鱼""宋嫂鱼羹""叫化童鸡""东坡肉"等。这类菜名翻译时，采取直译加典故注释的方法，菜名中直译呈现菜名原有的语言结构，而注释即解释字句的文字，把菜名背后的典故呈现给译语读者。典故无法通过简单的菜名表述，只能通过注释来展现菜名的文化底蕴。纽马克（1982）曾谈到过"解释即翻译"（interpretative translation），当文本的一部分对作者意图很重要，却无法在语义上充分体现，这时译者不得不进行解释。

如"西湖醋鱼"一菜来源于"叔嫂传珍"的故事，菜名可译为 West Lake fish in Vinegar Sauce（Legend has it that there lived in Hangzhou two brothers named Song. The old one had a pretty wife, whose name was Sister Song. A local despot wanted to take Sister Song as his concubine, so killed her husband. To take the revenge, the younger brother decided to win official promotion by sitting in the imperial examination. Ondeparture, the Sister Song prepared for her brother-in-law a fish which seasoned with sugar and vinegar，saying "the fishtastes sweet, but don't forget the bitterness of the people". The story had a happy ending. The brother succeeded in punishing the despot. And dish's name, West Lake fish in Vinegar Sauce，has become very famous ever since.）。

(四)意译或直译加食材注释法表达菜肴的造型艺术

杭帮菜菜名的造型艺术美，一则表现为以与菜肴主食材外形相似的事物命名菜肴，如以象形而得名的杭州名小吃"猫耳朵"和"西施舌（兰花舌）"。二则表现为厨师刻意把菜肴进行造型做成某种具体形象的事物，暗示特定的景物，以表达真挚美好的感情和寓意。如杭帮菜"百鸟朝凤""断桥残雪"等。象征寓意能丰富人们的联想，耐人寻味，形成"诗中有画""言中有画"的意境。

1.意译

具有独特造型的菜名也呈现了中华民族的审美情趣，这种类型用意译为佳，像"猫耳朵"常直译为 cat's ear，这种译法欠妥，因为"猫"在中国文化中具有可爱、精灵的特点，而在西方，cat 是魔鬼的化身，是中世纪巫婆的守护精灵。如"She's a cat"译为她是个心肠狠毒的人。因此，在翻译此菜名中，需加真实的食材名称采用意译的方法，译为"Catear Shaped Dough"点出 cat's ear 只是面点的形状而已，这样也可避免误解，并不是让食客食用猫的耳朵。同样为了避免误解，西施舌（兰花舌）可译为 Orchid-tongue shaped Cake 或 Beauty-tongue shaped Cake。

2.直译加注释法

采用直译加注释法，可以使菜肴的呼唤功能加强。因为杭帮菜"百鸟朝凤"传递出一种众望所归的寓意，凤在西方是"不死鸟"（phoenix），它和中国的"凤"有很多相同的特征，比如：红色鲜艳的羽毛，美妙的歌喉，精美的食物，栖于山间或幸福岛上（类似中国的蓬莱仙山），两者都能浴火重生，是长生不老的象征，是一种吉兆。因为文化上的共性，外国食客可以理解这种文化意境，菜名宜采取直译。另外，食材注释也必不可少。此菜名可译为 All birds Paying Homage to the Phoenix（Aspring chicken cooked with boiled dumplings）。"断桥残雪"是西湖十景之一，名称为食客熟知，菜名直译为 Lingering snow on the Broken Bridge，加注释 Amaded ish，注明是冷菜拼盘。

三、结语

具有文化内蕴的中国菜名英译时，尽可能要传递出菜名中诗情画意、令人浮想联翩的形象和独具情趣的自然美的意境，体现菜肴的观赏艺术性和联想愉悦性。菜名作为实用性文本，也应该传递与食材相关的信息，附注释，标明菜肴的原料，必要时解释菜名的由来。英译后的菜名应在美化菜肴，给食客以审美享受的同时，提供菜肴的信息，引导消费菜肴意向。

参考文献

[1]孙中山.孙中山文选[M].北京：九州出版社，2012.

[2] 奈达 E. 翻译科学探索 [M]. 上海：上海外语教育出版社，2012.

[3] 纽马克 P. 论翻译 [M]. 北京：外语教学与研究出版社，2006.

[4] 曾文雄. 翻译的文化参与——认知语境的互文顺应视角 [D]. 上海：华东师范大学，2010.

【文章来源】陈洁：《中国菜菜名中的文化意境及英译研究——以杭帮菜为例》，《洛阳师范学院学报》，2013 年第 6 期

17. 浅谈西湖菜名翻译及其背后的文化故事

摘要：饮食文化其中源于杭城的西湖饮食文化有自己的鲜明特色和历史积淀该文结合奈达的功能对等理论从分析西湖饮食文化中菜名的对外翻译问题出发立足于与其背后文化故事的关系具体聚焦于特定的几个菜肴的翻译特点和状况从对菜式特色和其真正含义的了解中寻求合理准确的译法以此对西湖饮食文化的文学翻译和翻译文学进行更深一步的研究

关键词：菜肴翻译；文化；功能对等；杭州饮食；民间故事

1 概述

悠悠华夏，泱泱神州，多元传统的博大饮食文化，作为中国历史和文化独特亮眼的重要部分，令无数食客流连忘返，它既传播了中国文明，还对世界各国的饮食文化发展有巨大的推动和借鉴作用。作为中国一个著名的旅游城市，杭州享有"人间天堂"的美誉。而囊括了杭帮菜和杭州小吃的杭州美食，在杭州浓厚的地域文化及人文气息的影响下，已然形成一种独一无二的饮食文化——西湖饮食文化。我们希望让外国友人在西子湖畔品尝杭州美食的同时，了解并感受其中的文化内涵。而翻译既是两种语言信息的转换与表达，又是不同文化间的交流和传递，菜名的翻译在以语言文字为先导的饮食文化交流中扮演了尤为重要的角色。

2 奈达的"对等论"

作为语言学派最重要的代表人物，尤金·奈达提出了"对等论"，从社会、文化角度出发，把译文的"读者反应"放在首位，认为"翻译就是在译入语中再现与原语的信息最贴切的自然对等物，首先是就意义而言，其次是就文体而言"。"对等论"的"对等"不是绝对的，而是指"相当于"。"对等"虽无"丝丝入扣"的精确，但毕竟强调的是尽可能地与原文对上，不是形式的对等，就是动态对等，即功能对等（张俊明，2010）。

根据这一理论，翻译即是源语从语意到文体的功能对等与再现，强调在目的语中再现属于源语的独特文化内涵，只有翻译成的作品从语言结构到深层文化内涵均能表现源语的风格和精神时，翻译才真正称之为翻译。"译者在处理原文的时候，旨在传递信息而不是复制一串串的语言单位，他所关心的是如何保留原文的功能和使其对新的读者产生作用。"（张美芳，2005）因此，翻译的重点在于译者对译文的反应而非语言的表达，而且更要考虑读者和原作者对于该译文的反应是否有共鸣。尤金·奈达的"功能对等"翻译理论对西湖菜名的翻译有着深刻的指导意义。准确、地道的菜名翻译不仅能够表达该菜肴的做法和特点，更能引起人们的兴趣，促进人们的食欲，适应中外饮食文化交流，推动该地区走向世界。以下六道杭城特色菜肴译名及其背后的故事，都是一段段经典与传奇的交织碰撞。结合奈达的动态翻译理论，从中我们可以知道，翻译，不单单是字面上的意思，它更是语言艺术与当地特色的升华。

3 西湖名菜译文及背后故事

"东坡肉"——东坡芳名永流传

东坡肉（Dongpo Pork），是杭州十大名菜之一，味醇汁浓，酥烂而形不碎，香糯而不腻口，深受人们喜爱。究其历史，宋元祐年间，苏东坡出任杭州地方官，发动数万民工疏浚西湖，筑堤灌田，造福人民。节日时他吩咐家人烧好百姓送来的猪肉，连酒一起送给民工。家人误以为是把酒肉一起烧，结果烧出的肉特别香醇味美，人们纷纷仿效。此后，以这位大文学家命名的"东坡肉"就成了杭州传统名菜。奈达主张"用切近原文的自然对等语再现源语信息"，因此这道突出人名的佳肴，从中文菜名加上其使用主料来看，我们可以把它译为"Dongpo Pork"，Dongpo是苏东坡的拼音，不了解的外国友人看到这道菜或多或少会好奇东坡为何意，我们可以在其下加上备注，即 braised pork spread by Su Dongpo, an important litterateur in the Song Dynasty。而且相较于使用肉类"meat" "pork"（猪肉）更加强调了使用的材料，即达到了形式上的部分词汇对等。在大口吃肉的同时，感受流散于历史的文人豪迈情怀。（杭城一道有名的风味小吃东坡酥 "Dongpo Pie" 也由此而出。）

"干炸响铃"——英雄援手，豆皮成铃

干炸响铃（Deep-fried Bean-curd Rolls Stuffed with Minced Meat），是杭州传统名菜之一，因色泽黄亮、鲜香味美、脆如响铃而被推为杭州特色风味名菜之一，广受食者欢迎。它的典故源于古时杭城一位好汉，某天他远从泗乡为店里豆腐皮断档的老板买来豆皮。小店老板为了纪念其功德，便把豆腐皮卷成了马铃状，用上好的猪里脊肉入油锅烹制了这道菜。对于这个菜名的翻译，我们可以直接把"干炸"译为"deep-fried"，但如果把"响铃"译为"ringing bell"，即会响的铃，难免会使国外游客莫名其妙，更可能引起他们的反感和恐惧。

奈达对翻译时改变形式提出五个条件之一是，形式对应引起作者原意没有的歧义，使得翻译的效果适得其反，指的就是这种情况。因此我们可以结合菜肴的主材料豆腐皮"Bean-curd"，还有其形状千层卷"Rolls"，加上其中裹着的细碎肉末"Minced Meat"，译为"Deep-fried Bean-curd Rolls Stuffed with Minced Meat"。这样，外国友人在了解背后故事的同时，也清楚原料巨细，能够放心大胆地享用这道"响铃"形状的特色菜肴。

"龙井虾仁"——错手妙得

龙井虾仁（Fried Shelled Shrimps with Longjing Tea），是以烹饪的食材命名。众所周知，龙井是产自杭州的一大名茶，与之相关的龙井虾仁，也是杭州名菜。此菜肴，选用鲜活河虾配以清明节前后的龙井新茶烹制而成，食后清口开胃，回味无穷。据说，乾隆皇帝微服游西湖时来到一茶农家中避雨，茶农以清明龙井茶招待他，乾隆尝到好茶，想要但难以开口，就暗中抓了一些藏于口袋。辞别茶农，乾隆来到一小酒馆，点了一道清炒虾仁，还取出口袋里的龙井让店小二泡茶。小二看到龙袍一角，将此事告知厨师，正在炒虾仁的厨师惊慌之下错把茶叶当葱花撒入虾仁中。而乾隆品尝后连连称赞。这道慌忙中诞生的佳肴，就是如今的龙井虾仁。在进行菜名翻译时，应突出烹饪过程中清炒"fried"这一步和两种主食材虾仁和龙井茶，"Shelled Shrimps"指的是去壳河虾（即虾仁），龙井茶"Longjing Tea"的加入更是让人眼前一亮，这两者完美的搭配带给人们无穷的舌尖享受。此菜名翻译虽简单，但清清楚楚，龙井、虾仁，不论中外游客，相信都能心领神会。

"桂花鲜栗羹"——中秋桂子落纷纷

桂花鲜栗羹（Fresh Chestnut Soup Sprink led with Osmanthus Flowers），同样是以食材命名，但与龙井虾仁不同的是，它是杭州有名的小吃。这道小吃色

彩绚丽，桂香四溢。相传唐时中秋，月宫嫦娥正凝望人间，见杭州西湖风景胜似天堂，不禁舒展长袖翩翩起舞。吴刚为她手击桂树，震得桂子如雨般纷纷落下。而此时，杭州灵隐寺中，德明师父正在厨房里烧栗子粥，天上桂子落到粥中，寺里僧人尝了此粥后纷纷赞其美味。它的菜名翻译应为"Fresh Chestnut Soup Sprink led with Osmanthus Flowers"，点出了菜的形式羹"soup"，制作的食材用料即辅料"osmanthus flowers"桂花与主料"chestnut"栗子，其中，桂花是这道小吃的点睛之笔，金色明亮携带清香，给人以视觉和嗅觉上的双重体验，而"fresh"则是它英译的点睛之笔，突显出它味道之鲜美，让人看后食欲大增。但是功能对等的翻译，不但是信息内容的对等，而且尽可能地要求形式对等。在某种程度上，形式也表达意义．奈达对翻译时改变形式提出的五个条件之一是，直译会导致意义上的错误，因此相比"osmanthus flowers fresh chestnut soup"这样生硬的汉语直译，这个译名更注重和英语语法的结合，即形式的对等体现。且Sprinkle（点缀）的加入让这道菜画面感十足，仿佛让人想起中秋桂子如雨般纷纷而落的场景。

"八宝豆腐"——八珍深得帝王心

八宝豆腐（Braised Tofu in Eight Treasures），是一道杭州特色小吃。据《随园食单》记载，此菜原为宫廷御膳菜。康熙喜菜肴软嫩鲜美，于是御膳房取用嫩豆腐搭配特色食材，用鸡汤烩煮成羹状，此菜有两大特点：一是取用豆腐（tofu）、香菇（shiitake）、松仁（matsuhito）等长寿之物为原料；二是豆腐烹制得法，胜于燕窝。且它内含八种优质原料，故其被赐名为"八宝豆腐"，并成为皇帝最心爱的御膳。新中国成立后，杭州的名厨师研究仿制，将其发展成了特色杭州名菜。

翻译时比较"Braised Tofu with Assorted Dish"和"beancurd with eight delicious"这两种译法，我认为前者偏向豆腐杂烩，没有提到"八"这个特点，"八"在中国有吉祥的美好寓意，更是点出了这道菜的八种原料，与中文菜名吻合，因此第二种译法比较准确。然而第二种译法中，delicious为形容词，所以这个译名本身不正确，且它只说明了这道菜的主料为豆腐"beancurd"，对于不知情的人来说可能会误解为凉拌豆腐，这时第一种译法则将主料"Tofu"和烹饪方法"Braised"一同概括进去。而很多中国菜翻译成英文会失去很多信息，这时候音译是比较恰当的方法，豆腐的英文就是Tofu，这个老外是听得懂的。而且，对于介词 in 和 with 在汤汁配料中的译法，in 是主料浸在汤汁或配料中，with 是汤汁或蘸料与主料分开或者后来浇在主料上。动态翻译理论强调恰当、自然和对等，因此，结合两种译法和其做法，将八宝豆腐翻译成为 Braised Tofu in Eight Treasures，这个译名符合词汇对等，更为恰当。

"宋嫂鱼羹"——旧京遗志动天颜

宋嫂鱼羹（Songsao's Fish Soup），是一道南宋杭州的传统名菜，由于它色泽金黄，鲜嫩滑润，味似蟹羹，又称赛蟹羹。故国重迁，衣冠南渡，始终是那个时代文人的痛楚，中国饮食文化却有了质的飞跃，把美食和美学糅合在一起，交织为吟诗赋词的风雅素材，"宋嫂鱼羹"便是其中的代表作。据周密《武林旧事》记载，宋高宗赵构闲游西湖时命人下船买鱼羹。菜馆的主人宋五嫂，出于爱国，她跟随宋朝南迁来到临安（今杭州），在西湖边上开小菜馆维持生计。她亲自烹制鱼羹送到游艇上，高宗吃了之后十分赞赏，之后宋嫂鱼羹驰誉京城。这道菜翻译为 Songsao's Fish Soup 而不是 Aunt Song's Fish Soup 或者 Sister Song's Fish Soup，因为这道菜的由来是以人命名，纪念满怀爱国情怀的南迁女子宋嫂，而 Aunt 意为"姑母"或"姨母"而不是"嫂"，Sister 姐妹之意也略为牵强，倒不如和东坡肉（Dongpo Pork）一样用直译 Songsao 更有纪念意义。闲暇坐于西子湖畔，目光所落处均是泛舟点点，碧湖微波，此时品着鲜美的鱼羹，思绪随着悠悠西湖水荡回了那个风雅的东方文艺复兴时代，那个朴实却爱国情深的妇人身边，无不令人心思神往。

4 译同译异·翻译原则探讨

从以上六道经典杭城特色菜肴的文化背景以及其相对应的翻译中，我们可以通过比较，总结出几点以此为例的中西菜名翻译的原则。

（1）菜名主要以地方特产命名，内含做菜的原料以及烹饪方式或成品形状。

奈达的理论中最重要的是使目的语听众或读者在理解和欣赏译文时作出的反应，与原文听众或读者对原文的理解和欣赏所作出的反应基本上一致，将中式菜名翻译得虽简单，但胜在一目了然，诚意坦坦荡荡。

①以西湖特产命名——主料为主，配料为辅。如龙井虾仁（Fried Shelled Shrimps with Longjing Tea），主料为炒过的河虾，配料为新鲜龙井茶叶，一洁

白一碧绿，不用过多修饰就能让食客在一眼之内在脑内清晰呈现佳肴原状。

②以西湖植被命名——烹制方法为主，原料为辅。如桂花鲜栗羹（Fresh Chestnut Soup Sprink led with Osmanthus Flowers），突出 Sprink led with（点缀），桂花朵朵浮于汤面，似波撒碎金，让这碗羹汤也沾染上了一丝西子诗意。

③以江浙特产（例如豆腐皮）命名——以形状为主，原料为辅。如干炸响铃（Deep-fried Bean-curd Rolls Stuffed with Minced Meat），根据整道菜的外观"豆腐卷"来命名，Rolls 形象直观，分外打眼。

（2）以对这道菜具有重大意义的（西湖）人名为主。

在中餐菜品中，很多以人名、地名为主命名的特色，也将保留到译名中以体现对其背景文化的尊重。如东坡肉（Dongpo Pork）和宋嫂鱼羹（Songsao's Fish Soup），两者都是因为将其创造出来的历史人物以及其佳话而扬名至今，本身仿佛带有人物魅力，浸透了历史的厚重风情，这是时光为这些菜品打造的专属亮点，因此希望不仅仅是中国食客了然于心，外国食客也能感受一二。

（3）以直译为主，若有歧义，需舍弃形式对等，将源语的本质意义用译语直接替换。

采用直译，清楚地列出烹饪原料、方法以及形状口感等，这种翻译大多不出彩，但能在一些烹饪方法的描述上下功夫，替换动词，使得整道菜生动起来。而直观地翻译菜名，要注重语义和语法的正确使用，如果意义和文化不能同时兼顾，那只能改变原文的形式将最本质的含义传达给食客，以免引起不必要的误会。如干炸响铃（Deep-fried Bean-curd Rolls Stuffed with Minced Meat），若是直愣愣译成 deep-fried ringing bell，想必很多外国食客不会买账，因此将其转换译为豆腐皮卷，则更为让人接受。

（4）菜名翻译要追求趣味性，新颖性和整体的协调性，体现中国文化中对和谐、繁荣、昌盛向往的追求理念。

如八宝豆腐（Braised Tofu in Eight Treasures），宝物和平价的豆腐形成了强烈对比，前后协调，中间用了 in，恰当表达出豆腐浸的一种状态。且这道菜没有将原料事无巨细统统罗列，反而摈弃啰唆直接用宝物（treasures）来押后，还不止一件宝物——八宝，带着浓烈的诱惑气息，足够引起外国食客的好奇心而使其想一探究竟。

5 总结

翻译，既是两种语言信息的转换与表达，又是不同文化间的交流和传递[2]。西湖饮食文化对外译介作为中外饮食文化交流的平台，作为那扇通往杭城背后丰富底蕴的窗口，它使齐聚西子湖畔的四海朋邻在细品西湖佳肴之色香味之后，也感受到了那份文化情怀。正如尤金·奈达所说的，交际的目的是清楚地传递信息，使得交际双方能够沟通。因此，翻译首先要译意[1]。不但要了解菜肴特色，还要从文化的内涵了解命名的依据，这样才能增加菜名译法的准确性，才能对中国文化的传播和促进世界烹饪文化的交流做出应有的贡献，才能促进杭州本土饮食文化的规范梳理和对外传播与推广，从而让世界对杭城美食有更好地理解、更深的印象，让西湖饮食文化走出杭城，走向国际，从而促进杭州进一步对外开放和中外文化的传递、沟通和交流。

参考文献：

[1]丁莹.浅论尤金·奈达的功能对等理论[J].考试周刊，2014(9):20.

[2]黄君君.跨文化视角下的中文菜名英译研究——以鱼类菜名翻译为例[D].湖南：湖南师范大学，2013.

[3]张俊明.奈达的功能翻译理论及其应用[J].科技信息，2010(17):227.

[4]郭建中.当代美国翻译理论[M].湖北：湖北教育出版社，2000:65.

[5]张美芳.翻译研究的功能途径[M].上海：上海外语教育出版社，2005:75.

【文章来源】汪佳蕾：《浅谈西湖菜名翻译及其背后的文化故事》，《海外英语（上）》，2017年第7期

18. 杭帮菜国际传播现状及其媒介发展策略

摘要： 杭州市政府在提出杭帮菜国际化战略之后，采取了一系列措施大力推广杭帮菜及其文化。本文通过调查研究发现，杭帮菜及其文化的国际认知度并不高，杭帮菜在国际传播中还存在一些问题。基于技术革新等带动的旅游产业的发展，以及媒介技术，特别是社会化媒体的广泛使用所引起的旅游传播方式发生的结构性变化，本文从平台打造、信息建设、游客关系等三个角度提出了杭帮菜国际传播的媒介策略，以期构建更好的媒介传播途径，为杭帮菜成功走出国门服务。

关键词： 杭帮菜；国际传播；现状；媒介策略

在旅游目的地所能提供的产品组合中，包括一系列有形和无形的商品与服务，而饮食是其中最重要的组成部分之一。品尝美食不仅是游客在旅途中最享受的活动过程，也是游客在旅游消费开支上最不愿意削减的一项。同时，饮食还是游客旅游动机产生的重要因素，是目的地非物质文化的核心组成部分，并且现已成为一种附加值可以提升旅游目的地的形象[1]。然而，尽管对于旅游目的地营销而言，饮食正变得越来越重要，但是并非所有的旅游目的地都愿意投资在饮食所带来的旅游机会上，也并非所有使用饮食传播作为营销手段的目的地都能够成功地提升其形象。而且，笔者在近期的研究观察中还发现，关于旅游目的地营销推广的研究不少，但关于饮食传播有效策略的研究却不多。因此，笔者认为选择这一问题开展研究具有现实意义，也期望旅游业界人士共同关注和讨论。

一、杭帮菜的文化内涵及研究意义

杭帮菜（简称杭菜，又名杭州菜）源远流长，以讲究色、香、味、形、器、质六大特色而闻名全国，是中国八大传统菜系之一的浙菜的主要代表。早在吴越时期，杭帮菜已初成气候，而京杭大运河的开凿，使杭州与外界文化、饮食的交流日渐频繁，在隋唐时期，杭帮菜形成了南北交流的第一次高峰。到南宋建都时，形成了"取材广泛、博采众长，南北烹皆融"的菜系雏形，有"京杭大菜"之称，并且成为当时全国最具影响力的菜系，达到鼎盛时期。而当前的杭帮菜，菜品种类丰富、体系完备、名菜众多，集宫廷、官府、民间、食肆、船菜、素菜等多种菜式为一体，以"清淡适中、制作精致、节令时鲜、多元趋新"为特色，已经成为中国餐饮文化界一颗耀眼的明星，也是世界认识和了解杭州的一张金名片，深受海内外游客的欢迎。

五千年悠久丰厚的人文历史和文化积淀，一直孕育和熏陶着杭州的饮食文化，使杭帮菜具有丰厚的文化底蕴，其每一道经典的菜肴发展的高峰，都是俗与雅结合最为完美的阶段，有着鲜明的文化烙印。西湖十景菜是西湖美景与精致杭菜的天合之作，营造出具有诗画意境的绝美境界；传统菜，如炸响铃、宋嫂鱼羹、东坡肉等，引领着对美丽传说的回味；特色家常菜，如生爆鳝片、油焖春笋、火腿蚕豆等，对游客而言，不仅是味觉上的享受，更可以感受到一种艺术的气息；出自林升著名诗句"山外青山楼外楼"的山外山餐馆、楼外楼餐馆，出自著名典故"闻香下马，知味停车"的知味观餐馆，呈现的不仅是杭州美食历史悠久、杭帮菜的精湛技艺和非凡创造力，更是传统与现代兼容并蓄的城市精神和品质之城的优雅生活哲学[2]。

在西湖成功申遗后，杭州在世界上的知名度进一步提升，也必然吸引更多的海内外游客来到杭州，因此，作为游客重要旅游内容的饮食体验也必须得到大力提升，以确保杭州旅游业的稳定、持续发展。2008年9月，在杭州市政府"新一轮旅游促进大行动动员大会"上，市政府正式提出了"美食业要大力发展，打响杭帮菜品牌"的口号。2012年3月，作为这一口号提出之后，市政府实施的重要战略之一的中国杭帮菜博物馆正式对外营业，它是杭州市政府打响"天堂美食"品牌，建设生活品质之城作出的积极探索，在弘扬杭帮菜文化的同时，还提升了杭帮菜在全国及世界的形象。杭州市政府还积极推行杭帮菜国际化战略，2008年到美国纽约联合国总部，之后又去了新加坡、法国等地举办杭帮菜美食节，在当地都产生了很大的影响，使杭帮菜顺利地走出了国门，提升了世界对杭帮菜的认知度。那么，在国际化战略推行多年之后，杭帮菜及其文化的国际认知度究竟如何，今后应该如何持续发展值得探讨。

二、杭帮菜国际传播现状及存在的主要问题

（一）杭帮菜国际传播现状

为了获取第一手研究资料，本研究开展了问卷调查。通过调查来杭短期旅游的外国游客对杭帮菜的认知度来分析杭帮菜国际传播的现状。问卷设计是在吸收前人研究文献的基础上，咨询了 20 位在杭的外国留学生及教师，同时结合本人在景区景点的现场观察形成。问卷分成三个部分：第一部分为被调查者的基本信息，包括性别、年龄和地区。第二部分为被调查者对杭帮菜的认知情况。为了提高被调查者的参与度，减少对其游览行程的打扰，故该部分问题主要为关于杭帮菜的认知判断题，共 10 题。第三部分为开放型问题，在被调查者自愿的情况下，提出对杭帮菜及其国际传播的一些意见。问卷语言为英文，问卷发放地点选在外国游客比较集中的西湖景区和杭州涉外五星酒店，问卷采集时间为 2013 年 7—8 月。实际发放问卷 155 份，共回收问卷 112 份，回收率为 72.3%，其中有效答卷 107 份，有效率为 95.5%。有效问卷的提交者主要为女性，占 63.6%，而中青年游客（18—40 岁）是参与问卷最主要的人群，占 49.5%，接近一半，来自亚洲、北美洲及欧洲的游客总和占有效问卷的 74.7%，由此也可以从一定程度上看出，杭州入境旅游游客主要来自亚、欧、北美三大洲。

第二部分关于杭帮菜的认知判断题主要从了解程度、了解意愿和推广意愿三个角度测试来杭外国游客对杭帮菜的认知，见下表。

表 1 被调查者对于杭帮菜的基本认知测试

了解程度	1. 您知道杭帮菜？
	2. 您品尝过杭帮菜？
	3. 您知道杭帮菜所包含的文化内涵？
	4. 您知道在哪里可以品尝到正宗的杭帮菜？
了解意愿	5. 您安排了专门的杭帮菜品尝活动？
	6. 您愿意了解杭帮菜背后的文化与故事？
推广意愿	7. 您觉得杭帮菜体验能成为专门的美食之旅？
	8. 当您回国后，愿意向朋友推荐杭帮菜？
其他	9. 就您所知，您所在的国家有几家杭帮菜馆？
	10. 您最喜欢的口味是？

从对杭帮菜的了解程度可以看到，来杭的外国游客中，对杭帮菜有所了解的并不多，因为问卷第 1 题、第 2 题的"否"和"不确定"两项所占比例非常之高，分别为 70.1% 和 83.2%，这也表明，即使游客已经来到杭州，但是真正能去品尝杭帮菜的机会较少。也正因为游客能去体验杭帮菜的机会较少，所以只有 24.3% 的游客对杭帮菜所包含的文化内涵有所了解，并且只有 13.1% 的游客能确定地说出去哪里能品尝到最正宗的杭帮菜，具体情况见下图。

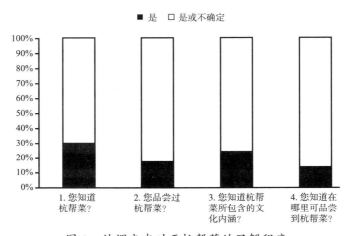

图 1　被调查者对于杭帮菜的了解程度

究其原因，一方面可能是因为杭帮菜馆在全球的普及率还比较低，就回答问卷者所知，在其所在的国家或地区，68.2% 的没有杭帮菜馆，而拥有 6 家以上杭帮菜馆的地区只占总数的 14.9%；另一方面可能是口味原因造成的，杭帮菜口味偏清淡，而 56.1% 的游客则更喜欢酸、辣、咸、甜等口味。

从对杭帮菜的了解意愿来看，58.9% 的游客都愿意品尝杭帮菜，超过半数的游客愿意了解杭帮菜背后的历史文化故事。外国游客对宣传推广杭帮菜的热情也不低。54.3% 的游客认为杭帮菜体验可以成为专门的美食之旅，50.5% 的游客回国后，愿意将杭帮菜推荐给自己的朋友。

107 份有效问卷中，共有 32 名游客参与了问卷第三部分，留下了自己对杭帮菜及其国际传播的意见，参与率为 29.9%，其中大部分都表示出对杭帮菜及其文化的认同，但是认为其传播情况不甚理想。

（二）主要问题分析

结合问卷分析结果及资料研读，笔者总结杭帮菜国际传播的现存主要问题有三方面：第一，新媒体使用程度不高，没有让杭帮菜形象经常出现在一些国外社交平台上，也没有建立自己的推广平台，所以未能很好地引起外国游客的关注；第二，宣传渠道比较简单，传统的单一平台推广模式仍是主流形式；第三，游客认为杭帮菜确实很有吸引力，但是在他们所在国家没法品尝到杭帮菜，而即使有杭帮菜馆的地方，其宣传力度也不大，未能经常与消费者有联系或沟通，建立良好的关系。这三个问题的核心，均涉及媒介的营销，由此可见，杭帮菜在国际传播中，对媒介的使用既不够重视，也不够充分，这是亟待解决的问题。也只有解决了这个问题，杭帮菜才能更好地迈开走出去的步伐、加快国际推广的进程。

三、杭帮菜国际传播之媒介策略

技术革新被认为是旅游业增强其自身竞争力最有效的手段，而且成功的旅游业管理者必须具备能力去想象、洞察和评估新一代科技会给需求、供应以及分配带来的影响[3]。信息和传播技术的不断发展也导致了越来越多的旅游企业采用社会化媒体[4]。新媒体技术的使用，增加了使用者与互联网的交互活动，开创了一个广泛参与和信息透明的新时代[5]。由此可见，随着新媒体技术的崛起，消费者的传统信息接收模式正经历着结构性的变化，使用新媒体营销模式已成为旅游业必然的选择。作为杭州旅游重要组成部分的杭帮菜，其要想成功地走向国际，也必须借助新兴传播媒介的推广。那么，在将杭帮菜进行国际推广时，如何正确使用诸如Facebook、Twitter等社交媒体，Tripadvisor、Travel等网络媒体，Youtube、Hulu等视频媒体，本文提出了三条切实可行的杭帮菜国际传播的媒介策略。

（一）加大投入，打造多元化的国际传播媒介平台

任何一项产出都必须以投入为基础，政府旅游部门与杭帮菜企业首先必须对媒介平台进行投资，打造一个能够为企业及杭帮菜发展服务的媒介平台，该平台需要有策略的规划、足够的投入以及恰当的时间与资源的分配。平台与消费者建立社会关系，与其进行沟通，是一项一周7天24小时都需要进行的工作，

因此，媒介平台管理者必须有足够的人手能够预估、参与及作出回应，这一点涉外酒店做得相对较好。然而更多普通却地道的杭帮菜馆，明显在投入上是不够的，政府部门应该采取引导、补贴等方式，鼓励企业加强国际媒介平台建设。

杭帮菜的国际传播应实现由单媒介平面传播为主到多元媒介立体传播的转变。在充分考察国际市场需求的基础之上，从杭帮菜的色彩与造型、味觉与视觉、文化性、艺术性、差异性等角度出发，利用吴文化、南宋文化等文化历史浸润，推广经典的杭帮菜系列产品，突出主打媒介、增加辅助媒介，形成一个实体传播（如杭州西湖国际博览会）、视觉传播（如 Twitter）、平面传播（如杭州旅游宣传册）等多种媒介联动的整合媒介传播策略。

（二）确定海外推广媒介平台的目标，加强其信息建设

由于网民数量的众多和可使用媒介渠道的多样化，政府旅游部门与杭帮菜企业必须确定其在媒介中的角色及目标人群。媒介角色主要包括五类：网络工作者、意见领导者、发现者、分享者、使用者。毫无疑问，在杭帮菜的国际传播中，政府与企业平台必然同时扮演着这五种角色，但是政府与企业必须把握好角色之间转换的时机与策略。而对于目标人群，当前的媒介技术已经可以帮助平台了解其受众人群，并发现其活动特点，因此，政府与企业可以在充分利用技术分析的基础上，推出合适的媒介策略以适应不同的受众。

社会化网络是给旅游业创造与消费者接触与交流机会的平台，因此，政府旅游部门与杭帮菜企业必须在这些平台上发出信息，且在保持信息一致性的基础上，还需决定传递什么样的信息。比如，餐饮企业在平台上不仅可以提供关于本餐馆的就餐信息，还可以宣传各种杭帮菜的文化、典故。这既保证了平台的信息性，也展示了其友好性，让游客感觉到去该杭帮菜馆进行品尝，不仅仅是为了填饱肚子，更重要的是为了体验文化，这更容易吸引消费者。同时，在发布平台信息时，政府及企业要始终将消费者想读的信息放在首位，而不是强迫消费者去阅读政府及企业想要传递的信息。

杭帮菜想要在中国各式美食中脱颖而出，特别是湘菜、粤菜等在全球已经有较广泛认知度的情况下，突破网络信息的重围，让消费者可以检索到杭帮菜，那么在平台内容中设置什么样的关键词也是十分重要的。要想了解这个问题的答案，多阅读成功者的平台信息和主要旅游推广网站的信息，是最有效的策略

之一。从这些平台上，平台建设者可以了解到海外消费者所关心的内容，并就这些内容作出与推广目标一致且能树立杭帮菜良好形象的回应。

（三）通过媒介平台，建立杭帮菜与游客之间良好的关系

旅游业及其他行业在通过新兴媒介加强与消费者关系时，经常犯的错误是缺乏足够的时间投入去积极主动地与消费者对话。为了避免这一错误，政府及企业应该确定一个可行的目标。比如，与即将来杭或者对来杭州旅游有兴趣的游客在社交媒体上一周进行两次对话，告知目前杭州政府及旅游景区、餐饮企业正推出的相关活动，在吸引其来杭旅游的同时，品尝杭帮菜。在沟通时，要注意多做倾听者。同时，要定期更新平台内容，使游客知道，这是一个活跃的平台，从而可以更好地赢得游客的信任和忠诚。

旅游企业要给游客提供分享他们与杭帮菜的故事与体验的机会。多鼓励游客在国外主流平台，如Facebook、Pinterest上发表评论、发布图片等，这将很好地帮助杭帮菜树立品牌形象。同时，如果杭帮菜想要在媒介平台上成为一个成功的品牌，必须保证正面信息和负面信息的双公开。不要轻易地取消平台上的负面评论，而要让游客知道企业是如何去解决出现的问题的，要保持谦逊的态度，勇于承认自己所犯的错误，保持事件的真实性，因为没有一个品牌或企业可以做到让消费者百分百满意，杭帮菜企业要做到的是诚信待客，这才能更好地保持游客的信任和忠诚。

四、结语

杭帮菜及其文化要想成为一个国际知名品牌走出中国，走向国际，就必须打好国际传播这张牌，国际传播的媒介策略将直接影响到杭帮菜及其文化在国际市场上能走多远，能走多深。只有使用好以上三条媒介策略，吸取其他成功菜肴的国际化经验，提高媒介宣传的质量，才能真正扎实有效地推进杭帮菜及其文化的国际化进程，为杭州旅游的发展添砖加瓦。

参考文献

[1]Boniface, P.Tasting tourism:Traveling for food and drink[M]. Burlington:Ashgate Publishing, 2003.

[2]周春燕.又一场杭帮菜效应—场成功的城市国际化推广[N].杭州日报, 2013-12-19.

[3]Dwyer, L, Edwards, D, Mistilis, N, Roamn, C.&Scott, N.Destination and enterprise management for a tourism future[J].Tourism Management, 2009, (1):63-74.

[4]Aldebert,B, Dang R.J & Longhi.C. Innovation in the tourism industry:The case of Tourism[J].Tourism Management, 2011, (5):1204-1212.

[5]Qualman,E. Social nomics:How social media transforms the way we live and do business[M].Hoboken, NI:Wiley, 2009.

【文章来源】钱建伟:《杭帮菜国际传播现状及其媒介发展策略》,《企业经济》,2014 年第 10 期

19. 杭帮菜式命名的文化内涵与英译方法探析

摘要: 杭帮菜菜名是杭州地域文化的重要载体,它对文化信息的传播、沟通、消费的引导等方面起着非常重要的作用。菜名英译应当贯彻三大原则:其一,目的性原则,它要求译名能有效传递菜肴信息,引起外国食客的食欲;其二,忠实性原则,它要求译名尽可能忠实原文,忠实传达菜肴文化特色,实现语际连贯;其三,连贯原则,即要求译名要符合英语国家菜名的表达方式,让外国食客接受,实现语内连贯。

关键词: 杭帮菜;文化内蕴;英译

一、引言

杭州悠久的历史、独特的气候、物产、习俗形成了具有地方特色的杭帮菜。随着杭州国际交流日益频繁,杭帮菜已经享誉国外。杭帮菜历史源远流长,它讲究轻油、轻浆、清淡鲜嫩的口味,注重鲜咸合一。外国游客到杭州游览的同时,也会品尝杭帮菜,体验独特的杭州饮食文化。菜名是文化的重要载体,菜名翻译对于促进中国饮食文化的传播,促进中外饮食文化的交流具有重要的意义。

二、菜名文化内蕴

杭帮菜名具有深厚的文化内蕴,具体可分为以下几类:

(一)菜名含杭州知名景区

杭帮菜名的文化特色最为突出的现象之一即菜名中包含杭州著名景点,如西湖、杭州的钱塘江(简称钱江)等。代表性菜名如西湖醋鱼、西湖蟹包、钱江肉丝、杭州酱鸭等。

(二)菜名含杭州历史故事

杭州作为一座历史文化名城,有些菜名蕴含历史故事,如"叫化童鸡"讲的是皇帝和乞丐的故事,流传至今。

（三）菜名含中国节日

主要包括伴随一些中国传统节日的一些经典美食，如杭州重阳节吃"狮蛮重阳糕"。

（四）菜名含杭州历史人物

许多名人和杭州有关，如苏东坡，杨明等。以他们名字命名的菜肴代表性的有"东坡肉""宋嫂鱼羹""杨公圆"等。

（五）菜名含杭州方言词汇

菜名中大量使用方言词汇，如"笑靥儿""倒笃菜"等。

（六）菜名含地方文化特色比喻

一些菜名以杭州独特的菜肴形状或口味给菜命名，如"猫耳朵""西施舌""素鸡""到口酥"等。

（七）菜名含杭州特产

杭州特产有很多，就食物而言，有龙井茶，莲藕等，这些特产也作为原材料进入杭帮菜，这些美食包括"龙井虾仁""莲藕炝腰花"等。

此外，菜名还有一些包含吉祥色彩的词汇，如"幸福双""百鸟朝凤"等。

这些具有深厚文化内蕴的菜名翻译的不仅是单纯的语言层面的转换问题，还涉及一种文化比较，是在一定的文化语境中进行的跨文化交际。本文即从翻译目的论的视角来探讨这一问题。

三、翻译目的论视角下菜名翻译

德国弗米尔提出翻译目的论（skopostheory）冲破了强调"等值观"的传统翻译理论的束缚，认为译者可按照源语文本和译文的目的和功能，采用更加有效的翻译策略和翻译标准。本文旨在探讨运用该理论指导具有文化内蕴的杭帮菜菜名翻译。弗米尔在《普通翻译理论框架》（1978）一书中提出了译者在翻译过程的三大原则，即目的、连贯和忠信原则。翻译目的决定翻译行为，翻译目的随着文本接受者的不同而变化。连贯原则就是源文中的信息情景能够在译文接受者的脑海中再现，也就是"这些东西在目的语的文化背景下和交际语境下有意义"。[1]32 译文达到语内连贯，与译文接受者的交际情境连贯一致，让译文接受者理解。忠实法则是指译忠信原则，该原则规定在符合了目的原则和连贯原则之后，源语文本和译文之间必须保持一定的相关性，实现语际连贯。在这三个原则中，目的原则处于核心的地位。连贯和忠信原则都是从属于目的原则的。由此可见，在杭帮菜菜名的翻译中，杭帮菜菜名翻译的目的讨论是至关重要的。这使所述之菜名的译法言之成理，持之有故。

翻译目的由于翻译文本类型的差异而不同，根据英国翻译家彼得·纽马克提出的"三大文本范畴"理论，文本包括表达功能型（expressive），信息功能型（informative）和呼唤功能型（vocative）三类，但大多数文本并不是单一类型的，它们具有几种功能并以其中一种功能为主。菜名应属的"信息功能型文本"（informative）和"号召功能型文本"（vocative）。这类文本的目的是提供菜肴信息（信息功能），并通过菜名，引起食客食欲（召唤功能）。翻译时遵循的是"读者中心"和"真实性"的要求，目的语是翻译时的归依，在此类翻译中译者有较大的自由，可以对原文的结构、文化意象进行调整，译者充分发挥译文的优势，不受限于原文的表达方式，使译文的语言尽量达到与原作语言同样的效果。

菜名英译的目的原则是菜名有效传递菜肴信息，引起外国食客的食欲，并品尝菜肴。据此，连贯原则要求菜名必须让外国食客理解，符合英文菜名的命名原则，实现语内连贯；忠信原则要求译文尽可能地忠实于原文，展现菜名的文化内蕴，实现语际连贯。在菜名翻译中，即菜名译文要符合英语国家菜名的表达方式，让外国食客接受；同时，译文要尽可能忠实地传达具有文化内蕴的杭帮菜菜肴所要呈现的地方文化特色。

四、菜名翻译方法

菜名是食客挑选菜肴的依据。一般情况下，食客只能根据菜名去挑选喜欢的菜肴，从这个层面上来说，菜名也是菜肴的广告。因此，菜肴信息的传达尤为重要。菜名中包含的信息越充足的，则食客选择菜肴越方便。作为食客而言，一般关注菜肴的材料、做工等直接信息，但是具有文化内涵的杭帮菜菜名中不能完全显示菜肴的这些信息。这也显示中式菜菜肴命名讲究艺术性，而不注重实用性的特点。而西式菜肴命名则更加注重一些有关菜肴原料、做工等方面信息。如何关注杭帮菜与西式菜肴命名的差异，正是杭帮菜名英语翻译的基本出发点。从翻译目的论视阈下，菜名翻译作为一种实用文体翻译，信息和召唤的功能和吸引食客品尝菜肴目的要求翻译不要局限于原文表达，而要在传递菜肴直接信息、标明菜肴原料的同时，并尽可能传递菜名的文化信息。由此，翻译方法可分成以下几种：

（一）直译（＋注释）

直译方法可大量使用在杭帮菜菜名翻译中。在翻译目的论视阈中，直译是菜名翻译最常见的方法，菜名直译比意译更能准确地揭示该菜名的生成及结构形式特点。具有杭州特色的地名或相关历史人物姓名大多可用拼音组成，地名和人名的音译也符合菜名命名的英文国际惯例。这种方法常应用于菜名中有直接显示菜品原料及人物地名的菜肴，如"西湖醋鱼""钱江肉丝""西湖蟹包""杭州酱鸭""宋嫂鱼羹""杨公圆"等。

虽说是直译，但不等同于逐字逐句的硬译或死译，在翻译过程中，可根据需要，根据英文习惯将汉语语言结构进行适当的调整。如"狮蛮重阳糕"译为 Chongyang Cake。狮蛮一词出现在宋朝的孟元老《东京梦华录·重阳》中："〔重阳〕前一二日，各以粉麦炙糕馈送，上插剪彩小旗，掺钉果实……又以粉作狮子蛮王之状，置于糕上，谓之'狮蛮'"。狮蛮形容饼之形状，中式菜肴命名多爱用这些表示形状的词，英文菜名中鲜有这种现象。在翻译中省略这个词，这符合目的论理念。就译者而言，"狮蛮"一词只是和菜肴形状有关，无关其食材和文化信息，也未有引起食客食欲的功能。因而这个菜肴翻译的重点就在于它是杭州人在重阳节食用的糕点，只有译出这点即可。

菜名采用直译，使得杭州地域和文化特色的影子出现在菜名中，菜名被外国食客所理解的同时，杭州独特的文化特色也随之被体验到，如前面所点到的杭州著名风景点"西湖"，杭州重要的江河"钱塘江"（杭州人习惯称钱江），杭州特产"龙井茶""莲藕"等，杭州名人"苏东坡""宋嫂""杨明"等，中国的重要节日"重阳节""腊八节"等。

此类菜名翻译常用的结构有：

1. 名称＋主料＋with/in＋配料"（＋名称）

西湖醋鱼（West Lake fish in Vinegar Sauce）

杭州酱鸭（Hangzhou Pickled Duck in Soy Sauce）

杨公圆（Meat Balls in Broth，Yang's Home style）

莲藕炝腰花（Boiled Pork Kidney with Lotus Roots in Sweet and Sour Sauce）

龙井虾仁（Fried Shrimp with Longjing Tea）

2. 名称 +（烹调方法）+ 主料

东坡肉（Dongpo's braised pork）

钱江肉丝（Qianjiang shredded meat）

西湖蟹包（West Lake Crab Meat and Egg White Bun）

宋嫂鱼羹（Sister Song's Fish Potage）

狮蛮重阳糕（Chongyang Cake）

在这些菜名中，有些菜名可另加典故的注释为佳，如东坡肉（Dongpo's braised Pork）、宋嫂鱼羹（Sister Song's Fish Potage）、西湖醋鱼（West Lake Fish in Vinegar Sauce）另加典故故事的简短注释。

（二）意译

对于一些形象性强的菜名，很难把菜名直译出来，甚至直译之后会引起食客的误解，这时我们可以采用意译的翻译方法，如杭州名点"猫耳朵"译"cat's ear"，"西施乳"译为"Xishi's breast"而不加任何解释是不合适的，这样的菜名如果外国食客按照西方菜名命名要求来理解的话，会以为"猫耳朵"是猫的耳朵，这样产生文化上的不适应，甚至产生误解。此时，菜名需要进行意译。意译的方式可以大大缓和这种误解，一方面它对人与人、文化与文化之间的交流采取了顺应的态度，因为这是不可避免的，语言的存在、符号的存在以至文化的存在就是为了交往。同时，它又以本体语言的文化材料对来自异体文化的进入物进行改造。或者说，把那种有可能引起的震荡引导到本体文化语言的深处，释放它，消解它。这样，本体语言文化既接受了侵入的事实，又未曾丧失自己。[3]

杭帮菜菜名的翻译中，意译首先要译出菜肴的真实食材，这尤为重要的。在此基础上，尽量保存菜名原有的文化信息。需要意译的菜名主要包括以下几类：

1. 大部分形象型的菜名

如，猫耳朵（Cat-ear Shaped Dough）、西施乳（Steamed Blowfish Maw）、到口酥（Baked Pastry）、干炸响铃（Crispy Bean Curd Rolls（stuffed with ground pork）、芙蓉肉（Fried

Spiced Pork and Shrimp in Special Way，Literally called Lotus Pork）等。

2. 一些菜名中带有吉利含义的字眼

如，幸福双（Sweet Double Pastry，stuffed with red bean pasty，walnut，candied jujube and other preserved fruits）、百鸟朝凤（Chicken Fried with Boiled Dumplings，Literally Called All Birds Paying Homage to the Phoenix）、 叫 化 童 鸡（Beggar's Chicken，baked chicken wrapped in lotus leaf）等。

（三）意译 + 音译

在具有文化内涵的菜名翻译中，往往会遇到一些不可译的情况，音译法是解决翻译中源语概念与目标语词义之间存在非对应性情况的重要手段。维特根斯坦认为可译性限度产生于语言家族之间的非相似性。根据认知语义观，语言符号是经过词汇化的概念，因而我们认为可译性限度不在于语言符号的非相似性，而在于概念的非相似性。在中国，有些美食的材料或做法是独有的，此时，音译法是最能保持中国传统特色菜原汁原味中国特色的翻译方法。从翻译目的论来分析，音译有利于加强菜肴的召唤功能，符合外国食客猎奇的心理，音译的菜肴更能吸引他们品尝。菜名的信息功能可以通过解释性的注释来传递。例如把包子单单译为 "steamed Bun" 不如把之加音译 "Baozi" 更能体现中国这一特色食物的韵味。杨文滢（2011）认为音译因不译而保留和提示了源语文化框架，而保留源语文化框架就是保留意义的完整性，保留主体意义建构下的意义潜势。[2] 意义潜势与语言形式两者之间所体现关系并不是随意而定的。就 Halliday 看来，人类经验的物质层面与意识层面相互融合的结果产生了意义。菜名音译组成的新词使菜肴（物质层面）和个体（意识层面）之间经过互动能使食客对菜肴产生新的认知。

杭帮菜中带有杭州方言的菜名，可以采用音译的方法，译出该菜肴的读法，这是杭州独特地域文化的表现，杭州话中有很多带儿化音的词，如：小伢儿（小孩子），撒子儿（游玩）等。杭帮菜食品中也有许多，如："葱爆桧儿""片儿川""笑靥儿"等。杭州名点"葱爆桧儿"表达了人们对岳飞的热爱，对秦桧夫妇的憎恨。烹调时，选用上白粉制成春卷皮（或叫薄饼）再裹上油条、葱段，在平底锅上反复压扁，直至烘烤到金黄色，再抹上辣酱或甜酱即成。杭州名点"笑靥儿"据宋朝的孟元老《东京梦华录·七夕》："七月七夕……又以油面糖蜜造为笑靥儿，谓之果食，花样奇巧百端，如捺香方胜之类，若买一斤，数内有一对被介胄者如门神之像。""笑魇儿"亦省作"笑魇"。可知"笑魇儿"即为开花馒头。"片儿川"则是杭州特色面条（雪菜笋片肉丝面）。

翻译时，要把菜名进行音译，传递杭州特色的饮食文化，音译过程中，也要把食材内容及烹饪方法进行说明，这时可以采用意译法。此类菜名翻译常用的结构是：意译 + 音译（called XX in Hangzhou Dialect）。据此，笑魇儿可译为（Fried Sugar Pastry，called xiao ye er in Hangzhou Dialect），葱爆桧儿（Shallot Stuffed Pancake，called cong bao hui er in Hangzhou Dialect），油包儿（Steamed Oil Bun，called You Bao er in Hangzhou Dialect），片儿川（Noodles with Preserved Vegetable，SlicedPork，and Bamboo Shoots in Soup，called pian er chuan in Hangzhou Dialect），其他的具有杭州方言的菜名如"倒笃菜"采用同样的方法译为（Pickles，called dao du cai in Hangzhou Dialect）即可。

五、结语

在目的论的理论指导下，本文从具有文化内蕴的杭帮菜命名特点出发，试图对杭帮菜菜名翻译方法进行总结。菜名翻译的最终目的和主要功能是传递菜肴信息，激发食客食欲，实现其召唤功能。为了达到这一目的，译者不仅要使翻译的菜名将菜肴的食材、做工等基本信息传递给顾客，还要尽可能保留其文化内涵，以达到传播饮食文化的目的。

参考文献

[1]Nord, Christiane. Translating as A Purposeful Activity:Functionalist Approaches Explained[M].Shanghai Foreign Language Education Press，2001.

[2]杨文滢.名可名，非常名——中国文化词音译的认知理据[J].当代外语研究，2011(11).

[3]俞建章.意译——汉语的文化功能试析[J].九州学刊，1984(3).

【文章来源】陈洁：《杭帮菜式命名的文化内涵与英译方法探析》，《湖北经济学院学报（人文社会科学版）》，2013年第4期

20. 杭帮菜英译中文化信息的传递

摘要：杭州作为历史文化名城和风景旅游胜地日愈吸引世界人民的眼球，杭州市政府为打造国际化城市，大力加强城市旅游文化的对外宣传工作。美食可谓是旅游产业中不可或缺的成分，而杭帮菜的大多菜名富含深厚的文化内蕴，所以最大化地向外国游客传递相关的文化信息，成为该外宣翻译的重心。菜名的翻译遵循旅游翻译的"信息型"原则和导向，忠实地还原菜肴背后的历史文化、地域文化、习俗文化或经济文化等各类信息。

关键词：杭帮菜；英译；文化信息

中国的历史悠久，文化底蕴深厚，是各国游客探索东方文明的最佳国度之一，而杭州是首批国家历史文化名城和全国重点风景旅游城市，距今 5000 年前的余杭良渚文化被誉为"文明的曙光"。五代吴越国和南宋都曾在杭州定都，元朝时曾被意大利旅行家马可波罗赞为"世界上最美丽华贵之城"。

2011 年 6 月 25 日第 35 届世界遗产大会将"杭州西湖文化景观"列入《世界遗产名录》，使西湖这个"文化名湖"享誉全球。2016 年 9 月 4 日—5 日中国将在杭州举办"二十国"集团领导人第十一次峰会，峰会主题确定为"构建创新、活动、联动、包容的世界经济"。继之而来的 2022 年亚运会也将在杭州召开。杭州日益跻身于世界舞台，该城市的活力和知名度可见一斑，因此，杭州若想从中国走向国际，让世界认同杭州西湖文化，必不可少的桥梁即为城市旅游的外宣翻译。

文化包罗万象，而民以食为天，可见饮食文化对一座城市的外宣作用不可或缺。2014 年 4 月，美国有线电视新闻网（CNN）旗下的旅游网站 CNNGo 评选出全球 50 种最美味食物，中国只有"北京烤鸭"以第五的排名入选"世界十大美食"之列。这一数据无疑让国人震惊，回望中国几千年悠久的饮食文化和丰富的八大菜系，可谓美食中的佼佼者，但中国菜对世界的影响却显得不足为道。本文拟从中国菜之杭帮菜的外宣翻译为例，探讨如何最大化地向外国友人传递杭州西湖文化。

1 旅游文本翻译的特征与策略

英国翻译理论家纽马克（2001:39）认为布勒的功能语言学理论非常适用于翻译实践，并认同布勒对语言功能的划分，即语言具有"表达""信息"和"召唤"三个主要功能。贾文波（2012:151–152）指出旅游资料是一种"信息型"+"诱导型"功能文本，其中有效传递旅游信息是前提，诱导游客积极参与旅游活动是目的。菜单作为旅游文本的一部分，既属"信息型文本"，又属"召唤型文本"，与贾文波提出的"诱导型"不谋而合，即向食客提供菜肴信息，包括食材和烹饪方法等信息，同时借用菜名引起食客的食欲，即召唤抑或诱导功能。换言之，菜单翻译重在信息的传递效果和读者的情感呼应，信息能否有效传递，某种程度上也会影响读者即食客的选择和决定。

据一项对英、美、德、日、法五国游客访华动机的调查得知，海外游客希望了解中国民俗文化的占100％，了解历史文化的占80％，游览观光的只占40％。（金惠康，2006:9）杭帮菜汇聚地方文化特色，很多菜名本身就蕴含了丰富的文化信息，所以译成英语理应采用纽马克倡导的阐释法和加注法，否则会不同程度上造成其中文化信息的缺失，即信息传递的失败。

2 杭帮菜命名的文化蕴含

中国菜或以历史人物、菜肴创制者命名，或以地名命名，或以菜肴的形、色、味命名，或以吉祥语命名，或以数字命名，或以烹饪方法命名，总之无论何种命名方式，无不从某种程度上传递出我国的文化信息。西方人相较而言，在饮食方面注重饭菜可口，经济实惠，因此品种较少，名称来源主要以国名、地名和原料等命名。（白靖宇，2000：178–184）

杭州作为著名的旅游胜地，不仅拥有独特的人文景观，还有深厚的饮食文化——杭帮菜，这势必吸引着更多来自国外的游客，因此，其菜单外宣翻译的重要性也日益凸显。杭帮菜是中国八大菜系之一——浙菜中最主要的一支。杭帮菜讲究原汁原味，选料精细，兼顾时令，行厨有序，造型精致，且色、香、味俱全。在中国美食及美食文化走向世界的进程中，作为汉族饮食文化的重要组成部分，"杭帮菜"的外宣不容忽视。

杭帮菜的命名并非信口开河，大多富含深厚的文化内蕴，具体可分以下几类：1）菜名含杭州知名景区，如西湖醋鱼、西湖蟹包、钱江肉丝和杭州酱鸭等；2）菜名含杭州历史故事，如叫化童鸡，讲的是皇帝和乞丐的故事；3）菜名含中国节日，如杭州重阳节吃"狮蛮重阳糕"；4）菜名含杭州历史人物，如苏东坡、杨明等，代表性菜肴有东坡肉、宋嫂鱼羹等；5）菜名含杭州方言词汇，如笑魇儿、片儿川、倒笃菜等；6）菜名含地方文化特色比喻，如猫耳朵、西施舌、素鸡、到口酥等；7）菜名含杭州特产，如龙井虾仁、莲藕炝腰花等。（陈洁：2013）

3 杭帮菜英译的文化信息传递

纵观上列七类菜名，每一类都几乎涵盖了杭州文化信息，或含地域文化，或含历史文化，或含风俗文化，或含经济文化，等等，可见此类菜名实为文化负载词。鉴于中西方菜名文化的区别，文化信息能否在英译中传达出来就显得尤为重要。

3.1 历史典故文化的传递

"东坡肉"相传是根据宋代文学家苏东坡烧肉的方法烹制而成。他任杭州太守时，因疏浚西湖有政绩，百姓纷纷送肉上门表示感谢。他便让家厨按照自己煨制红烧肉的方法，将肉烹调后送给治理西湖的民工吃，此肉具有色泽红亮、味醇汁浓、酥而不碎、油而不腻、鲜美可口诸多特点，以其制作者名命名为"东坡肉"，流传至今。《杭州旅游指南》英文版提供的翻译为：

Dongpo Pork

Legend has it that in the Northern Song Dynasty when the eminent writer Su Dongpo was the governor of Hangzhou, heorganized a large-scaled redging of the West Lake. In order to reward the laborers, he made Dongpo Pork. It is a dish with a history of over 900 years, which features bright red color, heavy juice, limp and soft. However, it isn't fatty.

此译不仅传达给外国游客这道菜的食材信息，还提供了相关的历史文化信息，品尝美味的同时还可以习得该菜的渊源文化知识，不失为有效的外宣翻译。

西湖醋鱼，又称"叔嫂传珍"，传说是南宋宋五嫂为病中的小叔调胃口，烧过一碗加糖加醋的鱼，从而得名。现以西湖鲜活草鱼烹制，融合咸、甜、酸三味，鱼肉鲜嫩，带有蟹肉滋味。

West Lake Carp in Sweet and Sour Sauce

It's also called A Dish of Sister and Her Brother-in-law. Legend has it that there was a lady called Sister Song in the Southern Song Dynasty. She cooked a bowl of fish seasoned with sugar and vinegar to stimulate the appetite of her sick brother–in–law. Now its cooked with fresh West Lake grass carp, which blends three flavors of fresh, sweet and sour. It tastes fresh and tender with a flavor of crab.

此例菜名包含了食材，还译出了菜有甜有酸的味道，当然通过加注充分地向游客传达了此道菜品的传说故事。

3.2 地域文化信息的传递

杭州曾是南宋都城，因而受官话的影响很大，其语言也同时受北方方言的影响。杭帮菜中有很多是用杭州方言命名的，而杭州方言属于吴语的一种。杭帮菜中带有杭州方言的菜名是杭州独特地域文化的表现，如葱爆桧儿、片儿川、笑靥儿等。

"葱爆桧儿"是杭州名点，其中也包含了历史典故，相传南宋时，杭州百姓痛恨卖国贼秦桧夫妇，有一卖油炸食品的小贩，以面捏起人形油炸，边炸边念"油炸秦桧……"，后演变为葱包桧，杭州方言喜欢加上儿化音，从而得名。

Flour Cake Rolled with Shallot and Sauce

Legend has it that in the Southern Song Dynasty, people hated Qin Hui couple（both are traitors）. A certain peddler who sold fried food made Qin's figure with flour and murmured "fry Qin Hui..." while frying. Later it developed into today's flour cake.

考虑到"葱爆桧儿""笑靥儿"和"片儿川"都含杭州方言特征，可采用意译＋音译法，分别为Shallot Stuffed Pan cake called "cong bao hui er" in Hangzhou Dialect; Fried Sugar Pastry, called "xiao ye er" in Hangzhou Dialect; Noodles with Preserved Vegetable, Sliced Pork, and Bamboo Shoots in Soup called "pian er chuan" in Hangzhou Dialect。

此外，还有杭州方言命名的"倒笃菜"，其实就是用一种叫倒笃（菜坛密封后倒置）的方法腌制的咸菜，过程主要为切菜、拌盐、装坛、封笃、倒笃。考虑到外国游客的心理接受程度，英译为 Pickles，called "daoducai" in Hangzhou Dialect。

3.3 习俗文化信息的传递

中国传统节日较多，特别的节日食用特别的菜肴、糕点，杭州也不例外。"狮蛮重阳糕"即为九九重阳节的传统食物，译为 Chongyang Cake。狮蛮一词出现在宋孟元老《东京梦华录·重阳》里："前一二日，各以粉面蒸糕馈送，上插剪彩小旗，掺钉果实，如石榴子、栗子黄、银杏、松子之肉类。又以粉作狮子蛮王之状，置于糕上，谓之狮蛮。"由此得知，"狮蛮"形容粉面之形状。中式菜肴通常使用表形示状的词来命名，然而英文菜名中鲜有这种现象。英译 Chongyang Cake 省略"狮蛮"一词，鉴于该词只与菜肴形状有关，而与其食材和文化信息无关，所以该译重在突出它是杭州人在重阳节食用的糕点，传达出重阳节相应的习俗文化信息，但英译过于简洁，建议补充对重阳节的释义。

A cake is conventionally eaten on the 9th day of September in the lunar calendar, i.e. "the Chinese Chong Yang Festival". According to the traditional theory of "Yin" and "Yang", both the 9th month and the 9th day of the month belong to "Yang", which means positive and masculine, and "Chong" means double, thus it is called "ChongYang".

"龙井虾仁"选用鲜活的大河虾，配以清明节前后的龙井新茶烹制而成。相传苏东坡调到密州（今山东诸城）时，他作《望江南》一词，其中含有下面一句："休对故人思故国，且将新火试新茶，诗酒趁年华。"过去，清明节前一两日为寒食节，寒食节禁火，不准生火煮食，只好吃备好的熟食、冷食，故称寒食节。节后人们开始生火煮食，其火谓为新火。寒食节采摘的茶叶，正是"明前"茶，属龙井茶中的上乘佳品。人们从苏东坡的词联想到这个季节中的时鲜河虾，于是以新火烹制了"龙井虾仁"，如此制作的菜肴虾仁肉白、鲜嫩，茶叶碧绿、清香，色泽雅丽，滋味独特，是一道杭州传统风味突出的名菜。英语译为 Fried Shrimps with Longjing Tea，可见此处要添加有关龙井，且是明前龙井的翻译，否则与之关联的文化信息无法有效传递给外国游客：

Longjing tea is supposed to be new tea leaves picked before QingMing（a Chinese traditional festival, merged with the Cold Food Day, usually falls around the fifth day of April according to the Gregorian calendar, or on the day of Pure Brightness in solar terms.）

此外，西湖龙井 West Lake Longjing Tea 作为杭州特产享誉国内外，龙井虾仁中使用龙井新茶作为烹饪材料，也包含着杭州的经济文化信息。类似地，含杭州知名景区的西湖醋鱼、钱江肉丝等，其翻译可以同时向外国游客宣传 WestLake 和 QiangtangRiver 等著名景点。

4 结束语

菜品翻译从某种角度而言属于旅游翻译范畴，传达菜肴的相关信息是其主要功能和目的。具有地方特色的菜式的命名大多包含着与之息息相关的文化内蕴，所以翻译时须以信息传递为纲，不仅要给读者提供有关食材、味道以及烹制方法等信息，对于具有文化渊源的菜名则要补充其相关的文化信息。前文提及一项对外国游客访华动机的调查，结果为高达 100% 的海外游客希望了解中国民俗文化，80% 希望了解历史文化，基于此调查结果，倘若外国游客在品尝杭州美食的同时又能知晓与之关联的异国文化信息，可谓是一举两得。反过来说，对于杭州这座日益活跃在国际舞台的旅游城市来说，也是城市旅游经济对外宣传的双赢。

参考文献：

[1]Newmark Peter. A Text book of Translation[M]. Shanghai:Shanghai Foreign Language Education Press，2001:39.

[2]贾文波.应用翻译功能论[M].北京：中国对外翻译出版公司，2012:151-152.

[3]金惠康.跨文化旅游翻译[M].北京：中国对外翻译出版社，2006:9.

[4]白靖宇.文化与翻译[M].北京：中国社会科学出版社，2000:178-184.

[5]陈洁.杭帮菜式命名的文化内蕴与英译方法探析[J].湖北经济学院学报：人文社会科学版，2013(4):136-138.

【文章来源】傅佳楣、王梓妍、周玲俐、林婷婷、顾鑫燕、文晓华：《杭帮菜英译中文化信息的传递》，《海外英语》，2016年第3期

三、新闻报道、评论、散文

1. 周恩来在"楼外楼"

杭州"楼外楼"菜馆，坐落在西子湖畔的孤山南麓，依山傍湖，秀丽幽雅。

说到杭州"楼外楼"，人们自然会以为取自南宋诗人林升的"山外青山楼外楼"的名句。其实不然。清代末年，这里曾住着一位名叫俞樾的大学问家，俞樾和李鸿章一样都做过曾国藩的幕僚，只是李鸿章拼命做官，而俞樾则一心一意做学问罢了。

"楼外楼"菜馆位于俞樾别墅俞楼前侧。菜馆建成后，店主请俞樾命名，俞说，既然你的菜馆在我的"俞楼"外侧，就称"楼外楼"吧。"楼外楼"因此得名。

盛名之下，"楼外楼"这江南名楼成了中外宾客必到之处。周恩来把它作为对外宣传的窗口，让外国友人从这里更好地了解中华民族古老的饮食文化，了解新中国的社会景象。于是便有了周恩来九到"楼外楼"的记载。

1973 年 9 月 16 日，周恩来陪同法国总统蓬皮杜到杭州访问。这天中午，周恩来陪同外宾游览花港观鱼，兴致很高。送别法国客人，周恩来对身边工作人员说："走，到'楼外楼'去，今天我请客。"

"30 多年前，我来过'楼外楼'。"周恩来跨进"楼外楼"门庭，触景生情，感慨不已。

当年，周恩来受中共中央和毛泽东的委派，从黄土高坡来到西子湖畔，与蒋介石进行一场关系国共合作、民族危亡的秘密谈判。虽在杭州逗留多日，但那时"山河破碎"，肩负救亡重任的周恩来无暇顾及美丽的湖光山色，不忍目睹蒙受羞辱的西子湖，只慕名前往"楼外楼"吃了一餐便饭，便奔赴延安。

此时故地重游，周恩来格外高兴。

总理来啦，"楼外楼"的职工都上前跟他握手，并热情问候。当得知总理还没吃饭时，急忙将周恩来迎进餐厅。

周恩来笑容满面，轻轻地对服务员姜松龄说：

"姜师傅，搞三二个菜就行了，就几个人。"

"一切从简，饭菜做得简单一点，少一点，多了浪费。"周恩来见服务员按宴会的要求布置餐桌，赶紧摇摇手说。周恩来总是把勤俭廉洁、严于律己的优良作风与自己的日常生活联系起来，从不忽视每一个细小之处。

中午过后，周恩来要走了。不需要任何人组织，"楼外楼"的干部职工沿着过道两侧，排成两行，鼓着掌，目送周恩来。这已经成了"楼外楼"职工自觉不自觉的规矩。周恩来与姜松龄等"楼外楼"职工一一握别。依旧是那细细的叮咛、亲切温暖的眼神，依旧是那熟悉的微笑，以及浅灰色的中山装衣襟上别着那枚"为人民服务"纪念章。此时此刻，让"楼外楼"人怅然莫名。是年，周恩来已是75岁高龄的人了，虽然依旧风度端凝，但神色倦怠，略显憔悴，再没有往日那种飞扬的风采，那种老当益壮的矍铄。人们可能没有想到，此时的周恩来已重病在身。周恩来与大家握手告别后，向门外走去。

"恩来，还有一位没有握手呢！"邓颖超指了指刚从里间出来的顾美珍说。

周恩来一听，转身走到职工顾美珍前，紧紧握住小顾的手说：

"小顾，你辛苦了，谢谢你！"

"总理，就餐的钱已经付了。"说话间，警卫秘书高振普结完账即向周恩来报告。

"吃饭付钱，天经地义。付了多少钱？"

周恩来问得很细。

高振普手里拿着发票，抖了抖，回答说：

"11元2角9分。"

"那么便宜，不够，再去加钱嘛。"周恩来催促说。

姜松龄闻讯过来制止了高振普。周恩来说："姜师傅，你不收钱，我就不走了。"

拳拳之心，令姜松龄深深感动。他拗不过周恩来，只好又收下5元钱。

"不够的，要照市场价收费，不要搞内部价。你们不要像哄小孩那样哄我们。"周恩来严肃地说。

姜松龄感到十分为难，但见总理十分严肃的样子，只好再收下5元钱。一共收了21元2角9分。

周恩来看到卫士拿了再次付款的发票后，才起身下了楼。

吃过晚饭后，周恩来启程回京。在去机场的车上，周恩来对高振普说起了饭钱，他说："'楼外楼'的这种做法不好，应当按实际价格收费。看上去他们是为我们好，实际是帮了倒忙，这种风气什么时候才会改变呀。"

接着，又补充一句：

"我看 21 元也不一定够。"

"是的，实际上要 30 元左右才会够。"高振普把刚才从服务员那里了解到的"情况"向周恩来作了汇报。

在笕桥机场，临上飞机前，周恩来对高振普说："'楼外楼'的饭钱是不够的，请你再补 10 元钱交给省里的同志带回去。"

高振普很快把 10 元钱交给了省委的同志，请他转交楼外楼菜馆。

回到北京后不久，一封楼外楼菜馆寄来的信摆到了周恩来办公室的桌面上。

> 敬爱的周总理：
>
> 9 月 16 日，您老人家亲临我店进午餐，并亲切地关怀我店的情况，作了重要指示，使我们全体同志受到了很大的鼓舞和教育。大家表示一定要认真学习马列主义、毛泽东思想，不断提高路线觉悟，努力改进企业管理，提高服务质量，更好地为工农兵服务，为毛主席的革命外交路线服务。
>
> 这次您老人家进午餐，事先我们没有作点必要准备，菜肴的品种和质量都搞得很不好，特别是我们思想上准备不够，如把对外宾、华侨的收费标准和内宾进餐水平相提并论，没有具体说明对内宾和对外宾的不同标准，这些都反映了我们的服务质量、经营管理和思想政治领导等方面的缺点错误，我们要认真进行检查和改进。
>
> 关于午餐费用，您老人家已付了 21.29 元，实际只要 19.90 元，然而您老人家又要省警卫处同志转来 10 元，如果我们再收下 10 元，不仅比规定的价格多收 11.39 元，而且已违背原则，故特请省外办同志代我们把不应该收的钱如数转上，恳请收下，并望对我们提出严格的批评意见。
>
> 敬祝
>
> 总理身体健康！
>
> 杭州楼外楼菜馆 1973 年 9 月 17 日

原来，楼外楼菜馆收到周恩来补交的 10 元钱后，深受感动。他们认真地按市场价格核算了周恩来请客的这顿饭的费用，结果总共应付 19 元 9 角。随后，他们写了封信，随信还附有一张饭菜的清单，标明了价格，连同多余的 10 元钱一同寄给了总理办公室。

高振普把这封信给了周恩来，周恩来看了信笑呵呵地说：

"这就对了，不能搞特殊。"

【文章来源】李林达：《周恩来在"楼外楼"》，《党史纵览》，2002 年第 7 期

2. 荣毅仁爱吃杭州菜

三月下旬，原国家副主席荣毅仁先生来上海开会。3月28日，荣老偕夫人、姐姐，以及原上海市纺织局局长梅寿椿等一行，到位于延平路新闸路口的"红泥大酒店"吃饭。作为国家领导人、中国工商界巨子、老美食家，荣毅仁先生什么好菜没吃过？但他对"红泥"的新派杭帮菜情有独钟，吃了一筷又一筷，尝了一道又一道，连声赞好。举座也为之叫好，一桌菜吃得干干净净，且让我们来看一看这份菜单（附售价）：

冷盆

红泥酱鸭	28 元
酱香鲫鱼干	16 元
金针笋干	8 元
醉八仙	38 元
卤素鸡	8 元
桂花藕片	10 元
法式色拉	12 元
香干马兰头	8 元
凉拌海蜇	20 元
牛筋冻	12 元

热菜

上汤焗龙虾	800 元（2000 多克）
清蒸鳜鱼	70 元（500 多克）
红泥砂锅鸡	60 元
鱼香脆鳝	38 元
龙井虾仁	78 元
双色银鳕鱼	42 元
干炸响铃	12 元

尖椒牛柳	28 元
腊笋扣肉	25 元
红烧萝卜	15 元
清汤鱼圆	20 元
砂锅豆腐	15 元
雀巢香芋丝	18 元

点心

片儿川	10 元
南瓜球	10 元（8 只）

其中酱鸭和酱香鲫角干是"红泥"自制，酱香扑鼻，且酥糯可口，桂花藕片也很酥。"醉八仙"是将虾、鸡翅、鸡爪、鸡肫、鸡块、猪肚、鸭舌，扁尖等"八仙"浸在虾油卤中，异常鲜香。卤素鸡状如炸臭豆腐干，而味特鲜。法式色拉在色拉沙司上镶有咸蛋黄，旁边还有另一种红色的沙司，可供黄瓜，番茄蘸食。牛筋冻，则是将牛筋熬酥了冻成，舌感、齿感都极佳。"砂锅鸡"是"红泥"的招牌菜，采田本鸡（上海人所谓"草鸡"）加火腿片、扁尖笋等共烹，原汁原味，食后难忘。"鱼香脆鳝"似可写作"腴香脆鳝"，从川味借鉴而来，又同锡帮"搭界"，作为无锡人的荣老，当然倍感亲切。但此脆鳝和锡味不同的是，炸得脆柔相济，且不是鳝丝而是鳝背，吃上去感觉更为厚实、可靠。龙井虾仁是"红泥"代表作之一，虾仁大而脆、糯有弹性，而茶香浓郁，身手不凡。"双色银鳕鱼"是将银鳕鱼和青瓜、哈密瓜共炒，双色、双味，风韵别存。"尖椒牛柳"尖椒是杭州特产小尖椒，牛柳则是绝嫩的牛菲力。"香芋丝"是将香芋切成细丝后油炸而成，盛在炸面条定型的"雀巢"中，感觉上颇似"炸薯条"，不过更香就是，照理是儿童的恩物，不想老人也很喜欢。荣富人拍拍荣老肩膀，说："前几天你讲吃得不大乐胃，今天感觉怎么样？"荣老连声说好。荣老的姐姐也很满意，同行的梅老和其他人，没有说不好吃的。最后"买单"，连菜带酒水，总共 1500 多元（其中有 800 元的龙虾），其他菜肴只有 600 多元，大家连声说便宜，荣老兴致勃勃，还要到杭州去吃杭州菜。

闻声前来的"红泥"总经理周素琴女士告诉荣老，这一席菜肴、点心，完全没有刻意雕琢，任何人点这些菜，都是这样做，这样供应。杭州菜博得荣老青睐，"红泥"的同仁都很兴奋。这时，荣夫人告诉周总，荣老对红烧萝卜大加赞赏，虽然是最家常不过的家常菜，由于是滚刀切，汁水流到里面，红烧当然好吃。

荣毅仁先生是国家领导人、工商界高层人士，也是一位美食家。50年前，他和其他工商业人士请莫氏三兄弟来主持一个公馆式厨房，设在宁波路上海银行大楼三楼上的上海纱厂工商界人士联合俱乐部内，除了一间小厨房外，只有一间可容纳四五十人就餐的小餐厅，但设备齐全，因为当时常由莫有财出面办事，大家便称它为"莫有财厨房"（莫有财兄弟是莫有康、弟是莫有源）每天供应一二十种扬州菜肴，并经常调换花色。1956年后，该厨房扩大服务，成为上海各界人士聚餐、宴请的场所，并开始对外供应，不久即闻名上海。1970年，该店扩大营业，从原址迁至北京东路江西路口，改名为"扬州饭店"。1975年又搬进南京东路营业。前些年又迁入南京西路新址。扬州饭店的前身——莫有财厨房的诞生，海派扬帮菜地位的奠定，乃至鸡火干丝、清炖蟹粉狮子头、蜜汁火方、炝虎尾、蜜汁橄榄山芋……扬帮菜的脱颖而出，都与荣老对杨帮菜的钟情、关爱密不可分。所以，名菜的产生，不但同厨师休戚相关，而且同美食家对其的品位要求有极大的关联。前几年，荣老来上海小住，"绿杨村"有一个厨师小组为他服务，结果产生了许多好菜。深知内情的何义钊先生说，这就是上海菜的精品和发展方向。惜乎我想方设法未能得其一二。如今看到3月28日荣毅仁先生的菜单，真觉得是一大收获。美国前总统布什当选时，他所钟爱的"炸猪皮"立即成为美国当年的流行小吃。克林顿上台后，她家厨娘撰写的克氏食谱当即成为美国畅销书。中国人较内向，商品经济观念不强，对名人的饮食故事感受不深，并未引起多大的注意。但愿我们从荣毅仁先生菜单中得到某些启示，让更多的美味佳肴通过美食家的鉴赏得以推广，让更多市民在寻觅各层次的美食中得到最大的实惠。

作为从杭州入沪最大的餐饮大户，"红泥大酒店"抱着"让价格回归合理，请百姓走进红泥"的宗旨，将最美的菜、点，最优秀的服务给"百姓"以最物有所值的享受。毋庸置疑，在藏龙卧虎的上海，必然有越来越多的各界、各层次的名人光临，把这些名人在"红泥"就餐的踪迹记录下来，加以研究，就是一笔宝贵的财富。如"红泥"那样，更多的美食场所都来从事这样一件工作，其意义就无法估量了。

【文章来源】江礼旸：《荣毅仁爱吃杭州菜》，《食品与生活》，2000年第3期

3. "东坡肉"由来

宋代大文豪苏东坡曾两度在杭州为官。公元 1088 年时，西湖久无整治日见颓败，官府花了大钱整治西湖却未见成效。时任太守竟欲废湖造田。危急时刻苏东坡再度到杭州任太守。

苏东坡带领杭州民众疏浚西湖，终使西湖重返青春。杭州百姓感激不尽，纷纷敲锣打鼓、抬猪担酒送到太守府。苏东坡推辞不掉，只好收下。面对成堆猪肉，他叫府上厨师把肉切成方块，用自己家乡四川眉山炖肘子的方法，结合杭州人的口味特点，加入姜、葱、红糖、料酒、酱油，用文火焖得香嫩酥烂，然后再按疏浚西湖的民工花名册，每户一块，将肉分送出去。民工们品尝着苏太守送来的红烧肉，顿感味道不同寻常，纷纷称其为"东坡肉"。

【文章来源】姚胜祥：《"东坡肉"由来》，《文史天地》，2017 年第 5 期

4. 风味独异的西湖莼菜汤

　　在中国饮食文化史上，没有一种蔬菜的名气，能与莼菜匹敌，也没有一种蔬菜能像莼菜那样获得古今骚人墨客的诸多赞赏。从历史渊源上来说，早在《诗经》产生的公元前十一世纪到公元前六世纪，即在两三千年前，我国人民已开始食用莼菜，并在《诗经·鲁颂·泮水》一诗中，用诗句记载道："思乐泮水，薄采其茆。"茆，即莼菜之古称也。至晋代，出了"千里莼羹，末下盐豉"与"秋思莼鲈"两个莼菜的典故，使莼菜沾上了浓重的文化气息，以至以后的诗人如杜甫、陆游等人的诗作及红楼梦这样的经典作品中，都无不提到莼菜这道名菜。

　　杭州西湖发现野生莼菜，时间迟于太湖与湘湖。最早发现西湖生长莼菜的，从现在发现的材料上来看，是明代杭州美食家高濂。他在《四时幽赏录》中说："今西湖三塔基旁，莼生既多且美。……余每采莼剥菱，作野人芹荐，此诚金波玉液，青精碧荻之味，岂与世之羔烹兔炙较椒馨哉！"自然，高濂所说的莼菜，还是野生的。

　　历史翻过了一页，现在杭州莼菜的人工栽培产量据不完全统计，已达 30 万斤以上，跃居全国第一。因此，杭州的苑菜菜肴，较他地为多，计有西湖莼菜汤（荤与素二种）、三江鲈莼羹、虾仁拌莼菜、莼菜猴头汤、竹荪莼菜汤、鲜菇莼菜汤等。另外，南宋时还有一道莼菜笋。新的品种则还有待开发。

　　莼菜属睡莲科，其叶碧绿，呈卵形或椭圆形，要说它的口味，除了滑爽感觉外，并无味道。那么，它为什么能成千古名菜呢？这可从两个方面讲：一是从祖国传统的品位理论来说，历来崇尚"太羹之味"，即大味必淡；二可从现代文学家叶圣陶在《藕与莼菜》一文中的观点来说明。他说莼菜"本来没有味道，味道全在于好的汤。但这样嫩绿的颜色与丰富的诗意，无味之中真足令人心醉。"叶老的这一番话，可以说是说出了其中的奥秘。

　　杭州第一名汤——西湖莼菜汤，问世的具体时间，已无从考出。但杭州名厨在制作此汤时的配料配汤观点，可以说与叶圣陶老人的观念完全吻合。它以新鲜莼菜入沸水中稍余后，置于调好味的淡鸡汤或淡火腿汤中，再缀以熟火腿丝、熟鸡肉丝、蛋丝，并滴以鸡油制成。此汤做好后，莼菜片翠绿滑爽，火腿丝红酥透香，鸡肉丝细白鲜嫩，一颗颗淡黄色的鸡油浮现在汤面，而一股诱人的香气又悠悠然飘来，真格色香味俱全，倘盛在越州青花名瓷中，确实能"令人心醉"。

自然，做此名汤，需用新鲜莼菜，瓶装之物往往不够滑爽，而无高巧的刀工、火候功夫，又难出精品。笔者虽然有幸尝过荤素两种各异之味，然而皆泛泛之作，尚不知日后有哪位名师能制成超人之品，愿待来日，有此口福。

最后要说的是，西湖莼菜汤鲜美可口，清淡宜人，富含蛋白质和多种维生素，且低脂肪，有开胃、助消化、补虚弱的食疗功效（其中新鲜莼菜叶茎部的粘质部，含有抗癌的 L- 阿拉伯糖等多糖体），可以毫无愧色地说："此真乃杭州第一汤也！"

【文章来源】宪章：《风味独异的西湖莼菜汤》，《饭店现代化》，1997年第 1 期

5. "西湖醋鱼"的制作及关键

　　"西湖醋鱼"是浙江杭州的一道传统名菜，现已广泛流传于全国各地。传统名菜，就有传统的风味特点，如选料、刀法、烹调方法、调味等。也有的传统名菜是在传统的基础上创新，然而仅是菜名依旧，风味则大为逊色。如"西湖醋鱼"，仅笔者多年接触过的"名师"与厨工，所做出的西湖醋鱼就可谓花样百出，如有刮兰草花刀的，也有刀法只处理一半的，还有用油炸的，更有用番茄酱调色做成糖醋味的，等等。这样的"西湖醋鱼"无论是从形，还是从味都没有一点传统"西湖醋鱼"的味道。这或许与现有烹饪书籍对此介绍得不太详细有关吧？如周三金先生编著的《名菜精华》中只说把鱼平刀片成两半即可等。现就笔者的实践经验，以管中拙见成文如下，不足之处，敬请行家指正。

一、西湖醋鱼的来历

　　"西湖醋鱼"又称"叔嫂传珍"，其来历还有一段深情的故事。据传在宋朝时，杭州西子湖畔有一户姓宋的人家，家有哥哥、嫂子和弟弟。哥哥虽饱读诗书，却不愿追官逐名，而乐以打鱼为生，日子虽然穷，倒也过得和谐安逸。嫂子聪明贤惠，品行端庄，虽寻常渔家妇装扮，但其天然风韵更不同于一般的浓妆艳抹女子。

　　有一天，兄弟俩去西湖打鱼，嫂子到湖边为兄弟二人洗衣服，正巧被西湖一霸赵大官人撞见，他见如此美貌少妇，顿生歹意，随后想方设法将哥哥害死，企图霸嫂为妻。叔嫂二人遭此飞来横祸，不得不连夜弃家逃生避难，以便从长计议报仇雪恨。

　　光阴荏苒，嫂子不知花费了多少心血，终于将弟弟培养成才。就在弟弟即将进京赶考时，嫂子在饯别的餐桌上，特意精心烹制了一道鱼菜。弟弟虽无心吃饭菜，然而禁不住扑鼻异香的诱惑，也就尝了一口，只觉入口酸甜，鲜美无比，便询问嫂子烹鱼绝技，为何从前不曾令弟一享口福？嫂嫂说："我做的这道菜，并不见经传，也没有什么绝技，只是多加了些糖和醋，为的是给你留下酸与甜的回味，待你日后考取了一官半职，生活甜美了，不要忘记昔日的酸辛，牢记杀兄之仇。今日与嫂嫂共酸甜，明日也要与民共酸甜，这就是嫂嫂为你做这道鱼菜的含意与愿望。"

多年后，弟弟终不负嫂望，果然金榜题名，衣锦还乡；同时惩治了赵大官人，以告慰嫂嫂。可当他回到故里却打听不到嫂嫂的下落，所以心中一直烦闷不乐。一日，他来到杭州城外微服私访，偶至一小酒家，坐定之后，堂倌送过菜单，他随便点了几样菜，要了一壶酒，闷闷地自斟自饮起来。待到堂倌端上最后一道鱼菜时，这位寝食之中无不在寻觅嫂嫂的弟弟，忽然眼睛一亮，重重地吸了几下鼻子，暗叫一声：嫂嫂在此！于是，便唤过堂倌，急问此菜何名？谁人烹制？堂倌答道："这是'西湖醋鱼'，乃小店女主人的拿手好菜。"又问及女主人姓名，竟然不是嫂嫂，但他仍央求一见，堂倌即为其请出。虽然出来的女主人比印象中的嫂嫂老了许多，但那面容举止，却依然如故。相见之后，叔嫂叙说别情，泪如泉涌，直把小堂倌弄得摸不着头脑。就这样，叔嫂重逢之后，小叔便弃官为民，嫂嫂亦将做鱼绝技传给了相随多年的堂倌，自己弃店还乡，叔嫂二人继续在西湖上以打鱼为生。而那堂倌在得知此鱼的来历后，倍加珍惜，并取名"叔嫂传珍"。后来此菜辗转相传，因取自西湖鱼，又有酸甜味，故"西湖醋鱼"之名便伴随叔嫂故事不胫而走，流传至今。

二、西湖醋鱼的制作

原料：活草鱼1尾（约重700克），白糖25克，醋35克，老姜10克，料酒20克，酱油15克，水淀粉50克，香油少许，精盐适量。

制法：

1. 将活草鱼在清水中饿养2至3天，以消除泥土味，使鱼肉变得结实。

2. 把鱼去鳞、抠鳃，剖腹挖净内脏，洗净血水后放在菜墩上，使鱼头向左，鱼腹朝内（即朝持刀者），左手掌压着鱼身下腹，右手持刀用平片刀法从鱼尾处着刀，紧贴鱼脊背骨片至鱼颌下（此时左手要灵活随刀向左移动，手压鱼时应松而有劲），然后将鱼身竖起，头部朝下，顺颌下的刀口处劈开鱼头（也可用左手使内劲压着鱼头，右手持刀平片过),整条鱼即成带骨与不带骨的两半(行业中称带骨的为雄片，不带骨的为雌片)后，取带骨的一扇头朝左，皮面向上，在颌下 4 厘米处下刀斜剖深至近鱼骨，使刀距相等，共剖五刀，然后在第三刀处切断成两截；将雌片皮面向下平放在菜墩上，用刀尖在肉厚部位纵向（即从尾斜向腹部直至颌下）划一长刀口（深约为厘米，不能伤破鱼皮）；老姜洗净、去皮，剁成细末。

3. 净锅内入适量清水上火烧沸，先放入雄片，待 1 分钟后，再放入雌片（放时要将两半鱼头同朝一边，鱼腹相对，以便出锅装盘后不影响外形的美观），使鱼皮朝上（锅中的水以鱼皮略露在外为佳），盖上锅盖，视烧沸时，揭开盖，移小火烧至断生，将锅中汤水津去一半，烹入料酒，放入酱油、姜末及少许精盐后，即可将鱼捞出盛入盘中，然后在汤水中调入白糖、醋，勾入水淀粉烧沸成浓稠汁，浇在鱼身上即成。

成菜特点：色泽红亮，微甜微酸，肉嫩鲜美，且有蟹肉的味道。

三、制作关键

1. 选料最好是草鱼，且必须是新鲜的，这是做好此菜的前提（笔者认为用鲤鱼也可代替，读者不妨一试）。

2. 草鱼泥腥味特重，故应提前在清水中放养几天。

3. 制刀很重要，这是传统名菜不能随便改变的，如，在什么地方下刀，成什么形状，剖几刀，都是有说法的（如果您改刀成兰草花刀来烹制，上桌后，熟知此菜的客人一定会说那鱼不叫西湖醋鱼）。

4. 锅中用水量要恰到好处：多，则成菜后会失去很大鲜味，同时营养也有一定的损失；少，则鱼身露出太多，传热缓慢，不易成熟。

5. 酱油调色，是"西湖醋鱼"的本色，味微甜微酸是此菜的特点（如果你用了番茄酱，就做成了正宗的糖醋味）。

6. 芡汁稠浓，以浇在鱼身上似流不流为佳，过稠则影响形美，过稀则有损成菜的风格。

都有绝活儿　刘昌海绘

【文章来源】牛全书：《"西湖醋鱼"的制作及关键》，《四川烹饪》，1998
年第 4 期

6. 关于"西湖醋鱼"的补充

编辑同志：

贵刊 1998 年第四期 16 页上刊登了牛全书老师所写的《"西湖醋鱼"的制作及关键》一文，为了让广大读者更深入地了解被人们誉为"西湖第一珍馐"的"西湖醋鱼"，我根据师傅们所传授以及《杭州菜谱》等书刊所载的情况，特作以下补充。

第一，关于"西湖醋鱼"来历。

一般而言，其来历与牛老师所述的"叔嫂传珍"的故事一致。后人传其事，仿其法烹制成醋鱼，就成为杭州的传统名菜。不过，这毕竟是小说家言，乃是一种传说而已。据史料及老厨师回忆，1929 年西湖博览会前，杭州市还只有"五柳鱼"和"醋溜块鱼"，没有"西湖醋鱼"一名。"醋溜块鱼"制法与清代袁枚所撰《随园食单》记载的"醋搂鱼"相似。之后经改进方出现了"醋溜全鱼"，其刀法、外形和五柳鱼相似。解放后人们才将醋溜全鱼改称为"西湖醋鱼"，故现在的西湖醋鱼可以说是从醋溜块鱼和五柳鱼演变过来的。由此可见，"叔嫂传珍"的故事，显然为后人套用，至于有人说西湖醋鱼就是南宋时的宋嫂鱼羹，或者说是从宋嫂鱼羹演变过来的，那就更不确切了。因为无论从史料记载，还是菜肴的刀工处理、制作方法及口味特色来看，两者均无相同之处。

第二，关于西湖醋鱼的烹调。

西湖醋鱼的烹调方法为软溜，采用活杀现烹，不着油腻的烹调手段，所以用不着香油。刀工处理时也应用刀后跟将鱼牙斩去，鱼牙腥味重，会影响菜肴质量，也会影响鱼头成熟。调芡汁时不用盐，而把糖、醋、酱油的用量适当增大。一些文章中，列有糖、醋、酱油分别为 25 克、35 克、15 克，实际约为 60 克、50 克、75 克（1981 年中国商业出版社出版的饮食服务技工学校教材《烹调技术》一书和《杭州菜谱》都为后者）。装盘时，背脊相连，而不是鱼腹相对。成菜口味也不是微甜微酸，而应是重糖醋，先酸后甜、酸甜相宜，寓意与故事主人公先酸后甜的经历相同。有的师傅遇到婚宴之类筵席时，为制作大数量的醋鱼，他们往往是将经过刀工处理的鱼码放后，加入调料腌渍，继而上笼蒸熟后再勾芡烧汁，此法口味没有用水煮的好，但其优点是鱼形完整，鱼肉不易碎。

以上两点，系对牛文的小小补充，不妥之处，欢迎指正。

【文章来源】朱斌：《关于"西湖醋鱼"的补充》，《四川烹饪》，1998年第 7 期

7. "西湖藕粉"话今昔

　　风景秀丽的杭州西湖，青山环抱，山色空蒙；碧波的西子湖，夏日清风徐徐，荷香四溢，令人陶醉。宋代诗人杨万里诗曰："毕竟西湖六月中，风光不与四时同。接天莲叶无穷碧，映日荷花别样红。"这样如诗如画的西子湖，吸引着无数中外游客。许多人在游览之余，散座茶室小憩，面对青山绿水，品尝着晶莹透明、清香甜醇的桂花白糖西湖藕粉，感到疲劳顿释，游兴更浓。

　　据考证，西子湖内的莲，属于观赏花卉，并不产藕。如清代编纂的《杭州府志》记载"藕粉以西湖所出为良，今塘栖良山门外"。据查证，这里所指的"塘栖良山门外"，即今杭州市郊余杭县沾桥乡三家村带，故西湖藕粉亦称"三家村"藕粉。三家村种植山藕有尖头白荷、野白荷、落头荷等十多个品种，其中以尖头白荷加工的藕粉最佳。它具有孔小肉厚、味甜、香醇诸特点，制成的藕粉，形成薄片，色泽内里透红、质地细腻、洁净清香。据传，三家村藕粉过去曾作为贡品，每年献给皇上享用。

　　藕粉是三家村农民一项主要的家庭副业，最高年产量曾达三千担左右。令人遗憾的是，在"文革"中三家村改名为"红卫村"，藕塘统统被改种水稻。从此，令人向往的"西湖藕粉"濒临绝迹了。到党的三中全会后，"三家村"藕粉不但恢复了名誉，且身价更高了。现在，藕塘面积不断扩大，产量持续增长，质量日益提高，包装也有改进，仍不能满足国内外消费者的需求。真使人难以预测，一些不法之徒，冒天下之大不韪，借"西湖藕粉"的名牌产品，在供不应求的情况下，以次充好，以假乱真，坑害消费者，有损于"西湖藕粉"的声誉，值得有关部门关注。

　　"西湖藕粉"是一种四季皆宜的营养补品，具有生津、清热、开胃、补肺、滋阴、养血的功效，最宜婴儿、老人和病人食用，也是赠亲友的佳品。

　　"西湖藕粉"的食用方法简便，先把一匙藕粉放入酒碗内，稍加冷水调成糊状，然后用开水一边冲泡一边用筷子搅动，这时洁白如玉，略带粉红色的藕粉便随着冲熟的程度而由白变为略呈灰色，看上去晶莹透明，再在其上撒一匙桂花白糖，即可食用。当你一边尽情地欣赏着那"无穷碧"的"接天莲叶"和"别样红"的"映日荷花"，一边品尝着味色正醇、香糯清口的正宗"西湖藕粉"时，真是别有洞天，既能当点心，又可品尝其独特风味，领略那"天堂"之美，其乐无穷！

【文章来源】邢湘臣：《"西湖藕粉"话今昔》，《中国土特产》，1998年第 6 期

8. "新杭菜"之谜

　　杭州市场有许多令人困惑不解的地方，一个不到 200 万人民的城市成了诸多大类品的必争之地，如化妆品、药品、饮料、家电等。杭州一年四季分明，冬天阴冷，夏天酷热，空调厂家在这里展开角逐倒合乎情理，而其他产品在这里大把扔广告费，一副志在必得的样子就有些令人费解了。有人说，杭州是个葬送英雄的地方，放倒了岳飞，也放倒了梁山好汉，如今又放倒了多少"气吞山河"的厂家商家。多少企业兴致勃勃挟巨款而来，最终"归来却空空行囊"还一头雾水。看来是温柔乡里并不温柔。

　　"温柔之乡"的称谓，大约不仅仅因为杭州有西湖，更是由于南宋国破家亡之际，杭州依旧是"山外青山楼外楼，西湖歌舞几时休"，以后此风绵绵，千年不改。

　　可见，杭州人好吃好玩由来已久。时至今日，杭州的娱乐业、餐饮业还是十分发达，几家名牌老店的牌号就叫做"山外山""楼外楼"。不过，要在杭州餐饮界立足却同样不是件轻松的事。

　　众所周知，近年来"川菜""粤菜"横扫国内餐饮业之天下，杭州自然也不例外。然而好景不长，没有多久，川粤两支大军在这里覆没了，如今没有一家川菜馆或粤菜馆能在杭州形成气候的。更令人感叹的是，作为淮扬菜系一脉的传统"杭菜"也渐成明日黄花。曾经名扬四方的"叫化子鸡""西湖醋鱼""龙井虾仁"等，如今少有人问津；一批老店日益萧条，"天香楼""状元馆""奎元馆""海丰"等等老字号已是门庭冷落，车马稀少，唯有坐落在风景区的"楼外楼"生意尚可，也算是个象征。

　　与此形成对照的是，在杭州 6000 多家餐饮店中有一批餐馆却非常走红，如"张生记""阳光""开元"等酒店，规模不小，生意火爆，火爆到顾客要排队等座，按号就餐，如要预约包厢，至少需提前一个多星期，这种令行内行外人士匪夷所思的现象，便是"新杭菜"之谜。

（一）

现今的餐饮业不好做，顾客挑剔、同行竞争、厨师抬价、装修翻新……这一切都让餐饮经营者们有如履薄冰之惶恐。如此背景之下，杭州一批餐厅大红大紫就值得思量了。

有特点的东西不一定能成功，但成功的东西却一定有其特点。那么，这些幸运的店家究竟有些什么特色呢？

菜肴

想知道杭州这批走红名店菜肴的总体特点，最简便的办法就是请教经常光顾街头巷尾食肆的老饕们。"家常菜，精致做"，这些民间美食。"张生记"的看家菜是杭州主妇们最擅长的"老鸭煲"；很多人大老远地跑到龙井山下只为了品尝一下"农家乐"的"清汤本鸡"，说白了就是砂锅碗的本地鸡；"开元大酒店"的拿手菜居然是普通得不能再普通的"葱油腰花"。"家常菜"要走出家庭厨房登上酒楼的"大雅之堂"，关键在于精致做。比如，"炒蚕豆"原来的家庭做法就是将蚕豆焖烧至酥烂就可以了，但经过改造以后做法却极其讲究。首先注重时令，挑选鲜嫩的蚕豆下锅；其次讲究分寸与火候，一定要保持蚕豆的原味和碧绿的色泽，又要去除青生气，起锅前点缀几片金华火腿，火腿的烟熏味恰到好处地烘托出蚕豆的鲜嫩可口，旖红碧翠煞是好看。

从家常菜中演变而来的菜为数不少，"子排烤目鱼""黄豆猪蹄""酱鸭""咸肉千张包"等等不一而足。除了在家常菜中汲取精华，这批名店的菜式已经打乱了原有的菜系，一面大胆改造川菜、粤菜，而大量地消化吸收周边的萧山菜、绍兴菜、宁波菜之所长。绍兴菜里的"臭豆腐""梅菜扣肉"，萧山菜中的"萝卜干炒鸡蛋"，宁波菜中的"清蒸小黄鱼""大汤黄鱼"等地方特色菜在这里不仅崭露头角，而且渐渐地与杭州本地菜相互融为一体。翻翻"张生记""阳光""望族"的菜谱，比一般餐馆都厚出很多。

价格

"新杭菜"价格相对便宜，如果不含酒水，一般人均消费在30—50元上下。其中固然有物价稳定的因素，但更重要的是与"新杭菜"的特点有关。家常菜用料便宜，这既降低了菜价，同时也保证了店家的利润空间。海鲜一直是菜中的"贵族"，"新杭菜"大量引进了物美价廉的小海鲜并且做法上花样翻新，如"干炸鲳鱼""清蒸小黄鱼""红烧带鱼"，一些价格低、味道鲜美的贝类也成为顾客们的首选，如蛏子、血蚶和香螺等，这就大幅度地降低了顾客的消费支出。另外每道菜的分量充足也让吃客们实在可见地感受到价格实惠。

推广方式与服务

这批新兴的招牌店基本上不做广告，吸引顾客主要以人际传播为主，老顾客带新顾客，很快形成消费群。由于注重品质和保持价格的稳定，以至于回头客、老客、熟客的忠诚度非常高，例如"阳光"先后开了两家店，都火爆异常；"望族""新望族"是夫妻各持一家，同样是"夫荣妻贵"。

在服务上，这些店的服务员决不奉命"宰客"，而是帮助客人点一些价格适中的特色菜，并注意提醒客人"菜不要点得过多"，这让顾客感到心里舒坦。

（二）

其实，"新杭菜"的概念并不曾有人提出过，但它已经形成了自己的特色与体系却是事实；它深受消费者的欢迎。并成为杭城菜式的主流也是事实；至于是"新杭菜"造就了一批火爆店，还是这些火爆店创造了"新杭菜"，这暂且不去论说，但"新杭菜"在杭州餐饮业已经形成了"顺我者昌，逆我者亡"的格局，这更是个不争的事实。站在这个角度研究"新杭菜"，可以带给我们许多现代营销理念上的启示。

纵览这几年餐饮市场的变化，人们不难发现：

1. 由于舆论监督和政府部门反腐倡廉工作的深入，国家机关公款吃喝的现象受到了抑制，以前动辄上千元的公款吃喝现象越来越少了。

2. 企业单位更加注重成本效益，同时由于市场愈来愈成熟，以吃请送礼为特色的老的销售手段已经渐渐失去效力，营销费用中吃请交际费用的比例下降并受到控制。另外，一些企业效益不好也无力承受频繁的商务宴请。总之，企业请客的"手脚"越变越小。

3. 杭州居民的收入和生活水平相对提高，家庭与个人消费者多了。全国各专业调查队调查和分析的结果显示，在城镇家庭收入与支出中，购买食品的开支虽然得以大幅提高，但总体比例却下降了，说明人们已经解决了温饱问题，在吃饭穿衣之外有了更多的余钱，因而杭州这几年餐饮服务业中家庭消费的比例有逐年上升的趋势。

这种变化使餐饮个人消费与公款消费的距离拉近了，虽然菜价下降了，但酒店的目标消费群却由此得到了扩大，真可谓"堤内损失堤外补"，更重要的是原来餐饮市场不正常的消费渐渐向正常消费转化。

营销学大师科特勒认为，现代营销理论中产品的核心价值是消费者的利益，营销行为的关键是满足顾客的需要，而"新杭菜"似乎有意无意地实现了这两点。高消费层和老吃客收入高，对于价格并不是特别在意，但因为吃得多，见得广，因而更加注重饮食的品质。既要有大众菜式，也要有精美小菜，能够吃到见过吃过的大多数菜肴，又要满足厌倦了大鱼大肉海味山珍后想吃点可口家常饭菜的要求。

中低消费层的企业老板经理，往往无法逃避一些商务吃请。一方面要顾忌到自己与企业的面子，另一方面又要考虑到企业效益，不愿铺张，所以要安排在名气大、人气旺、口味好、价格自己心中有数的餐厅。

家庭消费的增长造成了双休日一批较好的餐厅人满为患的独特景观。一家人在双休日里出来吃餐饮，既能吃到可口爽心的饭菜，又能免除厨房劳碌之苦，只要价格公道、实惠，何乐而不为！

个人消费是指个人（也包括工薪阶层）招待亲朋好友。有朋自远方来，或朋友情面应酬，总是希望价格实惠又有说道，上了一道菜可以说是杭州本地的特色菜或家常菜，进了饭馆能说说这家店在杭州名气大，生意好，座位难订，以显示主人的好客与诚意。

以上四类是"新杭菜"锁定的消费者，他们上酒店的共同需求是：美味，可口，体面，与支付能力匹配。这几点者都在推行"新杭菜"的酒店中得到了满足。看来，"顺我者昌，逆我者亡"的不是"新杭菜"，而是市场规律。

有些生意不佳看着别人眼红的餐厅，在拜佛供神仍回天乏术的情况下，一心指望靠投机取巧改变境遇。有家规模不小的酒店曾大力宣传该店推出的"老鸭煲"仅48元（张生记的招牌菜"老鸭煲"为60元），以此来造成消费者的价格错觉，该店虽然也因此而宾客盈门过。但不久人们便发现其菜价实在不低、于是聪明过头的举措换来了顾客"上当没有第二回"的报复，现在不但生意清淡，而且很有点万劫不复的意思了。

"新杭菜"的形成，取决于市场的认可与接受，它体现了消费者的真实需求，也体现了酒店经营者与厨师们的智慧。轻轻撩开"新杭菜"的面纱，意在给读者一些启示，同时也给杭州市政府留下了一个题目：是任其发展还是加以引导推广？杭州是一个每年有 2000 万旅游人次的城市，难道玩在杭州不应该包括吃在杭州吗？如果"新杭菜"如西湖般名扬四海，这对于杭州的地方经济又将意味着什么呢？

但愿"新杭菜"成为杭州又一道亮丽的风景线。

【文章来源】孔繁任、张隽：《"新杭菜"之谜》，《销售与市场》，1998年第 6 期

9. "中华名小吃"香飘西子湖畔

　　经国内贸易部批准，由中国烹饪协会主办的首届全国"中华名小吃"认定活动于 1997 年 12 月 5 日至 7 日在杭州举行。来自国内 30 个省、市、自治区的代表近千人参加了这次活动。全国 369 个品种小吃，经专家评审，被认定为"中华名小吃"。

　　【文章来源】曦霖：《"中华名小吃"香飘西子湖畔》，《服务科技》，1998年第 1 期

10. 亚洲饮食文化技艺研讨会在楼外楼举行

1998 年 3 月 30 日，楼外楼创建 150 周年庆典暨亚洲饮食文化技艺研讨会在西子湖畔的楼外楼餐馆举行。

创建于 1848 年的楼外楼以弘扬中华饮食文化为己任。该店为了使杭菜乃至中国源远流长的饮食文化走出国门，特意举办了亚洲饮食文化研讨会。新加坡、马来西亚、泰国、韩国、日本等国烹饪高手应邀参加，北京、上海、陕西、江苏、四川等地名厨也来杭交流烹饪技艺，进一步丰富和发展了中国饮食文化。

【文章来源】王有发：《亚洲饮食文化技艺研讨会在楼外楼举行》，《杭州年鉴》，1999 年

11. 从一张菜单说杭州

1999 年 9 月 24 日中秋节前夕，我在杭州西子湖畔的楼外楼参加晚宴。这次祖国之行是去北京参加国庆大典，但又特别安排了去杭州一游。浙江省省长柴松岳热情邀请，尤其是最近浙江文艺出版社又出版了我的新作，于是有了杭州之行，收获不浅。光是在杭州楼外楼那一席小宴就使人回味无穷。菜单如下：西湖醋鱼，龙井虾仁，叫花童鸡，脆炸二样，酥鲈之思，时菜两味，一品豆腐，东坡焖肉，蟹酿橙，一帆风顺，珍珠竹笋汤，美点双辉，桂花栗子羹，水果拼盘。

菜单文雅一如杭州的文化气质。饭前两位女服务员推了一台茶具进来，准备为客人调茶。这道手艺毫不简单，从开始温水暖杯到调茶，到把小茶杯一一送到客人手中前后费时近 58 分钟。日本人对品茶自成一格，不过是从中国取经再加以艺术化。我们的古典文化真要好好珍惜，不要让将来礼失求诸野才好。

古来诗人墨客讲究品茶来助诗兴，不无道理，而在西湖品茶，良辰美景当然又是另一番滋味。两位女士一边调茶，一边解说茶道，那杯龙井茶到唇边其品味真是清香，我要了一套茶具准备回到美国时也向我的水门客人一献特艺。

杭州位于浙江省的北部，气候温暖而湿润，四季分明，是有名的历史名城，也是公认的旅游胜地，是浙江省的省会，杭州也是中国的七大古都之一，两千多年前的秦代即开始设县治，五代（907—978）和南宋（1127—1279）都曾在此建都。因此有古塔名寺、石窟造像、经幢碑刻等文物古迹。南宋的皇城更是有名，因此最近杭州市建造了宋城旅游区，由黄巧灵先生做总经理，我们到杭州时宋城集团刚好完成了美国城的建造，举行开幕典礼，特地请我去剪彩。我即兴写了七绝两首：

（一）

风月美景西湖边，汪庄作客听泉声；
杭州本是宋朝地，繁华隆盛胜昨天。

（二）

路归江南又一秋，诗兴来时楼上楼；
飞觞醉月歌声远，樟树长青岳王愁。

我们被安排入住西湖畔的西子宾馆，面对西湖，早起推窗外望，青翠的西湖，水天相映，樟树成荫，难怪李白和苏东坡都对此地留情。白居易临别西湖时写了："未能抛得杭州去，一半勾留是此湖。"

西湖三面环山，茂林修竹，洞幽泉清，有说西湖晴天时波光粼粼，雨天时水雾迷蒙；春天时桃红柳绿，鸟语花香；夏天时莲叶无穷碧，荷花别样红；秋来时，湖平如镜，月光如泻；冬季来时，白雪皑皑，银装素裹。西湖风景区总面积约有 60 平方公里，古时为海湾，因江湖挟带泥沙，长期堆积形成泻湖，又经过历代不断疏浚建设而为半封闭的浅水湖泊。

有名的钱塘江，其中一段就经杭州市区。唐诗名句："嫁得钱塘贾，朝朝误妾期，早知潮有汛，嫁与弄潮儿。"即是因此而作。钱江潮是一大自然奇观，由于天体引力和地球自转的离心力作用，加上杭州湾喇叭口的特殊地形而形成了钱塘江的大涌潮，每年中国农历八月十八日前后，钱塘江潮最为壮观。钱塘江大桥建成于 1937 年，是中国自行设计和建造的第一座双层式铁路和公路两用的大桥，但由于连年战乱，直到 1996 年底浙江省首座具有世界水平的现代化斜拉索桥才建成。这就是现在的钱江三桥，气势雄壮。

【文章来源】陈香梅：《从一张菜单说杭州》，《文化交流》，2000 年第 2 期

12. 旧时杭州的纳凉小吃

　　读鲁迅小说，《风波》开头有一段描写户外纳凉的文章：临河的土场上，太阳渐渐的收了他通黄的光线了。面河的农家的烟囱里，逐渐减少了炊烟，女人和孩子们都在自己门口的土场上泼了水，放下小桌子和板凳；人知道，这已经是晚饭时候了。若在城里，光景也与之差不多。普通市民人多屋小，白天在外做工，傍晚回家，感到特别燠热，所以就都跑到户外去，俗称"乘风凉"；风未必有，但总比在家里要通气些。至于小孩子，他们哪里安坐得住，不是打打闹闹，就是嬲着大人要买这买那零食吃。因为叫卖各种食品的小贩，他们也抓住这个良好时机，轮番在人群中出现，好像采花的蜜蜂似的，嗡嗡然大有撩拨不去之感。

　　抗日战争之前，大街上已有专卖冷饮的店铺，卖些冰淇淋、汽水、棒冰一类的东西；店家为了作好宣传，特地在门口挂起一张竹帘子，上面画着雪景，照例有两个小孩子，身穿棉衣，头戴绒帽，在大雪纷飞的雪地里玩那堆雪罗汉的游戏。这样的店铺在小巷中不可能有，只有背了小木箱匆匆叫卖棒冰的人。这一个过去，那一个又来，真是川流不息到夜深。小孩子对棒冰很感兴趣，只要有一个人买了，别的人都跟着买。什么棒冰呢？白糖之外，就只有赤豆而已。如果说给今天的小朋友听，要不觉得寒碜那才怪呢！

其次，是瓜果。瓜有好多种，西瓜最高档，通称海宁西瓜，都有篮球那么大，一般人家都是成担的买了，堆放在桌子底下，要吃时用井水一镇，剖开了全家分食，所以流动的小贩是无法做这买卖的。小贩叫卖的是黄金瓜、雪梨瓜、莱瓜、冷饭瓜、黄瓜、爪儿瓜等等。而且都是"单打一"的，即如卖黄金瓜的就不卖别的瓜。爪儿瓜绍兴人叫乌皮香，知堂有儿童诗云："买得乌皮香扑鼻，"自注道："乌皮香者香瓜之一种，皮青黑，肉微作碧色，香味胜常瓜。"可是这种瓜现在杭州已经绝迹，不知道为什么？还有黄瓜，也与现在市上卖的不同，那时的黄瓜色淡黄而多刺，也没有这么大。周遐寿著《鲁迅的故家》，其中就有讲到黄瓜的："小孩得了大人的默许，进园里去可以挑长成得刚好的黄瓜，摘下来用青草擦去小刺，当场现吃，乡下的黄瓜色淡刺多与北方的浓青厚皮的不同，现摘了吃味道更是特别。"担上卖的，自然没有园里现摘的新鲜，但是无论如何，嫩与脆是不变的，不像现在的黄瓜，削了皮嫌软，不去皮又太硬。

提篮叫卖的，我这里想介绍的是两种：一种是甘草盐晶豆，豆是燥蚕豆，经过加盐煮熟后，软硬适中，颇像鸡肫，所以俗称鸡肫豆。但是它还在豆外糁以甘草末，临卖时还要洒上几滴薄荷糖水，所以有多种滋味，不是单一的鸡肫豆所可比拟。同时，卖者还要弄点噱头，稍稍把自己打扮成一个女人模样穿上大襟衣，扎了小辫子，说话行动都装出一副"娘娘腔"。小孩子觉得可笑，不仅买豆来吃，还尾随在后面直看热闹到很远的地方才回转。

另一种是煮玉米。玉米俗称义黍，煮熟后装在一只雀眼竹篓里，还包上一层棉絮，以防热气散发。吆喝道："卖义黍来！义黍火热！"大热天却以"火热"相号召，乍一听不免滑稽可笑，其实却有道理：一是热了才软，二是保持香气这不单玉米是如此，熟老菱也不例外。浙江是产菱角大省各地又多名品，如嘉兴南湖的馄饨菱、绍兴雷门坂的驼背白，萧山钟家坦的两角大菱，都是名闻遐迩的。杭州也有它自己的品牌，叫"沙地老菱"，又叫"粑老菱"，长大超过萧山，两角弯环又像水牛的角，皮浓青，煮熟后呈黑色，小贩沿街叫卖，吆喝与玉米相同，即都是以"火热"相号召。可是这种老菱现在也已经见不到了，不知道其原因何在？

限于篇幅，我不能将夏日的消夜一一赘述。不过有一种"敲锣卖夜糖"的，也还想在这里提一下。"敲锣卖夜糖"是徐文长在《昙阳》一诗中的句子，可见这种风俗在明代就有。抗日战争前我住在杭州下城福圣庵巷，就常看见有"小热昏"（热读若孽，上海音）卖梨膏糖的，他站在一张小板凳上，面前有一个一米来高的木架，上置盛糖的小木箱；他手执镗锣，敲出汤汤然的声音，先以说唱为引子，然后"图穷匕首见"——卖糖。小孩子糖未必买，因为一片梨膏糖需钱一文，平常小孩子难以问津。但是滑稽有趣的故事却也爱听讲的大多是市井琐事，有点单口相声的味道，只是更要"下里巴人"些。

当然，小孩子并非没有买糖吃的机会，有的小贩挽着只篮子，筐大而边浅，通称桥篮，上列木匣，分格盛糖。其实货色很多，并不限于梨膏糖、粽子糖、圆眼糖、生姜糖尊菏糖这一些，还有茄脯和梅饼，也是小孩子喜欢吃的。所谓茄脯，以沙糖煮茄子，原是整条的，以斤两计，可是到了小贩手里，却把它切成细条，以条论价，不仅买卖灵活，可以赚到更多的钱。所谓梅饼，取黄梅与甘草同煮，连核捣烂，做成的饼如铜元般大小，细啃慢吮，风味绝不在青盐梅之下。这些东西价钱都很低廉，总之每样不会超过四文，他不以敲锣吹箫作为号召，却轻轻悄悄地走到你身边来问："要买糖吗？"所以就会有更多买吃的机会。

【文章来源】思衡：《旧时杭州的纳凉小吃》，《烹调知识》，2002年第7期

13. 古杭州菜漫议

杭州菜近几年来"攻城掠地"，进军京、沪，波及诸多大中城市，影响越来越火。

有人认为，杭州菜是新近冒出来的菜肴流派。其实不然。从历史上看，杭州菜扩大言之是浙江菜早就是中国菜的重要流派了。本文仅简单地谈一谈宋、元、明、清之时杭州菜（顺及浙江菜）的情况。

宋代，主要是南宋之时，杭州（临安）菜已成为中国"南食"中之佼佼者，俨然一重要风味流派。关于这个问题，林正秋先生曾有过详细分析。我在这儿只略谈一下。

临安的菜当属南方菜肴。一些笔记中提到，汴京流民到临安后开"南食店"，《都城纪胜》中说："今既在南，其名误矣。"说明临安菜肴乃至其周围地区的菜肴，均可以划归"南食"这一流派之中。

临安菜肴在北宋之时，名品的记述并不多。南渡之后，随着南宋政权的建立，大批汴京人士以开饮食店谋生，而后随着经济的发展，临安的饮食业愈加繁荣；临安当地原有饮食与北方乃至四川饮食的交流也更加频繁，新的菜肴大量涌现。简略地说，临安菜以海鲜、湖鲜、江鲜及猪羊肉、家禽、蔬菜为主，在烹饪方法上炒爆菜渐多，烧、煮仍常用，炙烤煎炸也用得不少，腌、糟、醉等应用普遍。口味上以咸鲜、清淡为主，也有甜品。爆的烹饪方法的使用，及炙烤用得较多，当与北方饮食风习的传入有关。正如《梦粱录》"面食店"一节中说："南渡以来，凡二百余年，则水上既惯，饮食混淆，无南北之分矣。"亦即是说，到南宋末，临安菜已是一个融南北特色为一体的新型的"南方菜"了。

临安周围地区的菜肴仍有保持传统特色的。如吴兴的鱼鲙在唐代就已有名，在宋代仍有盛名。宋《春渚纪闻》卷四载"吴兴溪鱼之美，冠于他郡。而郡人会集，必以斫鲙为勤，其操刀者名之鲙匠。"吴兴的海味也极有特色。苏东坡《丁公默送蝤蛑》诗云"溪边石蟹小如钱，喜见轮囷赤玉盘。半壳含黄宜点酒，两螯斫雪劝加飱，蛮珍海错闻名久，怪风腥雨入座寒。堪笑吴兴馋太守，一诗换得两尖团。"蝤蛑即梭子蟹。吴兴地区以此制作"洗手蟹"似是传统。绍兴的菜肴也有特色，在陆游的诗中有所反映。如鲈鱼脍、湘湖莼菜做的羹、鳜鱼菜、笋菹、咸菹等等。

元代关于杭菜、浙江菜的史料不多。但是，在史料中有值得注意的用"浙庖""蜀庖"比喻为文的一段文字。元赵方《潜溪后集》序云："顾尝闻之袁公伯长尝问虞公伯生曰，为文当何如？"虞公曰："子浙人也，子欲知为文当问诸浙中庖者。予川人也，何足以知之。"袁公曰："庖者何用知文乎？"虞公曰："川人之为庖也，粗块而大脔，浓醯而厚酱，非不果然属餍也。而饮食之味微矣。浙中之庖者则不然。凡水陆之产，皆择取柔甘；调其；音齐；澄之有方而洁之不已。视之泠然水也，而五味之和各得所求，羽毛鳞介之珍不易其性。"

文中的"虞公"即虞集（1272—1348），字伯生，号邵庵、道园，为元朝文学家。其先世为蜀人。在这段文字中，虞集说"蜀庖"粗块而大脔，浓醯而厚酱，实以此喻粗放浓烈的文章风格；而"浙庖"则取材精，烹制巧，调味妙，重本味，善制汤，有韵味，以此来比喻文章的清秀含蓄之美。在论文的同时，川人虞集也就将元代川菜、浙菜的风味特色进行了"比较研究"，是极有见地的。而浙菜主要是杭菜的风味特色显然在当时的社会上产生了较大的影响。

明代杭州菜、浙江菜依然有名。据《西湖游览志余》，杭州菜中仍以蔬菜、湖鲜、江鲜、海鲜为突出。"杭州莼菜，来自萧山，惟湘湖力第一。四月初生者，嫩而无叶，名雉尾莼，叶舒长，名丝莼，至秋则无人采矣。""杭人最重蟹，秋时风致、惟此为佳……""杭人最重江鱼，鱼首有白石二枚，又名石首鱼，每岁孟夏，来自海洋绵亘数里，其声如雷，若有神物驱押之者。"杭州人对鹅的兴趣也大，"嘉靖十五年，侍御张景按制中，令巡官日报屠鹅之数，大约日屠一千三百有奇，而官府民家公私燕会，皆不与焉。"张岱《陶庵梦忆》"万物"中列举各地名特食品，其中，嘉兴有马交鱼脯、陶庄黄雀，杭州有鸡豆子、花下藕、韭芽、玄笋，萧山有莼菜、鸠鸟、青鲫，诸暨有香狸，台州有瓦楞蚶、江瑶柱，浦江有火肉，山阴（今绍兴）有破塘笋、独山菱、河蟹，三江屯有蛏、白蛤、江鱼、鲥鱼、里河鲅等等，这些，均为佳肴原料。《陶庵梦忆》中还有"蟹会"一文，写得很精彩："食品不加盐醋而五味全者，为蚶，为河蟹。河蟹至十月与稻粱俱肥，壳如盘大，坟起，而紫螯巨如拳，小脚肉出，油油如蟢愬，掀其壳，膏腻堆积，如玉脂珀屑，团结不散，甘腴虽八珍不及。一到十月，余与友人兄弟辈立蟹会，期于午后至，煮蟹食之，人六只，恐冷腥，迭番煮之。从此肥腊鸭、牛乳酪。醉蚶如琥珀，以鸭汁煮白菜如玉版。果瓜以谢桔、以风栗、以风菱。饮以玉壶冰，蔬以兵坑笋，饭以新余杭白，漱以兰雪茶。繇今思之，真如天厨仙供。酒醉饭饱，惭愧惭愧。"

这似为张岱和友人兄弟辈在山阴（今绍兴）举行的"蟹会"，亦即以煮蟹为主菜，辅以肥腊鸭、牛乳酪醉蚶、鸭汁煮白菜以及其他一些果瓜的宴会。菜肴以清鲜为主，雅致得很。

又明代浙江钱塘（今杭州）人高濂在其所著的《饮馔服食笺》序中说："人于日用养生，务尚淡薄，勿令生我者害我，俾五味得为五内贼是得养生之道矣……若彼烹炙生灵，椒馨珍味，自有大官之馔，为天人之供，非我山人所宜，悉屏不录。"这个观点，得到张岱的响应，他在《老饕集·序》中说："余大父与武林涵所包先生、贞父黄先生为饮食社，讲末正味，著《饕史》四卷，然多取《遵生八笺》犹不失椒姜葱弃。用大官炮法，余多不喜，因为搜辑订正之……割归于正，味取其鲜，一切矫揉泡炙之制不存焉。"由此可见，浙江人中不乏对菜肴求清鲜淡雅之人，这也是杭菜、浙菜风味特色对人们的影响所造成。

清代，由于杭州"天堂"的地位，加之风光秀丽、商业繁荣、文化氛围浓厚，杭州依然游人如织、商贾如云、饮食业相当兴盛，菜肴仍有发展，保持了较高水平。

清代杭州菜肴的数量相当多。如随园食单中就记有家乡肉蜜火腿、醋搂鱼、鸡丝、干蒸鸭、土步鱼、连鱼豆腐、酱炒甲鱼、菠菜、问政笋丝等杭州菜。《随园食单补正》中则更记有小炒肉、白切羊肉、跑蛋、季鱼、鱼生、炒鳝丝、醉虾、醉蛏、莼菜汤、丝瓜汤、蒸腌蛋、冬瓜、臭菜等杭州菜。清代钱塘人施鸿保（生活在嘉庆、同治时期）的《乡味杂咏》中收录的杭州菜更多，有家乡肉、腌猪头肉、东坡肉、胡羊、羊杂碎、芝麻羊肉、鲞煴羊肉、肉鲊、鸟腊、烧鹅、烧鸭热锅块鸡、黑油鸭蛋、九熏、醋搂鱼、春笋炒土步鱼、糟青鱼、鱼生、乌骨甲鱼、雪里蕻煎鲳鱼、鲻丁儿、鲚儿鲞、毕剥鲞、淮蟹、醉彭越萝卜干、素火腿、烧芥菜、酱莴苣、腌山茄儿、糖醋拌紫芽姜丝、酱烧核桃、冻豆腐、臭豆腐、千层包、霉千层、糖烧面筋、五香干、菜卤螺蛳、熏田鸡、熏蚬子、蚕茧莼羹、醉毛豆、豇豆炒肉、烘青豆、海鲜、鲟鱼、蝙蝠鸡、桶鸡、酱鸭、酱猪蹄、素烧鹅……另有用香椿、荠菜、蒿菜、水芹、马兰、油菜、黄芽菜等蔬菜烹制的菜肴。而《调鼎集》中，也收有一些杭州菜，如大连鱼、醋搂鱼、醋搂鲦鱼、酱炒甲鱼、东坡肉、腊鸭、煨火腿、糟火腿等。此外，《清稗类钞》中也收有家乡肉、九熏、蜜炙火腿、蜜炙火方、杭州醋鱼、醋鱼带柄、连鱼豆腐等杭州菜肴。

从这些菜肴看，杭州菜用江鲜湖鲜、海鲜、陆畜、蔬菜较多，烹饪方法多炒、爆、熘、炸、烧、蒸、炖、烩、糟、醉等，菜肴口味重原味，重清鲜，但较江苏扬州、苏州菜略咸一些，盖宋时大批北方人士南下，南北菜肴味交融的结果。

据有关文献，清代杭州菜对福州菜曾产生过较大影响，清宫中对杭州菜也很感兴趣。传说乾隆对杭州"菠菜烧豆腐"甚为赞赏，但不知其名，下面人哄他，说叫"红嘴绿鹦哥，金镶白玉板"。这个传说未必可靠，但杭州菠菜烧豆腐确是名菜，《随园食单》便有记载"波菜肥嫩，加酱水、豆腐煮之，杭人名'金镶白玉板'是也。如此种类，虽瘦而肥，可不必再加笋尖、香蕈"。

【文章来源】邱庞同：《古杭州菜漫议》，《中国烹饪》，2002 年第 2 期

14. 杭菜研究会成立

　　备受杭城餐饮业人士关注的"杭菜研究会"近日举行成立大会，浙江省委常委、杭州市委书记、杭菜研究会名誉会长王国平发来贺信表示祝贺。正当杭帮菜冲出杭城，移师境内扩张海外之时，一位普通的杭州人白家琪致信省委常委、杭州市委书记王国平，建议成立"杭菜研究会"。建议信立即引起王书记的高度重视，并表示"杭州作为著名国际旅游城市，发展一个有个性的菜系是十分重要的，这对杭州这样一个国际旅游城市的发展将起到促进作用"。建议还得到楼外楼、知味观、南方、花中城、新开元、张生记、杭州华辰等杭城知名酒店的强烈反响并纷纷要求入会，目前已有近百家企业、个人要求加入杭菜研究会。

　　杭菜研究会会长吴德隆在成立大会上表示，在今后的研究工作中突出杭菜创新体系建设、培养高素质研究队伍，为提升杭菜品牌作出贡献。

　　【文章来源】包贵银：《杭菜研究会成立》，《餐饮世界》，2002 年第 5 期

15. "西湖醋鱼"的烹饪

　　"西湖醋鱼"是杭州的一道名菜，许多到杭州旅游的人，都想品尝一下正宗的"西湖醋鱼"，而杭州西子湖畔的"楼外楼"堪称杭州烹饪此菜第一家。

　　用以烹饪"西湖醋鱼"的鱼是从西湖里捕上的草鱼，大小均在 750 克左右，并且捕上来后还需在西湖活水的"吊网"中饿养几天，待其鱼肉结实，体内泥土味排吐干净后才可宰杀烹饪。现将"西湖醋鱼"烹饪方法简介如下：将清洗干净的鱼一剖为二后，从里到外斜剞几刀，旺火沸水下锅煮 3—4 分钟，然后用筷子轻轻扎鱼头颌下，如能扎入即熟，此时在锅内留原汁鱼汤 250 克左右，再放入酱油 75 克，料酒约 25 克，姜末 2 克，待沸滚后捞出鱼，在盘中拼装成鱼背朝上的两片鱼形。最后以姜末 0.5 克、醋约 50 克和湿淀粉调匀后勾芡，淋浇在鱼身上即成。

　　此菜特色是细嫩爽口，鲜美入味，诱人食欲，鱼肉赛蟹肉。由于制作较简单，用料亦十分普通，故家庭烹饪不难，关键是原料一定要选用活鱼，并最好在清洁的水池或盆水中饿养一段时间，以除去泥土味后鲜活宰杀入锅烹调。

　　【文章来源】韩希贤：《"西湖醋鱼"的烹饪》，《新农村》，2002 年第 9 期

16. "东坡肉"的烹饪

　　"东坡肉"是杭州的一道传统名菜。许多到杭州旅游的人，都想品尝一下正宗传统菜肴"东坡肉"。据说宋代大文学家苏东坡出任杭州地方官时，曾发动数万民工疏浚西湖。春节来临时，杭州百姓送来了许多猪肉、绍酒慰劳民工。喜爱烹调的苏东坡吩咐家人烧好猪肉，同酒一起赠予民工。家人误以为连酒一起烧，结果烧出的肉特别香醇味美，一时传为佳话。

　　原料挑选

　　用以烹饪"东坡肉"的原料，最好取自金华"两头乌"猪，选其皮薄、肉厚的五花条肉，刮净皮上余毛，用温水洗净，放入沸水锅内汆5分钟。煮出血水，再洗净。然后切成每块重约75克的方块待用。

　　原料配比

　　猪五花肋条肉1500克，绍酒250毫升，酱油150毫升，姜块（去皮拍松50克，白糖100克，葱结50克。

　　制作方法

　　取大砂锅1只，用小蒸架垫底，先铺上葱、姜块，然后将猪肉（皮朝下）整齐地排在上面，加白糖、酱油、绍酒，再加葱结，盖上锅盖。用旺火烧开后密封边缘，改用文火焖2小时左右，至肉八成酥时，启盖，将肉块翻身（皮朝上），再加盖密封，继续用文火焖酥。然后将砂锅端离火口，撇去浮油，皮朝上装入小陶罐中，加盖，用"桃花纸"条密封罐盖四周，上笼用旺火蒸半小时左右，至肉酥透。

　　此菜特点

　　色泽红亮，味醇汁浓，酥烂而不碎，香糯而不腻口，食后回味无穷。

【文章来源】韩希贤：《"东坡肉"的烹饪》，《新农村》，2002年第11期

17. 故地重游楼外楼

初次去杭州的楼外楼,那是 1967 年的"文革"时代。记得当时的情景是:破旧的桌缝里满是油泥,灯光昏暗,楼梯脏滑,服务员戴着红袖章趾高气扬;菜肴味虽佳但碗碟不洁。总之,可以用一句话来概括:无奈与差!

时隔 30 多年重游著名的"山外青山楼外楼",可真是今非昔比!怎见得:楼外楼依然故我,古色古香,楼内窗明镜亮,餐具洁净,桌上铺了雪白的餐布,更令人刮目相看的是服务员,一扫 30 多年前那无礼的神色,红袖章没了,有的是脸上堆满了灿烂的笑容。和领班聊天,才知道两年前已由国营制转为股份制了。

故地重游,离不开吃,还是讲讲菜式吧。

"叫化鸡",现在很多地方都有,且各有特色,各有发挥。楼外楼叫化鸡与众不同的特色在于:最外层以绍兴酒酒坛泥包裹,里层有荷叶包裹,煨烤 4 小时～5 小时,让鸡肉酥嫩的同时带有酒香与荷香,真乃美不可言!

"龙井虾仁",在楼外楼吃此菜,肯定与在别处吃的感觉有天壤之别。楼外楼所用之龙井茶叶,乃新鲜嫩绿之叶。杭州以外的地方,可能吗?虾仁白玉鲜嫩,茶叶碧绿清香。其味道自然不言而喻了。

"西湖莼菜汤",是到杭州楼外楼必尝之菜式。莼菜,乃西湖里生长的一种水草,其叶子为椭圆形,浮生在水面,茎和叶的表面都有黏液。楼外楼以此菜配上正宗的金华火腿丝、鸡肉丝做汤,入口滑溜非常,能带给人一种极特别的口感。

那天我们一行 4 人点的菜有:叫化童子鸡,西湖莼菜汤,龙井虾仁,西湖糖醋鱼,雪里红炒夏笋,三鲜汤面。

对了,江浙一带多竹,盛产鲜笋,到那里一年四季均有鲜笋可食,嫩甜可口的,绝非罐头或真空包装货可相比。还有那三鲜面,其中所用的虾米般大小的小虾仁,都是全部去了壳的,配以鸡丝火腿丝,一夹到嘴里,那味道真是妙不可言!结帐时连好几瓶西湖啤酒在内还不到 300 元。您说划算不?

酒醉菜饱走出楼外楼，看到门外西湖中有一个大铁笼浸在水中，走近一看，上面有一块牌子写着：楼外楼"西湖醋鱼"所用之鱼，为鲜活草鱼，烹饪前放在笼里饿养，去其泥土味，故鱼肉质鲜嫩……原来如此。

听友人介绍说：两年多前，杭州市政府对西湖进行了彻底整治，斥巨资凿隧道引钱塘江水入西湖，并将西湖水排往京杭运河，让西湖水"活"起来，这西湖草鱼也就有比以往更加鲜美的客观条件了。

重游西湖楼外楼，真乃感触万千，一句话概括之：脱胎换骨——活了！

【文章来源】胡士：《故地重游楼外楼》，《烹调知识》，2002 年第 6 期

18. 杭帮菜来世今生

固然老杭菜在中国几千年的历史中已经占据了非常重要的地位，其本身固有的文化因子也成为中国传统文化的不可分割的一个部分，但这所有的荣誉与新杭帮菜并无必然的联系。

吾安敢如此大放厥词？这还要从新杭帮菜的历史说起。列位看官可以发现新杭帮菜的崛起实际上当以胡忠英大师自创"迷宗菜"为源头，而以红泥、张生记为代表的杭州"六大家族"等大型餐饮企业在江湖上扬名立万，为新杭帮菜赢得佳誉满钵，也不过就五六年时间。这些企业固然不是以"西湖醋鱼"等老杭帮名菜为资本来打天下，就连其打天下的手段也是中国餐饮史上前所未有的。所以，新杭帮菜之"新"，当有其题中之意。

时势造英雄

从市场的角度来看，新老杭菜的血缘关系并不能够很好的解释新杭菜的繁荣，相反，倒是"论天下大势，分久必合，合久必分"的论断能从一定的层面上解决这个问题。

之所以这么说，是因为新杭菜的繁荣与市场需求的巨大有着牢不可分的关系。平民百姓的生活水准得到普遍提升，他们有实力也希望过上不一般的生活。此外，整个社会的工商业的繁荣也产生了较以往更为迫切、市场容量更大的消费需求。简而言之，社会上有了这么一群人，他们非常希望能够过上体面、高尚而花钱又不是特别多的生活，而新杭菜馆又恰恰关注了这个需求，它的存在无疑是为这样的需求提供了一个去处，按照杭菜研究会陈静忠秘书长的说法，新杭菜瞄准的是工薪阶层这一块。这是一个朴素而精辟的论断，论断背后昭显的是市场观念的悄然转变。它实际上就是市场细分的原则。

我们承认市场中有这样的需求，但为什么偏偏是新杭菜抢得头筹？这还得从市场竞争谈起。市场容量再大，它也有一个天花板。市场内的对手就是这么多，你多吃一口，我就少吃一口。新杭菜价格优惠，很多外埠的菜馆也就挂出了某菜一元一份、某鱼一元一条的广告。时光荏苒，沧海桑田，当初发誓要将麦当劳、肯德基踩在脚下的人现在已不知流落何方，而那些以跳楼价卖菜的馆子，我们也亲眼见着有些竟换了主人。

如果说经营细节可以轻易克隆，那么它就只停留在技术的层面上。而一些看着很相像的东西，移植后就变了味道这样就显出技术背后的东西是多么重要。新杭菜是从浙江经济中摸打滚爬出来的，不敢夸它的竞争水平有多高，但这一经济现象中的高度市场化内质我们是应当承认的。当前形势造就了新杭菜的市场观念，在这样的先进观念映照下的种种市场手段你可以学，但仅仅学这些手段而不接受背后的观念，就是一个非常危险的倾向。

经验大起底

新杭菜为什么受欢迎？是因为它好吃。这好吃可以从两个方面来看。一个是新杭菜本身比较清淡，且选料讲究。新杭菜清淡风格的走红与人们生活水平的改善密切相关。从另一个方面来看，新杭菜博采众长、融会贯通。胡大师创"迷宗菜"，提出的一个重要的理念就是以顾客口味为导向，吸取各大菜系优点。以这个理念为关照，新杭菜目前的菜目中有 20% 为本地特色，而 80% 是外来的。菜式固然是外来的，但以迷宗菜之理念引领之、涵盖之，无抄袭的蹩脚，无保守的诟病，倒有出手不凡的风范。

菜式的创新不是随心所欲的创新，企业的管理则更是遵循一定的章法。有人看到新杭菜实惠，但看不到新杭菜为什么实惠。新杭菜价格便宜，固然是其选择的市场的应有之意，但企业的管理方式也为其提供了坚实的基础。许多同行都羡慕杭菜馆动辄 300 位厨师的大厨房。这当然首先显现了杭菜馆的气候，其中也蕴涵了杭菜馆的经营理念。如果菜馆三层楼，每层楼都建个厨房，那么买 90 斤小白菜，每个厨房分得 30 斤。一楼用完了，就会回绝客人，那里想到二楼、三楼的菜还没动？成本因此增加，于是 5 元盘的小白菜就涨到 10 元，消费者固然嫌贵，店家也是满肚子委屈。大厨房就解决了这种问题，它减少了不必要的损耗，降低了成本。仅就降低成本来说，这只是小手笔，大手笔是分店的建设。有人说国营单位需要 3000 万才能建成的馆子，民营企业 300 万能把它建成，并且规模档次也并不低，这可能有些夸张。但你可以到上海、南京的上万平方米营业面积的杭菜馆去感受感受，也许你可以发觉，规模化经营真的可以有效节省成本。当然，红泥的刘建巨先生也说，如果能在保证营业量的基础上，把 300 位厨师缩减成 50 位厨师，那就最好了。

杭州知味观门前有一副对联，叫"闻香下马，知味停车"，说的是知味观里杭菜香，但其中总是透着一股与"酒香不怕巷子深"一般的味道，那就是对营销，对宣传的漠视。我们知道，知味观本身对营销是非常重视的，但它的这副古对子的意思在传统餐饮业中却非常流行。新杭菜馆不是这样的。某杭菜馆在南京开业时，在媒体上一连做了近一周的大幅广告，还有一家则选择免费酬宾3天。红泥的霓虹灯广告之精美、宏大，更让南京市市长率部下开了现场会。"酒香也怕巷子深"在新杭菜行业里是成为共识的。

竞争是白热化的，但杭菜馆之间的关系却表现出了风格。都说南方商人做生意的时候总是各做各的，绝不会选择去损别人来奉自己。杭菜馆在打天下的过程中，并不互挖墙脚。按照一直关注新杭菜发展的资深记者徐根辉先生的说法这些老板都是苦出身，他们能够顾及他人。而照杭菜研究会陈二仪先生看来，团结合作，共同把市场做大是这些老板的共识。

归根结底，新杭菜能够击败竞争对手取得不小的市场份额和旺盛的人气不在其他，而是在于它的经营意识。新杭菜的创新关键在于理念的创新。卖给顾客什么样的菜当然非常重要，以什么样的方式卖菜同样也是很重要的。从更深层次来讲，新杭菜奉行的理念是符合时代需求的理念，它不是独立的、应该被看成是浙江经济发展经验的一个组成部分，它属于市场，属于现代化。换句话说，新杭菜的繁荣，是中国餐饮业现代化进程的起点。

问题也要关注

现代化不可能一蹴而就，它不仅是一个长期的工程，也是一个系统的工程对照而言，新杭菜目前所表现出的许多方面都比别的菜系先进，但如果躺在先进上面睡大觉，那就是不应该的。陈二仪先生认为，全国菜系都在发展，如果你停了，其他人前进了，那么你实际上就是后退了。新杭菜还是应该多看看自己的问题。

关于新杭菜，目前已经有不少不太乐观的传言，其中提的最多的是它的档次问题。上海方面传来消息，说新杭菜档次太低，带朋友去杭菜馆吃饭好像有去大排档的嫌疑。这件事可以这么去看。包厢不收费，所以上海的老百姓也蛮喜欢进去吃。现在生活水平好了，所以越来越多的人更加讲究，他们一般选择吃素菜，但有些人一看到别人吃素菜，立即就嚷嚷说档次低了。

档次低不低，别人说的未必全有理，但自己心里却一定要有数。因为新杭菜以创新见长，所以有的菜馆就提出每天一道新菜，陈二仪先生认为这不可能，我也以为然。但很多还是做到了每周有新菜。徐根辉先生说，现在杭菜馆生意好，一年 365 天，天天做生意，厨师哪里有空去进修？不进修，厨师的文化水平和功底就有了限制，但创新是硬任务，于是就没有了章法，有些创新就变成了大拼盘，此话可谓一语中的。

人才也是一个不容忽视的问题。人才的培养机制有很大的问题，新厨师的培养往往靠老师傅言传身教，家庭作坊似的教育显然不能完全满足需求，于是些刚从学校毕业的厨师往往就能够领衔，这显然不利于杭菜出精品的目标。人才的培养成问题，如何留住人才也成了问题。杭帮菜是个大熔炉，许多在这个炉子里锻炼过的人都去自立门户了，于是菜馆又得从新手中培养。长此以往也不是一个事。

在采访过程中，许多人都表现出了同样的忧虑，那就是管理精英的缺乏。以先进管理为坚强支柱的新杭菜叹起了管理的苦经，这很有意思。它一方面显示了新杭菜的危机意识，另一方面也验证了句话，叫"最安全的地方就是最危险的地方"，毕竟还没有做到最好。

杭菜当自强

很多新杭菜现在看起来先进的东西，恐怕过了一段时间之后就不会再先进了。要保持引领者的地位，就有必要以更大的步伐前进。媒体报道说，最近上海杭菜馆生意依然好，但排队等翻桌的现象不多了，这样一来新杭菜就有了更多的压力。

因此也就有好多工作要做。新杭菜走的是大众化的路子。不错，大众化就是价格低，但大众也需要好东西，如果没有精品，新杭菜也许就真的会变成大排挡。所以一定要尽快培育高质量的精品，以同时满足高、中、低三市场。杭菜馆的技术设备的更新和管理技术的提升也是个急需解决的问题。大家都在原料和它们的搭配上下功夫，这是农业时代的想法。作为现代化的代言人，你必须要在厨房设备和企业管理上下功夫，以显示工业文明和商业文明的风范。

现代社会了，顿顿吃肉不一定就好，要注重菜肴的营养结构。杭菜研究会一直想做菜肴的营养研究，这个想法它抓住了现代文明的根本。但营养结构靠什么来维持规范的操作？我们现在的菜谱，都说放盐少许，放糖少许，那到底多少才是少许？多少才是片刻？多大的火算文火？菜的营养结构的评测要靠科研机构，但只有规范的操作所保证的菜的质量，才使得科把规范的东西积淀下来，成文了，那样才能有利于新手的上岗。

菜的不断创新是必要的，只把眼光局限在菜的创新上恐怕也不对。MBA 朱雁飞先生说："产品总是要死的，不死的是品牌。"这句话是如此正确，它告诉我们，菜要创新，但也要积淀，将些名菜进行重点培养，把它们培养成名牌菜、招牌菜、高档次菜。红泥就做到了当家菜的规范化操作，这是很有意思的做法。当然，不仅是产品的品牌化，还要做到技术的品牌化，这里一个是生产技术，个是管理技术，只有几方面一起下功夫，品牌才能创出来。过于火爆是一种不正常现象，适度的繁荣才是应该追求的标。怎么永葆品牌的青春最关键。

胡忠英大师反复说、迷宗菜的创新不仅是菜式的创新，而且是理念的创新是的，一定要保持理念的创新。有人说新杭菜缺乏文化，文化表现在什么地方？有人说是菜，有人说是环境，但回头想想，这些无非都是经营的手段，促成市场交易的手段。在我看来，你做到创新了你做到先进了，人家到你的店里，感受的切不仅是与时俱进的，而且都是比别人更先进的，光是这份心思，它就能创出品牌，它就能上升为文化。

【文章来源】蔡爱国：《杭帮菜来世今生》，《观察与思考》，2002 年第 11 期

19. 杭帮菜另类精彩

连日来采访了杭州数十家专营杭帮菜的"巨无霸"酒店，在写出了主打稿后发现剩下的"边角零料"实在有些别样滋味，记者不忍舍弃便"烹饪"在此，掬于读者品尝——

等着翻桌的食客们

杭帮菜的大店家一般都是航空母舰般的规模那几千来平方米的大餐厅吸引着八方食客。就餐时刻他们一批批、一拨拨成群结队地从四面八方赶来，这景观有点像前几年赶时髦的大学生去电影院赶看大片时的热闹。每天中午12点半和傍晚的六七点是人气最旺的时候。曾经于午间在杭州最大的酒家大厅里就餐时看见当时热闹的场景：一千来桌的大厅里觥筹交错，饕餮者吃得酣畅而自得。最不可思议的是，在一些饭桌的周围还有一些食客在等着翻桌，这种只有在快餐便利店里才能见到的景象出现在如此大规模的餐厅里，实属罕见，杭帮菜的繁盛可见一斑。最忙的是那些服务小姐，在大厅里忙不迭地为客人上菜、斟酒、换碟。而穿梭在大堂里的那些漂亮的女经理们则拿着步话机在那里维持秩序，生怕忙中出乱，她们本人自然而然地成了餐厅里的一道风景。

三百人的大厨房

杭帮菜热闹的不仅仅是餐厅，厨房里的那番景象更是让喜欢看热闹的你眼球凸凸。一个大到无法想像的厨房和忙忙碌碌的三百来人，那是在好莱坞电影里才有的大场景——更妙的是他们忙而不乱，闹而不吵。看他们在那里挥刀舞铲、翻锅炒菜，打荷跑堂，个个忙得连喘口气的时间都没有，而那些穿着灯笼裤的厨师们更是汗流浃背，专注迅速而麻利地在一灶两眼上翻飞着手里的美味佳肴。每一个人工作时的神态又都不同，他们的手势动作观赏起来简直是一种艺术享受。而那些打荷、切菜、跑堂的更是兢兢业业、忙忙碌碌。瞧瞧厨房里那个热火朝天的劲。不过如此奇观你只能在杭帮菜的大餐馆里看到，其他菜系的餐馆里可没有这么热闹，顶多只有三四十号人想想也真是神奇，三百个厨师伙计不用说在那里干活了，就是坐在一起难免也有个磕磕碰碰。而杭帮菜的厨房里可以容纳下三百个人，丝毫没有互相妨碍，还井然有序。怎么管理可是有奥妙的。杭帮菜每个酒家的厨房管理模式不尽相同，最经典的管理模式当数红泥了。红泥的厨房采取的是制度管理方式，不用耗费太大的人力，只需要一些红头文件来做一下约束，厨房里的人自然而然就井然有序了。

请设想一下那样的场景：一个大厨房，三百号人，吐着红色火焰的热灶台，各种五颜六色的菜肴，还有那些生菜熟菜、锅碗瓢盆，是否既壮观来又稀奇？

"少许"两字有天机

杭帮菜，味道好，加工里面有奥妙。如此精妙美味的菜肴，厨子的手艺自然是一个技术上的机密。而这些机密只有厨师们自己才知道。技术在自己的手上别人想学还有点难。翻翻杭帮菜的菜谱，里面的配料之类的从来没有精确的量化的概念，菜谱里出现概率最高的两个字是"少许"。这个"少许"两字可是有天机的。调料放多放少，菜的滋味可是完全不一样的。所以厨师高就高在"少许"两字上。高手厨师手感极佳，他对"少许"两字理解得透彻，所以放起盐啊，味精之类的东西的时候，就能恰到好处，增之一分太多，减之一分太少。这个"少许"也很难规范化。要领会其中的奥妙，恐怕也非口耳相传能行的。所以呢，这个"少许"感觉就像老中医写的潦草的药方，一般人是看不懂也学不会的，一个"悟"字才是关键。

厨师帮是个江湖圈

厨师们有自己的小圈子。这种小圈子在外人看来就像是江湖上一个个武林帮派。各自帮派有一个"掌门人"。"掌门人"是这个帮派中手艺最高的一个。当然了，直接出自他手下的徒弟就是高徒了。"名师出高徒"这句话在厨师帮里也是流传很盛的。假如有个人说自己是某某大师的嫡传弟子，那么厨师帮里其他人看他的眼光就会很不同的。在如此情况之下，某一个厨师长就极有可能成为一个帮派的"宗师"。曾经有个酒家出过这样的事，厨师长和经理闹了别扭之后，就带着自己手下的一帮人当夜离开了酒家，于是这个酒家损失惨重。（这看起来是不是很像武林叛变。）吸取教训之后，酒家就人为地打破这种帮派之间的小圈子，尽量在帮派成立之前调换各个分馆的厨师长。这一招看起来是有点效果的。但是厨师帮在私下里还是存在的。现在杭帮菜的厨师联谊会就是有点像厨师帮各大帮派的"武林盟主"大会。他们在那里"以武会友"，交流技艺。当然，"比武招亲"的可能性就小一点啦。

是谁在做杭帮菜

杭帮菜的餐馆里头，厨子以及他们的助手们在一起工作时可谓挤挤攘攘热热闹闹一大帮的。那么这些厨子是何方人士呢？都是杭州人么？按照道理来说应该是吧，杭州人做杭帮菜，这是天经地义的事。但是看来好像又不太现实。在如今这个人口流动性巨大的年代里在某个行业里保持本地人居多的可能性已经不大了。那事实上的情况呢？据业内人士介绍说做杭帮菜的主要的厨师，比如说每个餐馆里的厨师长、大厨、二厨类的倒几乎全是杭州本地人。而且是土生土长在杭州几十年的，做杭州菜也有不少年头了。只有本土人做本土菜才能做出本土特色来。所以我们现在吃的杭帮菜是正宗的杭州人烧的杭帮菜，口味纯得很。不过那些打下手的诸如"打荷""跑堂"之类的人员，据说大都是安徽人。看起来，杭帮菜的兴旺，还有一大帮安徽人在那里帮衬。他们的功劳也是不可抹煞的。

厨师长和大款的距离

不说不知道，一说吓一跳。杭帮菜厨师长的收入已经远远超过了都市白领、粉领甚至是金领。他们年收入是 20 万。这样做几年下来厨师长们还不是开着小轿车，住着别墅，过着都市生活？事实上也是这样，杭帮菜的厨师长十之八九有私家轿车和个人豪宅。有些做得好的自己已成为一些企业的老总或董事长。比如南方大酒店的总经理胡忠英大师以前就是一个大厨。从某种意义上来说，杭帮菜的厨师长已经算是一个大款了。而且收入稳定，地位相当地高。不过厨师长也不是那么好当的。他们要有从成品菜的颜色里一眼就看出这只菜是否烧得入味，是否有问题，以及是哪一道程序上出了错的本领。这种见微知著的本事岂是等闲之辈能有的？

"照照镜子"——每天吃个厨师餐

杭帮菜酒家有自己的一套管理模式，其中有一道每一天必不可少的程序——吃厨师餐。厨师餐是怎么个吃法呢？具体是这样的，厨房一天工作下来之后，品尝每天做的菜肴，一边吃，一边开会，点评这一天做的菜的好坏得失，哪些菜受欢迎，哪些菜不受欢迎，以及原因。这么做有点像我们杂志社的评刊会，只不过是厨师餐天天吃，而我们的评刊会是一个月开一次。这么做一天两天还好说，但是长年累月下来一年两年甚至十几年如一日，那就不简单了。更何况杭帮菜如此大的规模呢？

花样经蛮蛮透

杭帮菜每一家都不同，都有招牌菜和各自的特色经营。比如，杭州张生记的老鸭煲是它的招牌菜。据说这个老鸭煲烧起来可不是那么简单的。首先他们自己在杭州有个养鸭基地。养着一些上等的老肥鸭——一个个胖嘟嘟，肉墩墩，养得肥肥壮壮。然后每天早上 5 点多开始用微火炖，一直炖到中午，炖足四个小时才能上桌。楼外楼的西湖醋鱼也是如此，他们的西湖醋鱼比别的酒家更加鲜嫩。其中的奥妙得益于楼外楼得天独厚的地理位置。楼外楼在西湖边，得了这个便利，他们在西湖边做了几个放养箱，用网圈养着草鱼。把买来的草鱼在西湖里放养几天，等到鱼肚里的泥土都吐尽了之后，才拿来开膛破肚，做成西湖醋鱼。这样做出来的醋鱼味道鲜醇没有泥土气。所以楼外楼的西湖醋鱼特别好销，每天可以卖掉几百条。

连电瓶车都用上了

杭帮菜有些店家的想象力相当的发达，比如说杭州阳光系列的"金色阳光"就用电瓶车接客。这种接客方式是不是看起来很稀奇，让你跌破眼镜了吧。从"金色阳光"的大堂到最远的包厢估计有百来米。这距离平时在室外走走也不算是太长，但是放在一个酒家里就显得有点长了。所以聪明的店家就想出用电瓶车送客的方法。无污染无噪音的电瓶车在光洁可鉴的地砖上平稳而轻捷地开起来的时候，酒家的生意也随之而兴旺。电瓶车成了"金色阳光"的一个标志。当然这一举措最受老年人的欢迎，据开车的师傅说，有些老年人坐着开心了之后还会和他留个影什么的。在"金色阳光"的门口还放着两三辆轮椅。如此以人为本的经营方式让人感觉到店家服务的周到细致和高品位、高质量。"金色阳光"每天几百个包厢常常爆满的现象就不足为奇了。

【文章来源】韩晓露：《杭帮菜另类精彩》，《观察与思考》，2002 年第 11 期

20. 杭帮菜十年风雨路

令人刮目相看的杭帮菜

"今天是周末，走，我请你们到'张生记'去吃一顿。"于是大家三五成群地到了酒店。一看，傻眼了，二楼的沙发上已经有人坐着排队了。"6号请。您是7号，请稍等。"迎宾小姐彬彬有礼地"调度"着来客。"先生，请问您订桌了吗？"她问。我摇着头赶忙和几个朋友驱车来到了"新开元"。"新开元"同样"人满为患"。看来今天的晚饭是没着落了。迎宾小姐友善地向我解释道："我们这里都要提前预订的，尤其是周末。"也许，这就是我看到的这座被饕餮之徒捧为"美食天堂"的杭州吧。

这位食客感慨地对记者说了他做东请客时的遭遇。

这种现象不只是张生记、新开元有，像红泥、花中城、喜乐、名人名家、金色阳光、新三毛、万家灯火，还有百年老店楼外楼、知味观等生意同样兴旺。尤其是周末或是其他节假日，各大酒店的包厢都必须提前一周才能预订到。

为什么杭帮菜会吸引如此多的食客？

其中的奥秘是：杭帮菜好比"五吃"，即嘴吃、眼吃、耳吃、鼻吃、脑吃。说起来似乎有点玄乎。现在人们流行吃的感觉是"无主题变奏曲"，在吃腻了粤菜、川菜等口味醇浓的菜肴后，口味挑剔的人们的目光又瞄准了杭帮菜。据记者调查，吃杭帮菜，其实吃的是文化。走进"张生记"就如走进了珍藏愉走进了"红泥"，自己仿佛成了一位大家闺秀或豪门公子走进了"楼外楼"，仿佛身临仙境，令人遐想万千……所以并不是"吃只是吃"，而是嘴尝、眼看、耳听、鼻闻、脑想。

杭帮菜的火爆，是杭州餐饮业竞争的结果。据统计，只有170万人的杭州市区就有5200余家餐饮网点，平均300多人就拥有一家。此种现象在国内大中城市中实为少见。

近年来，杭州的餐馆越开越大，上万平方米的餐馆，已有好几家。如张生记、红泥、新开元等杭州店均能容纳2000余人用餐，员工多达四五百人。

被杭城老百姓形容为"航空母舰"之一（即营业面积达 10000 平方米以上）的黄龙喜乐酒店，可同时容纳 3000 人用餐，有 2 个宽敞舒适的百桌大厅，1 个可拥有 30 人同时就餐的宴会厅，118 个风格迥异的豪华包厢。它是目前杭城规模最大的餐饮酒店。

连锁店的发展，也成了杭州的一道风景。如"阳光系列""喜乐系列""红泥系列"，有的连锁店还开到了北京、上海、南京等地。

餐饮经济为杭州经济的发展做出了巨大的贡献。

来自《杭州商业年鉴》的数字显示：2001 年，全市 5200 多家餐饮企业，营业收入高达 35.75 亿元。

新杭帮菜的悄然崛起

这里讲述着十年前在一个胡同里发生的小故事。"赖氨酸面包，谁买面包喽"，声音是从一条当地人叫"孩儿巷"的胡同里传出来的。看上去这是一位二十岁刚出头的毛头小伙。他就是现任"张生记"大酒店的董事长兼总经理张国伟。谁也没想到，就连他自己也没想到，当年只是靠卖面包起家，到如今自己的店已经做到了年营业额超亿元。

回想当初，张国伟感慨万千。

1986 年，张国伟刚退伍回家，恰逢亚洲杯足球赛。小张年轻喜欢足球，当他每次看足球赛时，一旦中国队踢得不好，便会情不自禁地感叹："中国人怎么踢得过他们呢？他们是吃牛奶面包长大的，而我们吃的是稀饭和油条。"说着，突然有一个念头跳进他的脑海，何不开家牛奶面包店呢？

正是这种说干就干的个性才造就了他今天的成功。

于是他开起了面包店，生意甚是红火。后来小张又萌生了开馄饨店的念头。1988 年鸭血馄饨店开业。小店虽只有五十几个平方米，但由于诚意待客，生意依然红火。

"机遇只会垂青于那些有准备的人。"1996 年，他通过各种渠道筹集到三四百万元的资金，在庆春路综合大厦开了 2000 平方米的"张生记"酒店。他用家常菜"笋干老鸭煲"来做招牌菜。从此，在杭州人心目中就有了"到张生记，吃老鸭煲"的概念。

张国伟的成功之路，也是杭州许多餐馆老板走过的路。

"人惟患无志，有志无有不成者。""红泥"董事长张杭生在接受记者采访时说，"当时我没有任何背景，也没有任何捷径，仅凭着自己内心的份激情和冲动，总想任何事情都是人做出来的，所以一直走到了今天。"

他的话，代表了许多创业人士最初的一种心态。

1990年，张杭生就以30%的股份与人合作经营"天天渔港"。3年后，他开出了60平方米左右的"新世界大酒店"。虽后因属违章建筑而闹得满城风雨，但它却成了后来被人称为杭帮菜的发展过程当中的一个里程碑。

"新世界"当时有三个明显特点：宾馆化的服务、物美价廉的菜肴、富丽堂皇的就餐环境。这就一下子抓住了食客的心。"到新世界，吃饭"，成了一件非常体面的事。与此同时，面对杭州人口袋里越来越多的钱，以及商务活动越来越频繁，"高朋""新桃李园"等一大批500—600平方米的中档规模的酒店也应运而生。

权威人士认为新杭帮菜从此崛起。

当时，杭城虽然规模中档的酒店已近百家，但粤菜、川菜等的势力仍旧较强。老的杭菜餐馆，由于体制问题以及缺乏创新精神，大多步履维艰。所幸的是"新世界"等新开的餐馆，却以灵活的经营方式，迎接着粤菜、川菜的挑战。他们想尽一切办法，甚至推出"一元钱一条鲈鱼"的横幅进行促销，而粤菜馆的鲈鱼却卖70—80元/条。

这是一场没有硝烟的战争。最终，杭帮菜的经营者用自己的智慧、勇气和胆识，打出了一个轰轰烈烈的美好江山。

杭帮菜日趋壮大和成熟

到了90年代中期，一批"新字号"面积达数千平方米的餐馆开始兴起，如新阳光、新开元、新花中城、新三毛等特别是当时的"阳光系列"给消费者留下了深刻的印象。

于是，有行家认为："阳光系列"标志着新杭帮菜步入了青年时代。

这一时期餐馆的特点是在最初崛起时的三大特点基础上的进一步发展和光大。特别值得一提的是，"花钱吃环境"或者"花钱吃感觉"的新概念，在杭州一批较成熟的消费者中悄悄地被接受。新闻媒体此时也不断推波助澜，专为"小资"准备的极富"小资"情调的美食版或餐饮版热闹非凡，几乎所有的日报，都精心打造了一批"舌探"记者。

杭州报纸的这些版面，成为中国媒体的一大"奇观"。

"航空母舰"餐馆在杭州的出现，是在旧世纪末和新世纪初。杭帮菜进入了成熟期。它以"张生记""金色阳光""喜乐""红泥"等的超万平方米的餐馆的出现为代表。它们的经营者已经在"战火纷飞"中练就了一身好武艺。他们在与粤川菜的"四大战役"中，牢固地确立了自己的位置。

第一战为价格战。实行平价效应般菜肴的毛利在 20%—30%，同比粤、川菜要低 30%—40%。杭帮菜便宜，是消费者普遍共识的。

第二战是对酒店菜肴的口味进行改良，甚至创新。酒店在推出原有杭州传统特色菜的基础上，走出城门汲取东西南北中的菜肴精华，形成了"我中有你，你中有我"的特色。

第三战是全面推进星级宾馆化的服务。无论是软件还是硬件，它都达到了四五星级的宾馆水平软件，服务员的微笑服务、用餐服务等进一步规范化和标准化硬件，投巨资对酒店进行装修。为适合现代人享受的多样化风格，其装修风格有中国古典式的，有现代欧美式的，也有中西结合的等。

第四战就是比规模。"航空母舰"的出现，一些粤、川菜馆知难而退，同时杭城也有一些规模不大的餐馆也销声匿迹了。

杭帮菜在杭州取得了巨大的成功后许多有实力的老总们在思考如何寻找新的经济增长点。

从 1996 年开始，"张生记"首先向上海投放了第一块试金石，结果的火爆现象却在他们预料之外。于是"红泥""新开元"等大型餐馆纷纷赴上海开设分店。营业面积从 3000 平方米，最大的达到 12000 平方米，到今天止，杭州餐馆在沪已有 2000 余家。上海同行惊呼，"杭帮菜把上海菜打得落花流水！"上海新闻媒体报道："杭帮菜占据上海餐饮半壁江山。"

2001 年，当"张生记"在南京市中心的新街口开设 5000 平方米酒店后，"红泥"老板也在南京花 1.2 亿元买下了三层楼，用 4000 万元进行了豪华装潢，有 100 个包间，2000 多个餐位，营业面积达 12000 平方米。

从 2001 年第四季度开始，杭帮菜酒店一家又一家落户南京，吸引了众多金陵客人，除了包间要提前预订外，大厅散客也抢先赶到就位，否则就空跑一趟。与此形成强烈对比的是，南京林林总总上万家大小饭店可以说没有一家有过此热闹场面。

这一时期的杭帮菜的成熟的标志，主要表现在以下几个方面：

品牌意识的确立，在日趋激烈的市场竞争中，经营者把创品牌作为有效的竞争手段。"红泥"几年时间一口气开出了"红泥家常饭""红泥砂锅""红泥花园"系列酒家。张杭生十分注重企业品牌的打造。位于南山路上刚装修开业的7000平方米的红泥砂锅大酒店，正是游客云集的旅游休闲之处。为了在游客中打出"红泥"品牌，张杭生把办公地址迁到了杭州的著名景点虎跑。他看中了这块宝地，希望通过游客把"红泥"的品牌传送到大江南北。这里除了打造企业本身的品牌外，经营者十分注重打造产品品牌。如"喜乐"的招牌菜"一品南乳肉""八宝鸭""什锦泰锅"等"红泥"的招牌菜"红泥手撕鸡""纸包鱼翅""芙蓉龙虾"；"张生记"的招牌菜"笋干老鸭煲""蜜汁脚圈""蟹黄鱼翅"；"新花中城"招牌菜的"翠绿大鲜鲍""浪花天香鱼""稻草鸭"等。

科学的经营管理。现代酒店是个相当复杂的动态综合体，经营者强调"人本管理"，首先管人先管"心"，记者了解到：大多数知名酒店的中高层管理人员，一般都在8-10年，甚至有些还是"元老"。这个层面的人被老总粉作"柱子"。老总们对他们十分关照。"我们靠的是事业留人、待遇留人、感情留人，"其次提高员工的整体素质，如人文素质和技能素质等。"红泥"对属下的几大餐馆的厨师长的"调防"以及职能的调整，在业内被传为管理上的"经典之作"。在产品管理上，一些店家推出三大菜系：一是健美食品，主要是能预防肥胖以及胆固醇升高，保持人体生态平衡的食品；二是绿色食品，即安全，无害，受污染少，绝对新鲜；三是营养食品，即能补充人体所缺的各种微量元素，具有增强体力和开发智力功能的产品。

注重企业文化建设。企业文化是一个企业的灵魂和精髓所在。杭州餐饮业的老总们在管理中悟出了一个道理：企业的规章制度对人的管理总是有限的，所以，造就一个企业内部员工普遍认同的价值观，就显得十分必要。这种价值上的认同，就是企业文化。于是，许多成功的餐馆，都要开"两会"（班前会和晚餐会），不断对自己的工作进行检讨和思考。于是，"张生记"有了《张生记文苑》杂志和《张生记》报，"红泥"有了《红泥报》。

团队精神的确立。随着杭帮菜的威名震慑，人们也开始关注杭帮菜的把舵手。有趣的是他们的酒店无论在南在北，哪怕中间只隔着一条街，却仍是和气相待，你缺啥到我这里拿，这里的顾客满了请就座对面……"浙江人亲如兄弟"，被南来北往的客人一直传为佳话而杭帮菜的把舵手认为独木不成林。杭帮菜的牌子是要有识之士齐心协力共同塑造的。

2002 年国际劳动节前夕，北京传来喜讯，"张生记""楼外楼""喜乐""新花中城""万家灯火""知味观"等多家酒店，被国内饮食业权威机构中国烹饪协会评为"中华餐饮名店"。

荣誉是一种光荣，也是一种责任。

"杭帮菜将是 21 世纪的中国菜。"这是每一位杭帮菜经营者的梦想，他们预测再用 10 年时间，他们会用自己的勤劳智慧和创新来实现这个梦想。

那将是一个崭新的 10 年风雨路……

让我们来共同关注。

【文章来源】罗英：《杭帮菜十年风雨路》，《观察与思考》，2002 年第 11 期

21. 杭州菜的成功之道

据统计，杭州餐饮企业达 17000 家，营业面积 150 万平方米，2002 年营业收入 53 亿元。纵观杭州餐饮市场，大型餐馆一直保持稳定增长的态势，外埠开拓势头有增无减，西式餐饮迅猛扩强，特色餐饮成为新的亮点。

杭州菜的品牌已经竖立

构成杭州某品牌的基本要素是名店、名菜、名点、名人。这里所指的名人，当然指专家学者美食家、文艺人和经营者等，也可以泛指理性消费的客户资源。从这些基本要素看，杭州餐饮业已有 50 余家超过 4000 平方米的大型餐馆，一批国际餐饮名店、中华老字号、国家级、省市级知名企业脱颖而出，并有着较强的抗风险和发展能力，杭州餐饮界有国际烹饪大师 2 人，中国烹饪大师名师 37 人，杭州烹饪大师名师 104 人，中国服务大师名师 25 人，杭州服务大师名师 58 人，一批烹饪和服务新人，在知名企业掌勺和领班，是杭州烹饪队伍中的中坚力量。杭州的知名企业直接投资到全国 30 余个城市，开设了 60 余家分号，极大地提高了杭州菜的品牌。杭州已有了一批餐饮职业经理人和职业厨师长。劳务输出、管理输出也是提高杭州菜品牌的重要手段和途径。杭州菜点不断创新发展，从 1986 年首次全市性创新菜活动开始，十几年来，经过烹饪界人士的不懈努力，推陈出新，创新菜点如雨后春笋让人应接不暇。以 48 只新杭州名菜为代表的创新菜，得到了广大消费者的认同，杭州菜点在国内外重大比赛上，都获得了金奖，显示出强大的生命力和竞争力，杭州菜的迅速发展，带动了家居消费，工薪族客户已成为杭州菜经营的基本战略资源，并不断深入开发和细化大众消费群体，培养了一批新型的家庭式的理性消费群，又促进着餐饮业的良性发展。

杭州餐饮企业投资效益良好

餐饮业投资是"短平快"项目，开家菜馆的投资额不大，但风险是大的。杭州餐饮投资效益总体是好的，以进入上海近 50 家杭州直接投资的企业情况分析，除个别企业经营管理不善，退出市场外，80% 以上的企业投资效益良好。

如企业投资 4000 平方米饭店，投资题在 600 万元左右，日营业收入投资初期可达 10 万元左右，扣除租金、工资、税金等费用后，净利率达 15% 至 18%，大都在一年或一年半收回投资。考虑到上海市政府部门和房东在税金房租、物业管理费水电费上的减免优惠，则投资效益更佳。上海滩刮起"杭州菜的旋风"，原动力是经济效益的驱使。正因为有此动力，杭州菜开拓外地市场的势头有增无减。

杭州菜已成为杭州的一张新名片

为维护保障、宣传激励杭州基走出杭州，走向全国，杭州市制定了"杭州餐馆"的标准，杭州市委书记和市长亲临上海授匾"杭州餐馆"，表彰在沪投资经营杭州菜的优秀企业。杭州菜的经营者们自信地亮出了"美食天堂"的幌子，为"杭菜美誉甲天下"的共同目标而经营企业。以城市名命地方菜，菜系打上城市的印记，无疑会提升菜肴的知名度，有利于行业发展。

开辟了餐饮大众化消费的新天地

抽样抽查的结果表明，杭州菜对消费者最大的吸引力是菜肴价廉物美。上海餐饮界评价，杭州菜带动了上海家庭居民消费，"将上海市民从家庭中请进了餐馆"。其实，在杭州的餐饮消费中，本地家居消费占了一半以上的比重。虽然杭州是旅游城市，但杭州餐馆经营一直遵循"本地居民和外地游客并重"的方针，开发自己的客户资源。在后非典时期到旅游禁令未解除的这段时间里，杭州餐饮恢复异常的快，关键是杭州老百姓对餐饮的青睐，价廉物美的杭州菜点得到了消费者普遍公认。试比较同型的餐馆经营，北京餐饮企业菜肴毛利为 60% 的话，上海为 53% 左右，杭州则为 45% 左右，也就是说，同样的宴请，在杭州菜餐馆里支付 500 元的话，上海需支付 700 元，而北京则需支付 1100 元左右。

形成了餐饮管理职业化的新机制

随着做杭州菜的企业生意越来越红火，杭州菜品牌越来越响，杭州的厨师，服务师和经营者的身价也在攀高。品牌在得到市场认可的同时，人力资源也充分扩展，杭州餐饮市场上出现了一批职业经济人和职业厨师长，也出现了 30 余家餐饮专业咨询公司，扮演着职业经理厨师的经纪人形象。过去，在民（私）营企业初涉餐饮市场时，企业间相互挖人，高薪聘人的现象渐渐消退，代之的是行业的规范，并逐渐趋向于走职业俱乐部和会员制的道路。在职业经理出现的同时，厨师长也在职业化。过去厨师长只要具备一定的操作技能，懂得厨房管理和菜点成本核算、毛利控制即可，现在厨师长不但要有过硬的技术和较强的厨房管理能力，还必须是有创新能力，德艺兼备的知识型人才。

成功于定位准确

我认为杭州菜经营方针，可以概括为"面向大众化，立足工薪族，高中低兼顾，突出中低档经营，精新优发展，全方位高质量的服务"这样的经营方针和定位。具体表现在以下几个方面。

一是选址。每个城市都有聚人气的场所，如商业街、小区、商圈。选址除了首先要考虑人气指数外，还要考察营业面积、环保、租金、业主、交通等各方面条件。从杭州到外地开店情况分析，所选营业场所失误的很少，不少企业已从原来的经验型选址，转为科学开发的程序上来了。选址主要是一般的消费和商务活动多的地方。

二是产品。杭州菜的菜品是以家常菜为主，说到杭州菜品时指的是大众化消费的杭州菜点杭州菜有一个传统的特点，就是因时令季节而变化。如笋，就有春笋、冬笋和鞭笋，不同时令季节吃不同的菜。随着交通改善，科技进步，春夏秋冬四季蔬菜已不分时令季节，几乎每天都可以吃到四季蔬菜，原料使用不再受时空限制，给厨师们创造了菜肴天天可变的条件。"365天，天天有新菜"，这是一家店的广告语，说明杭州菜能变、善变，会出新菜。家常菜和创新菜是杭州菜的特色。

三是环境。餐饮的消费是由厨师制作产品，经过服务员和顾客的沟通，最终完成交换买卖的过程。就餐环境是消费过程中不可缺少和替代的场所，是产品转换为商品的物质载体。安全、文明、赏心悦目、舒适满意的就餐环境，既能吸引消费者，又能让消费者得到菜点以外的满足。从杭州菜经营方针出发，杭州菜馆在就餐环境的装饰营造上，有张生记的古朴、知味观的豪华、花中城的大气、楼外楼的雅致，但是大都以简洁明净为主要基调，如细细观察，会发现杭州餐馆从布局、用材、照明到桌椅、器皿、摆设，都有着自己的风格，营造了一种江南古韵和现代气息相互交融的氛围，让顾客感到与其供应的菜点是相吻合的，或许会感到环境的档次更高一等。

四是服务。杭州到外地开店的服务员，一般不招当地服务员，大都是杭州本地招聘的。他们会讲普通话和杭州话，也听得懂当地话，有的还讲得非常流利。

服务员的工作服一般是不亮眼的，以体现主仆有别，从整体上看，服务员热情而又大方，温雅而有活力，聪明机灵，形象尚佳，个体素质不错，他们既有规范化服务的技能，又有因人而异的实践经验，消费者普遍有服务满意的感受。

钟情于菜肴创新

杭州餐饮业菜肴的创新是走在全国同行业前列的，早在1986年至1987年，杭州就开始了全市性的创新菜大赛。通过十余年的努力，1988年《杭州菜谱》出版，它们记录了杭州创新菜发展的阶段性成果。纵观杭州创新菜发展的过程，有"三个结合"的显著特点。

一是菜肴创新与本土文化有机地结合。杭州菜在创新中不仅推出一批菜点，还推出了一批宴席，如"西湖十景宴""南宋宫廷宴""东坡宴""全鱼宴""全蟹宴""红泥宴""翠竹宴"等等。将菜点与本土的自然、人文景观与原材料特色有机地结合，别具一格，赋予创新菜点更多的文化内涵。

二是菜肴创新与培养烹饪新人结合。杭州菜创新的主体是知名的企业的厨师，日常供应的新的菜点，更多地出自于默默无闻的年轻厨师之手。为相互交流启发，提高烹饪技艺水平，杭州市几乎每年都要举办行业性的烹饪大赛，如创新菜大赛、家常菜大赛新杭菜大赛、新人王大赛等等，杭州市政府有关部门、餐饮专业公司、杭州烹饪协会、餐饮同业公会、杭州菜研究会、创新菜研究院，包括一些媒体都是大赛的主办或承（协）办单位。通过大赛的形式，既创新了一批新菜点，又发现了新人，培育了新人，不少厨师十几年前刚从烹饪学校毕业，现在已经戴上了烹饪大师的桂冠。

三是菜肴创新与开辟新的原料和市场营销相结合。创新菜不仅是在烹饪技艺上创新，更在广辟食源上有了进步，老的杭州名菜，原辅料仅20多种，新杭州名菜48只，原辅料达70多种。杭州餐饮企业经常举办新原料的推广会，展现厨师们制作的菜肴，邀请基本客户品尝，以达到产、供、销直接见面。如三文鱼、千岛湖有机鱼鹅肝、草鸡、稻草鸭、菌菇等推广会，通过现场制作，宣传原料，宣传新菜肴，进行营销活动，效果良好。

所谓创新菜，一方面是相对本地的传统菜品，另一方面是相对于其他地方菜的菜品不同而言。创新菜是在菜品原辅料搭配、烹饪技法、风格品味、寓意造型、养膳实用等多方面的创新，以给消费者带来新的美食感受杭州菜的创新菜中，"南方迷宗菜"有一定代表性，它在继承传统菜上不断创新，在各地菜系，包括外国菜的学习中取长补短，古今中外，融会贯通。如"金牌扣肉"是在"东坡肉"的基础上，经过刀工技法创新，将肉批成连刀薄片，增添淡笋干丝，围成金字塔状，蒸透扣入盘内，既保持了东坡肉"酥而不烂，油而不腻"的特点，又让食客感到造型别致，其味更佳，更有苏东坡"不媚不俗笋烧肉"的意境。"迷宗菜"无宗无派，但不是随意地创新，创新菜点突出的还是以味为核心，目的是要让食客感觉好。"食为味载体，味乃食灵魂"，味有五味，酸甜苦辣咸，调和后，"味无定味，适口者珍"。我认为创新菜的本质就是"五味调和，人菜合一"，指的是厨师和食客对制作和品尝菜肴的统一。

得益于管理有效

杭州餐饮知名企业，其内部管理是井然有序的。它机构健全，人员职责、工作程序、素质要求都十分明确。

杭州餐馆的厨房管理是有效的，不少城市的同行们在学习和仿效。杭州餐馆厨房，凡条件允许的，都是一层大厨房，无论餐厅是三层、四层或五层的，厨房就是一层。过去每层或每两层设一个厨房，现在许多地方仍然是这样的布局。杭州带头改了，其出发点是降低管理成本，便于人员调配，合理使用原料，降低投资成本，同时营业场所也更加整体化。由于杭州菜品出菜率快，顾客就餐时，并未感到不便。在厨房，从厨师长到粗加工、切配、炉灶、冷拼、点心、勤杂洗碗等岗位，责任到人，奖惩严格，杜绝浪费和无谓的损失。在厨房管理中，就稳定提高菜点质量上，坚持贯彻两个原则。一是"零成本"原则。要求厨师在制作菜点工作中，一定要认真再认真，仔细再仔细。一个烹饪名师大师，职称级别再高，如果工作不认真，是出不了好菜的。而认真是不需要成本投资的。二是"质量生命"原则。杭州餐馆大都有自己的拳头产品，从原料的生产到选购，都有稳定的基地和来源，由相对稳定的厨师制作，以保证菜肴出口质量的一致化。如楼外楼的"西湖醋鱼"、知味观的"小笼包"、张生记的"老鸭煲"，就是企业的招牌菜，是企业品牌的具体化。企业经营者对这些看家菜点的质量稳定十分重视，制定了相关的制度规定，对顾客的反映绝不怠慢。

【文章来源】戴宁：《杭州菜的成功之道》，《中国烹饪》，2004 年第 3 期

22. 东坡肉今昔

近日听营养学专家谈到饮食营养，说吃四条腿的不如吃两条腿的，吃两条腿的不如吃没有腿的，形象点说就是吃猪肉不如吃鸡肉，吃鸡肉不如吃鱼虾。照此一说，猪肉就成了最不值得一吃的东西，但对我而言猪肉始终是种美食，比如说杭州名菜东坡肉。

第一次吃东坡肉还是在大学的食堂里。那段时光胃口好得要命，整天就想吃荤菜，东坡肉理所当然成了挚爱。每每上课完毕，买上一块冒着油光的东坡肉就着米饭吃是那样的惬意。偶尔出校门打牙祭，在校外的小饭馆里，最常点的也是这道菜，一是花钱不多，二是实在可以补足油水。

后来才知道，东坡肉还颇有些来历。苏东坡作文名列唐宋八大家，作词与辛弃疾并为双绝，书法与绘画独步一时，就是在烹调艺术上，他也有一手。当他触犯皇帝被贬到黄州时，常常亲自烧菜与友人品味，他的烹调又以红烧肉最为拿手。苏东坡曾作诗介绍他的烹调经验是："慢着火，少着水，火候足时它自美。"

不过，烧制出被人们用他的名字命名的"东坡肉"，据传那还是他第二次回杭州做地方官时发生的一件趣事。那时西湖已被葑草湮没了大半。他上任后，发动数万民工除葑田，疏湖港，把挖起来的泥堆筑了长堤，并建桥以畅通湖水，使西湖秀容重现，又可蓄水灌田。这条堆筑的长堤，既为群众带来水利之益。又增添了西湖景色，形成了被列为西湖十景之首的苏堤春晓。当时，老百姓赞颂苏东坡为地方办了这件事，听说他喜欢吃红烧肉，到了春节，都不约而同地给他送猪肉，来表示自己的心意。苏东坡收到那么多的猪肉，觉得应该同数万疏浚西湖的民工共享才对，就叫家人把肉切成方块块，用他的烹调方法烧制，连酒一起，按照民工花名册分送到每家每户。他的家人在烧制时，把"连酒一起送"领会成"连酒一起烧"结果烧制出来的红烧肉，更加香酥味美，食者纷纷盛赞苏东坡送来的肉烧法别致，可口好吃。从此杭城人就把这种肉称为"东坡肉"，名冠杭州名菜之首。

如今，杭帮菜风行大江南北，许多饭店餐馆都能烧制东坡肉，但在我看来，这做东坡肉最好的饭店还是莫过于杭州的楼外楼菜馆。楼外楼菜馆背枕孤山之阳，面对西湖万顷，又与中山公园、西泠印社为邻，素以"佳肴与美景共餐"而驰名海内外。它始建于道光二十八年（1848），店主是一位清朝的落第文人，名叫洪瑞堂。他与妻子陶氏秀英在烹制方面有一技之长，因想到西泠桥一带无饮食店，便在略有积蓄后在此开了这家菜馆。可巧，这菜馆就建在近代著名学者俞曲园先生俞楼前侧，洪瑞堂便到俞楼请先生命名，曲园先生说："既然你的菜馆在我俞楼外侧，那就借用南宋林升'山外青山楼外楼'的名句，叫做'楼外楼'吧！"而后，楼外楼经过百年的发展，既形成了独特的餐饮风格，又积淀了丰厚的文化底蕴。"一楼风月当醑饮，十里湖山豁醉眸。"每当游客们欣赏完西湖的美丽风情，踏进这绿荫环抱、别具雅趣的楼外楼，把酒凭栏，一面品尝名菜佳肴，一面饱览湖光山色，有道是"客中客入画中画，楼外楼看山外山"。

转眼间风雨百年，餐饮业瞬息变幻，但今日的楼外楼仍以烹调清鲜、脆嫩的杭州名菜独领风骚。比如这里的东坡肉就享誉盛名。它精选金华的"两头乌"乌猪的五花肋肉，将其刮洗干净，切成正方形的肉块，放在沸水锅内煮 5 分钟后取出洗净。再取大砂锅一只，用竹箅子垫底，先铺上葱，放入姜块，再将猪肉皮面朝下整齐地排在上面，加入白糖、酱油、绍酒，最后加入葱结，盖上锅盖，用桃化纸围封砂锅边缝，置旺火上，烧开后加盖密封，用微火焖酥后，将砂锅端离火口，撇去油，将肉皮面朝上装入特制的小陶罐中，加盖置于蒸笼内，再用旺火蒸 30 分钟至肉酥透即成。但见这时的"东坡肉"薄皮嫩肉，色泽红亮，酥烂而形不碎，尝一口但觉味醇汁浓，香糯而不腻口，细品之下更是回味绵长，妙不可言。如此，凭栏赏美景，把酒尝佳肴，人生乐趣莫过于此，何不一试焉？

【文章来源】张琪璇：《东坡肉今昔》，《美食》，2004 年第 6 期

23. 从市井美食到筵席名菜：说杭州猪头菜

猪头的身分颇为奇特，它既是"下里巴人"的美食，又是阳春白雪的名菜。在扬州（杭帮菜在四大菜系中属淮扬菜系），猪头是属于"扬州三头"（蟹粉狮子头、拆烩鲢鱼头、扒烧整猪头）之一的名菜，但在杭州，它更多的是以市井美食的身份出现。记得 20 世纪 50 年代末期，杭州市场上有大量去骨腌猪头出现，带舌的每 500 克 0.32 元，去舌的只要 0.28 元。吾家贫寒，与左邻右舍抢着去买，煮熟后肥处晶莹如白玉，精处火红如胭脂，成而香，鲜而美，食此佳味，破屋板床如同新居席梦思，补丁旧衣仿佛轻裘绸衣裳，当时的喜雨台茶楼（今之太子楼所在地），在阔的、面街的楼梯上曾有一个红火的卤味摊位，问津者大多是劳苦大众。此摊墩头上常放一大方猪头肉，色泽酱红，浓香四溢，引人垂涎不已。那师傅手持利斧，常为短衫族（三轮车、黄包车工人、搬运工人等市民）斩上一、二角钱那么一长条肉，切成薄片，浇以原汁，用荷叶包了，作为他们一天辛劳后的下酒、过饭之菜。而街头巷尾的小菜馆、小酒店，无不备有红卤的猪头肉，以备市民们不时之需。可见，在很长的一段时间内，猪头肉是市井劳苦大众价廉物美的佳肴。

大约从 20 世纪 90 年代起，猪头肉在杭州开始风光起来，它的一些部位先后出现在火锅城及筵席上。笔者一次与朋友到清泰立交桥畔一家颇有名气的火锅城吃饭，店家上了一只鸳鸯火锅：色红者为麻辣味，色清者为咸香味；忽见生菜盘中有切成长方块之物，色白如和阗羊脂白玉，而其表皮有一棱棱突起之梗，其形见所未见，以筷夹到锅中涮熟，略蘸调料入口，嚼起来"格崩格崩"，爽脆味美，便问店家："此为何物？"店家莞尔一笑，说："天花卷！"又问："天花卷为何物？"答曰："猪口中之上腭天花板也！"听此言后，吾与朋友大为惊异，八戒嘴脸何等之丑，四处乱拱，馊饭烂菜大嚼，却生出这等如同白玉般的脆物来，叫庖厨们化腐朽为神奇，奉至火锅宴上，光凭这点，也够叫人耳目一新的了。

与此同时，杭城各种筵席的冷菜中，也常出现一种酱色的小圆肉片，作为下酒之物，名曰"顺风"。此物吃来爽脆味美，甚受食家欢迎。说穿了也叫人颇感新奇，那是用猪耳朵加工做成的，而制法也颇为别致，先将净猪耳卷成圆筒，用绳子一道道扎紧，在卤汤中煮熟、凉透，入冰箱作冷处理，待冻结一起，解绳切片，即可作为冷菜上桌。与此同时身价顿升的，还有"门腔"一物，初闻此名，不明为何物，等到见到，方知是猪舌。商家忌"舌"音射"蚀"，便称"门腔"。依愚猜度，门里空荡荡，自然指的是猪嘴里面的空腔，咀中有何物？自然是指舌也！

一只猪头，已有耳朵、舌头、天花板三个重要"零件"上了筵席的台面，这在中国近代饮食文化史上是破天荒的次"升格"，下面可能是猪头拱鼻出风头，那物爽脆之至，卤后吃口也颇佳。

朋友，你说，猪头的地位是不是在与日俱增？

【文章来源】宋宪章：《从市井美食到筵席名菜：说杭州猪头菜》，《美食》，2004 年第 5 期

24. 缤纷多彩的"钱塘风情宴"

近段时间，韩剧《大长今》的宫廷美食让中国人大饱眼福。但要想一饱口福还得吃咱色、香、味、营养俱佳的特色"国菜"。

说到"国菜"，我们要向大家推荐一款特别的宴席——"钱塘风情宴"。

"钱塘风情宴"是浙江商业职业技术学院烹饪与旅游管理系新近开发的、集人文、风情、营养，保健于一体的现代宴席，在设计中体现了三大营养保健特色。

特色一：选料特别丰富。自然界的烹饪原料虽有成千上万，但没有任何一种单独食用就可以满足人体所需的全部营养需求。只有运用多种原料来进行配菜，才有可能使配出的菜肴所包含的营养素种类比较全面。据不完全统计，"钱塘风情宴"中仅热菜和冷菜选用的原料就达52种之多，充分体现了原料多样化的筵席营养配菜原则，使各种烹饪原料在营养上取长补短、相互调剂，从而改善、提高了整席菜肴的营养水平，达到平衡膳食的目的。

特色一：特别突出植物性原料的营养作用。"钱塘风情宴"冷菜和热菜中共使用植物性原料三十多种，这些原料中含有丰富的维生素C，可以弥补宴席动物性菜肴缺乏维生素C的缺陷。并且还含有较丰富的维生素B2及胡萝卜素。植物性原料富含钾、钙、钠、镁等成分，不仅能提供动物性菜肴所不足的矿物质，而且这些碱性元素可以中相肉、鱼、禽、蛋在体内代谢时所产生的酸性，对调节人体内酸碱平衡起着重要的作用。此外，植物性原料也是供给人体植物纤维寨和果胶的重要来源，纤维素和果胶能促进胃肠蠕动，调节消化功能，有助于食物的消化，利于排便，并可加速某些有害物质的代谢过程。

特色二：采用的动物性原料多从低脂肪低胆固醇角度考虑，并适当配以食用菌等降胆固醇及抗癌的食物。以防赴宴而引以现代病。

本宴中主要冷菜和热菜的营养保健特色。

冷菜主要由家常豆腐干，杭州酱鸭，百合南瓜组成。

家常豆腐干。豆腐有"植物肉"之称，作为食药兼备的食品，具有益气，补虚、清热润燥等多方面的功能。豆腐含有8种人体必需的氨基酸，还含有不饱和脂肪酸、卵磷脂等。因此，常吃豆腐可以保护肝脏，促进肌体代谢，增加免疫力。

杭州酱鸭。鸭的营养价值比较高，可食部分鸭肉中的蛋白质含量约 16%—25%，比畜肉含量高得多，肉味鲜美鸭肉中的脂肪含量适中，约为 7.5%。脂肪酸主要是不饱和脂肪酸和低碳饱和脂肪酸，消化吸收率比较高；同时含有较多B 族维生素和维生素 E。有延缓衰老的功效。

百合南瓜。百合营养价值很高，既是餐桌佳肴，又是健身良药。其味醇香甜美，有祛痰、健胃、促进血液循环的作用，尤其对肺结核、慢性气管炎的滋养和缓和作用十分显著，南瓜营养丰富，不仅能增强机体免疫力，还能润泽肌肤，祛斑美容。

热菜主要有龙井茶香鸡，东坡干菜卷，钱塘旭日。

龙井茶香鸡（原料：三黄鸡，龙井茶）。三黄鸡营养丰富，对人体具有补益五脏、治脾虚弱之功效。龙井茶营养和品味上乘，具有提神、醒脑、解毒等功效，可以减轻鸡肉的滑腻感，有利于消化吸收。

东坡干菜卷（原料：霉干菜，东坡肉，豆腐皮）。霉干菜口感鲜美，品位独特；东坡肉烧法独特，酥而不烂，油而不腻，软烂适中，满口留香，其中饱和脂肪酸比普通肉类低 30%—50%，胆固醇低 50%—60%。有利于健身和长寿；豆腐皮营养丰富，蛋白质、氨基酸含量高，还含有铁、钙等人必需的 18 种微量元素，可以提高人体免疫力及促进智力发育。该菜荤素结合，口感适中，蛋白质营养价值较高。

钱塘旭日（原料：大白菜，蟹粉，鱼子酱）。大白菜富含胡萝卜素维生素B1、维生素 B2、维生素 C、粗纤维以及蛋白质，脂肪和钙、磷、铁等，大白菜具有医食兼有的特点。传统医学认为，大白菜味甘、性平，有养胃利水，解热除烦之功效。蟹粉鲜香，营养丰富，属高蛋白质低脂肪食物。鱼子酱是当今世界上珍贵的美食之一，营养丰富，其味绝佳，在国际市场上享有"黑金"之誉。

虽然中国的美食文化闻名遐迩，但它应有的光彩还没有得到充分展现。在传统饮食文化基础上创新的"钱塘风情宴"蕴意深含，形色万种，营养丰富，可以从中窥视到中国现代烹饪文化缤纷多彩的一角。

【文章来源】李玉崴：《缤纷多彩的"钱塘风情宴"》，《职业》，2005年第 11 期

25. 地方特色菜西湖醋鱼

原料：草鱼 1 条（600 克），酱油 15 毫升，大红浙醋 125 毫升，绍兴黄酒 30 毫升，鸡精 5 克，盐 5 克，白砂糖 20 克，水淀粉 25 毫升，姜末 5 克，香葱丝适量，白胡椒粉 3 克。

做法：1. 草鱼连鱼头片成两大片（鱼尾不必），但不要切断，并在鱼背上厚肉处分别斜划 3 刀。

2. 炒锅内放大半锅水煮沸，将相连两大片鱼放入，鱼皮朝上。加锅盖，大火煮 3 分钟后，用漏勺小心地将鱼捞出，表面摆上香葱丝装盘待用。

3. 煮鱼汤水留约 1/2 碗的量（125 毫升），调入酱油、绍兴黄酒和姜末。

4. 大火将汤汁烧滚，依次调入白砂糖、鸡精、盐和大红浙醋，最后勾入水淀粉，用大勺搅动，当沸滚成红亮的芡汁，即可离火。

5. 将汤汁均匀淋于两片煮熟的草鱼肉上，最后在表面撒上白胡椒粉即可。

特色：虽是杭州名菜，制作却并不复杂。鱼肉质感鲜嫩至极，细品隐隐有蟹香。

提示：

1. 草鱼不要太大，否则口感不够鲜嫩。另外要准备一只大平底盘盛放，鱼身才不会露在盘外，摆盘效果也更漂亮。

2. 部分调味料是江南特产，超市一般都有卖。可以用普通料酒代替绍兴黄酒，用香醋代替大红浙醋。

【文章来源】作者不详：《地方特色菜西湖醋鱼》，《家庭科技》，2005年第 4 期

26. 杭州菜研讨会成功召开

近几年来，杭州餐饮经济持续增长，老字号餐馆焕发青春，新的店家不断出现，店家的规模和经营结构逐渐完善，杭帮菜进入了一个新的发展时期。12月29日—30日，由杭州饮食服务有限公司和《中国烹饪》杂志社联手举办的杭州菜研讨会在浙江饭店成功召开，中国餐饮业的专家30余人参加，探讨杭州菜的成功之道和未来之路。

【文章来源】作者不详：《杭州菜研讨会成功召开》，《杭州年鉴》，2005年

27. 杭帮菜 108 将

　　来杭州的游客，总会念念不忘"叫化鸡""西湖醋鱼"之类的杭州名菜，从 1956 年的 36 道杭州名菜，到 2000 年的 48 道杭州名菜，再到 2006 年。我们觉得是将杭州的名菜总结概括一下的时候了，于是 183 期的《城市周刊》上登出了江湖令，与杭州饮食旅店业同业公会联合举办"杭帮菜 108 将"评选。

　　这次评选从炎热的 7 月到丹桂飘香的 10 月，为期三个多月，向城里知名的几十家饭店征集了 205 道备选菜肴。同时还向老百姓征集了民间菜肴，希望能发动最民生的力量，打造一本完全的杭帮菜菜谱。在最后的选票中，共搜集到 4000 多张民间选票，汇集了关注美食、关注生活的百姓意见。

　　活动的另一亮点，更在于请来了专家评委与大众评委一起对相似菜肴的 PK 大赛进行了品评，在六大类的菜肴中，经过现场制作、品尝，选出了"杭帮菜 108 将"的最后 6 只入选金榜菜肴，并在 10 月初举办了颁奖典礼。此次活动的入选金榜菜肴的菜谱也将在本月隆重登场，让杭帮菜与每个热爱美食者零距离。

　　【文章来源】邹滢颖：《杭帮菜 108 将》，《杭州日报》，2006 年 11 月 17 日

28. 金庸与杭帮菜

金庸出生于浙江省海宁，所以对浙菜、杭帮菜十分爱好，他又是一个懂得养生之道的文化人，所以对清脆淡爽的杭帮菜，以及口味清香的龙井茶很喜欢。

金庸多次来杭，以前喜欢到"江南面王"的奎元馆，他和夫人都喜欢吃面，一般是吃虾爆鳝面。几年来，民营餐馆在杭州如雨后春笋到处萌发。其中不乏注重饮食文化，菜肴精致可口，服务温馨周到的知名企业，比如伊家鲜、张生记、花中城等。于是金庸的兴趣转向了伊家鲜这样的富有文化气息的新兴酒楼。前几年，金庸受邀担任浙江大学人文学院的院长，来杭的机会骤增，到伊家鲜用餐的次数就多起来了。

五年前，金庸第一次到伊家鲜品尝杭帮菜。那时，伊家鲜在天杭大酒店开出了第一家门店。规模不是很大，只有2000平方米，与上万平方米的餐饮航母相比，伊家鲜算是小弟弟，但伊家鲜的菜肴很有特色，体现了杭帮菜的选料严谨，做工精细，清淡爽脆的优点。金庸用餐后，十分满意，认为伊家鲜很有发展前途。欣然挥毫题词："世上处处有鲜味，伊家鲜味大不同，醉倒洪七公，拜倒小黄蓉。题字有金庸。"并且希望伊家鲜能开出体现杭州历史文化的新店，并且预先为新店取名为"古杭熏风阁"，其来历源自南宋诗人林升的《题临安驿》。

三年前，金庸第二次到伊家鲜，是到浙江大学走马上任伊始。这位80岁的人文学院院长作报告之后，偕夫人、友人到"伊家鲜"一起品尝杭帮菜。客人们在"古杭熏风阁"包厢用餐，这个包厢的名字就是金庸取的店名。此店尚未开，暂且作室名。

伊家鲜董事长伊建敏亲自出席作陪，金庸吃了十道冷菜、十四道热菜、两道点心和一道水果，都是伊建敏根据金庸的爱好安排的。据伊建敏介绍，金庸爱喝绿茶，淡淡的，又酽酽的，茶味本身就是一种闲适的快乐。同时，金庸注重养生之道，对油腻的肉食不要吃。于是，伊建敏安排了龙井虾仁等传统杭州名菜，又安排了酒酿鲥鱼、伊家鲜招牌菜浓汤鲜鲍、元宝虾等创新菜。金庸见这些菜肴很对胃口，每道菜都一一品尝，并且连声叫好，认为杭帮菜做出了新花样。

这些菜肴注重原汁原味，与厨神伊尹的主张相一致，而且不放味精等添加剂，汤味鲜，无油腻，金庸认为现代餐饮应该这样，不但注重色香味形，而且要注重营养安全，饮食最终是为了让人养生保健，而不仅仅是图口腹之乐。更高的境界是在品味美食时，享受历史文化熏陶。

伊建敏介绍，金庸再度提起"古杭熏风阁"，希望伊家鲜弘扬饮食文化，做大做强，开出新店，让"古杭熏风阁"扬名天下。金庸再度到伊家鲜用餐时，伊家鲜已经开出了三家店，但还没有找到适合开古杭熏风阁的地方，所以先将古杭熏风阁作为一个包厢的名字。

如今，又一个3年过去了，金庸已经不再担任浙江大学人文学院的院长，远赴英伦，而伊建敏已经在西湖景区的满觉陇物色到了适合开古杭熏风阁的最佳位置。伊建敏认为：金庸先生的题名"古杭熏风阁"的意思要突出古代杭州的历史文化底蕴，特别是南宋林升的诗句"山外青山楼外楼，西湖歌舞几时休？暖风熏得游人醉，直把杭州作汴州"的精神。过去一直认为这首诗是讽刺杭州南渡官民乐不思蜀奢侈腐败，现在从另一个角度看，当时南宋首都也确实美丽繁华。如今，时过境迁，杭州已是旅游胜地，正在打造休闲之都，"暖风熏得游人醉"是无可非议的，在这样优美的环境里，品味富有文化色彩的美味佳肴，更是人间最美好的享受。

【文章来源】卢荫衔：《金庸与杭帮菜》，《杭州通讯》，2006年第11期

29. 西湖游船文化与饮食文化：从楼外楼休闲摇橹船宴船说起

西湖与游船关系十分密切，有着不解之缘。而游船在旅游中又有着不可替代的重要地位。游船文化在中国传统文化中有着独特的位置。随着旅游业的发展，游船文化更显示出它独有的魅力，成为西湖文化中一道亮丽的风景线。

西湖游船文化中又有丰富生动的餐饮文化内容，它与杭州饮食文化的关系非常密切。例如广为人知的宋五嫂卖鱼羹的故事就是一个很好的证明。在南宋淳熙六年（1179）三月的一天，孝宗陪同太上皇高宗赵构游览西湖，观赏湖光山色时，忽然听到小船上以卖鱼羹为生的宋五嫂带着汴京（今开封）口音的叫卖声，引起了太上皇的思乡之情。便招她烹制一碗鱼羹品尝，没有想到这鱼羹如此鲜美，赞不绝口，并赐给宋五嫂金钱十文、银钱一百文、绢十匹。从此，宋五嫂鱼羹四海皆知，闻名遐迩。这道"宋嫂鱼羹"至今留在杭州楼外楼菜馆，成为一道看家菜。

一

杭州楼外楼创建于清代道光二十八年（1848）是一家著名的中餐馆。这店名是从南宋诗人林升"山外青山楼外楼"的诗句中摘取而来的。

一个半多世纪以来，楼外楼一直由名厨高手主厨掌勺，制作及创制了不少富有传统名菜，如："西湖醋鱼""宋嫂鱼羹""蜜汁火方"等，深受中外宾客的交口赞誉。

楼外楼在西湖上还拥有惟一的一艘水上餐厅——"楼外楼"号游船。这艘仿南宋风格，双层黑顶飞檐，古朴典雅的游船，可容纳30人同时用餐。原来船的四周有雕花窗门，现已改为落地进口玻璃，在舱内望出去，船外的湖光山色更加舒畅悦目。由于烹饪艺术高超，色、香、味、形、器特点突出：爆、熬、炖、扒、烩、炸、烤、烧等烹饪加工精细；所制成的一盆盆美味佳肴，色彩艳丽、形态各异、风味独特、别具一格，有营养、重口味、增食欲、添情趣。因此，上船赴宴的游客特别多，餐位供不应求，要提前预约才能安排用餐。

随着国际交往增多与旅游业的发展。西湖综合保护工程实施四年多来，取得了重大的成果和明显成效。"一湖映双塔，湖中镶三岛，三堤凌碧波"圆了300年前西湖全景世纪之梦。西湖被西方旅游界誉为"东方明珠"成为"世纪精品传世佳作"，并为中外游客提供一个，探古寻幽、觅胜、泛舟之间的好去处，更是一个自然景观与人文景观的游览热点。

近来，楼外楼菜馆在船宴方面进行了认真策划，以"游西湖美景，品名楼美食"为主题研制了"西湖船宴"甲、乙、丙、丁四套不同标准的菜单，任顾客挑选。

现在，一艘10座的小船，放两张小方桌，两端各摆有4只食盒，每只一分为二。餐果是从江西景德镇定做的青花瓷器。食盒上写着白居易"未能抛得杭州去，一半勾留是此湖"的那句诗，让人充满诗情画意。船宴菜点的选料也很讲究，主要选用西湖和周边乡村所产的水产及时鲜果蔬为主，菜点品种除保留杭州传统名菜外，重点具有水乡风味特色的新杭帮菜。如"西子迎宾""西湖一品宝""艄公鱼片""桃红栗肉""蝉衣野菜""茅乡鳝条""香煎鱼唇""西湖春色""荷塘小炒""船点三色"等，突出体现"西湖船宴"菜点无壳无骨、小巧精致、口味清鲜、冷热皆宜、独具野趣的特点。

载着船宴的船儿从楼外楼出发穿过苏堤东浦进入岳湖，再过玉带桥、曲院风荷、杨公堤、环璧桥，便进入金沙港，一路游去摇到茅家埠，然后穿越隐秀桥，再过苏堤压堤桥，返回楼外楼。

"西湖船宴"的推出，使顾客游湖用餐两相宜，使游船文化与饮食文化完美结合，受到了广泛的好评。在船上用餐，雅乐悠扬，船行景移，其乐融融，真可谓"湖山美景不胜收，佳酿船宴人自醉"。

楼外楼的领导者，在注重继续传统饮食文化的同时，积极探索如何运用西湖得天独厚的水面，做好"西湖船宴"的文章。这既满足了国内外宾客新的需求，也为水上旅游业丰富了文化内涵增添丁活力。

二

西湖是杭州的，中国的，也是属于全人类的。中外游客游览西湖者络绎不绝。2004年，杭州接待入境游客将近151万人次，国内游客达到3266万人次。可想而知，坐船游览西湖的人会有多少？这就要求西湖游船要有一定的数量，容量和速度，来满足需求。

西湖的手划船，窄而略长，限坐六人，吃水不深，白色蓝边的船篷，跟水面呈平行型，造成最大限度的开敞，游人坐船游览，可极目四顾而毫无遮拦。人在堤岸观望游船、轻巧、通透，跟西湖的山和水非常的和谐、协调，融为一体。

然而，全湖都是这整齐划一的"="线平行型，也会给人单调的感觉，现在新投入的游船顶篷呈"⌒"微度弧型，给人以新鲜感。有时西湖上出现竖着的白色船篷（体育比赛用船），给人以强烈的眼目震撼，极富动感。

由此，我们想到一件有趣的事。外地游客游杭州，总爱问："断桥在哪里？""这座是断桥吗？"可从来没有人问："这是许仙、白娘子坐过的船吗？""哪种船是许仙、白娘子坐过的？"为什么会这样呢？同是神话故事《白蛇传》的事，一个被人念念不忘，后来演化成"断桥不断"的经典，一个却无人问津，置之惘然。这大概是人的心理上，特有的事物容易被人注意，被人记住，而泛化的事物给人印象不深，容易淡忘的缘故吧。威尼斯的小船叫"刚朵拉"，秦淮河上的小船叫"七板子"，而唯独西湖的手划船叫手划船，显得杭州人没文化似的，连个船名也不会取。朱自清先生说：游船给人印象的雅丽与否、吸引力强弱与否？是跟许多历史影像密切相关的。假若当初西湖游船的名称被写进了《白蛇传》的唱词里："许仙和白娘子坐'七板子'游船回清波门。"那么，不少坐船的游客一定会问："这是'七板子'吗？""哪种船是'七板子'？"这问与不问，其游船的美学含量是完全不一样的。

给西湖的游船（特别是某一种大众化的游船）取一个专有名称，应该是我们的议中之事吧！"后之视今、亦犹今之视昔。"我们不能给后人留下这个遗憾。

三

随着国民经济收入的提高，观光旅游要向休闲度假型旅游转变，旅游的六要素也要随着这个转变而转变。西湖游船，要在这个历史转型期率先做出成绩。

国际经验表明：人均收入达 1000 美元，观光旅游急剧发展，人均收入达到 2000 美元，休闲旅游急剧发展，人均收入达到 3000 美元，度假旅游急剧发展。现在，全国人均收入达 1000 美元，而发达地区，如北京人均已达 3500 美元，上海达 4500 美元，沿海发达地区越过休闲的临界点，逼近人均 3000 美元度假门槛。我们杭州地处长三角，西湖被看好为休闲度假的理想胜地。

那么，休闲度假旅游有哪些特点？西湖游船应该怎样应对变化呢？

第一，休闲度假旅游的第一个特点是在一地停留的时间长。现在国外旅游者到杭州观光，停留的天数是一天多一点，一旦到杭州来度假，时间就是个把星期、十来天。

观光者游西湖，时间是个把小时，拍几张照片留念就完事。而休闲度假者来游湖，可就是 1—2 天的时间了，当然不会排斥更长的时间。古人林和靖，在湖上纵舟，放浪形骸，动辄就是十天半月。生活节奏快，在湖上休养放松自己的心身 3—5 天，也是很平常的事了。现在，让游人在手划船上待 3—5 天，行吗？船上应该添置什么？我们的船工除了划船之外，还要学会那些技艺呢？

第二，旅游者多为散客和家庭式成员。观光游客是以团队的组织形式出现，休闲度假旅游为个体散客或一家几口，这要求游船要为游客提供个性化的服务。

第三，复游率高。故地重游，游客会拿放大镜看景致。西湖游船怎样才能做到让游客常游常新呢？

第四，文化需求高等。这些特点，要求西湖游船在船体的设计、船上设施、装饰及用品的配备，船员的素质，都要有相应的提高和对策。

我们要做好西湖游船从观光型向休闲度假型转化，要借鉴古代的湖上休闲模式和国外的休闲经验。我们有了这两个借鉴，再善于运用现代的高科技技术和当代的时尚美学，就能创造出独具特色的西湖新游船休闲度假模式。

请看几个古代的休闲船的样子：

例一，明朝杭州人汪汝谦，啸傲湖山，"老耽一舸水云间"。自制的游船叫"不系园"。船长 6 丈 2 尺（约 20.6 米），宽 12.4 尺（4.1 米左右）。"入门数武，堪贮百壶，次进方丈，足布两席。曲藏斗室，可供卧吟；侧掩壁橱，俾收醉墨。出转为廊，廊升为台，台上张幔。"俨然是一座水上别墅。

例二，清朝人查伊璜家的游船，是可以拼装的，"客多，更益数节，镶之如一舟。"这条游船还配有二条更小的服务船，"长四五尺，一载书及笔札，一置茶铛酒果，并挂船旁，左右前却如意"。

看了上述两个明清人的例子，对我们设计打造新船会有些启发。造船要花巨资，做起来不那么容易。但是，在现在观光游船的基础上稍作一些改进，添置一些东西，提供一些新服务，应对观光兼休闲度假的游客是完全可以的。休闲度假者在游船上停留的时间长了，他们对游船本身的注意、欣赏的成分加重了，所以游船更要注意自身的色彩，装饰（如灯彩等）、桌椅陈设、对联、匾额、字画等游船文化。人的文化素质要提高，船工和服务人员要兼做导游讲解服务。船上要提供更多的服务。如：饮料、茶水、茶点、特色小吃、音乐、地方戏欣赏等。

船上要有播音设施，播放背景音乐（以民乐为主），或著名西湖诗词的吟诵录音带等，使之充满浓郁的文化气息。

现在，在西湖游船码头上，看不出有休闲度假游的宣传文字。建议游船公司和省游船协会，大胆地推出西湖船上休闲度假游产品，线路要多、内容、活动形式要有吸引力、时间和价格要详明，以便推动和促进西湖休闲度假游市场的形成和发展。

【文章来源】张渭林、钱正麟：《西湖游船文化与饮食文化——从楼外楼休闲摇橹船宴船说起》，《杭州研究》，2006 年第 1 期

30. 一只老鸭煲 一段杭帮菜史

一只本地制造的鸭子，记录了新杭帮菜的一段传奇。1988 年张生记老鸭煲的主人张国伟看到了钱江晚报上一篇介绍湖州周生记馄饨的文章，从面包商人转型成了馄饨店主。那时，杭帮菜谱上，楼外楼、杭州酒家等名店的"西湖醋鱼""叫化童子鸡"已是响当当的名菜。

张老板的馄饨店，卖的不光是馄饨，炒素几、酱鸭、酱带鱼等民间特色菜成了店里的紧俏货，当然最有名的还要属 1991 年由张老板自己研究出炉的那只鲜香糯软的老鸭煲。老鸭煲当了两三年的草根明星后，1994 年钱江晚报的一篇报道让它和它的"老庙"张生记一起成了杭帮菜的一张名片，杭州人请客吃饭少不了它，外地人更是寻着鸭子的香味而来。

1996 年，在这只鸭子的领衔下，全城餐饮界名流在《钱江晚报》上掀起一场关于"当时的新菜""现在的杭帮菜"的大探讨。

1999 年，不甘寂寞的杭州鸭煲又决定到上海闯一闯，很快在上海滩告捷，打败了雄踞沪上多年的粤菜馆，生意最火时，包厢要提前一周预订，大厅也要提前三四天，光一只老鸭煲，一天要卖出 200 多只。《钱江晚报》再一次第一时间记录下了当年杭帮菜闯荡江湖的盛况，一篇名为《张生记老鸭煲上海叫好》的文章，让老鸭煲名扬沪浙两地。

2001 年，张生记用老鸭煲打出的天下，鼓舞着同样为杭州市场狭窄而苦恼的杭州菜老板。于是出差在外的杭州人在苏州、南京、北京、香港等全国越来越多的大中城市，看到了娃哈哈美食城、张生记、新开元、万家灯火、名人名家、宝善村、楼外楼、红泥、知味观、顺风……各色杭州菜馆的招牌。和那只老鸭煲一样，他们出现的地方，无一不掀起一股杭帮菜风。

【文章来源】朱平、吴秀笔、陈桔等：《一只老鸭煲 一段"杭帮菜"史》，《钱江晚报》，2006 年 10 月 26 日

31. 打进粤菜老巢的杭帮菜——"西湖春天"的故事

这几年，说是说杭帮菜红遍全国，实际上在四川和广东难以立足，因为川菜和粤菜的实力太强了，所以几家进军四川和广东的杭菜馆都铩羽而归。于是，杭州餐饮界人士将那里视为畏途，业外人士也觉得那里的杭帮菜是一片空白。

去年，杭州南山路上出现了一家西湖春天粤菜馆，生意火爆，引起了市民极大关注：是不是广东人来开的？一打听，原来是从深圳来的，但不是广东人开的，而是杭州人开的。仔细了解，是杭州人到深圳开出了西湖春天杭菜馆，成功了再回到家乡开西湖春天粤菜馆。

在杭州饮食旅店业同业公会的一次会议上，记者第一次见到了"西湖春天"的董事长张晓光。

在粤菜的大本营西湖容天风光无限

到了深圳，你就会知道，杭州菜在这里的名声，就像是 7 年前在上海那样轰动。为什么杭州人原先对深圳杭菜馆的情况所知不多？原因是"西湖春天"的经营者比较低调。在深圳，要问生意最好、名气最大的餐馆是哪家，当地人肯定竖起大拇指说是：西湖春天！因为三家"西湖春天"大厅里几乎每天都有人排队等候用餐，为保险起见，最好提前几天去预订。在深圳西湖春天百汇店，一楼大厅里上百人排排坐着看大屏幕电视，一打听，原来他们是领了号子在等候"叫号"用餐的。

不仅仅是深圳人，就是香港人和澳门人到深圳来办事或者休闲，用餐也赶到"西湖春天"来。只要说出到西湖春天，出租车司机准会把他们送到。据说有一半的香港人都知道深圳有一个西湖春天杭菜馆，菜肴做得特别好吃，服务特别周到，价格特别实惠。在澳门也是如此，西湖春天成了生意好、运气好的代名词。因此，西湖春天在深圳的百汇店、中港店、华润店（江南厨子）三家门店，港澳客人来得格外多。

同样是靠酱鸭起家

深圳是屡出奇迹的地方，西湖春天如此火爆也是一个奇迹。但西湖春天的前身的发展经历倒不是奇迹,和杭州其他最早的民营餐馆类似,龙翔桥是其"龙兴之地"。1985年,在龙翔桥的学士路出现了一家东方酒家。十来张餐桌,七八个员工,和其他的大排档没有什么两样。最拿手的菜肴是酱鸭、酱爆螺蛳。

创业之初,老板张晓光也没有表现出多少过人之处,靠的是卖苦力:自己踏三轮车半夜去采购、自己充当水电工,自己围着厨房转,有时也充当服务员……这样做的好处是对开饭店的路数摸得一清二楚,就连一个小菜的烧法都知道来龙去脉。有一个"典故"说:直到他的"新名门"在上海筹建,他仍然是天天亲临一线,有关部门的同志来找老板,见到他这个满身油污的"工人",不相信他就是老板。如今,杭州饮食旅店业同业公会的头头脑脑开会,说到具体的菜肴,大家都以张晓光的意见为准。

由于诚信待客,小店兴旺发达,张晓光结识了不少朋友。后来,他开"新名门",进军上海,这里面就有朋友在"挑"他。

摸爬滚打十余年,龙翔桥有的老板销声匿迹,有的老板感觉到这里的天地太小了,于是纷纷走出龙翔桥开辟新天地。东方酒家变成了平海路金城大厦8楼的新名门酒家。

1998年,上海老顾客再三动员张晓光到上海去开店。那时,上海许多写字楼闲置,政府给予进沪投资者很多优惠政策。于是,在上海南京路旁一幢大楼里出现了"新名门"酒家。那时,上海所有的杭菜馆都生意红火,新名门也不例外。

两年后,上海真真假假的杭菜馆多如牛毛,也就失去了轰动效应。此时,有的老板因为生意不好而打道回府,有的店家转战南京谋求新发展。新名门何去何从?

张晓光在十余年的实践中,意识到仅仅靠自己的义气和脑袋是办不成大事的,慢慢地,他养成了学习的习惯、发掘人才的习惯、集思广益的习惯,从一个人"打天下"变成依靠集体的智慧,从传统的粗放式管理,转向现代化经营。这一转变,使得在关键时刻,张晓光作出了正确决策。

他召开董事会,集体研究。会上、有人提出去深圳比去南京好。于是,南下考察三次,再开董事会研究。可行性理由,不可行性理由,摆来摆去,结论是去深圳。"主要原因是南京已经开了那么多的航母式长馆,没有必要去自相残杀。深圳是一个日新月异的新兴城市,人口有900万,毗邻港澳,消费能力强,市场前景好，值得一搏。"

在筹建过程中，经过对一家家店地毯式的深入调查，张晓光他们发现深圳餐饮业公务和商务消费少，主要是家庭消费。因此，他们认为昔日成功的新名门做法不适合深圳，甚至这个店名也必须改掉。店面在翻建装修，脑子里在紧张交锋，最终经营定位是"精品环境，杭州菜肴，优质服务，大众消费"的路子。店名必须名副其实，于是定为西湖春天，既有杭州的含意，又有深圳的含意，因为这里诞生了春天的故事。

第一家店成功两年后，根据南方流行早茶的特点，开出了兼营早茶的第二家店，面积6000平方米，在深圳算是最大的。第二家店成功两年后，要开第三家店，这次吸取有些大店失败的教训，不再做大，而是做精品，于是有了1500平方米的华润大厦"江南厨子"。

如今，西湖春天在深圳、郑州等地已经开有六家店，其中一家是杭州南山路上的西湖春天。今年还分别要在东莞、广州、深圳开出三家店。先做强，后做大；成功一家再开一家；每家店都有自己的特色，比如杭州的西湖春天做的是粤菜和茶点，因为杭州已经不缺杭帮菜。

成功的老板后面有出色的员工

深圳的餐饮业十分发达，川菜、粤菜、湘菜……几乎所有地方菜系在这里都开了店，竞争十分激烈。此前进入的几家杭菜馆也都铩羽而归，为什么西湖春天能够力拔头筹？西湖春天的经验是：向管理要效益。他们很早就实行了"五常法"，即"常组织、常整顿、常清洁、常自律、常规范"，但不是照搬照抄别人的做法，而是自己创新，比原创者的还要精细。比如各个部门的水、电、气费用每天都上墙公布，提醒大家节能；"管理靠五常，效益靠日常""全程质量管理"在原料、菜肴、服务以及筹备开店等方面都贯彻得一丝不苟。

"五常法"再好，最终要靠员工去落实，这就是为什么"五常法"在各个店家的效果并不一致的原因。开店最终是做人的工作。在西湖春天，各个工作环节都被看得与烧菜同等重要：如果洗菜工的菜洗不干净，里面有沙子，厨师烧得再好，客人也不会满意；同样，服务员上菜态度很差，客人的胃口也倒了一半。所以，西湖春天的服务员、打杂工和厨师、管理者享受同等待遇，工资的差别也不大。来西湖春天用餐的顾客，都能见到服务员真诚的笑容，因为员工在这个环境中心情舒畅。员工有真心的笑容，这家店开不好才怪。

出色的员工需要精心培育

或许在当初创业时，张晓光一门心思要脱贫致富，但发展到今天，家大业大，个人的财富再多，对张晓光来说已经没有太大的意义。张晓光说他注重的是人生的最高需要：自我实现。他赞同松下幸之助的看法：企业是公器。

"企业不是我张晓光一人的，而是全体员工的，财富也不是企业的，而是全社会的。我张晓光要在力所能及的范围内，让全体员工感到在西湖春天不仅有甜头，而且有奔头。"

这不是一句空话，这么大的一个公司，张晓光没有在里面安排一个亲友。重大决策全由董事会说了算。所有员工都由公司安排集体宿舍免费住宿，安排专门的管理员。每间房都有电视机和空调，实行部队化管理，床铺、毛巾、漱口杯摆放得井井有条；公司专门有员工食堂，与餐馆独立开来，员工在这里是"上帝"。

除了生活待遇好之外，公司为员工设计了技术和管理两种发展前景，让他们不再有服务员是吃青春饭的临时观念。西湖春天现在的各门店总经理、部门经理都是从普通员工中提升的。西湖春天的进一步扩展，为员工的"自我实现"铺开了金光大道，激励了员工好学上进、敬业勤业。

公司实行股份制，资产属于全体股东。张晓光从自己的股份里拿出一部分，赠送给主管以上的管理人员和老职工。这些股份是不是虚的？不是。公司聘请了会计师事务所来监督财务。财务透明，企业与员工一容俱荣，一损俱损。

如今，到深圳"西湖春天"去"偷拳头"的老板很多，不知道他们仅仅是"偷"了几道菜，还是"偷"到了真经？

【文章来源】纪红霞：《打进粤菜老巢的杭帮菜——"西湖春天"的故事》，《中等职业教育》，2007年第4期

32. 人间天堂的名人名吃

杭州素有"鱼米之乡""丝绸之府""人间天堂"之美誉，这里有许多的名人名吃，令人神往。

鲁迅与楼外楼

鲁迅先生似乎向来对杭州有点微词，原因确乎较多。1928 年的 7 月份，鲁迅偕许广平，高兴地坐着火车，来到了杭州。

这次游玩，由于有友人安排，路线是考究的：鲁迅先生到杭州的第二天中午，即到"楼外楼"用饭，饭毕，到西泠印社"四照阁"喝茶。吃过"楼外楼"，又上"四照阁"，西湖的魂灵已经捉住了一半。孤山，正是西湖的脉，湖上的精华，不但由于它是清康熙帝的行宫，更由于那里清幽宜人，玲珑剔透，尘嚣不到。在杭州流连一昼夜，只消逛遍孤山，便算是一语道破奥妙。

1928 年的"楼外楼"，是一座三层楼带屋顶的洋房，位置大致在今"六一泉"之旁，俞曲园的俞楼与西泠印社之间。"楼外楼"的现址，则是 1958 年搬迁的。1928 年鲁迅先生点菜时，点了一道虾子鞭笋。虾子，即虾的卵，干制以后橙黄色。鞭笋平淡，与虾子同烧，味鲜美。"楼外楼"现已不供给此菜，据服务小姐讲，不供此菜的历史，已有十年以上，鞭笋已变成火腿、雪菜二味，而虾子呢，菜单上有是有的，不过已用来炖婆参了。

还有一只有名的杭州美食西湖醋鱼，鲁迅先生亦点了。醋鱼量大，现在胃口细弱的客人，改点一客宋嫂鱼羹，也是合适的。一客卖十三元五角，烧得进味，吃不完的菜，小姐代为打包，盛菜的纸盒上，封一只红色标签，作为吃名馆子的记号。

胡雪岩与药膳馆

"东风一阵黄昏雨，又到繁华梦觉时。"

从 1874 年胡庆余堂落成，到 1885 年胡雪岩破产撒手西去，不过短短 11 年，胡大官人双手空空而来，空空而去，到如今已瞬息百年。是若干传说，旧地的实物，维系着胡大官人一生的传奇。其中，少不了胡庆余堂药膳的一缕清香。

什么是绚烂一时？什么是细水长流？惟病病歪歪者才会想到药膳馆吗？到庆余药膳馆吃一点，喝一点，可谓善待自己的妙方。不必艳羡胡雪岩锦衣玉食，金碗银箸，人么，七尺微躯，只要进药膳馆，要上一盘杭州特色菜金箔干菜扣肉，便能消馋解饥，畅快一时。细看那黝黑油亮干菜上闪亮金箔，碎金点点，依稀叫人想起胡庆余堂那块名为"药局"的黑底金匾。这金箔具有镇惊通窍之功效，大可放心吃下。金玉满堂，喻示繁华，而金子亦能救病人于水火。相传，胡庆余堂的金锅银铲，当年打制时花费了黄金四两、白银四斤。这是为制作名贵"局方紫金丹"，由胡雪岩亲身下令，不惜血本，召杭州城身价最高的金银匠特地打制的。仁者的春心，到如今仍化为药膳馆点点金箔，覆于黝黑干菜之上，如同春深余晖，闪闪发光。另有一道蓬松土豆丝，进油锅炸得酥松金黄，丝丝缕缕，互相缠绕，细闻之下，却有股子参味。嚼一嚼，原来是西洋参的幽香，凉丝丝，香嘟嘟，怪好闻的。药膳药膳，真有谁会到药膳馆里来寻求治病良方吗？他们只是来这里领会"药食同源"的真谛，认清"药补不如食补"的道理。

清波门头周作人

"三旬日，雨。上午兄去。食水芹紫油菜。味同油菜，第茎紫如茄树耳，花色黄。兄午餐回，贻余建历一本，口香糖（应为饼）二十五枚。"

这是 1898 年周作人的杭州日记，其时他正住在清波门的花牌楼，即今吴山广场旁上城中医院四周。由于陪侍科场案发而进狱的祖父，周作人来了杭州。清波门一带，早先是官府处决犯人的所在，坟窠成堆，阴风恻恻，荒凉得很。周作人寓居花牌楼，整日以读书消遣。何为花牌楼？元时一人有二子，皆科场获胜，官员造联桂坊庆贺，故曰"花牌楼"。《唐宋诗醇》《纲鉴易知录》读来固然有味，青灯黄卷，书香遗袖，可终究当不得饭吃。在花牌楼，周作人时常溜进灶间，偷食冷饭果腹，因此曾遭大人叱骂。偶然吃到一点水芹紫油菜，他便再三回味，念念不已，最后索性白纸黑字，日记存念。事关生计的一宗物事，竟困顿如此，心中的渴念必然积聚，终至成一心结。以周作人的慧根，他日后的思念与体会，必然深刻而独到，事实也是如此。周作人曾说，"我的故乡不止一个，凡我住过的地方都是故乡"。但花牌楼已拆，连该地白发老人说起花牌楼，竟然惘然，能不叫人怅怅矣？堪可欣慰的是，走清波街，出清波门，几家苏杭菜风味小店，与周作人对饮食简淡有味的讲究，可谓不谋而合。譬如那家已近长桥的叫做锦香来的小店，店内陈设，风格内敛，小菜做法，更是清雅别致。譬如一道蘑菇芦笋，蘑菇带汁，芦笋碧绿，这些不稀奇，稀奇的是芦笋长身玉立，每枚均有十几厘米。蘑菇群居笋尾，自成一体，竟与芦笋互不干扰，这多少有些出人意料。再如那道南瓜饼，我承认一开始有些小看它了。它固然做得精致，包装纸折叠细腻，核桃大小的圆圆南瓜饼，顶端竟然插有一只小柄，煞有介事。咬破以后，口边一烫，其中竟流出热乎乎的黑芝麻糖馅，这哪是吃南瓜饼呢？分明是一出小小的波涛老成的笑剧了。"听雨，闻香，喝不求解渴的酒，吃不求饱的点心，都是生活上必要的。"此为周作人语，可是掌上河山，尺水兴波的点心佳肴，怕是苦雨斋主人，也是不常吃到的。杭州花牌楼固然已拆，但要拆去某些或者无用的生活的醇味，恐怕几个百年也未必够用。

林语堂与山外山

林语堂先生游西湖，每回必到之处，是玉泉观鱼。据他讲，他一半是看鱼，一半是来哀怜鱼儿困羁池塘的命运。当年他观鱼时还有和尚前来与他搭话。这玉泉当为邻近"清涟寺"的放生之地，故有和尚出没，并在池中造起了七级小浮屠一座。玉泉的"鱼乐国"泉池，约有200平方米的面积，颇为轩敞，鱼儿生活其间，兼有人喂食伺候，还有什么可抱怨的呢？

到玉泉观鱼，陶然自乐之后，再到山外山小坐，吃一顿杭州特色的鱼头，想来林语堂先生必定举双手赞成。当然，吃的不会是玉泉池子里的鱼。

智者千虑，必有一失。林语堂先生向外国人形容国内美食的时候，曾经说："鲤鱼头在中国算得上品。"什么？鲤鱼是上品？错哉！错哉！大部分杭州人，听到这都要摇头。鲤鱼肉，又粗又肥，真不如"山外山"的千岛湖有机鱼头，肉质清新，汤汁清醇，配料清雅，是为"三清"上品。

吃千岛湖有机鱼头，就是同时吃它生活的山明水秀的环境。真的，那鱼肉间带出的，竟是一股压不住的清气，它带来的水里的消息，跟在"山外山"触眼所及的枫香、枫杨、海棠、桂花、梅树、香樟，千种万种清香，拧成一股协力，贯穿肺腑，使人上下畅通。那种装有鱼头的大兰花瓷盆，几乎一桌一盆。观鱼兼吃鱼，过河兼洗脚，成为"山外山"的一个保留节目。

林语堂先生还有一个分析，说：国内的名贵好菜，须无色无味无香，如鱼翅燕窝银耳一类。千岛湖鱼头是包头鱼，虽不能称名贵但是即便问店家要半只鱼头，也要花上98元，相对不算便宜。色是有的，味是和淡的。香气也是不甚袭人的。拿起汤勺捞一捞，盆中有虾，有竹荪，有青菜，有笋片，五色杂陈，但并不显凌乱，更有几个滚得势圆的雪白大鱼圆，浓缩着精华，正是另有一段活泼的造化，更有一段无骨的禅心。雪白的鱼圆，对比参照食用，其味悠长，发人深思。吃罢鱼头无他事，月白风清忆语堂。

徐青甫与"蒸功夫"

这是多次出现的场景了："一盅纯白米饭，盛于褐色陶碗，旁置小碟，或豉汁牛蛙，或豉汁凤爪。餐前的点心，当然早已叫了，人手一盅，是桂花蜂蜜调制的龟苓膏。那是掺进龟粉熬制而成的胶状固体，黑而油润，滋阴补肾。席间赏心悦目的，尚有一道踏雪寻梅，芳名醒目，引人遐想。——梅是什么？是疏影横斜的香菇枝，迹近老梅枝干，虬曲苍劲；枝头上颤颤几粒枸杞子，似红梅吐蕊，艳光追人；更有那一地琼脂碎玉，疑是素裙裁成，却原来是蛋清豆腐做伴，汇成一派小家碧玉之风采！"

永生路 32 号。公元 2012 年。距此永生路小楼落成，渐渐 90 年矣！早年小楼的主人，即民国年间杭州著名士绅徐青甫。徐先生曾是浙江农业银行的第一任行长，还担任过浙江省财政厅厅长。在这幢永生路不老里旁的小楼内，徐先生著书立说，撰有《经济革命救国论》。而今小楼迁变，他的卧室、餐厅、书房、会客室，都已化为一处谈笑饮茶皆随意的公众场所——大名蒸功夫的养生馆。虽说景随事迁，但八角观景窗风采依旧，私宅的人文之韵，依稀渗透其间。

医书上说，保存食品营养的烹调方式，莫过于蒸。制作蒸菜，原汁原味，以此当作拿手好戏，看家本事，杭州城恐怕也只此一家。抱元回一，返璞回真，这是仁人志士克己修炼、梦寐以求的境界，在此竟成为养生馆中庖厨们心中的原则，为什么？说来简单，蒸的东西，不新鲜不行，否则就要"露馅"；不讲火候不行，由于过一分钟，太熟，少一分钟，太生。甚至，有的珍贵菜肴的蒸制，要以秒计算，才能到位。其中机关，似乎过于玄妙。有时就是这样的。

金庸与奎元馆

还记得奎元馆的虾爆鳝面吗？无非是一碗面食，只不过浇头好一点，做工精一点，竟也能让金庸记忆 50 年。几年前他来奎元馆，吃过了虾爆鳝，停箸提笔，写道："奎元馆老店，驰名百卅载。我曾尝美味，不变五十年。"味蕾是存在的，美味是无形的。美味往往只可意会，不可言传，稍纵即逝，口中啧啧而已。但是，倘若一种色香味在心中烫下烙印，它的气力也颇为惊人。像奎元馆虾爆鳝一类的回忆，只要哪天晚上，你偶然想到了，或者跟家人提及了，那么第二天白天，你就可以坐在那里，重温旧梦半小时。

俗话说："到杭州不吃虾鳝，即是没有到过杭州。"语到此处，总有人会说，奎元馆虾爆鳝的虾，选的是河虾，粒粒饱满新鲜；鳝的身材要匀称，不宜过粗过细，在水中养至吐净泥腥，方可开膛拆骨。这里的面条，即或是最普通的片儿川，每当一副筷子拎起面条，总觉金大侠之言不虚："不变五十年。"这里也有个说头，即旧物令人恋恋难忘，今天吃来，它的味道是一点不变的好呢，还是常作变化的好呢？变了，怕走了原味；原封不动，又怕跟不上节奏。别处面馆的面条，似乎更细了一点，韧了一点，有的面馆自家打制面条，还得往里头搀鸡蛋清。而奎元馆呢，坚守一段旧梦，一如往昔。味道的变与不变，渐变与突变，也许吃客才有发言权。

司徒雷登与大福海

新中国成立前的美国驻华大使司徒雷登，出生于杭州天水桥旁耶稣堂弄。那时节，弄口尚无"陈生记"过桥米线，但是当时通行的"门板饭""件儿肉"，司徒雷登该吃过不少，不会陌生。梁实秋先生说过，人的胃是相当守旧的，幼年时的口味嗜好，饮食底子，能维持到老，经久不衰。司徒雷登十四岁时由杭州启程，回国求学，二十年后，司徒雷登学业有成，既传教，又做中学教师，杭州的"门板饭""件儿肉"，他照样喜欢。门板饭，是店主将卸下的门板当作案板，上置各色装菜肴的钵儿盆儿，边上排开条凳儿，坐坐吃吃。混迹于一堆普通的引车卖浆中间，司徒雷登照样吃得津津有味。推算过来，"门板饭"相当于现在比较可口的街头快餐，是登不得大雅之堂的。倒是现已尽迹的"件儿肉"，更有讲究。老年人回忆此肉，咂巴着舌头想着这杭州美食，神态甚为向往。件儿肉，是把猪肉切成方块，有的切成片，加盐白煮而成。一般老杭州，似对咸肉做成的、可拎起一串回家过酒的"咸件儿"，更为钟情。倘刀工好，火候到，咸件儿油润欲滴，喷香诱人。

咸件儿如今无处可觅，徒唤奈何？不过，且慢！你由司徒雷登故居，往西出耶稣堂弄，横过延安路，进戒坛寺巷，在大福海面馆，你能遭碰到一宗与时俱进的新型"咸件儿"——蜜汁咸肉。它是用腌制过的五花夹心肉，切片后，任沸油经身，通体金黄，倘它油功不透，咸味过重，其味便失之毫厘，差之千里。咸件儿要做到出神进化，究竟不轻易啊。

半个杭人梁实秋

"天下之口同嗜，真正的美食不过是一般色香味的享受，不必邪魔外道的搜求珍奇。"梁实秋先生此言，可谓深得我心。那意思不过乎提醒人珍视当下，享受现成，即使一只老菜，也要吃出悠长悠长的那股子醇味。而往往那些传之久远的老牌风味，令人牵肠挂肚的，岂止是鲜香而已，更粘连着扯不断的乡思，诉不尽的乡愁。梁实秋先生生在北京，而他母亲则是杭州人，杭帮菜本来就有西湖的味道，经梁先生日后妙笔生花，着意点染，留下了一些可供回味的材料。比如那一道杭州特色菜清汤鱼丸，那鱼做起来，委实要有点工夫，不但费时也要耐心，只要菜场里捉来活的花鲢，杭州人叫"鲢牌头"，割鱼，刮肉，加料，敲打成泥，然后下水。恐怕现如今杭州城里没有几户人家，会再费这些周折了，要吃，上馆子就成。能在一碗清汤鱼丸上下工夫者，必心静如潭，且乐在其中。考察梁母当时做工，鱼丸清汤煮沸时，须酒葱花或豌豆苗，盛于大碗内上桌。而今有的店家老调新弹，改酒葱花豌豆苗为酒上芹菜末子，芳香逼人，但终究万变不离其宗。

按一些人的见解，吃喝是俗的，且转瞬在肚肠内化为无形，有甚太多说头？

其实不然。正由于一餐难忘的美食终究遁迹于无形，而当人地两殊之际，那记忆深处的气力，才能得以迸发，以至于"来何汹涌须挥剑，去尚缠绵可付箫"。绕梁三日，余音不尽。譬如一只高边瓷盘中之清蒸火腿，切成半寸见方，高寸许，仅二三十块之多，由纯酿花雕蒸制熟透，梁先生是 1926 年吃到的，50 年后人在台北，犹能记忆清楚，此何故也？由于在台北时节，求一正宗火腿而难得，乡愁点点，几成恨事，遂化为口中津液余香，梁先生身上的"江南遗风"，此约略可见。由于火腿是南货品，气质高贵，价格不菲，早年杭人常悬一只火腿于上屋内梁下，作待店的佳肴，逢年过节，火腿才难得在饭桌上露面，宴客自用，都是令人艳羡的。在他乡的年景，将一段火腿脚爪，躲躲吃吃，多少乡情堪平，多少乡思堪慰？

且说 1923 年，梁实秋赴美留学前，未婚妻曾以乱针法绣成"平湖秋月图"一幅送他，个中原因，盖因梁实秋来杭，游过西湖诸景，最爱平湖秋月，未婚妻送他一幅刺绣，大致符合凡人思路。倘再深远一点，送梁一只他所深爱的火腿，别具一格，而又何尝不可呢？在杭州，清河坊四拐角的万隆火腿庄，所售火腿做工细腻，杭人极爱。在梁先生自美回国，并吃到一顿终生难忘的火腿的 1926

年，"万隆"却失火了，店中未及抢出的火腿，让火灰煨出异香，引来一群丐帮人士争相啃食，先成笑谈，转成口碑。倘梁先生知悉此事，他或许会感叹道："非怪丐帮人士不能忍馋，怪只怪万隆火腿肉实在太香！"

【文章来源】沧桑客：《"人间天堂"的名人名吃》，《旅游时代》，2012年第 3 期

33. 38 道杭帮菜今夏菜单家底全锅端

夏季到了，正是南方换季菜打得最火的时候，无论原料、口味还是出品形式都争奇斗巧，而其中出品最精细的就数杭帮菜。金华名店——国贸宾馆的换季菜单，向来是众多酒店追慕的对象。总厨郑精富将今夏推出的全部菜肴呈现给全国厨师，共同交流。

菜品	售价（元）	主副料
1. 冰镇海蜇头（冷菜）	89	特级海蜇 200g
2. 咖喱腌肉茭白（冷菜）	15	茭白 100g、培根 20g、青红椒 20g
3. 姜汁豇豆（冷菜）	12	长豇豆 150g
4. 脆皮烧肉（冷菜）	36	带皮五花肉 250g
5. 生醉银蚶（冷菜）	29	血蚶 200g
6. 白切大目鱼（冷菜）	39	目鱼 150g
7. 糖醋小排骨（冷菜）	22	仔排 150g
8. 凉瓜百合（冷菜）	12	苦瓜 120g、百合 15g
9. 辣酱米豆腐（冷菜）	19	米豆腐 200g、黄豆芽 50g
10. 柠汁山药（冷菜）	12	山药 150g
11. 烧椒腌姜皮蛋（冷菜）	15	皮蛋 120g、烧椒 20g、腌姜 10g
12. 芦荟杨梅露	29	杨梅 300g、芦荟 100g
13. 金瓜炖宣莲	39	干宣莲 75g、日本小金瓜 600g
14. 铜盆小龙虾	59	小龙虾 750g
15. 海带炝海蜇	39	海带 200g、海蜇 100g、莴笋丝 100g
16. 冷淘螺蛳肉	39	冷淘 600g、螺蛳肉 150g
17. 三椒品石鸡	39	石鸡 250g
18. 鸡汁老豆芽	29	干豆瓣 100g
19. 干锅蛤蟆肚	39	蛤蟆肚 250g、干葱、蒜籽、泡椒、泡姜各 50g
20. 野鸭冬瓜盅	99	野鸭 300g、冬瓜 2000g、牛肝菌 100g
21. 巴蜀沸腾鱼	69	干灯笼椒 200g、黑鱼 500g、白果 50g、花椒 10g

22. 饭捂炝虎尾	39	黄鳝 200g、茄子 300g、香米 50g
23. 口水大王蛇	22	大王蛇 100g、黄豆 5g
24. 铁板伊面虾	49	明虾 200g、QQ 面 200g
25. 石菌浸藤瓜	49	石衣 100g、丝瓜 500g、火腿 50g
26. 秘制土香蒜	49	大蒜头 750g、锅巴 50g
27. 羊肚菌水波蛋	39	羊肚菌 10g、鸡蛋 3 只（150g）
28. 凉瓜焗澳带	89	鲜澳带 250g、凉瓜 150g
29. 椒盐大王蛇	32	大王蛇 150g
30. 鲜茄煮膏蟹时价	+39	番茄 500g、膏蟹 1 只
31. 荷香麦仁蒸石鸡	19	石鸡 150g、麦仁 10g
32. 冰砂镇三仙	189	荔枝 300g、望潮 250g、凉瓜 150g
33. 金腿汁官燕	318	官燕 40g
34. 五步蛇炖龟	1180	金砂龟 1000g、五步蛇 900g
35. 虫草花炖肉汁	29	五花肉 75g、虫草花 5g
36. 鸡汁玉兰花	49	茭白 1000g、虫草花 3g
37. 黑芝麻布丁（点心）	3.5	黑芝麻 5g、西米 5g、椰浆 20g

精选菜谱详解

咖喱腌肉茭白

亮点：热菜凉吃，加上咖喱，换个口味，更适合夏季推出。

原料：茭白 100 克，培根 20 克，青红椒 20 克。

调料：泰国黄咖喱粉 15 克，盐 3 克，味精 5 克。

制作：1. 将培根切 3 毫米厚的薄片，入四成热油锅中拉油 1 分钟至熟，捞出控油。2. 茭白改菱形块，与青红椒片一同拉油，捞出控油备用。3. 将培根、茭白、青红椒调入调料拌匀即可。

张建农点评：热菜凉吃有许多种方法：炝、温拌、冰镇、熟腌、冷锅等，此菜的搭配和口味都很新颖。

荷香麦仁蒸石鸡

亮点：石鸡（田鸡腿，可用牛蛙代替）也是这个季节的时令原料，加上荷叶和鲜麦仁，使此菜更应时，而且出品上小巧可爱，采用蒸的形式，保持了石鸡肉质的鲜美，打开荷叶浓香扑鼻，很有食趣。

大体做法：将活牛蛙宰杀去皮，改小块清洗干净，加入盐、味精、葱姜水码入底味。取鲜麦仁用水泡一夜至涨，调入盐和味精拌匀，取鲜荷叶剪成圆形，将麦仁和牛蛙块放在里面捆扎好，上笼蒸熟，取出换新鲜荷叶，带小蒸笼上桌即可。

张建农试制点评：此菜荷叶碧绿、石鸡洁白、麦仁清香，色彩搭配很好，既能反映时令，又追求菜肴的原汁原味，在我们店推出后客人反映很好。我建议此菜口味可以多变，蒸好后浇少许咸鲜微辣口味的汁，或者放入少许炒香的豆豉，在颜色搭配和口味上都将更好。石鸡初加工时应注意，冲净血水并用少许蒜汁腌渍，祛腥效果更好。

姜汁豇豆

夏季是豇豆上市的季节，味美而不贵，但大酒店却很难用上，因为简单的凉拌不上档次。郑厨将豇豆换个造型，编成小鞭，配上姜汁，从外形到口感都给人焕然一新的感觉。

大体做法：取长豇豆 150 克，凉水入锅氽至断生捞出过凉。取一根长豇豆对折，打个结，缠成麻花瓣即可，放入姜汁水（调咸鲜味）中浸泡，用保鲜膜封好，上菜时加盐、味精、香油拌匀，上桌即可。

技术关键：氽水时，可加一点食用碱，这样煮出来的长豇豆更翠绿。

张建农点评：此菜色泽鲜艳，调味合理，成形特别。但是要注意豇豆应该烧透，否则容易引起食物中毒。

秘制土香蒜

亮点：夏天到了，大批的新蒜下来了。新蒜价格便宜，可以解毒，很适合夏季吃，但是在餐桌上，蒜往往作为料头，很少作为一道菜肴上桌。郑厨独具慧眼，将大蒜作为主料制成一道酱香味浓的菜肴，而且加入了锅巴，摆盘上更加考究，使大蒜成为卖价高、出品精细的旺销菜。

原料：鲜蒜头 750 克（也可用干蒜，但要去掉外皮），锅巴 100 克。

调料：红烧肉汁 1000 克，色拉油 1000 克（实耗 20 克）。

制作：1. 将鲜蒜头用水洗净，削掉根部，去掉外层干皮，保留内层嫩皮。锅入油烧至七成热时放入大蒜头，炸至外焦（约 1 分钟）取出控油，这样可使蒜不像原来那么辛辣。2. 起锅放入红烧肉汁烧开，放入蒜头，加盖小火焖 15—20 分钟，大火收汁，取出放在炸酥的锅巴上即可。

注：每天收档时，郑厨会将酒店砧板剩下的碎肉收集起来，放入酱油、老酒、糖等红烧，取汁制成烧肉汁，用来制作酱烧的菜肴，使菜肴具有肉香。汁打渣出来的碎肉也可用作酱肉包的馅料。如果酒店不具备这个条件，即可直接采用红烧的办法将大蒜烧熟即可。

张建农点评：此菜制作简单，思路新颖，也可作为凉菜推出。食用时客人自己动手剥蒜，很有食趣。此菜如果与牛肉、鸡肉等菜肴配在一起，变成双拼菜，出品将更大气。

海带炝海蜇

凉菜热做也是郑厨出奇制胜的方法，将海带和海蜇炝炒在一起，从口味到色泽都让它成为夏季旺销菜。

原料：海带300克，海蜇头200克，香葱15克，莴笋丝10克。

调料：盐3克，味精3克，葱油20克，李锦记蒸鱼豉油10克，料酒15克。

制作：1. 取海带凉水入锅，煮熟后捞出备用，海蜇冲洗干净，锅入水（放入葱姜）烧开后，烹料酒放入海蜇汆水十几秒捞出过凉备用。莴笋丝汆水垫底。2. 将海带改菱形片，锅入葱油15克烧热，放入海带，调入盐、味精，淋入蒸鱼豉油炝炒，离火后放入海蜇快翻出锅如图摆盘，将香葱扎成捆，淋热葱油5克即可上桌。

张建农点评：此菜搭配和口味结合很好。但作为冷菜更合适，海带可事先用其它口味的卤水卤一下，然后加海蜇摆盘淋热油，这样口味更多变。

饭焙炝虎尾

饭焙茄子是杭帮老菜，是将茄子蒸熟后，用蒜蓉调味即可。而郑厨采用煲仔的形式，使此菜更贴近菜名。夏季的黄鳝比较肥美，中间放上酱爆黄鳝丝，使菜肴更上档次，味道更浓。

原料：香米50克，嫩长茄1根（300克），黄鳝200克，蒜末10克。

调料：色拉油800克（实耗30克），老抽3克，生抽5克，黄豆酱10克，料酒15克，香油10克。

制作：1. 取煲仔，放入香米，加水小火将米饭煲熟（软硬适中）备用。2. 将长茄一切为四，放入蒸好的煲仔饭上，小火将茄子煲至回软，大约10分钟，将茄子挑出手撕成条，围在煲仔饭上用保鲜膜封好。（注：以上两步可预制。）3. 走菜时，将黄鳝洗净，去掉黏液，制成鳝丝，入五成热的油锅中拉油，锅留底油，入蒜末 5 克炒香，然后放入鳝丝爆炒，调入老抽、生抽、黄豆酱煸炒，烹料酒炒香盛在煲仔中，将煲仔上火加热约 3—5 分钟，取出撒生蒜末 5 克，淋香油即可。

张建农点评：此菜作为夏季风味菜点，纯朴自然、新颖独到。南方素有"小暑鳝鱼赛人参"之说，小鳝鱼红亮酱香，嫩茄子淡紫鲜香，再加上煲仔饭的保温，出品设计相当完整。此菜不适合作宴会菜，如果走宴会，可将米饭放在一边，按位上菜更有档次。

【文章来源】作者不详：《38 道杭帮菜今夏菜单家底全锅端》，《中国大厨》，2007 年第 7 期

34. 从品茶到食茶

当新茶飘香之际，满觉陇的伊家鲜·古杭薰风阁、植物园里的山外山菜馆、闹市中的五洋宾馆、香溢大酒店纷纷推出了春天茶宴。在此之前，植物园大门口、友好饭店、湖滨路还开设了"林语茶宴"、云水、新记等等茶餐厅。这些举动大大引发了注重休闲的美食家品味茶食的兴趣。

以茶作菜自古有之，云南基诺族至今还保留着吃凉拌茶的习惯，现代以茶作佐料在烹调中做成菜肴的菜谱各地都有，诸如龙井炒虾仁、龙井蛤蜊汤、黄金桂酿鲫鱼、茶香鲫鱼、贡芽豆腐羹、龙井余鸡丝、樟茶鸭子、绿茶番茄汤、茶香熏河鳗、毛峰熏鲥鱼、龙井鲍鱼、碧螺炒银鱼、铁观音炖鸡、龙井扇贝片、茶香牛肉、红茶牛肉片、银针烹肉丝、雀舌方丁、乌龙熏鸡、冻顶焖豆腐、芽茶土豆丝、茶叶炖猪心等。

杭州话里"喝茶"就是"吃茶"，但是"吃茶"不仅仅是"喝茶"，而是以形形色色的方式吃进茶叶以及茶产品，茶菜、茶食、茶宴，是其中的几个途径。为什么喝茶不过瘾茶菜来弥补？我们眼下在杭州能吃到哪些美味可口品位高雅的茶食？

让我们闻香觅茶食

茶菜茶食由来已久。山外山菜馆曾经以千岛湖有机鱼头闻名遐迩，现在为什么又推出茶宴？山外山菜馆总经理徐丽华介绍：从表面上看，菜馆应该不断推出时令菜，眼下新茶上市，茶菜就是春天的时令菜；从根本上看，茶菜和有机鱼头一样是健康食品，让消费者吃出品位和健康。

在山外山之前，楼外楼、红泥花园、五洋宾馆、香溢大酒店、东方大酒店都先后推出过茶菜和茶宴。据了解，广州、西安，甚至省内的德清都推出过茶宴。伊家鲜董事长伊建敏认为，茶宴有上千年的历史，唐宋时期，最著名的茶宴就在杭州余杭的径山寺，后来流传到日本，催生了日本的茶道。茶宴的原意是以茶代酒，以茶会友，以茶论道，茶食的定义是除品茶之外，辅以茶食。其中就蕴含着生活品质。时至今日，茶宴和茶食的含意已经延伸开去，茶宴不再是以茶代酒，而是以茶入菜，以茶菜组成宴席，茶食也指掺和了茶叶产品的食品。眼下杭州的茶宴当然是指茶菜组成的宴席。

为什么杭州现在刮起茶宴"杭儿风"？花中城董事长俞良认为，这与杭州的城市定位有关，杭州有中国茶叶之都的美誉，中国菜中许多著名的茶菜与龙井茶密切相关，除了36个杭州名菜之一的龙井虾仁之外，川菜的樟茶鸭有一种做法就是以龙井茶为原料，陕西菜中的龙井凤片，粤菜的茶香鸡、太爷鸡，京菜中的龙井鲜贝、龙井鲍鱼，都离不开杭州的龙井茶。我们就在龙井茶的产地，推行茶宴理所当然。同时，享受茶宴也是高品位的休闲方式。

正因如此，杭州眼下有上百家餐馆推出了茶菜，十余家餐馆推出了茶宴，多家食品厂推出了茶食，所以我们要吃茶食和茶菜，可以精挑细选，精益求精。

伊家茶人三部曲

伊家鲜秉承食神伊尹的衣钵，"治大国若烹小鲜"，"敢为天下鲜"。其掌门人伊建敏论证：西湖种茶据推测始于南北朝，至今也有1500余年历史。而据详细资料显示：龙井附近所产之茶于元代开始露面，龙井茶在明代已颇负盛名，在清代，尤其是清乾隆皇帝下江南，私访龙井后，龙井茶更是驰名中外，问茶者络绎不绝。时至今日，餐饮业应该和茶楼业携手并进，大做中国茶叶之都的茶食文章。

"细嚼花须味亦长，新芽一粟叶间藏。"龙井茶结合了春的气息早早起来做"运动"。杭州一年一度的茶博会正式致函邀伊家鲜参加绿茶博览会。正和大厨们所瞄准的春茶市场达成一致，每个人都拜读了茶文化蕴涵，研制了些融合茶功效的茶菜，抢先打响了伊家鲜2007年早春抢占健康饮食市场的"第一枪"。

早在3月8日，伊家鲜各分店就推出了特色茶菜，大厨用精湛的厨艺把这满山的茶香浓缩到一道道点心菜肴里，每道点心、每道菜看都透着春天的清新与芬芳，吃一口点心，一嘴的茶香四溢，喝一口茶菜的汤，香透肌骨，让"半边天"全身都焕发出青春的活力。

接到茶博会邀请函后，伊家鲜旗下各家门店推出了一系列健康茶菜，而伊家春露盅、伊家春茶饺、茶香桃泥金瓜盏尤为突出，伊家春露盅所包含的黄鳝、春笋、龙井茶孕育春天的气息，伊家春茶饺碧绿的色彩奠定了健康基础，茶香桃泥金瓜盏则将茶的清香和美味融在一盅之内。闻一下"悠悠天香如佳卉之灵气"，品尝过后犹如《春茶》所载"品味着你的滋润你的清纯，回味着你的甘甜你的清香"。

茶菜比赛现场，大厨们热火朝天地挥叉操勺，"娄子之毫不能厕其细，秋蝉之翼不足拟其薄"。高明的厨师将火候调控到"黄金点"后，接着靠浑厚的手劲握着锅柄不停翻转，如蜻蜓点水般地小炒后，入盘，整盘菜肴丰满、主料突出、香味十足，撒些茶叶，并没使得茶味落单，添上小装饰，更显得诗情画意。

伊家鲜云水餐厅主厨王中强取上等的龙井茶叶和坐飞机过来的上等泰国河虾仁爆炒在一起，再加上各地顾客都能接受的黄咖喱，茶叶的甘香味与虾的鲜美相互渗透，便有了这一盘香而不腥的"泰式茶香虾"了，就连炸得酥酥的茶叶也很好吃。

"春色满园醒脑汤"应该是现在流行的轻食主义的"代表作"。茶叶的清香和着鸡汤的鲜美，让人回味无穷。淡黄色的鸡汤，金黄色的玉米，浮着两片茶叶，看着清清秀秀、简简单单。

"伊家春露盅"是用在春天刚刚露头的竹笋、黄鳝和那一茬清新的龙井茶叶烹制的一盅清雅的美味。黄鳝和茶叶，这两样八辈子都沾不上边的食料在这里却被大厨"异想天开"地端进了一口锅里，尝起来效果还真不错。

山外青山茶外吃茶

今春，"山外山"茶宴为什么特别引人注目？关键是正好体现了茶宴的品位和健康内涵，所以，以往该店推出"初春梅花系列菜肴""金秋桂花系列菜肴"等时令特色套菜同样受到消费者欢迎。原因就在于让我们饱享口福的同时，享受到高品位的休闲，吃到安全放心的健康食品。

山外山位于西湖玉泉风景区内。面对"山水园"，旁依"玉泉池"，风光秀媚，环境优雅。近年来经过改造装修，陈设一新，大厅宽敞舒适，包厢各具艺术特色，与室外自然环境融为一体。在山外山品茶宴，可以先依照自己的喜好挑一个惬意的桌位，中规中矩的大堂圆桌，或是嗅得到太阳气味的阳光房，满目春光，左右逢源。这样的环境与茶宴的高雅宗旨浑然一体。

茶宴的茶菜一个个精心制作。清心滋补的菊花乌鸡汤，是一定要尝尝看的。菊花茶和乌鸡，"异想天开"地端进了一口锅里，连盛汤的器皿也由碗换作了杯，轻轻抿上一口，浓郁的鸡汤不但丝毫不油腻，还有一股菊花的清香在舌根打转。翡翠澳带球也和茶有关，新鲜澳洲带子打成蓉，用茶水浸泡后捏成一颗颗圆球，层层叠叠摆放于盘中，撒上几片细细的茶叶，白中带绿，精致得让人不忍下筷。还有一道茶香熏鸭，是先用乌龙茶腌制数小时，再用烟熏，最后入锅炸，鸭子的外皮干脆而清香，咬起来还能品到茶叶的微苦，鸭肉可以单吃，也可以裹在面饼里沾着甜酱吃，味道都很不错。

厨师长戴忠根介绍，用茶入菜不是件容易的事。用得恰当，能去腥、去臊、去油腻、去杂味，不但不会有喧宾夺主之嫌，反而和主料相得益彰；而若是用得不对路，茶叶也会败了名声，做出来的菜味道发苦，颜色发闷。

无论是有阳光，还是有雨，来到山外山，都是良辰美景。悠然自得，心平气和，品尝一道道茶宴，就把它当作是对自己一次难得的款待。

山外有山茶菜多多

在山外山、伊家鲜之外，也能吃到各有特色的茶菜和茶宴，花中城、宝善村、严州府、红泥花园的餐桌同样茶香动春潮。

花中城锦上添花推出了八热菜六冷菜一汤一点心的完美茶宴。其冷菜有茶香卤鸽、红茶鹅肥肝、龙井虾仁冻、鲜茶蛋皮卷、五香茶干、鲜茶天目笋等，中国的红茶与西洋的鹅肥肝握手言欢；其热菜，煎、炒、炖、烩，十八般武艺全用上。茶园鱼米香，先炸后烩；龙井玉活虾，滑炒；茶香烤全兔、茶皇宝中宝，烤，茶香四溢；红顶茶果肉，焖，香糯可口；清茶芙蓉花，先蒸后泡，清香爽嫩；香蕉茶香卷，煎，果甜茶香；龙井瑶柱脯，山茶与海鲜为邻，炒了再蒸；红掌拨清波，又焖又烩，茶叶和茶粉俱上，营养丰富。

在饱含农家菜馆风情的宝善村、严州府能够吃到乡村风味的茶菜。宝善村点击率最高的茶菜是龙井羊柳，用龙井茶炸羊柳，茶香俱出，羊柳鲜嫩，茶树仙人果，不但以茶叶入菜，而且用茶树枝点缀菜盘，情景交融。严州府的茶菜因地制宜，采用浙西的银针茶叶，烹制银针芦荟球，营养滋补；还有银针枣泥果，又甜又香的建德点心，迷倒城里人；还紧随时尚潮流，烹制了普洱茶香骨，在过去不以为奇，现在排骨的价值大大低于普洱茶，主料和配料颠倒了个，这让茶菜身价大增。

八仙过海各显神通

在打造生活品质之城的杭州，热衷于烹制茶菜的店家为数众多。不同的店家，不同的原料，不同的技艺，烹制出奇香异彩的茶菜。

蒸出来的茶滋味——双龙芙蓉蛋。这是味庄行政总厨刘国铭的杰作。"双龙芙蓉蛋"就是龙虾加龙井茶叶和蛋清一起蒸出来的。表层的龙虾肉是金黄色的，油渍点点，一勺下去，洁白如脂，像是豆腐脑，淡淡的龙井香好像要过一会才会从喉咙底飘出来。虽然没有放糖，但是居然有点淡淡的甜味。

味庄还有"抹茶红豆慕斯"也真是蛮灵的，方形的看起来特别美味，颜色也很有春天的感觉，很适合这个季节，水水嫩嫩的，一看就叫人流口水。抹茶红豆慕斯只有薄薄的一层蛋糕底，其余都是慕斯，慕斯入口即化，非常香滑。"龙井酥"就不同了，整个一个浓绿色。刘大厨说这个酥的造型可难做呢！咬上去，浓浓的茶香和豆香就瞬间蔓延在嘴巴里了。热乎乎的来上两个，再泡上一壶龙井，简直就是一个完美下午茶了。

凯悦酒店的湖滨28，近来也推出了新的茶菜。大厨端出了一盘排列整齐的菜，在阳光下光泽鲜烈。这是鳜鱼，用龙井茶熏出来的。只有这个烟熏才把鱼肉熏成这样金黄的颜色，金灿灿的。吃起来有浓厚的茶香，鱼是腌过的，咸味配合着茶香，爽口得很，腥味早已没有踪影。除了这样特别的烟熏茶菜，还有其他的，如最常见的龙井虾仁在此处做得也特别入味，河虾新鲜得觉得它会从盘子里跳出来，茶叶汁同样配合得完美无缺。

粤菜川菜的杭州茶菜

杭州资深的茶菜除了龙井虾仁外，后继的有红泥花园的龙井问茶、香溢大酒店的龙井茶、五洋宾馆的新龙井虾仁等等，当然还有一直在销售的丽府粤菜馆的茶香鸡、太爷鸡等粤菜，川味观、川国传奇的樟茶鸭。

丽府粤菜的茶香鸡、茶香鸭、茶香擂沙汤团，在炖品中有的也加入了茶叶，一为增香，一为滋补。这么多菜肴都称之为茶菜，是不是加入几颗茶叶就行了？厨师反驳道：不是这么简单的，而是要让茶叶在色香味形上都发挥作用，在根本上也增加营养。

红泥花园的新龙井问茶，这道新菜用"过桥"的形式突出"问茶"的意境，使得一道菜的享受不再一览无余，却是渐入佳境。颇有"行为艺术"的味道，所以已经进入"杭帮菜108将"行列。

五洋宾馆推出的新龙井虾仁，是在龙井虾仁基础上研制的，这道菜的虾仁被镶嵌在一块块圆形的豆腐里，排列整齐，配以西湖美景的餐桌雕塑，其色、其味、其形都略胜一筹。

香溢大酒店的茶宴被国家旅游局誉为星级宾馆第一茶宴，以龙井茶叶、龙井茶道、龙井茶菜相结合，茶菜又以"西湖十景"茶菜为主打，情景交融。而食客在品味龙井茶宴时，一进门就可以观看龙井茶农现场炒制新茶，茶香四溢；坐下用餐，就有美丽的西子姑娘来表演龙井茶道，轻歌曼舞，让人品茶之前先饱眼福；一道道茶菜上桌，无不让人拍案叫绝：龙井问茶、龙井太极羹、茶汤小笼、龙井茶汤圆、茶之色、茶之香、茶之味、茶之型、茶之意、茶之境。

茶菜之外茶食多

知味观总经理孟亚波认为，茶菜只是茶食的一种，茶食的品种现在越来越多。以茶叶入食品，我国古代就有，近年来日本将其创新，特别是将茶叶磨成茶粉，名为抹茶，出现了各种各样的抹茶食品。

在上古时代，茶是作为药用的，而药物又是与食物不可分割的。《黄帝内经》中的《素问·脏气法时论》这样说："五谷为养，五果为助，五畜为益，五菜为充，气味合而服之，以补益气。"说明药食同源，历史上，我国民间也素有"药补不如食补"之说。所以说，用茶掺食作为菜肴、食品和膳食，是自古以来就有的。

茶食，通过特殊加工，制成超微粒粉，再掺食加工而成的食品就更多了，其品种有：

茶糕点：既有糕点特色，可以作食充饥；又有茶叶本色，帮助消化提神。目前，在我国已生产面市的有香茶饼、茶饼干、茶面包、茶叶面、茶羹等，这些糕点，对一些不爱食油腻、喜欢清香味的人来说更为适宜。

茶糖果：我国的茶糖果由来已久，目前市场上较多的有红茶奶糖、绿茶奶糖、茶胶姆糖等，这些茶糖，都具有色泽鲜艳、甜而不粘、油而不腻、茶味浓醇的特点。

茶饮料：随着现代生活节奏的加快，人们对饮茶的要求开始向"快速、简便"，且具"天然、营养、保健"功能的方向发展。因此，在提倡茶叶"清饮"的同时，不但有茶啤酒、茶汽水、多味茶问世，而且茶冰棍、茶雪糕、绿豆露茶等也应运而生。这种茶饮料，不仅能补充人体的生理需要，而且由于加入了茶叶微粉，还具有解渴、消暑、去腻、生津的作用。

茶膳，它是古之食疗，也是今之药膳的补充。茶膳的种类很多，如保健益寿的有绿茶蜂蜜饮、红茶甜乳饮、红茶黄豆饮、红茶大枣饮等；抗癌和抗辐射的有绿茶大蒜饮、绿茶圆肉饮、红茶猕猴桃饮、绿茶苡仁饮等；健脾胃助消化的有绿茶莲子饮、红茶糯米饮、红茶荔枝饮、绿茶香蕉饮等；预防心血管和血液病的有绿茶柿饼饮、绿茶山楂饮等；止咳化痰的有绿茶枇杷饮、绿茶芒果饮、绿茶柑果饮等；清热解表的有绿茶沙梨饮、绿茶葡萄饮、绿茶薄荷饮等。凡此等等，枚不胜数。

杭州著名的茶食有很多。知味观的小吃中也有一个龙井问茶，是在传统小吃猫耳朵的基础上改进的。将抹茶加入面粉，增长成茶叶形状，加入鲜汤，成为猫耳朵的新品——龙井问茶。其内容、色泽、形状都作了修正，比原先丰富多彩。所以这个小吃早就被商务部颁发了金鼎奖。

利民食品厂的厂长张书航一直在研究抹茶糕点，其抹茶月饼曾经被评为"中国金牌月饼"。今年还会推出这一月饼。清明节的时候，利民食品厂还制作清明团子，此外还在研制新品抹茶麻糍团子，在全市 300 个销售点有卖。

以丹比为代表的杭城西式面包房，在不少面包和蛋糕里都加入了抹茶，经营者认为茶叶营养丰富，有利于健康，而且色泽鲜艳，两全其美，制作抹茶食品前景看好。

杭州是龙井茶的产地，有中国茶叶之都的美称，那么在杭州吃茶菜，等于是在茶园边上吃茶菜。而在梅家坞的乐而茶庄喝茶和吃茶菜、茶食，是实打实地在茶山品尝茶食和茶菜，这里有农家茶点心、农家茶香鸡、茶香鱼片，品种很多，让人觉得杭州茶香无处不在。

喝茶、吃茶，茶水、茶食，杭州人口福好，是生活品质高的一个标志，几乎没有人会错过这一享受，所以满城茶香越来越浓。

【文章来源】卢荫衔：《从品茶到食茶》，《杭州通讯》，2007 年第 5 期

35. 杭帮菜赛出"西湖第一宴"

记者 胡冠华 摄

本报讯（记者 李俏） 昨天下午，"中国美食杭州西湖第一宴"烹饪大赛降下帷幕。这是今年西博会美食节的一个主要子项目，它不仅仅是一次厨师的技艺比赛。主办方希望透过厨师们菜品和技能的比拼，透过这样大型的美食文化交流活动，为杭帮菜整理出一组系列名宴，为杭帮菜的发展寻找更为成熟的模式化道路。

赛事由市贸易局、市劳动和社会保障局、市总工会主办，由杭菜研究会、饮食旅店业同业公会，烹饪餐饮业协会承办。总共有 170 余名厨师参加了大赛，大赛最终评出了 80 个金奖热菜、12 个金奖冷菜、8 个金奖面点和食品雕刻金奖 6 名，比如，鱼翅乾坤袋、古井运木、蟹粉斩鱼圆、浓汤大黄鱼、断桥残雪、玉皇飞云等。

【文章来源】李俏：《杭帮菜赛出"西湖第一宴"》，《杭州日报》，2007 年 10 月 21 日

36. 杭帮菜"惹火"京城

墙外开花墙内香，看起来与"墙内开花墙外香"意思相反，其实道理一样。杭帮菜先是在墙内香起来，不过墙内人熟视无睹。等到杭菜馆在外面越开越多，越开越香，杭州人才发现：原来我们的杭帮菜这么吃香。杭菜馆在北京取得的"北京经验"即将返销杭州。

一家杭菜馆带旺一条街

杭州城里长大的张小姐，因工作原因在北京、杭州两头跑。说起在北京就餐，她说在京城一样可以吃到"落胃"的杭帮菜。如今，娃哈哈、张生记、新开元、刘家香辣馆等进军北京的杭菜馆已有大大小小几十家，有着明显江南特色的杭帮菜馆加快了在北京的战略布局。

娃哈哈进入北京5年来，经营状况令人刮目相看：第一家门店所在的东城区隆福寺原是一个冷僻的地段，如今已被娃哈哈大酒店带热了，聚集了人气，逐渐形成了一条商业街。现在东城区政府在对隆福寺进行改造时，特别邀请娃哈哈参与到商业街道的规划中来。

娃哈哈随后接连开了3家门店：餐厅都布置成江南园林的通幽风格，颇有闹中取静的意境。基本色调各有不同，却又有统一的设计，素淡细致。在北京市首批五星级餐馆中，娃哈哈榜上有名。娃哈哈的发展过程成为杭菜馆在北京的一个缩影。

杭帮菜已获得京城认可

事实上，从2002年初张生记在北京的第一家分店开张以来，有众多的杭州知名餐饮企业纷纷抢占京城市场。张生记北京店经理汪琦介绍，张生记、娃哈哈、新开元都在北京开设连锁店，像西湖醋鱼、龙井虾仁、笋干老鸭煲、红烧脚圈等杭帮菜已经成为北京市民中众所周知的名菜。如今一支庞大的杭帮菜大军在北京市场站稳了脚跟，也使杭帮菜渐成为北京餐饮圈的领军菜系。

汪琦还介绍说，以往杭州菜给人的印象是价廉物美，这的确能在最短时间内取得轰动效应，但并不能长久，容易造成杭州菜就是很廉价低档的感觉。现在杭州菜肴都是经过改良的，而在原料上，他们也追求原汁原味，不惜成本从杭州直接空运，保证杭帮菜的正宗。

在北京的几万家餐馆中，几十家杭菜馆在数量上当然无足轻重，但是影响力越来越大。东坡肉、龙井虾仁、千岛湖大甲鱼……这些带有浓郁地方特色的杭菜如今在北京已经拥有了一大群拥趸。在口味上满足老百姓的要求，以标准化保证卫生质量，如今张生记和众多杭州菜馆已经完全得到了北京的认可。

杭帮菜在北京的成功之道

曾有人毫不客气地指出，杭帮菜价格实惠、清新多变，但功底太浅，许多菜肴往往是昙花一现，缺乏文化，杭帮菜充其量只是平民菜肴的代名词。要根本扭转这种情况，就必须在环境、服务和菜肴品位上下工夫。目前京城杭州菜馆的内部装修都体现江南水乡特色，带有浓郁杭州风味、浙江文化气息，有花有水，文化气息浓，以图片和实物展示杭州城市发展的脚步，让人一进餐馆，就能感受到杭州是这么的美。同时，在服务上改变了杭菜馆粗放的模式，高薪聘请粤港高级厨师和管理人才，大量引进学校培养的服务人才来担任骨干。在菜肴质量上，从原料抓起，许多原料都从杭州直接运来，保证了杭帮菜的正宗。在菜肴品种上，不断突破老框框，形成自身的特色。

在餐馆管理上，张生记北京店从上海引进并率先积极推行餐饮业卓越现场管理（简称 6T 实务），使餐饮企业的现场管理（重点是厨房，仓库等后场）达到规范要求并天天保持，提高安全卫生管理水准。6T 是指 6 个天天要做到：天天处理，天天整合，天天清扫，天天规范，天天检查，天天改进。这套规范是学习日本"5S"和香港"五常法"精神，结合餐饮行业实际，经过 3 年时间，上百家餐馆实践经验总结出来的。实施后效果明显，在提高效率、降低成本、提高工作的自觉性、提升环境的整洁度、提高员工素质上都有显著成效。

【文章来源】作者不详：《杭帮菜"惹火"京城》，《报林》，2007 年第 12 期

37. 杭帮菜创新思路谈

笔者曾经陪一位狮城同行在杭城品尝风味，结果遇到了一些尴尬之事，整个觅食过程使大师级人物也目瞪口呆，有口难辩：油焖春笋勾了芡、皮儿荤素找不见、蟹酿橙里没姜味、龙井虾仁无茶影。

全国各地的杭帮菜餐馆正以杭州名菜为特色吸引着八方来客，全国厨师在学烧杭帮菜，全国厨艺界在夸杭帮菜。但是杭州城内除楼外楼少数几家经营传统杭帮菜店家外，却很难找到供应杭州传统名菜的店家，像这样杭州厨师烧不出正宗杭帮菜，杭州厨师不会烧杭帮菜的情况时有发生。跑遍杭城餐饮，除几只笋干老鸭等部分杭州本地菜肴还能见到踪迹外，到处是剁椒鱼头、广式全鱼或水煮牛肉，真像有些人所说的那样，杭州城里无杭菜。

杭帮菜的发展方向偏离了轨道，正面临着失去特色的困惑。杭帮菜迫切需要回归到自己该走的道路上来，厨界应在创新中解决几个问题。首先要解决的关键问题，就是要围绕杭帮菜特色的大方向来创新，在传统基础上不断拓宽创新路，这是创新规律。其次要遵守创新原则，就是在创新中提升菜肴的品质，提升品质能使杭帮菜走出被别人认为是低档菜的困惑，才有持久的生命力。

确定创新大方向

创新才有发展固然没错，但创新不能脱轨，菜肴创新要明确一个方向，就是围绕杭帮菜传统特色来创新。正像城市建设一样，有些优秀的建筑和街道要得到保护，有些街道需要拓宽，有些道路需要延伸……这些拓宽和延伸都是在原有基础上加以改进，哪怕是新城建设，也是以原有基础为中心加以扩展。我们的菜肴也要保留一部分深受大家喜爱的传统菜，有一部分要在传统风味、传统特色的基础上加以改进和延伸；而另一部分则要像拓宽城市一样，围绕着原菜肴的特点，围绕着杭州人的口味而加以创新，这些菜的风格要与杭帮菜风格一致。此外，再考虑调剂部分人群的口味，引进外来洋菜、外省菜肴。就像在城市里建造微型景观公园一样，这才是菜肴创新的大方向。

创新要不离其宗

中国人染金发，虽然发染金色，但还是黄皮肤、黑眼睛，一看就是亚洲人。菜肴创新就与染发一样，无论创新到何种程度，也要让食客认为这是"创新杭州菜""新潮杭州菜"，而不是"创新川菜""创新粤菜"。杭州厨艺界要做到：一不能照搬照抄，实行拿来主义；二不能滥用引进的外来调料；三要做到创新不离其宗，不离其宗的创新方法有原料创新、调料创新、工艺创新、口味创新、容器创新等。具体体现在以下几个手法中：

1. 改变主料

将主料加以更改，而菜肴的调料和口味不变，保持原有特点，使其形成一款新菜，让留恋其口味的食客更加眷恋其菜肴。以杭州酒家的扒猪头为例，将东坡肉中的猪肋条肉更换为去骨猪头肉，色泽红亮，酥而不碎，糯而不腻。与传统名菜东坡肉相比，虽然主料猪肉部位不同，但完完全全是东坡肉的口味和特点，既迎合了食客的猎奇心理，又不失杭帮菜的大气和风范。

2. 改变或增添辅料

改变配料或增添辅料，使其变成一款新菜，如将年糕炒青蟹改为田螺头炒青蟹。将田螺去壳煮透做辅料，青蟹切块，用杭州人擅用的酱爆湖蟹的烹调方法加以烹制，色泽红亮，肉鲜味甜。又如光炒西芹，增加百合为"百合西芹"，再增加黑糯米珠一起炒制为"珠联璧合"，实为将普通菜肴改为婚庆用菜的绝佳创新。

3. 改变调料

在原菜肴中增添一种新的调料或变更调料也是一种创新。香炸鱼排、脆炸鱼条是杭州菜馆的家常菜，这些菜肴的创新只要在调料中稍加改进即可，如用卡夫奇妙酱蘸食，用橙汁炙淋之，用鸡汁辣酱包之。变更调料改进了菜肴的口味和香味，增加了色泽及亮度。

4. 改变形状

改变菜肴主料的形状，也是制作创新菜的一种方法。如"火蒙冬瓜"，把冬瓜条改成大方块或整齐的薄片，使食客产生新意。又如"银球烩海鲜"，把"银球"盛入雕刻花纹的冬瓜盅内。这些改变形状、增加新意、局部创新的方法，也是提高菜肴档次的重要手段。

5. 改变工艺

将菜肴的制作工艺改进，使其变得更加诱人。一款普通的河虾烹制方法，不外乎盐水、油爆、清蒸，但笔者在一小茶庄吃到一味烧河虾，令人赞叹：将河虾入油锅速炸至头壳爆裂撑开，放入酱油卤汁中浸烫，倒入容器自然成堆，撒葱姜末、胡椒粉，淋上滚烫的亮油。这道菜将油爆虾和葱油的烹制手法融为一体，使其比清蒸更富有光泽，比盐水更为丰满，比油爆更为清新和鲜美。

6. 改变使用方法

菜肴的烹制方法保持不变，只是将食用方法加以改进和创新。黄豆烧筒骨是杭州家庭传统菜，此菜深受百姓喜爱，但它不能端上高档餐饮的台面。早几年经过杭州厨师的改良，成为一款上品佳肴：猪筒骨劈去一头留作他用，使用韧带多的一端，加黄豆炖煮酥烂后盛入各个长形器皿，上桌时配以吸管和薄膜手套。食客既可吃到上好的黄豆，喝鲜汤，还可以用吸管吸取筒骨里面的骨髓，戴上手套又可以抓住骨头，啃骨头上面的韧带和碎肉，这样不仅给顾客提供了方便，也增加了菜肴的趣味性，提高了附加值。

7. 改变搭配

改变搭配也是创新的一种方法。板栗烧肉是杭州家常菜，用花菜干来替代板栗成为花菜干烧肉。板栗是山中土品，花菜干是农家新品，山货与土货调换，加上杭州人喜爱新奇，花菜干韧脆适宜，所以菜干和肉搭配深受欢迎。

8. 改变器皿

菜肴的烹制方法不变，用改变盛装器皿的方式来提升菜肴的档次。杭帮菜中有一款八宝豆腐，据说源自康熙宫廷菜，现在厨师把它盛入火锅中，用明火炖制上桌，把一道简单的豆腐菜提升到一定的档次。

以上的 8 个改变均以原先菜肴为基础，继承和发扬原菜的风格，能使食用者在品味新菜的同时回忆家乡风味、传统风味，能为创新菜肴的精致和立意而叫绝。

提升品质来创新

提升品质是提高菜肴档次的上好方法，也是创新的一个原则。猪油菜泡饭是杭州名吃，有些人会在烹制时加入虾米，或者加入芋头粒，但杭州新景园大酒店针对不同的宾客要求和宴会的档次来配制，比如用整只龙虾切块作配料。

这种普通的本地名吃加入高档配料也是低档菜肴提升品质的方法。与此类似的还有西子蟹粉羹，是由宋嫂鱼羹演变而成，即把宋嫂鱼羹中的鱼肉改成蟹粉和蟹黄。

可喜的迹象

杭帮菜创新中存在的问题一直困惑着我们，但在首届杭州休闲博览会上看到了转机的迹象。杭州休闲博览会食神争霸赛上出现了一款颇有新意的菜品——雪梨火方，此菜是由杭州味庄创新制作的。它是根据杭州传统名菜蜜汁火方改良而来的，原蜜汁火方是用火腿中峰加糖、黄酒反复蒸制，逼出火腿的咸味，使此菜咸中带甜、甜中带咸、香浓味醇，但缺点是整份火腿太大、咸度偏高、人数少又吃不了。现在把火腿切成小方块，用烹制蜜汁火方的方法蒸制处理，再放入去皮挖空去芯的雪梨中烹制，淋蜜汁而成。此菜既解决了量的问题又解决了切小块易碎的难题，创作者不仅了解传统菜肴，还在创新中改良了口味，增加保健功效，解决了制作的难度性等问题。这就是杭帮菜真正的创新之道。

杭帮菜创新要不离传统的根本，要在原有基础上创新，使杭帮菜在"质"上提升，在"味"上提升，在"色"上提升，在"形"上提升，保持自我特色。杭帮菜不再是"拿来"菜，杭帮菜更不是排挡菜，杭州厨艺界要尽快地走出创新误区，把杭帮菜带回到继承传统和发扬传统的创新道路上来，使得杭帮菜创新之路越走越宽。

【文章来源】戴桂宝：《杭帮菜创新思路谈》，《中国烹饪》，2007 年第 3 期

38. 历代文人与杭帮菜

　　杭菜历史悠久，有深厚的文化底蕴。除了历史上几个大事件，如宋室南迁对杭菜的形成有着决定性的影响之外，历代文人对杭菜的关注也起了至关重要的作用。在影响杭菜的众多的文人中，最值得一提的是苏东坡、李渔、袁枚、鲁迅。苏东坡的影响最深广。在如今的36个杭州名菜中，东坡肉总能勾人食欲。苏东坡曾两次到杭州担任地方官。他任职期间对杭州进行了综合治理，特别是对西湖的治理更是立下功劳，苏堤便是利用湖中淤泥所筑，在苏堤的南端还建有苏东坡纪念馆。东坡肉、东坡鱼、东坡酒、东坡笋……自11世纪以来，苏东坡在中国美食界声誉卓著。东坡肉的传说有很多版本，传说他任杭州知州时，曾用猪肉、黄酒犒劳疏浚西湖的民工，民工误解而把黄酒、猪肉放在一起煮，结果此肉酥糯可口，其香无比，因而便成了杭州的36个名菜之一，冠名为"东坡肉"。

　　苏东坡在江浙、中州、南粤各地任过官吏，尝遍了各地的肴馔，写下了《菜羹赋》《食猪肉诗》《豆粥》《鲸鱼行》以及著名的《老饕赋》等。他在自己的诗作中以老馋嘴自居，这生动地反映了他对饮食烹调的浓厚兴趣和品尝佳肴美味的丰富经验。苏东坡除了善于品尝外，还经常自己动手烹饪佳肴。据宋代周紫芝《竹坡诗话》记载，苏东坡被贬谪到黄冈时，不时下厨劳作，他见黄冈市面猪肉价贱，而人们较少吃它，便亲自烹调猪肉，吃得津津有味。苏东坡对烹制鱼羹颇为在行，并自称在家乡时常亲执炝煮鱼以待客。他的素食也做得不错，曾用芦菔白米做过"玉糁羹"，自称其味之佳可与西天的醍醐媲美。正因为苏东坡与饮食有如此的缘分，所以相传与他有关的名馔不少，用他名字命名的菜肴更多，如"东坡肘子""东坡豆腐""东坡玉糁""东坡腿""东坡芽脍""东坡墨鲤""东坡饼""东坡酥""东坡豆花""东坡肉"等等。这些菜点或多或少都对杭菜产生了影响。

　　李渔主张清淡忌油

　　明末清初的戏剧家李渔是半个杭州人。他年轻时来杭州开始了卖文生涯，数年间连续写出了《怜香伴》等六部传奇及《无声戏》等两部白话短篇小说集，在杭州坊间一下子就响了名声，而且连南京、苏州也都流传着他的传奇作品。

连他的笔名"湖上笠翁",也与西湖关系密切。

一生贫困疲于奔命的李渔不像苏东坡那样精于美食,但他对饮食还是有超人的见解,其精华是重蔬食、崇俭约、尚真味、主清淡、忌油腻、讲洁美、慎杀生、求食益,这些见解体现在他的重要著作《闲情偶寄》"饮馔部"里。300 年后的今天,这种饮食之道仍然有指导意义,可以说是一种科学的养生之道和人生观。李渔反对那些为追求自己一嘴之贪,动不动就射杀飞禽走兽制作菜肴的饕餮之徒。他不认为"野味"的味道怎么好,"野味之逊于家味者,以其不能尽肥;家味之逊于野味者,以其不能有香也。家味之肥,肥于不自觅食而安享其成;野味之香,香于草木为家而行止自若。是知丰衣美食,逸处安居,肥人之事也;流水,高山,奇花异木,香人之物也。"李渔始终认为蔬菜是最上等的美食。

"吾为饮食之道,脍不如肉,肉不如蔬,亦以其渐近自然也。"这一见解至今没有过时。杭菜的特色与李渔的饮食之道有极大的相似之处。杭菜的原料多蔬菜、笋类、河鲜,讲究荤素搭配;杭菜的口味崇尚清淡,不重油重色,讲究原汁原味;杭菜原料中基本上没有"鸟兽蛇虫"之类的野生动物,这些科学饮食的特色,使得杭菜在我国的大小菜系中独树一帜。近年来杭菜之所以名扬全国,这也是一个原因,由此可以说,李渔对杭菜功不可没。

袁枚精撰《随园食单》

近日,杭州有几家餐馆推出了酒糟蒸鲥鱼这道菜,口味新颖,大获好评。这些店家都自诩是自家研制的,但业内专家对此说不以为然,因为这道菜在袁枚的《随园食单》早有介绍,应该说是一道传统名菜。《随园食单》"江鲜单"中的第二道菜就是鲥鱼:"鲥鱼用蜜酒蒸食,如治刀鱼之法便佳,或用油煎,加酱,酒酿亦佳。万不可切成碎块加鸡汤煮,或去其背专取肚皮,则真味全失矣。"如今杭州的厨师烹制鲥鱼,基本上没有把鱼切成碎块的,也没有专取肚皮的,看来,对于袁枚的主张,古今厨师都依此办理,没有逾矩。

袁枚是清代乾隆、嘉庆时期的代表诗人之一,与赵翼、蒋士铨并称乾隆三大家。他活跃诗坛 60 余年,存诗 4000 余首。在吟诗作画之外,袁枚还是一位有丰富经验的美食家、烹饪学家。他所著的《随园食单》一书,是我国清代一部系统地论述烹饪技术和南北菜点的重要著作。该书出版于 1792 年(乾隆五十七年),全书分为须知单等 14 个方面。他在须知单中提出了既全且严的20 个操作要求,在戒单中提出了 14 个注意事项。接着,用大量的篇幅详细记述了我国从 14 世纪至 18 世纪中流行的 326 种南北菜肴饭点，也介绍了当时的美酒名茶。近日，杭菜研究会召集专家准备出版一本品味杭州菜的专著，专家都谈到了宋室南迁对杭菜的影响，但一致认为历代文人对杭菜的贡献不能忽视，特别是袁枚，他对杭菜的影响至今仍在。眼下的很多杭州名菜其实在他的《随园食单》里都有介绍，比如蜜汁火方、生炒甲鱼、西湖醋鱼、土步鱼、卤鸭、素烧鹅、宋嫂鱼羹等等。

鲁迅钟情"知味观"

鲁迅与知味观关系密切，可能与他出生于浙江绍兴有关。

杭州知味观于 1913 年开业，原由绍兴人孙翼斋和阿义创办，后由孙翼斋独资经营，并按"欲知我味，观料便知"的店幅取名"知味观"，以经营杭州风味菜为特色，主要名菜有"西湖醋鱼""龙井虾仁""叫化童鸡""西湖莼菜汤"等。既然是绍兴人开的餐馆，所以经营的菜肴里有不少绍兴风味，比如用酒糟浸渍鸡块、肚片、猪舌、鸡爪、猪爪等等，店小二将这些糟货盛在陶钵中，名为"糟钵头"。这些糟货至今仍然是知味观的招牌菜，被真空包装，进行工业化生产，还通过超市网络远销省内外。此外，绍兴的传统名菜霉干菜烧肉、臭豆腐、醉鸡、醉虾，即绍兴菜中的"糟、醉、霉、臭"知味观一个不少。这些菜受到杭州人、绍兴人喜爱，鲁迅也不例外。"知味观"历史上最引以为自豪的，是它和鲁迅的交往。

鲁迅生前经常在"知味观"设筵宴客，有时还请这家菜馆厨师到自己家里烧家乡菜招待朋友。在 1932 年至 1934 年的三年间，鲁迅到"知味观"宴请友人达六七次之多。1932 年 7 月 3 日晚，鲁迅和夫人许广平在"知味观"设宴为日本进步女歌手山本初枝夫人饯行，互赠诗词，鲁迅在日记中提到她的名字就有 120 多次。1933 年，鲁迅寓所搬到上海山阴路大陆新村九号不久，为答谢友人的帮助，他又亲自到"知味观"预订酒席，在 1933 年 4 月 20 日和 4 月 23 日晚上，还接连两次宴请酬谢友人，著名作家茅盾、郁达夫、姚克等都应邀前往。鲁迅亲笔书写的邀请姚克出席宴会的请帖，至今还被完整地保存着，这张请帖是"知味观"所制，非常精美。

【文章来源】卢荫衔：《历代文人与杭帮菜》，《杭州通讯（生活品质版）》，2007 年第 2 期

39. "杭帮菜"正在发生理念的转变

外地客人的味蕾神经，经过这几年"迷宗菜"五味杂陈的训练之后变得尤其强大，杭州本地菜馆也清楚，若还是翻出西湖醋鱼、宋嫂鱼羹、东坡肉这些旧账来，恐怕外地客人已经不再乐意买账。

最近，杭州打出了"品质之城"的旗号，这品质当然最先要在"民以食为天"的行为准则下落地。既然杭州城守得一方好山水，在哪里吃就变得尤其重要；早有聪明商家觅出了"风景入菜"的窍门，一时间，西湖西岸的龙井、虎跑、灵隐、双峰、鸡笼山、茅家埠开出不少看得见风景的餐厅，开店的速度比起地产商圈地来毫不慢。至于餐厅的品质也义无反顾地向普罗旺斯的田园小资风格靠拢。最早的杭帮菜，就有"船上"和"城厢"的分别。西湖画舫里的菜，口味大概是没有人去苛求的，图的是循波微摆之间的小情调。相比起来，那些隐逸在湖畔山溪里的精细菜馆就更专注些，门前一样有荷塘月色、阵阵桂花香，以及延伸到山坡上如海的茶林，先不说菜品，就是那份下班之后逃离城区的逍遥姿态，就绝对是以为晚高峰时的堵车潮埋单了。

　　有了闲情，江南人的美食概念也在进行着返璞归真的时尚革新。自己盛饭，自带餐巾纸，把菜单写在门面上。不管如何，碟子里那盘最经典的杭州小方肉，还是当年水灵灵的江南味道。

　　【文章来源】淑女：《"杭帮菜"正在发生理念的转变》，《海宁日报》，2011 年 6 月 10 日

40. "杭帮菜"的"文化味"

大酒店里茶文化

时下，杭州人有句颇为时尚的口令，叫"上红泥吃茶去！"怪哉！学士路红泥花园分明是一家大酒店，怎么说上它那儿"吃茶去"？

这"吃茶去！"则是天下共闻的河北赵州柏林禅寺从谂禅师的一句偈语，不管什么人去拜谒，他都说这一句"吃茶去！"，说完便有典座或院主把客人领到茶寮。前中国佛教协会会长赵朴初先生写过一首小诗，朴实地说出了"禅茶一味"的道理，诗云："七碗受至味，一壶得真趣。空持百千偈，不如吃茶去。"意思是说多少美味佳肴，比不上一壶清茶，多少诲人至善的诗偈，还不如普通的这一句"吃茶去"来得有用。

这真的是至理名言了。如今请客吃饭已不是生活中的一件小事，因为物质条件变好了，再也不愁吃不到山珍海味了，花销起来，动辄几百、上千甚至上万，但因为吃喝多了也不是一件好事，吃来喝去，东应酬，西应酬，也许会吃出病来。像我这个读书人，最怕的便是"饭局"，不说"糖尿病"和"脂肪肝"要染上身，就是欠下一笔笔"人情债"也是够烦心的。

其实"请"与"被请"都是个事儿。因为"开会"少了，上酒店吃顿饭，不是"洽谈"就是"联络"，不是"交易"便是"承诺"，所以往常开会的地方"空"出来了，"茶楼""茶吧"也便多了。上酒店请客吃饭，谈话时的应对与机锋也颇费斟酌的。而且酒菜档次的高低，座位宾主的安排，包厢大小与环境的选择，都不是简单的事儿。有时还要叫车接客，先到后到也得有个招呼，如此等等，不一而足。说老实话，上红泥酒店去吃饭，无论"请"与"被请"，该店总经理刘小英一班人都会替你考虑得周周到到，方方面面都不用操心，他们的服务可说是细致入微，就拿餐前等人的片刻，她们端上来的一杯清茶，便会使你感到安宁轻松，而不论遇到什么对手或什么大事，都会使你直面而巧于应对，真叫人舒心和惬意。

我第一次上红泥，是被人邀请，早早地来到包厢，一眼扫去，环境不错，但是来得太早了，等起来有点心焦，而且越等越感到饥肠辘辘。这时端上来一杯浙北地区特有的"烘青豆茶"。当我看到杯中那飘浮的金黄色橘皮，还有芝麻、香干丁、紫苏、桂皮、茴香和几颗碧绿的烘青豆时，那烦躁的情绪与一丝丝饥饿的感觉便顿然消失，呷了几口以后，身上暖烘烘的，似乎便恢复了神气和体能。

在与刘小英总经理的交谈中，我俩不约而同地说出了传统茶文化的魅力，酒店的经营，主打是酒菜面饭，但也不能忽视与忽略这个"茶"字。俗云："柴米油盐酱醋茶"，"琴棋书画诗酒茶"，无论日常生活还是休闲娱乐，都离不开这个"茶"。虽说酒店不是要抢"茶楼"的生意，但由于顾客的实际需要，"烟酒不分家"还不如"茶酒不分家"来得好。

自此，红泥花园大酒店便在经营与服务上拓宽了领域，重视在酒店引进"茶文化"。他们这方面已经探索出一些道道：一是品种齐，因客施茶。如北方来的，便泡"茉莉花茶"，南方来的便泡"乌龙茶"，长三角来的便泡"碧螺春"，境外来的便泡"西湖龙井茶"等等；二是开辟进货渠道，力求价廉物美，地道优质；三是讲求茶道、茶艺、茶文化。相关人员谙习茶故事，善于煎点、泡斟和礼仪。有一次我叫他们讲苏东坡与辨才和尚、白居易与韬光禅师的品茶故事，竟有人说得头头是道，滴水不漏。白居易的"酒诗"写得好，"红泥花园"之名便源自他的酒诗；其实白居易的"茶诗"也写得不错，试引一首作为结尾："白屋炊香饭，荤膻不入家。滤泉澄葛粉，洗手摘藤花。青芥除黄叶，红姜带紫芽。命师相伴食，斋罢一瓯茶。"在喧闹的都市，在荤膻的餐桌，如今有点厌烦了，而白居易所追求的境界也就为今人所向往。

老传统，好风味

自 2003 年联合国教科文组织提出《非物质文化遗产保护公约》，我国成为缔约国以来，非物质文化遗产的保护已成为时下举国上下的一个热门话题。浙江省已公布了第一批保护名录 64 项，第二批保护名录 211 项，列入第一批国家级保护名录的也有 39 项。

其中，"杭帮菜烹饪技艺"已列入第二批省级保护名录，这真使我兴奋不已，拍手称好！

在各式各样的传统手工技艺中，名点名菜的传统手工技艺，历来不登大雅之堂，以为"一日三餐，人皆为之"，"百姓百样心，众口实难调"，以为没有什么"传统"可言，"遗产"可保。其实，这是一种世俗偏见。说到底，"民以食为天"，这中间的学问多得很，大得很。随着时代的变迁、生活的改善，丢掉传统，一味地追"新"，必有许多珍贵的东西会被我们断送掉！古建筑要"修旧如旧"，千百年传承的生活习惯与文化元素，既是一个国家、民族，或一个地方、城市的身份标识，也是人们在今天讲求"生活品质"所不可缺少的精神要素，当然也是要"应保尽保"的。

唐诗有句"少小离家老大回，乡音未改鬓毛衰"。这真的是"江山易改，禀性难移"了。这"禀性"，自然包括从小养成的气质、风格、乡音和口味。当我坐在红泥花园大酒店包厢里正这样想的时候，该店总经理刘小英知道我是"绍籍"，又是她的常客"座上宾"，便笑盈盈地递给我一本精美的红泥菜谱，说："你老爱吃点什么，随你点，菜谱上没有的，你也可以点，为你立马做！"听了这话，我正感到开心。我想你红泥花园特别重视对霉香、糟香风味菜系的保护与传承，已经名声在外，我也正想试试。于是便报出我所嗜好这两大传统菜系中的家常菜。结果，凡是我所报的，红泥花园菜谱中几乎都有。例如霉香菜系的，就有：干菜焐肉、野山椒蒸臭豆腐、江南一绝（臭豆腐）、霉苋梗、咸菜肉末炒豆板等等；糟香菜系的，则有醉黑枣、鳓鲞蒸肉饼、倒笃蟹等等。不仅品种较多，而且名实相符，不像现在有的新菜，只有一个好听的名字，却让人猜不透它到底为何食物。看了红泥菜谱，我也便猜到刘小英总经理确实是保护与传承传统风味菜系的有心人。这在今天主张"把我们民族的根留住"，"不要忘了自己回家的路"的时候，是有先知之明与独具慧眼的行为。

我在这些传统霉香、糟香菜系中，点了鳓鲞蒸肉饼、江南一绝臭豆腐和盐肉炖冬瓜，一个人自斟自酌，仿佛回到久别的故乡，与坐在"咸亨酒店"里吃绍兴老酒一样的有滋有味，美不胜收。

刘总说："创新菜是采用新的菜料与做法，这是因为时代变了，资源丰富，我们酒店要与顾客的追求尝新尝鲜相趋同，但传统的风味菜系毕竟是我们先人制造的好东西，应该保护与传承，以适应大众的口味定势，让人有更多选择的余地，从而做到多样化与个性化的有机统一！"这话是说得多么辩证而又经典啊！真令我赞叹不已。

原来，红泥花园大酒店的霉香、糟香风味菜系便是从保护与传承非物质文化遗产的全新理念与一定高度出发的。不少人在现代营养学与现代保健养生学的指引下，要求吃得科学，吃得合理，吃得卫生，渐渐地便远离那些在物质条件不很丰裕的时代便于保存与便于下饭的菜肴，便对那些传统风味存在某种顾虑。其实，经现代微生物科学的研究与实证，那些霉香、糟香菜，不仅口味独特，而且也是有益于人的身心健康的。像酿酒用的"白药"，便含有在一定地域条件下才会有的微生物种群与类别，它的制作、利用与保护，还是属于国家的绝密级技术呢！如果不加保护与传承，一旦失去，便是永远的遗憾，难以挽回！

【文章来源】丰人：《"杭帮菜"的"文化味"》，《杭州通讯（生活品质版）》，2008 年第 12 期

41. 芥川龙之介与西湖楼外楼

一

坐落在杭州西湖孤山岛上的楼外楼菜馆，创建于清道光二十八年（1848），迄今已有 160 年历史。这家老字号餐饮名店凭借得天独厚的地理位置和崇文重道的经营传统，自近代以降与众多文化名人结缘，这些掌故逸事构成了楼外楼百年店史中的灵魂。一部《名人笔下的楼外楼》（中国商业出版社 1999 年 3 月）便录有三十多篇名家随笔、十种名人日记、约二十首诗词歌赋。其中最著名的一首当属郁达夫所作《乙亥夏日楼外楼坐雨》：

> 楼外楼头雨似酥，淡妆西子比西湖。
> 江山也要文人捧，堤柳而今尚姓苏。

"江山也要文人捧"之句将美景与文人的关系揭示得十分清楚。而能够集美食与美景共餐的楼外楼，也正是由于文人雅士的青睐和眷顾，才得以在自身历史中积淀下深厚的文化底蕴。

从一家湖畔小店发展成为中华餐饮老字号中的翘楚，该店数十年间历经了多次翻造、移址和扩建。俞樾、章太炎、俞平伯、郁达夫、徐志摩等早年食客曾频频光顾的老店，由于没有任何图片资料留存，始终只能透过"名人笔下"去寻踪探迹。

笔者在位于东京驹场的日本近代文学馆对该馆所藏"芥川龙之介文库"[1]进行调查时，从芥川龙之介生前珍藏的一本中国旅行期间的影集中，发现两枚 1921 年 5 月初摄于楼外楼菜馆的珍贵照片。在将其中一枚收录在拙译芥川龙之

---

[1] 由芥川遗属在1964年至1971年间捐赠的芥川生前藏书、原稿、信件及遗物等组成。在其藏书中，包括《西湖楹联》全四册、《西湖佳话古今遗迹》全六册、《西湖风景画》等多部旅行期间购入的西湖相关书籍。日本近代文学馆为此整理了《芥川龙之介文库目录日本近代文学馆所藏资料目录2》（日本近代文学馆1977年7月）。

介著《中国游记》（中华书局 2007 年 1 月）之后，2007 年 9 月值楼外楼启动 160 年店庆筹备活动之际，又促成了另一枚的回归。自此，两枚照片先后回到拍摄原地并首度公开。浙江多家媒体以"86 年前芥川龙之介在楼外楼的照片首次亮相""楼外楼找回 86 年前招牌照""老照片远渡重洋，记录日本名作家的杭州岁月""现存最老的楼外楼照片，日本文学家芥川龙之介无意间的馈赠"等标题进行了专门报道 [1]。芥川龙之介原本就备受文学爱好者的喜爱和推崇，此次来自他生前珍藏的特殊"馈赠"，更加深了中国读者对他的亲近感，同时也为近代中日文化交流增添了一段佳话。

本文将对两枚照片的史料价值进行考证，并结合芥川龙之介的《中国游记》，从一个侧面再现作家当年的西湖之行，同时也对隐在这段历史背后的人与事进行钩沉。[2]

芥川龙之介来到中国是在 1921 年 3 月至 7 月间，当时他接受大阪每日新闻社的派遣，用四个月时间游历了中国十几个城市。那一年他只有 29 岁，但已是名气极大的小说家。报社方面希望借他的名气招揽读者，遂以在该报连载记行文为条件，重金派遣他访华长达四个月之久。

芥川龙之介于 3 月底抵达上海，先在上海滞留一个月后，5 月 1 日从上海乘火车来到杭州，5 月 4 日返回上海。这次西湖之行，详尽地记录在 1922 年元日起连载于《大阪每日新闻》的《江南游记》中。这篇《江南游记》连同先后写作的《上海游记》《长江游记》《北京日记抄》等一同收录为单行本《中国游记》，1925 年 10 月由改造社出版发行。

二

关于楼外楼菜馆的历史，《西湖全书·楼外楼》（沈关忠、张渭林主编，杭州出版社 2005 年 10 月）中有详细的整理。根据该书介绍，可将该店历次翻建的情况大致归纳如下：1925 年之前，楼外楼是一座二层店面、俗称"一楼一底"的中式建筑。其地理位置右接广化寺，左邻西泠印社；由于生意兴隆，原

---

[1] 见 2007 年 9 月 18 日《每日商报》《钱江晚报》《都市快报》《杭州日报》，19 日《东方早报》，20 日《浙江日报》等。
[2] 本文的相关内容，一部分曾在笔者撰文的《芥川龙之介在楼外楼》（2007 年第 6 期《文化交流》）中有所介绍。

有房屋不敷使用，1925年遂将老楼原地改建为洋式门面带屋顶平台的三层楼房；1958年，三层洋楼与广化寺一同拆除，楼外楼餐馆迁入西泠印社东侧的太和园菜馆原址，是一座三开间门面的砖木三层楼；1978年，在九上楼外楼的周恩来总理生前的关怀下，菜馆再次拆房扩建。1980年7月建筑面积较原来扩大4倍的新楼落成，这就是现在的总店。

此前已知的最早的楼外楼的照片，是《西湖全书·楼外楼》中收录的一张拍摄于1957年的店前职工合影照。而芥川龙之介摄于楼外楼的照片，再现了民国十年（1921）时该店的风貌，将其保有照片的记录向前推移了36年。

首先，来看一下其中店门前一侧的全景照（图1）。

图1　日本近代文学馆为楼外楼160年店庆纪念画册提供使用

从照片上可以看出，芥川龙之介当年并未进入店内用餐，而是直接坐在了"楼外"。20世纪20年代前半曾在店外设座，对此有资料可以佐证。例如，据《西湖全书·楼外楼》介绍，1926年该店翻建的三层洋楼落成之后，《大浙江报》刊出的开业广告中，便有"向遇夏季在湖边树下添设座位后因树中常有微虫扑下，与卫生殊多妨碍"的记述。也正因为芥川坐在了店外的"湖边树下"，才留下了这帧 1921 年的珍贵旧影。可以设想，当时店内的光线恐怕还难以满足基本的摄影条件。

《江南游记》中描述说，"我们的桌子，摆放在枝叶繁茂的槐树下。脚下不远处便是波光粼粼的西湖"。可是从画面上看，他所坐的桌子确切地说，并非是摆放在"槐树"下，而是摆放在高大的遮阴篷下的。竹木搭建起来的遮阴篷前，高悬着遒劲的楷体字书写的店招。俞平伯《双调望江南》中回忆楼外楼，曾用"楼上酒招堤上柳"之句。"酒招"指的也有可能就是这面店招。此外，俞平伯《西湖的六月十八夜》中描述 20 世纪 20 年代初节庆之日的黄昏时分，"楼外楼高悬着炫目的石油灯，酒人已如蚁聚，小楼上下及楼前路畔，填溢着喧哗和繁热。"这里提到的"炫目的石油灯"，也可从画面右方清晰地辨认出来。石油灯下，依稀可见一块"楼外楼"匾额竖悬在店门处。

为扩大营业面积，这幢"一楼一底"的二层老楼于 1925 年被翻建为三层洋楼。新楼落成后于次年 6 月开张营业，并登报广而告之，为招徕顾客还特别廉价一月。然而，原址上翻建的新楼却令徐志摩倍感"伤心"，他在 1926 年 8 月 9 日《晨报副刊》上发表的《丑西湖》一文中，清楚道明了改建前后的变化：

> 原来楼外楼那一楼一底的旧房子斜斜的对着湖心亭，几张揩抹得发白光的旧桌子，一两个上年纪的老堂倌，活络络的鱼虾，滑齐齐的莼菜，一壶远年，一碟盐水花生，我每回到西湖往往偷闲独自跑去领略这点子古色古香，靠在栏杆上从堤边杨柳荫里望滟滟的湖光。晴有晴色，雨雪有雨雪的景致，要不然月上柳梢时意味更长，好在是不闹，晚上去也是独占的时候多，一边喝着热酒，一边与老堂倌随便讲讲湖上风光，鱼虾行市，也自有一种说不出的愉快。但这回连楼外楼都变了面目！地址不曾移动，但翻造了三层楼带屋顶的洋式门面，新漆亮光光的刺眼，在湖中就望见楼上电扇的疾转。客人闹盈盈的挤着，堂倌也换了，穿上西崽的长袍，原来那老朋友也看不见了，什么闲情逸趣都没有了！我们没办法，移一个桌子在楼下马路边吃了一点东西，果然连小菜都变了，真是可伤。

徐志摩这篇文章的主旨，不单是表达对改建成"洋式门面"的楼外楼的伤心，更在于鞭挞和嘲讽现代化改造和商业性开发所带来的"西湖的俗化"。饶有趣味的是，徐志摩"丑西湖"的批判，和当年芥川龙之介在西湖的观感有很多不谋而合之处。比如在《江南游记》中芥川龙之介就指出，湖边随处可见的各种西式建筑的"红砖洋楼"为西湖"植下了足以令其垂死的病根"，并且如巨大的臭虫一般"在江南各处的名胜古迹中蔓延，将所有的景致破坏得惨不忍睹"。他甚至对秋瑾墓的正门也采用西式风格甚为不平，认为"用这样的门来做咏出了'秋风秋雨愁煞人'并为革命殉死的鉴湖女侠秋瑾的墓门，未免让人觉得可悲"，并且批评说"西湖的恶俗化，更有一种愈演愈烈之势"。20世纪20年代，西湖及其周边传统的中式景观，日益受到西式建筑的蚕食和改造，对此，徐志摩和芥川龙之介都表达了完全相通的痛惜之情。

从对西式建筑的态度上可以推测，如果芥川龙之介见到的是1926年改建后的洋式店面，恐怕很难会有拍照留念的"闲情逸趣"。因为在游记里他就曾明确提到，正是楼外楼前的景象让他"彻底忘记了红砖洋楼"，所以他才感到了"闲适之趣"，找到了"小说般的感觉"。

三

如果说徐志摩的《丑西湖》是自家揭短的话，那么作为外来者的芥川龙之介，也还是在《江南游记》中或直接或委婉地道出了对西湖的诸多失望[1]。焕然一新的必定是西式的红砖洋楼，著名的景点却已大半荒废败落；苏小小墓前全然不见草色似裙的景象，正在修缮的岳王庙里随处堆积着泥沙；而烂醉的美国人在旅馆门前随地小便，更令他燃起"攘夷"的义愤……于是他坦率直言："西湖并没有想象中的那样漂亮。"然而，也正因为有了这些并不愉快的经历，"西湖（四）"的整整一章关于楼外楼的文字，在《江南游记》全篇中凸显得格外地轻松和从容。在楼外楼度过的正午时光，俨然成为此次旅途中难得的舒心一刻。

按游记所记，在前后游览了广化寺、俞楼、苏小小墓、秋瑾墓、岳王庙等景观后，乘画舫回到孤山东岸。"那里的槐树与梧桐的树荫下，有家打着'楼外楼'旗帜的餐馆。""我们也在船老大的推荐下，在这家店前的槐树下吃了

---

[1] 另一方面，在旅游期间寄出的信函中，芥川龙之介也曾赞叹"西湖小巧玲珑，美不胜收"(5月2日致松冈让)，"西湖美景几似明朝古画"(5月5日致下岛勋)。以上信函都收录于《芥川龙之介全集》第5卷(山东文艺出版社2005年3月)。

顿中式午餐。"

我们的桌子，摆放在枝叶繁茂的槐树下。脚下不远处便是波光粼粼的西湖。湖水不停地荡漾着，在岸边的石缝中荡出轻柔的声响。水边有三个穿着蓝色衣服的中国人，一个在冲洗一只拔光了毛的鸡，一个在洗着旧棉衣，一个则在稍远处的柳荫下悠然垂钓。忽然，他将钓竿高高举起，线端一条鲫鱼在空中活蹦乱跳。这番情景在春光中让人颇感闲适之趣。在他们的对面，西湖缥缈地舒展着身姿。在这一瞬间，我彻底忘记了红砖洋楼，忘记了美国佬，在眼前平和的景色中找到了小说般的感觉。——晚春时节的石碣村，柳荫处日影婆娑。阮小二一直坐在柳树下专心垂钓；阮小五将鸡冲洗好了之后，走进家中去取厨刀。"鬓边插朵石榴花""胸前刺着青郁郁的一个豹子"的那个可爱的阮小七，仍然在洗旧棉衣。在湖边杀鸡或垂钓的，多半可能是店内的伙计。

由于芥川从"眼前平和的景色中找到了小说般的感觉"，于是他仿佛置身《水浒传》中"篱外高悬沽酒斾，柳荫闲缆钓鱼船"的石碣村，眼前叠映出阮氏三雄的英姿。

在中国游览期间，芥川龙之介每到一处都用随身携带的记事本简单记下所见，以备日后游记撰写时参考。当时使用的记事本至今仍然保留在日本藤泽市的文书馆，其中与楼外楼相关的记载内容有："楼外楼（菜馆）——孤山（柳、梧、槐）。箸、杖、西瓜、杏、水边洗衣捶打的男子、楫舟的中国女子、冲洗鸡、钓鲫鱼、糖果、两个红衣紫裤的孩子、两个身穿西式哔叽质地衣服的女子"[1]。这部分笔记的大部分内容都反映在上述引用段落里了，而其中的"两个身穿西式哔叽质地衣服的女子"，便同接下来将提及的另一枚照片相关。

游记记载，正当芥川和同行的村田孜郎刚要开始品尝老酒时，"一艘画舫横在岸边，停在了槐树的树荫下"。一个中国家庭的一家数口走下船后坐到了邻桌的座位上。从服饰上判断其中有男主人、孩子和一个女仆，而"其余两个女子一定是姐妹。二人都穿着一样的桃红和蓝色相间的斜纹哔叽质地的衣服。"游记继续描述道：

我一边用筷子，一边不时地朝他们望去。他们在我们旁边的桌前坐下，正等候着饭菜。姐妹两人一边悄声说着什么，一边不住向我们流盼。确切地说，

---

[1] 见于《记事本6》，收录于岩波书店《芥川龙之介全集》第23卷(1998年1月)。

是因为村田君在摆弄着相机，要给我拍一张吃饭时的照片。正是这个才吸引了她们的目光，所以并不值得洋洋自得。

"哎，那个姐姐是夫人吧？"

"是的吧。"

"我却怎么都也看不出来，中国的女子只要不过三十，看起来都像是小姑娘。"

正说着，他们的菜就上来了。浓荫低垂的槐树下，这一个时尚的中国家庭有说有笑地吃着饭，从一旁观瞧，只觉得妙趣横生。我点上了一只雪茄烟，乐此不疲地看着他们。断桥、孤山、雷峰塔……此等美谈就交给苏峰先生去讲吧。对我来说，比起明媚的山水来，对人的观察不知要愉悦多少倍。

这里的苏峰先生，指的是著名政论家德富苏峰，他曾于1906年和1917年两次访华，所著《七十八日遊记》和《中国漫遊记》中对西湖景色赞赏有加。芥川龙之介在这里表达了与德富苏峰迥然不同的志趣：与秀丽的湖光山色相比，更好奇于寻常中国百姓的生活日常，为观察到一个普通家庭的和睦氛围而愉悦欣喜。这是一种典型的小说家式的观察方式和感受情怀。

这一段用餐时的场景描绘得生动自然，格外富于感染力。更令人称奇的是，这戏剧性的一幕，竟真切地定格在芥川龙之介在楼外楼所摄的另一枚照片上（见图2）。这张照片几乎是引文情景的准确再现，可以推断当初作者在写作这段游记时，很可能也参考了该照片。照片上的芥川龙之介正在满桌的杯盘前专心进餐。邻桌身穿同样服装的姐妹二人同坐在一侧。二人一边私语一边向坐在镜头前的芥川龙之介顾盼。一个正要走回店内的堂倌也用目光盯着这位身穿西装的东洋人。画面右侧可见楼外楼的楹联和"包办全席"的字样，画面正前方的背景是1958年连同后来的楼外楼建筑一同拆除的广化寺的外墙。

如果说前一枚竖幅照完整展示了当年的店前之景，那么这后一枚横幅照则精彩地捕捉到了一个富于情趣的戏剧性瞬间，并且和游记的文字相映成趣。从画面效果和摄影技术等方面看，也都堪称老照片中的佳作。

能够留存下这两帧珍贵的旧影，还应该感谢一位早已湮没在历史之中的人物，即照片的摄影者，陪同芥川龙之介游览杭州的村田孜郎。

图 2 《中国游记》中华书局 2007 年 1 月所收

村田孜郎[1]，号乌江，生于日本佐贺县。其曾祖父是汉学家井内南涯。1911 年毕业于上海东亚同文书院，此后作为驻华记者长期居住中国，直至 1945 年客死上海。曾先后担任过大阪每日新闻社上海支局长、东京日日新闻社东亚课长、读卖新闻社东亚部长等职。同时，他也是一名出色的中国问题专家和翻译家，在中日文化交流方面做出过重要贡献。

村田孜郎酷爱京剧，是一个超级戏迷。1919 年 4 月梅兰芳接受帝国剧场邀请首次前往日本公演时，村田孜郎不仅担任了全程陪同和翻译，还事先特别编写了《中国剧与梅兰芳》（玄文社 1919 年 4 月）付梓出版。该书是首部日本人编撰的京剧著述，也是海外首部介绍梅兰芳的专著。芥川在《中国游记》里见证说，每从戏园经过，村田几乎听到锣鼓点儿便能猜到演出的剧目。还特别喜欢唱《武家坡》"八月十五月光明"一折，曾在宴席间起身高唱，令举座皆惊。

此外，村田孜郎很早就开始关注中国左翼政治运动，据笔者调查，早在 1920 年他就曾为日文杂志《中国问题》撰写过《解说中国的黎明运动》《作为中国改造基调的社会主义》《劳农苏俄与中国》等文章。芥川龙之介在上海期间与正筹备组建中国共产党的李汉俊进行了面谈，这次会面很可能就是村田孜郎特意安排的。此外，5 月 16 日，村田孜郎还陪同芥川拜访了郑孝胥。他后来撰写的主要著述有《中国的左翼战线》（万里阁书房 1930 年）、《北中国独

---

[1] 芥川在游记中介绍说，村田孜郎少年时期深受押川春浪的冒险小说的影响，中学时代便离家出走，后在军舰上当过杂役。

立运动之真相》（今日问题社 1935 年）、《成吉思汗传》（日本公论社 1946年）等多部。他积极介绍宣传中国进步文艺，曾将郭沫若的《海棠香国》（兴亚书房 1940 年）、《激流三部曲》（圣光社 1946 年）、《我的幼年》（圣光社 1947 年）以及巴金的《砂丁》（圣光社 1946 年）等多部小说译成日文，是郭沫若小说最主要的日文译者。

村田孜郎和很多上海文化界人士都有过交往，但如今国内已很少有人对他有所了解了。例如么书仪著《晚清戏曲的变革》（人民文学出版社 2006 年 3 月）中对《中国剧与梅兰芳》进行过专门介绍，肯定了该书在戏剧史上的价值，然而对其作者"村田乌江"却几无考证。

回到照片的话题，村田孜郎当时携带的摄影器材以及他作为职业记者的摄影技术，自然是照片问世的前提。芥川旅行中国期间的影集中，目前共保存 71枚照片。较之其他很多成像不清或拍摄地点不明者，出自村田之手的数帧照片效果极佳。另有村田孜郎所摄芥川龙之介在岳飞墓前的留影，同样也收人于中华书局版《中国游记》的汉译本里。

正如前文所述，芥川当年的访华实属大阪每日新闻社方面的策划，而且照片的摄影者村田孜郎当年也供职于该社。因此，大阪每日新闻社自然应该算是照片的另一个"娘家"。《大阪每日新闻》创办于 1876 年，1911 年与《东京日日新闻》合并，并曾迅速发展为日本第一大报。1943 年大阪与东京两报的名称统一改为《每日新闻》，至今仍为日本三大综合性报纸之一。

当浙江各媒体对老照片 86 年后回家进行报道时，每日新闻社记者铃木玲子正好在杭州。她当天便看到了报纸，并将相关报道带回日本总部。然而经多方查询，由于年代过于久远，如今的每日新闻社不仅对照片毫不知情，有关村田孜郎的档案资料也已无法考证。日后，她辗转与笔者取得联系，详细询问了事情的来龙去脉，并表示将对此进行报道。2007 年 11 月 26 日，《每日新闻》晚报上刊发了铃木玲子撰写的题为《"名店与芥川"再发现》的报道文章，日本作家在西湖的一段轶事又反馈到了日本国内。由此，在芥川本人逝世 80 周年的一年里，名店与芥川的"再发现"成为中日两国间的一个跨国性新闻。这无疑也是对这位小说家的一种特殊方式的纪念。

芥川龙之介在楼外楼品尝过的菜肴，游记里只提到了"生姜清煮的鲤鱼"，其他便无从推测了。但在他吟诵的一首俳句中，出现了杭州名菜、也是楼外楼名菜之一的"东坡肉"。由杭州返回上海后的 5 月 5 日，在寄给友人的明信片中，芥川龙之介用这样的一首俳句传达了他的西湖印象——"燕や食ひのこしたる东坡肉"。《芥川龙之介全集》第 5 卷（山东文艺出版社 2005 年）中将此句译为："盘中犹剩东坡肉，春燕呢喃闹堂前。"

【文章来源】秦刚：《芥川龙之介与西湖楼外楼》，《日本学论坛》，2008 年第 2 期

42. "东坡肉"趣话

俗话说，"上有天堂，下有苏杭"。多少年来，杭州始终是国内外旅游者的首选。景色迷人的西子湖、古朴雄浑的灵隐寺、巧夺天工的黄龙洞、水清味甜的虎跑泉以及历史悠久的六和塔等，都是独领风骚的美好去处。此外，杭州的传奇典故、名人轶事、民间趣闻，也都娓娓动听，会带给你另一番中华传统文化大餐，其中久传不衰的"东坡肉"故事，就是耐人寻味的一个。

杭州名菜东坡肉，选用细皮薄膘五花条肉，以料酒作水，佐以冰糖、酱油。将锅严严盖起，旺火蒸熟，吃起来酥而不碎、肥而不腻。浓浓的香味久久不失。算来，这道菜已有800多年的历史了。

被誉为"唐宋八大家"之一的苏东坡，是北宋时期杰出的政治家、文学家、画家和书法家，而且善于音律、园艺和烹调。他先后两次到杭州做官，虽时间都不长，但为平民百姓做了许多好事，深得各方拥戴。苏东坡不但是位两袖清风、一心为民的"好官"，而且还是位多才多艺的美食家。逢年过节，百姓常常抬来一口口肥猪、一罐罐黄酒相赠。面对这番美意实在难以谢绝，有一次他灵机一动，想出良策，便吩咐老管家让厨师把肉做熟，连同黄酒起备好，再回请乡亲。不料老管家有些耳背，听错了主人的话，以为是叫厨师"用黄酒炖肉"，结果厨师使用黄酒代水焖肉，菜做出来后色泽红艳，汁味浓烈，放入嘴里细细品尝，肉酥烂却不碎，味香糯却不腻，受用的百姓无不连连称赞，为感谢这位平易近人的"知州大人"，便将这道菜起名"东坡肉"了。

星移斗转，800多个春秋过去了，这道既好吃又不贵的名菜"东坡肉"，一直成为国内外游客在尽览如画美景同时，不可不享受的美味佳肴。

【文章来源】楠珊：《"东坡肉"趣话》，《中国保健食品》，2009年第2期

43. 从杭州出发我们吃遍历史

宋代大诗人苏东坡曾盛赞"天下酒宴之盛，未有如杭城也"，且有"闻香下马"的典故。人杰地灵的杭州自古就以细腻典雅、极富文化内涵吸引着全世界的脚步。而此间的珍馐美食，无疑起着锦上添花的作用。

杭州素有"鱼米之乡，丝绸之府，文化之邦"的人文特质，自唐宋以来一直为江南重要的政治、经济、文化中心，杭州菜兼收江南水乡之灵秀，受到中原文化之润泽，得益于富饶物产之便利，形成了制作精细、清鲜爽脆、淡雅细腻的风格。

杭州的酒楼、茶馆从环境装饰的华美或古朴，"食不厌精、脍不厌细"的杭州菜肴与茶点讲究色、香、味、美、鲜服务的细致周到，都无不透出精致的味道、和谐的气息。而大气、开放，更是杭州饮食文化无处不在的品质。

杭州的浪漫、华美，杭州人的闲适、风雅，品味杭州，不只是在秀丽灵动的优美山水，在衣聚飘香的编丝华服，更在绿茶的蝶勤清香咖的香气四溢、色泽玉润的美酒佳肴；从杭州金碧辉煌、高朋满座、会食盈门的酒楼，古色古香、隔帘花影的茶馆，从幽静诗意、烛光摇曳的咖啡馆和酒吧，更能直接地品味从中透出的杭州风土人情、文化蕴含和市民素养，品味从中传达出的这座城市的精神，精致、和谐、大气、开放。

杭州的饮食文化很悠久，历代都有研究著作，有人批评杭州人的吃玩乐是南宋遗风，是醉文化。其实杭州人是在吃喝玩乐中研究吃喝玩乐的学问。古代有陆羽喝茶喝出了一部著名《茶经》，使杭州人长期品茗品出了"一人得神，二人得趣，三人得味"的真谛；明代杭州饮食专家高濂有《遵生八笺》这样一部以杭州菜为主的理论与实践相结合的食典；清代戏剧家兼美食家李渔的《闲清偶寄·饮馔部》、大诗人兼饮食家袁牧的《随园食单》，都是在杭州写成的以介绍论述杭州菜为主的饮食文化专著。

杭州的饮食界人士更有一种新的开放姿态，"杭帮菜的特色不是几道菜，而是一种新的理念，就是不断创新的精神"，这是一位杭城餐饮巨头的心声，更表达了杭州餐饮界的观念。杭州人其实在倡导一种积极健康的生活观念，在传达杭州城市精致、和谐、大气、开放的精神。

杭州菜讲究轻油、轻浆、清淡鲜嫩的口味。历史上分为"湖上""城厢"两个流派。"清淡"是杭州菜一个很重要的特点，这也符合现代人的饮食趋势。

杭州菜又称"京杭大菜"，当时贯穿南北的京杭大运河使北方的烹饪方法传入杭州，因此杭州菜的口味比较能为北方人所接受，它不像苏州菜那么甜，也不像上海菜那么浓重。杭州菜以做河鲜为主，杭州地处钱塘江下游，水产资源较为丰富。杭州人喜欢吃杭粤结合的菜，杭州菜的刀工加上粤菜的口味，也就是所调的"新派杭菜"。

杭州菜中也有很多乡土气息很浓的菜，比如现在杭州就很流行"怀旧菜"。像咸豆烧肉、咸鱼肉丝、糖醋排骨、炒酱丁等，被杭州人称为"妈妈的菜"。

正所谓，江南忆，最忆杭州美食，杭州美食，也是杭州历史的见证。

那些美丽的传说

东坡肉

苏东坡喜食猪肉。元祐四年（1089），苏轼为杭州地方官时，见西湖久不疏浚，葑草蔓生，已失去蓄泄作用，遂发动数万民工疏浚西湖，筑堤灌田。完工之日，全城百姓杀猪煮酒，奉献给苏太守。苏东坡坚辞不受，但感盛情难却，于是命厨师将送来的肉切成小块，"慢着火，少着水"烧好，连酒一起送给民工，厨师误以为酒肉一起烧，结果烧出的肉特别醇香味美，别致可口，苏东坡面对西湖，与民工同吃。民工们就把这美味的肉叫"东坡肉"。

西湖醋鱼

西湖鱼，又称"叔嫂传珍"，传说是古代时期嫂嫂给小叔烧过一碗加糖加醋的鱼而来的，选用体态适中的草鱼，最好先在清水中饿二天，除去泥土味，将鱼劈成两片洗净，烹时用沸水氽熟，要掌握火候，装盘后淋上糖醋芡汁。成菜色泽红亮，肉质鲜嫩，酸甜可口，略带蟹味。

干炸响铃

这个菜初出现时，大概不是现在这个形状，也不叫这个名。有天，一好汉慕名进店点炸豆腐皮下酒，不巧豆腐皮刚刚用完，店主说原料远在泗乡定制，好汉返身上马，不多时就把豆腐皮取来了。厨师为他如此钟爱此菜所感，为他精心烹制，并特意把菜形做成马铃状，以纪念其爱菜心切、驰马取料这件事。泗乡豆皮薄如蝉衣，色泽黄亮，豆香诱人，以此为主料制成的佳肴，鲜香扑鼻，松脆可口，肥而不腻，在上桌后仍有沙沙的声音，食时脆如响铃，所以声誉远播。

龙井虾仁

相传，杭州厨师受苏东坡词《望江南》"且将新火试新茶，诗酒趁年华"的启发，选用色绿、香郁、味甘、形美的明前龙井新茶和鲜河环仁烹制而成，成菜虾仁白玉鲜嫩，茶叶碧绿清香，色泽雅致，滋味独特。

葱包桧

公元1142年，民族英雄岳飞以"莫须有"的罪名被害于监安大理寺，杭州百姓十分痛恨秦桧夫妇。相传有一天，杭州有一家卖油炸食品的业主，捏了两个人形的面块比作秦桧夫妇，将他们揿到一块，用棒一压，投入油锅里炸，嘴里还念道"油炸桧"。人们理解了他的意思，争相购买"油炸桧"吃。

猫耳朵

著名的杭州传统小吃，它是用拇指捏成一只只类似猫耳朵形状的"麦疙瘩"。"猫耳朵"本是清宫的御膳小吃。70多年前，杭州知味馆的点心师傅，仿照御膳制法，精选杭州地方出产的各种名贵配料，调制而成佳味，风味别致，十分清口开胃。猫耳朵极像意大利的那种做成贝壳形的通心粉。据说意大利的这种菜品，就是马可波罗从中国学会了捏猫耳朵，回去以后仿制的。

幸福双

杭州家喻户晓的传统名点，由杭州著名老店知味馆创制，系一种油包类点心，"幸福双"的豆沙馅，采用赤豆制成，用赤豆假借"红豆"，取"红豆生南国，粒粒皆相思"的诗意。馅中配有"百果"，一般都是配对供应，象征未来幸福成双的美好意愿。

【文章来源】小千：《从杭州出发我们吃遍历史》，《今日财富（财智领袖）》，2009年第9期

44.《西湖》之东坡肉

人生最易感叹岁华匆迫。韶华流尽，一汪西子湖水，盛托起世代国人几多心绪。从南齐时候的苏家小女小小开始，一直到北宋中期的苏门文豪东坡，每当在世人的心目中隐约现出西湖的模样时，是一定少不了那场遮天的清冷雨幕的。

"黑云翻墨未遮山，白雨跳珠乱入船。"雨水滴滴答答，若莹白的珍珠跳入清漾的湖心。此时，历史上声名久播的苏轼带着复杂的情绪终于来到了这里。泊船拢岸，香烟斋佛以后，文人的天性使得苏轼开始在异乡谛听那湖山之间的一曲高山流水。

"我本无家更安住，故乡无此好湖山"，面对这派江南的风华极致，苏轼以一个异乡人的心态留恋着这片湖山美景，他把对西湖的深情隐隐地化入对故乡的期许之中，如今，吟诵起这些偶得于湖山之间的诗句仍是令人怅惘不已。

在杭州，东坡尽兴地将自己还原成为一位最闲洒文情的政客。胜果寺望观秋月，满家巷闻嗅芳桂，六和塔上夜玩风潮，当然，还有品尝那后世称颂的肉食佳品——东坡肉。

儿时印象中，梦幻般的家族大筵之上，家人们隆重推出的菜品之中肯定少不了一瓮饱满油润的东坡肉。酱润的外皮，香糯的口感，甜软的触味。在那个年代，这些食物的表征无论是哪一样都足以调动起所有国人心底深处由先古酒池肉林所引发的原始食欲来。

无论是原始氏族中的猪龙文化，还是清代坤宁宫萨满祭神后君臣共食的白煮猪肉，伴随着人类历代对猪的图腾崇拜，自从野猪被人们成功圈养之后，食用猪肉制品的过程也会因此带上那么一点神秘的味道来，只可惜，宴席上是无肉不欢，而人类私底下却又是极端地鄙弃猪肉，和古人比起来，现代人实在是暴殄猪肉。

人类的食肉脾性自骨血中蔓延开来，最终形成一股最强烈的食欲冲动，小孩子纯善不过，静定的眼眸毫不遮掩他们对肉食的天然喜爱，所以当小孩子们在家族筵席之上肆无忌惮地举起牙箸直击那一块块方正喷香的东坡肉，却为近旁的父母所厉声喝止时，身为一家之长的祖辈们往往便露出怜惜的眼神，顺势抱过最小的一个孙儿，用牙箸巧妙地割取一角皮肉连接的东坡肉。哄逗着喂进孙儿的嘴中，然后看着那张稚小的红唇皓齿在启启阖阖中挂上一抹小小的贪婪的微笑忍俊不禁。于是，就如这般不拘礼数的稚年丑事，便成为祖孙俩彼此心头幸福的契机。

清放的苏轼把"居有竹，食有肉"当做是人间完美的匹配。想来风流若苏夫子者定会是个既好啖肉又讲究食肉之味的有情趣之人。文人的性情有时候恰如这雨露闪电，瞬极而至的表象，让人永远难以将之严格地拘缚定性，他们既追求着物质层面的满足，同时又想着如何方能使得这份满足完成得从容有品位，所以，当世人为苏轼千古流传的那句"宁可食无肉，不可居无竹"击节高赞时，我们又能够以人性的视角反观苏轼，体悟那已然被后人凌空于月空之上的一代文豪的寂寥痛苦。

伴竹而居是一种后天培养的人工趣味，在国人的意识中，人生在被逼迫到悬崖边沿之时，顺手抓来的一把稻草便往往就是这后天被培养起来并被反复强调着的趣味，它横亘在出世与入世之间，有时亦能成为文人的最后一块遮羞布。"琴棋书画诗酒花，当年样样不离它。而今七事皆更变，柴米油盐酱醋茶。"这首小诗完全将这种后天的情趣与赤裸裸的生活本相对立起来，无论如何都寻觅不着那把和美的钥匙。

东坡勤勉地为官，同时又更为勤勉于对文情幽性的品悟。那弥漫于整个诗魂里的是东坡个人冲淡静穆的人文之气，便自然成为他心中永恒的皈依之所。无论人远天涯，还是身陷囹圄，那潭盈盈的湖水那片缥缈的青山终将浸润苦涩的心田。

"行到孤山西，夜色已苍苍。清吟杂梦寐，得句旋已忘。"在杭州，苏轼可以是一位最具政绩的文人，仅就一道横亘西湖的长堤就能令千秋之后的世人在路过的时候，会心称颂。漫步长堤，两旁是春来的艳梅，孟春的新桃，还有季春的柳絮。千年之后，东坡已远，唯有余留这些与苏轼相关的饮食记忆，混同这篇精神上的悠远湖山，彼此相伴，长长久久，闲闲淡淡。

【文章来源】宜晴：《〈西湖〉之东坡肉》，《食品与健康》，2010年第9期

45. 杭帮菜叫响新加坡

　　美食是一门烹饪的技艺，是一种交流的载体。继 2008 年亮相美国纽约联合国总部后，2010 年 9 月，正值中新建交 20 周年之际，杭州美食又来到新加坡举行美食文化节。为期一周的杭州（新加坡）美食文化节，展示了杭帮菜的历史文化和精湛烹饪技艺，并推进杭州与新加坡两地间饮食文化的交流。

杭州胡忠英大师（右）所烹制的 30 多米长的"金牌扣肉"在新加坡现场展示

　　民以食为天，美食作为人类共同的爱好，美食文化作为中华传统文化的重要内容，是文化交流的重要载体。杭帮菜源远流长，是中国八大菜系之一的浙菜的主要流派。

　　伴随着杭州美食，尤其是杭帮菜的国际化进程，杭州这个城市的国际知名度正与日俱增，并对中外文化交流产生越来越重要的影响。

写下"胡黄会"的一段传奇

9月7日，杭州（新加坡）美食文化节媒体专访会在新加坡金山楼酒店举行，整个媒体会的高潮部分是两地间大厨们烹饪技艺的现场展示。与以往几次美食节不同，这次参与演示的大厨，都是两地间"国宝级"的人物。

代表杭州方面出场的是当今"杭帮菜"领军人物之一、中国烹饪大师胡忠英。胡大师亲自动手，操刀三个多小时，做出一份大号的"金牌扣肉"。胡大师的非凡功力以及精湛技艺，在演示现场得到充分验证。21个人围成一圈，并且手手相连，为的就是将30多米长的扣肉徐徐松开、一一呈现。

有意思的是，由于当时现场根本没有配备那么多的服务员，这让传递的人手远远不够，很多其他工作人员连同媒体的记者，都临场上阵热情帮忙。而一些正好路过酒店的游客，也被这个温馨的场面感动，自发加入到展示的队伍中来。杭州美食在那一刻，给了现场所有的人一次震撼。

不过这不是一次炫耀，而只是一次表露。在杭州大厨的内心，他们更希望杭州与新加坡两地间美食的融合和交流，能如同这条长长的扣肉，连绵不绝，千秋延续。

这边胡忠英出马，那边也推出重量级的黄清标登台。作为享誉国际美食界的风云人物，黄大师获奖无数，甚至获得德国世界厨师烹饪大赛的金奖。衡量黄大师在新加坡地位的，并不只是这些世俗的奖项，而是食客们心甘情愿成为其"门下走狗"。黄大师在新加坡粉丝无数，很多人投其门下，就是希望能跟随黄大师吃遍全球，齐享口福。接待好杭州同行不久，他就要带一个120人的吃客团去中国西北，沿着"丝绸之路"寻觅中华美食。

人气如此之旺的黄大师，当然出手不凡，短短半个小时，一盘神态可掬、模样俏皮的"鸳鸯会"跃入人们眼帘，中国的韵味以及美好的祝愿蕴含其间。

胡大师和黄大师相交多年，曾在不同的美食节上谋面，虽然彼此仰慕已久，却一直没有合作机会。这次杭州（新加坡）美食文化节的举行，意外地提供了契机。就在当天中午，媒体记者在菜单上惊喜地发现了一道"爆炒扣肉"，肉是胡大师削出的薄片，炒是黄大师融合新加坡烹饪技巧的烹功。两位大师携手合作，不经意间写下一段传奇，难怪有幸品尝到此道佳肴的人士，都忍不住给这道菜新起一个名字——"胡黄会"。而两地餐饮界的情谊，连同彼此间的相敬相惜，都融入这道色香味形俱佳的珍馔中了。

中新双方餐饮协会代表签订饮食文化交流备忘录
（前右为杭州市餐饮旅店行业协会会长沈关忠）

挥毫寄情的同乐人

同乐品味餐厅在新加坡鼎鼎有名，其旗下的多家餐厅，遍布新加坡各地。早在数年前，"同乐品味"就已将餐厅开到中国的北京、武汉等地。源于对中国餐饮文化的识见，"同乐品味"这次听说杭州大厨来新加坡交流后，经过努力，争取到一个面对面交流的机会。

"我们没有打任何广告，但接下的单子就足够杭州大厨们忙的了。"Candy是"同乐品味"的营运总监，她很惊讶食客对杭州菜的熟稔与喜爱。"一些人是拿着报道的报纸来找我们预订的。"

据 Candy 介绍，9 月 9 日中午，他们原本计划只推 30 份杭州美食套餐，结果来了 70 多位要求点单的客人，没办法，杭州大厨们只能将为晚上准备的半成品都拿出来。"本来以为晚上会忙点，结果中午就没停下来过。"杭州醉白楼的沈宏师傅告诉笔者。

"同乐品味"推出的杭州美食套餐，共包含一道冷菜、三道热菜、一道点心和一道甜点，售价58元新币（折合人民币300元）。应该说，这个价格在当地也已经算中高档消费了，但新加坡食客仍纷至沓来。同样的情形也出现在金山楼，黄清标大师透露说，当天金山楼的营业额翻了一番。

火爆的生意却让Candy有些焦头烂额。一些食客到过杭州，吃过杭州菜，见菜单上没有东坡肉、龙井虾仁，就提出了意见。不得已，Candy只好找杭州大厨去商量，东坡肉是肯定来不及做了，好在大厨身边还带了些虾仁来，于是做了两份龙井虾仁给他们。Candy听说去其他餐厅交流的杭州大厨带了不少东坡肉过去，她说她当时恨不得跑过去抢一些回来。

其实让杭州大厨们感到开心的，不仅是当地食客的追捧，还有来自同行间的坦诚。"在金山楼，黄大师手把手地教给了我们两个菜，一个是出水芙蓉，功夫全部在冲泡鱼片一瞬间的拿捏上，另一个是湘烤酥方，难度则体现在豆腐皮的铺展上。黄大师探索这两道菜已有很长时间，却倾囊相授，让人印象深刻。"知味观的点心师李娜如是说。

杭州名菜"蟹酿橙"大受新加坡食客欢迎

为期三天的交流，让两地大厨结下深厚的友情。交流结束那天晚上，"同乐品味"的大厨和杭州大厨坐下来好好吃了一顿，聚餐进入尾声时，感人的一幕出现了。只见四个服务员，捧着一个大圆盘过来，圆盘上放着中秋月饼，周边用花草精心装饰。正当大家以为这只是一道普通的甜点时，眼尖的杭州大厨们发现，在圆盘中央，写着一首感言诗，诗名就叫"茫茫人海有缘认识"，毛笔写就，句句押韵，功力跃然盘中，深情溢于诗间："杭新相聚懂得珍惜，杭州美景早为人悉，杭帮名菜各具特色，杭州美人更加出色，厨艺交流不会吝啬，唯叹短聚有点可惜，保重身体要作休息，共同进步业界出色。"细问之下，杭州大厨才明白，原来这是"同乐品味"的总厨特地为他们写的，表达的是依依不舍的心情。正当杭州大厨惊愕感动之际，四位服务员用普通话和粤语两次歌唱了诗中的内容，将感情热情洋溢地表达出来。这让现场的温度达到沸点。

"有这份心就足够了。"香溢大酒店的陈建俊轻轻地说。"希望你们回到杭州后过中秋节，吃月饼的时候，能想到同乐，想到同乐的月饼，我们就很开心了。"Candy边说边将月饼送到杭州大厨手上。

杭州递出的一张金名片

近年来，通过在海外举办杭州美食节，杭州美食开始走向世界并享誉海外，受到了世界众多知名人士的高度赞誉，杭帮菜正名副其实地成为杭州的一张"金名片"。

在新加坡期间，发生的一个小插曲很能说明杭州美食如今受欢迎的程度。新加坡瑞吉酒店这次承办了杭州美食文化节的开幕式及招待晚宴。为了打好这场硬仗，在杭州市餐饮旅店行业协会会长沈关忠以及胡忠英、叶杭胜大师的带领下，杭州厨师团早早钻进了酒店的厨房埋头苦干。等到他们准备得差不多的时候，厨房门口突然出现一个人，说要见杭州大厨。来人说明原委，原来他也是从中国来的，这次跟随中石化无锡代表团来新加坡与这边的公司接洽，晚上在瑞吉酒店设有三桌宴席。听酒店方面讲，杭州正在酒店做美食文化节，于是慕名而来，请杭州大厨无论如何都要帮个忙，晚上给他们三桌宴席做几个杭帮菜，用以款待嘉宾。来人言辞凿凿，语气诚恳，杭州大厨心一软，结果给他们每桌做了双味六碟冷菜，乐得他们一阵欢呼。

杭帮菜影响力的扩大，与其这些年的迅猛发展是分不开的。来自杭州市贸易局的数据显示，杭州餐饮以年均增速20%的速度发展。2005年营业额突破100亿元，2009年更是突破200亿元。而在立足本地的同时，杭州餐饮业也积极向外拓展，一时间，"杭帮菜"风靡全国，成为闻名全国和具有重大影响的城市菜系，被全国同行称之为"一种值得研究的经济现象"。

而今，杭州美食跨出国门，正大步走向世界。

2008年，杭州市政府受联合国邀请，组成一支以杭州厨师为主的中国美食代表团赴美国纽约，在联合国总部成功举办中国（杭州）美食节。在这次美食活动上，杭帮美食以其出众的品格与非凡的魅力，赢得了联合国秘书长和各国使节的交口称赞，联合国副秘书长帕斯卡评价说："杭州大师做的中国菜精美绝伦，是中国智慧和中国饮食文化的完美结合。"

杭帮菜，这个由杭州的自然美景、饮食文化与城市精神及创意智慧相融相成的完美结晶，历经岁月的洗礼，尤其是近些年来经过方方面面的精心打磨与装点，已成为当今中国餐饮文化界一颗耀眼的明星，成为世界认识了解杭州的一张金光闪闪的名片。假以时日，她必将在世界各地绽放出更加璀璨迷人的光彩！

杭州厨师在新加坡晚宴上集体亮相

【文章来源】李坤军：《杭帮菜叫响新加坡》，《文化交流》，2010年第11期

46. 杭州获"中国休闲美食之都"称号

简介

　　"天下酒宴之繁盛，未有如杭城也。"杭州饮食文化源远流长，历经千年发展，如今正迎来改革开放后的繁荣复兴。2005年，杭州餐饮营业收入首次突破百亿元大关，2009年，这一数字又翻了一番。如今，杭州餐饮企业已接近2万家，总餐位达到150万个，吸纳就业人员27万余人，餐饮单位数、从业人员数指标均居全国前列。2011年，中国饭店协会在杭州举行授牌仪式，杭州成为中国首个获得"中国休闲美食之都"称号的城市。

点评

　　杭州人对美味有独特的创造力与理解力。美景美梦加美食，在清风明月中体悟，在山水家园里品味。杭州把生活与产业融圆汇通，休闲、文化、创业三位一体，出于生活又回归生活。

　　【文章来源】作者不详：《杭州获"中国休闲美食之都"称号》，《杭州（生活品质版）》，2011年第2期

47. 杭州市美食行业品牌评价标准

　　为加快转变经济发展方式，更好地引领美食行业发展，打造品质行业，提高生活品质，杭州生活品质调查中心、杭州生活品质美食行业点评组开展了"美食行业品牌评价标准"调查工作。美食行业品牌评价标准以杭州生活品质发展理念为重要依据，立足于美食行业品牌建设需求、行业企业品质提升趋势，是休闲、文化、创业三位一体的杭州城市发展特色在美食行业中的具体化、实践化。标准制定具体包括三个阶段：

　　一是前期调研。通过收集美食行业信息以及对部门、企业、媒体等开展广泛走访调研，形成美食行业品质评价标准初稿。二是市民调查。以美食行业相关研究机构、媒体、企业、部门，以及消费者为基本对象，通过八户调查、网络调查、座谈调查等方式进行了调查分析，完善美食行业品质标准。三是专家评审。通过邀请美食行业专家、城市品牌策划专家、媒体代表、行业企业代表等对标准进行了评审。在评审基础上，整合各方意见，形成了标准文本。

　　标准主要包括产品、服务、文化、经营、责任等五大维度 28 项指标，分别从美食行业菜品质量、服务水平、文化创新能力、可持续发展能力、企业社会责任等方面勾勒出杭州美食行业品牌建设的方向。

维度	序号	标准	指标说明
品牌产品	1	菜品安全	菜肴、配料、酒水、工具、设备、餐具以及食物贮存、烹饪方式等须符合国家和地方的管理标准，具有相应公共信息标志。食品卫生要达到杭州市卫生局（杭卫发[2005]275号文件）A级管理标准。
	2	菜品特色	在同类餐饮企业中，菜品是否在原料、烹饪、摆盘等方面具有特色差异性，菜品特色是否与餐厅特色定位相吻合。
	3	菜品创新	是否根据市场需求灵活调整菜品结构；新菜品推出的频率和质量。
	4	菜品质量稳定性	菜品质量和口味的稳定性。
	5	菜品美誉度	菜肴获得的行业内各级荣誉以及顾客口碑。
品牌服务	6	服务规范	是否有规范、完善的基础服务流程和人员管理制度，保证基础服务质量。
	7	服务方式创新	餐饮企业根据服务对象、所在区域等特点在服务方式上的融合创新程度，拥有多样化的服务内容。
	8	个性化服务	是否针对顾客的差异性需求适时调整服务内容，在基本服务之外提供个性化的服务内容。
	9	服务亲和度	在提供适度服务基础上，服务态度是否热情周到，具有亲和力。
	10	多语服务水平	是否拥有多语公共标识，服务员是否具有基本的外语接待能力。
	11	环境舒适度	在保证环境安全的基础上，通过餐厅环境布置提升客户体验的舒适度。
	12	服务美誉度	餐馆在服务方面所获得的荣誉奖励以及在社会大众中的口碑评价。
品牌经营	13	经营定位	企业是否有清晰的品牌定位，包括菜肴风格、消费群体、品牌标识、价格定位等。
	14	行业融合度	餐馆与旅游业的结合程度，如旅游咨询服务、旅游宣传资料等。
	15	品牌管理规范性	企业是否建立规范、完善的品牌管理制度，包括品牌定位、品牌管理、品牌传播等制度。
	16	品牌经营创新性	根据企业的品牌定位和主要顾客群的具体情况制定符合市场需求的经营方式，如多品牌经营、直营连锁或连锁加盟等。
	17	产业延伸性	企业是否拥有一定的产业延伸性，如食品加工制作、原材料种植等。
	18	可持续经营能力	企业经营年数、单位面积营利额、纳税水平、门店规模等。
品牌文化	19	品牌价值定位	是否具备特色品牌文化定位，或具有自身品牌文化故事，体现独特品牌价值追求。
	20	品牌文化渗透	餐馆在菜品设计、烹饪方式、餐厅布置及服务等方面能否体现自身品牌文化特色。
	21	品牌文化体验	大众对餐饮企业文化、品牌的认知程度和体验满意度；同时考察餐馆是否拥有与品牌文化契合的文化活动。
	22	品牌文化创新	企业是否能结合当代生活，根据市场和社会需求，不断丰富品牌文化内涵。
	23	品牌文化传播	企业是否拥有或利用多样、有效的品牌传播载体如刊物、网站等；以及传播内容上的多样性（菜肴特点、营养搭配、文化典故等）。
	24	品牌美誉度	综合考察获奖情况和顾客/加盟合作方/供应商对该餐饮品牌的口碑评价和忠诚度。
品牌责任	25	信息公开程度	餐馆在服务项目、收费价格、食材进货渠道、安全注意事项等方面的公开透明度。
	26	员工企业归属感	包括员工劳动权益保障等，以及员工对餐馆认同感、归属感。
	27	低碳生活	考察企业低碳环保理念的践行情况，如低碳菜肴创新、科学餐饮方式倡导（主动帮顾客打包）、节能设备使用、环保材质使用、垃圾分类等。
	28	社会责任形象	企业对社会的公益性贡献，如社区服务、吸纳就业规模、志愿服务、捐赠情况等，综合考察企业获得的公益荣誉以及公众口碑评价。

【文章来源】作者不详：《杭州市美食行业品牌评价标准》，《杭州（生活品质）》，2011 年第 7 期

48. 楼外楼的文脉与"西湖老味道"

　　西湖申遗成功后，楼外楼的掌门人常在思考一个问题：如何以此为契机，进一步保护西湖文化遗产，发掘西湖饮食文化。

　　杭州西湖历史悠久，名胜景观丰富，文化含量厚重，被世人称为"东方文化名湖"。在联合国教科文组织第 35 届世界遗产委员会会议上，西湖以"文化景观"之名申遗成功。而率先鲜明地提出并从理论上系统地阐述西湖这种文化属性的，是原浙江省文物局副局长陈文锦。西湖是自然湖，但更是文化湖。西湖本质上是一种文化现象，"西湖实际上早已作为一种文化形态存在了"，这种文化形态可简略地称为"西湖文化"。这在陈文锦的著作《发现西湖——论西湖的世界遗产价值》里都有论述。

　　十里湖山，楼风月。楼外楼背倚孤山，坐拥西湖，与西湖南宋十景中的断桥残雪、平湖秋月、三潭印月、曲院风荷、苏堤春晓等相距很近。楼外楼的西侧是蜚声文坛的西泠印社，东侧是藏有《四库全书》的文澜阁；中山公园孤山一带则是当年康熙、乾隆游西湖的行宫；孤山之东有舞鹤赋刻石及林逋墓。这些景点都属于"世遗西湖"24 个重点遗产保护点。这里充满了浓郁的文化氛围。楼外楼与它们为伴，自然是文气熏染，书香亦浓。"一楼风月当醑饮，十里湖山豁醉眸。"这副楹联正道出了楼外楼所拥有的文化地理优势。

　　楼外楼历来重视发挥名楼的历史底蕴和文化优势，以文兴楼。它是临西湖而兴，因文化而盛。楼外楼的掌门人沈关忠用"以菜名楼，以文兴楼"8 个字来概括楼外楼的经营之道。楼外楼曾发掘、开发、创制各种文化韵味浓郁的诸如仿宋宴、乾隆宴、东坡宴、名茶宴、船宴等筵席、菜肴。目前正在这一名店举办的"品尝西湖老味道"活动就是以菜名楼。发掘西湖饮食文化的举措也体现了名楼传承新火，续写文脉的历史责任。

　　烹饪，是一种文化，一门艺术。美食，是一份心情，一种享受。西湖老味道则是老杭州人心中挥之不去的一种美食情结。这使我想起一些名人雅士对楼外楼老菜肴、老味道的深长忆念。

盖叫天在寄寓西子湖畔的从艺生活中，与百年老店楼外楼结下了不解之缘。据他的次子张二明生前回忆，他们全家对楼外楼菜都情有独钟："我父亲最喜欢吃楼外楼烧的神仙鸭子、清炒虾仁、鱼头豆腐、溜黄菜等。有时他自己到店里来吃，有时叫老管家到楼外楼来拿，有时还叫楼外楼店里的工友送菜到燕南寄庐。"

曹聚仁在1957年那一次回杭时写道："我们又到了西湖，征衣初卸，便买舟到楼外楼去，友人徐君最称赞'楚扁笋'，与醋鱼并美。楼外楼的菜肴，得一'淡'字，不妨说淡得好！"看来，楼外楼鲜美菜肴给这位知名文化人留下了抹不去的绵长回味。这种西湖老味道竟然让他倾情抒发："游子他乡，西湖是我的永远的梦。"

对于杭州楼外楼，著名学者、美食家唐振常并不陌生。那唤起他记忆的文字是："1947年7月初去杭州，在楼外楼吃了一顿饭，西湖醋鱼、炸响铃、火腿冬瓜汤，共此三味，都是最普通的菜。却让我和妻长留此五十年的记忆。鱼是真正的西湖鱼，烧法是道地的醋鱼烧法；炸响铃火候正好，不温不爆；冬瓜与火腿配置得宜，鲜美之中带清香。楼外楼的第一顿饭征服了我半辈子。"

然而随着时光的流逝及各种缘故，许多老字号餐馆渐渐式微或消失，曾经辉煌的老菜老滋味也已渐行渐远。许多杭州老菜名菜不是流失，就是口味正在发生变化，制作工艺也正在失传。一道道西湖传统老菜佳肴，如今却只是众多老杭州人的记忆。为此，现在楼外楼推出的"品尝西湖老味道"活动，在展示楼外楼历史文化底蕴的同时，也使杭州市民及四方游客能品尝到西湖老滋味，重温记忆中的佳肴梦，慰藉人们的怀旧情结。

为了寻回几十年前的"老味道"，楼外楼的智囊团队开始翻资料、查档案、商议、策划。楼外楼还把早已退休的如柴宝荣、陶海明等名厨也请来了。一份1945年的老菜谱上写有160多个菜品。经过对档案、史料的整理、研究，以及老厨师的回忆、口述，楼外楼把20道西湖老菜端上了餐桌。

楼外楼的总厨沈卫东掰着手指介绍"西湖老味道"菜单：香酥鸭子、一网鱼虾、嫩菱子鸡、鸡茸鱼肚、红烧划水、生炒醋鱼、杭州卷鸡、荷塘三脆、鸡茸菜心、肉饼咸鱼、西子豆腐、家常鳝片、皮儿荤素、五香肉丝、莲房鱼包、孤山三脆、糖醋排骨……

旧时的老菜成就了一道美妙的文化风景。"莲房鱼包"是楼外楼菜馆开发，研制的一道仿宋菜。宋代林洪所撰《山家清供》中有记载它是将新鲜莲蓬的莲子除去，然后将鱼肉嵌入剜空处烹制。此菜构思巧妙，制作精细，端的漂亮。我一见其造型就平添了精神。这最初的诱因，全在于太美。花开花谢，荷花菜是一季之作，是错过得再等一年的时令菜。

虾子亦称虾春，是鲜虾子加工成的干制品，色呈淡红，富含营养，味甚鲜美，是烹调增鲜的珍贵原料。将鲜嫩的鞭笋和鲜美的虾子做成一菜，可谓两鲜合一，鲜上加鲜，当然妙不可言。

我细细地看了这份菜单，发现这些"老味道"基本上是旧时的家常菜，原材料也是极普通的。在楼外楼的菜肴，宴席中有的是海参、鱼翅等珍肴美馔，何以这些老菜显得如此朴实呢？美好的食物总是带着平实的本质。我想这正是因为家常菜肴往往是原汁原味，历史悠久，风味淳厚，适应性强。材料虽然普通，食之却犹如甘饴，至今唇齿留香。老底子的家常菜肴积蓄着那些高档筵席所缺少的亲切与随和，才有它独到的民间情怀，所以它的魅力是永存的。

一位姓李的杭州中学教师带着妻子和儿子来到楼外楼品尝"西湖老味道"，他点了杭州卷鸡、家常鳝片、嫩菱子鸡三只"老味道"。一家三口一边品味，一边向我称赞"老味道"。这位中年男子说："杭州卷鸡别的菜馆也能吃到，但味道总不如这里地道、纯正。这里用的原料天目笋干嫩尖、泗乡豆腐皮、水发香菇质量好，烧得又好。吃上去柔软、鲜嫩清香，不仅营养丰富，还有点乡土风味。"他妻子接着话茬说："你看，这盘嫩菱子鸡黄澄澄的，味道真是鲜爽。还有这盘生爆鳝片的烧法，我问了一位大师傅，他说是采用旺火热油、先炸后溜的技法，使鳝肉外脆内嫩。家里很难烧得出来。浓香四溢，鲜嫩可口，终于吃到了老底子的杭州老菜。"

看来老菜的意趣，都体现了融融的平民情怀。故土情结，对于上了年纪的人来说，肯定是难以化解的。正如鲁迅先生在《朝花夕拾》里所说："我有一时，曾经屡次忆起在故乡儿时所吃的蔬果……都是极鲜美可口的"，"惟独在记忆上，有旧时的意味留存"。

饮食文化，它是民族文化的组成部分和某种特质。吃，的确不失为人们对生活和人生的一种追求、眷恋和关注的方式。为了适应这种消费趋势，满足人们的怀旧心理和崇尚自然的要求，我想最好是能体现老菜的本来面貌，一旦贵族化了，味道就会流失不少。

1935 年，一个细雨绵绵的夏日，郁达夫在楼外楼凭栏望湖，坐雨饮酒，酒酣之际，诗兴勃发，写下著名的《乙亥夏日楼外楼坐雨》一诗：

> 楼外楼头雨似酥，淡妆西子比西湖。
>
> 江山也要文人排，堤柳而今尚姓苏。

江山尚且要文人捧，更何况湖楼菜馆呢！楼外楼用文化运筹烹饪，而极富文化内涵的菜式又进一步吸引了当时的社会名流。这种名人文化，赋予了楼外楼不断创新、不断追求卓越的文化意境，对这种文化意境的准确把握和体现，无疑是楼外楼持续发展的助推器。

名人、名菜在楼外楼的历史文化中竞相辉映，异彩纷呈。

160 多年来，承载着深厚历史文化的楼外楼，有不计其数的历史政要文人雅士莅临，并留下墨宝。如俞曲园、章太炎、鲁迅、李叔同、郁达夫、柳亚子、马叙伦、吴昌硕、丰子恺、竺可桢、梁实秋等文化名人，以及孙中山、蒋介石、司徒雷登、陈立夫、孙科、张静江、阮毅成等历史政要，更有周恩来总理九上楼外楼的千秋佳话。

此次推出 20 只西湖传统老菜，其中也有不少历史名人吃过的菜肴。例如周总理爱吃的"干菜焖肉"，采用五花肋肉和梅干菜蒸制，用桃花纸密封，上笼蒸至肉酥菜香，干菜清香透入，肉质酥香鲜美，风味独特。鲁迅先生当年在楼外楼对"虾子烧鞭笋"这道菜尤为称道。梁实秋高度赞评的"蜜汁火方"，采用熟金华火腿、熟莲子、冰糖、糖桂花等精制，特点是肉酥皮糯，味甜香酸。通过整理、恢复西湖老菜肴并加以精心烹饪，楼外楼让普通市民、游客也能品尝到历史名人和国家领导人吃过的佳肴。

文气荟萃，文脉相承，把烹饪和文化结合在一起，以菜名楼，开拓创新，这是楼外楼 160 多年长盛不衰的奥秘。如今，楼外楼更是进步继往开来。"西湖老味道"拂去岁月的风尘，滋润着湖楼的福泽来到了寻常百姓的筷箸之下，那香味，总是飘散到记忆深处。

【文章来源】张科：《楼外楼的文脉与"西湖老味道"》，《文化交流》，2011 年第 9 期

49. 高银巷美食街

简介：

毗连河坊街，集古建筑、人文、美食于一体，观光、美食、休闲必到之处。聚集了百家鲜、小绍欣、皇饭儿、知味观、西月楼等众多风格各异的餐馆，是杭州最具人气的休闲美食街区之一。

点评：

杭州最具品牌影响力的美食街区，地处南宋御街区，此处名胜众多，品牌荟萃；茶楼酒肆，颇具古风；面糕点心，皆有传说。在此或小酌或聚餐，让人感觉是回到了老杭州，回到了悠远的南宋。这条美食街不仅受到海内外游客的追捧，也受到新老杭州人的钟爱。人们可以在逛街中旅游购物，在美食中体味杭州文化的魅力。

【文章来源】作者不详：《高银巷美食街》，《杭州·生活品质》，2011
年第 21 期

50. "中国休闲美食之都"落户杭州

近日，杭州的城市品牌再一次被擦亮，"美食天堂"杭州的含金量再一次获得提升——经过前期周密考察、调研和评审后，中国饭店协会决定将这块沉甸甸的匾牌授予杭州,匾牌上刻有一个响当当的名字,叫做"中国休闲美食之都"。

将"中国休闲美食之都"这块金字招牌收入囊中，这是杭州餐饮业获得的极大荣耀。这也是进入新世纪以来，杭州餐饮所经历的最好的时期。凭借旺盛的市场需求和政府的大力支持，餐饮行业规模迅速扩容，经营业绩持续上升，初步形成了投资主体多元化、经营业态多样化、经营方式连锁化、从传统产业向现代产业转型的发展新格局。

【文章来源】李坤军:《"中国休闲美食之都"落户杭州》,《杭州(下旬刊)》,2011 年第 1 期

51. "杭帮菜"宝岛飘香，台湾民众追捧佳肴

一座城市的味道，来自它无数细节组成的魅力。在杭州，休闲美食的特有脉搏是由历朝历代煎炒焖蒸精选而成的。现在，杭州把这股美食韵味带到台湾高雄。

4日傍晚，台湾高雄汉来大饭店，高朋满座，灯光璀璨，杭州（高雄）美食文化节暨"天香国色——印象杭帮菜"晚宴拉开帷幕。杭州市委副书记、市长邵占维在开幕式上致辞。副市长佟桂莉，市政府秘书长陈新华出席开幕式。参加开幕式的还有来自两岸的饮食界嘉宾和参加美食节晚宴的台湾民众。

邵占维向台湾同胞介绍了杭州源远流长的饮食文化。他说，当今时代，注重餐饮美食的人越来越多，倡导健康、休闲、文化饮食正日益成为人们感悟历史、体验文化、品味生活、健康交往的重要方式。杭州是一座饮食文化源远流长的城市，从最早的五代吴越时期以水产美食闻名于世，到南宋定都时期成为全国烹饪技术中心和餐饮繁华之地，再历经明清时代的持续繁荣，在一千多年的历史里，形成了独具特色的杭州餐饮美食文化。杭州的餐饮业见证了杭城的历史变迁，是杭州历史文化的缩影和重要载体。

邵占维说，近年来，杭州坚持以市场为导向，坚持传统与创新并重，围绕建设"中国休闲美食之都"的目标，着力推动餐饮美食业发展。餐饮美食业已成为杭州产业结构中的重要组成部分，也是重要的民生产业。相信通过举办本次美食文化节，必将进一步深化两地餐饮界的交往联系，增进相互交流与合作，成为一个令人难忘的饮食文化盛会！

据悉，本次在高雄举行的杭州美食文化节，是继前年和去年分别在台北、台中成功举办之后，在台湾举办的第三次杭州美食文化节。本次美食文化节由杭州楼外楼、知味观、天香楼等老字号和湖畔居等知名企业组成美食团队，除了广邀台湾民众品尝杭州美食，体验杭州饮食文化，杭州、高雄餐饮界还将举行厨艺交流等活动。

在杭州（高雄）美食文化节开幕招待晚宴上，由杭州知名餐饮企业联手打

造的"天堂盛宴"展台，展示杭州美食中千百年的文化底蕴；展台上诸如荷塘小炒皇等创新菜肴，更显示了杭帮菜与时俱进，不断创新的美食理念。中国十大名厨、"杭帮菜"领军人物胡忠英以非凡的刀工，将一块方正的金牌扣肉切批成连绵不断的薄片，现场82位来宾围绕宴会大厅托起长达40米的扣肉切片，此般大气恢宏，把晚宴推向高潮。本次美食文化节在汉来大饭店举行，20余桌杭帮菜被台湾民众以秒杀的速度预订一空。前来酒店咨询杭帮菜的台湾客人络绎不绝。

同时，"风雅钱塘美食之都"图片展也在汉来大饭店展出。这些图片将杭州名菜与杭州美景精心串联，以杭州的西湖、钱塘江、千岛湖、西溪湿地等水资源景观为背景，全方位地展示了天堂美食的悠久历史和发展历程。

【文章来源】李稹、柯静：《"杭帮菜"宝岛飘香，台湾民众追捧佳肴》，《杭州日报》，2011年9月6日

52. "杭帮菜塞外行"走进中卫

　　近日，由杭州市政府主办、杭州市商务委员会承办，杭州市餐饮企业组团参与的 2017 杭州餐饮业宁夏推广交流活动走进中卫，开展美食推广，向中卫市民充分展示了杭州美食的历史积淀、精湛技艺和独特创造力，旨在加强与国内餐饮名城间的合作交流，提升杭菜文化的软实力，主动融入国家"一带一路"倡议，开启"丝路美食"新视角。

　　近年来，杭州市高度重视餐饮业发展，把美食行业列为杭州十大特色潜力行业之一，着力打造"购物天堂、美食之都"。杭州也被中国饭店业协会评为"中国休闲美食之都"。2016 年 9 月，二十国集团领导人第十一次峰会在杭州召开。全球目光将聚焦 G20，聚焦中国，聚焦杭州。此次宁夏之行，杭州带来了传统名菜、二十道峰菜、地方特色运河菜肴、养生菜肴，融入杭州餐饮文化和 G20 元素，将杭州传统餐饮文化和现代特色有机结合，直观地向宁夏群众及游客进行展示推介。

　　在此次推介交流活动上，杭帮菜大师叶杭胜、董顺翔领衔，集结了杭州知名餐饮企业主厨，选取了这些地方名宴的精华菜肴，组成了一桌色、香、味、形、器、质皆有特色的杭帮菜宴席。杭州四家餐饮单位，分别派出了精英团队，制作了一席堪比艺术品的美食展台。除此之外，现场还有一场关于"杭帮菜塞外行"的图片展。图片展以"韵味杭州"风格来展现，与宴席区分离，让来宾进入宴会区更加有杭州氛围。图片内容以杭州文化、杭州名菜及杭州名胜为主线，融入 G20 元素，展示杭州美食文化，推介杭州城市文化与杭帮餐饮，同时与品鉴晚宴相呼应，形成有效视觉冲击。

　　【文章来源】刘立涛：《"杭帮菜塞外行"走进中卫》，《华兴时报》，2017 年 9 月 6 日

53. "片儿川" 飘香

　　看过系列纪录片《舌尖上的中国》的朋友，也许还记得片中有家菊英面馆，位于杭州市中河南路11号，以往光顾那里的顾客为吃一碗面，往往需排队半个小时。自从《舌尖上的中国》在央视播出后，菊英面馆一夜之间红遍大江南北。有网友吐槽，现在去那里吃碗面，时常要排上一个小时的队。眼下，满大街的面馆，菊英面馆究竟是靠什么吸引顾客的呢？

　　与我一样，许多食客慕名而来，试图一探究竟。结果发现，那里的面食——"片儿川"，食材通常选用时令新鲜的雪菜、芥菜、笋片、蘑菇等为佐料，且用料足、味道鲜，自然很受顾客喜欢。而菊英面馆最吸引我的地方，却是它与众不同的文化。

　　据报道，在每年的7月至9月间，菊英面馆的员工都有带薪休假的时间，这在杭州餐饮界是绝无仅有的。老板说，钱是赚不完的，要让每个员工都有休养生息和调整自己生活的时间。有网友曝料，该面馆每年还组织员工进行健康体检。举措虽小，却渗透着对员工的关爱。反过来，员工也将面馆当作自己的家。就说这搞卫生吧，一般餐馆不外乎把桌子抹一下，地板拖一下，大体上过得去就万事大吉了，而在菊英面馆却是另外一番景象：每天不在饭点的时间段，员工总是里里外外忙上忙下，将店里的玻璃、窗框、桌椅腿儿、门头、空调滤网等犄角旮旯处，都要仔仔细细地擦上一遍，最后，还将抹布洗干净，晾成一条线，让顾客一进店就感觉清爽、舒适。

三十多年前，起步阶段的菊英面馆仅为一家夫妻店，随着知名度的不断提升，销量剧增，可店主夫妇却年事渐高，好多事情已经力不从心了，于是，他们将手艺毫无保留地传授给了陆续进店的员工。《舌尖上的中国》制片组在该店拍摄期间，导演邀请老板亲自下厨，现场演示一遍"片儿川"的制作过程，老板却笑道："后堂的 7 名员工都会，由于我长期不站灶，厨艺已经生疏了。"

作为一家私营业主，将员工当成自己的亲人一样，换来的是员工将面馆当成了自己的家，并全身心地投入工作，回报面馆。其中我感受最深的一点，就是面馆的老板不唯利是图，不一切奔着钱去，而是始终将员工摆在最重要、最核心的位置，形成了企业关爱员工，员工热爱企业的和谐氛围，实现了企业与员工的双赢。

其实，任何一家企业在创立之初都梦想着有做大做强的那一天，但多少企业叱咤风云三五年后，便轰然垮塌。有资料显示：世界 500 强企业平均寿命在五十年以上，而中国企业的平均寿命多则三五年，少则一两年。探究那些"长不大、活不长"的理由，人们可以总结出无数条，但我认为，从根本上讲，那些短命企业是缺少优秀企业文化的根基。菊英面馆的店主人对待员工的态度、使人用人的原则，看似朴实，却蕴含着深刻的文化。

【文章来源】张敬楠：《"片儿川"飘香》，《中外企业文化》，2015 年第 1 期

54. "素春斋"喊你品尝记忆中的"杭州味道"

青菜包、素鸡、素烧鹅……你喜欢素食吗？你知不知道杭州有个素食餐饮老字号叫素春斋？

11月25日是"国际素食日"，由杭州市商务委员会主办、杭州市素食协会承办的2018第三届杭州素食文化节活动将于11月24日（明天）和25日在香积寺广场举行，消失了近20年的老字号素春斋将"王者归来"。

提起素春斋，"老杭州"几乎无人不知，它不仅是一个熟悉的素食餐饮品牌，还是留存于舌尖上的一种美好记忆。

素春斋开设于1919年，原址在今延安路邮电路口，是一家集寺院、宫廷和民间素菜于一体，以净素面点、净素卤味、净素家常菜、净素宴席等为主的特色餐馆，是首批"浙江老字号""杭州老字号"。素春斋非常受杭州市民的欢迎，一度是延安路上最热闹的餐馆之一，特别是每年春节到清明节期间以及农历的初一、十五，前来吃素面、素饭的食客如云，就连缅甸、印度的国宾及柬埔寨西哈努克亲王也曾光临。

由于搬迁等原因，2000年前后，素春斋逐渐淡出了杭州人的视线。在一群热心人的努力下，去年12月23日，"素春斋"菜馆在杭州江干区和兴路东站西子国际广场A座重新开张，让老杭州人延续上了再吃素春斋美味的心愿。

"我们请到了原素春斋的老师傅老员工手把手地教，沿用百年老配方，选用新鲜的时令有机食材，保留了老底子的味道。"素春斋负责人说，通过一年的努力，他们传承挖掘整理出三大系列共百余个素食品种，除了闻名遐迩的素火腿、传说中万人空巷的"青菜包"等当家产品，还有清脆八宝鸡、冬菇扒鱼翅、杭州卷鸡、栗子冬菇、虾爆鳝等传统菜品。

这次素食文化节，素春斋是老店新开后第一次在公开场合与大家见面，将给大家带来素烧鹅、素鸡、素肠、糯米藕等耳熟能详的经典名吃，还特别准备了满满一席杭派传统素食喜宴，在香积寺门口展示。

另外，这届素食文化节也是杭城第三次举办聚焦"素食"的文化活动，参展的素食企业近 50 家，集结了杭州数十家素食餐厅大厨们的创意素食菜肴，活动还将推出"杭素通"，这是一张集合杭州五家特色素食餐厅的美食卡。

【文章来源】周涛：《"素春斋"喊你品尝记忆中的"杭州味道"》，《都市快报》，2018 年 11 月 23 日

55. 传承杭帮菜精髓创意美食精华

东海堂餐厅是萧山众安假日酒店中餐厅，以杭帮菜为主，以健康饮食为理念，优选天然食材，提供多款时令美馔、生猛海鲜、养生菜肴。餐厅布置高雅隽永，汇集了时尚、典雅、浪漫等特质，运用了花木等抒情的自然风格，为忙碌了一整天的人们，提供了一个轻松愉快的空间。餐厅拥有 13 个豪华包厢，非常适合交友活动或家庭聚会……

主厨胡明有着 30 年的本地菜、粤菜及鲍翅燕等烹饪经验，曾被中国饭店协会授予"中国烹饪名师"称号。据大厨介绍，这次的新菜式是根据杭帮菜的特色结合了夏季清凉、开胃的特点精心设计的。笔者有幸受邀前去见识了一番。

小编特别推荐：

一、火龙海中鲜 88 元

明虾你会怎么吃？椒盐明虾？水煮虾？油爆虾？有尝试过这款虾仁炒蛋白吗？火龙海中鲜，文艺范儿的菜名加上鲜艳独特的造型，笔者一看就觉得此菜非红不可。一尝这口感绝对对得起这菜名与价钱。

蛋白炒虾仁，鸡蛋去了蛋黄和虾仁配在一起鲜而不腻，滑而可口。夏天水果飘香，菜肴中配以清新的水果能起到绝妙的味蕾化学反应哦！火龙海中鲜，顾名思义围上了一圈新鲜的火龙果肉，柔嫩多汁，清甜爽口，使得营养、清新翻倍，如果来了一定要试试这道海中鲜。

二、椒酱鱼头 48 元 / 斤

这椒酱鱼头，可非普通的剁椒鱼头。色泽较深，乍一看上面像是撒了一层梅干菜，一入口却鲜香脆爽，辣而不燥，让人胃口大开。细细品尝，原来是木耳、榨菜与红椒的组合酱料，看来胡大厨可是下了不小的功夫研制者秘制酱料啦；再一尝鱼肉，鲜而不腥，香得浓，辣得醇。

大厨介绍：这鱼肉的鲜嫩可就要归功于千岛湖里的大雄鱼了，俗话说得好，想做得一手好菜，取材是关键。酒店在选用食材方面优选了天然、新鲜食材，这样既能做出菜品的美味又能保证顾客食用的安全。

三、饭焐三样 58 元

夏季开胃饮食除了重口提味，来个小清新菜式，效果也不错哦。饭焐三样，焐的是茭白、茄子、五花肉。没有过多的修饰与辅料，就简简单单白、紫、红三种颜色的食材拼在一起，铺上粒粒糯米，还是成了一盘美轮美奂的小清新菜肴。带上调制的酱汁，脆爽的茭白、鲜香的五花肉、绵软可口的茄子，比起其他的热荤菜，更易入口。

【文章来源】陈倩倩：《传承杭帮菜精髓创意美食精华》，《钱江晚报》，2012 年 7 月 20 日

56. "微辣"搭"清淡" 别样"杭帮菜"

乾隆鱼头

品美食赏美景

豪庭丽晶假日酒店地理位置十分优越，正对皮革城，视野开阔，景象气派，坐在包厢内用餐，既可品尝美食，同时也不错过美景。

酒店的包厢装修典雅，巧克力色系的沙发和墙面融为一体，顶上四排镂空花格中，透出一束束淡黄色的光晕。

食客们一入座，三鲜拼盘、素烧鹅、大拌菜等冷菜纷纷上桌。网友"萍萍淡淡"拿起筷子，夹起一块素烧鹅塞进嘴里，赞道："'假日酒店'名不虚传呀！在这里吃饭，嘴里尝美食，眼中看美景，休闲、舒服，确实有度假的感觉。"

"微辣"与"清淡"搭档

正在食客们动筷吃菜、聊天赏景时，一道道热菜快速上桌。干锅牛尾、炭烧羊肉、鸭焖猪蹄、乾隆鱼头、招牌鸡柳……色彩鲜艳，香味缭绕，刚才聊得火热的食客们，突然都安静了下来，赶紧夹起盘中美食，逐一品尝。

招牌鸡柳

首先推荐的，就是这盘金灿灿的招牌鸡柳。鸡柳到处可尝，但这里的鸡柳吃起来却特别香脆。厨师长叶师傅介绍，口感香脆、外脆里嫩，是因为鸡柳的外面包裹了一层自制馄饨皮，再蘸上千岛酱，吃起来就有酸酸甜甜的口味。"鸡柳外面包馄饨皮，这是我第一次吃到。"网友"Wing"说着，赶紧又夹起一块。不到 10 分钟，这盘招牌鸡柳已被"抢空"。

另一道"抢尽风头"的菜，要数乾隆鱼头了。一个大圆盘中，放着对半切好的两片红烧鱼头，汤中还有鸡爪、鹌鹑蛋等辅料，鱼上撒些大红大绿的辣椒，色、香、味俱全，让人口水直流。

"这道菜一般采用千岛湖鱼头，鱼肉鲜美、嫩滑。用鸡爪烧鱼汤，是它的特色之一，因为鸡爪容易让鱼汤变稠，更原汁原味。"叶师傅说，最后加一点千岛湖辣酱，辣酱口味偏甜，适合海宁人的口味。

一道道荤食都有些微辣，正需清淡一番之际，一锅青瓜竹笋汤，绿色与白色相间，口味清爽，正让刚品尝了大鱼大肉的食客倍感适宜。

明星产品：养生米汤石锅

最让食客们大开眼界的，莫过于养生米汤石锅，这道菜可谓是豪庭丽晶酒店的明星。一个大盘中，放有一碟碟小盘，分别放有泰国香米、豆瓣、玉米等，品种丰富，色彩鲜明。只见厨师长拿来一个冒着热气的石锅，倒入刚熬制好的米粥汤，迅速将泰国香米、豆瓣等食料一起放入锅中。"唰"得一下，锅里顿时一片沸腾。

食客们都惊叹"前所未见"，这样的粥很新奇。"如今，注重养生的市民

371

越来越多,这道菜受到很多顾客的青睐。用小火熬1小时的米汤,再把香米过滤,放入虾仁、海参等海鲜。海鲜加杂粮,口味清淡咸香,营养价值高。"叶师傅说。网友"金碧辉煌"连喝了两碗粥,赞道:"做法新颖,又养生,真是一道好菜。"

海宁人对杭帮菜是再熟悉不过了,众所周知,杭帮菜讲究"二轻一清",即轻油、轻浆与清淡。但位于海宁大道、皮革城对面的豪庭丽晶假日酒店,却做出了别具一格的"杭帮菜",荤食带点辣,一番"重口味"后,搭配清汤米粥,养生又清爽。这样的搭配,赢得了抱报团食客的一致好评。

豪庭小炒皇

素烧鹅

【文章来源】祝佳、陈杰:《"微辣"搭"清淡" 别样"杭帮菜"》,《海宁日报》,2011年12月2日

57. 大众餐桌的美食追求

受访人：吴国平　浙江外婆家餐饮有限公司董事长

在杭州，提到最热闹的餐厅，大家首先想到的就是"外婆家"。精致的菜品、创新的菜色、雅致的环境、实惠的价格，让"外婆家"始终保持着很高的翻桌率。无论是主品牌"外婆家"，还是子品牌"指福门""运动会""第二乐章""速堡"……"外婆家"的连锁店和品牌店开到哪里，顾客就跟到哪里。从工厂车间主任，到杭州本土餐饮品牌代表，"外婆家"董事长吴国平对于大众餐桌和餐饮企业的发展有着自己的理解。

记者：吴总，您好！看过您创业的故事，从1998年马塍路上的一家小餐馆，到如今连锁店遍布杭城的大众餐饮龙头，您认为"外婆家"的成功具备了哪些要素？

吴国平：我跟儿子都是外婆带大的，对外婆有种特别的情结，所以取了"外婆家"这个名字。创业之初，定位就非常明确，将消费群体定位于居家餐饮和年轻餐饮这一大众消费市场，以家常菜和创新菜式为主，营造一种温馨的氛围。

然后，是我们致力于改进体验氛围。在经营过程中，"外婆家"尤其注重消费者的体验感，以及与顾客的互动、交流，所以"外婆家"的等候区放置了许多电子娱乐设施，运用企业官网和官方微博与顾客进行亲密接触。

另外，"外婆家"在发展过程中，很早就进行了公司化管理，适时地做出了许多关键性举措。如迅速从单店经营转变到连锁经营的模式，以达到规模效应，来满足顾客需求；坚定不移地实行品牌战略，以获得社会及顾客对"外婆家"品牌的广泛认同；完善组织结构，健全管理体系。公司设置了客户部、人力资源部、市场部、办公室等职能部门对门店进行指导管理，明确以"五常法"为核心对公司内的运营系统进行了全面质量管理。以上几个方面，可以说是"外婆家"能够受到顾客肯定和壮大发展的几大要素。

记者：除了"外婆家"，许多杭帮菜馆在北京、上海等地也已陆续开起了分店，受到了外地顾客的喜爱，您认为杭帮菜与国内其他城市菜系菜色相比，有哪些特色和特点？

吴国平：杭帮菜从南宋沿袭至今，已有很长的文化和技艺积淀，讲究清、鲜、脆、嫩的口味，注重保留原汁原味，本身功底深厚，传统菜式较其他地区的更加细腻。杭帮菜包容性和学习能力特别强，杭州作为全国著名的旅游城市，面对来自国内外的游客，很早就与外界进行了广泛的交流，集各家之所长，是能被较多人接受的融合菜。此外，杭帮菜的延展性很大，没有特定的菜式界限和禁锢，也有人称其为"迷宗菜"，有很大的发展空间。

记者：从过去到现在，杭州的大众餐饮消费观念发生了怎样的转变？

吴国平：在过去，下馆子是一种很奢侈的事情，而在今天，已经成了一种很平凡的生活方式。在吃的问题上，我们的消费者已经越来越理性了。一方面，对食物本身的品质十分看重，另一方面对吃的环境也有了很高的要求。只要符合或超越消费者的消费预期，有的消费者甚至愿意花上一两个小时在等位区排队等候，有的消费者会花上许多时间在寻找各种美食，有的消费者将吃过的美食一一点评再推荐给别人。大众餐饮消费观念随着时代发生了很大的改变，这也给杭州的餐饮企业提供了发展的机会和空间，同时也推动了杭州餐饮行业的快速发展。

记者：如今，市民大众对饮食品质、就餐环境、服务态度等各个方面的要求越来越高，您认为餐饮行业应当从哪些方面进一步提升？

吴国平：一方面要在软件实力上进行提升，包括企业文化、品牌宣传、门店操作流程、服务质量、菜品种类、菜品质量等，要吸引顾客回头必须要注重创新，从消费者的角度来看待企业发展，利用新兴媒体加强品牌宣传，同时注重企业自身素质培育和素养的提升，加强社会责任感，提高服务水准。另外要在硬件实力上加强提升，包括总部建设、信息化建设、就餐环境、等候设施等。

记者：当前，杭州的餐饮行业呈现出哪些特点？

吴国平：杭州餐厅市场是全国竞争最激烈的市场之一。在这个追求品质和精致的城市，充满了国内外各色餐饮类型，从低端到高端，各种人群都能找到适合自己的口味，大众的餐饮消费热情也是最高的。同时，杭州餐饮企业在全国来说是学习能力最强的，也是最舍得投入的，从环境的装修到菜品研发，都无微不至地做足功夫。但目前杭州餐饮行业还应当向多元化、差异化的方向发展。

记者：在国内外各类餐饮日益丰富，竞争日益激烈的今天，您认为杭州本地餐饮企业应如何发展和创新？

吴国平：杭州餐饮业有一定的发展基础，首先，杭州市政府十分支持和重视餐饮服务业的发展，将餐饮行业列为十大特色潜力行业，开设了许多美食特色街区，给入驻企业提供了许多软硬件条件、环境上的支持和保障，引领市民的消费理念，促进本地餐饮企业发展壮大。

杭州餐饮行业和企业发展和创新的关键是要"走出去"，真正地走向全国，杭州本地市场相对较小，而杭州餐饮已经具备了走出去的基础。第二是要鼓励杭州餐饮行业建立集团化企业，走上规模化发展之路，同时在标准化管理上更进一步。

记者：您认为餐饮企业在倡导绿色餐饮、节约消费、把关食品质量安全等方面，应当承担怎样的社会责任？

吴国平：餐饮企业首先要转变经营理念，倡导绿色餐饮、节约消费，并通过企业宣传和活动，向顾客传递信息。其次，在经营操作上，对员工进行培训，提高原材料的利用率，从企业自身开始节俭运营。最后，在质量把关上，企业要严格验收原材料，保证原材料品质，对员工进行充分的上岗培训，规范实际操作，从自身做起。

记者：对于杭州打造"休闲美食之都"，您有什么建议？

吴国平：建议加强杭帮菜作为城市品牌的宣传力度，搭建杭州的餐饮企业与国内外餐饮行业的交流平台，在不断学习的过程中不断创新。同时，应该大力扶持本土餐饮品牌，保护老字号餐饮企业，注重杭州餐饮历史和文化的挖掘，推动美食与休闲、旅游、会展等其他行业的合作交融，共同发展。

【文章来源】韩一丹：《大众餐桌的美食追求》，《杭州（生活品质版）》，2013年第4期

58. "杭帮菜"采风严州府

我市餐饮文化底蕴十分深厚，寻常百姓饭桌上常见的乡土菜肴，往往是我市地理、历史、民俗等诸多自然和人文因素的综合表现。乡土菜是地方菜的根基，是烹饪艺术的源头。16日，旨在挖掘、整合与传承乡土菜，不断丰富杭帮菜菜系的杭州城乡土菜交流暨中国杭帮菜博物馆采风活动走进严州府。

是日，杭州饮服集团总经理、中国杭帮菜博物馆馆长戴宁，杭州饮服集团餐饮总监、中国烹饪大师胡忠英，杭州电视台生活大参考栏目组及商旅集团、西溪投资、黄龙饭店、知味观、天香楼大酒店、西溪喜来登大酒店等行业知名企业代表40余人，实地考察了严州府餐饮经营、历史文化挖掘与融合、食品加工、品牌建设、餐饮配送、乡土菜肴制作加工、餐饮连锁发展等。采风组对严州府15年来专注于本土历史文化挖掘、餐饮与本土历史文化的融合、乡土菜肴整理和餐饮配送等给予了很高的评价。杭州电视台生活大参考栏目组对严州府食品加工基地、四大品牌宴、乡土名菜制作过程等进行了采风拍摄。在品尝乡土名菜、名点的同时，严州府为客人们奉上了极具建德特质的九姓渔民婚礼、婺剧僧尼会、说书严州道琴等表演。

据了解，本次采风活动是经省政府同意，省商务厅、省农办、省财政厅联合在全省范围内征集富有浙江地域和文化特色的乡土菜，并为编写《中国浙菜——乡土菜谱》系列丛书而展开的。

【文章来源】翁伟先：《"杭帮菜"采风严州府》，建德新闻网，2013年1月17日

59. 《行走的餐桌》聚焦杭帮菜

继美食纪录片《舌尖上的中国》（以下简称《舌尖》）红遍大江南北之后，另一部讲述京杭大运河沿岸美食的纪录片《行走的餐桌》，将于本周登陆央视纪录频道，该片第一集讲的就是杭帮菜。

《行走的餐桌》第一集名为《美哉，杭帮菜》，这部片子会让不少喜欢杭州的观众找到共鸣。梅家坞、和茶馆、河坊街、山外山……这些让杭州当地人耳熟能详的名字都会出现在片中，著名食客、和茶馆女主人庞颖也会出镜，为外籍主持波兰美女翠花讲解茶香鸡、虾爆鳝的做法。可以说是视觉上的一次享受。

不过，记者注意到，与《舌尖》不同，《行走的餐桌》以京杭大运河为拍摄路线。10 集纪录片分别选在了北京、天津、杭州等十个历史名城拍摄。全片的风格虽然轻松，但比起《舌尖》，显得底蕴不足。

【文章来源】潘仁龙：《〈行走的餐桌〉聚焦杭帮菜》，《新商报》，2013 年 5 月 20 日

60. 曾经繁华杭帮菜

飞涨的物价远远拦不住餐饮扩张的脚步，维多利亚大酒店继港式豆捞之后，又推出了精品杭帮菜。

杭帮菜最早可以追溯到距今一千多年的南宋，当时临安作为繁华的京都，南北名厨济济一堂，各方商贾云集于此，杭菜达到鼎盛时期。杭州菜历史上分为"湖上""城厢"两个流派。前者用料以鱼虾和禽类为主，擅长生炒、清炖、嫩熘等技法，讲究清、鲜、脆、嫩的口味，注重保留原汁原味。后者用料以肉类居多，烹调方法以蒸、烩、氽、烧为主，讲究轻油、轻浆、清淡鲜嫩的口味，注重鲜咸合一。

"超市化"卖点

在陇海路与秦岭路交叉口向北望去，俨然有美食一条街的风范，大小饭店接踵摩肩，只是马路太宽，少了股热闹劲。维多利亚大酒店的招牌不难寻找，推开气派的玻璃门，餐厅干净明亮而不失典雅。大厅左侧有一片近四百平方米的菜品展示区，近二百种菜品被保鲜膜包裹着陈列于展台之上，食客可以近距离接触，这种直观的"超市化"销售模式在郑州餐饮业中并不多见。

"土菜"精细冷热风流

其实，杭帮菜目前就是"迷宗菜"，何谓"迷宗"，南料北烹、南北互调，取别家之长补己之短。如今，郑州的餐饮趋势是吃出健康，维多利亚大酒店知味江南主题餐厅的杭帮菜冠上了"土"字，称为"杭帮土菜"。原料"土"的是健康，菜品依旧是精致模样。

凉菜篇：

江浙一带的人说话总是轻声细气、吴侬软语的，不知是不是受此影响，这一带莲藕名菜——"桂花莲藕"，也能感受到这种绵软的江浙风情。藕孔中装满了糯米，被桂花糖水浸泡着，如江南女子，红艳多姿，粉软香艳。

秘制脆皮鸭，厨师先将整鸭用调料腌制48个小时，然后下油锅、进火炉，烟熏火燎后品质升华至极境，外皮焦脆，肉质细嫩，那种渗入骨髓的味道远远不是靠酱汁调味的北京烤鸭所能比拟。

新风酱牛肉考验的是刀工，牛腱肉像是打开的折扇，公正齐平。将猪舌和猪耳压制一起，片成薄片，起个名字叫窃窃私语，厨师一定是个妙人。

热菜篇：

梅干菜烧肉，可谓最佳拍档。梅干菜性干，肉多脂，两者合煮，菜糯而肉不腻，吃起来甜津津酸溜溜软绵绵香喷喷，下饭煞是过瘾。这菜名堂不多，讲究的是入味。因而火要文，汤要紧，出锅前小闷片刻。这样肉菜相濡，相得益彰，美味才入骨。

杭州卷鸡是道素菜，油炸豆皮卷上笋干，紧致的口感有几分鸡肉之意，咬开笋香四溢，有隐隐奶香味。

千岛湖金牌鱼头锅的重点是鱼，采用数种中药香料调制成鱼头香料，千岛湖生态有机鱼头配杭州豆腐，辅以自制酸菜，采用先煎后焖的烹调方法，使口味鲜香醇厚。

吃着"杭帮土菜"，回忆西湖醋鱼、东坡肉、炸响铃、龙井虾仁、宋嫂鱼羹，那些江浙名菜的香艳，我忽然醒悟，2010 年的餐饮口号是"养生"，大势所趋，杭帮菜的旖旎过去了，繁华的泡沫早已碎在郑州的柏油马路上。

【文章来源】赵森：《曾经繁华杭帮菜》，《今日消费》，2010 年 11 月 26 日

61. 东坡好吃

　　李渔好吃，《闲情偶寄》专设"饮馔部"，以求饮食之道。袁枚好吃，一册《随园食单》，述遍南北菜点。然好吃且成美谈者，苏东坡为最，众人耳熟能详的"日啖荔枝三百颗，不辞长作岭南人"，"蒌蒿满地芦芽短，正是河豚欲上时"，"长江绕郭知鱼美，好竹连山觉笋香"，皆出自其诗篇。

　　苏东坡《仇池笔记》载其被贬黄州时所作《煮猪头颂》："净洗锅，浅着水，深压柴头莫教起。黄豕贱如土，富者不肯吃，贫者不解煮。有时自家打一碗，自饱自知君莫管。"之后，此作演绎，据南宋人周紫芝《竹坡诗话》载："东坡性喜嗜猪，在黄冈时，尝戏作《食猪肉诗》云：'漫着火，少着水，火候足时他自美。每日起来打一碗，饱得自家君莫管。'"后又有《猪肉颂》："净洗铛，少着水，柴头罨烟焰不起。待他自熟莫催他，火候足时他自美。黄州好猪肉，价贱如泥土。贵者不肯吃，贫者不解煮，早晨起来打两碗，饱得自家君莫管。"还有《炖肉歌》："慢着火，少着水，柴头罨烟焰不起，待它自熟莫催它，火候足时它自美。"皆大同小异，据此法，时人烧制出了著名的"东坡肉"。"无竹令人俗，无肉使人瘦。不俗又不瘦，竹笋焖猪肉"，实则苏东坡的一首打油诗，竹笋与猪肉的美食烹饪。

　　有肉必有酒，无奈东坡不善饮。其所饮酒中，有一种"蜜酒"。据《东坡志林》载"蜜酒法，予作蜜格与真一水乱，每米一斗，用蒸面二两半，如常法，取醅液，再入蒸饼面一两酿之。三日尝，看味当极辣且硬，则以二斗米炊饭投之。若甜软，则每投，更入面与饼各半两。又二日，再投而熟，全在酿者斟酌增损也。入水少为妙。"其《蜜酒歌》云："真珠为浆玉为体，六月田夫汗流泚。不如春瓮自生香，蜂为耕耘花作米。一日小沸鱼吐沫，二日眩转清光活。三日开瓮香满城，快泻银瓶不须拔。百钱一斗浓无声，甘露微浊醍醐清。君不见南园采花蜂似雨，天教酿酒醉先生。先生年来穷到骨，问人乞米何曾得。世间万事真悠悠，蜜蜂大胜监河侯。"

　　其《初到黄州》云："自笑平生为口忙，老来事业转荒唐。长江绕郭知鱼美，好竹连山觉笋香。逐客不妨员外置，诗人例作水曹郎。只愧无补丝毫事，尚费官家压酒囊。"《浣溪沙》云："西塞山边白鹭飞，散花洲外片帆微。桃花流水鳜鱼肥。自庇一身青箬笠。相随到处绿蓑衣，斜风细雨不须归。"东坡肉、东坡肘子、东坡鱼、东坡饼子，东坡菜凡六十六种，也多研制于被贬寓所。

与"东坡肉"齐名者，尚有"东坡羹"。其《东坡羹颂》云：

东坡羹，盖东坡居士所煮菜羹也。不用鱼肉五味，有自然之甘。其法以菘若蔓菁、若芦菔、若荠，皆揉洗数过，去辛苦汁。先以生油少许涂釜延及碗沿，下菜汤中。入生米为糁，及少生姜，以油碗覆之，不得触，触则生油气，至熟不除。其上置甑，炊饭如常法，既不可遽覆，须生菜气出尽乃覆之。羹每沸涌，遇油辄下，又为碗所压，故终不得上。不尔，羹上薄饭，则气不得达而饭不熟矣。饭熟羹亦烂可食。若无菜，用瓜、茄，皆切破，不揉洗，入罨，熟赤豆与粳米半为糁。余如煮菜法。应纯道人将适庐山，求其法以遗山中好事者。以颂问之：甘苦尝从极处回，咸酸未必是盐梅。问师此个天真味，根上来么尘上来？

还有诗云："谁知南岳老，解作东坡羹。中有芦服根，尚含晓露清。勿语贵公子，从渠嗜膻腥。"

除却猪肉，东坡所好者，尚有"东坡豆腐"。黄州民间流传歌谣云："过江名士开口笑，樊口鳊鱼武昌酒。黄州豆腐本佳味，盘中新雪巴河藕。"他也写有"煮豆为乳脂为酥"的诗句。"地碓春糠光如玉，沙瓶煮豆软如酥"，是对豆粥的描述。"东坡豆粥"的对应诗曰："江头千顷雪色芦，茅檐出没晨烟孤。地碓春秔光似玉，沙瓶煮豆软如酥。""东坡豆苗"的对应诗曰："豆荚圆而少，槐芽细而丰，点酒下盐酸，缕橙芼姜葱。""东坡玉糁羹"对应的也有文："过子忽出新意，以山芋作玉糁羹，色香味皆奇绝。天上酥酏则不如，人间绝无此味也。"其蔬菜诗有"蔓菁缩根已生叶，韭菜戴土拳如蕨。烂煮香荠白鱼肥，碎点青蒿凉饼滑"句。东坡美味，皆用料普通，加工不繁，粗中见细，满是情趣。

哲宗绍圣元年（1094），时已五十九岁的苏东坡以"讥讪先朝"罪又贬惠州。处境虽忧，仍不忘苦中作乐。"惠州风土食物不恶，吏民相待甚厚"，吃不到猪肉吃羊肉，遂烹制出了烤羊脊骨。他写寄苏辙的万里家书，只写制食羊脊骨美事，道其一饮一啄之喜悦：

惠州市井寥落，然犹日杀一羊，不敢与仕者争买，时嘱屠者买其脊骨耳。骨间亦有微肉，熟煮热漉出，不乘热出，则抱水不干。渍酒中，点薄盐炙微燋食之。终日抉剔，得铢二于肯綮之间，意甚喜之，如食蟹螯，率数日则一食，甚觉有补。子由三年食堂庖，所食刍豢，没齿不得骨，岂复知此味乎？戏书此纸遗之，虽戏语，实可施用也。然此说行，则众狗不悦矣。

后苏东坡再贬儋州。宋时海南，乃瘴雾蛮烟的蛮荒之地，几无美味可食，常有缺粮之忧，困顿中，他便在当地盛产的蚝蛎身上打起了主意，其《食蚝》一文，言及食蚝乐趣："己卯冬至前二日，海蛮献蚝，剖之，得数升，肉与浆入与酒并煮，食之甚美，未始有也。"食过酒煮蚝后，还留下了"每戒过子慎勿说，恐北方君子闻之，争欲东坡所为，求谪海南，分我此美也"的戏谑，据明人陆树声《清暑笔谈·东坡海南食蚝》载："东坡在海南，食蚝而美，贻书叔党曰：'无令中朝士大夫知，恐争谋南徙，以分此味。'"

将无聊当有聊，将每日必不可少的吃，吃出了横生趣味，吃出了流变沧桑。其晚年作《老饕赋》直抒胸臆：

庖丁鼓刀，易牙烹熬。水欲新而釜欲洁，火恶陈而薪恶劳。九蒸暴而日燥，百上下而汤鏖。尝项上之一脔，嚼霜前之两螯。烂樱珠之煎蜜，滃杏酪之蒸羔。蛤半熟而含酒，蟹微生而带糟。盖聚物之夭美，以养吾之老饕。婉彼姬姜，颜如桃李。弹湘妃之玉瑟，鼓帝子之云璈。命仙人之萼绿华，舞古曲之郁轮袍。引南海之玻璃，酌凉州之葡萄。愿先生之耆寿，分余沥于两髦。候红潮于玉颊，惊暖响于檀槽。忽累珠之妙唱，抽独茧之长缲。闵手倦而少休，疑吻燥而当膏。倒一缸之雪乳，列百椀之琼艘。各眼滟于秋水，咸骨醉于春醪。美人告去已而云散，先生方兀然而禅逃。响松风于蟹眼，浮雪花于兔毫。先生一笑而起，渺海阔而天高！

好不豁达自如，果真如此！

有好胃口，必有好心情，有好心情，必致好性格，有好性格，必因好修养。宋人朱弁《曲洧旧闻》载东坡好吃事："东坡与客论食次，取纸一幅，书以示客云：'烂蒸同州羊羔，灌以杏酪食之，以匕不以筷。南都麦心面，作槐芽温淘。糁襄邑抹猪，炊共城香粳，荐以蒸子鹅。吴兴庖人斫松江鲙，既饱，以庐山康王谷帘泉，烹曾坑斗品茶。少焉，解衣仰卧，使人诵东坡先生赤壁前后赋，亦足以一笑也。'""问汝平生功业，黄州惠州儋州"，虽一贬再贬，越贬越远，何曾见首鼠两端，患得患失。如此津津乐道于吃，逆境中的乐观，以口福胃纳的方式表述之此乃东坡式的抗诉，是对不公的调侃，对逆境的无畏，对权势的轻蔑，对小人的不屑。

东坡好吃不假，周紫芝《竹坡诗话》还载有被贬黄冈时，其亲下厨房劳作之情形，但如此多的菜肴，皆托东坡之名，显然多有附会。李渔即对"东坡肉"之名提出过异议："食以人传者，东坡肉是也。卒急听之，似非豚之肉，而为东坡肉矣。东坡何罪，而割其肉以实于古馋人之腹哉！"李渔不解风情，哪知民间流传，皆民众好恶。

【文章来源】介子平：《东坡好吃》，《书法》，2013 年第 11 期

62. 多国领事学做浙江杭帮菜　西湖醋鱼成"新宠"

蒸煮后的西湖草鱼，再淋上精心熬制的糖醋汁，16日，俄罗斯驻上海总领事馆副总领事钱金的夫人捧起亲手做的西湖醋鱼，仔细闻了闻，调皮地竖起了大拇指。

当日，作为浙江杭州名菜的西湖醋鱼，成了俄罗斯、阿根廷、美国等多国驻沪领事争相学习的美食。杭帮菜是中国八大菜系之一浙菜的主要流派，其中西湖醋鱼、东坡肉、龙井虾仁、宋嫂鱼羹等菜肴闻名遐迩。

俄罗斯驻上海总领事馆副总领事钱金夫妇是美食的爱好者，对于久闻大名的杭帮菜更是"蠢蠢欲动"。钱金夫人还为此露了把厨艺，跟着大厨学做西湖醋鱼。

自诩为"上得厅堂，下得厨房"的钱金夫人围上大围裙、戴着厨师帽走向"挑战台"。钱金夫人平时能做些小菜，但当她看到大厨把一条约800克重的西湖草鱼在不到10秒时间内就切出整齐的两半时，还是忍不住"哇"了下。

"还是第一次做杭帮菜哦！""挑战"中的钱金夫人有些胆怯。在厨师的指导下，她先把切好的鱼放入沸腾水中蒸煮，再架起另一口锅准备弄汤汁。

"然后呢？再放什么？"面对眼前几十种调味品，她却犯起了难。

中国杭帮菜博物馆的副厨师长汪震宇介绍："现在就该弄西湖醋鱼的糖醋汁，要把酱油、白糖和水按比例调配，调配不当味道就大有不同。"

接着，钱金夫人按照大厨说的比例调配好酱料后，就放在锅中搅拌，3分钟不到，一阵酸甜的香味飘出，吸引了多个国家的驻沪领事围观。

"Surprise！"不到2分钟后，钱金夫人把勾兑好的糖醋汁淋上蒸好的草鱼，再三闻闻鱼的香味。

阿根廷驻上海总领事馆副总领事夫人Melena Gardecca看到西湖醋鱼的烧法后，引发对杭帮菜的制作热情，对记者说："真简单，我也想回家尝试下做法。"

品尝过杭帮菜后，阿根廷驻沪总领馆总领事佛朗西斯科·费罗更是大大夸奖了美食，说杭州是中国最值得旅游的城市，杭帮菜更是一绝。

钱金说,俄罗斯烧鱼是不放酱料的,一般以煮鱼汤为主,只要在煮的时候放土豆、胡萝卜、洋葱就可以了,"现在又多了个西湖醋鱼,太完美了。"

看到夫人学得一手"绝活"的钱金扬了扬眉毛,用手机拍下妻子与美食的合影,他用还算流利的中文跟记者说:"这下,我可有福享了!"

据了解,杭州在当天启动了 2013 杭州国际体验日活动,让外宾学做杭帮菜是其活动之一。当天,有来自阿根廷、捷克、美国、英国、德国、法国、加拿大、巴西、新西兰、比利时等多国的驻沪领事、文化参赞、商会代表等国际嘉宾参与了杭州城市文化体验交流活动。

【文章来源】谢盼盼:《多国领事学做浙江杭帮菜 西湖醋鱼成"新宠"》,中国新闻网,2013 年 10 月 17 日

63. 放心美味香飘运河：杭州市拱墅区打造国字号安全诚信美食街区纪实

京杭大运河作为最古老的运河之一，和万里长城并称为我国古代的两项伟大工程，闻名于世。位于京杭大运河最南端的杭州市拱墅区运河段，近年来，除了承载着南北物资运输交流的任务外，两岸白墙黑瓦、古香古色、装饰典雅的古建筑以及特色美食街，更是让中外游客流连忘返。为确保游客吃得放心、吃得舒心、吃得开心，杭州市拱墅区以打造"用料诚心、管理用心、服务贴心"的国字号诚信美食街区为目标，通过建立政府主导建设、企业主体责任、市场资源导向的管理模式，着力把运河岸边的胜利河大兜路美食街区打造成展示餐饮服务食品安全的金名片。

目前，杭州市拱墅区胜利河大兜路美食街区汇聚了90余家高中低档餐饮企业，被誉为"杭城美食第一街"。在全国掀起"学习双桂坊，诚信做食品"的热潮之后，2012年9月7日，拱墅区副区长王华率区食安委相关单位负责人专程赴常州学习取经。2012年10月，拱墅区政府借鉴常州双桂坊"用道德良心，做放心食品"成功经验，专门印发实施食品安全"三心工程"打造国字号诚信美食街区工作方案，并以区政府办公室名义下发通知，着力将"胜利河大兜 路美食街区"打造成为食品安全、管理科学、服务到位，诚信为本、良心经营的品质美食一条街。

拱墅区在餐饮服务食品安全示范创建中，注重抓道德载体，在美食街专门开设"诚信做食品运河沙龙"，由美食街管委会负责定期组织开展食品安全沙龙活动。同时，区食安办和管委会统一为美食街餐饮企业制作"三心工程"创建牌和公示牌，倡导"用料诚心、管理用心、服务贴心"的工作理念，随时接受群众的监督。食用油统一品牌，餐厨垃圾统一回收，酒水、餐饮具统一供应，三个统一保用料诚心；监督检查信息公开，工作制度公开，食品添加剂使用情况公开，三个公开促管理用心；承诺注重食品安全，杜绝地沟油，承诺科学管理，严防安全漏洞，承诺诚信经营，拒绝欺诈行为，三个承诺在店堂显著位置予以公布，接受群众监督，彰显贴心服务。为营造餐饮企业积极主动参与示范创建的良好氛围，拱墅区还制订出台《胜利河大兜路诚信美食街区星级商户考评标准》，统一将商户参加道德沙龙情况、实施"三心"工程情况和监管部门日常检查情况纳入考评标准，每季度由管委会组织一次综合检查，年底开展一次星级商户评比。

记者在采访中了解到，拱墅区开展美食街"三个统一、三个公开、三个承诺"活动，受到美食街餐饮企业和消费者的普遍称赞。三点水餐饮店经理告诉记者说："'统一'和'公开'消除了餐饮企业和消费者之间信息不对称的问题，不用再担心恶意竞争，由政府支持，我们商家做生意有底气，现在大家都注重在提升企业安全服务品质上下功夫。"拱墅区食品药品监管局徐和平局长告诉记者："开展星级商户评比后，企业都主动把食品安全的要求作为自己的工作准则，变'要我做'为'我要做'，商户责任意识、安全意识、服务意识明显提高。"在采访过程中，来自上海的王女士告诉记者，她们一家是美食街的常客，平均个把月就要专程从上海来一次，她说餐馆店堂里张贴了"三心工程"宣传栏，主动公示使用的食用油、添加剂、人员健康等信息，一目了然，让他们吃得更放心。

【文章来源】赵庆胜、李敏：《放心美味香飘运河：杭州市拱墅区打造国字号安全诚信美食街区纪实》，《中国食品药品监管》，2013 年第 1 期

64. 风尚西班牙邂逅杭帮菜——杭州（马德里）美食节掀起杭帮菜风云

西班牙当地时间 11 月 30 日 14 时，叫化鸡的香味从马德里 "外滩一号" 餐厅里飘了出来，杭州（马德里）美食文化节在此举行，妙不可言的杭州美食赢得了喝彩。

本次美食文化节的厨师团队由杭帮菜领军人物胡忠英、叶杭胜领衔，由楼外楼、知味观、赞成宾馆等杭州餐饮名店的大厨们共同联手，一起展示他们的高超厨艺。

美食节的举办地点在 "外滩一号" 餐厅，在当地以做中国菜出名，在西班牙只要一说到中国美食，"外滩一号" 首屈一指。当日参加美食节的有喜爱中国美食的西班牙美食家，有在西班牙生活多年的华人，还有十余家来自西班牙各大主流媒体的记者等共 60 余人。联合国世界旅游组织执行主任祝善忠、亚太部主任徐京，国家旅游局驻马德里办事处史翔等也受邀参加了美食节。

在美食节上，厨师团队展示了最地道的杭帮菜，有龙井虾仁、东坡肉、西湖醋鱼、素烧鹅、葱包烩、片儿川等。每上一道菜，胡忠英大师就会上来讲述关于这道菜的来源及故事，特别是上叫化鸡这道菜的时候，胡大师拿着木槌让在场嘉宾亲自敲开包在外面的泥，顷刻间，满室飘香。

"外滩一号" 的总经理周文淳更是开心，她说："这次杭帮菜在这里交流，让我大开眼界。从 2014 年开始，餐厅将每年举办'杭帮菜'品尝节，让更多的西班牙民众品尝并喜爱杭州美食。"

美食节持续了一天时间，联合国世界旅游组织执行主任祝善忠说："在西班牙，经常会有很多类似这样的国际间的美食交流活动，但一般以国家为单位，像这样以一种城市的菜色为主很少，令人印象深刻。"

杭州美食走向联合国总部、新加坡、奥地利、德国、爱尔兰等国家和国际机构之后，再一次以色、香、味、形、器、质皆美的菜肴，征服了西班牙民众的眼睛与味蕾。

【文章来源】周春燕：《风尚西班牙邂逅杭帮菜——杭州（马德里）美食节掀起杭帮菜风云》，《杭州日报》，2013 年 12 月 2 日

65. 风雅钱塘·美食之都

龙井虾仁、蛋黄青蟹、东坡肉、西湖醋鱼、叫化童鸡……杭州菜肴闻名遐迩，白居易、苏东坡、乾隆、袁枚……名人食客千古流传。杭帮菜不仅色香味俱全，而且融入了杭州浓厚的历史文化，它们不仅串联起了杭州独特的餐饮发展史，而且其本身就是故事，就是传奇。

江南忆，最忆是杭州。唐代诗人白居易曾以这样的词句，毫不掩饰地来表达他对杭州的留恋。烟波浩渺的西子湖，作为世界文化遗产名录的一份子，正在以更开放的姿态，迎来全世界的旅人。除了美景秀丽，杭州美食同样散发出动人馨香，可谓这座城市的又一魅力之源。

天堂美食的惊艳亮相

阳春三月，一场饕餮盛宴在珠江边上演。枚公炒鳝、章观察面筋、蒋侍郎海参……来自"食圣"袁枚《随园食单》中的名菜一一亮相在杭帮菜品鉴会上。这是杭州美食团广州推介交流的一个缩影。

在古韵悠悠的茶道表演中，在《天堂美食》的音乐声中，广州政界、餐饮界等社会名流陆续入场。杭州菜领军人物、中国烹饪大师胡忠英和叶杭胜，带领杭州餐饮名店的大厨们，奉献了精美绝伦的杭州菜肴：随园猪腰拼承恩萝卜、水西门卤鸭拼问政笋丝、金银鱼唇、清炒虾蟹、鲅鱼豆腐、龙井问茶、南殊锅巴……它们穿越时间的光阴，呈现的不仅是杭州美食的悠久历史，杭帮菜肴的精湛技艺和非凡创造力，更是传统与现代兼容并蓄的城市精神，和东方品质之城的优雅生活哲学。这是视觉与味觉的饕餮大餐，端到餐桌上，嘉宾们的第一反应不是吃，而是拿出手机或照相机，从各种角度进行拍照。

与此同时，大厅入口处，两台宴席展台引人注目。知味观制作的"西湖船宴"、名人名家制作的"功夫名家宴"，色彩鲜艳、造型别致、器皿精美、构思巧妙，集结体现了高超厨艺，如一件件精湛的工艺品，美不胜收，让人啧啧称赞。而以"杭帮美味尽是不同"为主题的摄影图片展，精心串联起了杭州名菜和美景，多方位地展示了天堂美食的悠久历史和发展进程。

龙井问茶

雷峰夕照

联合国中国美食节

　　"杭帮菜能走红全国，蜚声海外，其根本原因是杭帮菜善于传承创新。"杭州市餐饮旅店行业协会会长沈关忠说。近几年，杭州餐饮注重挖掘美食文化，每年组织百家食谱创新菜评比，先后开发了南宋官府宴、袁枚家宴、民间乡土菜等系列菜谱。

　　2008 年 10 月 20 日，由中国常驻联合国代表团与杭州市人民政府联合主办的联合国中国美食节在美国纽约联合国总部拉开帷幕，数百位联合国官员、各国常驻联合国外交官等嘉宾前来品尝，对杭州美食赞不绝口。杭州是中国第一个到联合国总部举办美食节的城市，这也成为"杭帮菜"走向世界的标志。

杭帮菜原先只是浙菜中的一个地方菜，而浙菜在全国八大菜系中远不如川菜、粤菜名气大。但近年来杭帮菜却独树一帜，红遍大江南北，演绎了我国餐饮业态的全新传奇。外婆家、名人名家、西湖春天等"杭帮菜"连锁品牌，不断向外扩张，进军大江南北，在全国20多个城市开出了上百家餐饮连锁店，并在北京、上海、深圳、南京等大城市占有一定的市场份额，常有火爆场景，显现出强劲的市场竞争力。

继1956年认定36道杭州名菜后，在2000年首届中国美食节上，又推选出48道"新杭州名菜"。2006年，杭州评选出杭帮菜"108将"。2012年，评选出了杭州"十大经典名菜和十大家常菜"。在杭州12万注册厨师中，有322位名厨登上《杭州名厨目录》，胡忠英等3人荣膺国际烹饪艺术大师，王红卫等4人获得世界厨艺大师称号，丁荣强等48人获荣登中国烹饪大师榜。

楼外楼水上餐厅

杭帮菜以其出众的品质与非凡魅力，深得海外宾客的广泛喜爱与高度赞誉。联合国副秘书长帕斯卡说："杭州大师做的中国菜肴精美绝伦，是中国智慧和中国饮食文化的完美结合。"世界营养科学联盟主席马克·华伟特说："杭州菜有丰富的结构和深厚的文化底蕴，希望能将杭州菜推向世界。"国民党荣誉党主席连战对杭州美食赞誉道："美食中有文化，文化中有美食。"日本饮食界和美食专家更是把杭帮菜誉为"真正的中国菜"。

知味观

杭州餐饮的 360°崛起

"天下酒宴之盛，未有如杭城也！"这是宋代大文豪苏东坡盛赞杭州美食的名句。杭州拥有数千年的美食文明史。近代以来，孙中山、周恩来、陈毅、贺龙等老一辈革命家，以及文化名人鲁迅、郁达夫、竺可桢、马寅初、丰子恺、潘天寿等，都与杭州美食结下过不解之缘。周恩来总理还数次在杭州"楼外楼"接待西哈努克亲王等国家元首，成为佳话。在杭州餐饮界，鲁迅先生最爱吃"虾子烧鞭笋"、梁实秋对"蜜汁火方"情有独钟、周总理最爱吃"干菜焖肉"……成为人尽皆知的"秘密"。

杭州菜最早可以追溯到一千多年前的南宋，当时临安作为繁华都市，南北名厨济济一堂，各方商贾云集于此，杭州菜达到鼎盛时期。当时的能工巧匠，凭借自己的天赋与智慧，逐渐烧制出一些风行一方的菜肴来，这些菜肴经过多朝演绎改良，最终呈现出如今的模样。

改革开放以来，杭州餐饮业经历了起步阶段、数量型发展阶段、规模连锁发展阶段和品牌提升战略阶段。凭借旺盛的市场需求以及政府的大力支持，餐饮行业规模迅速扩容，经营业绩持续上升，初步形成了投资主体多元化、经营业态多样化、经营方式连锁化、从传统产业向现代产业转型的发展新格局。来自杭州市贸易局的数字显示，杭州现有餐饮企业2.4万家，总餐位达到146.45万个，吸纳就业人员27.03万人，营业额从2002年的55亿元上升到2012年的314.40亿元，10年间整整翻了5.5倍，占据浙江省五分之一强。

　　杭州餐饮界除楼外楼、知味观等百年老店外，新涌现出了花中城、张生记、名人名家、哨兵、新开元、外婆家等一大批知名餐饮品牌企业。杭州已有20多家杭帮菜企业被评为"中华餐饮名店"，有6家被授予"国际餐饮名店"荣誉称号。杭州饮食服务集团公司年销售额超过40亿元，连续蝉联中国餐饮品牌30强第一，并位居全国餐饮业盈利能力榜首，盈利能力为17%。年销售超过10亿的企业还有两岸咖啡和澳门豆捞，年销售超亿元的企业达12家。杭州楼外楼则多次位居全国餐饮人均劳效榜首，充分显示了杭州餐饮业强劲的发展势头和品牌价值。2012年3月，建筑面积达12000平方米的"中国杭帮菜博物馆"正式开馆，并开创了"特色参观＋博物馆"的全新模式，引发行业内极大关注。

中国杭帮菜博物馆

和茶馆

南山路一角

　　近年来，全国八大菜系纷纷落户杭州，仅在城西商住区，全国各地风味美食就应有尽有，粤菜、川菜、清真等餐饮均占有部分市场份额。洋餐饮逐步增多，日本、泰国、印度风味餐饮纷纷落脚杭城，上塘路形成了韩国料理一条街。肯德基、麦当劳、必胜客等洋快餐深受年轻群体喜爱，生意火爆。凯悦、世贸等酒店西餐厅有洋厨掌勺，品味纯正。

　　杭州的美食街、美食夜市初具规模。河坊街、胜利河、西塘河等杭州美食街区相继亮相，五县（市）也相继开出美食街区。其中，胜利河大兜路美食街是杭城首条"国字号"美食街区，开街以来生意火爆。餐饮集聚化趋势在杭州已经得到充分体现并将持续发挥巨大作用。

　　美食香飘城墙外，杭州餐饮业的城乡互动格局正在形成。以西湖景区农家茶楼和大杭州地域内各式乡村生态园为典型代表的"农家乐"，已经成为杭州餐饮行业独具特色的一支生力军。据统计，杭州市乡村休闲观光旅游点（村）总数已达 394 个，经营农户 2896 户，直接从业人员 19650 人，间接从业人员 32394 人。

杭州于 2005 年提出"茶为国饮、杭为茶都"，并被授予"中国茶都"称号，2006 年以来，杭州每年举办"国际茶文化博览会"。杭州茶馆业形成了都市茶艺馆、商务茶馆、景区茶馆、农家茶馆和社区茶馆等多种类型，成为杭州餐饮业发展的一支"生力军"。杭州有 8 家国字号茶研究机构，1991 年建成的"中国茶叶博物馆"是全国唯一一所以茶和茶文化为专题的国家级博物馆。杭州茶艺水平居全国领先地位，曾在全国茶艺师技能比赛包揽前三名。杭州市茶楼协会研制的"西湖茶宴"获得了专利，并销售到美国。

"美食之都"建设的政府力量

杭州市于 2010 年 12 月被命名为"中国休闲美食之都"，是中国所有省会城市中唯一获此殊荣的城市。

行业发展，政策先行。早在 2007 年，杭州便制定了《培育十大特色潜力行业发展规划和行动计划》及政策保障措施，美食行业、茶楼行业等共同被列入十大特色潜力行业。对餐饮企业品牌建设、提升改造、上市运作等，杭州拿出专项资金进行大力扶持，并给予 3 万元至 100 万元不等的现金奖励。对餐饮企业吸纳持有《就业失业登记证》人员的，给予每人每年数千元的定额免税。2012 年出台的《关于加快杭州市餐饮业发展推进"美食之都"建设实施意见》中，在市级层面对餐饮企业实施的政策支持就达 16 项之多，囊括企业用人、融资、创牌、上市等方方面面，措施实实在在。

政府搭台，企业唱戏。2000 年以来，杭州市政府和中国饭店协会联合举办"中国（杭州）美食节"，成为杭州西湖博览会不可或缺的项目，内容有中华名小吃展销、行业发展论坛、行业竞赛、名店评选等活动，以及国际美食展等国际性活动。2012 年美食节参与人数达 217 万人，销售额达 6000 余万元。杭州市将美食作为推介杭州的重要组成部分，市领导多次亲自带领厨艺大师到各大城市现场制作杭帮菜。杭州市贸易局会同行业协会每年组织从业人员到境外开展美食文化宣传、交流活动，先后在新加坡、奥地利、澳大利亚、德国、爱尔兰等地举办杭州美食文化节、美食周等活动，通过美食文化的交流，既扩大了城市及城市美食的影响，又开阔了从业人员视野，促进了杭州餐饮向国际化发展。

三流的行业做服务，二流的行业做品牌，一流的行业定标准。杭州在积极加强餐饮食品安全监管的同时，积极推进标准化建设。杭州市贸易局会同质监部门及行业协会制定了《茶楼茶馆星级划分及服务规范》《杭州市餐饮企业星级划分及服务规范》《咖啡服务业标准规范》等；杭州的餐饮企业在经营过程中，积极运用一系列标准化管理方式，如"三效法""五常法""六 T 法"，部分管理标准已向外输出并产生经济效益。与此同时，杭州已有多家餐饮企业获得ISO9000、ISO22000 认证。知味观、新丰、来必堡等企业被商务部列为试点。

输血是基础，造血是根本。杭州市大力加强餐饮人才培养，提升企业自我提升能力，目前已初步形成政府、学校、中介机构、企业联动的餐饮人才培养格局，政府向餐饮业人员发放教育券，对获得职业技能证书的人员，给予近千元的补助。对表现突出的人才，让其享受政府津贴。为技艺精湛、贡献突出的人才设立"技能大师工作室"，如"胡忠英烹饪技能大师工作室""朱家骥茶艺技能大师工作室"，推动高技能人才培养。杭州市把行业协会建设作为推动行业自律与发展重要力量，目前杭州餐饮业已有餐饮旅店行业协会、杭菜研究会、茶楼业协会、咖啡西餐行业协会、酒吧（KTV）行业协会等，市财政仅支持行业协会进行的相关活动的经费就达 2000 万元。近四年来，政府委托各协会共举办了 40 多项活动，有的协会已经具备组织国际性大型活动的能力，如餐饮旅店行业协会，承办了新加坡、奥地利、澳大利亚美食文化节；咖啡西餐协会举办了咖啡西餐节，邀请咖啡生产国驻华大使参加活动，争取到了中国唯一的蓝山咖啡专卖权，已组建咖啡贸易公司，具备了自我造血功能。

【文章来源】胡蓉珍：《风雅钱塘·美食之都》，《杭州（生活品质版）》2013 年第 4 期

66. 杭帮菜舌尖上的西湖

　　一场饕餮盛宴在珠江边上演。枚公炒鳝、章观察面筋、蒋侍郎海参，来自"食圣"袁枚《随园食单》中的名菜——亮相在杭帮菜品鉴会上。这是杭州美食团广州推介交流的一个缩影。

　　烟波浩渺的西子湖，作为世界文化遗产名录的一分子，除了美景秀丽，杭州美食同样散发动人馨香，可谓这座城市的又一魅力之源。龙井虾仁、蛋黄青蟹、东坡肉、西湖醋鱼、叫化童鸡……杭州菜肴闻名遐迩，不仅色香味俱全，而且融入了杭州城浓厚的历史文化，它们不仅串联起了独特的杭州餐饮发展史，而且其本身就是故事，就是传奇。

天堂美食惊艳上场

　　3月的广州，草长莺飞，花团锦簇，春意盎然，杭州市副市长张建庭率杭州美食代表团来到羊城，一行先后考察了耀华集团、广州早茶市场、广州酒家食品厂、中森食博汇等场所，同时杭州市餐饮旅店行业协会与广州市饮食行业商会签订友好协议，杭州14家知名餐饮企业与广州14家餐饮企业结对并签订友好往来合作协议。3月22日，杭帮菜品鉴会在滨江西路广州酒家开场，把这座城市中最美味、最地道，同时也是最富传奇色彩的美食带到了羊城。

　　在古韵悠悠的茶道表演中，在《天堂美食》的音乐声中，杭州菜领军人物、中国烹饪大师胡忠英和叶杭胜，带领杭州餐饮名店的大厨们，奉献了精美绝伦的杭州菜肴：随园猪腰拼承恩萝卜、水西门卤鸭拼问政笋丝、金银鱼唇、清炒虾蟹、鳜鱼豆腐、龙井问茶、南殊锅巴……它们穿越时间的光阴，呈现的不仅是杭州美食的悠久历史，杭帮菜肴的精湛技艺和非凡创造力，更是传统与现代兼容并蓄的城市精神，和品质之城的优雅生活哲学。而大厅入口处，两台宴席展台同样引人注目。知味观制作的"西湖船宴"、名人名家制作的"功夫名家宴"，色彩鲜艳、造型别致、器皿精美、构思巧妙，集中体现了高超厨艺，如一件件精湛的工艺品。

杭州餐饮善于传承创新

"天下酒宴之盛，未有如杭城也"，这是宋代大文豪苏东坡盛赞杭州美食的名句。杭州拥有数千年的美食文明史。近代以来，孙中山、周恩来、陈毅、贺龙等老一辈革命家，以及文化名人鲁迅、郁达夫、竺可桢、马寅初、丰子恺、潘天寿等，都与杭州美食结下过不解之缘。周恩来总理还数次在杭州楼外楼菜馆接待西哈努克亲王等国家元首，成为佳话。在杭州餐饮界，鲁迅先生最爱吃"虾子烧鞭笋"、梁实秋对"蜜汁火方"情有独钟，周总理最爱吃"干菜焖肉"……成为人尽皆知的"秘密"。杭州餐饮业如今更是越走越好，年营业额10年间整整翻了5.5倍。

"杭帮菜能走红全国，蜚声海外，其根本原因是杭帮菜善于传承创新。"杭州市餐饮旅店行业协会会长沈关忠说。近几年，杭州餐饮注重挖掘美食文化，每年组织百家食谱创新菜评比，先后开发了南宋官府宴、袁枚家宴、民间乡土菜等系列菜谱。这次杭帮菜品鉴会带来的是《随园食单》中的精髓，《随园食单》是袁枚集毕生精力撰写的中国第一部系统的论述烹饪技术和南北菜点的著作，内容丰富，博大精深，袁枚也因此赢得了"食圣"的称号。杭州餐饮界除楼外楼、知味观等百年老店外，新涌现出了花中城、张生记、名人名家、哨兵、新开元、外婆家等一大批知名餐饮品牌企业。2012年3月，建筑面积达12000平方米的"中国杭帮菜博物馆"正式开馆，并开创了"特色参观+博物馆"的全新模式，引发行业内极大关注。

中国烹饪大师解读杭帮菜

杭帮菜以什么见长？中国烹饪大师胡忠英说，制作精细、选料讲究、清鲜爽脆、因时而异就是杭帮菜最明显的风情。

制作精细。浙菜包括杭帮菜、宁波菜、绍兴菜、温州菜，而杭帮菜集众之所长，制作极其精细，目前已经超越了传统的浙菜。记者在现场看到，无论是三丝还是豆腐丝，刀工简直出神入化，切丝不仅细致，而且相当均匀，像艺术品，舍不得下口。还有瓜子，外壳用面粉和食品竹炭粉制作，与瓜子外壳无二，里面再包上真正的瓜子仁，味道变化多，可咸香也可甜香，还可以保留原味。

选料讲究。杭帮菜很讲究原材，以"红泥手撕鸡""红泥本鸡砂锅"为例，由于这两道菜的鸡种均严格选取杭州农家放养鸡，加上大厨用火腿、笋干等辅料经3至4个小时炖煮，出品后其汤清香汁浓、味鲜爽口，让人吃后叫绝。还有现场的清炒虾蟹，就是河虾仁和蟹黄、蟹肉同炒，但虾仁必须用大河虾现挤才能嫩滑。不过，有一样材料，绝对是杭帮菜的特色，那就是竹笋。杭州的笋四季不断，所以很多配料、主菜，都用笋来做。

清鲜爽脆。杭帮菜讲求味道清淡，与粤菜类似。粤菜轻油、轻盐，杭帮菜比粤菜入味再咸一点。因为杭州地处江南水乡，气候温和，当地人饮食口味偏清淡，平日喜食鱼虾。尽管如今的杭州菜肴南北口味交融，但依然讲究"二轻一清"，即轻油、轻浆与清淡，这些决定了杭帮菜肴注重原汁原味，烹饪时轻油腻轻调料，口感鲜嫩、口味纯美。

因时而异。杭州菜以炒菜为主，而且炒菜偏重时令菜。比如臭豆腐、霉千张，原本是绍兴菜，但拿过来经过改良，就成了杭帮菜的经典。杭帮菜中有一个嫁妆菜，叫蒸双臭，一个是臭豆腐，一个是霉菜梗，就是发酵过的苋菜梗，也是臭味，两种臭加在一起，却特别香。

【文章来源】梁红举：《杭帮菜舌尖上的西湖》，《广州日报》，2013 年03 月 30 日

67. 杭州小吃出口之路"步步精心"

每到国庆长假，我们都计划着出去见一见世面，闯一闯江湖。到古镇看看风土人情，到群山中看看风景，到海边吹吹海风……这次小长假我选择了去杭州看看。那里是一个风景秀丽、有着江南独特情调的城市，也是一处令人流连忘返、乐不思蜀的人间天堂。

去杭州之前，我上网搜寻了杭州许多的景点、比较有名的街道，当然也包括当地的一些美食。去杭州，一定要去看看闻名于世的西湖，其他的如西溪湿地、九溪之类的景区倒是没什么兴趣，因为那些地方的风景大多是些小山、人造小瀑布等。若真想看风景的话，游客一般就会选择张家界、西双版纳之类的地方。

西湖给人的第一感觉是面积可观，好像整个城市都在围绕着它运行。我和同伴悠闲地转了好久，绕着西湖散步。很幸运，那天天气真的很好，人也不是很多，阳光下的湖面波光粼粼，湖面吹来的微风使游人心旷神怡。我们沿着西湖边的林荫小道，一路上聊着，看着，路过电影《非诚勿扰》里葛优和舒淇吃饭的饭店，也到附近的博物馆里游了一圈。就这样跟着感觉慢慢地欣赏，太阳也懒懒地卧在云里。经过一个多小时的漫步，来到传说中的断桥。这里是游人最多的地方，桥上桥下挤满了照相的游客，人潮汹涌打破了许仙和白娘子所创造的幽静之美。如果让我说西湖最美的地方，一定不是断桥、苏堤这种人群集中的地方，反而觉得刚开始走进西湖的那一段小路才是真正的美。

平时，我这个人对风景不很感冒，让我看一会儿还可以，看久了就厌倦了。不过，本人对有特色的城市街道却很感兴趣，于是我们转道来到湖滨区。首先看到的就是 KFC、麦当劳的牌子，在杭州这两家店子就像连体婴儿，总是开在一起。在湖滨商业区，我看到了许多经营甜点的店子，比如西树泡芙、寿司蛋糕、绿茶、满记甜品，既然来了，都要前去尝一尝。但排队之苦令人心酸，其中一个寿司蛋糕排了 40 多分钟，据说这家店子每天从早上开门到关门，始终是一条蜿蜒的长队，生意非常火爆，不过味道真的不错。更要吐槽的是晚餐，这是我有生以来吃饭排队最久的一次，从下午 5:24 预约，一直等到晚上 8 点才轮到我们，因为前面有 72 位顾客在等待……来杭州的第二天，我们决定去逛一下有特色的街道。早餐品尝当地一份经典搭配"高祖生煎和牛肉粉丝"之后，来到河坊街，这里是卖工艺品、特产的地方，有不少很有意思的饰品小店。著名的杭州丝绸店人来人往，吸引了许多慕名而来的中外游人。街坊里有一些复古建筑确实挺好看，逛了一圈，有点疲惫。接下来深入社区找地方特色小吃，如葱包烩、片儿川等，吃起来味道很是惬意。看来到杭州这样的城市，最有感觉的还是充满生活气息的街区，里面有很多在别的城市消失了的小修理店铺，都是些缝缝补补、钉钉锤锤的小摊点。晚上特意赶到当地有名的吴山夜市，其实就是义乌小卖场，发现有不少在大超市里买不到的生活小物品，"淘宝"的人不光是游客，当地人也挺多的。

短短的旅行，杭州给我留下了许多美好的回忆。坦率地说，夏天的杭州热浪滚滚，但秋天的杭州，不愠不火，旅游十分舒服。朋友，有机会一定要去看一看，别忘了"上有天堂，下有苏杭"。

【文章来源】作者不详：《杭州小吃出口之路"步步精心"》，《中南林业科技大学报》2013 年 11 月 20 日

68. 一碗粥里的幸福味道：杭州灵隐寺腊八节施粥侧记

俗话说："吃罢腊八粥，就把年来盼。"每年农历十二月初八，记忆中那挥之不去的浓浓甜香味都会在这时跳出来，告诉忙碌的人们，喝粥的日子到了。在物质极为丰富的今天，一碗粥所能提供的实用价值已经微乎其微，人们更多的是在品尝隐藏在粥里的味道。美丽的西子湖畔，灵隐寺正在以自己的方式还原腊八粥所蕴含的真实味道，无论你是本地人还是他乡客，他们都会奉上一碗熬制得恰到好处的粥。对于寒冬里有幸捧上那碗热粥的人们来说，在齿颊生香的同时，也能品尝出不尽相同、却同样精彩的幸福滋味……

一、品灵隐腊八粥 启智慧吉祥门

自古寺庙多有施粥者，杭城亦不例外，其中施粥最多者，非灵隐莫属。2010 年，灵隐寺施粥 20 多万份，创下了中国佛教寺院施粥之最。次年，灵隐寺将施粥的份数增加到 30 万份，仍供不应求。都说灵隐寺的腊八粥好喝，腊八节里去灵隐寺喝粥逐渐成为杭城的一种新民俗。在旅游市场竞争火爆的今天，有些旅游网站甚至会在腊八节前制定一份详细的灵隐寺喝粥攻略，以招揽客户。

随着腊八粥需求的日益增长，节日期间灵隐寺周边交通的拥堵也日益严重。为了缓解腊八施粥给城市交通带来的压力，灵隐寺在杭州市上城区、下城区、拱墅区、江干区、西湖区、滨江区、余杭区共 7 个城区及福利院、养老院等处设置了 14 个施粥点。这种走出灵隐、施粥于民的做法一方面受到了社区居民的热烈欢迎，同时也很好地阐释了灵隐寺大开方便之门、利乐有情的施粥本意。

"在今天少有人还会因为吃不饱饭而饥肠辘辘，但腊八施粥的意义依然存在。"灵隐寺住持光泉法师说。感恩，是寺院里腊八节最原始的内涵。关于腊八节的起源，众说纷纭。《佛本行集经》介绍说，佛祖释迦牟尼成道前，曾尝试过 6 年的苦行，不但毫无收获，反而身心疲惫，于是放弃苦行，接受了牧羊女奉献的乳糜，恢复了体力，在菩提树下静坐参悟，最终走向以智慧解脱的正道，这一天正好是农历十二月八日。由于释迦牟尼在这一天成道，因此寺院每逢这一天都用米、豆等谷物和枣、粟、莲子等干果煮粥供佛。

感恩社会，回报社会，灵隐寺在施粥的过程中始终坚持弘扬佛教优秀文化，向社会传递正能量。"品灵隐腊八粥，启智慧吉祥门。"借着施粥这样一个机会，灵隐寺走近信众，传递吉祥。当然，灵隐寺如此大规模的施粥不仅是为了向传统致敬。"在经济的浪潮下，教化信徒比金钱更重要。"光泉法师认为，施粥还是要让更多的人体验到佛教的慈悲精神。

二、忙碌的身影 慈悲的心

2012 年 12 月 29 日，星期六，上午 8：30 许，寒风裹挟着细雨把杭城的气温降到冰点以下，瑟瑟的西子湖游人寥寥。湖畔，灵隐寺斋堂三楼会议室人头攒动，来自杭城四面八方的云林志工团的义工们再次集结，参加 2013 年腊八粥行前动员大会。

每年腊八节前夕，灵隐寺都要忙上很长一段时间，从人员分工到原材料的采办，都需要耗费相当的人力物力。在日益增长的施粥数量背后，是灵隐寺居士群体的逐渐壮大，他们承担了施粥的主要工作。

虽然是每年都要举行的例行会议，但内容毫不空洞，因为今年又有很多新的义工要加入到施粥的队伍。按照惯例，会议邀请那些多次参与施粥的居士分享经验，这是会议最精彩的部分。

"每个云林志工团的志愿者，不管是老义工还是新人，都要以感恩的心来投入到布施腊八粥的活动中来。"黄居士的发言比较具体，他告诉新人们要听从法师们的安排，工作要有条理，路上注意安全。

按照会议的要求，义工们到杭州各个点发放腊八粥时要穿上统一的服装，注意自己的一言一行，因为义工的言行不仅仅代表他们自己，更代表灵隐寺的形象。会议号召大家要以感恩的心将飘着香味、温馨的腊八粥传递到大家的手上，将这份慈悲的种子传递到每个人的心里。

快人快语的章居士对义工的调配谈了自己的看法："为了缓解发放腊八粥时交通的拥堵，建议根据志愿者的居住地就近安排做义工，这样也可以减少志愿者们在路上的劳累。"

"花生米、红豆、蜜枣、桂圆、红枣、白芸豆、莲子、白果"，这是 2012 年灵隐寺熬制腊八粥所需食材，也是云林志工团的义工们忙碌的对象。在接下来不到一个月的时间里，义工们利用节假日和空闲时间，将食材中瘪的、特别小的挑拣出来，在他们看来，一碗上好的腊八粥对食材的要求相当高。"腊八粥的颜色，全靠它调出来。"张居士看着筐里粒粒饱满的花生米，眼里溢满自豪与喜悦。

"腊八粥不仅仅是有形之食，更是一种法食。不管是布施者，还是受施者，都非常欢喜。"有位居士这样理解施粥的过程。的确，在一碗粥中，不同的人有不同的体味，有劳动的辛苦与喜悦，也有得到的甜蜜与幸福。

三、甜蜜地等待　幸福的滋味

2013 年 1 月 19 日，农历腊月初八，凌晨 1 点，家住下城区的李阿姨穿着厚厚的羽绒服，早早地来到灵隐寺。等待施粥的队伍已经初具规模，李阿姨排得不算最前，但她对自己的位置已经相当满意了，这个位置能够保证她有足够的时间多争取到一份腊八粥。

"我年纪大了，吃不了多少，起早来等腊八粥，主要是想给家里的小辈们尝尝，哪怕一人只吃一口也好，希望新年全家平平安安、身体健康。"说起为什么要这么早就过来排队，李阿姨自有她的打算。很快，她的后面形成了长长的一支队伍，其中多是些中老年人。尽管灵隐寺的腊八粥都已经装碗了，但老人家们还是改不了老习惯，手里拎着搪瓷杯、铁饭盒，甚至还有电饭煲内胆，就连高压锅都有，固有的老习惯是一方面原因，更多的是这些人都像李阿姨一样，怀着祈祷健康幸福、祈求吉祥如意的朴素愿望，希望把蕴藏在腊八粥里的吉祥幸福更多地带给家人。

每逢腊八节，灵隐寺都会免费开放一天，方便群众来领取腊八粥。随着"大灵隐"概念的提出并逐渐被社会接受，这一天，作为"1+6"寺庙群一员的净慈寺、法喜寺、法净寺、法镜寺、灵顺寺、香积寺等杭州市佛协所辖寺庙也都会施粥，并免费开放一天。同时，这些寺庙都会举办一系列活动，把吉祥语祝福送给有情众生。腊八节当天，灵隐寺等寺庙还举行了"祈福法会"，祈祷国泰民安、社会和谐、人民幸福，以进一步展示中国传统民俗文化及东南佛国的人文魅力。

【文章来源】曹莉：《一碗粥里的幸福味道：杭州灵隐寺腊八节施粥侧记》，《中国宗教》2013 年第 1 期

69. 西班牙华商将经典杭帮菜引入巴塞罗那

据西班牙欧浪网报道，作为杭帮菜最著名的品牌，杭州"张生记"一年四季生意兴隆、宾客如云。旅居西班牙巴塞罗那的杭州籍侨胞章志民，多年研究杭帮菜系经典佳作，并于近期在巴塞罗那开张经营"章生计"杭帮菜小吃馆，争取打开杭帮菜系在巴塞罗那的餐饮市场。

谈及源远流长的杭帮菜菜系，已经做厨几十年的章志民对自己故乡的菜肴知识研究颇深，他滔滔不绝地讲道，杭帮菜最早可以追溯到中国的南宋时期，主要以鱼虾和禽类为主，利用生炒、清炖、嫩溜等烹饪技法，做出的菜肴讲究清淡、口鲜、脆嫩且保持了菜肴的原汁原味。最著名的杭帮菜菜肴有西湖醋鱼、龙井虾仁、杭州卤鸭、油爆虾、粉丝千张包、素鸡等。

章志民表示，虽然很多菜一些普通餐馆都能做，但要做出正宗杭帮菜的特色、味道等，都是非常有讲究的，丝毫马虎不得。

为了能够打造巴塞罗那杭帮菜系的特色小吃馆，章志民先生煞费苦心在菜肴上面专门进行研究，力求保证杭帮菜菜系的原汁原味，并且专门研究杭帮菜最著名品牌"张生记"的营销思路，希望能够通过这一途径，打开杭帮菜系在巴塞罗那的餐饮市场。

章志民说，之所以为自己的店取名为"章生计"，一方面是因为旅居海外，首先要为自己的生计谋求生存、发展；另一方面是杭帮菜系最著名的品牌"张生记"已经深入人心，它的经营理念、菜肴的制作方法都值得学习。

现如今，位于巴塞罗那的"章生计"已经开张经营，面积达160平方米，有6张10人座圆桌、5张4人桌，可容纳百余人同时就餐。对此，店主章志民表示，希望旅居巴塞罗那的侨胞都能前来品尝，并根据侨胞们的意见建议进行整改，力求在菜肴方面、经营方面做到尽善尽美。

【文章来源】亦文：《西班牙华商将经典杭帮菜引入巴塞罗那》，《中国贸易报》2014年8月7日

70. 更名引进杭帮菜　东湖湖滨客舍"傍西湖"引争议

　　咸鸡春笋、花雕乳鸽、西湖醋鱼，相信很多武汉市民对这些菜名都很陌生，但记者昨日在东湖湖滨客舍的菜谱上，发现类似的杭帮菜占据了统治地位。该酒店总经理称，他们想借此重现昔日辉煌。

　　建于1982年的湖滨客舍曾是东湖的一块金字招牌，在那个年代，其主打的本帮菜迷倒了省内外的自费游客。2008年，湖滨客舍退出经营，一家外地餐饮公司随即接手，因杭州的"西湖会"声名远播，故取名为"东湖会"，以制作高档粤菜为主。但动辄每桌三四千的价位却令大众消费者望而却步。

　　随着中央八项规定的落实，东湖会在市民的质疑声中改回原名，并放下身段，从杭州聘请了多名厨师，以大众档次的杭帮菜替代高档粤菜。

　　但对于湖滨客舍的这一举措，有些老武汉并不买账。一位曾在东湖某酒家当过厨师的老者告诉记者，早年的湖滨客舍之所以宾客盈门，是因为游客能在优美环境中品尝到合口味的鄂菜。家住东湖附近的一位退休干部对记者说："要振兴湖滨客舍，不是仅仅靠更改店名和菜系，而是要集聚人气，例如面向大众消费者举办婚宴、寿宴、年夜饭等。"在他看来，虽然每桌比粤菜的降幅达三分之一，但杭帮菜会有多少武汉市民喜欢还是个未知数。

　　【文章来源】万强：《更名引进杭帮菜　东湖湖滨客舍"傍西湖"引争议》，《长江日报》2014年12月19日

71. 餐饮大佬瞄准 90 后在杭开出新品牌，好吃更好玩

这段时间，如果还没有到杭州湖滨银泰轧闹猛，都不好意思自称吃货。无论是外婆家还是水货都在此扎堆开新店，不过这次这些大佬们主推的是旗下新品牌餐厅，俘获了一众年轻食客的心。

传统餐饮试水新品牌，好吃更好玩

"这儿有着动画片一样的色彩，让你直流口水的烤肉，更有一群群萌猪环绕的就餐环境，当然是又叫好又卖座了。"社会新鲜人的小 C 91 年出生，刚踏入职场一年。前不久有幸得到一次湖滨银泰三期小猪猪开业前试吃机会。

小猪猪是水货所在的 57 度湘旗下最新品牌，主攻年轻市场。小 C 告诉记者："一水儿 90 后的年轻面孔，头碰头脚碰脚地和一群小猪排队吃饭，你有没有试过？"小 C 说，小猪猪的餐位布置有个说法，人和人的亲密距离是 15 厘米，这里的餐位间距就是按照这个亲密距离设计的。在这里吃过饭，关系那可就不一样了。

"这儿的服务员清一色的小帅哥，他们自称操作员，还有名字——招财猪、进宝猪等等，太有趣了。"小 C 说，服务员负责点单、上菜、烤肉、洗烤盘、炒饭……吃完烤肉，服务生还会在石板上现场炒个猪猪炒饭。"当然，你也可以自己来炒，马苏里拉芝士可以拉出长长的丝来，好玩极了。"

记者走访发现，除 57 度湘外，外婆家、川味观等传统餐饮品牌最近也都推出新品牌。外婆家新推出的动手吧走的是徒手料理路线，在这家酒吧与餐厅混搭的馆子里，吃的都是用手抓的菜，鸡爪、烤羊腿等点击率相当高。在新开的炭火·混混烧（川味观旗下），几乎每张桌上都竖着一只"在钢管上跳舞的烤鸡"，饮料瓶也穿上五颜六色的比基尼，很适合拍照。

90 后消费，跟着感觉走

新风气下，高端餐饮日子不好过，有一部分将被自然淘汰，另一部分转入中低端市场。而中低端餐饮的竞争也让市场更加专业细化，食客有更多选择。

多年下来，餐饮老板们已摸透 60 后 70 后以及 80 后的消费心理，但针对

90 后的新生代消费人群，这才刚刚开始。有数据统计，目前 90 后年龄段的消费人群已达到 1 亿多人，作为新成长起来的消费群体，相对于其他年代的人有很大的区别。

一位对互联网文化小有研究的 80 后告诉记者，因为生活环境及成长背景的不同，90 后的消费习惯于将感觉转换成价值，他们对商品的情感性、夸耀性及符号性价值的要求，超过商品或服务的物质性价值及使用价值。这就导致了消费不那么稳定，相对应的产品生命周期不断缩短，过去一件产品流行几十年的现象几乎消失，更新换代速度极快，品种花式层出不穷。

对于 90 后一代消费群来说，喜新厌旧可能是促使他们持续消费的动力。尽管他们也知道，追求时尚与新鲜的事物不一定具有现实价值，但能在经济能力范围之内，给他们带来新鲜感。

原本开在青芝坞的朴墅，将子品牌朴素九段烧开在天虹，蓝莲将子品牌蓝之莲开到城西银泰。一位餐饮业内人士告诉记者，近年来商场餐饮十分火爆，人均消费在 40—50 元之间的馆子尤其受年轻人欢迎，所以各餐饮自然都想分一杯羹。"开拓针对不同消费群体的子品牌，才能更好地满足食客的不同需求。比如让年轻人就餐更有乐趣。"

【文章来源】陈婕：《餐饮大佬瞄准 90 后在杭开出新品牌，好吃更好玩》，《钱江晚报》2014 年 10 月 10 日

72. "老恒和"给杭帮菜加味

浙江在线 9 月 18 日讯：在 G20 杭州峰会举行的国宴上，出现了一道南宋名菜——蟹酿橙。昨天，我们从位于吴兴区南太湖高新区的湖州老恒和酿造有限公司获悉，这道菜在制作中所需的醋就是来自该企业的玫瑰米醋，而老恒和的醋还是此次 G20 峰会的指定用醋。

据了解，湖州老恒和酿造有限公司是吴兴一家有着百年历史的老字号企业，以生产酿造料酒、黄酒、酱油、玫瑰米醋、腐乳、酱料、糟卤等产品为主。"老恒和的历史可以追溯到清朝咸丰年间。目前，我们拥有多个古法传承配方，掌握着多项传统酿造工艺，玫瑰米醋就是其中之一。"企业副董事长盛明健说。

这一次，老恒和总共向 G20 杭州峰会供应了 1200 瓶 5 年陈的玫瑰米醋和大红浙醋。"从大会上传来的消息，国宴上的蟹酿橙受到了大家的交口称赞，我们的玫瑰米醋也在大会上为吴兴的'老字号'争了光。"盛明健说。

"在制作蟹酿橙的过程中，有两个步骤需要用到我们的玫瑰米醋。"企业生产中心主任万斐耀说，"一个是在煸炒蟹肉的时候，另一个就是在蒸橙的时候。"据了解，老恒和的玫瑰米醋在江南黄梅季节投料，不加人工菌种，利用天然菌种自然生长，到 10 月底出醋，1 年只生产 1 季，出醋后再经陈酿方能上市。

走进企业的酿醋车间，数千只醋缸上都盖着用稻草编织的草缸盖。"玫瑰米醋的奥妙就在这草缸盖上，它除了保温作用，还会吸附醋缸里的微生物，有助于发酵菌种生长，草缸盖越老，发酵菌种越丰富。"车间主任周信忠说。

据介绍，老恒和玫瑰米醋能端到 G20 峰会的国宴餐桌，一来是凭借"中国四大名醋"之一的品牌影响力，二来是因为企业的玫瑰米醋就是用 160 多年来沿用至今的工艺酿造，保持了醋的"生态味"。在酿制工艺上，米醋是以米饭的自然培菌发花，多菌种混杂发酵，经过糖化、发酵、醋化，使这些野生菌所产生的代谢物质形成玫瑰米醋特有的色、香、味、体的特征。

【文章来源】郑嵇平：《"老恒和"给杭帮菜加味》，《湖州日报》2016年 9 月 18 日

73. "过桥仔排"为何成为杭州西溪湿地"显菜"?

　　杭帮菜有火福蹄、火红蹄的红烧蹄髈大菜,全国各大菜系里似乎都有这道镇席菜。然而,在杭州西溪湿地,却流传着类似红烧蹄髈做法的一道人们喜闻乐见、婚丧嫁娶都要上桌的"过桥仔排"。

　　"过桥仔排"的特点是肋排整段用火锅烹制,做法基本与红烧蹄髈的做法无异,但装盘时,肋骨凹面向下,形似一座拱桥,当地人判断该菜的优劣,桥的造型形似是重要的评价指标。"桥面"配有零零散散的蛋黄皮,葱花点点,煞是好看,犹如一座缤纷的彩桥,通向幸福的未来。

　　在四五千年前,西溪的低湿之地,如受天目山春夏洪水的冲流,此处被淹没便成了湖泊,而干旱之时,湿地也就出现。湿地随隐随现,因此可以把它称为雏形阶段。从东汉熹平元年(172)建造南湖算起,到唐末五代为止,大约有800多年时间,是西溪湿地形成期。到了宋元时期,在宋太宗端拱元年(988),朝廷正式在此建置西溪镇,这是西溪进入新阶段的开始,这也说明了西溪是个千年古镇。明清时期,西溪两岸的社会经济与文化,得到了多方面的发展,养鱼育蚕、种竹培笋与茶叶、果蔬等农副业得到发展,成为郊区农业的特色。但是民国后,湿地日渐萎缩。到了20世纪50年代,西溪地域多个乡镇的建立,工厂企业的发展,使西溪湿地范围逐渐缩小。如今杭州市对西溪湿地实施的综合保护工程,终于让西溪湿地迎来了新生。

　　福堤是一条南北向的长堤,全长2300米,宽7米,位于蒋村港的西面,深潭口港的东面,自南向北贯穿了整个西溪国家湿地公园,中间串起六座"福"字桥,分别名为元福桥、永福桥、庆福桥、向福桥、广福桥、全福桥。六个"福"字,寄托了西溪百姓美好的心愿,散发着无限浓郁的乡情。"河是自然,桥是文化",福堤"六福桥"先后串接起了御临古镇、高在、交芦田庄、交芦庵、曲水庵、洪园、河渚街、蒋村集市等众多景点,是西溪的一条文化堤,其意为杭州是"最具幸福感的城市"。仔排一度还被人称为"福桥肉",西溪人把桥文化与代代相传的美食年复一年地传承,同时也寄托了西溪人对美好生活的向往和憧憬。

　　《饮食须知》是元代贾铭的烹饪著作，贾铭是一位很具传奇色彩的老寿星，经历了南宋、元、明三代，活了106岁，明太祖朱元璋曾向其请教养生之道，他便把《饮食须知》呈进给朱元璋。其中有一道类似于红烧蹄髈的肴馔："蹄髈一只，不用爪，白水煮烂，去汤，好酒一斤，清酱酒杯半，陈皮一钱，红枣四五个，煨烂。起锅时，用葱、椒、酒泼入，去陈皮、红枣，此一法也。"西溪湿地仔排传承了古老的形态，营养丰富，肥而不腻，入口即化，老少皆宜。它的原型还可以在清代的《调鼎集》找到："红煨肉：或用甜酱可，酱油亦可，或竟不用酱油甜酱，每肉一斤用盐二钱，纯酒煨之，亦有用酒煨者，但须熬干水气。三种治法皆须红如琥珀，不可加糖炒色也。早起锅则黄，当可则红，过迟则红色变紫色，而精肉转硬。多起盖则油走，而味都在油中矣，大抵割肉须方，以烂到不见锋棱，入口而化为妙，全以火候为主，谚云'紧火粥，慢火肉'，至哉！"

　　当下，西溪湿地民间饮食唯独与湿地遥相呼应的印象城顶楼景观花园中的秋悦塬餐厅独领风骚，"过桥仔排"的制作已达到炉火纯青的地步，游客慕名而来，常常供不应求。

　　据传，清康熙二十八年（1689）春，康熙南巡之杭州，幸西溪湿地，专门品尝"仔排"。看着刚上桌香气诱人的仔排，康熙问陪同高士奇，如何辨别其烹饪的优劣，高士奇略加思索回道："此菜不尝便知，只需于拍桌便可。"康熙随即拍了一下桌子，只见仔排晃了一晃。高士奇便解释道："仔排似桥，天镇必晃而不断塌，实为上乘之作。"站在门外的太监不知情，以为龙颜震怒，吓得直打哆嗦。康熙品尝后赞赏有加，高士奇便向太监说："过。"太监一时没反应过来，忙问："过……过啥？"高仁奇幽默地回道："过桥。"意为该菜通过，得到皇帝认可的意思。太监这才松了一口气，并向御厨房传话——过！康熙大悦，乘兴赐名为"过桥仔排"。从此，"过桥仔排"在杭州西溪湿地代代相传，是当地一道家喻户晓的地方镇席名菜。

　　"过桥仔排"西溪人一股都整席食用，几条整根的肋骨骨肉相连，大盘装，恰似桥型的仔排横卧两头，既有大富大贵的豪迈之气，又意喻风调雨顺，五谷丰登，家和万事兴。

　　【文章来源】王明军：《"过桥仔排"为何成为杭州西溪湿地"显菜"？》，《食品指南》2014年第3期

74. 俞楼主人的醋鱼之爱

美食家说，中国文化干脆就是饮食文化，有一点道理。杭帮菜里有一道名菜，曰西湖醋鱼，鲜嫩味美，酸甜适口，且以楼外楼所烹制者最出名。

外地游客游西湖，首选楼外楼用餐，而走进楼外楼没有不点西湖醋鱼的。这是名气，是档次，更是享受，人都好这一口。你想，把那满湖秀色和整桌佳肴一起下肚，还有不享受的？但是说到西湖醋鱼的典故和做法，知之者不多，即便是杭州人，也未必能说出个所以然。殊不知，这西湖醋鱼为德清人俞樾创制，或谓经俞樾定型，并直接影响了此菜的历史传承。

俞樾之于西湖，不消说是一位重要人物，笔头厉害，派头更足。学生曾赠送他一枚印鉴"西湖长"，以他比白居易、苏东坡。俞樾虽不敢当，然自认久居西湖，且任诂经精舍山长，"未始不可妄窃以自娱"。俞楼建好后，他在杭州就算有了家，当时俞楼建筑有围墙，台门靠近湖水，真正的西湖雅生活。

西湖醋溜鱼做法系古之所传，俞樾的功劳是将煮用鲤鱼的传统改为用草鱼。据老杭州云，湖上用鱼传多来自德清，表明俞樾的煮鱼方法正宗。但俞樾自己不会烧醋溜鱼，至于往里滴醋加糖云云，则又是后来的事了——据《吃在杭州》一书称，烧西湖醋溜鱼仍健在的行家是原新新饭店厨师长、德清人李鹤轩。

俞樾寓居俞楼期间，前往拜访求教者盈门，他亦以礼相待，常留故友门生一同品尝西湖醋溜鱼。宾客们吃了"皆云未知有此味"，回味无穷，因而被俞樾拿来"每以供客"。当年的楼外楼还只是一个小酒楼，其得名因宋代林升"山外青山楼外楼"的诗句，亦与俞楼有关。楼外楼第一个楼字的间架与俞楼（彭玉麟书题，即今所见）的楼字相同；第二个楼字用行楷落笔，为俞樾手书，以示酒楼乃俞楼外侧之楼，此老匾早已不见了，传闻在日军侵占杭州期间被仰慕俞樾的日本人抢走了。现在所见是知名书法家姚葆勋从楼外楼老店碗、钵上描得。楼外楼新开不久，店主洪瑞堂便将这道醋溜鱼列入菜谱，此外尚有醉虾、萝卜丝烧鲫鱼、清汤鱼圆及菜卤豆腐等，都源自民间。楼外楼老店就在俞楼之外，两家似隔壁邻居，隔了一座广化寺。俞樾借地之便，不时命童仆去楼外楼买些醋溜鱼之类的小菜肴佐酒或飨客，着实有其事。俞楼的人一到，洪瑞堂便明白要做什么了，且顷刻立就，醋溜鱼送到俞楼还不冷。洪瑞堂是从划西湖船改行做餐饮的，他看中了俞楼附近的餐饮市场，先是在广化寺空地上摆个饭摊，为孤山游人解决午饭问题，同时满足俞楼的需要，烧煮待客菜肴。由于辛勤劳作，经营得法，不几年洪瑞堂就在广化寺东侧盖起了小酒楼，也是百年老店楼外楼的前身。至于具体时间，应不早于文澜阁重建以后。

今有书云，俞樾曾将做醋鱼的厨艺倾囊相授楼外楼老板，从而造就了楼外楼在海内外的蜚声。恐怕这是书写者的一厢情愿罢了。楼外楼与俞楼的关系虽亲近，但还不至此。"君子远庖厨"，旧时读书人从来耻于脱下长衫下厨房，何况俞楼的主人哪有这生意经和闲暇？洪瑞堂与俞樾的关系，至多也就是比较牢靠的"醋鱼朋友"，洪瑞堂善做醋鱼，俞樾喜叫食。清光绪十八年（1892）二三月间，俞樾送孙俞陛云入京参加会试，由苏州到上海，复由上海到杭州。据《曲园日记》，是年二月二十八日，俞楼，"余自来湖上，以食物馈者甚多，然不可书，书之则为酒肉账簿矣"。可到三月初八日，日记中却现一条有关酒食的记载："吴清卿河帅、彭岱霖观察同来，留之小饮，买楼外楼醋溜鱼佐酒。"此记录亦见俞樾《楹联录存·挽彭岱霖观察》："今年春，（彭岱霖）曾偕吴清卿中丞访我于俞楼，清卿为余门下士，而观察又出清卿之门，清谈良久，进小食点心而别。"吴清卿，即吴大澂，苏州人，精金石文字之学，俞樾门下士；彭岱霖，彭文敬公之子，出吴清卿之门。时甲午战役之前，吴大澂还没有做湖南巡抚，也没有请缨到关外打仗，但已吃到楼外楼的醋鱼了。

嘉鱼风味说西湖。俞平伯在一篇回忆文章中这样写道，"我曾祖来往苏、杭多年，回家亦命家人学制醋鱼"，足见俞家对于醋鱼是情有独钟的。20世纪20年代，俞平伯收录在《古槐书屋词·双调望江南》（其三）就有记及楼外楼的醋溜鱼：西湖忆，三忆酒边鸥。楼上酒招堤上柳，柳丝风约水明楼。风紧柳花稠。鱼羹美，佳话昔年留。泼醋烹鲜全带冰，乳莼新翠不须油。芳指动纤柔。

【文章来源】朱炜：《俞楼主人的醋鱼之爱》，《杭州（生活品质版）》2015年第3期

75. 司徒雷登品味"皇饭儿"

杭城百年老店"皇饭儿",又名王润兴,创始于公元1864年(清道光二十四年)前后,至今已有150多年历史,为杭帮菜的"龙头"菜馆。民间传说的乾隆皇帝品尝鱼头豆腐的故事,就发生在这家餐馆里。"皇饭儿"的名菜鱼头豆腐、咸件儿等,享誉杭城百年,素为中外食客所赞。

"皇饭儿"之所以名气震耳,一是其佳肴制作精细、味道鲜美;二是常有名人光顾,名人效应赛过广告宣传。

"皇饭儿"最令人津津乐道的是,出生于杭州耶稣堂弄三号的杭州历史文化名人司徒雷登是"皇饭儿"的常客。20世纪30年代中期,司徒雷登就读燕京大学,回杭探亲,司徒雷登曾几度光顾"皇饭儿","皇饭儿"邀请当时造访司徒家的报人黄萍荪(浙江新闻界元老、作家)一起去"皇饭儿"就餐。黄萍荪的父亲为司徒雷登同窗学友,故黄以父执称之。当时到场还有其他人,便一起登楼落座。司徒雷登点菜,皆以一口杭州话出之,点木郎豆腐(即今日之鱼头豆腐)、响铃儿(炸响铃)等如数家珍,对跑堂则有板有眼地说:"烦你关照:木郎豆腐(鱼肉豆腐)要烧得入味,'马后'(慢一点)没有关系;炸响铃儿要'毫烧'(杭州话说要炸得快一点),否则不脆;件儿(咸件儿,清蒸大块五花咸肉,成长方块)要瘦(精),肥了倒胃。"要是使用扇子遮住他的脸孔,谁都不会相信是一个碧眼金发的美国人在点杭帮风味的杭帮菜。后来,司徒雷登当上了燕京大学校长,而"皇饭儿"的第三代老板是燕大高材生,他请回杭的校长吃饭,黄萍荪因是故友,亦陪坐在场。当时正是初冬,司徒雷登身着灰色丝锦长袍,头带珊瑚顶瓜皮帽,手捧水烟袋,对在座诸人说:"我出生在天水桥耶稣堂,爸爸是牧师,三岁识方块字,五岁入私塾,读的是论语孟子,描朱红字。白天由母亲教授英语,晚上由父亲教学'中国通'的基本功,因此我的杭州话'你们、他们、我们',在做小伢儿时已经登堂入室了。再加受左邻右舍小朋友的耳濡目染,刨黄瓜儿、木佬佬、大青娘(杭州话即大姑娘)……也随而滚瓜烂熟了!"

　　王老板请司徒雷登点菜，司徒雷登说道："醋鱼要带鬃（一鱼两吃，一部分做成醋鱼，一部分鱼肉切片拌以调料做生鱼片吃），件儿改刀（切小、切薄）烧菜心，木郎豆腐免辣（椒）重胡椒（多放胡椒）……"出口"夹格讨"（怎么样）、"什格讨"（就这样），一口地道的杭州话。

　　吃完饭，司徒雷登又说："中华为余第二故乡，杭州是我血地（出生地），'皇饭儿'的杭菜使余难忘！"

　　"皇饭儿"因有司徒雷登这样的名人光顾，自然声名传遍杭城，致使登门之客如过江之鲫，名闻遐迩。

　　几经沧桑，现在"皇饭儿"又东山再起了。

　　【文章来源】宋宪章：《司徒雷登品味"皇饭儿"》，《杭州》2015年第12期

76. 杭帮菜西湖醋鱼、东坡肉是否也该有"官方配方"？

继"水发海参成为扬州炒饭标配"的标准公诸于众之后，近日，四川省质监局也发布了12项川菜标准，其中"红油鸡片'色泽红亮'，宫保鸡丁'色泽棕红'，芙蓉鸡片'汤色洁白'，白果炖鸡'汤色乳白'""鱼香肉丝要切10厘米长、0.3厘米宽"等"连处女座也'细思恐极'"的川菜标准，激起了网友的口水仗。

传统名菜和小吃，向来以口味取胜，如今有了量化标准。杭城吃货颇感好奇，西湖醋鱼、东坡肉、龙井虾仁等代表了杭城餐饮"金名片"的传统杭帮菜，是否也要出台"一纸标准"？

扬州炒饭的新标准引来口水

川菜也有新规，给厨师出了难题

时间追溯到一周前，江苏省扬州市质监局发布了"扬州炒饭"新标准，要求"扬州炒饭"在形态上要达到米饭颗粒分明、晶莹透亮；色泽上要做到红绿黄白橙，明快、谐和；口感上要咸鲜、软硬适度，香、润、爽口。

虽然只是寥寥几十字，但是已经让普通吃货觉得"力所不逮"。然而，在其中引起最大非议的是，"用料鲜鸡蛋3—4只""正宗扬州炒饭以水发海参为配料"等。标准一出，无数吃货捶胸顿足，惊呼"原来吃了这么多年的'冒牌扬州炒饭'"。

无独有偶。有消息传出，风靡全国的川菜，日前也由四川省质监局制定了川菜"地标"。据悉，这12项川菜标准，除了涵盖经典菜肴烹饪和面点制作，还包括对火锅调料底料、豆腐乳、豆豉、香肠调料、川式泡菜等10余项食料的规范。相关人士坦言，"部分（标准）甚至已上升至国家级行业规范标准"。

记者了解到，按照新版川菜标准，无论是回锅肉、夫妻肺片等川菜的经典菜肴，还是豆豉、酸菜鱼调料等调味料的技术要求，都能在不同的标准中找到依据。新规还对原材料、温度进行了细化。例如"怪味鸡丝"和"红油鸡片"，在原材料的选择上，应选取"饲龄为1年左右的公鸡肉"；在端上桌时保持常温，且"在菜品制作完成后 1 个小时内食用为宜"。

不仅如此，川菜新规还在"感官"上给厨师出了点"难题"。

例如，红油鸡片"色泽红亮"，宫保鸡丁"色泽棕红"，芙蓉鸡片"汤色洁白"，白果炖鸡"汤色乳白"，锅巴肉片"咸鲜微酸"，盐煎肉"干香滋润"，东坡肘子"质地软糯"……吃货们对此纷纷感叹新规"文采斐然"，这些在肉眼看来微弱的"色差"以及吃货们舌尖上的细腻感受，居然也能成了菜肴的衡量标准。

与此同时，即便事后有媒体报道四川质监局相关人士否认了"鱼香肉丝要切 10 厘米"的说法，但"水煮肉要用郫县豆瓣"诸如此类的细致标准，依旧成为吃货们津津乐道的话题。

出于食品卫生规范考虑

各地名菜"地方标准"层出不穷

事实上，早在"扬州炒饭"新标准和川菜新规之前，餐饮界地方名菜的"地标""国标"已层出不穷。

2008 年 1 月，经国家标准委批准的《小麦粉馒头》国家标准在全国实施。一时间，"馒头外观形态完整；色泽正常，表面无皱缩、塌陷，无黄斑等缺陷，无异物；口感上要求无生感，不粘牙，不牙碜"等详实标准，考验着街头巷尾馒头师傅的手艺。后来，据媒体报道，这只是推荐性标准。

2013 年，湖南省质监局发布 38 项湘菜的地方标准，湘菜被"标准化"到一份辣椒炒肉中辣椒与肉的比例，毛氏红烧肉需要何种猪肉、切割大小为多少等也被细细规定。

此外，据媒体报道，河南省曾经给"河南烩面"制定过标准，而甘肃也曾经试图对本地名吃"兰州拉面"予以规范，结果大多不了了之。且不说小吃店遍地开花，当地相关部门鞭长莫及，单从"色香味"究竟该以什么标准来规范，怎么执行，似乎都是"镜花水月"，不好掌握。

此次，面对卷入风口浪尖的扬州炒饭和川菜，业内也有不同的说法。

扬州市烹饪协会秘书长邱杨毅在采访中告诉记者，早在 2002 年，扬州市烹饪协会就曾发布过扬州炒饭标准，当时制定发布的标准只是一份行业标准，只是作为一份参考，并没有任何的强制性。

"由扬州市质量监督局发布的最新的扬州炒饭标准，属于地方标准，有一定的强制性。"邱杨毅表示。

他说："厨师烹饪菜肴是一个个性化很强的过程，能够根据不同时令、不同食材，针对不同人群，烹制出适合的口味才能算得上好厨师。但不管怎么创新，正宗扬州炒饭的蒸饭标准、炒蛋标准和饭菜结合的标准不能变。改良的部分只能从米的选择、配料的选择、口味和造型的变化等进行创新，一旦丢失了扬州炒饭'蛋香''饭香'和'菜香'这三大灵魂，便不能称之为正宗的扬州炒饭。"

邱杨毅介绍，扬州市相关部门将会给部分餐饮企业授予"扬州炒饭标准制作指定单位"的称号，如果这些企业不按照标准来炒扬州炒饭，将会被摘牌。

四川省质检部门相关人士表示，随着市场口味的变迁和卫生标准的提升，川菜的地方标准也在与时俱进，每3年就要更新一次。相关人士称："制作工艺规范只是标准的一部分，更多的标准集中于食品的卫生规范。"

相关部门表示，这些细则的背后，厨房的设施、设备、工具必须符合卫生安全标准，食品生产过程不得添加食品添加剂，食品的包装、标志、运输、存放应符合一定规格，食品的食盐等理化指标、大肠杆菌等卫生指标不得超标等，也是各类地方标准要规范的内容。

传统中餐标准化是否可行？

杭帮菜是否也将有"一纸标准"？

名菜的"地标""新规"接踵面世，有的吃货交口称赞，并表示"支持'官配'"。有的网友直言："如果'鱼香肉丝'的肉丝和笋丝指定切成10厘米长、0.3厘米宽，这意味着，我们再也不用瞪大眼睛在菜里挑肉吃了。"

当然，也有吃货投出了"反对票"，认为制定标准是"噱头为主"，这样一来地方名菜少了创新动力，难免"千篇一律"。杭城消费者伊先生说："不少地方菜确实按照'适口者真'的原则，只要消费者喜欢认可就可以了。"比如，大名鼎鼎的湘菜来杭，不少饭馆做的第一件事就是"入乡随俗"，将辣的程度大大降低。

深爱杭帮菜的吃货们也掀起了口水战，认为作为杭州"金名片"的西湖醋鱼、东坡肉、龙井虾仁等，是否也该出台一份"官方配方"？传统中餐像肯德基、麦当劳那样推行标准化是否可行呢？

据杭帮菜大师胡忠英介绍，1956年有关部门曾经认定过"36道杭州名菜"，通过对原材料、加工方法和口味三方面进行论述，对传统杭帮菜以及老一辈杭帮菜大厨有着积极的指导作用。

他告诉记者，时隔近60年，现在的杭帮菜的风光与兴盛也与"36道杭州名菜"有着密不可分的关联。"对于36个公认的杭州传统名菜，还是应有相应的标准，使其更好地传承下去。"胡忠英举例说，一道"咸件儿"，原材料应该选用两头乌，但在实际操作中，不少厨师并不讲究，放宽了选料范围。

面对餐饮界现状，有杭城餐饮人士透露："据不完全统计，半数以上的杭帮菜是外地人在做。"该人士表示，尽管有大致的杭帮菜菜谱，但一道菜酸甜程度、调料比例，这些细致的标准界限仍旧比较模糊。"最重要的是，一些菜谱经过时代的变迁，也要与时俱进。"

杭州市餐饮旅店行业协会秘书长叶驰认为，目前来看，杭州暂时还并没有上升为强制性行业标准的杭帮菜"地标"。"主要原因是杭帮菜相对复杂，菜色丰富，博采众长，充满了创新性和包容性。对协会来说，制定类似的杭帮菜标准，确实也是一项大工程。"

对于杭帮菜是否将出台"标准"，叶驰表示将考虑网友的建议。"接下来，行业协会也会着手考虑起来。"他特别提到了食品卫生安全，"如果制定杭帮菜新标准，相关部门将会更关注原材料、卫生指标的制定规范，而不只是制作工艺的单一标准。"

在"官方配方风波"中，四川省标准化研究院研究员曾亢接受媒体采访时坦言，过去馒头制定国标引发很大争议，因为标准提到馒头的外观形态。业内甚至无奈表示："外观只是其中很小的部分，却转移了大家的注意力。"

【文章来源】祝瑶：《杭帮菜西湖醋鱼、东坡肉是否也该有"官方配方"？》，《今日早报》2015年10月29日

77. 饿养西湖醋鱼

西湖醋鱼，杭州楼外楼做得最好吃。成菜鱼身完整，芡汁平滑光亮，酸甜适中，鲜味突出。烹制技法纯熟是一个原因，鱼的品质也是一个因素。好的厨师也要有好的材料才能烹制出好的菜品，"巧妇难为无米之炊"就是这个道理。但好的材料不一定是名贵的，一般材料只要新鲜即可，楼外楼的草鱼就是这样。

楼外楼用的草鱼是养在西湖中的，随点随做，当然新鲜。但只是活水养殖还不够，这也是楼外楼与其他餐馆不同的地方。楼外楼的草鱼是"饿养"，所谓"饿养"就是把鱼养在餐厅外的湖水里，一两天不喂任何鱼食，让鱼把腹中的杂物排出，同时也就把鱼肉中的土腥味排出来了。这个方法和道家说的"辟谷"有些类似，只不过"辟谷"是人用的方法，"饿养"则是鱼净身的办法。草鱼经过饿养后再烹制，才会有近似于蟹肉的感觉。其他的杭帮菜馆难以达到这样的高度。

想在楼外楼订个可以临窗望湖的座位吃饭很难，除非有关系很硬的内线帮你安排，否则就要花上好长时间，等窗边的座位腾出来才行。如果没有熟人帮忙，我倒是建议不如花些时间等座，餐厅前面就是西湖十景之平湖秋月。坐在湖边的亭子里，看看湖景，吹吹湖风，要是正好赶上月圆之日，近赏镜水湖月，远观山色朦胧，可谓世间少有的良辰美景。赏月的同时，还可以在等待享受饿养过的草鱼美味时，想象一下自己的饥饿感，到时候吃到的西湖醋鱼肯定鲜美无比。

【文章来源】董克平：《饿养西湖醋鱼》，《特别健康》2015年第12期

78. 吃喝玩乐最拱墅美食休闲尽欢游：记 2015 杭州拱墅第六届运河美食节活动

5 月 3 日，为期 10 天的 "千岛湖啤酒——2015 第六届杭州拱墅运河美食节" 落下帷幕。本届美食节积累往届经验，以精英的团队、精心的筹备、精致的菜肴、精彩的亮相，树立了精品的口碑。美食节期间，餐饮企业优惠让利等活动轮番登场亮相，美食街区与商贸综合体从平面到立体全域互动，新兴媒体与传统媒体竞相报道，力促本届运河美食节盛况空前，进一步唱响了 "美食拱墅" 金名片，扩大了 "吃在拱墅、游在运河" 的影响力。活动期间，六条餐饮特色街区和四大商贸综合体，共完成总营业额 3596 万元，其中特色街区同比增长 4%、商贸综合体中银泰城同比增长 12.51%；运河旅游共接待游客 32.06 万人次，实现旅游收入 24.17 万元。其中香积寺庙共接待 19053 人次，运河漕舫船共接待国内外游客 7.47 万人次，同比增长 1.63%，实现船票收入同比增长 1.6%。此届美食节呈现出 "准备格外用心、活动别具匠心、宣传深入人心、服务赢得民心" 四大特点。

享美食、乐五一，缤纷亮点最纷呈

本届美食节以 "运河南端醉拱墅、商旅繁华乐享地" 为主题，围绕 "五一" 概念，推出系列活动，具体包括：千岛湖啤酒狂欢节、运河美食嘉年华、运河人家传统婚礼、烘焙大赛、"拱墅运河" 美食团和五一拱墅 "嗨" 起来等。

据统计，本届美食节共有 186 家餐饮企业和商家参与优惠让利活动，开幕式当天仅美食嘉年华就邀请 300 位中外游客共享运河美食活动，通过网络和手机吸引了近 10 万人的关注，1 万余人的报名参与。

最先开场的 "千岛湖啤酒——2015 第六届杭州拱墅运河美食节" 开幕式活动为美食节打响 "开门炮"，现场 300 位杭城市民、中外游客、留学生代表齐聚胜利河美食街品尝 "青菁酒家" "老头儿" "川味观" "小厨师" 等 11 家知名餐饮商户提供的由 6 道冷菜、11 道热菜组成的精美 "运河美食" 佳肴。

参与开幕式的浙江省餐饮行业协会会长章凤仙女士用 "杭州第一，浙江少有"来形容本届美食节。已经连续 4 年成功冠名美食节活动的杭州千岛湖啤酒有限公司销售部蔡乐波经理则表示："拱墅运河美食节一届比一届有创新，一届比一届人气旺。"一群来自浙江工业大学的国际留学生指着满桌的菜对记者说："运河的菜非常非常的好吃，活动非常好，我们很喜欢。"

此外，在大运河畔举行的运河人家传统婚礼是小河直街的保留项目，一对新人沿袭流传数百年的运河人家婚嫁习俗，通过漕舫迎亲、小巷鸣喜、履麻入门、酱园拜堂等传统程序，在亲朋好友、老巷居民的祝福与见证中喜结良缘。

抢折扣、坐优步，立体美食最响亮

本届美食节成功地做到了以点连线，众商家积极参与，围绕"五一"概念，以"6+4"线上线下互动模式，在拱墅区 6 条餐饮特色街区和 4 大商贸综合体联合推出 5.1 元吃运河名菜，5.1 折吃饭、购物、看电影、夜游运河，51 元车资优步专车送你回家等系列惠民举措，共同繁荣拱墅特色饮食文化；以线带面，通过特色餐饮街区和商贸综合体的通力配合，把影响力辐射到了全国乃至世界，使更多的中外游客在品味拱墅美食的同时感受运河风情，传承、创新与弘扬运河文化；成功亮出了"美食拱墅"金名片，打响了"吃在拱墅，游在运河"招牌，有效推动了美食与旅游、休闲、消费等融合共生。

【文章来源】作者不详：《吃喝玩乐最拱墅美食休闲尽欢游：记 2015 杭州拱墅第六届运河美食节活动》，《杭州（生活品质版）》2015 年第 5 期

79. 把杭帮菜裹进粽子里

知味观素有"知味停车、闻香下马"的雅称，这家百年名店，俨然已是杭州一道亮丽的风景线。

农历的五月初五是中国最重要的传统节日之一——端午节，每年这个时候，老杭州人都会买来新鲜的粽叶，洗净后把糯米、猪肉灌在一起，包成一个细长的粽子。

今年知味观推出了杭帮粽，把地道的杭帮菜包在粒粒分明的糯米中，你能抵挡住这份独特的诱惑吗？

笋干老鸭、茄汁牛腩、一品南乳肉、东坡肉

把杭帮菜裹进粽子里，你能抵挡这份诱惑吗？

在杭州人的眼中，知味观经营着各式点心和传统菜肴。其实不仅如此，知味观一直追求推陈出新，外卖点心窗口的新品种已经换了好几拨，还与时俱进地在线上开出了天猫旗舰店，为消费者提供多渠道订购方式。

去年中秋一过，知味观的点心师傅们就开始研发今年的粽子口味。

杭帮粽其实不是今年的新创意，早几年知味观就已经开发了干菜扣肉粽，香喷喷的绍兴梅干菜与肥瘦结合的五花肉经过炒制，再包进糯米里面，吃起来喷香美味，好似把米饭和热菜一起吃到了嘴里，颇受食客们的欢迎。去年以春笋、咸五花肉为主的腌笃鲜粽也给了大家不小的惊喜。

今年，知味观再接再厉，将十多种适合做粽子馅的杭帮菜一一尝试，通过内部人员不断测评、赏味，终于在今年3月确定了东坡肉粽、香辣排骨粽、五谷杂粮粽、一品南乳肉粽、火腿笋干老鸭粽、茄汁牛腩粽这六种新口味。

东坡肉粽：选用上乘五花肉（肥瘦肉相间一共五层），经过独家秘制调料腌制，与优质糯米同煮，东坡肉皮薄肉嫩、色泽红亮，糯米粒粒分明、香气浓郁，具有鲜、咸、香、糯的特点。

火腿笋干老鸭粽：精选上乘鸭脯肉与火腿以10：3的比例慢火焖制一个多小时，肉质酥烂入味，焖好后的笋干老鸭汤与笋干一同作为拌料与糯米融合，是一款极具杭州特色的粽子。

一品南乳肉粽：秉承了杭帮菜中南乳肉的烹饪方法，就用上乘红腐乳分别浸泡糯米和猪后腿肉，慢火烧煮，粽香浓郁，色泽红润，糯米香弹。

五谷杂粮粽：选用上乘糯米、黍米、燕麦、蜜豆、玉米、高粱米为原料，纯手工精制而成，外观色彩丰富，粽子糯香营养，甜而不腻，是一款经典独特的杂粮类甜味粽。

香辣排骨粽：精选新鲜仔排，连骨切成 16 克左右的大小，与 10 克肥膘一起包裹入糯米，经过传统方法秘制，一个多小时的慢炖，排骨酥烂可口，骨头几乎可以咬烂吞咽，老人和幼儿可以在成人监护下食用。

茄汁牛腩粽：这款粽子大厨尝试了牛腱子等好几个部位的牛肉，最终选定用价格 50 元 / 斤的牛腩作为主料，番茄与牛肉巧妙搭配，再配上上等糯米，粽子鲜香中略带酸甜，风味独特，令人回味无穷。

知味观的粽子每一个都是手工包制，从材料的选择、清洗、拌料、加工、蒸煮、包装、杀菌，每一道程序都经过严格把控，知味观的粽子，可以让你吃到真正的"杭州味道"。

【文章来源】傅丽：《把杭帮菜裹进粽子里》，《今日早报》2015 年 5 月 20 日

80. 4 个词，说说杭州餐饮的 2015

2015 年即将过去，你有没有发现，你身边的餐厅正在悄然发生着改变——越来越多的小而美餐厅涌现，单品营销如火如荼；外卖市场风生水起，微信订餐、App 点菜，人与饭的距离越来越近；打折、送菜频繁出现，平价餐厅越来越多，一些连锁大店甚至放下身段开起了社区小食堂，吃饭越来越便宜……

关键词：小而美

单品营销很红火

2015 年，放眼餐饮界，你会发现大而全动辄几千平方米的店，多数已是步履艰难，现在的餐厅"高大上"已不是潮流，不少餐厅开始探索餐饮细分市场。从年初兴起的蒸菜，到下半年出现的潮汕牛肉火锅开店潮，再到年末肉蟹煲遍地开花……"小而美"越来越成为趋势。用老板们的话说，店小意味着房租就省，劳力成本也会相对减少，而且店小翻台率会相对提升，回报率不会比大店来得慢。

【代表餐厅】

胖哥俩：2015 年是肉蟹煲爆发之年，在知名美食点评网站上输入"肉蟹煲"三个字，至少跳出 6 页卖肉蟹煲的餐厅，胖哥俩肉蟹煲、摩羯座肉蟹煲、蟹名堂肉蟹煲……作为杭州第一家以肉蟹煲为招牌的餐厅，"胖哥俩"从下沙的第一家店起步，如今，已在杭州开出了 11 家分店，跻身杭州排队餐厅的第一梯队。据说一个卖 88 块钱的肉蟹煲一家店一天能卖出 400 多个。

关键词："城会玩"

跳舞餐厅、3D 全息餐厅

"体验式"营销只为夺眼球

"现如今，一家餐厅怎样才能留住年轻人的心？管吃好吃饱那是必须的，另外，你还得备着撒手锏，随时准备满足顾客的额外需求。"不少老板都曾这样向杭州吃货感慨过，现在要想留住顾客，你必须挖空心思搞"体验式服务"。2015 年，越来越多的新餐厅在这方面做了尝试，有通过厨师跳舞吸引顾客的水货、57 度湘，有通过引进 3D 全息影像夺眼球的觅喜、三么地。总而言之，从餐厅的环境、装置设施，到服务员与顾客的互动，一切努力都是为了营造出更加轻松愉快的用餐体验。

【代表餐厅】

三么地：2015 年，这家打着"光影艺术科技互动餐吧"旗号的餐厅，一经亮相就得到了很多人的关注。置身于各种不同主题的光影中，专业音乐 DJ 所打造的整体音效，悄然遛入正进食或饮酒人的身体，让你并不仅仅只是觉得自己在用餐，更有一种有趣的"视觉魔术"体验。

关键词：接地气

大店老板纷纷开启小食堂

邻里经济价格说话

在厉行节俭的社会风气下，越来越多的餐饮老板将"接地气"作为自己在 2015 年的关键词。曾经的高端餐饮纷纷转型已经不新鲜了，一些本来就以"平价"著称的连锁大餐厅，甚至也开始圈地"社区小食堂"。从登云路上的老头油爆虾社区食堂，到青芝坞的兴隆鸡爪王好食堂，再到小营街道的"邻里食堂"，每天生意都火得"不要不要"的。

【代表餐厅】

老头儿油爆虾社区食堂：2015 年，老头儿油爆虾投资 180 万人民币在锦昌大厦里开出了社区食堂。这里无线网络覆盖、背景音乐播放系统一应俱全。除了桌椅和食堂格局限制，其他几乎都是按照老头儿油爆虾餐厅标准来。厨师团队来自老头儿油爆虾各门店，食堂的菜都是 5 份一炒，边卖边炒，生意好得不得了。

关键词：微运营

餐厅都开了公众号

吸粉吸粉再吸粉

"现在开一家餐厅，你可以不请餐厅经理，但必须得有一个微信号。"2015

年，以微信为代表的营销推广模式被越来越多的餐厅老板所采用。在粉丝经济的大背景下，餐厅在自己的公众账号上推送餐厅动态、美食、服务信息或打折优惠信息，用尽手段吸粉，就是为了建立以商家自有品牌为中心的品牌营销体系。不少美食自媒体达人也成了餐厅的顾问甚至代运营。

【代表餐厅】

谢谢妈妈炸鸡：这家主营韩式炸鸡、年糕的餐厅，曾被断言火不过 3 个月，却用了一年时间，把自己发展成了全国超过 30 家连锁，最高单日单桌翻台 16 遍，年总营业额数千万的餐饮品牌。老板说，微信营销在他的整个营销策略中起到了至关重要的作用，逢年过节他们都会通过微信搞活动。"比如今年夏天，我们发起寻找微信炸鸡女神活动，效果就很好，为自己拉到了上万粉丝。我做微信营销，目的不是为了短期营业额的增长，我看重的，正是粉丝对品牌的粘性。"

【文章来源】俞恬忻、黄葆青：《4 个词，说说杭州餐饮的 2015》，《钱江晚报》2015 年 12 月 30 日

81. "墙内开花墙外香" 杭帮菜"惹火"京城

墙外开花墙内香看起来与"墙内开花墙外香"意思相反。其实道理一样。杭帮菜先是在墙内香起来，不过墙内人熟视无睹。等到杭菜馆在外面越开越多，越开越香，杭州人才发现：原来我们的杭帮菜这么吃香。杭菜馆带着在北京取得的"北京经验"即将返销杭州。

一家杭菜馆带旺一条街

杭州城里长大的张小姐，因工作原因，在北京、杭州两头跑。说起在北京就餐，她说在京城一样可以吃到杭帮菜。如今娃哈哈、张生记、新开元、刘家香辣馆等进军北京的杭菜馆已有大大小小几十家，有着明显江南特色的杭帮菜馆加快了在北京的战略布局。

娃哈哈进入北京5年来，经营状况令人刮目相看：第一家门店所在的东城区隆福寺原是一个冷僻的地段，如今已被娃哈哈大酒店带热了，聚集了人气，逐渐形成了一条商业街。现在东城区政府在对隆福寺进行改造时，特别邀请娃哈哈参与到商业街道的规划中来。

娃哈哈随后接连开了3家门店，餐厅都布置成江南园林的通幽风格，颇有闹中取静的意境。基本色调各有不同，却又有统一的设计，素淡细致。在北京市首批五星级餐馆中，娃哈哈榜上有名。娃哈哈的发展过程成为杭菜馆在北京的一个缩影。

杭帮菜已获得京城认可

事实上，从2002年初张生记在北京的第一家分店开张以来，有众多的杭州知名餐饮企业纷纷抢占京城市场。张生记北京店经理汪琦介绍，张生记、娃哈哈、新开元都在北京开设连锁店。像西湖醋鱼、龙井虾仁、笋干老鸭煲、红烧脚圈等杭帮菜已经成为北京市民中众所周知的名菜。如今一支庞大的杭帮菜大军在北京市场站稳了脚跟，也使杭帮菜逐渐成为北京餐饮圈的领军菜系。

汪琦还介绍说，以往杭州菜给人的印象是价廉物美，这的确能在最短时间内取得轰动，但并不能长久，容易造成杭州菜就是很廉价低档的感觉。现在杭州菜肴都是经过改良的，而在原料上，他们也追求原汁原味，不惜成本从杭州直接空运，保证杭帮菜的正宗。

在北京几万家餐馆中，几十家杭菜馆在数量上当然无足轻重，但是在影响力上越来越大。东坡肉、龙井虾仁、千岛湖大甲鱼……这些带有浓郁地方特色的杭菜如今在北京已经拥有了一大群热捧者。在口味上满足老百姓的要求，以标准化保证卫生质量，如今张生记和众多杭州菜馆已经完全得到了北京的认可。

杭帮菜在北京的成功之道

曾有人毫不客气地指出，杭帮菜价格实惠、清新多变，但功底太浅，许多菜肴往往是昙花一现，缺乏文化，杭帮菜充其量只是平民菜肴的代名词。要根本上扭转这种情况，就必须在环境、服务和菜肴品位上下工夫。目前京城杭州菜馆的内部装修都体现江南水秀，带有浓郁杭州风味、浙江文化气息，有花有水，文化气息浓，以图片和实物展示杭州城市发展的脚步，让人一进餐馆，就能感受到杭州是这么的美。同时，在服务上改变了杭菜馆粗放的形式，高薪聘请粤港高级厨师和管理人才，大量引进学校培养的服务人才来担任骨干。在菜肴质量上，从原料抓起，许多原料都从杭州直接运来，保证了杭帮菜的正宗。在菜肴品种上，不断突破老框框，形成自身的特色。

在餐馆管理上，张生记北京店从上海引进并率先积极推行餐饮业卓越现场管理（简称 6T 实务），使餐饮企业的现场管理（重点是厨房、仓库等后场）达到规范要求并天天保持，提高安全卫生管理水准。6T 是指 6 个天天要做到，即：天天处理，天天整合，天天清扫，天天规范，天天检查，天天改进。

这套规范是学习日本"5S"和香港"五常法"精神，结合餐饮行业实际，经过 3 年时间，上百家餐馆实践经验总结出来的。实施后效果明显，在提高效率、减低成本、提高工作的自觉性、提升环境的整洁度、提高员工素质上都有显著成效。

【文章来源】作者不详：《"墙内开花墙外香" 杭帮菜"惹火"京城》，《报林》2007 年第 12 期

82. "峰味"元素成第十七届中国（杭州）美食节亮点

"峰味"元素成第十七届中国（杭州）美食节亮点

　　2016 中国（杭州）美食节休闲美食主题活动于 10 月 14—16 日在吴山广场顺利举行，现场吸引了近 40 万游客和市民参与。每年的美食节，杭帮菜大讲堂都是最受大家欢迎的活动环节。

　　今年，为了满足大家对"峰菜"的好奇，主办方特邀请一流的杭帮菜厨师和点心师在现场为大家制作 8 道"峰菜"。活动第一天就圈粉不少，有拿手机直接录像的，有一直询问做菜要点的。"我在家也常做东坡肉，总是差了点味道。今天看了大师做，总算知道问题在哪儿了，以后我也可以给家人做'峰菜'了。"一位大姐笑盈盈地说。"我要一份红糖麻糍""我要三只凤爪"，新开元展位前排起了长队。后峰会时代的杭州国际味儿让人流连忘返。

20 道峰菜展示点被大家围得里三层外三层

　　还有峰会特供牛肉、选用食用油等展位也排了不少人，大家都想把"峰味"带回家。活动现场还向市民赠送了《G20 杭州峰会 20 道峰菜菜谱》。"天下酒宴之盛，未有如杭城也"，宋代大诗人苏东坡曾这样称赞杭州美食的独特韵味。知味观、楼外楼、新庭记……这些以前要排队才能吃到的杭州名店，这次在吴山广场，一站式即能品尝到，都低于市场价优惠供应。不少"吃货"表示，来了美食节才发现杭州餐饮名店竟还有这么多易打包、易携带的好菜，随便挑选几样，都成了最丰盛的秋日野餐小饭桌。

【文章来源】杨芫:《"峰味"元素成第十七届中国(杭州)美食节亮点》,《杭州》2016年第20期

83. "峰味十足杭帮菜"走进校园

为更好迎接 G20、宣传杭帮菜，杭州市商务委员会（杭州市粮食局）举行杭帮菜文化"三进"活动，通过进机关企业、进社区、进校园，让更多市民和学生，了解杭帮菜。上周，"三进"系列活动第一场在浙江工商大学举行，此次活动主题为"峰味十足杭帮菜——杭帮大厨进校园"。

浙江天香楼大酒店行政总厨，中国烹饪大师，中国十大青年名厨杨剑铭为本次特约大师，现场烹饪了两道经典的杭帮菜——龙井虾仁和天香鳜鱼，向同学们展示了精湛的厨艺和杭帮菜的魅力。现场最吸引学生的是品鉴环节，一道叫化童鸡，一道杭州酱鸭，地道的杭帮菜味道，瞬间把活动推向了高潮。

【文章来源】柯静：《"峰味十足杭帮菜"走进校园》，《杭州日报》2016 年 4 月 26 日

84. "楼外楼"与"西湖醋鱼"

在杭州市广化寺东，有一家很具名气的楼外楼餐厅，依孤山，临西湖，环境优美。楼外楼的名菜有西湖醋鱼、东坡肉、叫化鸡、西湖莼菜汤、龙井虾仁等浙江名菜，而其中尤以西湖醋鱼最负盛名。因其风味独特，名不虚传，很多食客就是慕其名而来楼外楼用餐，可谓楼以食兴隆，食以楼传名也。

说起楼外楼的店名，很容易使人联想起南宋诗人林升的一首传诵千古的名诗：

> 山外青山楼外楼，西湖歌舞几时休。
> 暖风熏得游人醉，直把杭州作汴州。

北宋灭亡后，当时康王赵构（宋高宗）从北方都城汴梁（开封）南渡逃到杭州建"行都"后，偷安宴乐，醉生梦死，消磨了恢复中原，迎还徽、钦二帝之志。这首诗含蓄蕴藉，隐喻讽刺。然而，杭州的饮食也恰因其南渡而进入了一个繁荣昌盛时期，浙江的名菜名点也因此奠定了基础，后来声名鹊起的西湖醋鱼出现就是一例。当时杭州烹制西湖醋鱼最为驰名的菜馆当数"五柳居"，清人方恒泰有《西湖》一诗咏之：

> 小泊湖边五柳居，当筵举网得鲜鱼。
> 味酸最爱银刀鲙，河鲤河鲂总不如。

这首诗不仅道出西湖醋鱼的烹制与美味，而且还特别点出了五柳居菜馆名。还有清代美食家袁枚在其《随园食单》中，介绍"醋溜（熘）鱼"时说："此物杭州五柳居最有名。"可见当时五柳居菜馆做的醋鱼在社会上是很有名气的。

到了晚清的1848年（道光年间）"楼外楼"创业，这才逐渐取代"五柳居"而独步杭城。据史料记载，楼外楼建成时，店主人请寓居杭州广化寺东的著名学者俞曲园（名樾，字曲园，清代著名学者，楹联大家）给新店取名。按理说，一般名人都不喜欢别家在自己居前建楼房，以免挡了风光。可这位曲园老人气量大，欣然同意店家之请。俞曲园说："既然你的菜馆选在我俞楼之外，就称'楼外楼'吧。"同时，他还热心肠地题写了"楼外楼"菜馆匾额一块，可惜此匾额如今不知去向。

自楼外楼建成挂牌营业后，俞曲园与楼外楼就交往甚密。这可从他的《曲园日记》中得到佐证：光绪十八年（1892）三月的一则日记中这样说："初八日，吴清卿河师、岱霖观察同来，留之小饮，买楼外楼醋溜（熘）鱼佐酒。"由此可见，当时楼外楼的醋溜鱼已享有盛名，成为名士缙客的席上之珍。

俞曲园的曾孙俞平伯（现代诗人、散文家、红楼梦研究者）也是一位楼外楼醋鱼的爱好者。他在20世纪20年代写的《古槐书屋》旧体诗词中，就有一首记及楼外楼醋鱼的《双调望江南》词：

西湖忆，三忆酒边鸥。楼上酒招堤上柳，柳丝风约水明楼，风紧柳花稠。

鱼羹美，佳话昔年留。泼醋烹鲜全带冰，乳莼新翠不须油，芳指动纤柔。

词中"醋鱼带冰（应作柄）"，是当时楼外楼烹制醋鱼的一种款式。客人点了醋鱼这道菜后，跑堂的就喊道："全醋鱼带柄喽！"这句话是什么意思呢？近代人徐珂编的《清稗类钞·醋鱼带柄》条目解释说："西湖酒家食品，有所谓醋鱼带柄者。"醋鱼烩成进献时，别有一篑（音鬼）之所盛者随之以上，篑盖以鲜鱼切为小片，不加酱油，唯以麻油、酒、盐、葱和之而食，亦曰鱼生；呼之曰"柄"者，与醋鱼有连带关系吧。

这段话的意思是：客人点了一大盆醋鱼后，厨师还要配置一小碟生片鱼和各种配料端上餐桌，由客人自己配食。这种附属食品被称为"柄"，即客人吃了一大盆醋鱼后，还可附带吃这一小碟奉送的生鱼片。后来，大概考虑到鱼生不太卫生，或有客人不喜食鱼生，逐渐把它取消了。现在楼外楼醋鱼是不带"柄"的。

新中国成立后，楼外楼每日客流量大，加之有接待外宾的任务，当年周恩来、陈毅、贺龙等国家领导人，曾多次陪同国外政要到楼外楼品尝西湖醋鱼。原有的楼外楼餐厅规模已不能满足新形势发展的需求，便于1978年开始扩建，其建筑面积由原来的1000余平方米增加到3700平方米。楼外楼经过一番扩建装饰后，更是飞檐拱栋，花窗绿瓦，楼内陈设既古香古色又不失现代气派，真是相得益彰，宛如一座古雅华丽的宫苑。其经营的主菜品种达 20 多种，均为浙江名菜，这正如餐厅里悬挂的一副楹联云：

推窗望湖平，水清柳翠，楼外风光好；
举箸尝鲢肥，笋嫩莼鲜，席间笑语盈。

在这风景如画的楼外楼，饱餐四时景色，遍尝百味佳肴，其景其味，真是太迷人了，真可谓赏景品味两相宜，眼福口福独此处。

不过，话又说回来了，杭州的酒店餐厅，装饰华丽的不在少数，而经营西湖醋鱼的菜馆也不止楼外楼一家，为何楼外楼生意人气更旺呢？听说楼外楼卖西湖醋鱼的销量之大，其一日的营业额占该店当天总营业额的一半以上，由此可见，来楼外楼品尝西湖醋鱼食客之众多。这些食客都有一个共同的感觉，楼外楼烹制出的西湖醋鱼十分地道，不只是肉质细嫩如蟹肉，而且口味酸、甜、鲜三味和谐，妙不可言。那么其中有什么奥妙呢？

被誉为儒厨的楼外楼副总经理张谓林很坦然地告诉客人："其实并没有什么秘密，我们只不过坚持了鲜而精的传统。"张总所谓的"鲜"，主要是指用鲜活的鱼，绝不用陈腐的次品。一般餐厅无非是靠现买活鱼现做菜，这样就必然会带来泥土味，而楼外楼采取的是"饿养活杀"的方法：早年是在湖水中置一竹笼养育半至一天左右，使其排净肠内杂物，除去泥土气，然后再随用随取，这是保证鱼肉鲜美的根本所在，现在改用大网箱养鱼。100 多年来能如此一以贯之，在杭州众多菜馆中，恐怕只有楼外楼一家了。所谓"精"，是指精心制作，决不马虎应付。烹制西湖醋鱼一菜，多是名厨亲自操作，或者在名厨指导下，严格按照名厨操作规程精心制作，坚持一丝不苟，特别是在烧鱼时火候要求非常严格，既不生也不老，仅用数分钟就烤得恰到好处，胸翅竖起，着刀处鱼肉略向外翻，形状鲜活，鱼肉嫩美，带有蟹肉滋味，别具特色，大为古今中外食客所赏识。楼外楼"鲜而精"的烹调风范，是从百年的洗练中获得的，这就是该店更胜一筹的根本原因，从而赢得众多客人的交口称赞，引来每日顾客盈门。

西湖醋鱼，又名宋嫂鱼，醋溜鱼，相传出自"叔嫂传珍"的故事，说的是南宋时，有宋姓兄弟二人，颇有学问，不愿为官，隐居西湖以打鱼为生。当地恶霸赵大官人游湖偶遇一浣纱女，见其美姿诱人，欲要霸占。经打听得知此女为宋兄之妻，即施阴谋手段，害死宋兄。为报冤仇，叔嫂将赵大官人告上官府，哪知告状不成，反被一顿棍棒将他们赶出了衙门。

宋嫂为了防止恶棍报复，力劝小叔子赶快外逃，临行前，嫂子特用糖、醋烧鲩鱼块一碗。小叔尝后问嫂嫂："今天鱼怎么烧得这个味？"嫂嫂说："鱼有甜有酸，我想让你外出后，千万不要忘记你哥哥是怎么死的，你的生活若甜，也不要忘记你嫂嫂饮恨的辛酸。"小叔子听后，牢记嫂子的心意而去。后来，小叔子取得功名，回杭州惩办了恶棍，报了杀兄之仇，可一直寻不到嫂嫂的下落。有一次，小叔子去一官家赴宴，席间吃到一盘鱼，其味同他离家时嫂嫂为他烧的鱼味一样，连忙追问这鱼是谁烧的，始知其嫂因避恶棍，躲身官府为厨娘，这鱼正是其嫂所烹制，叔嫂终于得以团聚。

后人仿制宋嫂的烹调方法烧制醋鱼，并把品尝这道菜作为对叔嫂反抗恶势力的赞扬。于是，以"叔嫂传珍"为佳话的"西湖醋鱼"就广泛流传开来，成了杭州的传统名菜。"宋嫂鱼"随着时间的推移，经过历代厨师的不断加工，特别经过傍湖依山的杭州"楼外楼"的挖掘研制，又经刻意改进，将原来的瓦块醋鱼由全鱼代替，风味更臻完善。因此菜源于西湖之畔，故人们称其为"西湖醋鱼"，并一直流传至今，成了楼外楼的"当家菜"：一只青花白地大瓷盆，里面盛一尾鲩鱼（草鱼），浇一层玫瑰色的浓汁，把鱼身盖住，肉质嫩如豆腐，酸中带甜，鲜美可口。清代曾有一位食客吃了楼外楼这道菜后，引得诗兴大发，随即在菜馆壁上题了一首诗：

> 裙屐联翩买醉来，绿阳影里上楼台。
> 门前多少游湖艇，半自三潭印月回。
> 何必归寻张翰鲈，鱼美风味说西湖。
> 亏君有此调和手，识得当年宋嫂无。

其诗誉西湖醋鱼味美胜过晋朝张翰眷恋的松江鲈鱼。而诗中提到的"宋嫂"，则是指其因创制美味醋鱼而传名。

自食客题诗楼外楼后，楼外楼更加声名远播，引得众多食客前来品尝西湖醋鱼，一时传为佳话。时间到了 1987 年，台湾一位研究中国饮食文化史的逯跃东教授，偕夫人来楼外楼品尝过西湖醋鱼后，很有感触地说："醋鱼，鱼眼明亮，胸翅竖起，芡薄泽润，且无土腥，拌姜食之，略有螃蟹味……能吃到这种水准的菜肴，已是上上了。"或许，他的话代表了众多食客对楼外楼西湖醋鱼美味的评价吧。

【文章来源】刘汉琴：《"楼外楼"与"西湖醋鱼"》，《烹调知识》2012年第11期

85. "寻找杭州人最喜欢吃的 10 碗面"点燃杭州人吃面热情

　　在杭州，要想找个地方吃面不是难事：论数量，大大小小的面馆遍布街头巷尾，好似"大珠小珠落玉盘"；论种类，无论你是喜欢兰州拉面、沙县炒面、重庆小面、日式拉面还是意大利面，世界各地的面条应有尽有，任你挑选。不过，在这么多面馆中，杭州人最钟爱的还是"一碗一烧"的杭州面。

　　那么问题来了，如果让你说杭州有哪些好吃的面馆，你能说出几家？上过《舌尖上的中国 2》的菊英、金钗袋巷方老大、老桥头的板凳面，还有呢？这些面馆在哪儿？什么面最好吃？价格怎么样？其实许多老杭州人也会被这些问题问倒。

　　在《每日商报》联合杭州市餐饮旅店行业协会共同发起的"寻找杭州人最喜欢吃的 10 碗面"活动中，记者历时一个多月，跑遍大半个杭州城，实地探访了 30 家杭州特色面馆，品尝了 30 碗招牌面，通过文字、照片和视频对这 30 家面馆进行了全方位的展示。无论是面馆地址、营业时间、店铺环境，还是招牌面的口味价格，全部了然于胸。本周，30 家面馆在报纸和微信上同步亮相，短短几天时间，已经吸引了近 10 万人关注本次活动，大家纷纷收藏这 30 家面馆，参与"寻找杭州人最喜欢吃的 10 碗面"投票，并在后台留言表达对杭州面的钟爱以及对本次活动的肯定和支持。朋友圈"刷面"比比皆是，有吃货表示："以前也有推荐面馆的，不过那都是很散的，商报这个推荐很集中，而且好多偏僻的面馆都挖到了，妈妈再也不用担心我找不到好面馆了！"

　　不仅面条爱好者得到这份杭州面攻略很激动，参加活动的面馆老板也笑了。不少食客看到这次的活动慕名来店里一探究竟，看面是不是真有记者写的这么好吃。大家吃完之后纷纷竖起了大拇指：味道确实不错，商报推荐的面馆果然靠谱！一传十，十传百，现在杭州面也和杭州的天气一样"火"了。

　　除了收藏这份攻略和去面馆吃面，大家还非常关心这次的投票结果，不知"杭州人最喜欢吃的 10 碗面"究竟花落谁家。截至昨天中午，"寻找杭州人最喜欢吃的10碗面"投票的名次又有变化啦:"舅一碗老汤面""方传面馆""流芳面馆""阿强面馆""面饭世家""方老大面馆""老六面馆""天天小排面馆""奎元馆"和"英英面馆"暂列前十位,后面还有不少面馆票数非常接近,正紧追不舍。

目前,投票还在火热进行中,截止时间为7月25日零点,"寻找杭州人最喜欢吃的10碗面"即将在这个周末决出。大家可以通过扫描二维码或是搜索"每日商报"关注每日商报官方微信,并通过《传说你是个"面霸"!让你选杭州最好吃的10碗面你会选哪几碗?》下方的投票界面参与活动,为自己喜欢的面馆投票,最终获得票数最多的10碗面即入选"杭州人最喜欢吃的10碗面"。

另外,我们将编辑《杭州面谱》,《杭州面谱》不仅包含30家面馆的地址、营业时间、招牌面、价格等信息,更有记者的体验报告,具有很高的参考价值,敬请期待。

【文章来源】章斌:《"寻找杭州人最喜欢吃的10碗面"点燃杭州人吃面热情》,《每日商报》2016年7月22日

86. 2016 杭帮菜国际化推广活动举办

　　近期，杭帮菜国际化推广活动在英国伦敦和匈牙利布达佩斯举行。本次活动以"文化中国、味道杭州"为主题，在两地的活动现场通过推介会、杭帮菜品鉴会、厨艺茶艺表演、美食美景图片展等多项内容，展示了杭州及杭州美食形象，扩大了"中国休闲美食之都"的知名度和影响力，促进了城市间的经贸往来与发展。

　　【文章来源】王聪：《2016 杭帮菜国际化推广活动举办》，《杭州》2016年第 24 期

87. 36 道传统经典 48 道新名菜演绎杭帮菜之繁华胜景

清淡中分出五味四季都有专属食材

东坡肉、叫化童鸡、西湖醋鱼、龙井虾仁、油爆虾……这些耳熟能详的美食，就是 1956 年政府认定的 36 道杭州名菜。同时，还有 17 道杭州名点，包括虾仁小笼、片儿川面、虾爆鳝面、猫耳朵等。

2000 年，笋干老鸭煲、蟹酿橙、芙蓉水晶虾、八宝鸭、莲藕烩腰花、钱江肉丝、金牌扣肉、脆皮鱼、珍宝蟹、砂锅鱼头王、双味鸡、蒜香蛏鳝、稻草鸭、蛋黄青蟹等 48 道新杭州名菜脱颖而出。

"随着物流的飞速发展，食材的获得更加迅速和便捷。"国家中式烹调师、高级技师胡忠英说。48 道新杭州名菜，主要增加了海鲜和部分南宋菜，它们的原料也更为广泛，比如鲍鱼、龙虾、蟹、象拔蚌等。早年，他在象山吃到活的梭子蟹时，有种震惊的感觉，那肉质的口感与冰冻蟹完全不同。而如今，这样鲜活的梭子蟹，早已能在杭州直接吃到。

清淡不是淡而无味也要分出五味

地域的差异，造就各地美食文化的不同。比如，杭州四季分明，交通发达，食材丰富，有东海的本地带鱼、梭子蟹、黄鱼，还有肉多鲜美、壳薄的三门青蟹等；而到了大连，鲍鱼、海参比较好；在广东，进口深海鱼类较多，很多高档海鲜，如东星斑、老鼠斑、龙虾等，都从澳大利亚、挪威等地进口。

再比如，北方讲究"吃香喝辣"，香指的是大葱、桂皮、茴香等调料香味；辣，指的是高粱酒。而杭帮菜讲究口味清淡，原汁原味。"清淡不是淡而无味，五味还是要体现出来的。在保持食材原味的基础上，在细微中体现。轻口味中分出五味，难度更高。"胡忠英说。前段时间，他看了王小丫《回家吃饭》的节目，其中有一道南乳肉，加了茴香、桂皮。"一看就是北方做法，我觉得，这会把肉的本味冲掉。杭帮菜原汁原味，不加这些香料，保持肉独有的香味。再比如肉末粉丝，杭州最多放点葱花，北方也会放茴香、桂皮。"

他接着举例，清炖鸡也是杭帮菜保持食材原汁原味的经典菜肴；杭州传统名菜火踵神仙鸭，鸭子加上金华火腿，是增加鸭子的香味；新杭州名菜中的笋干老鸭煲，增加的是笋干，也是为了更突出老鸭的本味。

杭州四季都有专属菜肴

24 节令菜，是杭州最早提出的。中国杭帮菜博物馆馆长、杭州饮食服务集团总经理戴宁撰写《廿四节令菜点》后，全国范围也开始出现各地的 24 节令菜。

在杭州，各种本地食材和时令到底有怎样的关系？什么季节该吃什么菜呢？听听胡忠英的说法。

鸡

白切鸡、糟鸡、虾油鸡，都讲究肉质鲜嫩；而白切鸡，要求骨头里带些粉红色的血丝；糟鸡，则用绍兴特有的酒糟。杭州人不吃江北鸡，偏瘦偏老，适合做德州扒鸡，重香味而不太重鲜味。

栗子烧子鸡，鸡 1 斤多，刚出毛的时候；7 月栗子是脆的，像水菱，到了 9 月就老了，口感粉糯，适合做桂花栗子羹。叫化鸡，要用当年的成年鸡；老鸡汤那就不用说了，要用老鸡。

鸭

七八月间，吃卤鸭，下饭。早稻割起，嫩鸭下来，鸭子吃碎稻子。现在，萧山高档的宴席，都保持着这道菜的传统。

酱鸭儿，小寒时节，用的是当年的成年鸭子。神仙老鸭，那是隔年的老鸭子，甚至可能好几年的生蛋鸭，配上金华三年陈两头乌猪的火踵。

鱼

西湖醋鱼，用的是草鱼；至于包头鱼，鱼头做鱼头豆腐，鱼肉做清汤鱼圆、芙蓉鱼片；而青鱼，可做糟鱼干。

肉菜

东坡肉、一品南乳肉、荷叶粉蒸肉……品种最多。早期的金华两头乌，最大 150 斤，而东坡肉是一两半一块，现在二两半到三两一块，因为现在的猪身厚了，一两半的话，就切不出块，只能切成"条"。

从鲜肉到咸肉，那是老底子很有效的保存方法。南肉春笋、咸件儿、蜜汁火方，都是鲜肉蜕变后的经典。

蔬菜

杭州以笋为特色，一年四季都有笋，春笋、鞭笋（夏秋）、冬笋。其实，春笋和鞭笋之间，还有雷笋，但口感略差，记得的人比较少。现在当季，毛笋烧咸肉是一绝。

火丁豆瓣，就在4月份的半个月间，先是有青豆（豌豆），再有豆瓣。青豆可做咸肉糯米饭；豌豆老一点了，可做老杭州的"寒豆儿糖粥"，老底子晚上挑担叫卖，也搭卖小馄饨，满足那时候的夜宵人群。

至于西湖莼菜，则是5月—10月的。

始于 20 世纪 90 年代的创新繁荣

对于杭帮菜的快速发展，胡忠英认为，不仅是由于地理环境和经济优势，更是因为杭州的大气开放，杭帮菜能吸收别人的优点，善于创新。

20世纪90年代初，胡忠英提出"迷踪菜"的理念，和各个菜系兼容并蓄。迷踪菜在那个时期空前繁荣，不断创新食材种类、烹调方式和口味。那时，全世界的食材、原料源源不断进入中国，法国生蚝、澳洲龙虾、波士顿龙虾、帝王蟹、美国阿拉斯加长脚蟹等，替代了舟山当地龙虾；老底子数鳜鱼最高档，后来宴请吃东星斑、石斑鱼。

"至于鲍鱼，传统菜就有，如麻酱紫鲍，以前用的是干鲍，后来是日本网鲍、吉品鲍、禾麻鲍……档次不断提升。"

随着生活水平提高，懂吃的人越来越多。鲍鱼用什么鲍鱼，龙虾用什么龙虾，波龙不吃刺身，澳龙可以吃刺身……

同时，粤菜大举北上，不仅带来新的食材，还有厨房革命，杭帮菜也引进了许多先进的厨房设备。食材好，厨师做得好，就体现了杭帮菜综合实力高，杭州菜在八大菜系中很快脱颖而出。

"那时，许多面积1万多平方米的饭店，每天都要排队。在杭州举行的首届中国美食节，天天人山人海，最多一天的人流量30多万人次，全国都惊呆了。杭帮美食在全国餐饮圈，也是名声大振！"胡忠英感到很自豪。

36 道杭州名菜

油焖春笋

西湖醋鱼

蜜汁火方

火腿蚕豆

干炸响铃

火踵神仙鸭

龙井虾仁

叫化童鸡

清汤鱼圆

西湖莼菜汤

生爆鳝片

栗子炒子鸡

杭州酱鸭

鱼头豆腐

荷叶粉蒸肉

红烧卷鸡

一品南乳肉

南肉春笋

清蒸鲥鱼

八宝童鸡

糟鸡

杭州卤鸭

百鸟朝凤

春笋步鱼

蛤蜊氽鲫鱼

鱼头浓汤

咸件儿

虾子冬笋

油爆虾糟

烩鞭笋

火蒙鞭笋

栗子冬菇

糟青鱼干

东坡肉

番茄虾仁锅巴

排南（熟金华火腿切条块，加葡萄酒、冰糖蒸出）

17 道杭州名点

虾仁小笼

幸福双

百果油包

松丝汤包

油氽馒头

鲜肉蒸馄饨

虾爆鳝面片

儿川面

冬菇炒面

中面

猫耳朵

吴山酥油饼

荷叶八宝饭

猪油八宝饭

巧西施舌

宁波汤团

酒酿三元

【文章来源】作者不详：《36 道传统经典 48 道新名菜演绎杭帮菜之繁华胜景》，《都市快报》2016 年 4 月 16 日

88. G20 峰会主打杭帮菜都有啥营养功效？

近日，G20 杭州峰会备受关注，我们这个美食大国为各国大佬们准备的欢迎晚宴，自然成为一大热点。晚宴的菜单被曝光，菜品并非是传说中的"饕餮大餐"，而是相对简单、精致的几道杭州特色菜：清汤松茸、松子鳜鱼、龙井虾仁、膏蟹酿香橙、东坡牛扒、四季蔬果。那么，这些菜的口味营养如何，如此搭配有何讲究？昨日，沈阳晚报、沈阳网记者采访了中国人力资源和社会保障部教育培训中心养生专家赵利仁。

细数特色杭帮菜有哪些营养功效

"菜单上第一道菜是清汤松茸，如果看过《舌尖上的中国》，应该对松茸不会陌生。"赵利仁介绍，松茸被称为"菌中之王"，其味道十分鲜美，所含有的松茸多糖和多肽，对强化人体免疫力非常有好处。清汤松茸这种做法，最大限度地保留了松茸的营养和鲜美味道。松子鳜鱼是杭州的一道特色菜，鳜鱼以江浙一带的肉质最为鲜嫩，味道最为鲜美。鳜鱼有补气血、养脾胃的功效，而松子含有较多的不饱和脂肪酸，能健脑益肾。松子的香配上鳜鱼的鲜，使得这道菜无论从味道还是营养角度来说，都非常适宜。龙井虾仁是杭州最有名的特色菜之一，这道菜口味清淡，其中龙井茶有清热、明目、提神、醒脑的作用，虾仁高蛋白、低脂肪，补阳气，两者搭配相得益彰。膏蟹酿香橙是流传下来的南宋菜，其造型非常漂亮，味道也很特别，橙肉橙汁还可掩盖蟹肉本身的腥气，不过蟹肉偏寒性，脾胃虚弱的人要少食。"之前并没有听过东坡牛扒这道菜，许是借用'东坡'的名儿，其实应该还是类似煎牛肉的做法。"赵利仁说。

营养专家推荐四季果蔬的食材选择

菜单上还有一道菜是四季果蔬，但是并没有标明是哪些果蔬。"应该是一些时令的，同时还要有杭州特色的果蔬，进行清炒。"赵利仁告诉记者，如果是他制作这道菜，通常会选用四种食材：芦笋、百合、菠萝或者木瓜、木耳。芦笋是江浙的特产，口感清香、爽脆。百合有滋阴、清热的作用。木瓜和菠萝本身有一种特殊的蛋白酶，有利于促进肉类的消化。这道四季果蔬集合了绿、白、黄、黑四种颜色，而且口味清淡平和，不会出现"抢味儿"，很适合用作清炒。

　　"菜单上曝光的几种菜品，很多是具有典型性的杭帮菜，其中多以海鲜为主，高蛋白、低脂肪。口味总体较为清淡，营养价值很全面。"赵利仁告诉记者，"清淡"是杭帮菜最主要的特点之一，这个特点恰恰顺应了菜肴要向清淡化发展的趋势，很适合时下健康饮食的生活理念。"杭帮菜'抢味'元素不多，清淡平和，这一特点使它更容易吸收南北各地菜肴的精华，所以现在的杭帮菜更像是'万能菜'，很受人们的欢迎。"赵利仁说。

　　【文章来源】王禹哲:《G20峰会主打杭帮菜都有啥营养功效？》,《沈阳晚报》2016年9月7日

89. G20 杭州峰会 "国宴"

杭帮菜是 G20 杭州峰会的主打菜。峰会上会有哪些杭帮菜? 外国人吃得惯吗? 杭帮菜能否借 G20 峰会的契机走向全国、走向全世界? 在回复记者提问 "G20 峰会饮食准备工作如何" 的问题时,杭州市委书记赵一德说: "嘉宾的饮食保障方面,将统一采购、统一配送。菜品的口味上,以精致可口的杭帮菜为主。既然是到杭州来开会,当然要吃杭州特色的菜肴,相信大家一定会喜欢。"

在会议宴会开始出菜谱前,得保持点神秘感哦,先带大家品尝一下最具代表性的 19 道主打杭帮菜。来看看,你都吃过哪些? 你最爱的是哪一道?

1. 龙井虾仁

配以龙井茶的嫩芽烹制而成的虾仁,是富有杭州地方特色的名菜。虾仁玉白、鲜嫩;芽叶碧绿,清香,色泽雅丽,滋味独特,食后清口开胃,回味无穷,在杭帮菜中堪称一绝。

2. 西湖醋鱼

西湖醋鱼也称为叔嫂传珍,是杭州传统风味名菜。据传在宋朝,叔嫂二人为兄、为夫报仇屡遭阻拦而体会到生活酸甜之味,创出了这道菜。

3. 东坡焖肉

又名滚肉、红烧肉，是江南地区传统名菜，属浙菜系，以猪肉为主要食材。菜品薄皮嫩肉，色泽红亮，味醇汁浓，酥烂而形不碎，香糯而不腻口。

4. 叫化童鸡

叫化童鸡，杭州名菜，又称黄泥煨鸡。经过厨师们的不断改进，在煨烤的泥巴中加入绍酒，将鸡包以西湖荷叶烤制，使荷叶的清香和母鸡的鲜香融为一体，历年延传下来，"叫化童鸡"的名声远扬。

5. 干炸响铃

豆腐皮制成的干炸响铃，以色泽黄亮、鲜香味美、脆如响铃而被推为杭州特色风味名菜之列，受到食者的欢迎。干炸响铃腐皮薄如蝉翼，成菜食时脆如响铃，故名。

6. 香烤鲳鱼

鲳鱼腌制后经过香熏，口味熏香，肉质紧实。

7. 西湖鱼圆

莼菜滑溜，鱼圆鲜嫩，汤味清香。

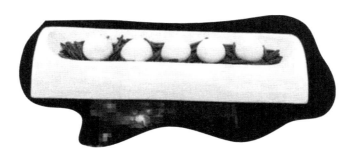

8. 蜜汁火方

主要由金华火腿做成，其色泽火红，卤汁透明，令人回味。

9. 南宋蟹酿橙

这道菜是流传下来的南宋菜，很有特色，蟹肉加入橙肉，配上米醋和绍兴香雪酒，那味道，想想都会流口水。

10. 鳕鱼狮子头

深海银鳕鱼去骨去皮，经过腌制，切成丁，打成糊状特制而成。由银鳕鱼做成的"狮子头"，尤其是汤汁，味道十分鲜美，营养价值很高。

11. 抹茶焗大虾

食材选用深海对虾，去壳，用牡丹花刀切成的虾肉，造型独特。

12. 笋干老鸭煲

这道菜和传统整鸭的烧法不同，而是将鸭脯切成一块块，捆上笋干火腿，再烧制而成。

13. 粽香花溪鳖

粽叶包裹着去骨的甲鱼腿肉、裙边，加上少量糯米，两者比例为 7：3 左右。剔骨过程费工费时，难度大，并经过长时间烧制而成，可见厨师的用心。入口味道鲜美，香气四溢，入口软糯。

14. 千岛扒鱼脸

用千岛湖正宗包头鱼，蒸熟后去骨，只取鱼脸部分，制作精细，难度高，味道醇厚，保留了食材的原汁原味。

15. 糯米藕

杭州桂花糯米藕软绵甜香，西湖的莲藕则是藕中的极品。因香甜、清脆、桂花香气浓郁而享有口碑。

16. 桂花水晶糕

造型别致，色泽通透，口味香甜，入口即化。

17. 蟹黄小笼包

小笼包中加了蟹黄，汤汁浓郁，入口鲜香。经过历代厨师的不断研究、改进，技术越来越成熟，风味更加突出，名闻江浙沪一带、香港以及东南亚地区。

18. 龙井问茶

这道点心别具特色，是用面粉加蔬菜汁，手工捏制做成龙井茶叶的样子。配以鸡汤冲泡，鲜美无比。菜品灵感来自有名的点心猫耳朵，制作者的用心可见一斑。

19. 木莲心

用特殊的木莲粉制作，和传统的木莲豆腐做法类似，加上特殊的模具造型，配以鲜艳的玫瑰花瓣，造型独特，口味清新。

　　除了主打菜，还有备选菜哦。追溯历史，杭州迎接国内外贵宾最常见的菜肴，无外乎 1956 年定下的 36 道名菜，分别是：西湖醋鱼、鱼头豆腐、鱼头浓汤、斩鱼圆、糟青鱼干、清蒸鲥鱼、蛤蜊汆鲫鱼、春笋步鱼、龙井虾仁、油爆大虾、东坡肉、荷叶粉蒸肉、一品南乳肉、咸件儿、南肉春笋、蜜汁火方、排南、火腿蚕豆、叫化童鸡、八宝童鸡、糟鸡、火踵神仙鸭、杭州卤鸭、百鸟朝凤、杭州酱鸭、栗子炒子鸡、火蒙鞭笋、虾子冬笋、糟烩鞭笋、油焖春笋、红烧卷鸡、栗子冬菇、西湖莼菜汤、番虾锅巴、干炸响铃、生爆鳝片。以上这些菜品，早已经为世人所知。G20 峰会期间各国嘉宾政要品尝到东坡肉、叫化童鸡、龙井虾仁并不令人意外。杭州人总是不断创新，开风气之先。在美食领域，也总是在探寻独特的美食之道。G20 峰会期间，各种"国际宴会"的餐桌上，将有更多造型优美、食材新鲜、口味各有不同的杭州美食出现在大家眼前。这些吸引眼球、诱人味蕾的菜品可是"杭州市旅游饭店迎 G20 峰会杭帮菜菜品及服务技能大赛"中好中选优挑选出来的哦。

　　【文章来源】鲍和谐、邢力欣：《G20 杭州峰会"国宴"》，《烹调知识》2016 年第 10 期

90. 布达佩斯恋上"杭帮菜" 美食文化国际交流活动圆满举办

当地时间 11 月 19 日傍晚，美丽的多瑙河边，2016 杭州（布达佩斯）美食文化国际交流活动在九龙大酒店举行，中国驻匈牙利大使馆政务参赞陈小君女士、匈牙利人力资源部副国务秘书帕查伊女士等匈牙利政界、华侨界、美食界、媒体界的 200 余位嘉宾，在这里齐聚一堂，共享风味杭帮菜。

本次美食文化国际交流活动的厨师团队由杭帮菜领军人物胡忠英、叶杭胜领衔，联手楼外楼、知味观、浙江宾馆、花中城、西子宾馆等杭州餐饮名店的大厨，一起展示他们的高超厨艺。大厨师都是 G20 杭州峰会国宴厨师团队成员，这也是他们在峰会之后，首次走出国门开展美食国际交流。英国伦敦是此行的第一站，布达佩斯是第二站。

在美食文化节上，厨师团队献上了蟹酿橙、龙井虾仁、杭州响铃、荷香鸡、杭州卤鸭、桂花糖藕、东坡牛肉、杭州小笼包等传统杭州名菜。为了让宾客们尝到最地道、最美味的杭帮菜，厨师们足足忙碌了两天两夜，光是材料的采购就跑了 3 个市场。因为杭帮菜讲究的就是新鲜，所以，厨师们一定要选择最上乘的材料来进行加工。

本次活动由杭州市政府主办，杭州市商务委承办。一系列活动展示了杭州人文历史和美食文化，进一步提升了杭州"中国休闲美食之都"的城市形象，杭州美食也借峰会效应，迈出了国际化的步伐。

【文章来源】周春燕：《布达佩斯恋上"杭帮菜" 美食文化国际交流活动圆满举办》，《杭州日报》2016 年 11 月 22 日

91. 尝试做一下 G20 国宴上的杭帮菜

G20 杭州峰会欢迎晚宴上主打的是杭帮菜，主菜是清汤松茸、松子鳜鱼、龙井虾仁、膏蟹酿香橙、东坡牛扒、四季蔬果，食材上涉及了鱼、虾、蟹、牛、菌类、蔬果，营养丰富，做法考究，不妨尝试一下在家烹饪这几道经典的菜品。

清汤松茸

准备松茸、南豆腐、木鱼花汤、精蒿子秆叶、柚子皮、精盐、味精和浅色酱油各少许。先将松茸老根择除洗净后切成丝，放入盐水中腌片刻，再投入沸水锅中焯一下，捞入冷水中过凉；蒿子秆叶和柚子皮切成丝；豆腐切成丁后投入沸水锅内焯去豆腥味捞出；将以上食材一起放入汤碗中。炒锅置火上，加入木鱼花汤、精盐、味精和浅色酱油烧沸，倒入放有豆腐丁等的汤碗中，加盖上桌即成。这道菜口味清淡、松茸味香、补脾益胃、强身健体。

膏蟹香橙

这道菜的做法起源于南宋，把橙的芳香和蟹的嫩鲜充分释放融合，或许是最优雅的吃蟹方法。需准备鲜橙 10 粒做瓤器用，蟹肉、鸡蛋、荸荠、肥膘肉、盐、白酒、姜、味精、胡椒粉。将每个鲜橙在上部 1/4 处截一片顶留用，在切口处用小刀垂直将中间橙瓤挖出，留一部分橙肉；姜洗净，切末；猪肥膘肉煮熟，切小丁；净荸荠切成小丁；蟹肉、肥膘丁、荸荠丁加鸡蛋液、姜末、胡椒粉、精盐、味精、白酒拌匀；拌匀后分 10 份装入鲜橙内，将原来截起的橙片盖上；将酿好的橙放盘中，上笼屉蒸 30 分钟取出上席；食用时，用小银匙伸入橙中舀起进食。用小刀垂直将中间的橙瓤挖出时，注意小刀不要用力过猛，防止把橙弄破；猪肥膘肉余熟，一可去表面污物，二可使肉中油脂溢出一部分，食时不至过腻。

松子鳜鱼

先准备鳜鱼、松子仁、香菇、青豆、冬笋、番茄酱、白砂糖、香醋、盐、胡椒粉、黄酒、姜、大葱、玉米淀粉、花生油。先将鳜鱼刮去鳞，去内脏、腮、头，洗净，在鱼身上切 4 刀，深度到鱼骨为止，再横着切几条缝，并将鱼肉向上翻，呈荔枝状，将盐、胡椒粉、黄酒拌匀，涂抹鱼全身，再用手将鱼拎起来，使鱼肉一块块立起来，再放干淀粉抖一下，使鱼全身沾满淀粉，分别将冬菇、冬笋洗净切丁，将炒锅内油烧热，将鱼放到油锅内炸熟，取出沥油放入碟内摆成鱼状，将锅烧热，放松子、冬菇丁、青豆、笋丁，烧热后加糖、醋、番茄酱、葱、姜、鸡汤，待开锅时加淀粉勾芡，再加热油，淋在鱼身上即成。

东坡牛扒

采用江南名菜东坡肉的做法，尊重宾客饮食习惯把猪肉替换成牛肉，味醇汁浓、香糯不腻口。需要准备好牛排、绍酒、姜块、湖羊牌特红酱油、白糖、葱节。先将牛排放入沸水锅内氽5分钟，煮出血水，再洗净。取铁锅一只，先铺上葱、姜块，然后将牛排置上，加绍酒、酱油、白糖、水，盖上锅盖，用旺火烧开后，改用微火焖2小时左右，至牛排到八成酥时，掀开锅盖将牛排翻身，再加盖密封，继续用微火焖酥。然后将铁锅端离火口，撇去浮油，上笼用旺火蒸半小时左右，至肉酥嫩方可实用。

龙井虾仁

配以龙井茶嫩芽烹制而成的虾仁，是富有杭州特色的名菜。虾仁玉白、鲜嫩；芽叶碧绿，清香，色泽雅丽，滋味独特，食后清口开胃，回味无穷，在杭帮菜中堪称一绝。准备好鲜虾和龙井茶，将活虾去头去壳，剖开背部，拣去泥肠，把整理好的虾仁在流水下冲洗至其呈现玉白色，沥干水分，加适量盐、半个蛋清，搅拌一下至有黏性，再加适量鸡精和淀粉搅拌均匀，腌渍至少半个小时，取一小撮龙井茶，用小半杯热水泡开，静置几分钟，滤去大部分茶水，留下茶叶和一两口茶水的量备用，铁锅加油烧热，将虾仁倒入，迅速用筷子划散，立即捞出控油，锅内留少量油烧热后倒入虾仁滑炒，烹入少许料酒，然后将剩下的龙井茶叶和茶水一起倒入，大火翻炒片刻，即可出锅。可擦些爽口的黄瓜丝做配菜。鲜虾的营养极为丰富，含蛋白质是鱼、蛋、奶的几倍到几十倍；还含有丰富的钾、碘、镁、磷等矿物质及维生素A、氨茶碱等成分，且其肉质和鱼一样松软，易消化。

【文章来源】叶乃馨：《尝试做一下G20国宴上的杭帮菜》，《北京晨报》2016年9月13日

92. 国宴的杭州味道

G20峰会在杭州召开，毫无疑问，招待各国领导人的国宴主打的是精致的杭帮菜。早在今年4月，杭州市有关部门就以迎接G20峰会为契机，在中国杭帮菜博物馆举办了杭帮菜菜品及服务技能大赛，其中最引人注目的，是大赛推选出了20道最具杭州特色的菜点，包括16道菜肴与4道点心。而从公布的G20国宴菜单看，大部分菜就脱胎于此。我们择其中几道以飨读者，一起品味国宴味道。

1. 龙井虾仁

龙井虾仁选材精细，茶叶用清明前后的龙井新茶，味道清香甘美，口感鲜嫩，不涩不苦。虾仁来自河虾，细嫩爽滑，鲜香适口，虾肉不糟，略有咬劲，用猪油滑炒，荤而不腻。

成菜后，菜形雅致，颜色清淡，虾仁玉白，茶叶碧绿，芡汁清亮。食后清口开胃，回味无穷，是一道具有浓郁地方风味的杭州名菜。

2. 西湖醋鱼

西湖醋鱼也称叔嫂传珍，是杭州一道传统地方风味名菜。据传在宋朝，有叔嫂二人一心为兄、为夫报仇却屡遭阻拦，由此体会到生活酸甜之味，创出了这道菜。

此菜通常以草鱼作原料烹制而成。烧好后，浇上一层平滑油亮的糖醋，鱼肉细嫩，带有蟹味，鲜香酸甜。

3. 干炸响铃

泗乡豆腐皮，薄如蝉衣，油润光亮，软而韧，拉力大，落水不糊，闻名遐迩，被誉为"金衣"。干炸响铃便是以这一著名特产为主料，包裹猪里脊肉末制成。相传从前杭城有一家饭店供应的炸腐皮很受顾客喜爱，一位好汉慕名而来，不巧腐皮刚刚用完。好汉听说腐皮产地在市郊的泗乡，随即返身，飞速将腐皮取来。店主念他爱菜心切，便精心烹制，并特意把腐皮做成马铃状，色泽金黄，吃到嘴里松脆有声，于是"炸响铃"就成了此菜的美名。

4. 东坡肉

东坡肉是江南地区特色传统名菜，以猪肉为主要食材。菜品薄皮嫩肉，色泽红亮，味醇汁浓，酥烂而形不碎，香糯而不腻口，深受人们喜爱。

5. 宋嫂鱼羹

宋嫂鱼羹起源于南宋。相传有一妇人叫宋五嫂，在西湖边以卖鱼羹为生。

高宗吃了她做的鱼羹，十分赞赏，并念其年老，赐予金银绢匹。从此，这道菜声誉鹊起，富家巨室争相购食。经历代厨师不断研制改进，现在宋嫂鱼羹的配料更为精细，制成的鱼羹色泽油亮，鲜嫩滑润，味似蟹肉，故有"赛蟹羹"之称，是闻名遐迩的杭州传统名菜。

6.桂花糯米藕

桂花糯米藕，又名蜜汁糯米藕，是江南地区特色传统名点之一，糯米灌在莲藕中，配以桂花酱、大红枣一起精心制作，是江南地区传统菜式中一道独具特色的中式甜品。西湖的莲藕是藕中的极品，用其制成的杭州桂花糯米藕因香甜、清脆、桂花香气浓郁而享有口碑。

【文章来源】郑承锋、胡展、任鲸：《国宴的杭州味道》，《浙江画报》2016年第10期

93. 杭帮菜，最忆鱼虾蟹　G20 国宴菜，在家也能做

G20峰会虽然落幕了，但完美的峰会和杭州美景美食一样，都让人念念不忘。对吃货们来说，最难忘的当然是峰会欢迎晚宴上主打的杭帮菜了。

杭帮菜，是浙江饮食文化的重要组成部分，口味以咸为主，略有甜头；"清淡"是杭帮菜的一个象征性特点。G20 国宴上，各国大佬品尝的主菜有清汤松茸、松子鳜鱼、龙井虾仁、膏蟹酿香橙、东坡牛扒、四季蔬果。本文小编就来介绍一下和水产相关的其中三道菜。

松子鳜鱼

食材：鳜鱼、松子仁、香菇、青豆、冬笋

佐料：花生油、盐、番茄酱、白砂糖、香醋、胡椒粉、黄酒、姜、大葱、玉米淀粉

做法：先将鳜鱼刮去鳞，去内脏、腮、头，洗净，在鱼身上切 4 刀，深度到鱼骨为止，再横着切几条缝，并将鱼肉向上翻，呈荔枝状；将盐、胡椒粉、黄酒拌匀，涂抹鱼全身，再用手将鱼拎起来，使鱼肉一块块立起来，再放干淀粉抖一下，使鱼全身沾满淀粉；分别将冬菇、冬笋洗净切丁，将炒锅内油烧热，将鱼放到油锅内炸熟，取出炸熟的鱼沥油后放入碟内摆成鱼状；将锅烧热，放松子、冬菇丁、青豆、笋丁，烧热后加糖、醋、番茄酱、葱、姜、鸡汤，待开锅时加淀粉勾芡，再加热油，淋在鱼身上即成。

龙井虾仁

食材：鲜虾、龙井茶、鸡蛋清、黄瓜丝

佐料：油、盐、鸡精、淀粉、料酒

做法：将活虾去头去壳，剖开背部，拣去泥肠，把整理好的虾仁在流水下冲洗至其呈现玉白色，沥干水分，加适量盐、半个蛋清，搅拌一下至有黏性，再加适量鸡精和淀粉搅拌均匀，腌渍至少半个小时；取一小撮龙井茶，用小半杯热水泡开，静至几分钟，滤去大部分茶水，留下茶叶和一两口茶水的量备用；铁锅加油烧热，将虾仁倒入，迅速用筷子划散，立即捞出控油，锅内留少量油

烧热后倒入虾仁滑炒，烹入少许料酒，然后将剩下的龙井茶叶和茶水一起倒入，大火翻炒片刻，即可出锅；可擦些爽口的黄瓜丝做配菜。

膏蟹酿香橙

食材：鲜橙、蟹肉、蛋、荸荠、肥膘肉

佐料：盐、白酒、姜、味精、胡椒粉

做法：准备鲜橙 10 个做瓢器用，将每个鲜橙在上部 1/4 处截一片顶留用，在切口处用小刀垂直将中间橙瓢挖出，留一部分橙肉；姜洗净，切末；猪肥膘肉煮熟，切小丁；净荸荠切成小丁；蟹肉、肥膘丁、荸荠丁加鸡蛋液、姜末、胡椒粉、精盐、味精、白酒拌匀；拌匀后分 10 份装入鲜橙内，将原来截起的橙片盖上；将酿好的橙放盘中，上笼屉蒸 30 分钟取出上席；食用时，用小银匙伸入橙中舀起进食。

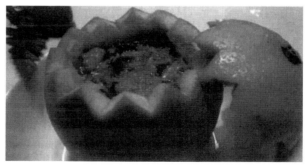

【文章来源】作者不详：《杭帮菜，最忆鱼虾蟹　C20 国宴菜，在家也能做》，《海洋与渔业》2016 年第 10 期

94. 杭帮菜：逆势上涨的餐饮快时尚

餐饮行业洗牌加剧、经营成本增长、营销模式快速更迭、市场白热化竞争、移动互联网冲击，湘鄂情、俏江南等高端餐饮下探中低端市场不断受挫，寒冬真的来了吗？餐饮业正在回归到为顾客提供优质的服务和营养健康产品的本质上来。追求优质服务和美味菜品的外婆家是幸运又充满机遇的，它的逆势扩张、全国布局，能否成为暗淡冬季里的一道风景呢？

据 2 月下旬国家统计局公布的最新数据显示，2015 年全国餐饮收入首次突破 3 万亿元人民币，而商务部相关数据显示，2015 年大众化餐饮市场份额已超过 80%。

中国烹饪协会副会长冯恩援认为，中国餐饮业发展正呈现出"三小三大"的新特征，即"小店面大后台"，产业链条全面延伸；"小产品大市场"，连锁经营渐成规模；"小群体大众化"，高端市场仍可深耕。

整个餐饮业稳中有升的发展态势显示，大众化市场需求是行业逆势回暖的最大动力。已经有相当名气的外婆家，用自身的发展诠释了餐饮市场的这一发展变化。近两年，随着行业竞争加剧，门店、人员成本节节攀升，餐饮行业整体萧索。然而，外婆家的营业额却还在以每年 30%—40% 的速度攀升，更是出现"店店排队、餐餐排队"的现象。

定位平民化

符合大众餐饮潮流

自成立之初，外婆家的定位便非常符合大众需求：居家路线、聚餐场所。虽然这个在当时不是行业主流的想法，却在无意之间吻合了大众餐饮兴起的这一潮流。

据统计，目前在我国餐饮行业 3 万亿元的营业额中，大众化餐饮约占 80% 左右。但是，在发达国家的餐饮行业里，大众化餐饮则能占到 95% 左右的份额。随着消费日趋理性，中国的大众餐饮仍有进一步扩大的空间。

作为主打杭帮菜的外婆家，在前期市场拓展的区位选择上，以江、浙、沪为

467

本，因为江、浙、沪三地之间的交流频繁，口味相近，对于杭帮菜的接受程度高。

另一方面，发展之初信息传播的效率远没有今天这般发达，地缘上的集中也意味着品牌传播和品牌接受度的集中。

这三地市场的深耕，为外婆家积累了深厚的品牌沉淀。

餐饮快时尚

将价值让渡消费者

菜肴不是唯一因素，餐饮的好坏，主要是看综合因素。外婆家创始人吴国平认为，独特的餐厅会给顾客留下深刻的第一印象，人性化的用餐环境，独到的设计手法，都会提升顾客对于餐厅的满意度。

装修正是外婆家综合因素里的主打因素。外婆家的装修风格可以概括为"平民时尚"，比如店内放眼望去均是做旧的菜单，吱呀的小船，陈旧的木凳，将中国古代的院落展现无遗。

里面的布局也非常科学合理：出菜口设置在餐厅居中的地方，使得服务员拿到菜品后抵达各个区域的时间大致相同，避免了人工的空白等待，提高了劳动效率。

装饰用的摆件和绿植从地面上抬高到了墙上，既节省了地面空间又形成了外婆家自己的装修风格。同时，店内还将用于放置备用碗筷和纸巾的落柜嵌入到墙内，以进一步节省空间，增加台位。

面对精致的装修，店内的服务员总是被问："3元钱一份的麻婆豆腐能赚钱吗？"其实，外婆家依然需要遵循最简单的"成本—营收—利润"的商业逻辑。吴国平表示，外婆家算是餐饮行业里的"快时尚"品牌。其呈现在消费者面前的低价，本质上是通过供应链优化、生产和程序化管理，并将一部分价值让渡给消费者而形成的最终结果，且价值的让渡是这个模式中最为关键的一步。

垂直子品牌

走向个性化细分化

然而，吴国平并没有因为外婆家的成功而停下创新迭代的脚步。随着餐饮行业竞争越发激烈，"快时尚"品牌的增多，让他认识到原来的"性价比"路线已经很难再玩出新花样。包罗万象的餐饮模式已经过时，单品模式可能成为餐饮市场的主流，今后的餐饮市场将会走向个性化与细分化。

基于这一判断，外婆家开始按工具化和产品化两条路来实现。于是，这几年有了全部是蒸笼的"蒸年青"，全部用锅的"锅殿"，专门吃鱼的"炉鱼"，专门吃面的"三千尺"，专门吃火锅的"锅小二"等副品牌。所有这些，目的就是让店铺的工具属性或产品属性变得明显，成为全中国的唯一，成为最突出的特色。

除了上述这些针对年轻人的副牌，外婆家还打造了作为城市代表的"宴西湖"。虽然宴西湖的人均消费在500元左右，与外婆家固有的低价定位大相径庭，但对于吴国平来说，这是文化属性的塑造，是回归杭帮菜的本源。

寻找新机会

融入现代消费模式

2003年前后，随着中国城市的发展，人们生活需求的多样化，购物中心业态应运而生，并在全国迅速地发展，成为居住在城市内的大众消费者日常休闲购物首选场所。不得已，外婆家从2012年下半年开始，关闭了一些尚有不错盈利能力的路边门店，全面投入知名商业综合体的怀抱，开始与现代的消费模式全面融合。

而在这个转型期，恰逢购物中心开始缩减购物零售业态占比，增加餐饮与体验业态的风潮兴起。外婆家以其优秀的聚客能力，成为各大购物中心所极力拉拢的"香饽饽"。

同时，强大的品牌资产和规模效应，赋予了外婆家与供应商之间强大的谈判能力。这种优势体现在价值链的每一个环节：在原材料及食品加工服务供应端，能以很低的价格采购原材料及服务；在门店租赁成本方面，考虑到外婆家强大的引流能力，外婆家开始与城市综合体联姻，共享流量带来的利润。同时，很多的商业地产商给予其极大的租赁让利，其门店的爆炸式增长也正是从这个时候开始的。

标准化流程

连锁品牌口味一致

简化用餐服务流程，节省人工成本也成了外婆家的独特之处。外婆家内部成立了软件工程部门，自主开发出"外婆喊你吃饭啦"的叫号系统，省去了迎宾的人员。将跑菜与上菜的人员合二为一，并引进蒸烤箱，将门店厨师的用人标准降了下来，省去了请大厨的成本，用工成本得到了很好的控制。

在资产运作上，外婆家极尽所能做减法。外婆家没有和其他的连锁餐饮品牌一样建立中央厨房，而是以委托加工为主。随着外婆家的规模越来越大，配送中心将成为标准化中的重要一环，给外婆家带来越来越小的边际成本。

标准化是连锁餐饮品牌保证所有门口味致的必要举措。外婆家作为一家中餐品牌，在采购环节，制作环节，菜品打造，菜品迭代等方面都做到了标准化。

拥抱互联网

快速扩张重要保障

对于互联网积极拥抱的姿态，在第一时间得到了传统行业互联网化所带来的牌传播、市场营销以及物流送等方面的红利，也是外婆家近几年得以在全国甚至画际上快速扩张的保障。

对于O2O，外婆家相对来说还是比较理性，主要侧重在品牌宣传维护上，不盲目砸团购、搞大动作，但也不守旧落伍，顺势而为。2005年，大众点评进驻杭州，外婆家成为杭州区域的第一家签约商户，也是较早引入微信支付的餐饮企业，还曾和美食社交App"去哪吃"等进行过新品试吃合作。

【文章来源】石章强、余水龙：《杭帮菜：逆势上涨的餐饮快时尚》，《经营管理者》2016年第6期

95. 杭帮菜成国宴主打简单精致并非饕餮大餐

9月4日晚，杭帮菜作为主打的国宴，招待了参加G20杭州峰会的各国领导人。

追溯历史，杭州迎接国内外贵宾最常见的菜肴，无外乎1956年定下的西湖醋鱼、鱼头豆腐、东坡肉、干炸响铃、生爆鳝片等36道名菜。本次国宴则是相对简单、精致的几道杭州特色菜：清汤松茸、松子鳜鱼、龙井虾仁、膏蟹酿香橙、东坡牛扒、四季蔬果以及一些冷菜、点心、水果冰淇淋，喝的是2012年的张裕干红和2011年的张裕干白。

"江南忆，最忆是杭州"，如今人们对杭州的认识已经不仅仅局限于西湖、龙井、钱塘潮的美景，还有富含文化底蕴的雅致杭帮菜。杭州素有"鱼米之乡，丝绸之府、文化之邦"的人文地志，自唐宋以来一直为江南重要的政治经济文化中心。杭帮菜兼收江南水乡之灵秀，受到中原文化之润泽，得益于富饶物产之便利，形成了制作精细、清鲜爽脆、淡雅细腻的风格。杭帮菜博采各大菜系之所长，近年来，尤以"南料北烹""口味交融"风靡大江南北。

杭帮菜此次成为G20国宴的主打菜，能否借G20峰会的契机走向全国、走向全世界？这成为国人的期待。

【文章来源】作者不详：《杭帮菜成国宴主打简单精致并非饕餮大餐》，《中国食品报》2016年9月6日

96. 杭帮菜大赛推选出 20 道最具杭州特色菜点

糯米藕

粽香花溪鳖

桂花水晶糕

西湖醋鱼、南宋蟹酿橙、龙井问茶、木莲芯……
宴席设计大赛特等奖的设计灵感从哪来的?

昨天上午,一场别开生面的烹饪大赛在中国杭帮菜博物馆举行,杭州市有关部门以迎接 G20 峰会为契机,组织了杭帮菜菜品及服务技能大赛。其中最引人注目的,是大赛推选出了 20 道最具杭州特色的菜点，包括 16 道菜肴与 4 道点心——

16 道菜肴：西湖醋鱼、龙井虾仁、东坡焖肉、叫化童鸡、干炸响铃、香烤鲴鱼、西湖鱼圆、蜜汁火方、南宋蟹酿橙、双味帝皇蟹、鳕鱼狮子头、抹茶焗大虾、笋干老鸭煲、粽香花溪鳖、千岛扒鱼脸、糯米藕。

4 道点心：桂花水晶糕、蟹黄小笼包、龙井问茶、木莲芯。

这些菜点大多是杭州历史名菜，但又融入了一些新的烹调技巧，显得更有时代气息。

5 月，大赛将视参赛饭店和选手的厨艺水平，在中国杭帮菜博物馆举办若干期厨艺培训班。将来，这 20 道杭帮菜杭州知名饭店都要会做，且口味必须保持统一。

每桌总成本 2000 元以内 不提倡高档原材料 不准用人造色素、野生动物、鱼翅

据了解，本次大赛分杭帮菜烹饪大赛、宴席设计与服务规范技能大赛、西式（早餐）设计与制作大赛三部分，旨在推动杭帮菜国际化，提升杭州旅游饭店餐饮服务水平。

大赛从 2 月开始，吸引了 39 家宾馆酒店、98 个参赛团组，以及 375 名选手参赛。

据大赛工作组副组长、大赛裁判长胡忠英（中国十大中华名厨、高级技师、国家一级评委）介绍，每家参赛饭店都要制作 16 道具有杭州特色的菜点，包括 6 道冷菜、6 道热菜和 4 道点心；每桌总成本要控制在 2000 元以内，不提倡高档原材料，更不准使用人造色素、野生动物和鱼翅。

从具体要求来看，大赛希望在传扬杭帮菜历史文化和面向国际的现实需求中找到平衡。比如，菜点要求"既能做自助餐，又能当宴请菜"，适合西餐的各客菜（各客，即一位位地上菜）也占了不小比重。同时，传统杭州名菜、名点心，以及创新菜、创新点心，都成了"必考"项目。

最早的杭帮菜是"饭稻羹鱼"

杭帮菜的精髓就是精细随着大赛进行，一些原本模糊的"杭帮菜"的历史和标准，也渐渐被大众熟知。

"毋庸置疑，杭帮菜是很有历史和文化底蕴的。"胡忠英说，从杭州良渚文化遗址发现，数千年前的这片土地，就存在美食文化。那时，杭州人已懂得"饭稻羹鱼"，就是用稻米做饭，用鱼做羹，可以说这是最早的杭帮菜。

"烩不厌细，食不厌精"是杭帮菜的精髓。比如，同样叫"丝"，每个菜系的要求就不同。"有些地方菜，筷子粗细就叫'丝'了。在杭帮菜里，这样的'丝'只能叫'条'。杭帮菜的丝，一般粗细1毫米是最基本要求，也有要求0.5毫米或更细的。"胡忠英说，"油焖春笋则要劈柴块，炒制时才更入味，不能太精细。"

宴席设计大赛特等奖作品

融入了西湖一年四季的风景

昨天，省委书记、省人大常委会主任夏宝龙等饶有兴致地观看了比赛。

在宴席设计制作成果展示区，西湖国宾馆设计的"西湖·中国园"吸引了夏宝龙的注意。这个宴席设计获本次杭帮菜大赛特等奖。

作品以园林为主元素，中间是西湖造型的瓷垫，上面的景物非常逼真，两个孩童正把风筝放到天空上去，一株荷花开得粉艳；两座龙泉青瓷制作的假山上，一座斜插着柿枝，火红的柿子挂满枝头；一座探出一枝傲雪寒梅，开得正艳。

西湖国宾馆宴会厅经理助理张亮说，这件作品融入了西湖一年四季的风景，"春有风筝夏有荷花，秋有红柿冬有傲梅"，就像一幅缩小版西湖风物图。不仅看起来美，作品用材也很讲究，两个放风筝的孩童和荷花，是用面和糖做成的，表现的是杭州传统的面塑和糖艺工艺。餐巾是杭州产的真丝，餐具是龙泉青瓷，都是浙江、杭州的传统工艺和元素。

夏宝龙勉励杭州旅游饭店和餐饮行业发扬光荣传统，练好传统菜基本功，同时积极推陈出新，不断创新烹饪技法，把杭帮菜传承好，使杭州菜、浙江菜在全世界发扬光大。宾馆饭店业是服务G20峰会的一线窗口，希望大家利用峰会契机进一步提升菜品制作技能、服务保障技能，全面提升餐饮服务水准，向全球嘉宾、向全体市民展示杭州的独特韵味。

赵一德、陈金彪、张鸿铭等一同观摩。

【文章来源】殷军领、吴轶凡：《杭帮菜大赛推选出20道最具杭州特色菜点》，《都市快报》2016年04月23日

97. 杭帮菜香，百姓食堂

　　北京人口中的胡同，老杭州人称之为弄堂。弄堂是最市井的平民生活写照，弄堂里的美食自然也是老百姓爱吃的。老杭帮菜并不花哨，而是低调、接地气，却滋味醇厚。一壶绍兴老盘醉蟹，吃美了以后，来一碟臭豆腐过过嘴瘾，再叫上锅咕嘟冒热气的香芋头，沙沙的酱汁里可以吃出五花肉的香味，拿来拌米饭最好了。最重要的是，弄堂的市井生活一定要好吃不贵，才能堪称"好食堂"。

醉蟹

主料：

湖蟹（150 克 / 只）	10 只

辅料：

陈皮	150 克
姜	200 克
茴香、丁香	各 50 克
香叶、香茅草	各 50 克

调料：

生抽	500 克
五年陈花雕酒	1000 克
冰糖	200 克
酱油	150 克
高度白酒	300 克

　　制法：将湖蟹洗净，加入高度白酒翻拌均匀，擦干白酒汁待用；将辅料、除高度白酒之外的调料加入盛器内搅拌均匀，放入湖蟹，浸泡 3 天左右即可。

　　制作关键：湖蟹需选用 150 克左右的母蟹；白酒翻拌蟹身后，需擦干白酒汁，以免影响口感。

　　点评：酒香袭人，毫无腥气，蟹膏黏牙，酱香微甜，好吃到根本停不下来。

红烧臭豆腐

主料：臭豆腐适量。

辅料：肉末 50 克，红椒粒适量。

调料：二汤 200 克，菜籽油 150 克，猪油 150 克，酱油 25 克，白糖 10 克，味精 10 克，醋 10 克，葱花、蒜末、姜末各 25 克。

制法：将臭豆腐洗净，用干布擦净水分；锅入菜籽油烧至四成热，下臭豆腐煎至两面金黄并结壳，待用；炒锅置火上，入猪油烧热，下肉末、蒜末、姜末煸香，加入调料，下入臭豆腐块，旺火煮沸后转小火，收汁，烹米醋，装盘，点缀葱花和红椒粒即可。

制作关键：须选用杭州当地的蒸臭豆腐，煎制时要不停转动炒锅，以免粘锅；收汁起锅，需烹入米醋以增加香味。

点评：杭州老百姓最爱的一道菜，闻着臭，吃着香。

皮儿荤素

主料：豆腐皮 9 张。

辅料：熟鸡肉、虾仁（浆好）、猪瘦肉、熟猪肚各 50 克，熟笋片 30 克，水发肉皮 100 克，水发木耳 15 克，葱白 3 克。

调料：熟菜籽油 500 克（约耗 75 克），熟猪油 150 克，酱油 15 克，绍酒 5 克，盐 1 克，白糖 1 克，味精 1.5 克，湿淀粉 25 克，白汤适量。

制法：将鸡肉切成 3 厘米长的条块，肉皮切成 5 厘米长的条块，猪肚、猪瘦肉、笋分别切成 4 厘米长的片，豆腐皮叠齐切成 6 块、抖散，待用；炒锅置中火上，入菜油烧至五成热，下豆腐皮炸至金黄，捞

出沥油；另起炒锅置旺火上烧热，入油烧至四成热，下虾仁划散，倒入漏勺沥油；原锅留底油15克，入葱白、猪瘦肉片略煸，加绍酒、酱油、盐、白糖调味，放入鸡肉、猪肚、竹笋、木耳、肉皮和白汤烧沸，下炸好的豆腐皮烧制片刻，加味精，用湿淀粉勾芡，颠动炒锅，浇上烧化的猪油，装盘，撒上虾仁即可。

制作关键：豆腐皮需要炸至金黄色；收汁时，动作要快，以防豆腐皮粘锅，影响出品。

点评：虽是家常小炒，但配料丰富，鲜味十足。

虾油拼盘

主料：鸡1只（约1500克），五花肉1500克。

调料：舟山虾油汁500克，五年陈黄酒500克，鸡汤650克，盐50克，味精5克，葱15克，姜5克。

制法：将鸡宰杀治净，放入沸水锅中汆2分钟，取出洗净血污，再放入锅中加清水浸没，旺火烧沸后转小火焖约20分钟，离火待其冷却，将鸡取出沥干水，改刀成大块；将五花肉入沸水锅中煮熟，捞出待用；将虾油汁、五年陈黄酒鸡汤、盐、味精调

匀，放凉，下入鸡块、五花肉浸没，封口入冰箱存放1天，食用时取出装盘即可。

制作关键：选用当年新阉肥嫩雄鸡，煮鸡时应大火煮沸，再改用小火以焖煮，以免鸡肉发柴。

点评：虾油汁的味道非常突出，鸡肉细嫩，五花肉香而不腻。

卤鸭

主料：净肥鸭1只（约2000克）。

调料：姜5克，桂皮3克，葱段15克，酱油350克，绍酒50克，白糖250克。

制法：将鸭子洗净，沥干水分待用；将姜块拍松，桂皮切成小块，待用；

锅入白糖 125 克、酱油、绍酒葱段、菱块，加清水 750 克烧沸，放入鸭子，中火煮沸，撇去浮油，卤煮至七成熟时，加入白糖 125 克继续煮至原汁色泽红亮浓稠，用手勺不断地将卤汁淋浇在鸭身上；将鸭起锅，冷却后，斩成小条块装盘，上桌前浇上卤汁即可。

制作关键：需选用当年嫩鸭，不可选用过于肥的鸭，以免影响口感；煮鸭的汤水要一次性放足，卤到七成熟时，需捞出，加白糖收汁。

点评：汤汁稠浓醇，肉质鲜嫩香甜。

螺蛳鲫鱼

主料：鲫鱼 1 条（约 400 克）。

辅料：螺蛳 200 克。

调料：二汤 400 克，菜籽油 150 克，猪油 100 克，葱段 50 克，姜片 35 克，蒜末 50 克，黄豆瓣酱 50 克，郫县豆瓣酱 50 克，酱油 50 克，白糖 25 克，盐 10 克，味精 10 克。

制法：将鲫鱼洗净，剞一字刀待用；炒锅烧热，入菜油、猪油烧至六成热，放入鲫鱼煎至两面金黄，出锅；锅留底油，入葱、姜、蒜煸香，下入其余调料，放入鲫鱼，旺火煮沸后转小火，加入洗净的螺蛳，大火收汁即可。

制作关键：螺蛳需在收汁时加入，以免煮制时间过长，影响口感。

点评：嗍田螺是杭州人闲暇时爱做的事情，螺蛳选用塘螺，肥美饱满，嗍的时候连汤汁一起吸入。

香芋煲

主料：广西荔浦芋头 400 克。

辅料：熟猪五花肉 150 克。

调料：酱油 100 克，蚝油汁 50 克，猪油 100 克，味精 25 克，葱花 25 克，二汤 500 克。

制法：将芋头去皮、洗净，改刀成1 厘米厚的大片待用；熟五花肉改刀成薄片待用；将芋头片与五花肉片间隔码入砂锅里，加入二汤、酱油、蚝油汁、猪油，上火煮沸，烧至芋头软烂即可。

制作关键：收汁时需转动砂锅，以免粘锅结底，影响口味

点评：选用广西荔浦芋头，口感软糯，入口回甜，芋头浸满了肉汁，汤汁浓郁鲜香。

杭椒倒笃菜

主料：杭椒 400 克。

辅料：坛装倒笃菜 200 克。

调料：菜籽油 150 克，白糖 100 克，盐 15 克，味精 10 克。

制法：将杭椒去蒂洗净，擦净水分待用；将倒笃菜改刀成粗末待用；锅入菜籽油烧至六成热，加入杭椒煸炒至呈干瘪状，加入倒笃菜，翻炒均匀，加白糖、盐、味精调味即可。

制作关键：待杭椒煸至微黄时再加入倒笃菜，炒制过程中切忌加水。

点评：当地特色菜肴，对食材的选择要求严格，需选用杭州本地椒，倒笃菜需选用绍兴坛装菜，此菜干香入味。

大厨小贴士

倒笃菜：浙江建德市农村传承几百年的传统农家莱，通过手工腌制而成。所用的原料是俗称的"九头芥"莱。传统手工制作是将九头芥经过清洗、晾晒、堆黄、切割、加盐揉搓、倒笃、发酵腌制等一系列工序加工而成。

【文章来源】马坤山：《杭帮菜香，百姓食堂》，《中国烹饪》2016年第4期

98. 杭帮菜中的开封风味

带几个朋友去吃一家杭帮菜，服务员推荐了一道特色菜——外婆家的疙瘩汤，品尝之后大家都觉得很好，说是吃出了小时候的味道。咱是中原开封，人家是南方菜系，怎么会有似曾相识的味道呢？凭良心说，我认为那盆汤与母亲做的"根搭菜"（音，一种青菜名）汤有些相似。不过人家这菜名说得也对，"外婆家的疙瘩汤"，对于杭州而言，开封不就是南迁宋人的"外婆家"吗？在异乡的开封人，依旧说着开封话，带着开封味儿。学者把杭州称作中原在江南的语言飞地，依据是杭州话中突兀的儿化音。"总有一种味道，以其独有的方式，每天三次，在舌尖上提醒着我们，认清明天的去向，不忘昨日的来处。无论脚步走多远，在人的脑海中，只有故乡的味道熟悉而顽固。它就像一个味觉定位系统，一头锁定了千里之外的异地，另一头则永远牵绊着记忆深处的故乡。（《舌尖上的中国 2》）"在杭州城，一碗片儿川是北派面食习惯的延续。面的浇头主要由雪菜、笋片、瘦肉丝组成，鲜美可口。

故乡滋味最难忘

"欢门"，有的店专门卖各种面和馄饨，更有"荤素从食店"还卖四色馒头、细馅大包子、生馅馒头、菊花饼等诸色点心。中原人偏安江南，北方的面食随之也"入侵"江浙。最可笑的是，北宋时期由于开封风尘大，人们在吃笼饼、蒸饼时有去皮的习惯，到了南宋临安，这里的市民依旧依照葫芦画瓢，仿效北方人去皮而食。

我一直无法想象南渡的开封人在江南是如何度过思乡之痛的，月圆之夜的钱塘江潮来潮往，北望中原的臣民是否抑制住怅望东京城那汪已经望穿了的秋水。我想起 20 多年前我毕业初期曾到江浙一带求职，鱼米之乡的丰腴美食我很不习惯，那段日子我想念的是母亲的手擀面，厌倦的是天天大米饭。我仅仅南下两周，而不是两年甚至更长时间就很不适应了。多年之后，阅读《东京梦华录》《梦粱录》等书常常掩卷沉思：他们，要经历多少故乡食物记忆的折磨而华发早生啊。

在南宋杭州，都城食店多是效学旧京开封人开张。"旧京工伎，固多奇妙。

即烹煮盘案，亦复擅名。如王楼梅花包子、曹婆肉饼、薛家羊饭、梅家鹅鸭、曹家从食、徐家瓠羹、郑家油饼、王家乳酪……皆声称于时。若南迁，湖上鱼羹宋五嫂、羊肉李七儿、奶房王家、血肚羹宋小巴之类，皆当行不数者也。（《枫窗小牍》）"南迁的开封人不仅在临安开设酒楼、茶肆、食店，还把中原的烹饪技艺带到了江南。寓居江南的开封人，满脑子想的都是收复失地重返故乡，满肚子盘算的都是故乡哪种食物最好吃，哪家食店最美味。《都城纪胜》里记临安食店时说："其余店铺夜市，不可细数。如猪胰胡饼，自中兴以来只东京脏三家一分，每夜在太平坊巷口，近来又或有效之者。"据《梦粱录》卷十八《民俗》记载："杭城风俗，凡百货卖饮食之人，多是装饰车盖担儿，盘食器皿，清洁精巧，以炫耀人耳目，盖效学汴京气象。及因高宗南渡后，常宣唤买市，所以不敢苟简，食味亦不敢草率也。"

宋高宗禅位于孝宗之后，退居德寿宫，常常以汴京传统菜肴招待前来慰问的孝宗和旧臣。淳熙五年（1178）二月初一，孝宗亲自到德寿宫问安太上皇，赵构就派内侍到民间市场上去买汴京人制作的菜肴，中有李婆杂菜羹、贺四酪面、臧三猪胰胡饼、戈家甜食等。宴会时高宗还特别对客人说明"此皆京师旧人"的名菜。如遇传统节日，宫廷也常常"宣押市食"，吃汴京风味的点心。

临安的大茶坊都张挂名人书画，在开封只有熟食店挂画，"今茶坊皆然"。（《都城纪胜》）周煇在《清波别志》卷二中十分感慨地说道："煇幼小时，见人说京师人家，日供常膳，未识下箸。食味非取于市，不属厨。自过江来，或有思京馔者，命仿效制造，终不如意。今临安所货节物，皆用东都遗风，名色自若而日趋苟简，图易售也。"

即使是那些卖零食糖果的走街小贩，也精明地追逐时尚，连卖糖的也效仿开封过去产品的模样。那些曾被皇帝品尝过其食品的商人更是洋洋自得，连在叫卖声音上也变成了开封口音："更有瑜石车子卖糖糜乳糕浇，亦俱曾经宣唤，皆效京师叫声。（《梦粱录》卷十三《夜市》）"就连早上"买卖细色异品菜蔬"的小商贩也是"填塞街市，吟叫百端，如汴京气象，殊可人意"。他们叫卖的声音都是开封味儿。

在当时的杭州街头，随处可以看到开封人开的饭店，"是时尚有京师流寓经纪人，市店遭遇者，如李婆婆羹……"南渡之前，在北宋京城就有了南食面店、川饭分茶，"以备江南往来士夫"。而在南宋的临安，竟然有专门的面食店，门口也是五彩装饰的。

杭帮菜就是"南料北烹"

在杭州，我们可以找到开封的味道。西湖醋鱼，又叫"叔嫂传珍"，一向为人们称道，被认为是游览西湖时必须要吃的菜肴。相传在南宋时，杭州西子湖畔有姓宋的兄弟俩，哥哥已成家，以捕鱼为生，供弟弟读书。一天，贤淑美丽的嫂嫂受到当地恶霸调戏，宋家大哥前去理论，不料却被恶霸活活打死。为了报仇，叔嫂一起到衙门喊冤告状，反遭毒打。他们回家后，嫂嫂只好让弟弟远逃他乡，叔嫂分手时，宋嫂特用糖、醋烧鲩鱼一碗，对兄弟说："这菜有酸有甜，望你有朝一日出人头地，勿忘今日辛酸。"后来，宋弟抗金卫国，立下战功，回到杭州惩办了恶棍。但一直查找不到嫂嫂的下落，一次外出赴宴，他见席上有一道菜正是醋熘鱼，便刨根问底，原来烹制这醋熘鱼的厨娘正是宋嫂。后来，醋熘鱼便随着这故事广为流传，成为杭州的一道传统名菜。还有一则故事说宋高宗闲游西湖，吃了宋五嫂做的鱼羹，竟然吃出了汴京味儿，勾起他的乡情和对故国的怀念。暂且不去考证这宋嫂和宋五嫂是不是一个人，他们把鱼肉做成了乡愁，抵挡不住漂泊在四方的脚步都朝着一个方向。

《舌尖上的中国2》第五集《相逢》中说："杭州小笼包拷贝的是古代开封的工艺，猪皮冻剁细，与馅料混合，皮冻遇热化为汁水，这正是小笼包汤汁丰盈、口感浓郁的奥秘。"大宋南迁之后，开封的传统烹饪技术、风味制作的方法随之传入临安，很快被当地人所采用。杭帮菜就是融合了南下"京师人"所带去的烹饪方法，采用了"南料北烹"的制作方式，既保留了江南鱼米之乡的特色和优势。又满足了南渡臣民北望中原的思乡情结，把中国的古代菜肴发展到了一个新的高峰。两宋文化一脉相承，只是地域的不同，多种文化再次交织再次交融，"南渡以来，几二百余年，则水土既惯，饮食混淆，无南北之分矣（《梦粱录》卷十六）。"

我想在郑徐高铁正式开通之后，凑个时间，在西湖小住时日，真正品味两宋饮食文化的变迁和传承。

【文章来源】作者不详：《杭帮菜中的开封风味》，《汴梁晚报》2016年7月23日

483

99. 一碗拉面，折射杭州餐饮的升级

就在今天，北京王府井 APM 里有一家名为哺哺拉面的小店正式营业了。昨天，记者提前坐高铁去探营，并与创始人斋藤直树面对面。一家拉面店缘何如此兴师动众？首先，哺哺拉面在日本挺有名，在 2015 年和 2016 年连续被米其林评为上榜餐厅。更特别的是，这是杭州人吴国平把他们开到中国来的。对，就是前两天在里约为孙杨加油的外婆家吴国平。

哺哺拉面在 APM 的 5 楼，餐厅是半开放的，很日式的木制装修风格。店不大，约 60 个餐位，操作台周围还有一圈单人位，坐在这里能亲眼看到帅哥手下一碗面是怎样做成的。

据介绍，米其林餐厅评选有严格的规定，70% 是食品的味道。哺哺拉面的菜单挺简单，除了小食刨冰等，拉面只有 7 款，即便顶着米其林光环，也没有卖成天价。招牌的盐味拉面，售价 42 元。最贵的两款是特制白松露拉面以及黄金芝士拉面，售价是 68 元。

不同于豚骨拉面的厚重，盐味拉面清澈的汤头让人眼前一亮。斋藤告诉记者，盐味拉面用的是鸡骨汤，整只土鸡炖煮 8 小时，不放任何调料，汤泽明亮，回味绵长。

再来说面条，口感爽滑筋道，辅以笋丝萝卜丝叉烧溏心蛋等经典配菜，完美。斋藤透露，从中国市面上可以买得到的上百种面粉里精挑细选，最终选出 3 种，并按一定比例混合，生面压制成型后，吃起来口感很弹。

即便是最简单的调料品——盐，斋藤也是反复试验，最终确定将日本冲绳海盐及四川自贡的矿盐，两者按一定比例融合，吊出汤头的那份醇厚感。

日本人做事，最打动人心的，是那种匠人精神。斋藤研制了近一年，第一碗米其林拉面终于来到我们身边。

在去年 8 月出版的 2016 年东京米其林红宝书中，有 217 家餐厅上榜，其中位于东京都品川区旗之台的一家 Bum Bun Blau Café（哺哺）的拉面店，第二次上榜。

"其实到现在，我也不知道米其林评审长什么样。"斋藤先生今年 44 岁，

从事拉面不过 9 年，上过的电视节目超过 69 次，可以说是日本拉面界新生代的代表人物。他告诉记者，米其林的评价是：摒弃各种调味料，坚持将食材最鲜明的味道通过科学的方式释放出来，制造出独特口味。

用烹饪手法来看，斋藤用的是法式分子料理当中的低温手法。以熬汤为例，整个过程中汤头不沸腾，温度要控制在 60—92 摄氏度。其间大厨不断搅拌过滤，并在各个温度点不断加入蛤蜊、香菇、鲭鱼、墨鱼须等 20 余种山珍海味，这样的低温慢煮，能最大程度保留食材原始口感以及营养元素。

斋藤所用的设备也非常现代化。他告诉记者，自己熬汤需要在一只特别的真空低温水浴锅中进行，上面自带一个显示屏，能预约时间，还能显示实时温度，水浴锅的售价 20 万元。斋藤说，哺哺拉面已制定出严苛的标准，所有拉面从出锅到上桌，中间不能超过两分钟。

记者手记

餐饮大佬们的新式升级

这些年，虽然门店越开越多，生意越做越大，但在吴国平的内心，一直对于日本的匠人精神心驰神往。他在 2015 年初就成立一支"美食别动队"，前后十余次飞日本，吃了不下上百碗的拉面，接触了几乎所有上榜的拉面店的公司或创始人。

吴国平告诉记者，斋藤希望自己的拉面能在更多的地方开枝散叶，而外婆家有志于将更好的美食带到中国，双方一拍即合，才有了后来的"姻缘"。于是外婆家独家买断"哺哺拉面"日本以外的海外经营权。

日式拉面是此前外婆家从未涉猎的品类，对这家店，吴国平挺谨慎。最快明年在上海开出第二家门店。

一位餐饮业内人士告诉记者，目前餐饮龙头企业的扩张升级，主要三条路：一是推副牌，这一点杭州的外婆家有许多成功案例。二是走出去。海底捞在美国、韩国、新加坡都有店。前段时间，甘其食刚刚把门店开到美国。最新一招就是请进来，按照吴国平的计划，哺哺拉面明年预计开 3 至 5 家。而这也将一举打破大家的传统印象，提到杭州餐饮，再也不仅仅只有西湖醋鱼、东坡肉了。

【文章来源】陈婕：《一碗拉面，折射杭州餐饮的升级》，《钱江晚报》2018 年 8 月 12 日

100. 忆杭州，怎不忆杭帮菜——访中国杭帮菜博物馆

江洋畈，以前是堆西湖淤泥的地方；杭帮菜博物馆，就建在淤泥之上。

临钱塘江畔，栖凤凰山下，扎根西湖沃土，嵌入湿地草丛。览佳肴历史，纳南北精华；品满席美味，悟文化精髓。

于闹市旁隐居半日，本报记者走访中国杭帮菜博物馆，不虚此行。

300道"菜品"以假乱真

杭帮菜博物馆分两层展区，由专业展陈馆、"钱塘厨房"、"杭州味道"和"东坡阁"四大区域组成。利用科技手段，综合文字、实物、模型、雕像、场景等多元要素，生动展示了从良渚时期到现代社会各个时代杭州人的日常饮食，活脱脱一部生动的杭帮菜史。

一圈看下来，馆内300道菜品和点心模型当真诱惑人，其制作工艺精良，惟妙惟肖，难分真假。特别值得一提的是，一些大家耳熟能详的历史名宴都得到了"真实"还原，如"康、乾南巡御膳""杭州将军府满汉全席"等，简直让人大饱眼福，口水直流。

浙江工商大学中国饮食文化研究所所长赵荣光教授，是中国内地食学界公认的"中国饮食文化的对外代言人"。这个博物馆的布展设计是由赵教授操刀的。

他说，杭帮菜博物馆所回答的就是这样一条主线，杭帮菜博物馆究竟要告诉参观者哪些内容？这里有一个金字塔，顶端是杭帮菜，往下是浙江菜，然后是下江菜，最后是中国菜。"下江"这个概念，在地域上基本包括了江浙两省和安徽大部分，这个概念在东汉末期就有，在地理位置上基本对应的就是扬子江流域。至少自12世纪初以来，中华文化的地域重心就实现了自黄河中游中原一带向长江下游地区的转移，到了19世纪，"天下食书出下江"正是以杭州等中心城市为代表的烹饪技艺、市肆餐饮、民族饮食文化厚重积淀、持续发展的逻辑结果。杭帮菜文化的辉煌是有悠久历史的。

杭帮菜博物馆馆长戴宁介绍，该馆仿真菜制作，光从历史文献记载中还原的点心就有90多种，其中二十四节气点心当数其中精华，有立春时节的枣糕、

雨水时节的四色馒头、立夏时节的阿弥糕、霜降时节的春兰秋菊露等，都是以前杭州人适时吃的。

很多失传的菜肴，也被复制展示了出来。譬如有一道菜叫"云林鹅"，清代袁枚所著的《随园食单》中有记载，很精妙。

"整鹅一只，洗净，用盐三钱擦其腹内，塞葱一帚，填实其中，外将蜜拌酒通身满涂之。锅中一大碗酒、一大碗水蒸之，用竹箸架之，不使鹅近水。起锅时，不但鹅烂如泥，汤亦鲜美。"

知味观·味庄副总经理刘国铭对这道菜进行了深入研究，从烧制工具到盛放器皿都下足了工夫，历经数月的不懈努力，最终完成。

传统杭帮菜信史可据

东坡肉太有名了，博物馆工作人员说，因为菜模做得太像东坡肉，被参观者弄走好几个。宋嫂鱼羹，这个菜在南宋就有文献根据，宋以后直至民国，都有文人的笔记或者相应的资料来佐证，确实是流传下来的菜，而且它是一个南北结合的菜。

东坡肉、宋嫂鱼羹都是有信史依据的传统杭帮菜，当然它们也都经历了适应人们口味与观念需求的与时俱进的演变，它们的最初形态、明清时期与民国时期的模样、今天的典型形态，都应当在博物馆中向观众展示，餐饮人、社会大众、各种专业工作者都能在这些再现不同历史时期的菜模前得到启悟。

杭州将军府满汉全席是博物馆的一个主题。人们总想知道"满汉全席到底有多少菜？"

赵荣光介绍说，满汉全席是光绪时期清代官场筵式，有相对稳定的模式和不可或缺的品种两大特点：燕翅加烧烤是相对稳定的模式；不可或缺的品种则是烤猪、烤鸭、燕窝、鱼翅、海参以及鲍鱼、江瑶柱、鱼唇、鱼肚、乌鱼蛋等另外 5 品海鲜。所谓"满汉全席"，就是海八珍与烧烤全席。慈禧太后时期宫廷流行的无上上品"添安宴"总共的菜和点心也只是 24 品。

据了解，杭帮菜最早可以追溯到《史记·货殖列传》中对"楚越之民""饭稻羹鱼"的记载，但随着时代发展不断创新。

炒虾仁、贴金钱、蜜火腿、炖海参、八宝鸡、七彩挂面、官燕鸡面……这些菜名看了是不是要流口水？这份菜单，是宋寿宴中的杭帮菜，目前"躺"在杭帮菜博物馆里。

在良渚时期，杭州人已经懂得"饭稻羹鱼"。所谓"饭稻羹鱼"就是用稻米做饭，用鱼做羹，可以说这是最初级的"杭帮菜"了。吴越也是杭帮菜发展的另一个高峰。

到了南宋，花样就更多了，都城临安（杭州）是当时闻名于世的中国第一大都会。史料记载，当时杭州城内外有17处著名的食料交易市场，当时的皇宫里还专门设了"四司六局"管理膳食，这说明当时"杭帮菜"的制作管理已经相当专业了。

到了清朝，杭帮菜已经达到了很高的水平：根据保存下来的乾隆西湖行宫御膳食谱，乾隆在西湖行宫里吃过红白鸭子攒丝、炒鸡肉片炖豆腐、蜂糕等。这些虽然不是地道的杭帮菜，但是也融合了精致清淡的江浙口味。

发展到2008年，杭帮菜大厨们甚至走进了联合国，给各国政要烧起了地道的杭帮菜。

杭帮菜80年前已成名

该馆工作人员介绍，杭帮菜十几年前热遍中国，业界有一个说法叫"抢滩上海"。但是，人们忽略了一个重要史实：杭帮菜在上海走红不是改革开放以后，而是20个世纪30年代，"上海的后花园"的说法在那个时候就已经是事实，那时沪、杭两市联系比现在还要紧密。江南酒家、知味观等名店已经在上海驰名，南京路十字路口上就有店，大报广告号称"早午名茶，精制细点……著名杭菜专家……"，过去可没有把某一个厨师称为"专家"的，那个时候叫专家可不得了，20世纪30年代杭菜就以专家名响九州，更借西博会热遍上海滩。

杭帮菜博物馆由A区展示陈列馆、B区钱塘厨房、C区杭州味道、D区东坡阁四大结构组成，应当说博物馆元素覆盖了全部四区，而A区则是主展区。重要食材、食物、重大事件、重要人物，组合成从田园、灶房到餐桌的杭帮菜文化主旋律的大乐章，具体分为禹入裸国、始皇南巡、苏小情会、白元唱和、雷峰起造、东坡浚湖、岳府望月、山家清供、周新悬鹅、于谦闻教、康乾南巡、食圣袁枚、廿四节食、西博盛会、杭帮菜热等等。

该馆借助考古研究等多学科的成果，还原大禹途经西湖地区的历史事件，展示4000年前杭州先民的食生产与食生活。对大禹当时的身材、肤色、神态、表情等做了严格的考证和推断，大禹年龄约 55 岁，身高在 1.82 米左右。秦始皇南巡，是有确切的历史根据的，他比大禹晚约 2000 年。博物馆借助始皇南巡这一重大历史事件，再现了那一时代的礼食制度、烹饪水平、食材种类与食品形态，展示出 2000 年前杭州地区的菜品文化历史风貌。

【文章来源】陆培法：《忆杭州，怎不忆杭帮菜——访中国杭帮菜博物馆》，《人民日报（海外版）》2016 年 12 月 31 日

101. 杭帮菜掌门人胡忠英亮相《朗读者》

　　昨晚登场的第十期《朗读者》主题词是"味道"，杭州人看着特别亲切，因为有杭帮菜掌门人胡忠英。这次胡大师出场的身份也格外隆重，字幕打出的头衔是：G20杭州峰会餐饮文化组组长。据说胡忠英上《朗读者》，是董卿亲自点的名，也是她心中这一期的重头戏。

　　胡忠英的节目是3月22日晚上录的，一共录制了40分钟，所以有很多精彩花絮没有放出来。

　　比如上场前，胡忠英在化妆室吃了一盒工作盒饭。候场时，节目组有个刚结婚的小姑娘拿了笔和本子，来请教胡忠英怎么做菜。胡忠英隆重推荐了杭州的湖羊酱油，手把手地教她做蒜蓉鱼片。

　　直到演播间里，胡忠英和董卿才第一次见面。"当时董卿用杭州话和我问好：'你是杭州人？'我也用杭州话回她：'你的杭州话讲得蛮好嘛。'董卿说她在杭州待了五年。我问她有没有吃过南方大包，她说想不起来了。后来她嘉兴话出来了。可惜摄像师说没录进，第二遍她就改别的台词了。"胡忠英说。

　　节目录完，董卿还和胡忠英约好："下次我来杭州吃鳕鱼狮子头。"这道菜是G20菜单上的，"因为很多老外吃不来鱼刺，所以用鳕鱼做。"

　　胡忠英在解密G20菜单时，全场观众都听得咽口水，像龙井问茶，把猫耳朵做成茶叶的样子，好看到不舍得吃；桥与荷，简直马上可以吟诗，"接天莲叶无穷碧"。

　　胡忠英说了3个70秒的秘诀，可以看出严谨的匠人精神："70秒把36盆菜装好。70秒18个跑菜生把菜送到，70秒放到手上。保温箱里都是85℃，盘子里也是85℃，每个细节都考虑到，在国宴上没有差不多的说法。"他朗读的是古龙的散文《吃胆与口福》，献给已故师父童水林。录制前，胡忠英一直担心自己的普通话："我在家里练了几天，夫人给我纠正，嚼是个多音字，我特地查了字典，在文章里念jué，开怀大嚼。"他一共念了两遍，第一遍有点快，董卿笑着问："要不再来一遍？刀功都练了十多年了，这朗诵再来一遍。"

胡忠英的师父也是他的岳父，叫童水林。童大师的故事也有一本书好写。

"他十三岁学厨，十七岁出师。去杨公堤的肺病疗养院做厨师，后来日本人打来了，他不肯逃，因为厨房里面粉这么多，他不舍得。日本人丢了颗炸弹，死了人，他吓坏了。逃走路上被一个军阀抓去做厨子，一路逃到重庆，一口气吃了十几碗担担面。后来军阀要去别的地方，他逃到南温泉躲了起来。在那边娶妻生子。抗战胜利后，他到南京，给陈果夫家烧菜。陈果夫吃菜，他站在后面看，什么菜没做好，主人不爱吃，他就知道了。解放后，他回到杭州，在南星桥开了家烧饼店，发誓不当厨子了。后来他给人家烧喜酒出了名，1958年望海楼开张，请他去当总厨。"胡忠英说。

胡忠英十九岁进望海楼，童水林四十八岁。"当时觉得他很老，现在看年纪一点不大。中午卖快餐，还有卤味。他每天两三点来烧，八九点回去睡觉。到下午四点再过来，六七点再回去。就住在望海楼边上，我跟他也是朋友，经常带人去他家里吃饭。"

童水林烧了两三年，交给胡忠英。"我每天朋友多，要玩到十二点，我睡觉不睡，直接去上班。卤味靠炖出来，四五个小时，蹄髈，猪肺，牛肉。切菜的来上班，我已经厨房都收拾好了。我都是按照师父做的。"

后来师父成了岳父。童大师有六个女儿一个儿子，胡忠英娶的是他的三女儿。胡忠英的结婚宴席，1979年摆了16桌，借了紫阳楼饭店的场地。他和另外两个朋友花两天用萝卜雕了20个雕花，有孔雀和喜鹊，非常漂亮。窗台上还用四喇叭录音机放邓丽君的歌，结果楼上摆喜酒，楼下好多人听歌曲，那个时候没听过这么好听的歌。

【文章来源】戴维：《杭帮菜掌门人胡忠英亮相〈朗读者〉》，《都市快报》2017年4月23日

102. 杭帮菜在银展示舌尖上的美味——银川杭州将开展餐饮合作

在银川德隆楼，一桌桌特色杭帮菜吸引了大家的目光。杭州卤鸭、西湖醋鱼、龙井虾仁……

8月24日晚，"杭帮菜·塞上行"美食品鉴会在银川德隆楼隆重举行。宁夏餐饮饭店协会、银川餐饮烹饪协会、银川市餐饮企业代表及市民代表共计120余人参加了品鉴会。

品鉴会通过现场品鉴、厨艺展示、宴席展示等，向银川餐饮界及市民集中展示了杭州美食的历史积淀、精湛技艺和创新技能。杭帮菜大师叶杭胜、董顺翔领衔，集结了杭州知名餐饮企业主厨，选取地方名宴的精华菜肴，组成了一桌色、香、味、形、器、质皆有特色的杭帮菜宴席，并邀请现场观众共同品鉴"天堂菜"的舌尖美味。

品鉴会现场，银川、杭州两地餐饮协会建立了长期合作机制，将在菜品互融、技艺互促、人才互训、管理互助等方面开展合作。据介绍，今后银川、杭州两市将积极拓展合作空间，创新合作方式，加强餐饮业交流合作，希望以冠江楼、新庭记为代表的"杭帮菜"尽快落户银川，以德隆楼为代表的银川餐饮将走进杭州。此外，银川市还将在发展本地特色餐饮的基础上积极引进特色餐饮，努力把银川打造成为西部独具特色的美食之城。

【文章来源】李靖：《杭帮菜在银展示舌尖上的美味——银川杭州将开展餐饮合作》，《银川晚报》2017年8月25日

103. 杭帮菜在宁波风生水起

最近几年，以外婆家、绿茶、炉鱼等为代表的杭帮菜在宁波大行其道，凭借精致的菜品、清淡的口味以及富有小资情调的餐厅布置，在宁波的餐饮市场上占据了一席之地，成为不少年轻人喜欢的就餐选择。

消费者

环境好 性价比高

市民小吕经常和朋友一起去印象城的外婆家吃饭，她告诉记者，那里环境不错，装修挺清新的，关键是价格不贵，人均消费 60 元左右。至于菜品的选择，他们一般都会点店里推荐的，比如红烧肉、鱼头和龙井虾仁等，味道还不错。

绿茶餐厅作为另外一家杭帮菜的代表，在年轻人中也有不错口碑。市民王先生认为，绿茶的装修风格比较小资，有点茶餐厅的感觉，又有江南小清新的感觉。关键是上菜速度很快，不需要等太久。基本上每次去点的也是油爆虾、茄子煲、烤肉等招牌菜，人均消费在 50 元左右。

模式

采用中央厨房　服务标准化

据了解，外婆家采用的是连锁经营的方式，目前在宁波地区已经拥有了近十家门店。其旗下的子品牌炉鱼也有 3 家门店。绿茶在宁波也有 2 家门店。所有这些连锁的门店都是在像万达、印象城、世纪东方这样的大型商业综合体之中。

外婆家印象城店的聂经理介绍，他们采用的都是中央厨房的集中供料方式，这样就可以大大提高效率和标准化，从而保证不同门店菜品口味的一致性，而且还能降低成本，最大限度地提高菜品的性价比。

辉煌

部分餐厅门口排长队曾是常态

由于性价比高、上菜快捷，近几年，杭帮菜在甬城经营得风生水起。

"比如在印象城四楼的外婆家，自开张以来，门口食客排队几乎每日可见。每逢周末，门口更是一大堆人，常常要等个把小时才能进场。"家住鄞州中心区的消费者陈女士说。

宁波甬邦餐饮联合会秘书长水锡峰也认为，新式的杭帮菜以连锁集团的方式进入宁波市场，给本地的餐饮带来了一定的冲击。

"现在外婆家旗下已经拥有指福门、第二乐章、炉鱼、锅小二、穿越、动手吧等近 10 个品牌，很多还没有进入宁波市场。足见这家杭帮菜企业的发展之快。"水锡峰说，"平价是其一大优势。杭帮菜精致的摆盘，对餐厅环境的重视，也是吸引消费者的重点。"

前景

口味清淡　难以成为主流

宁波市餐饮业与烹饪协会秘书长邵飞认为，传统的杭州菜口味偏清淡，而且以淡水鱼、家禽等为主料，和宁波人喜欢吃海鲜以及浓油赤酱的风格不太一致。几年前杭帮菜以单打独斗的姿态进入宁波市场，没有适应当地的口味，很快就销声匿迹了。最近几年的兴起，其实是经过了改良的杭帮菜，口味已经发生了一点变化。"但是杭帮菜的口味毕竟和宁波主流不太一样，从走势上来看，目前，包括外婆家在内，杭帮菜已经没有前两年那么火了，经营已经出现了下降趋势。"

邵飞认为，随着复合调料等兴起，现在宁波年轻人的口味越来越重，这也从侧面说明以清淡口味为主的杭帮菜敌不过这些以重口为主的川菜、湘菜、赣菜等外来菜系。

【文章来源】毛雷君：《杭帮菜在宁波风生水起》，《东南商报》2017 年 8 月 15 日

104. 杭帮菜翘楚弄堂里带你找回记忆中的味道

　　小时候的弄堂，一到饭点，飘出的是各家拿手好菜的香味，洋溢在充满欢乐和幸福的长长弄堂，那份深深的记忆一直在脑海中萦绕。

　　6 月 24 日，在杭州可谓家喻户晓的弄堂里餐厅终于落地大连，带来记忆深处那幸福的味道。弄堂里的卤鸡爪是点单最高的招牌菜，可谓是桌桌必点。浸润在酱红汤汁中浓油赤酱的鸡爪，甜糯弹韧。豉油甜虾盆栽里绿色的黄瓜清脆爽口，粉嫩的甜虾鲜甜酥脆，搭配起来色彩明亮，味道更是让人食指大动。招牌牛蛙煲，肥美的牛蛙，搭配慢火炖煮的鸡爪，口感香糯，汤汁浓郁醇厚，一口鸡爪，一口牛蛙，好吃得停不下来。私房泡菜鱼，私房二字意味着独一无二的特别，秘制的爽口泡萝卜，脆嫩包心菜，因为有了鱼肉的加入，其味道更是锦上添花。

　　泡菜的酸爽和鱼肉鲜嫩混合在浓稠的汤汁里，加上藤椒和尖椒的麻辣点缀，仅仅是汤汁，就能让你吃下好几碗饭。最后再介绍一道沿海一带餐桌上最家常的风味——梭子蟹炒年糕，梭子蟹与年糕的相遇，成就了一道色香味俱全的佳肴，梭子蟹肉质细嫩，鲜肥无比，年糕咸鲜爽口，嚼劲十足，吃上一口就忍不住吮指，回味无穷！新店开业，优惠多多。即日起至 7 月 27 日，弄堂里"十六道风味五折享"，周一至周四每天一道特色菜，道道经典，超值美味，所以别光听我说，你要去尝鲜……

　　【文章来源】作者不详：《杭帮菜翘楚弄堂里带你找回记忆中的味道》，《大连日报》2017 年 7 月 4 日

105. 杭帮菜"当家花旦"带来秋日舌尖盛宴

作品名称：赏西湖 喝龙井 吃杭邦菜

创意说明：
　　标识以杭州著名景点西湖"三潭印月"、"拱桥"为设计元素，体现杭州地域特色；字母"C"代表菜，突出杭邦菜主题，具有中国文化特色的"印章"中衬托出"菜"字，强化了"杭邦菜"独特性。
　　西湖"三潭印月"是杭州十景之首，具有代表性，体现出杭州地域特色；"拱桥"，体现出杭州江南水乡的内涵；抽象的鱼，体现杭邦菜元素；作品设计构思新颖、笔法工整、意境深远，契合杭邦菜遵从"选料讲究、制作精细、口味清淡、因时而食、历史悠久"的杭邦菜内容相致。
　　标识简洁大气，主题鲜明，构思新颖，色彩明快，内涵深刻，具有较强的艺术感染力和视觉冲击力。

C64M3Y100K0	C0M100Y100K0	C78M37Y7K0	C0M0Y0K100

　　宋代文豪苏轼曾形容"天下酒宴之盛，未有如杭城也"。传统的杭帮美食延续至今，吸纳了江南水乡的清美气质和历代文人的灵秀风骨，成就色、香、味、形、器、质兼美的江南风味。

　　杭州从来不缺美食。如果食客想一次性集齐最特色的本帮美食，唯有一年一度的美食盛会。10月27日—29日，2017第十八届中国（杭州）美食节在杭州西城广场举行，以"食在杭州、别样精彩"为主题，由中国饭店协会、杭州市人民政府主办，杭州市商务委员会、杭州市西博办承办。

　　中国（杭州）美食节，成为杭州这座城市展特色、树形象、聚人气、促消费的美食品牌活动，是杭州市民和游客一年一度的秋日狂欢。短短三天的美食节，吸引了近 40 万游客和市民参与，展览展销成交额超过 155 万元。

美食节连续举办十八年

手机移动支付覆盖全场

自 2000 年以来，杭州市已经连续十八年成功举办中国美食节。

从最初单一、单纯的美食大聚会，到如今谋求多元化、谋划城市品牌定位的美食盛会，这场每年备受期待的盛会，不仅是杭州特色美食集中展示的平台，也是杭州打造"世界名城"的生动注解。

本届美食节从先期筹备开始，就以"舌尖的狂欢、市民的节日"为主线，立足于挖掘杭州传统美食文化的精髓，以政府主导力、企业主体力、协会推动力、媒体影响力四力合一，以精品展示、各色美食体验、餐饮峰会研讨等多种形式，集结杭州的餐饮企业、覆盖全国各地特色美食，让餐饮走进市民、美食贴近消费者，杭州特色名优名店、美食小吃交相辉映，共同演绎了这场饕餮大宴。

开幕式现场，中国饭店协会常务副会长兼秘书长陈新华表示，杭州作为全国餐饮的发达城市，餐饮品牌众多，名菜、名店、名厨汇聚，尤其是大众餐饮、文化餐饮、线上线下等新业态、新模式的发展，引领全国餐饮业的转型升级，为全国餐饮业的平稳发展作出积极的贡献，每年定期举办的中国美食节，可以说功不可没。

"餐饮业的转型，归根结底还是要回归到接地气的大众消费，才能吸引更多的消费者。"杭州市商务委员会相关负责人表示，结合餐饮的形势和消费者的需求，近年来美食节一直是杭城关注度最高的活动之一，通过丰富多样的活动形式，增强体验度、挖掘美食文化，进一步推广杭帮菜，是杭州立足当下的务实之举。

美食节期间，杭州市商务委员会与支付宝展开线上、线下的深度合作，支付宝扫码支付覆盖每一个展位。同时，支付宝还专门为此次美食节设计了"红包"，吃货们付款前扫码领"红包"，付款后就可以领取不同额度的奖金，但这一次最高奖金额度高达 4888 元。

杭州美食"当家花旦"的主场

小吃、甜品、本帮菜味美价廉

美食节一年一度，看点颇丰，诚意十足。

今年第十八届中国杭州美食节，是一场可赏可品可学的美食盛会，有味道正宗的本帮特色美食、国际名厨面对面教授杭帮菜烹制精髓、茶艺大师现场茶艺表演，主办方精心设置杭州名优点心展、杭州美食展、国际美食展、特色小吃展以及杭帮菜大讲坛与茶艺表演等七大板块。

区别于往年，今年的美食节主打老底子的杭州佳肴，经过主办方的精挑细选与美食大咖的推选，现场烹饪的、销售的都是最地道的杭州美味。大家都知道，杭州既有楼外楼、知味观等闻名天下的餐馆，也有新庭记、味庄、冠江楼、好食堂、尊客饪等在本地人群体中有口皆碑的风味餐厅，他们在美食节上纷纷带来"当家花旦"。

比如扎根土菜十余年的新庭记，不仅带来最拿手的"大锅菜"，也带来腌货、酱货等凉菜。主打生态菜品的新庭记在任何时候都不会怠慢"吃货"，老板也想得十分周到："这些即时小菜在美食节上可以吃，也能打包回家当做主菜。"

川味观从来不缺人气。"因为参加美食节，下午三点多的时候，酒楼的厨师们还在忙着做凉菜。"川味观运营总监说，本次美食节主推口水鸡、夫妻肺片、凉皮等凉拌菜，从美食节开幕的第一天起，每天要进行四五次的补货，由门店的后厨直接配送。

如果评美食节现场的"打包王"，要数新开元和名家厨房两大展位。这一次，新开元只卖特色鸡爪、传统酥鱼、秘卤鹌鹑、红糖麻糍四道菜，家住西城广场周边的胡阿姨中午专程来打包了酥鱼和麻糍，她说："有些菜，还是大店里做的好吃，但我们也不会只为一两道菜，特意下馆子吃饭，家门口的美食节，方便我们给家里添菜。"而名家厨房带来几样特价菜，深受"打包客"们欢迎：虾饺 15 元 /4 个、熏鱼 15 元 / 份、秘制老豆腐 5 元 / 份。

杭州的知名点心，往往遵循传统古法工艺，口味正宗，在中老年市场中有着巨大的影响力，口味稍作改良，更俘获了不少年轻消费者的味蕾。九月生活展位上，卖得最火的就是现烤鲜肉榨菜月饼，尽管展位上半天只能现烤一百多个月饼，可懂行的吃货们早已排队守候，只等一口咬下的热乎劲。五味和、翠沁斋、思味王、富阳东坞山特色豆制品等老底子杭州人所熟知的品牌当仁不让，带来了"人气王"。

如果杭帮美食不足以饱腹，一批来自国际展区的特色小吃，为"吃货"们充分解馋。葡萄妈妈私房菜、泰国香椰、金鲜生料理、豪尚豪、The Kebab House 卡巴瑞典餐厅等在美食节现场，呈现一系列人气异域美食。

杭帮菜大师坐镇美食节

一人教一个地道杭帮菜

一年一度的美食盛会，吃货不仅饱了口福和眼福，还能现场学习杭帮菜的烹饪精髓。这是每年美食节的招牌栏目——"杭帮菜大讲坛"，由杭帮菜大厨们亲自授课。

杭帮菜以温婉素雅、香味独特而闻名，选材用料极为讲究，一招一式都不含糊。今年在美食节现场，有一个小厨房，炉灶、调料、餐具一应俱全，还准备了当季最新鲜的食材。"大讲坛"每天上课时间是下午 3：00，此时这里必然成为美食节最受瞩目的地方。

27 日当天，楼外楼行政总厨高征钢现场演示龙井虾仁和蟹黄豆腐的烹制手法："很多家庭在制作龙井虾仁时，往往少几道重要工序，就是将虾仁加盐腌制后，加入生粉，继而放入冰箱冰置 2 小时，这样虾仁不仅口感更加滑嫩，在滑炒时也不容易脱酱。"

随后的两天，杭州酒家的行政总厨方卓子和天香楼行政总厨杨建明，分别在课堂上演示了飘香家乡饼和天香鳜鱼。方卓子说，10 月 28 日是重阳节，于是特意选择了一道应景的家乡风味菜，让大家可以现学现做。他说，飘香家乡饼的食材配料中并没有用到面粉，而是用虾仁、肉末、藕、韭菜搭配烹制的一道菜，"这些食材很容易买到，做起来也方便"。

听着大师们讲解并不够，现场不少市民还拿出手机，拍摄下每一个做菜环节。"大厨师做的龙井虾仁和自己平时做的，口感上的差距不是一点点，吃起来特别鲜嫩，咸淡适中，晚上回家我打算根据大厨教的秘诀，试一试。"家住西城广场附近王女士说。

全国首个杭帮菜 LOGO 发布

拓宽杭州美食的国际知名度

"烩不厌细，食不厌精"是杭帮菜的精髓。西湖醋鱼、龙井虾仁、东坡焖肉、荷香鸡、干炸响铃、香烤鲳鱼、南宋蟹酿橙等著名的杭帮菜也为国内外友人所熟知。美食节开幕式现场，全国首个杭帮菜 LOGO 正式发布，以此进一步传承、弘扬杭州美食文化，塑造品牌形象。

通过全国范围内的征集，作品"赏西湖、喝龙井、吃杭帮菜"最终入围。

该 LOGO 视觉设计延续了"最忆是杭州"的意境，以三潭印月、杭州拱桥为设计元素，让杭州地标性风景跃然其上，凸显了杭州温婉、宁静的气质，也具有很强的辨识性。

外轮廓中的字母"C"突出杭帮"菜"的主题，"C"形似杭州的桥孔也是英文 Connection（连接）的首字母，符合杭州有温度（℃）的待客之道。汉字部分由杭帮菜领军人物胡忠英大师题字，整体风格契合杭帮菜"选料讲究、制作精细、口味清淡、因时而食、历史悠久"的文化内涵。

借"后峰会、前亚运"的契机，杭帮菜 LOGO 的发布，是杭州加快餐饮转型发展、推动美食"走出去"的市场选择，也是打响杭州"世界美食名城"品牌、向世界传递杭州味道的现实需求，成为杭州餐饮乘势而上的助推力，提升杭州餐饮国际知名度。

2017 杭城异国风味餐厅 TOP10 大赛，通过专家评审的打分和市民的网络投票，最终产生了本次评选的 10 强！

1. 巴比诺意大利餐厅

2. 忆暹罗金泰国餐厅

3. 你要的幸福新加坡餐厅

4. 巴特洛西班牙餐厅

5. 粉越西贡越南餐厅

6. 库塔新加坡餐厅

7. 三上日本料理

8. 海森堡现代德国餐厅

9. 竹哩日本料理

10. 红堡印度餐厅

【文章来源】张雅丽、丁敏：《杭帮菜"当家花旦"带来秋日舌尖盛宴》，《杭州日报》2017 年 11 月 1 日

106. 2017 杭州国际素食嘉年华圆满落幕

为弘扬中华传统素食文化，打造"东南素都"的城市品牌，提升杭州"中国休闲美食之都"的知名度和影响力，近日，由杭州市商务委主办的"2017杭州国际素食嘉年华"大型公益活动圆满落幕。

本次国际素食嘉年华活动形式活泼，内容丰富。清心素食、六和缘、素满香等数十家杭州著名素食餐厅带来了丰富的素食餐点供市民品尝，素心餐厅、福泉书院、热土庄园等十多家素食餐厅的大厨纷纷献艺。现场有三十多家素食企业进行产品展示，还举办了一系列素食公益活动，如国际素食健康和文化论坛、饮食和健康巡讲等，充分展示了杭州素食产业蓬勃发展的美好前景。

【文章来源】王聪：《2017杭州国际素食嘉年华圆满落幕》，《杭州》2017年第24期

107. "江南派"崛起　冰城"时尚"迭代

从锅包肉、酱骨主导的东北菜热潮，到麻辣火锅、水煮鱼等川菜军团的扩编潮，再到重庆小面、麻辣烫等遍地开花……冰城餐饮市场的流行菜系，经历着类似股票市场的热门板块轮动。

如今，这个板块似乎轮动到了"江南"。红烧肉、龙井虾仁、叫化童鸡……一夜间，江南菜作为一个集合品牌，迅速抓住了冰城人的味蕾，众多以"江南"命名的餐厅演化新的餐饮派别。而崛起的"江南派"像一面透镜折射出冰城餐饮市场的迭代……

餐饮江湖　"江南派"崛起

6月9日，江南小镇餐厅位于三合路的门店正式开张，这是两年来该品牌在哈市开设的第四家分店。某种程度上，呈现着"江南菜"在哈市的崛起进程。

几年前，在哈市餐饮业打拼多年的孙玉全决定自己创业。他到江南多个城市考察后，抱着试试看的心态，于2015年在河柏街开设第一家江南小镇餐厅。平稳经营一年多，2016年年末餐厅客流迎来井喷式增长——饭点时等位的人经常会排二三十号。"以我们的招牌菜红烧肉为例，光是做菜调味用的黄酒一年就要10吨。"孙玉全说，为解决客人排不上号的问题，他在同一条街相隔不到100米的地方又开设了一家分店。

如今，江南小镇、江南小馆、秀江南、江南状元楼、印象江南等以"江南"二字命名成为冰城餐饮业的一种商业现象。冰城餐饮市场"江南"现象火热的背后，其实崛起的是江南菜系的集合概念。

记者调查发现，哈市江南菜多是餐企将上海本帮菜、杭帮菜、徽菜等菜系加以改良、整合，在口味食材上形成了具有江南地域文化特征的融合菜品体系。在定价上，冰城江南菜人均消费大都在60—70元的中档段位，比其他中餐菜系略高。

冰城餐桌　"板块"扩编轮动

2007年，外婆居在哈开设第一家门店，这是杭帮菜品牌餐企首次进驻冰城。

当时，哈市火锅、酱骨等川菜和东北菜餐馆众多，而且川菜军团呈"扩编"之势。直到 2011 年，哈市某川菜饭店用回收油做菜被媒体曝光，各川菜馆食客锐减。几个月后，"口水油"阴影散去，冰城川菜市场得以复苏。

川菜在冰城的持续流行"法器"还源于单品爆款，麻辣烫就是其中之一。"杨国福""张亮"两家冰城本土餐企占据了哈尔滨乃至全国麻辣烫市场的前两位。2012 年前后，仅张亮麻辣烫就在哈尔滨及周边县市开设了百余家门店。

2014 年前后，随着《舌尖上的中国 2》热播，重庆小面仿佛一夜之间遍布冰城，全市门店最多时超过 300 家。盲目扩张的重庆小面超越了市场需求，很快形成消费疲劳，数量锐减。

重庆小面的兴衰似乎预演了川菜在冰城的宿命。《中国餐饮报告 2018》数据显示，2016 年至 2017 年，冰城川菜餐企数量从 3616 家锐减至 2644 家，一年间减少 972 家，降幅超过 30%。川菜闭店潮折射出市民餐饮口味的变迁，红油麻辣不"红"了。

餐饮时代　从吃调料到吃原料

"去年我带孩子去上海玩，第一次尝到正宗的本帮菜，回家后总想带着父母尝尝。"白领张健的需求代表着城市餐饮需求的新动向：随着市民生活水平的提高，外出旅游的频次和人数同步提高。

旅游是餐饮异地推广最好的端口。"上海及苏杭是孕育本帮菜、杭帮菜等江南菜系的发源地。在外面吃好了，回哈尔滨还想吃，甚至是带上亲人朋友一起吃。"孙玉全认为，旅游时代的人口流动激发了新餐饮需求，带动了江南菜在冰城崛起。

外婆居是入驻冰城十年的杭帮菜品牌，在该品牌顾问宗妍看来，精致健康的味觉体验是江南菜系紧贴冰城味蕾脉络的根本原因。

"江南菜在烹饪技法上突出食材本初的味道，在调味搭配上避免调料对食材的抢味。"在孙玉全看来，如今江南菜系的火爆印证了吃调料的时代正在落幕，吃原料、吃原味的健康餐饮时代正在回归冰城。

北上开疆　江浙资本闻风而动

前不久，数十位杭州名厨带着自己压箱底的绝活来哈推介杭帮菜。龙井虾仁、西湖醋鱼、宋嫂鱼羹……这些征服冰城品鉴者的江南名菜所推广的绝不只是美味和文化，而是品牌和市场。

　　推介会上，杭州餐饮旅店行业协会和哈尔滨饭店餐饮协会签订合作协议，双方将共同推动杭帮菜在哈市落地开花。此前，类似的推介会也在长春等东北城市上演。在黑龙江连锁餐饮协会会长秦四海看来，一次次美食推介会，背后潜藏着江浙餐饮品牌北上开疆的市场雄心。

　　根据前瞻产业研究院发布的《2018—2023年中国餐饮行业发展前景与投资预测分析报告》，未来5年，我国餐饮收入有望超过5万亿元。东北作为江南菜系市场的蓝海，对江浙资本来说是一块巨大蛋糕。嗅觉灵敏的江浙餐饮资本以菜品美食为开路先锋，试图实现餐饮品牌与资本的市场导入。

　　一些占据先发优势的本地餐企同样意识到了新商机。"今年年底，我们打算在哈市至少再开一家店，而且很有可能把业务拓展到哈市以外的城市。"孙玉全说。

　　当然，无论是川菜还是上海本帮菜、杭帮菜、徽菜等菜系，都反映了冰城百姓一个时期的饮食追求。随着餐饮的发展，消费者口味的不断改变，冰城"食尚"还将继续更新。

　　【文章来源】作者不详：《"江南派"崛起　冰城"时尚"迭代》，哈尔滨新闻网，2018年6月29日

108. "东坡肉"由来

宋代大文豪苏东坡曾两度在杭州为官。公元 1088 年时，西湖久无整治日见颓败，官府花了大钱整治西湖却未见成效。时任太守竟欲废湖造田。危急时刻苏东坡再度到杭州任太守。

苏东坡带领杭州民众疏浚西湖，终使西湖重返青春。杭州百姓感激不尽，纷纷敲锣打鼓、抬猪担酒送到太守府。苏东坡推辞不掉，只好收下。面对成堆猪肉，他叫府上厨师把肉切成方块，用自己家乡四川眉山炖肘子的方法，结合杭州人的口味特点，加入姜、葱、红糖、料酒、酱油，用文火焖得香嫩酥烂，然后再按疏浚西湖的民工花名册，每户一块，将肉分送出去。民工们品尝着苏太守送来的红烧肉，顿感味道不同寻常，纷纷称其为"东坡肉"。

【文章来源】姚胜祥：《"东坡肉"由来》，《文史天地》，2017 年第 5 期

109. "茶饮 + 软欧包"的"杭儿风"能吹多久？

"一口茶一口软欧包"走俏杭城，双剑合璧吸引资本入局。

舒缓的音乐中，三五个年轻人，坐在明亮暖色调的环境中，桌上摆着切好的软欧面包，大家手捧一杯水果茶，说说笑笑……像这样"一口茶一口软欧包"的休闲方式如今已成为杭城年轻人追逐的新"食"尚。近日，杭州万象汇开业，网红茶饮品牌"奈雪的茶"在一楼开出杭州第五家门店，再次掀起一轮排队风潮。

近年来，茶饮和烘焙市场热闹非凡，新品不断崛起。倡导高纤低脂低糖兼具颜值和口感的"茶饮 + 软欧包"模式作为跨界组合，吸引了很多流量和人气，成为市场新宠儿，各个烘焙品牌和茶饮品牌争相抢占新"风口"，资本也开始纷纷布局。

扎堆开到综合体　饮料和面包业绩各占"半壁江山"

"我要两个草莓魔法棒、两个超级榴莲王，还有四杯霸气杨梅。"万象汇开业当天上午10点，"奈雪的茶"门口已排起了长队，在附近上班的李雪买单后，又站到了切面包的长队中。招牌款草莓魔法棒刚刚补了一次货，又被抢空。

去年底，在华南地区火爆的新派茶饮"奈雪的茶"携"一口茶一口软欧包"的宣传语进驻万象城。半年多已布局滨江宝龙、杭州大厦中央商城、湖滨银泰等多个商业综合体，成为本地潮人争相"打卡"的拍照新圣地。

事实上，在"奈雪的茶"尚未进入杭州市场前，本地烘焙品牌"研酵小山"已开启了"茶饮 + 软欧包"组合的"杭儿风"。去年9月25日，该品牌在延安路开了第一家门店，一楼卖软欧包和鲜果茶饮，二楼设就餐休闲区，在相当长一段时间内，门店排长队成为湖滨商圈的一道"风景"。

"我们应该是杭州第一家软欧面包和茶饮组合门店。"在传统烘焙行业工作十多年的"研酵小山"负责人彭女士坦言，在此之前，这两个都是单独成店，软欧面包兼具欧式面包的健康和日式面包柔软的口感，茶饮是萃取名优茶和新鲜水果而制成的鲜果茶。"将这两种年轻人都喜爱的饮品和食品结合在一起，获得的效果显而易见。"她透露，无论是湖滨的直营店还是河坊街的加盟店，面包和茶饮的营业额分配都比较平均，基本各占50%。

记者粗略盘点了一下，目前杭城有点名气的"欧包＋茶饮店"大约有十几家，大多位于商业综合体，比如十二茶涧，TEAKA 等等。

与星巴克做邻居　卖的不是茶和面包而是生活方式

单说"饮品＋面包"这个组合其实一点也不新鲜，卖咖啡顺带卖三明治的有星巴克；卖面包的同时也卖点饮品，浮力森林、可莎蜜儿、面包新语等传统烘焙店一直都在这样做。

"我 2006 年入职时，平海路总店就是一楼卖面包、二楼做咖啡吧。"浮力森林杭州区负责人章小萍回忆道，在星巴克尚未遍地开的年代，这种形式还是很时髦的。不过她坦言，传统烘焙店的目标人群主要还是刚需市场："门店大部分选在居民区附近，满足大家日常对烘焙食品的需求，饮品也是顺带的。"

动辄两三百平方米的门店面积，进驻大型优质购物中心或者高端商圈，客单价四五十元……无论从选址、规模还是价格，"茶饮＋软欧包"模式的目标就不仅仅是刚需。

"我们卖的不是茶和面包，我要做的是一种生活方式。""奈雪的茶"创始人彭心在创立品牌时，就没有对标饮品店，"我们的目标更像是星巴克，希望创造一个茶文化与年轻消费群体的连接场景。"在深圳，十几家"奈雪的茶"门店几乎都与星巴克相邻，新开的杭州万象汇店也临近星巴克。

杭州市焙烤食品糖制品行业协会秘书长王明媛指出，这两者分开都可作为外带品，但是组合在一起就有了集吃喝、休闲、娱乐于一体的属性。

开一家店挣两份钱　资本争相入局

从奶盖奶茶到鲜果茶饮，从脏脏包到软欧包，再到如今的"茶饮＋软欧包"，伴随着消费升级和"互联网＋"热潮，新中式茶饮和烘焙面包近年来俨然已成为餐饮市场的网红发动机，也在资本市场频频掀起巨浪。

2016 年底，"奈雪的茶"获得 1 亿元 A 轮融资；同年 8 月，喜茶也获得了超 1 亿元的投资。今年 3 月，"奈雪的茶"完成了 A+ 轮数亿元融资；4 月，喜茶又完成 4 亿元融资……

网红、消费大势这些固然重要，但资本市场，看的永远是利益。相关数据显示，中国新派茶饮潜在市场规模达 400 亿至 500 亿元，而"茶饮＋欧包"因为有了叠加效应，市场规模还会更大。

一位资深餐饮人士算了一笔账，"一点点"客单价在 10 元出头，茶饮届"扛把子"喜茶和软欧界网红"openoven"客单价大约 20 多元，而"奈雪的茶"等客单价大部分在 40~50 元之间。一家"茶饮 + 软欧包"组合门店如果开在合适的位置，单日营业额冲到 5 万元非常容易，而单独成店，每日冲到 3 万元已经算很不错了。去年 3 月，喜茶也按捺不住了，旗下"茶饮 + 软欧包"品牌"喜茶热麦"落户广州，6 月又开到了深圳。

不过这位业内人士也直言，这个世界没有永不过时的"网红"店，在竞争如此激烈的行业，如何保持产品质量，准确击中消费者的情绪点，延长产品生命周期，是所有餐饮品牌都需要思考的问题。

【文章来源】甄妮：《"茶饮 + 软欧包"的"杭儿风"能吹多久？》，《杭州日报》，2018 年 6 月 27 日

110. "快时尚"绿茶餐厅的成功之道

短短几年间,从杭州起家的绿茶餐厅在全国已经有了 20 间店,占据一线城市北京、上海、深圳,年营业额有几个亿,从来不乏情愿排队三个小时的拥趸。现在,快速扩张、特色装修、末位菜品淘汰、低价、火爆的排队现场、漂亮的老板娘、一人股东制,都已经成为绿茶餐厅的标签。绿茶是怎么做到的?

如何识别和抓取目标客户?如何实现目标客群定位?

绿茶抓取的客户是时尚的年轻人群。首先选址上,都选在购物中心,那里客流集中。老板娘会跟 90 后的人做朋友,了解当下年轻人最喜欢吃什么。在绿茶有很多在其他中餐厅吃不到的甜品、冰品,满足年轻人时尚挑剔的味蕾。然后绿茶的菜系比较多元化,有川菜、湘菜、云南菜等,口味很包容。

拥趸为何排队?

绿茶餐厅每家店要花费 500 万左右,如此高大上装修的餐厅,人均消费却只需要 50 块。这正是销售的最高境界,即乔布斯老爷的那句话:"不要卖便宜,而是让顾客感觉占了便宜。"

绿茶为何能做到如此低价?

50 块的人均消费配 500 万的装修,那绿茶怎么赢利呢?翻台率!翻台率简单地说是指一台桌子一天来了几拨客人。一般来说,3 台就可以保本,绿茶平均每天一张桌子最少 5 台的翻台率。绿茶客流大,商场给到的租金就低。

绿茶在一线城市商场的租金占营业额的 6% 之内,在二线城市不但免租还送装修费。并且绿茶还跟台湾的台塑、海底捞组成兄弟联盟,一起压低供应商价格,从而为顾客省钱。这样顾客也愿意衔接排队,保证翻台率来盈利。"翻台率"——餐饮行业通常以翻台率来衡量一家餐厅的运营情况。一般情况下,如果一家餐厅一天能够翻 3 到 4 次台,通常就实现盈利。翻 4 次台,可以理解为餐厅平均每张桌子都有四拨客人。有报道称,小肥羊的日翻台次数平均是 3,海底捞生意最好的时候能够翻台 7 次,而"快火锅"呷哺呷哺每天的翻台次数则能达到 8 次以上。绿茶餐厅创始人路妍表示,绿茶平均翻台率为 6 到 8 次,在大本营杭州甚至可以达到 12 翻到 14 翻。这意味着每天中午十一点到晚上十点之间几乎一直满座。而能做到如此高的翻台率，餐馆必须有足够多的顾客愿意在门外排队等候，否则顾客的衔接出现空缺同样会影响翻台率。

中央厨房菜色一致定期质检供应商货源

绿茶是如何保证 20 家店的菜品一致的？路妍的回复是，绿茶在开第四家分店的时候就有中央厨房，每天统一配送半成品到餐厅。在卫生和质量监控方面，绿茶也是采用五常法来创造和维护良好工作环境：常组织、常整顿、常清洁、常规范、常自律。对于供应商提供的厨房调料，也会定期拿去国内专业公司质检。(连锁餐饮企业发展的核心支点在哪里？答案是中央厨房。品牌化、规模化、连锁化、标准化已经逐渐成为未来餐饮发展的必然趋势。而要想做到标准化，中央厨房的建设必不可少。真功夫、翠华餐厅、全聚德等连锁餐厅都有自己的中央厨房。)

末位菜品的淘汰制——辞旧迎新

每个月销量最少的菜会在绿茶的菜单中被去掉，也会有新的产品进来。绿茶研发新品的秘诀就是老板娘会和先生到处去吃菜，从国际化的甜品到朋友妈妈的私房菜经改良统统都有可能被搬到绿茶餐厅。这样，菜品一直是持续更新的状态，永远地与时俱进下去。

放开股权放眼 100 亿不考虑加盟

路妍透露她希望接下来优秀的单店店长都会成为她们的股东，现在绿茶有 2000 个员工，她希望有 2000 个老板。吸取同行前车之鉴，她表示坚决不会考虑连锁加盟的形式。华强实业副总经理栾新林表示餐饮业 10 个亿就是一个瓶颈，一般的企业除了全国性的品牌之外，很少能达到 10 亿级的规模，路妍却道出了想做到 100 亿的野心，以及她接受融资的前提：容纳 2000 个员工当老板的状态。希望绿茶餐厅能够持续创新，跑赢翻台率，续写食客排队传奇，成为下一个餐饮大鳄。

【文章来源】作者不详：《"快时尚"绿茶餐厅的成功之道》，《宁波经济（财经视点)》，2014 年第 4 期

111. "糖醋排骨"等杭帮菜 机器大厨难胜任

"我研究了机器人大厨，觉得用它来烹饪杭帮菜不合适。以杭州人最爱的菜肴糖醋排骨为例，杭帮菜口味复杂，调料过多，火候难掌握。"昨天，杭州一家知名餐饮企业的老总告诉记者。

近段时间，湘鄂情酒店使用机器人大厨的事件，引发餐饮行业关注。不过，杭州多家知名餐饮企业老总表示，不考虑使用机器人，菜肴还是纯人工做的最有味道。

机器人大厨亮相 30 万元 / 台

湘鄂情酒店的机器人大厨是在上个月正式亮相的。热锅、放油、翻炒、点水、勾芡……网络上已经有它们烧菜的视频。

该酒店相关负责人介绍，"大厨"由直径约 80 厘米的大滚筒、水油管道、电子控制盘构成。操作者只需设油温、油量、翻炒时间、何时点水等数值后，将材料入锅，"大厨"依程序进行，几分钟后，色香味俱全的菜肴即可出炉。再炒这道菜时，无须设定，只需选择菜品，按下"开始"键即可。

"机器人的售价在 30 万元左右，目前它们的程序中已经设置了 100 多道操作程序。我们餐厅现在有两台，一个能炒 20 公斤的菜，一个能炒 30 公斤的菜。"湘鄂情酒店武汉店工作人员告诉记者。

该工作人员表示，目前这两台机器人最多可应对 1400 人同时用餐，相当于七八位厨师超负荷才能完成的工作。

机器人大厨难胜任杭帮菜

杭州餐饮行业许多知名企业负责人都听说了这个消息，但是观望的人多，想试水的企业却没有。

"用机器人大厨做杭帮菜，估计它最多只能承担三分之一的菜肴。比如炖、煲之类的菜品，机器人可以承担，但是炒菜之类的肯定不行。"一位业内资深人士张先生表示。

张先生是一家连锁餐饮企业的负责人，三年前就已经有人向他推荐机器人厨师。研究之后发现，机器人对于火候的掌握不灵光。"我是厨师出身，什么时候加调料，什么时候火大、火小，这个很有讲究。机器人是流水线生产，特别在加工荤素搭配的菜肴，更难把握。"张先生最后还是放弃了机器人大厨。

采访中，杭州多位餐饮企业负责人说，杭帮菜是机器人无法驾驭的。比如糖醋排骨，调味上属于复合类，要添加酸、甜、咸等多种味道的调味品。

"大厨手工制作的菜肴，肯定与机器做出来的有天壤之别。我们企业在肉馅制作上都用纯手工，因为机器做出来的馅料不是肉末，是那种很碎，搅拌之后是泥状的肉馅。因此原料制作上机器人和手工制作都会有差别，更别说用机器来烧菜了。"一位不愿透露姓名的负责人表示。机器人要想进入杭州餐饮店，估计难。

【文章来源】张蓉蓉：《"糖醋排骨"等杭帮菜 机器大厨难胜任》，《杭州日报》，2012 年 5 月 17 日

112. "饮食文化的跨文化传播国际研讨会"在杭州举行

2018 年 10 月 23 日，由浙江工商大学主办，《广西民族大学学报》编辑部和《美食研究》编辑部协办的"饮食文化的跨文化传播国际研讨会"在杭州举行，来自八个国家和地区的四十余位中外学者参加了会议。浙江工商大学副校长苏为华教授、浙江工商大学人文与传播学院党委书记王华、饮食文化研究所所长赵荣光教授等出席了会议。浙江省社科联主席、浙江工商大学人文学部主任蒋承勇教授作大会主旨发言。

会议期间，各专家学者共同研讨饮食文化的跨文化传播，聚焦讲好"中国美食传播故事"。法国高等社会科学研究院萨班教授论析 2018 年饮食文化研究的发展趋势，赵荣光教授提出"食学思维"与"世界大餐桌"理念，荷兰莱顿大学雍莉研究员考察亚洲香料在欧洲的传播，英国伦敦大学亚非学院食学中心主任嘉珂博博士关注中国政府推进"土豆主粮化"，意大利帕尔玛大学斯坦凡诺教授论述经济系统对保护食物遗产的支持，澳大利亚伍伦贡大学梁思雅研究员讨论 20 世纪新加坡与悉尼的华侨社区与食物，浙江社会科学院俞为洁研究员考察辣椒在中国的传播路径与成因，周鸿承博士探讨大运河漕运物资与饮食文化传播等等。

【文章来源】蓝婷婷:《"饮食文化的跨文化传播国际研讨会"在杭州举行》，《广西民族大学学报 (哲学社会科学版)》，2018 年第 6 期

113. 《有味杭州——2019 吃货指南》正式发布，杭州首个城市美食自媒体联盟成立

　　12 月 27 日，西湖边，杭城餐饮人济济一堂，共话杭州餐饮的新年新趋势。由杭州市旅委、杭州市商务委指导，钱江晚报浙江 24 小时主办的"餐见2019"杭州餐饮创新论坛召开。在当天的活动现场，各位餐饮大咖发表了真知灼见，收录年度 30 家推荐餐厅的《有味杭州——2019 吃货指南》也正式对外发布，杭州本土首个"城市美食自媒体联盟"成立。

杭州人自己的美食指南出炉

　　今年10月，在杭州市旅委和杭州市商务委的指导下，"2018杭州吃货榜中榜"评选活动正式启动。

　　本次评选从轻奢餐厅、杭帮本味、地方特色、异域风情、路边面馆、人气早餐六大维度，邀请37万杭州吃货粉丝进行"杭州吃货榜中榜"推荐餐厅线上提名。

　　根据网友提名，结合口碑、饿了么的美食大数据，并综合美食专家团意见，"2018杭州吃货榜中榜推荐餐厅30强"名单出炉。这30家上榜餐厅，人均消费从7元到800元不等，分布在杭城的大街小巷……被收录进《有味杭州——2019吃货指南》的"黄宝书"，现场发布。

　　在"餐见2019"杭州餐饮创新论坛现场，紫萱度假村总经理俞斌现场分享了杭帮菜的融合与创新之道；"好食堂"主理人马坤山从实战出发，畅谈如何打造一家有生命力的街边小店；杭州神田川董事长林晨不断试水外卖新战场，他的经验也给了在场的餐饮人许多启发。

杭州本土首个"城市美食自媒体联盟"成立

在"杭州吃货榜中榜"的评选过程中，城市日历寻找"有胃合伙人"活动也同期进行。

城市日历由杭州市旅委和钱江晚报浙江24小时发起，是一个整合吃、住、行、游、购、娱相关资讯的线上城市服务平台。目前，已有浙江省博物馆、浙江美术馆、杭州剧院、蜂巢剧场、晓风书屋、银泰集团、解百集团、浙江大学等上百家官方机构入驻。

昨天，30多位杭城知名的美食KOL（关键意见领袖）、专业机构代表，一同为杭州本土首个"城市美食自媒体联盟"发声。

未来，越来越多优质内容创作者将一起入驻"城市日历"，成为钱江晚报浙江24小时"有胃合伙人"。这些优质内容，将会在城市日历上得到海量推荐。同时，钱江晚报还将特别推出"24小时原创内容扶持计划"，并设立"原创内容扶持基金"，奖励高质量内容，为内容创业者做实事，帮助创业者实现梦想。

幸运粉丝现场捧起首张万元"金饭卡"

当天活动现场，还有一位幸运粉丝亮相。从 3000 多位符合抽奖条件的粉丝中，25 岁的杭州姑娘梁婕被幸运抽中，成了"金饭卡"NO.000000001 的专属得主。梁婕说，关注杭州吃货一年多，今年 10 月正式上线的"杭州吃货 +"小程序令她印象深刻。

上线两个多月，每日追踪吃货情报、打卡餐厅、分享美食体验，"杭州吃货 +"的"饭圈"已经成为吃货们平日分享美食的社区。作为"杭州吃货 +"小程序三大"主打"栏目，"情报""饭卡""今天吃什么"，已经吸引了近 5000 名活跃用户。未来，我们也希望更多热爱美食、享受生活、乐于分享、有社交需求的用户，能成为杭州吃货 +"饭圈"好友。

新年就将开启自己的"杭州吃货榜中榜推荐餐厅 30 强"美食打卡之旅，万元"金饭卡"得主梁婕的第一顿大餐，会选在哪里？她笑着透露："已经想好了，第一站去人气小店鹈鹕野食，尝尝他家的招牌南法乡村炖牛肋。"

2018 杭州吃货榜中榜推荐餐厅名单

(按首字母排序)

Carbon 卡朋莫卡哆意大利餐厅

Mamala 西餐厅

Osteria Pelecanus 鹈鹕野餐

宝美点心

潮中人

德明饭店

方老大面

桂语山房高级餐厅

杭州酒家

好食堂

湖滨 28 中餐厅

江南驿

江南渔哥

解香楼

金沙厅

奎元馆

兰轩村庄食坊

龙井草堂

南国小馆

荣鲜面馆

外婆家

味庄

小狗面

新白鹿餐厅

新丰小吃

勇日本料理

游埠豆浆

粤顺餐馆

知味观

紫薇厅

2018 杭州吃货榜中榜推荐餐厅名单

2018 杭州吃货榜中榜人气餐厅名单

（按投票排序）

知味观

潮中人

方老大面

奎元馆

味庄

杭州酒家

桂语山房高级餐厅

Osteria Pelecanus 鹈鹕野餐

杭州君悦酒店·湖滨 28 中餐厅

新丰小吃

2018 杭州吃货榜中榜人气外卖名单

（按首字母排序）

7017 味道工厂（中财店）

蘭芳园（西溪印象城店）

老街坊（建国北路店）

卤儿道道（西子国际）

猛男的炒饭（东站西子国际店）

名人名家（文二店）

神田川（九堡店）

椰二三椰奶茶（天虹店）

印茶（杭州大厦店）

院子餐厅（桥西店）

2018 杭州吃货榜中榜人气餐厅名单 / 人气外卖名单

有了这份榜单，还愁找不到好吃的吗？吃货们，赶快行动起来～

【文章来源】作者不详：《〈有味杭州——2019 吃货指南〉正式发布，杭州首个城市美食自媒体联盟成立》，浙报融媒体，2018 年 12 月 27 日

114. 持续了20天2018杭州面条节闭幕！杭州人心目中的十碗面出炉！

持续了20多天的第三届杭州面条节圆满闭幕了。

"今年线上抢票形式新颖，抢面全看手速，借此机会能把杭州有点名气的面馆吃个遍。"48岁的"老杭州"董跃敏夹起碗中的拌川表示杭州人是爱吃面条的，他想将参加面条节的面馆都吃个遍。

在面馆里，记者也经常会碰到一些不会使用电子券的客人，服务员都会拿出手机当场示范；遇到年纪大的客人，热心的老板会根据老人的口味习惯加料加量烧面；还有"面痴"们捧起碗，一口浇头，一口面，额头冒汗美滋滋。

"你好，请问下一届面条节是什么时候？"家住绿洲花园的田女士致电记者表示面条节活动不错，但还没吃过瘾。

截至上个月30日，2018杭州面条节的7000碗面已全部送完。

与此同时，"杭州人心目中的十碗面"和"人气面馆"榜单也揭晓啦，本次"十碗面"的评选，我们参考了浙江24小时和每满App上投票的数据、顾客评价以及大师意见。

【杭州人心目中的十碗面】

流芳面馆	猪肝拌川
慧娟面馆	三鲜面
阿花骨头面	骨头面
平乐面馆	湖羊面
英英面馆	腰花爆鳝面
弄面	牛腩拌川
大碗面	片儿川扎肉面
荣鲜面馆	酸菜鱼片面
方老大	腰花片儿川
奎元馆	虾爆鳝面

感谢一碗碗美味的面条陪伴我们走过这些个寒冷的冬日，感谢各位面馆老板给予我们最慷慨的支持，感谢一位位热情参与活动并收获满足的吃货们。

【文章来源】作者不详：《持续了20天2018杭州面条节闭幕！杭州人心目中的十碗面出炉！》，《钱江晚报》，2018年12月5日

115. 传统杭帮菜是否应该标准化——菜式"标准化"浪潮之下，专家呼吁杭帮菜也应制定相关标准

"杭帮菜是本来就这样，还是随着时代的变迁而变味呢？"日前，卢小姐来杭州旅游，品尝了向往已久的西湖醋鱼、东坡肉等杭州传统名菜后，却觉得并没有传说中好吃。

日前，湖南高调出台了"湘菜标准"，并于明年元旦实施。而此前徽菜也在2007年出台了标准，鲁菜的标准也正在制定过程中。卢小姐建议，面对各地菜式"标准化"的浪潮，杭帮菜是否也可以标准化一下呢？

标准化浪潮方兴未艾

据悉，从明年元旦起，湖南省质监局组织专家刚审定通过的"湘菜标准"将正式实施。湘菜经典菜品中的"辣椒炒肉"，辣椒的比例不得多于六成，肉不得少于四成。此外，"湘菜标准"还对常用的"红烧""入味""小炒"等208个基本术语进行了历史性的定位。

除了湘菜，徽菜也在2007年出台了标准，而鲁菜的标准也正在制定过程中。这些传统中餐像肯德基、麦当劳那样推出标准化是否可行呢？

在火红年代竞舟路店工作的湖南人李小姐就看好标准化："湖南各地的湘菜味道并不一样，得到统一是件好事，顾客在哪里吃都可以一样。如果每家店想和其他店有所区别，可以通过推招牌菜的方式赢得顾客。"

"湘菜标准化"得到了一些消费者的拥护，钟情吃辣菜的杭州胡小姐说："尽管每个人有每个人的口味，但什么是正宗的湘菜以前谁也说不准。现在有了湘菜标准情况就不一样了，可以在更多的店里吃到更正宗地道的湘菜了。"

不过"湘菜标准"也受到了一些餐馆的冷落。杭州河东路上的湘味馆伊经理表示，为了适应浙江当地人的口味，饭馆降低了辣的程度，只有湖南当地程度的三分之二，"辣椒炒肉"也是叫作"农家小炒肉"。"只要消费者喜欢，没有必要改变。"

杭帮菜很"随心所欲"

据杭州饮食旅店业同业公会金顺发秘书长介绍，目前在杭州主做杭帮菜的餐馆超过上百家，遍布杭城的大街小巷。但这个行业并没有统一的标准。

位于吴山广场高银街的阿鲍土菜馆专做杭州传统名菜。据鲍经理介绍，店里的厨师来自安徽、江西等地，经他本人的培训，便可以上岗。"什么叫正宗很难说，店里的厨师烧制杭州传统名菜，没有标准，随心所欲。"老厨师鲍经理说。

杭州新开元大酒店解放店的副厨师长孙先生告诉记者："在杭州，90%的杭帮菜是外地人在做。尽管在一些书籍中有大致的标准，但一道菜甜和酸的程度怎么样？调料的比例应该怎么样？这些细致的标准还没有人做，界限比较模糊。另外，一些菜谱经过时代的变迁，也要进行适当改进，一些原料如今已经发生了变化。"

不少杭州消费者反映，他们对什么是正宗的杭帮菜并不清楚。杭州的沈女士表示，楼外楼、张生记等饭店因为名气大，相对会正宗些。

"湘菜主要以辣菜为主，吸收外地菜的成分不是很多，在全国推广的菜也不多，量化起来相对容易，但杭州菜相对复杂。经过中西合璧、古为今用和创新的杭州菜，要制定统一的标准难度较大。"杭州杭菜研究会常务副会长胡忠英表示。

传统名菜确需标准化

虽然整体的杭州菜制定标准比较困难，但胡忠英同时也表示："对于那36个大家公认的杭州传统名菜，还是应制定相应的标准，使其更好地传承下去。"

伊家鲜董事长伊建敏认为："一般的杭州菜按照'适口者真'的原则，只要消费者喜欢就可以。但一些很有代表性的杭州传统名菜，如东坡肉、叫化鸡、龙井虾仁等，能统一制定标准是件好事。"

"和西餐容易量化不同，中餐一般通过师傅口口相传，得以延续，如果火候等稍有不当烧出的味道就有可能变了。"伊建敏举了例子，"正宗的西湖醋鱼，吃到嘴里应该是鲜甜的螃蟹味道，而不是强烈的糖醋味道，所以含有浓厚文化底蕴的菜肴一定要坚守住。"

市民萧先生认为，一些不能用文字传承的内容，制作过程中的奥妙、独家窍门等，最好能得到整理和规范，不然存在失传的可能。

不过，浙江工商大学经济学院的张旭昆认为，从创新的角度，没有必要给杭州传统名菜制定详细的标准，定的话也是定些底线类的标准，底线以上的标准，不要定得太细，而是由市场决定。

【文章来源】作者不详：《传统杭帮菜是否应该标准化——菜式"标准化"浪潮之下，专家呼吁杭帮菜也应制定相关标准》，食品商务网，2018年12月22日

116. 此刻莫斯科没有眼泪只为"杭州香"而醉

10月11日至18日，带着正宗的"杭州味道"，杭州美食文化代表团来到俄罗斯，相继造访莫斯科、喀山和圣彼得堡三地，通过品鉴交流会、特色宴展台、厨艺茶艺表演、文化推介、厨艺交流等，全方位展示杭州深厚的历史文化底蕴和独具特色的杭帮美味。以食为媒，在这片全世界最广阔的土地上，奏起"世界美食名城"的最强音。

杭州市委常委、统战部部长陈新华说，此次俄罗斯之行，是落实两国元首共识，丰富中俄友好年活动的重要内容，也是杭州加强与喀山友城合作交流的有力举措。面临着"后峰会、亚运会、现代化"的重大历史机遇，杭州将加快建设独特韵味别样精彩世界名城，与莫斯科、喀山等友城在"一带一路"建设上加强交流合作，进一步拓展领域和空间。

俄中友协副主席嘉丽娜·库里科娃是出名的中国通，多年来一直致力于俄中友谊的发展。10月13日下午，她穿上了那件多年前在北京定制的红色唐装。傍晚6时，库里科娃抵达晚宴所在的皇朝饭店，在充满江南韵味的晚宴大厅，和中国驻俄罗斯大使馆官员、俄罗斯当地官员、学术界领袖等共品"杭州味道"。

晚上9点多，杭州美食文化推介会莫斯科品鉴晚宴落下帷幕。库里科娃脸上洋溢着温暖的笑容，她与美食代表团工作组成员一一握手，激动地说："太好吃了，非常棒的中国菜。"库里科娃说，自己多次到访杭州，每次去都有不一样的惊喜。"G20峰会以后，杭州的发展太快了，令人惊讶。"再次品尝到杭州美食，让她回忆起西子湖畔令人沉醉的秀丽美景。

10月15日下午，在喀山市一家当地餐厅，金发碧眼的喀山市旅游发展委员会主任萨尼科娃尝了一口东坡肉道："就是这个味道，太棒了。"上个月，萨尼科娃随喀山市代表团到访杭州，品尝了宋嫂鱼羹、东坡肉、龙井虾仁、片儿川等杭州美食，一直念念不忘。"非常期待杭帮菜能落户喀山。让喀山人都能尝尝这种美味。"

杭州美食工作团团长、杭州市商务委员会副主任郑永标表示，通过美食文化国际交流，以食为媒，以文会友，杭帮菜焕发出旺盛生机与非凡活力，极大地丰富和提升了杭州"世界美食名城"品牌的内涵与形象。

江南忆，最忆是杭州。唐代诗人白居易于古稀之年仍执念于杭州之美，以诗句表达自己的留恋。从中国八大古都之一、"人间天堂"、"中国茶都"到创新活力之城、世界名城，再到全力建设中的"全国数字经济第一城"，新时代的西子湖，正以更加大气开放的姿态，迎来全世界的旅人。

美食协奏曲

第一乐章"杭州味道"飘香莫斯科

"上有天堂，下有苏杭，今天亲眼所见杭州美食的精妙，太令人不可思议了！"俄中友好协会常务副主席嘉丽娜·库里科娃盛赞"杭州味道"。此刻，"天下酒宴之盛，未有如杭城也"得到了最好的诠释。

俄罗斯当地时间10月13日晚7时，由中国驻俄罗斯大使馆支持，杭州市人民政府主办，杭州市商务委员会承办的2018"韵味杭州·魅力美食"中国杭州美食文化推介会在莫斯科皇朝饭店拉开帷幕。杭州市委常委、统战部部长陈新华，中国驻俄罗斯大使馆文化参赞龚佳佳，领事部参赞刘明彻，以及俄中友协副主席嘉丽娜·库里科娃，俄罗斯科学院远东研究所副所长奥斯特洛夫斯基等当地官员、学术界领袖、华人华侨代表、媒体记者百余人共同出席了品鉴晚宴。

走进皇朝饭店大厅，数十幅"世界美食名城——杭州"的卷福画悬挂于墙壁之上，位于大厅右侧的"醉美西湖"特色展台挤满了驻足拍照的人群。苏堤春晓、断桥残雪、曲院风荷、花港观鱼、柳浪闻莺、雷峰夕照、三潭印月……以西湖十景命名，一景一菜，巧夺天工，由楼外楼、知味观、杭帮菜博物馆、赞成宾馆、西湖国宾馆、雷迪森铂丽大酒店等杭帮菜名厨制作的特色展台淋漓尽致地展现了杭帮菜的文化沉淀、精湛技艺和独特创造力。

这一切静态的展示，仅仅只是"前菜"。龙井虾仁、宋嫂鱼羹、鳕鱼狮子头、叫化童鸡、G20烤羊排……由杭帮菜领军人物、中国烹饪大师叶杭胜领衔杭帮菜名厨团队制作的美味佳肴陆续登场，本次推介会的重头戏——品鉴晚宴正式开始。

俄罗斯科学院远东研究所副所长奥斯特洛夫斯基能说一口流利的中文，他最喜欢龙井虾仁的爽滑细腻。他赞叹，中餐文化博大精深。"中餐是世界上最好吃的美食，今天非常荣幸能品尝到中国八大菜系之一的杭帮菜（浙菜），实在太棒了！"

俄罗斯科学院远东研究所研究员杜文琴科曾在杭州工作过几年，对杭帮菜再熟悉不过，回国后她尝试过自己动手做杭帮菜，"因为食材还有调料的原因，总是做不出那个味道。今天终于又吃到东坡肉、叫花鸡了！"

做中俄进出口生意的俄罗斯人娜塔莎没去过杭州。"这是我吃过的最好吃的中国菜。"娜塔莎两年前曾在莫斯科的中餐馆吃过一次中餐，但味道差强人意。"我听说杭州这个城市也很美，有机会一定要去旅游。"

品鉴会期间，杭州大厨、大师们展现的厨艺、茶饮绝活，将品鉴晚宴逐渐推向高潮。这不仅是杭州美食的主场，也成为展示东方文化的秀场。悠扬的丝竹音乐中，身穿蓝白色旗袍的国家级茶艺师朱晓丽和朱晓芸款款走上舞台，一颦一笑、一动一静，将"杭州双璧"西湖龙井和九曲红梅"淡而雅"、香而醇的特质完美演绎出来。除了表演本身，所用的茶具、茶饰也十分讲究。朱晓丽随身的行李箱里，带着数套精美的瓷器，热爱茶艺的她对于和茶相关的一切都要求精益求精。抵达莫斯科后，为了选一桶适合泡茶的泉水，她只要去超市就会买一瓶水尝尝。

"清香而淡雅，十分好喝。"接过朱晓芸递来的小杯西湖龙井，嘉丽娜·库里科娃由衷赞叹。

在蔬果雕刻表演环节，雷迪森铂丽大酒店的行政总厨王剑云用胡萝卜、红心萝卜、青萝卜、西瓜皮精雕出一副"荷塘风光"作品，将全场气氛推至高潮。坐在场下的嘉宾们先是惊叹，然后纷纷走近舞台，争相记录下这奇妙的一刻。在表演结束后王剑云端着作品退场之时，不少当地嘉宾争相拉住他合影留念。而来自知味观的辛杭军带来拉龙须面绝活，细长绵延的龙须面就如一条丝绸之路连接起中俄之间的深厚情谊。

此刻，在场的所有嘉宾们，都从这场盛宴之中深刻感受到了杭州深厚的历史文化底蕴，传统与现代兼容并蓄的城市精神，以及"世界美食名城"的品牌与品质。

第二乐章后厨演奏曲

以食为介闻香识杭州

"食材虽在当地采购，但务必保证呈现最本真的杭州味道。"此次美食文化代表团技术顾问、杭帮菜领军人物、中国烹饪大师叶杭胜说。

时间回到晚宴开始前的 36 个小时。10 月 12 日上午 9 时，在距离莫斯科市中心 1 个多小时的郊外，美食文化工作组厨师团队跟随皇朝饭店负责人张顺来到类似于杭州勾庄的生鲜、蔬果批发市场，挑选晚宴所需的食材。

走进批发市场，这里分为海鲜区、生鲜肉类、蔬果区，我们首先进入的是海鲜精品区，室内干净整洁，各类海鲜排列有序，帝王蟹、面包蟹、三文鱼、鳕鱼等一应俱全。"你好""早上好"，时不时有西方面孔的人用蹩脚的中文和你打招呼。"这里东西价格实惠、品种较多，很多莫斯科的中餐馆都会在这边采购，摊贩们也会学着说两句中文打招呼用语。"张顺介绍，这些食材大多来自东欧、高加索等地区，肉类、海鲜类与国内价格差不多甚至还更便宜，而叶菜价格相对贵一些。

看到琳琅满目的各类食材，大厨们悬着的一颗心终于放下了。因为出关严格，莫斯科品鉴晚宴上的食材只能在莫斯科当地取材，如果采购不到合适的食材，可能就无法还原杭帮菜原汁原味、正宗的味道。

鸡腿、羊排、草鱼、鳕鱼、西红柿、黄瓜、西芹、白萝卜、胡萝卜……采购单上密密麻麻的食材正一个个被打钩，采购任务陆续完成。不过，厨师团队还是遇到了一些小麻烦。

西湖醋鱼一般都需要选择鲜活的草鱼作为原料，在以往几次国际推广中，经常在当地买不到活草鱼。

"幸运的是，我们在这边找到一家卖活草鱼的店，但数量不够，没办法，只能部分用海鲈鱼代替。"作为此次杭州美食代表团厨师团组长，早在赴俄罗斯几个月前，杭帮菜研究所所长、中国烹饪大师王政宏就带领厨师团对菜单一改再改，尽最大努力，力求每个出品的菜肴精致和完美。

但因地取材原本就比较难以把控。再譬如江南时蔬中的芦笋，价格贵且规格不符合要求，大部分用西芹粒代替；羊排走了好几家，也不理想，单块太小，最后用两块小羊排替代原先一块一份的装盘设计。

12日晚10时，在皇朝饭店打烊后，厨师团队来到厨房，开始为明天的品鉴晚宴做准备。因路途遥远、代价较大，每次杭州美食文化国际推广中，厨师团人数也受限。"晚宴有十桌，厨师一共才10人，当天准备肯定来不及。"王政宏带领大家处理食材、调味、试菜……直至13日凌晨1时，他们才回到酒店安顿休息。第二天，一行人又起个大早，投入到晚宴准备工作之中。皇朝饭店的厨师们被这种敬业精神所感动，感叹团队之敬业程度实属难得。

让所有品尝过杭帮菜肴的宾客，闻香即识杭州——这是杭州美食团此行的最大心愿。这个"香"必须地道，必须丰富，必须与杭州的城市形象深度捆绑，哪怕为此付出再多也值得。

13日晚9时，叶杭胜带领王政宏、赵再江、张勇、陈永青、王剑云、高政钢、姚俊、张文洲、辛杭军、朱晓丽、朱晓芸等工作组成员走上舞台，向现场嘉宾致敬答谢，杭州美食文化推介会品鉴晚宴随即落下帷幕。看到宾客脸上满意的笑容，听说很多人通过此次品鉴晚宴认识和了解了杭州，还有人因此萌生去杭州旅游的愿望，杭州美食文化代表团终于松了一口气：不枉此行，收获良多。

第三乐章 "美食外交"架起中俄友谊的桥梁

"作为友好城市，我们非常希望喀山能有一家正宗的杭帮菜餐馆，同时也希望把鞑靼餐厅开到杭州。"这是喀山市旅游发展委员会主任萨尼科娃的美好愿望，相信也是两地民众的期许。

9月20日，萨尼科娃随喀山市代表团访问杭州，在洲际大酒店举行的晚宴上，第一次品尝到杭州经典美食宋嫂鱼羹、片儿川。10月15日，她再一次尝到了熟悉的味道，这一次地点换成了喀山。"没想到这么快又吃到了杭帮菜，太美妙了！"

莫斯科品鉴晚宴之后，杭州美食代表团来到了友城喀山市。今年恰逢中俄友好交流年和杭州喀山缔结友好城市15周年，杭州市人民政府与喀山市政府已实施了派代表团互访、举行文旅项目等一系列推动两市务实合作的举措。此次杭帮菜的喀山之行，以美味为媒，进一步加深了双方的沟通和情谊。

15日下午，在喀山市"鞑靼美食剧院"餐厅，喀山市政府官员、中国驻喀山领事馆代表、餐饮企业、媒体记者共同出席了杭州美食文化喀山推介会。在欣赏茶艺表演、蔬果雕刻和拉面表演之时，王政宏、赵再江还为现场来宾烹制了西湖龙井、宋嫂鱼羹和东坡肉。在两位大厨烹饪时，多名"鞑靼美食剧院"餐厅的厨师饶有兴趣地站一旁学习，不停地拿手机拍照。24岁的厨师伊万诺夫很喜欢中餐，他主动提出自己切一根萝卜，让王政宏指导一下。

喀山市是俄罗斯联邦鞑靼斯坦共和国首府，2003年，杭州市与其缔结友好城市后，双方经常在经济、贸易、科技、文化、体育等方面进行往来与合作。据悉，喀山市目前仅有三家经营中餐的餐厅，其中两家其实是日韩料理中附带一些中餐菜式，唯一的那家中餐馆由浙江青田人经营。当天，三家餐厅的负责人也来到现场，他们均表示，从此次美食交流中看到了杭帮菜的精妙和博大精深，有机会一定要去杭州进一步学习和交流。

10月15日晚，杭州美食代表团抵达俄罗斯之行最后一站——圣彼得堡，16日晚在唐人酒楼，与当地厨师进行了厨艺交流与切磋，17日晚，启程回国。至此，为期8天的杭州美食文化俄罗斯之旅圆满完成。

"杭帮菜源远流长，精细的做工，独到的口味，新鲜的风格，与时俱进的创新使杭帮菜走遍大江南北、享誉海内外。各位烹饪大师的精湛绝技，更是把传统佳肴与时尚元素融入美食文化，让舌尖上的中国走进莫斯科，走进俄罗斯。"

中国驻俄罗斯大使馆文化参赞龚佳佳向杭州市人民政府、杭州美食代表团成功举办推介会做出的辛勤工作表示感谢，也向代表团为促进中俄两国友谊做出的努力表示感谢。在莫斯科品鉴晚宴上，龚佳佳用流利的俄语向俄方嘉宾推介、赞美杭州的情景令人印象深刻。"杭州是一座历史文化名城，也是2016

年 G20 峰会举办城市，这两年发展特别快，变化十分惊人。希望借此次美食推介，更多俄罗斯朋友认识和喜爱杭州，也诚挚邀请你们到杭州游西湖，品美食。"

短短几句话，高度概括了杭帮菜国际交流的意义和价值：以美食为载体，让更多人认识杭州，同时进一步加深与开拓了中国与世界、杭州与世界的关系。

奏响"世界美食名城"的新篇章

第四乐章通过味觉的深度传递世界更了解杭州

"一带一路"的交响乐

"每一次的美食文化交流活动，其活动意义早已超出美食本身。"市商委副主任郑永标表示，这样的对外文化交流活动有效提升了杭州的国际知名度和美誉度，杭州餐饮行业也在多场美食文化交流中，学习了先进的经营理念和管理经验。

作为中国新八大菜系之一，杭帮菜色、香、味、形、器、质兼美，有江南水乡的灵秀风骨，也蕴藏着历代文人的清美气质，已有 17 个菜肴（点心）列入人类非物质文化遗产和 5 家"中华老字号"餐饮企业。如今的杭帮菜新老交汇，南北通融，兼容并蓄了全国各地美食的优点，上可至国宴餐桌，下可进平民家席，呈现出别具一格的风貌特色。2017 年 12 月 4 日，杭州被国际饭店与餐馆协会授予全球首个"世界美食名城"称号，为富有传奇色彩的杭州餐饮发展史再添重要一笔。

近年来，杭州餐饮业发展也呈现蓬勃生机。消费升级、互联网发展大势下，楼外楼、知味观、天香楼等传统名店不断推陈出新、焕发新生，名人名家、外婆家、新白鹿、绿茶等社会餐饮企业继续发挥"网红"特质，人气颇旺，一座座拔地而起的商业综合体中，餐饮区永远是客流量最多的存在。品质与科技共存，传统与现代化交相辉映，杭州餐饮业正奏响"世界美食名城"的新篇章。

在杭州市人民政府的支持下，杭州餐饮"走出去"的速度也不断加快。从 2008 年的联合国中国（杭州）美食节起，杭帮菜一次次走出国门，踏进美洲、亚洲、大洋洲和欧洲，在世界版图上，嵌入中国美食文化的"杭州身影"。

"民以食为天。"这些闻名遐迩的菜肴，是杭州餐饮业高超烹饪技艺的承载者，是杭州深厚的历史文化的书写者。通过味觉的深度传达，杭州在世界上被更多人了解。这一次次推介，是城市品牌的推广，将世界美食名城还原在世界面前；这一场场活动，以熠熠生辉的绝妙瞬间聚焦，呈现一座城独特的魅力；这走出去的每一小步，都可能是影响杭州餐饮的一大步。

俄罗斯远东中餐业联合会主席孙雷说，此次杭州美食走进俄罗斯，大大提升了杭帮菜的知名度，或许在不久的将来，杭帮菜就会在俄罗斯落地生根。

据悉，目前俄罗斯中餐馆主要以川菜、粤菜、东北菜为主。浙江乐清华侨姚平在莫斯科市中心 CBD 开了一家快餐店"长长餐厅"，提供盖浇饭、拉面等中餐；今年 9 月，他跟随当地商会在杭州参加了相关餐饮培训。品鉴晚宴后，他打算近期再来杭州考察学习，争取尽快在新菜单中加入东坡肉、叫花鸡等杭帮菜元素。未来，姚平还有更远大的目标：在莫斯科开一家正宗的杭帮菜餐馆，并复制到其他城市，让更多俄罗斯人认识和喜爱杭州美食。

南宋古都、世界名城，杭州是中国的，如今也是世界的。而新老交汇、南北通融、博采众长的杭帮菜也将走得更远。未来，在向海外进发的征途中，愈加成熟的杭州餐饮将继续展示"世界美食名城"的内涵和形象，并以美食为平台，勾勒出一个更为大气和开放的杭州城市形象，吸引更多的中外游客！

【文章来源】甄妮、李星星、丁敏：《此刻莫斯科没有眼泪只为"杭州香"而醉》，《杭州日报》，2018 年 11 月 6 日

117. 大厨教你家常菜如何烧出五星级味道——杭州市首届老年食堂厨艺大赛发布最受老年人欢迎十道食堂菜

近期，"与食俱进，味暖夕阳"杭州市首届老年食堂厨艺大赛决赛，在中国杭帮菜博物馆圆满落幕。

颁奖仪式上高潮迭起，杭州市老龄事业发展基金会向淳安县文昌镇老年食堂捐赠了 50000 元；太平财产保险有限公司浙江分公司向全市 700 多家老年食堂赠送了一年的食品安全责任保险。同时，本次比赛中，茄汁鱼球、东坡仔排、文火小牛肉等 10 道菜被评为最佳套餐奖及最佳人气菜奖。

此外，大赛组委会还发布了最受老年人欢迎的老年食堂菜肴 Top10。这十道菜经过前期媒体发布、老年人推荐、网络投票最终评选而出，依次是：香干肉丝、番茄炒蛋、咸肉春笋、杭州卤鸭、酱爆茄子、香菇炖鸡、红烧鱼块、鲫鱼豆腐汤、油豆腐烧肉、腐皮炒青菜。

这些普通的家常菜是如何一经大厨们的烹制就成了老年人的心头爱？而在本次老年食堂厨艺大赛中斩获一等奖的上城区小营街道小乐胃老年食堂主厨胡建兵就来揭秘这些家常菜背后的美味秘诀。

香干肉丝

材料：猪肉、香干、韭芽、红椒、姜、蒜、生粉

步骤：1. 瘦肉切成丝加入黄酒，滴几滴清水，调入酱油、盐，顺一个方向搅拌后加入生粉，拌均匀放入花生油，腌制 5 分钟

2. 将香干、红辣椒切丝，大蒜生姜切成末，韭芽切成段

3. 锅内倒稍多的油，油温后将肉丝入锅中翻炒后单独盛出

4. 用底油，炒香姜蒜末，加入红椒丝、香干和韭芽翻炒，放酱油、盐

5. 加入滑好的肉丝入锅中，翻炒均匀入味即可

大厨秘诀：韭芽提香必不可少，而且韭芽易熟，需最后下锅，翻炒片刻即可

番茄炒蛋

材料：西红柿、鸡蛋、小葱、盐、蒜

步骤：1. 西红柿切成小块，鸡蛋搅打均匀，蒜切成片，葱切成段

2. 油热后倒入蛋液打散炒熟后盛出

3. 用锅里留下的底油放入蒜片炒香后倒入西红柿翻炒

4. 再倒入炒好的鸡蛋翻炒均匀，加入盐、小葱段翻炒即可

大厨秘诀：1. 炒鸡蛋油很热的情况下炒鸡蛋就会发得很大，油不热鸡蛋就发不起来，炒出的鸡蛋就会量很小

2. 炒西红柿想要多的汤汁就多炒一会儿，要汤汁少就炒快点

3. 葱最后再放，放早了葱就软了，颜色就不好看了，也可以把葱切成葱花放进去

咸肉春笋

材料：咸肉、春笋、青椒、红椒、蒜、姜

步骤：1. 热油锅后加肉，咸肉过肥可先下锅翻炒片刻

2. 放入切好的春笋片翻炒，加料酒、糖、生抽

3. 春笋炒几分钟后加入青红椒，翻炒片刻即可出锅

大厨秘诀：1. 春笋冷水下过锅，捞起沥干再炒不易涩口

2. 炒春笋最好是用猪油炒会更香，口感更好

腐皮炒青菜

材料：豆腐皮、青菜、盐、蒜泥、辣椒末

步骤：1. 青菜洗净沥水备用，腐皮撕成小片状

2. 起油锅，一定用小火，把腐皮放入锅里，膨胀了快速盛起

3. 锅里放点荤油，加入蒜末和辣椒末爆香再放入青菜

4. 青菜变碧绿色后，倒入豆腐皮，加盐和鸡精，快速翻炒即可盛出

大厨秘诀：青菜一定要大火爆炒，色泽才会是碧绿色，入口更爽脆

杭州卤鸭

材料：肥鸭、绍酒、酱油、白糖、姜、桂皮、葱、水

步骤：1. 鸭子洗净沥干水分，姜拍散

2. 所有调料放入锅中，烧开后放入鸭子，大火烧开后改小火煮 40 分钟

3. 中途将鸭子翻面，煮至汤汁稍黏稠的时候，将酱料不停淋在鸭身上

4. 煮好后大火收汁，放凉后斩件摆盘，淋上卤鸭的酱料即可

大厨秘诀：1. 关键是掌握好火候，火不能旺

2. 根据鸭子大小自行调整水量和时间，比较大则需炖煮一个半小时左右

酱爆茄子

材料：茄子、辣椒、蒜、豆瓣酱、老抽、料酒、盐、糖

步骤：1. 茄子去蒂洗净，撕成一段段的

2. 油锅烧热（油的量比平时烧菜多一倍），入茄子翻炒至变软时装盘

3. 剩下油锅爆香蒜末和辣椒（辣椒要炒得略略表皮发皱），放大半勺豆瓣酱，2 勺料酒，翻炒均匀

4. 倒入炒好的茄子，加一点点老抽翻炒均匀。加盐调味，加半勺糖，略炒一会儿即可

大厨秘诀：1. 油多煎炸是这道菜的关键

2. 因为豆瓣酱是咸的，盐的用量要减半

3. 第一步用手撕茄子可以保证食材的天然肌理，更好地吸收调味料

香菇炖鸡

材料：鸡肉、干香菇、大葱、姜、蒜、干辣椒、白酒、冰糖、小葱花

步骤：1. 准备干香菇洗干净，加水泡发后切成段（泡香菇的水留着不要倒掉）

2. 鸡肉切块冷水下锅煮开撇出血沫子，再煮 2 分钟后捞出

3. 锅里倒适量的油，油热后放入葱姜蒜，辣椒段炒出香味

4. 倒入鸡块煸炒，炒干鸡块里的水分后放入香菇煸炒，倒入适量白酒、少量红烧酱油、冰糖炒匀

5. 加入泡香菇的水，水量没过鸡块就可以了，大火烧开后，中火炖 20 分钟收汁撒上葱花即可

大厨秘诀：1. 香菇一定是干香菇才好吃，新鲜的香菇做出来一定没有干香菇做出来好吃

2. 红烧酱油放的时候先放一点看看

上色了没再放，别一下放多了颜色就黑了

3. 汤汁收的时候变黏稠就可以了，最后一定要不停地翻炒，不然容易糊锅的。汤汁可以多留点拌米饭好吃

红烧鱼块

材料：草鱼、大葱、姜、蒜、小葱、青椒、红米椒、料酒、白糖

步骤：1. 鱼洗净切成块，加入料酒、胡椒粉、少许十三香和盐，再加上两片姜抓匀腌制半小时以上，腌好后去掉姜片再加入适量的生粉拌匀

2. 取一个小碗加入生抽、蚝油、白糖、醋和盐再加入适量清水调匀成料汁备用

3. 锅中放入比炒菜多些的油烧热，将鱼块轻轻地放入转小火煎，煎至两面金黄

4. 锅中留底油爆香姜蒜末，把青椒和红椒放入翻炒几下

5. 将煎好的鱼块放入锅中撒上大葱段翻炒均匀，调好的料汁倒入锅中大火烧开后转中火煮至浓稠即可

大厨秘诀：1. 鱼块放入胡椒粉和姜片一起腌可以去除鱼腥味

2. 煎鱼时全程都是小火，尽量不要翻拌

3. 酸甜味可以根据个人喜好掌握糖和醋的量

鲫鱼豆腐汤

材料：鲫鱼、豆腐、料酒、葱段、姜片、盐

步骤：1. 鲫鱼清洗收拾干净，淋少许料酒腌制

2. 锅中倒油烧热，放入鲫鱼小火慢煎至两面金黄后倒入适量的水，加入料酒、葱段和姜片

3. 大火烧开，烧至汤汁变白后加入豆腐块炖煮

4. 小火炖到汤汁浓稠，加盐调味即可

大厨秘诀：1. 鲫鱼最好用猪油煎，汤水更为奶白浓稠

2. 煮汤时开水下锅炖煮，汤味更是鲜美

油豆腐烧肉

材料：五花肉、油豆腐、老抽、料酒、冰糖、鸡精

步骤：1. 五花肉先冷水下锅焯一下，焯出血沫后捞出。锅烧热，放少许食用油后下肉翻炒，炒到肉变色和出一部分油

2. 大酱、老抽、豆瓣酱、料酒加在一起放到碗中，加入适量清水搅拌开后倒入锅内

3. 下油豆腐入锅翻炒 1 分钟后倒入料酒，煮开后用文火焖 1 小时即可盛出

大厨秘诀：1. 将焯好的五花肉先在锅中慢火翻炒到金黄色，会将五花肉中的油脂大量逼出，也是红烧肉不油腻的好办法

2. 不会炒糖色用少许番茄酱代替不但颜色漂亮而且其中的酸也会解五花肉的油腻

3. 最好用冰糖而不是白糖，用冰糖做出的红烧肉颜色很亮

4. 油豆腐用手轻轻撕个小口子，方便烧制的时候入味

【文章来源】王岚：《大厨教你家常菜如何烧出五星级味道——杭州市首届老年食堂厨艺大赛发布最受老年人欢迎十道食堂菜》，《每日商报》，2018 年 9 月 1 日

118. 当"杭帮菜"与"江津菜"碰撞

杭帮菜

浙江饮食文化的重要组成部分，属于浙江菜的重要流派，其口味以咸为主，略有甜头，"清淡"是其象征性特点。

江津菜

毫无疑问是渝菜的组成部分，味型鲜明，主次有序，麻、辣、鲜、嫩、烫变化运用，更多了一份"江湖儿女"的冲劲。

当"杭帮菜"与"江津菜"碰撞在一起，会发生……

应该说，见到应方俊的第一面，与"商人"的概念略有反差：不算太高的个子，微胖的身材，自然微卷的头发搭配一副无框眼镜，比较像一名刚出校门的大学生。

事实上，这确实是一名 1994 年 2 月出生的"90 后"。

"感谢采访，请问需要拍摄的场景有哪些？是否先上我公司办公区？"寒暄伊始，浙商的务实、高效逐渐开始显露。

事实上，作为"中国电子商务百强"的颐高集团在江津首个项目的投资部门负责人，应方俊对这一年交易额 150 亿的项目可持续发展和优质发展，担负着不可替代的责任。

吃的第一顿"江津菜"："辣，确实火辣"

"90 后"的特质中，"吃货"似乎已成为一种时尚的生活态度。

"辣，确实火辣"，作为一名"90 后"，应方俊对"吃货"这一特质并不抗拒。时至今天，他依然记得吃的第一顿"江津菜"：尖椒鸡、酸菜鱼和烫皮兔。

这一感觉直接追溯到 2015 年 3 月。

那是应方俊作为颐高集团前期代表，首次赴江津双福新区考察。

此时，作为江津区经济社会八大主战场之一的双福新区，辖区内仅入驻高校就已有 7 所，师生人数达 6 万多人，攀宝钢材、和润汽摩等西南片区大型专业市场也已相继启动或开市。

这一切，任何一名敏锐的商人都不会放过其中的味道。

而与双福新区管委会的初次沟通，则让应方俊留下了"火辣"的记忆。

"应该说，当时的双福已经是一片投资热土。"然而，新区管委会工作人员的热情依然不减：应方俊一行在初次接触中就迅速获得了投资环境、优惠政策、办事程序等一系列详尽的相关资料，管委会工作人员还热情带领他们进行了实地参观。

虽然仅就合作的可能进行了初步探讨，但江津人的热情给应方俊留下了深刻印象。

"双福丰富的高校及专业市场资源，对于我司的创新创业板块的双创以及特色小镇有很高的匹配度。"在向集团总部的汇报中，这一特点成为应方俊着重阐述的内容。

值得细细地品味："火辣中带着细腻"

2017年5月9日，"西部硅谷小镇"项目在双福新区正式开园。

这是颐高集团在江津区布下的首个项目。也是该集团战略布局中辐射川渝地区的立足点——项目占地面积91亩，建筑面积3万方，由微巢空间、微巢学院、颐居草堂、智能硬件体验中心、企业加速器五个部分组成。在这里，可以让优秀的创客得到全方位的服务，将构建江津区创业创新生态圈。

在针对此事的报道中，新华网的标题为"仅用4个月，重庆西部硅谷小镇开园"。

"2017年1月，双方才正式就项目合作进行签约。"应方俊说，4个月让一个在业内体量并不算小的项目开业运营，当初很让人"不可思议"。

不过，在他看来，这一项目的运作，自己从来不是"剃头挑子一头热"。

作为土生土长的杭州人，应方俊的印象中，杭州人具备细致、缜密、不易冲动的商业头脑，如同"杭帮菜"的"清、淡、鲜"，但容易让人有一种"失之于淡"的"不易深交"感。

"初次接触江津人，就如同江津菜，火辣、冲劲十足，需要人去适应。但当深入品味后，你会发现，这份火辣的后味无穷，带着值得品味的细腻。"这是应方俊与江津展开深度合作后，保持至今的印象。

他透露了一个细节，"西部硅谷小镇"项目协议敲定的当天，江津方面与颐高集团的谈判整整持续了8个小时！

"谈判桌上的江津代表可以说是逐字逐句地扣协议。"应方俊回忆，此次谈判让他此前"江津印象"中与"热情、火辣"挂钩的"冲动"一扫而空。

"谈判桌上的小人，谈判桌下的君子。"他用一句话，概括了项目运作中的"江津印象"——每一条协议都得到了严格执行，作为投资商，对地方机构最为担心的'画饼'现象从没有在江津出现。

时至今日，如同颐高集团董事长翁南道在接受媒体采访时所说的那样，"江津和双福新区的领导都非常务实，而且思维活跃，对创新理解非常深刻"。

这也成为应方俊常住江津后，在江津工作和生活的最大感受。

每周至少吃两次"江津菜"：越驻足越留恋

目前，西部硅谷小镇已入驻企业70多家，主要包含以仁能软件、九腾科技、环帆网络等为代表的互联网企业；以胜任人力资源、迈思腾为代表的人力资源公司；以八分火科技、羽狐科技为代表的智慧智能产业以及以任性文化、蓝树林培训等为代表的文化创新企业，形成了项目循环性的产业链条，实现年交易额150亿左右，年产值约2个亿，初步呈现出了良好的发展势头。

这一切，应方俊与他率领的团队在其中扮演着重要角色：外出招商，日常运作，融资洽谈，宣传活动……

"每一个人都扮演着许多企业的多个角色。"但让他欣慰的是，团队成员鲜有叫苦叫累，大家都在朝着一个方向努力。"团队成员中许多江津人，不仅干劲足，能吃苦，对于工作也是相当认真细致。"应方俊认为，江津人的特质让作为同事的他们更容易相处融洽，更加有着优质的工作效率。

而江津方面的关心，用他的话来说，和天气一样，几乎体现在方方面面。

"项目地址位于支路上，距离主干道路口超过两公里。"应方俊说，这段说长不长的距离却没有通公交车，虽然员工没有太多抱怨，作为管理方却在运行后不久发现了这一问题。

"当时想到为这点距离开通公交线不现实，公交线的开通也不是那么简单的一回事，我们只是作为常规问题提给了江津方面。"但随之而来的反应让他惊讶：江津方面很快确定了两部专用车辆，专门用于对项目员工的接送。

"江津对企业的关心，可谓言出必行。"应方俊说，踏足江津前后已是第三个年头，尤其在2017年"西部硅谷小镇"项目运行后，自己每周至少有3

天常住这里。

现在，他每周至少要吃两次"江津菜"：来时一次，走前一次。

虽然还是"火辣"得经常"嘴巴都发肿"，但应方俊说，自己应该已经爱上了这种感觉，爱到"回杭州父母做了杭帮菜，自己还要去翻辣椒酱"的程度。

"越了解越热爱，越驻足越留恋。"他告诉记者，自己的目标和集团的希望都是要把"西部硅谷小镇"做成"国家级众创空间"，这才是回报江津的最好方式。

【文章来源】苏展：《当"杭帮菜"与"江津菜"碰撞》，《江津日报》2018 年 3 月 30 日

119. 第十九届中国（杭州）美食节举行

　　近期，第十九届中国（杭州）美食节在西溪天堂举办。这是去年12月获得"世界美食名城"称号后，杭州迎来的第一次大型美食展示活动，它不仅是一场属于杭州市民的"舌尖狂欢"，同时也更具"国际范"。开幕式上，乌兹别克斯坦、斯洛伐克、斯里兰卡、美国等9个国家的外籍友人也带来独具特色的表演，奉上了一场从鼻尖舌尖到视觉听觉的全方位"诱惑"。

　　本届美食节以"新时代、新餐饮、新发展"为主题，吸引了几十万游客和市民参与，自2000年以来，中国（杭州）美食节已从最初的美食大聚会发展成谋求多元化、谋划城市品牌定位的美食盛会。

【文章来源】王聪：《第十九届中国（杭州）美食节举行》，《杭州（周刊）》，2018年第41期

120. 繁华河坊街古老杭州味

　　河坊街，一条有着悠久历史和深厚底蕴的古街。它曾是古杭州的"皇城根儿"，更是南宋都城的文化和商贸中心。这里凝聚了杭州最具代表性的市井文化，是目前最能够体现杭州历史文化风貌的街道之一，也是西湖申报世界文化遗产的有机组成部分。它的修复和改造，再现了杭城的历史文脉，为世人留下了一笔宝贵的文化财富。

　　行走驻足闹市风光

　　四拐角。河坊街与中山中路相交形成"清河坊四拐角"，旧时孔凤春香粉店、宓大昌旱烟店、万隆火腿店、张允升帽庄各踞一角，成为当时远近闻名的区片。从外面看，4 家商铺都是 3—4 层的西式楼房，水泥砌就的墙面彰显了这些建筑的灰白色调，块石分割的线条给人以棱角分明的感觉。屋檐和窗户上的装饰性雕塑图案、外挑的阳台，使建筑物立面更趋丰富和气派。有趣的是，"四拐角"的"洋楼"大多只是"表面文章"，里面的建筑装饰仍然带有中国传统建筑的特色。中西建筑文化在这里相互交融并合为一体，使这些建筑物具有中西合璧的独特味道。2000 年 7 月，被列为杭州重点文物保护单位。

胡庆余堂。河坊街的中段屹立着一座具有徽派风格的建筑，其临街一侧的高大白墙体上"胡庆余堂国药号"几个大字格外显眼。胡庆余堂是胡雪岩在同治十三年（1874）事业鼎盛之时自筹的药店，历经了140多年浮沉。其店名胡庆余堂出自《周易》中的"积善之家，必有余庆；积不善之家，必有余殃"，既符合胡雪岩开药店之初衷，又与药号的营业特色相称。藏身闹市的胡庆余堂古朴中隐现着几分神秘，优雅里蕴藏着深厚积淀，求医问药者众多，访古探旧者亦不少。在悠久的历史长河中，胡庆余堂沉淀的独特文化，可以说是中国传统商业文化之精华。1988年胡庆余堂被列为全国重点文物保护单位，2006年，胡庆余堂中药文化入围首批国家级非物质文化遗产名录，国药号也被商务部认定为首批中华老字号。

朱炳仁铜雕艺术博物馆。位于河坊街221号的气派建筑便是朱炳仁铜雕艺术博物馆，总面积近3000平方米，除立墙和地面外，馆内的所有事物全部采用铜质结构和黄铜装饰，整体以明清时期典型的江南民居风格为主，被誉为"江南铜屋"。为弘扬民族传统文化艺术，尤其是铜文化艺术，中国工艺美术大师朱炳仁及其子朱军岷集五代人之艺术精华，将中国传统艺术中的建筑、雕塑、绘画、书法融会贯通，成就了这座中国乃至世界唯一的铜艺术博物馆。沿着华美的廊道，进入江南朱家铜屋，呈现在眼前的是一个铜艺术世界，桌椅板凳、屏风摆设、门窗砖瓦，还有朱炳仁大师亲手打造的经典铜建筑模型，精妙大气，活灵活现，可谓巧夺天工，让人目不暇接，眼花缭乱。金碧辉煌之间，焕发出令人惊叹的奇光异彩，传达出韵味深厚的建筑文化。

品尝感受滋味美食

凹凸不平的石板路，红黄相配的复古招牌，留存着些许古韵的街角，河坊街的味道是需要细细品味的，而最能让人直观感受到河坊街味道的当然要数杭州本地特色小吃了。

定胜糕。杭州菜系，色呈淡红，外观多样，松软清香，入口甜糯。传说是南宋时百姓在韩家军出征时为鼓舞将士而特制的，因糕上有"定胜"两字，就被人们称为"定胜糕"。听到这个吉利的名字就让人不禁想尝上一口。定胜糕制作方法并不难，将配置好的米粉放进用梨木雕刻成花朵树叶模样的印版里，中间放入红豆沙，蒸少许时间就可以了。但是米粉配置方法却是河坊街老店独有，其他地方模仿不来。刚出炉的定胜糕香喷喷、热乎乎，咬一大口，内里甜甜的豆沙馅流出来，颇具滋味。最重要的是价格实惠，作为小礼物送给亲朋好友也很不错。

葱包桧儿。杭州风味的特色传统小吃，用春饼包卷油条、葱、甜面酱烤制而成。葱包桧儿的诞生与南宋奸臣秦桧有关。时年岳飞被杀害于杭州风波亭，百姓与爱国将士莫不痛心疾首。杭州有位点心师傅用面粉搓捏成两个象征秦桧夫妻的面人，把它们扭在一起，丢进油锅中炸以解心中之恨，并称其为"油炸桧儿"，便是后来的油条。

有时炸多了卖不完，师傅就将冷掉的油炸桧儿同葱段卷入拌着甜面酱的春饼里，再用铁板压烤，直到表皮呈金黄色，回炉重造的油炸桧儿吃起来松脆可口且葱香四溢，一出炉就销售一空，人们就将其取名为"葱包桧儿"。如今"葱包桧儿"在各大餐馆也可以吃到，宴西湖上更是出现了高端版的"葱包桧儿"，但是河坊街的"葱包桧儿"却无可替代，因为这才是杭州老底子的味道。

葱包桧儿

定胜糕

【文章来源】叶晨曦：《繁华河坊街古老杭州味》，《浙江林业》，2018年第 10 期

121. 鼓楼脚下的"网红生煎"要搬家？德胜巷有家店的生煎好吃到不行？

毛老头温州小吃

秘诀是肉馅里不用生姜

这家店被爆料人疯狂推荐，说这里的生煎包味道"毛好咧"，虽然换过不少地方，但很多人都忘不了他们家的美味，还说浙大有位老先生专门起个大早赶到德胜巷来吃。

早晨八点多，我们来到店里，不大的店面里有三个工作人员，其中有位中年女子，个子不高，消瘦的身材却很是硬朗，一直在店里忙活着，说话做事非常干净利落。门口不停有食客赶来买生煎，要 5 个、10 个、20 个的都有，她就没休息过，一会儿忙着收拾碗筷，一会儿走进橱窗帮忙点单，还要指挥店里其他员工的工作。她就是这家店的老板娘，名叫毛海瑞。

这家生煎店最早在刀茅巷，后来搬到和睦新村，之后才搬到德胜巷 38 号。一到这里，周边居民的早餐可算有了着落，我拉住一位本地老奶奶问情况，奶奶脱口就是："好吃的，我们早餐经常吃这家的，干净又新鲜。"

这之前，我一直觉得煎包没啥花头，不就是油煎小包子吗？不过杭州本地人提前给我支了一招，说好的煎包是有标准的：底部煎得酥脆可口，包子褶皱纹路清晰，吃起来发酵面粉筋道有嚼劲，肉馅鲜嫩可口。按照这个标准，赶紧买几颗放在盘子里细细观察，外观基本符合标准，一口下去包子皮和肉馅不粘连，肉馅紧实香嫩，口感确实是不油腻。

三四颗下肚，老板娘还在忙前忙后，抽空问她做煎包的秘诀，她一边拖地一边说："秘诀就是油要好，一定要干净，我们家用过一次的油就不会再用了；二是面粉要好，做出来的煎包面皮有韧劲儿好吃；再来就是肉要用五花肉，肥瘦相间那种。"光有这些还不够，调配煎包馅儿时放的独家秘制调料才是精华所在，不过老板并不会透露给我，"连我弟弟都不知道的，这个必须得保密。"

看着我遗憾的表情，老板娘偷偷告诉我："反正我们家的馅儿不用生姜和其他乱七八糟的香料，因为好的肉馅不能让姜抢去风头，凡是用重香料和姜的，肯定是要遮盖猪腥味的，那种煎包不好吃的。"

话音未落，老板娘又跑去一边帮忙打豆浆了。这时，旁边的服务员一边端起煎锅一边吐槽老板娘太较真："煎破掉的不卖、煎煳掉的不卖、肉馅不饱满的不卖，要求毛多咧。"

银花馄饨新店还在鼓楼边

银花馄饨

别担心，新店还在鼓楼边

爆料人打电话过来时很失落："鼓楼山脚下又少了家美食，开了33年的煎包店要搬迁了。"怎么回事？我们赶到鼓楼，发现爆料者说的正是卖了几十年的银花馄饨，确实是要搬迁。我们问了一下，银花馄饨老店会继续卖半个月，搬迁后的新店就在鼓楼边，店面也已经开起来了，离老店并不远，其实用不着遗憾。

说起来，十年前我刚到杭州时来鼓楼玩，就在他家吃过馄饨和煎包，味道虽然记不得了，但却记得当时吃了不少。说起他们家的煎包和馄饨，周边的居民都说吃了很多年，味道没怎么变过。不过，旁边的鼓楼保安有点小意见："现在名气大了，外地人来吃的更多，好像他们家店网上挺有名的，味道还可以，就是有点油。"

走进店里，我看到不断有客人进来，说外地方言的确实不少，还有人拿着手机里的旅游攻略问是不是这家店，并把这家煎包称作"鼓楼煎包"。煎包卖得不贵，只要7毛钱一个，再搭配一碗豆腐脑或馄饨，当早餐还是不错的。

煎包的个头看上去并不算大，上面撒着葱花。我仔细看了一下煎包的做法——捏好的生煎包放在平底煎锅里，过一会儿后打开锅盖，蒸汽下的煎包会发出滋滋声。出锅后夹起一个，底部油煎得黄灿灿的，咬一口确实很酥脆。和其他传统煎包馅料偏干的情况不同，这家煎包会爆汁，一不小心就会喷出肉汁。银花馄饨的煎包肉馅颜色比较暗，问过才知道调味的时候加了多种特制香料。

说实话，这家煎包还挺油的，跟我一起吃的摄影师是南方人，表示早餐吃这个太油腻："一口下去都是汤汁和油，肉味香是香的，但吃太多肯定就腻了。"

堂口老齐家的生煎

堂口老齐生煎

不干不腻吃起来刚刚好

这家也是老字号，如今分店已经开了好几家，口味却一直如初，越来越受大家喜欢。赶到店里，负责生意的老板娘一边忙一边吐槽："来不及做啊，你去厨房看看，四个人连轴转地包包子，不一会儿就卖完了。"为啥不考虑用机器代替？老板娘白眼一翻笑着说："机器做出来的怎么能比手工做的好吃？我们宁愿卖完不卖了，也不用机器做。"

　　走进后厨一看，四个工人正围着案板包煎包和煎饺，微微泛红的肉馅光滑紧实，一眼就能看出新鲜的质感。问老板娘做这个馅料的特别之处，老板娘悄悄告诉我："不能说的，老板做煎包20年了，怎么弄馅儿、用什么调料，可是谁都不会讲的。"她只知道，为了保证肉馅的品质，老板每天四点就会起床亲自调馅儿，谁都插不上手，而且调馅儿时绝对不用生姜和大蒜："生煎就要用好肉，吃肉味，加了姜和蒜的肯定不行。"

　　相比前两家店，老齐生煎的个头虽然较小，但味道却很不错，刚好一口一个。在嘴里咬开煎包时，肉香带着甘甜和咸香闯入口腔，油量控制得刚好，不会干也不会油腻，吃不出什么香料的味道。煎饺皮要比煎包薄一些，放进嘴里一口爆浆。

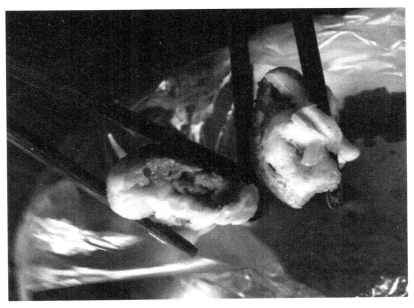

宝美点心的生煎

宝美点心

个头小得跟金橘一样

　　作为一家网红店，很多人都向我们推荐过这家店，说这里的煎包如何如何好吃，排队多少多少火爆，这让我非常期待。来到店里发现，宝美点心门面不大，但食客确实不少，排队点单时有人一口气买"三十个"，让我对大家的胃口无比震惊。可真的坐下来后才发现，原来这家的煎包个头竟然小得跟金橘一样，跟同样卖 7 毛钱的银花生煎一对比，后者感觉要大好几倍。

这家店煎包的味道，其实跟其他家差不了多少，就是肉馅比较少，猪肉倒是肥瘦相间，保证了基本口感，油煎的底部因为新鲜出炉还算焦脆，但其他就没什么特别了。

【文章来源】杜青宝：《鼓楼脚下的"网红生煎"要搬家？德胜巷有家店的生煎好吃到不行？》，《都市快报》，2018 年 7 月 11 日

122. 杭帮菜，文人菜

饮食烹饪学专家邱庞同先生认为，杭帮菜的形成始自宋室南渡之后，定杭州为南宋王朝的都城临安，此时杭帮菜已经成为中国"南食"之佼佼者，俨然为一重要风味菜系的流派。靖康之耻，建都临安，北方的名门望族及大批百姓南移，也使得杭州城迅速繁荣发展，很多汴京人开设酒楼、食店谋生，当地固有的菜肴与北方及西南各地饮食频繁交流，烹饪技艺不断提高，名菜佳肴也不断涌现。吴自牧的《梦粱录》、周密的《武林旧事》以及孟元老《西湖老人繁盛录》等野史笔记俱记载了临安城内饮食业兴旺发达的景象，以及遍布街巷的酒楼食店中琳琅满目的美味佳肴。据《梦粱录》记载，临安城当时的诸色菜肴达300多种。临安城内景色迷人，青山绿树，湖水粼粼，白堤苏堤，游人熙攘，画舫如织，艇船似梭。书中描绘，两湖上的这些画舫，有长二十余丈及十来丈的各色样式，又可容百余人或数十人不等的大画舫，雕栏画栋，精工巧造，画舫上可摆筵席，且载有歌妓唱曲；亦有富豪自造的采莲船，船围以青布为棚，装饰得考究精致。西湖的游人，最多是文人，游湖吟诗，西湖边有一座著名的酒楼，名曰"半乐楼"，就有很多文人雅士留下了脍炙人口的诗篇。山光水色的滋润，文人情怀的熏陶，四方食味的融汇，皇室气派的浸染，使得杭帮菜已经成为融南北特色为一体的新型风格的菜系流派了。

浙江的文人美食家多，名厨也多。他们留下一批颇有影响的烹饪典籍，也使得浙菜及杭帮菜更加富有文人气息。在宋代，有陈仁玉的《菌谱》，赞宁的《笋谱》，女名厨浦江吴氏的《中馈集》等；明代有慈溪名厨潘清渠的《饕餮谱》，其中详细记载了浙江等地的400多种精美菜肴，又有高濂所著的《饮馔服食笺》等烹饪书籍；而明末清初的名士张岱也曾经在《陶庵梦忆》的"方物"一文中，为我们举了杭帮菜丰富多样的食材，如嘉兴的马鲛鱼脯，陶庄的黄雀，杭州的鸡豆子、花下藕、韭菜、玄笋，萧山的莼菜、鸠鸟、青鲫，诸暨的香狸，台州的瓦楞蚶、江瑶柱，浦江的火肉，绍兴的破塘笋、独山菱、河蟹，三江屯的蛏、白蛤、江鱼、鲥鱼等。浙北为杭嘉平原，水网密布，土地肥沃，农牧渔业兴旺，四时鲜蔬果物供应不断，再加上浙西及浙南的山珍海味，东南沿海的海鲜水产品，为浙菜及杭帮菜提供了极其丰富的优质食材原料。

清朝还有几位著名文人妙笔生花，记述了多种浙菜及杭帮菜的精美肴馔，且对浙菜及杭帮菜烹饪技艺的提高，促进其繁荣发展和扩大其影响，都起到了极大作用。戏剧家李渔在有《闲情偶记》中推崇美食鲜蔬，他独特地将莼菜、蘑菇、蟹黄及鱼肋合烹，命名为"四美羹"。李渔晚年迁居杭州的"层园"，他的美食养生观颇为后世的烹饪名家所重视。清朝康熙年间的一位大诗人朱彝尊是浙江嘉兴人，博通经史，擅长诗文，也曾经留下一部关于美食烹饪的著述二卷，名为《食宪鸿秘》，该书收录了400多种食品制法，较多的是江南地区菜肴，内容是很丰富的。另一位著名诗人袁枚是杭州人，晚年撰写了《随园食单》，记载了340多种名菜佳肴、面点及粥、酒、茶的制法，还论述了烹饪操作中应该注意的事项及饮食理论等。《随园食单》有着重要的史料价值，这部烹饪学著作可称是给杭帮菜书写了浓重的一笔。随后，也有杭州人施鸿保在清朝嘉庆同治年间写有《乡村杂咏》，用170多首诗歌吟咏其家乡的食品菜肴，此书的手写本仍然保存在北京图书馆，也是杭帮菜文化形成的见证。

在西湖白堤附近的著名餐馆"楼外楼"，可称是杭州城中最负盛名的餐馆。据说，晚清著名学者、经学大师俞樾，原来寓居在广化寺东的"俞楼"，前来拜谒的文人雅士很多。俞樾在家中时常以醋鱼招待客人。以后，有商家从中看到了商机，借重俞樾的名望，在"俞楼"的外面又开了一家餐馆，便取名为"楼外楼"，意即"俞楼"之外的酒楼。"楼外楼"餐馆中，西湖醋鱼成了招牌菜，尤其经过几代厨师的不断摸索改进，此菜成为喧腾众口的一道名菜。1964年，周总理在杭州设国宴招待外宾，西湖醋鱼成了宴会上一道主菜。我到杭州去过几回，其中三次去过"楼外楼"餐馆吃饭。头一回在"楼外楼"餐馆吃饭，是我两岁之时。先父携母亲与我回宁波老家探亲，途经杭州，有个好友便请我们一家人在那里餐聚。我那时还幼小，却执意要自己也得有个座位，桌前有一份碗筷，引得父亲友人及服务员大笑，说我"人小鬼大"。我对此事已经全无记忆，还是先父生前将此作为笑谈轶事而提起的。以后两回到楼外楼餐馆吃饭，却是在90年代了，也都是朋友相邀。其中一次，请客的那位杭州友人点菜，当然首选是西湖醋鱼、龙井虾仁及虾油鸡等，服务员却说，龙井虾仁没有。因为那时是秋季，无法采撷到龙井新叶。若用旧叶，便做不出真正的"龙井虾仁"。

我当时颇为这个名餐馆的这份坚持而心生感动。服务员端上一盘清炒虾仁，友人介绍说用的食材是钱塘江的河虾，那盘虾仁鲜美脆爽的味道岂是如今的养殖虾所可比拟？桌上的菜肴，无不体现出杭帮菜的文化品格，清雅细腻，鲜美滑嫩，口味纯正。还有那里的虾油鸡，据说也是用特地挑选的"三黄鸡"所制，味道浓郁，鲜嫩可口。

我的祖籍是浙江宁波，因此我一直对浙菜及杭帮菜情有独钟，闻知有好的浙菜餐馆就要去品尝，哪怕是点上一两个菜，或邀一二位好友吃一顿小馆呢。可惜，我在北京城所品尝的那些浙菜的餐馆，如淮扬春、孔乙己等，其实大都是江南地区各菜系的混合，既有杭帮菜，也有苏锡菜，再兼之以"本帮菜"，可称为"江南菜"。譬如，"孔乙己"餐馆是我家较喜欢的一家餐馆，原本是以浙菜的绍兴菜为主的，后来也成为这样的大融合。我记得，崇文门附近以前确实有一家较纯粹的杭帮菜餐馆，也是我妻子发现的。我们一起去品尝过几回。我在那儿吃过一次西湖醋鱼，颇有些失望。其烹饪法及糖醋汁果然很地道，可菜肴里难掩一股土腥味儿。那天，我与一位浙籍老友直率说出自己的感受，他也悄悄点头，对我说："那可不是！我们在'楼外楼'吃的是钱塘江的鱼，可这里是养殖鱼！嘿，在北京，我们是吃不到真正的杭帮菜的！"他说的是实话，因为我们难以寻觅到真正的杭帮菜食材。

【文章来源】施亮：《杭帮菜，文人菜》，《海内与海外》，2018 年第 1 期

123. 杭帮菜，一次南北合璧、中西交融的时光旅行

什么是杭帮菜？

有人说，杭帮菜就是西湖醋鱼、龙井虾仁、东坡肉等三十六道名菜；有人说，杭帮菜就是清清爽爽不咸不辣；有人说，节令时鲜才是杭帮菜；也有人说，杭帮菜就是迷宗菜；还有人说，杭帮菜就是有西湖韵味的菜。而我印象中，最深刻的评价是这么说的："杭帮菜是南北交融的历史地方菜。"我不是杭州人，去过不少城市，如果我来评杭帮菜可能会"旁观者清"。

历史上，中华民族大大小小的融合数不胜数，一时间都湮灭在历史的长河里。但像杭帮菜这样历时八百多年，既能高度融合又能清楚分辨南北特色的，不说空前绝后，也是绝无仅有的，不得不说是个传奇。

杭帮菜从宋代一路走来，除了声势浩大的南北交流交融，东西方之间的国际交流也是不可忽视的重要线索，且这种国际间的交流融合越近现代越是激烈。现在，我们就乘着历史之舟，一览杭帮菜中西交融的进程吧！

南宋

现在，我们说杭帮菜要走出杭州、走向世界，其实杭帮菜最早的国际化早在南宋的时候已经开始了。这首先要从南宋定都临安后，一群外国人开始在杭州长期定居说起。

史料记载，南宋杭州设有专门管理邦交国书信往来的机构，规模相当于一个所。由此，我们不难想象，南宋时期的杭州一定居住着数量不少的外国使者，不然没必要成立一个所专门处理书信。另外，还有一个政府机构"市舶司"更能反映出杭州的国际化程度。"市舶司"相当于现在的海关，就是负责进出口收税的部门。南宋初期，全国只设了三处"市舶司"，分别为广州、泉州和杭州，后来又在宁波、登州等增设了"市舶司"。资料记载，南宋早期 15% 的税收来自国际贸易税，可见海外贸易占当时 GDP 的比重之大。

事实上，海上贸易在南宋时期达到了中国古代历史的顶峰。当时的杭州云集了高丽、日本、暹罗、大食等二十多国的商人。可惜关于他们怎么生活，吃

些什么，带给当地的饮食文化的影响等没有详细的记载。我们只能从南宋典籍中零星地找到一些菜单，罗列下有：猪胰胡饼、倭菜、胡羊巴、椰子酒、木瓜汁、新罗葛、拣松番葡萄、冻波斯姜豉、新样满麻、门油、侧厚、油碢等等。其中如冻波斯姜豉，相传是回族先民从波斯传入中国的。通过这些痕迹，我们能直接感受到"国际美食"对杭帮菜方方面面的影响。

南宋时期，有一种进口的沉香很受欢迎，沉香水成为当时宴请的高配。此外，还有种外来食材不得不提，那就是南宋的主粮占城稻。占城稻原产越南占城，最初由海商贩运到福建，后来受到政府重视，在两浙、江淮一带推广。

最后说一点有趣的历史，南宋商业最后发达到有点失控，有钱人把杭州的房价抬得高到离谱。还有更严重的，海外贸易导致中国的铜钱大量外流，政府只好大量发行纸币（交子），结果导致严重的通货膨胀，以至后来的元明清都没把纸币作为国家货币。

元代

其实，被马可·波罗称为"世界上最美丽华贵之天城"的是元代的杭州。元朝一直是个很开放的朝代，无论是陆路和海陆交流都达到了历史的鼎盛。元朝初期，恢复并增设了南宋后期废弃的市舶机构，高峰时多达 7 处，其中有 6 处在浙江行省内。杭州作为浙江行省的首府，成为外商、使臣、商船集散中心，当时的柳浦、西兴都是优良的港口。

有意思的是，马可·波罗回国时将许多中国的美食和配方带回了欧洲。根据《马可·波罗游记》里的记载，意大利空心粉就是从中国的宫面模仿、演变而来的。相传，冰激凌最早是中国人发明的。南宋《西湖老人繁盛录》"诸般水名"中记载有一种解暑的冷食品叫"乳糖真雪"，有可能就是冰激凌。元代开始生产冰激凌，为了保守制作工艺的秘密，元世祖忽必烈颁布了一条除王室外禁止制造冰激凌的敕令。马可·波罗在《东方见闻录》一书中说："东方的黄金国里，居民们喜欢吃奶冰。"元人将平常食用的果酱、蜜糖和牛奶混入冰中，凝成柔软的冰沙，入口即化。13 世纪，马可·波罗把奶冰的配方带回了威尼斯，后又传到法国和英国。

元代，来杭旅行或定居于杭州的印度、土耳其、埃及等南亚和北非国家的商人很多，此外还有大量的僧侣、士兵、牧民、工匠、技师等。当时，杭州的总长官欢迎外宾表演的歌手乐师，能用阿拉伯文和波斯文演唱。这时的杭州，比历史上任何时候都更国际化。国际友人大规模定居杭城，促使大量的外国食材被引种到江浙，有胡萝卜、洋葱、黄瓜、香菜、石榴、开心果和黄杏等。元代，从阿拉伯还引进了一种叫"阿剌吉"的酒，这种酒对后世中国造酒业影响极大，它的别称叫"烧酒"。

以上，我们大概可以得出这样的结论：元代，杭帮菜的中西交融不仅丰富而且深刻。可惜元朝没那么多文人去记载历史，蒙古人显然没有做好要青史留名的准备。

明朝

明代的海外交流主要以官方为主，这和宋元时期以民间交流为主截然相反，用现代的话叫"民进国退"，而且明代还一度禁海。

明代处于西方地理大发现时期，这时西方变成更主动的一方。不是禁海吗？明的不行就只好"走私"了，恰好日本处于他们的"战国"时期，很多人也逃难到海上讨生活了。于是浙江、福建沿海的走私者和日本以及西方人做起了生意。

其实海禁一直没有真正被禁止过，民间的贸易交流一直是存在的。明代以农业立国，似乎对海外好的农产品怀有特别的善意。这时，以闽浙为主阵地，从海外引进了玉米、番薯、马铃薯、辣椒、花生、番茄、洋葱、南瓜、向日葵等外来物种。杭州人田艺蘅就记载了玉米的引进情况。杭州人高濂则第一个记载了辣椒的引进情况，并在《遵生八笺》详细介绍了杭帮菜的特色和制作方法。嘉靖年间的浙江《临山卫志》则最早记录了向日葵的引进情况。此外，郑和下西洋使一些海味被大家广为接受。

清代民国

到了清朝，杭州餐饮文化再一次达到顶峰。楼外楼、状元楼、奎元馆相继创立，还有五柳居、壶春楼、卧龙居、自然居、杏花村等名店。《儒林外史》中形象生动地描写了雍正、乾隆年间的杭州美食。戏剧家兼美食家李渔的《闲清偶寄·饮馔部》，食圣袁牧的《随园食单》，都是在杭州写成的，以介绍论述杭州菜为主的饮食文化专著。

根据保存下来的乾隆西湖行宫御膳食谱，乾隆在西湖行宫里吃过红白鸭子攒丝、炒鸡肉片炖豆腐、蜂糕等，虽称不上地道的杭帮菜，但也是融合了精致清淡的杭帮口味。满汉全席中就有杭帮菜的身影，108 道菜中有 30 道是江浙菜。

另一方面，英国皇家对中国茶的热爱，是引发了鸦片战争的原因之一，而杭州是茶叶出口的重要产地。到了清末，杭州成为通关口岸，这段屈辱史也掀开了中国全面向西方学习的历史，这是一次从精神到饮食上的彻底学习。大批的海外学子归国后，成为推进西式生活的重要力量。在近现代学习西方的过程中，杭帮菜的面貌发生了根本的变化。杭帮菜在席面布置、菜肴品种数量、冷热搭配、上席顺序、食用方式上都有些西化的特点。

到民国二三十年代，杭帮菜形成了八大菜、八小菜、四冷荤、四热荤、两甜点，外加一些水果的格局，这样的格局基本沿用至今。民国时期，杭州仅延安路就有协顺兴、大达、五朵花、劳伦斯等西餐厅。在杭州吃西餐，或以西方的科学饮食制度改良中餐。成为当时"有识之士"的标配，就连杭州最有名望的国学大师马一浮也吃起了牛奶、面包。

现代

改革开放后，西式餐饮走进了人民群众的生活中。肯德基、麦当劳等餐厅在杭州的遍地开花已经整整影响了几代人的饮食习惯。

现在，人们已经可以不出杭州品尝到全世界的各地美食。在盒马鲜生，你可以吃到昨天才在澳大利亚捕捞上来的龙虾。在涉外接待酒店，可以品尝到比外国还地道的西式料理。在老字号的知味观、杭州酒家、楼外楼等饭店，你也能很轻易地发现西式烹饪的影响。

在 G20 宴会上，杭帮菜更是将国际性提高到了一个世界最高标准。杭州市政府高瞻远瞩，早在 G20 之前就提出了杭帮菜国际化的发展战略。有餐饮专家指出，杭帮菜继迷宗菜后下个黄金时代就是"国际化"，哪个菜系率先国际化就能掌握"话语权"，代表中国走向世界。

当然，杭帮菜的国际化不会是一边倒地靠向西方，毕竟杭帮菜的文化积淀是任何外来文化无法比拟的。就像八百多年前的那场南北融合，南和北并存才是最好的。

【文章来源】吴雄心：《杭帮菜，一次南北合璧、中西交融的时光旅行》，《杭州》，2018 年第 33 期

124. 杭帮菜飘香黑土地

5月25日，由杭州市政府主办、杭州市商务委员会（杭州市粮食局）承办的"江南杭帮菜，飘香黑土地"美食文化推介会在吉林长春举行，为当地市民、餐饮界人士呈现了一场盛宴。

品鉴会现场，杭州餐饮企业打造的特色宴展台吸引了不少宾客驻足拍照，尤其是杭州酒家出品的西湖十景宴，色泽艳丽、摆盘精致，一景一菜的绝妙构思，集中展现了杭帮菜的精髓和高超技艺。经杭帮菜领军人物胡忠英、叶杭胜领衔制作的此次美食餐单，将杭州餐饮传统文化、现代特色元素与G20杭州峰会元素有机结合，赢得了大家的交口称赞。

杭州、长春两地餐饮饭店行业协会、餐饮企业还在现场签订合作意向书，促成杭帮菜在长春"落地生根"。目前，杭州餐饮代表团已抵达第二站黑龙江哈尔滨，并将在今晚举行品鉴会。此次东北之行是杭州以美食为媒介，贯彻落实十九大精神和国家新一轮东北振兴战略，加强与东北地区对口合作发展迈出的重要一步。

【文章来源】甄妮：《杭帮菜飘香黑土地》，《杭州日报》，2018年5月28日

125. 楼外楼：以文兴楼，以菜名楼

给杭州楼外楼实业集团股份有限公司党委书记、董事长邓志平打电话约采访，他正在北京开会，这位餐饮业人士参加了一个有关文艺创作的研讨会。

一部可以看历史的中华美食剧

今年 5 月 14 日，杭州楼外楼参与摄制的大型民族史诗传奇剧《楼外楼》在央视一套黄金档播出后好评如潮，被观众称为"一部可以看历史的中华美食剧"，成为当下一部现象级艺术作品。

6 月 1 日，中国电视艺术委员会在北京举办电视剧《楼外楼》研讨会，出席会议的李准、仲呈祥、李京盛、范咏戈、王伟国、尹鸿等专家对《楼外楼》进行了深入的分析研讨。大家一致认为，电视剧立意高远、题材不俗，故事情节宏大曲折，角色刻画丰满生动，讲述中国故事，传播传统文化，堪称近年来恢弘大气的精品之作；电视剧把《楼外楼》呈现在屏幕上，本身就是最好的文化传承，《楼外楼》是一部讲述中国故事弘扬传统文化的民族正剧。中国广播电影电视社会组织联合会副会长李京盛赞《楼外楼》是一部拥有世道、商道、人道和味道"四道贯通"的史诗大戏。中国文艺评论家协会名誉主席、著名文艺评论家李准说，一部《楼外楼》，半部文坛史。

邓志平说："今年是楼外楼建店 170 周年，楼外楼人用这样一种特殊的形式纪念店庆，向老一辈人、向杭帮菜致敬，向西湖、向中国传统文化致敬！"这是楼外楼迄今为止"以文兴楼"最有分量的浓彩重笔。

菜是楼外楼的主业，是楼外楼的立足之本，楼外楼坚持"以菜名楼"不动摇。一方面着力抓好传统美食文化传承。搞好传帮带，师傅教徒弟，龙井虾仁怎么上浆、做西湖醋鱼的鱼怎么饿养和在鱼的什么部位切几刀、东坡肉的选料和烹饪火候如何掌握等等，把杭州传统菜做地道。

另一方面着力抓好创新发展。楼外楼建起了食品工厂，努力探索餐饮业工业化发展之路，选派有丰富烹饪经验的厨师，对名菜原料、配料、烹饪方法、口味特点等多方面进行定量分析，采用新工艺、新技术，制定了名菜制作的工

艺流程。经过不断研发，楼外楼实现了由厨房制作杭州传统名菜变成工厂化、标准化、规模化生产，实现从菜品到产品的升级转化，现在已能够生产以"楼外楼"为注册商标的 7 个系列的百余种产品。通过与知名网站合作，积极推进网络营销；开发配送业务，为企事业单位量身定做半成品菜肴；推进连锁经营，面向住宅小区开设外卖连锁店。目前，楼外楼的名菜已走进杭州千家万户，以真空包装为主打的产品已走向全国市场。去年楼外楼营收 3.5 亿多元，其中单店营收位居全国同行前列。

走上世界舞台的杭州味道

2016 年楼外楼圆满地完成了接待 G20 峰会贵宾的任务，以更精湛的技艺、更精致的服务、更精细的管理，向世界展现出百年名楼独有的风采。为适应来自不同国家贵宾的口味，厨师团队在传承的基础上开动脑筋，大胆创新研发菜肴，把杭州特色、西湖元素、旅游景观等完美地融合到菜肴中，突显杭帮菜的美食文化，让贵宾在楼外楼欣赏杭州西湖美景的同时，体验杭州的美味。楼外楼作为西子湖畔百年老店，在继承传统，发扬传统的基础上，大胆创新，博采众家之长，把菜肴的"根"与"魂"完美结合起来而有全新的体现，受到了贵宾们一致称赞。接待如此高规格的任务对于楼外楼是史无前例的，对服务提出了更高要求，楼外楼邀请服务专家对服务人员从仪表仪容、服务礼节、规范操作等方面进行系统化培训，且更注重细节，注重实效。特别是宴会组成员每天的训练量，国宴的标准从餐台的每一个物件、表情、手势等等都有相当严格的要求，有时为了做好一个动作，一个手势，都要精准到分秒。员工们充分发挥能吃苦、能作战的精神，圆满完成了峰会服务接待，大大提升了楼外楼的高端接待能力和服务人员的接待水平。

"我们将以服务 G20 峰会为契机，继续致力于杭州传统菜肴的传承和创新，提升餐饮服务的'国际范儿'，让楼外楼这块金字招牌在西子湖畔绽放出更加璀璨绚丽的光芒，让到访的世界各国客人爱上楼外楼、爱上西湖、爱上杭州。"邓志平说。

【文章来源】司马一民：《楼外楼：以文兴楼，以菜名楼》，《杭州》，2018 年第 26 期

126. 我的美食情结——老底子的杭州味道

在西湖边长大的我，从小就被杭州的美食美景熏染。除了看不尽的桃红柳绿、夏荷田田、金秋桂雨、傲雪冬梅外，最喜欢的就是地地道道的杭帮菜。时光可以改变，不变的是对美食的那份记忆和对美好生活的无限向往。

1

说到本帮菜、妈妈菜，不得不说说杭州的菜市场。杭州人喜欢吃鱼虾河鲜和各种时令蔬菜，市郊也有大量的蔬菜种植基地，所以各大菜市场和农贸市场也以这些为主。春天以春笋、韭菜及各种野菜，如马兰头、荠菜、蕨菜等为主；夏天是各种豆类和瓜果的天下，豌豆、毛豆、蚕豆、冬瓜、丝瓜、黄瓜等等摆满了市场；秋天是成熟的季节，南瓜、芋艿、莲藕、板栗等是摊前的明星；冬天则是本地的油冬菜和白萝卜最好吃的季节，成为大家抢购的对象。

老底子杭州正规的农贸市场不多，经常会有挑着担子的菜农把新鲜的蔬菜挑到住家门口来卖。随着杭州的城市改造不断深化，那些影响市容卫生的小摊小贩早已不见了踪影，原来的露天菜场也进行了整体提升改造，规范化的市场管理，使菜品质量有了保障。

杭州的菜市场很早就开门了，记得有年去北方一个城市，也去了当地的菜市场，但是七点多了还没有几个摊主。而杭州每天早上五六点钟，就可以见到一辆辆三轮车、小面包车从附近县郊赶来，把菜农自家菜地里新鲜碧绿的叶菜运过来，按品种整理干净，堆放摆齐在自己的摊位上。

虽然现在许多大型超市里都有净菜供应，但我还是喜欢去菜市场买菜，因为这里的每一种菜都是刚从菜地里采挖出来的，非常新鲜，上面还带着露水。我经常去买菜，和许多摊主混熟了，他们会把每个季节有什么时令菜告诉我。有一次，我想做南瓜藤和南瓜花菜，跟菜农说后，第二天他特地给我采来，而且价格也很合理，从不欺诈。

印象最深的是，有一次我要去参加杭州市民节厨艺大赛，食材里需要一些中等大小的青壳螺蛳，菜场里的摊主就把一大盆螺蛳放在我面前，让我自己随便挑。后来，我做的一道"螺凤戏水"获得了民间组冠军，所以很感谢菜农提供的好食材。我把得来的一些奖品送给菜农，她见到我时也很兴奋，说在电视里看到我得了第一名，成功的喜悦和分享的快乐真的让我很开心。

现在，每当我在网上晒出自家吃的杭帮菜时，天南海北的网友们就很羡慕。因为很多时令菜、本地菜在外地是很难见到的，他们常常抱怨没有原材料。有的朋友来杭州游玩，会特意向我咨询杭州的菜场在哪里，然后去菜场把江南的蔬菜大包小包地带回家。

2

我对杭州传统菜的喜爱，主要源于对小时候吃妈妈做的那些菜的美味回忆。老底子的杭州人家过传统节日都是很讲究的，节日美食的各种吃法总让人口福满满。

每到传统节日，杭州人都会特别隆重地对待：端午的"五黄"和粽子，清明的青团，立夏的乌米饭和蚕豆饭，中秋的螃蟹、板栗、柿子和月饼，冬至的年糕，元宵节的汤团等应节食物是不可少的。新春佳节更是阖家团圆聚餐的好日子，家家厨房里摆满了一锅锅的糟肉、虾油鸡、腊笋烧肉、黄豆肉皮冻，户户阳台上挂满了酱鱼、酱鸭、酱肉和一串串粽子，院子里还有一排排晒着的长梗白菜和一缸缸大人们用脚踩腌出来的冬腌菜……邻居们关系融洽，哪家做了好吃的，总是互相送一些尝尝。记得小时候，妈妈做的黄花菜炖蹄髈、霉干菜烧肉最好吃了，油而不腻，酥烂香浓，那肉香至今仍让我回味无穷！

杭州四季分明，具有春阴雨、夏潮热、秋干爽、冬湿冷的气候特点。懂得生活的杭州人，都会跟着节气，赏着美景，吃上江南才有的天赐美味。

春天，经过几场春雨的滋润，草地里、田埂边的野菜和农家竹林里的春笋也到了最适合食用的季节。除了在西湖边赏春景，还可以在苏堤湖岸、植物园、花港观鱼的小径草地，龙井村、梅家坞、茅家埠的茶园及路边山道上，采到马兰头、荠菜和胡葱等野菜。春天也是江鲜、湖鲜最鲜嫩美味的时候，螺蛳、河蚌、黄蚬儿、河虾、鳜鱼等都是杭州人家餐桌上不可缺少的美味。

在夏天的清晨，我们会看到有人头顶荷叶伞，手剥嫩莲子，边走边吃的场景。断桥对面的北山街上，一大早就有好多市民和游人自发地排队，等候购买新鲜的荷叶和莲蓬。荷叶可以做粉蒸肉、荷叶粥、荷叶茶，莲子可以做莲子羹，藕可以做糯米藕、凉拌藕丝、炒藕片等。

每个杭州人对桂花有着抹不去的记忆，因为桂花是杭州的标志和市花。金秋时节，泡一杯桂花龙井茶，剥几粒糖炒栗子，喝一碗桂花栗子羹，点几道农家菜，享受这一季的美好时光。

冬天，要过大年，家家都会赶着采购年货。过去，杭州人家过年都要一家人在家里吃年夜饭，要吃自己家做的八宝饭，那些作馅的红绿果脯真诱人。说笑间，感受着最幸福温暖的年味！

3

杭州是历史文化名城，这里不仅有秀丽的西湖山水，还有灿烂的历史文化。作为中国八大菜系中浙菜代表的杭帮菜，在日新月异的时代变迁中，也渐渐被越来越多的中外游客接受和喜爱。

杭州有楼外楼、山外山、天香楼、知味观、奎元馆等老字号餐馆，每家都有自己的招牌菜，每一道当家名菜名点都有自己的传奇故事。比如知味观的名点"猫耳朵"，据说和乾隆下江南有关。"西湖醋鱼"据说源于"叔嫂传珍"的故事，"宋嫂鱼羹"相传是一个叫宋五嫂的妇人所做，"龙井虾仁"据说也和乾隆皇帝有关……

现在，这些老字号餐厅继续传承着老底子的味道，突显鲜明的杭州特色，散发着历久弥新的光芒，而且还带动了一批新杭帮菜馆的诞生和兴盛，比如外婆家、弄堂里、老头儿油爆虾等，现在已经蜚声全国了。

生活在杭州的我是幸福的，我想把这种幸福分享给大家。2009 年，我在新浪网上注册了"溢齿留香"网名，建立了个人的杭帮菜专栏，把对杭州的爱，用图文并茂、美景美食的形式发表出来，宣传介绍杭帮菜私家做法，没想到受到了世界各地网友的欢迎。特别是我还介绍了杭州许多名家老店的杭帮菜和杭州美景风情，收到了许多海外游子的评论和留言，说看到我介绍的杭州菜，非常想念家乡美食！

这让我非常感动，更加深了我在网上继续宣传杭州、普及杭帮菜的信念。

一路走来，我先后又被许多网络平台邀请开通个人的杭州美食旅游专栏，从一位美食爱好者，慢慢成长为颇具影响力的美食旅游自媒体人、杭州菜专栏作者。

2010年，中央电视台记录片《行走的餐桌》第一集"杭州美食"来杭州拍摄，我被电视台导演和编剧邀请作为杭州美食博主，与波兰主持人一起介绍大运河边的杭州美食。巧缘的是，一年后的春天，我在古镇塘栖采风，又与波兰主持人在广济桥上相遇。她当时在介绍塘栖美食，因美食我们又相遇，激动地相互拥抱。我把我们的相遇发在新浪微博上后，波兰翠花在我的微博上留言：用中国的一句话说，真是有缘千里来相会。

2012年，香港美食家欧阳应霁先生来寻味杭州味道，我和杭州民间美食达人一起现场制作杭州传统的葱煎包、麦糊烧、油冬儿、东坡肉等等。一年前，在杭州安缦法云和茶馆，我曾有幸品尝了欧阳先生亲手做的五道特色菜品，那天我们还一起边剥毛豆边聊着自己最拿手的家常菜。没有想到一年后，我在现场做油冬儿时，欧阳先生看到我放的雪菜萝卜丝馅料，还和我探讨了上海和杭州油冬儿馅料的不同之处。那天，欧阳先生品尝了我做的油冬儿之后，称赞说"好吃好吃"，我们也尝到了欧阳先生和夫人做的台式瓜子肉。

很高兴，我的《老底子的杭州味道：春夏秋冬杭帮菜》一书于2018年2月出版发行后，受到广大读者的欢迎和专家的肯定，并在今年5月荣获了2018年"一带一路"美食交流大会优秀图书伊伊铜奖。我将继续用美景、美食、美文，宣传大杭州日新月异的发展，让我最爱的杭州，最爱的杭帮菜走向世界！

【文章来源】溢齿留香：《我的美食情结——老底子的杭州味道》，《杭州》，2018年第33期

127. 马列：把杭帮菜的美秀到北欧

如果不是遇到全挪中国和平统一促进会会长马列，我还不知道，杭帮菜在国外已自成天地，有了如许影响。

说实话，在我的印象中，虽然杭帮菜位列中国八大菜系的浙菜之中，但它既不如川菜有那么多的接受人群，又不像粤菜有那么广的辐射面，也没有鲁菜那么悠久的历史……仅仅是江南地区的一个地方菜而已。

但是如今，出身温婉江南的杭帮菜，却在寒冷的北欧，找到了许多人高马大、金发碧眼的知音。它用温润的东方瓷器、典雅的菜肴色泽和别致的味觉，征服了挪威人，同时也扭转了许多当地人对中餐的印象。因为28年前在马列刚踏上奥斯陆的土地时，当地小而少的中餐馆，带给挪威人的印象是简单、粗陋及没有美感。

作为一个从杭州走出去闯世界的杭帮菜大厨，看到这一局面时是痛心的。于是，他花了28年时间，做了一个厨师能够达到的高度——把杭帮菜介绍给世界，让挪威的政商各界从杭帮菜里了解中国文化，了解杭州。

曾经百废技重生

马列是20世纪80年代崛起的新一代杭帮菜厨师，曾与如今的中国烹饪大师、杭帮菜掌门人胡忠英同一时期学艺。不过后来两人走向了不同的发展方向。当胡忠英在实践一线带徒弟的时候，马列则成了杭州烹饪学校的老师，收徒授艺。

那会儿，马列做了件看上去并不是很大，但其实对于中国烹饪界来说非常有意义且影响深远的事——培训食堂厨师。

20世纪80年代的时候，还没有厨师考级、业余厨师培训班。厨师一般是通过学校的培训学习，由国家分配，就业多集中在国营饭店以及大型企事业单位和机关食堂。对于厨艺的交流和提高，厨师彼此间并不像现在这么有欲望，竞争也不激烈，所以，食堂菜给人的印象就是填饱肚子而已。

1986年，有感于食堂饭菜水平低下，马列和杭州烹饪协会的几个同事决定，办一场食堂厨师大比武。据说这个比武搞得轰轰烈烈，到最后，各单位的厨师彼此间都"打出了火气"。评奖结果倒是其次，最直接的结果就是，全杭州大型企事业单位的食堂菜水平大幅度提高，职工顿时有了口福。那几年，大家都能以到浙江麻纺厂、杭州汽轮机厂、杭州玻璃厂蹭饭为荣。"小灶"的概念也是那会儿出现的，因为厨师水平的提高，使得去食堂能像下馆子一样，实现炒几个菜喝两杯酒的愿望。

一场大赛带来了副产品，马列编了本教材《食堂烹饪知识》，通过杭州市总工会开了个厨师培训班。刚开始的时候，这本教材只是个油印小册子；后来用的人越来越多，就慢慢变成了简单的铅字书；再后来用的人更多了，居然成了全国16个省市培训厨师的专用教材。一直沿用到社会上各种厨师培训班纷纷出现之后，厨师培训教材才慢慢丰富和完备起来。

远赴万里觅知音

1990年，应朋友之邀，已经42岁的马列去了挪威，成为挪威一家国际饮食公司的大厨。没多久，他接到一个任务：去首相家做一顿中餐。因为当时首相的儿子要到中国做副大使，这一顿中式宴会，算是提前预热。"宋嫂鱼羹、炸春卷、宫保鸡丁……首相吃完非常喜欢，还告诉我他曾去过杭州。"马列至今还能清楚地记得当时的菜单。

4年后，马列自己开了一家中餐馆，主打的便是杭帮菜。

如何让中餐入乡随俗，更加适应当地人的口味？马列想了不少办法。"挪威人喜欢清淡、酸甜的口味，这与杭帮菜不谋而合。我发现，他们不爱吃有骨头的肉，于是就把糖醋里脊按照广东菜的做法，做成咕咾肉。又比如挪威没有草鱼，我就用当地盛产的鳕鱼，按照西湖醋鱼的调味方式烧制，很合当地人口味。"

看马列餐馆的主打菜，是不是感觉有些熟悉？是的，G20杭州峰会招待宴会的菜单，就有其中的影子。当时，在准备招待宴会的菜单时，杭帮菜大师、主厨胡忠英及叶杭生大师就与马列有过多次越洋电话交流，一起讨论商量宴会菜单和原材料问题。马列根据20多年来在国外经营餐饮的经验，提供了非常有用的思路。

外国人饮食习惯与中国人的最大不同点在于鱼、肉必须去骨；并且习惯食用深海鱼而不是河鱼。所以在宴会提供的菜品里，肉和鱼全部经过了去骨处理。招待宴会主菜里的东坡牛扒，用的就是马列餐馆里糖醋里脊的思路。而午宴工作餐的主菜狮子头，用的原料是鳕鱼。

G20杭州峰会的招待宴会非常成功，用胡忠英的话说就是：每个菜都吃光了。可见是既符合了各国领导人的饮食习惯，也赢得了口碑。

去年，在马列的牵线搭桥之下，一场名为"杭州美食文化挪威行"的活动在奥斯陆举行，挪威王国政府多位高级官员、奥斯陆市政府主要官员悉数出席。

为了拉近挪威朋友和杭帮菜的距离，马列和来自杭州的几位大厨别出心裁，结合挪威当地食材特点搞起再创作。

腐皮鱼卷中特别融入挪威三文鱼作为主材之一；用挪威盛产的鳕鱼代替猪肉，制作"狮子头"，再配以当地清冽的雪水；将当地人爱吃的牛肉，以"东坡肉"的烹饪方法制作成"东坡牛肉"……熟悉的食材，新鲜的口感，让在场挪威宾客赞不绝口。

那次活动之后，挪威当地不少中餐馆门庭若市，许多此前从未尝过中餐的挪威民众纷纷慕名前往。

如今牵线文化行

现在马列最想做的，不仅仅是让挪威美食爱好者光顾他的餐厅，他还想让更多的人知道杭帮菜，爱上杭帮菜。

"我们不仅要以此吸引更多的外国朋友来当地中国餐馆吃饭，还想借此让他们认识杭州，知道那是一个风景秀美、文化深厚的好地方。"马列说。

向海外推广中餐，用美食结交朋友，最近这些年马列扮演了连通中外的"桥梁"的角色。凭借多年来扎根海外积累的资源，他几乎每年都会邀请杭帮菜、淮扬菜等各大菜系的烹饪大师，出国交流，推介色香味俱全的中国美食。

出国久了，马列渐渐发现，舌尖上的美味，让人回味的不仅是那份刺激味蕾的鲜美，还有蕴藏其中的那份极为丰厚的文化。他想让更多朋友品尝流传百年的中国味道，更想让他们了解古老悠久的中华文化。他要传播的不只是杭帮菜，还有杭帮菜中的中国故事。

于是马列策划制作了一本小册子《杭帮菜传奇》。"东坡肉"记录了苏东坡在杭州修建苏堤时与百姓共享美食的故事；"桂花栗羹"源自中秋之夜天上人间同赏湖景的美丽传说；"宋嫂鱼羹"则与宋高宗巡游西湖时的一次偶遇有关……每一页，四句诗，一段话，一张图，对杭州的人文地理娓娓道来。

细细读来，千年杭城的文化范儿跃然纸上。马列在小册子中专门配上英文译文，外国读者读来也是一目了然。

"我花了两个多月时间，大概写了 150 多个故事，就是希望用通俗易懂的方式，让国外的朋友认识杭州，认识中国。"如今，这本小册子已经成为欧洲不少中文学校的课外阅读教材。

在马列看来，美食是一个很好的窗口，从中可以窥见的，不仅有中华文化的源远流长，还有中国发展的日新月异。

"我们海外华侨华人有责任也有条件向世界讲好中国故事。"马列说。通过美食，让外国朋友在一点一滴之间领略中华文化的魅力，他乐此不疲，并将锲而不舍。

【文章来源】郭闻、刘安琪:《马列：把杭帮菜的美秀到北欧》,《文化交流》,2018 年第 8 期

128. 杭州 5 月要办"知味杭州"亚洲美食节，今起面向全球发布四道征集令

今年 5 月，亚洲文明对话大会将在北京举行，届时，杭州将同步举办亚洲美食节。"知味杭州"亚洲美食节将以美食为载体，以文化为核心，依托杭州深厚的历史文化和数字经济发展优势，勾勒插上数字经济腾飞翅膀的杭州美食生活变迁风貌图，展现中华美食文化源远流长的深厚内涵，传播亚洲美食文化的风采魅力，助力推动亚洲美食文明大发展、文化大交流、人民大联欢。

众多精彩美食文化活动将于 5 月在杭州拉开帷幕，届时将推出美食文化展、全城美食联展、美食器皿展等主题展览，举办"亚洲美食与人类文明""数字与美食""茶文化"等对话论坛，开展"香约亚运"系列文化活动，吸引亚洲民众聚焦中国、支持亚运，组织系列美食文化之旅展示杭州独特魅力。

届时，杭州将邀请亚洲各国城市代表、友好人士来到杭州，和国内民众共同体验精彩的美食盛宴和丰厚的文化体验，感受杭州打造新时代中国特色社会主义重要窗口、建设独特韵味别样精彩世界名城的生动实践，书写美美与共的文明互鉴新画卷。

"知味杭州"亚洲美食节活动今起向全球发出四道征集令，我们热忱期待热爱美食、热爱生活、热爱杭州的您来一展身手。

第 1 道：

由杭州市委宣传部（市政府新闻办）主办，中国日报网、都市快报社承办的 2019"知味杭州"亚洲美食节视觉形象 LOGO 征集活动，面向全球荟萃匠心创意。不限地域、年龄、专业、职业，不分个人或团体，征集最能代表杭州美食与文化魅力的亚洲美食节视觉符号。亚洲美食节的视觉形象推广，等你来设计！

LOGO 作品要求充分展示亚洲美食节理念，杭州美食文化内涵；准确、生动、简洁、创意独特。必须为原创，手绘或电脑软件绘制均可，可单幅或多幅投稿，个人或团体投稿总数不得超过 3 幅。

征集活动分为征集和评审 2 个阶段。征集阶段：3 月 20 日至 3 月 31 日，应征者通过网络提交作品。评审阶段：成立评审委员会，于 4 月 5 日前，对所有应征作品进行评审，产生一等奖 1 名，二等奖 2 名，三等奖 2 名。一等奖奖励 2 万元，二等奖各奖励 1 万元，三等奖各奖励 5000 元（相关税费由获奖者自付）。

征集通道

1. 邮件：3 月 20 日至 3 月 31 日，应征者将作品设计图、设计说明和应征者信息以压缩包形式，通过电子邮件发送至 hzyzmsj19@163.com，标题标注为"杭州亚洲美食节 LOGO 应征作品"。

2. 公众号：应征者关注"都市快报"微信公众号，在首屏找到"LOGO"征集按钮，点击进入后填写作者名称、联系电话、作品名称，并上传作品图片，点击提交即可。

第 2 道：

"寻味亚洲"征集活动，面向全球摄影爱好者征集反映亚洲美食文化的精彩图片、视频，入选作品将在亚洲美食节期间的"寻味亚洲"影像展上予以展出。面向普通民众、在杭外籍人士等，开展推荐"10 家最值得一吃的杭州店""杭州 10 家最具特色的亚洲餐厅""我家的亚洲味和杭州胃"等活动。斑斓多彩的亚洲美食文化滋味，等你图文音视频来勾勒！

这道征集令可以说是亚洲美食节里，最多姿多彩的一道，涵盖面实在太广了。总有一款，你能参加。

A."寻味亚洲"影像展

亚洲那么多国家和地区，隐藏着多少特色美食、人间风味？有些可能在星级酒店，有些可能在街头巷尾，有些可能需要排上几小时队……来吧，把你吃过的亚洲著名的、地道的、鲜为人知的美食攻略分享给我们。一张照片，几段文字，就能说出你的故事；除了亚洲各国美食，也可以是国内你认为最好吃的菜、小吃、路边摊。

征集时间：即日起开始征集，上传截止日期为 4 月 15 日。我们将从中选出上百幅（组）有关亚洲的美食美景照片，在 2019 年的"知味杭州"亚洲美食节上展出。入选照片，都将有 100—200 元的奖金。

征集通道：照片请上传快拍快拍网（www.kpkpw.com）或快拍快拍

App·"寻味亚洲"影像展频道。

B.10家最值得一吃的杭州店

"杭帮菜"虽然不是八大菜系，但自成风流。外地人来杭州，最值得一吃的店又有哪些？是充满杭儿风特色的本塘饭馆？抑或是只有五张桌子只烧杭帮菜的路边小店？

这次，我们向你征集，"10家最值得一吃的杭州店"，可以是杭州菜，也可以是外地菜系，川菜、湘菜、粤菜、东北菜……只要你认为，这些店最能代表杭州餐饮水准和地方特色，就推荐上来吧。

征集时间：即日起至4月12日。4月12日后，我们将在大家推荐名单中选出20家，根据专家评选，最终选出10家。

征集通道：

1.电话：85100000，2.邮箱：发邮件至hzyzmsj19@163.com，标题请注明"10家杭州店推荐"，文内请注明推荐人姓名和联系电话。

C.杭州10家最具特色的亚洲餐厅

杭州越来越国际化，不出杭州，就能吃到众多亚洲美食。你是喜欢吃热情的泰国菜，还是各种风味的日本寿司？或者是香喷喷的韩国烤肉？

请你推荐10家有特色的亚洲美食餐厅，讲述餐厅与杭州及亚洲美食的故事。

征集时间：

即日起至4月12日。4月12日后，我们将在大家推荐名单中选出20家，根据专家评选，最终选出10家。

征集通道：

1.电话：85100000，2.邮箱：发邮件至hzyzmsj19@163.com，标题请注明"10家最具特色亚洲餐厅"，文内请注明推荐人姓名和联系电话。

D.我家的亚洲味和杭州胃

在我们大杭州，生活着不少亚洲裔外籍家庭，他们的家乡美食与杭州美食有什么有趣故事呢？欢迎自荐或推荐你身边的亚洲家庭，看看他们的家乡食物是如何与杭州美食碰撞的。

征集时间：即日起至4月30日

征集通道：

1.电话：85100000，2.邮箱：发邮件至hangzhoufeel@126.com，标题请注明

"亚洲味和杭州胃",文内请注明推荐人姓名和联系电话。

第3道:

"美食美客 我爱杭州"原创漫画大赛,面向全市青少年征集展现杭州美食的原创漫画,面向全国征集漫画家的美食接龙漫画。您的孩子,有可能就是我们寻觅的杭城"中华小当家"!

第4道:

"舌尖上的杭州"厨神争霸赛,深入民间寻访高手、专业厨师,评选"千岛湖鱼头王",大展杭帮菜肴风采。"鲜"动杭城的厨神,等你来战!

(第3道、第4道征集令的征集通道,请关注后续报道)

【文章来源】作者不详:《杭州5月要办"知味杭州"亚洲美食节,今起面向全球发布四道征集令》,《都市快报》,2019年3月20日

129. 风起云涌杭帮菜

　　20年前，杭帮菜将上海餐饮市场搅得惊天动地，硬生生地将市民们"拉"进了饭店。而今，杭帮菜所剩几何？你知道第一家进上海的杭帮菜馆吗？说来你不信，坚持至今，且越开越好的仍是它——江南邨。

[申之魅]

风起云涌杭帮菜

　　杭帮菜，在20世纪90年代初，停留在人们脑海里的还只是零星一两家，往往都是一晃而过的记忆。而在当时的上海，遵循着8道冷盘、13道金牌菜的固定模式，婚丧嫁娶的宴席是那时大众对去饭店吃饭的认知。而90年代中期，以江南邨酒店为首的杭帮菜馆，从杭城第一次进入上海，以其宽敞舒适的环境，出品清爽的菜肴，随点随吃的方式，价格实惠的消费，获得上海食客的认可，并以一种星火燎原之势风靡上海滩，同时引来了许多在杭城当地知名的，不知名的店家，来上海开店，包括本地餐馆也打起了杭帮菜的名头，一时间杭帮菜的名声大震，沪上的餐饮市场开始进入了从未有过的热闹。

为何杭帮菜能在百家争鸣、海纳百川之地创造出如火如荼的效应呢？在当时本报美食专版《食家庄》中，将其归纳为：杭帮菜的崛起，拉近了普通百姓与饭店之间的距离，上饭店吃饭再也不局限于大规模的宴请，真正把精美佳肴，丰俭随意的理念，带入老百姓的心中，改变了之前的用餐习惯。时至今日，杭帮菜又开始慢慢消沉，大部分曾经耳熟能详的店家，有些被时代的车轮淘汰，有些盲目扩张太过前卫，还有些改变自我慢慢没落，或是缩小了规模，或是不见了踪迹。而江南邨酒家在这 20 多年来，好像始终存在于人们的视线，规模比之先前，没有减少，反而越来越大，用创始人余杰先生的话来说，精准的定位，稳定的出品，是江南邨的兴旺之道。江南邨酒家始终走着自己的道路，遵循民以食为天的宗旨，贴近普通百姓的消费水平，无论是喜事宴请，还是亲朋聚会，舒适的环境、好吃的菜肴和贴心的价格，成为大众心里的一块金字招牌。

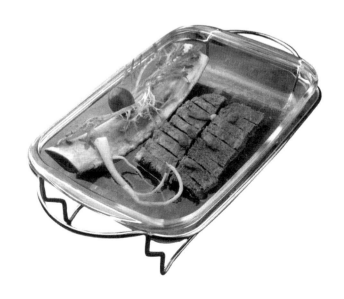

如今在江南邨酒家的菜单上，不仅仅只有杭帮菜，还融合了粤菜、川菜、本帮菜等菜肴的精品，以杭帮菜为根，取众家之长，而食客的认同是鉴定江南邨菜品的唯一标准。现在的江南邨酒家可容纳1300人同时用餐，尤其是午市天天爆满，翻台频频，成为很多上海人聚会的指定饭店，特别受到退休的阿姨爷叔们的欢迎，老同学聚会、老同事相聚、老邻居碰头……江南邨酒家除了美味佳肴，每天还充满着欢歌笑语。以消费者为本，顺应时代变化的需求，在沪上已有20多年历史的江南邨酒家无疑是做得最认真的。（阿猫）

美食何处有百味江南邨

江南邨是当年杭帮菜登陆上海的第一家，带来了清新可人的龙井虾仁、西湖醋鱼等杭帮名菜，受到了众多食客的喜爱，近年来江南邨更是集各菜系所长，推出众多经济实惠的佳肴，成了沪上食客一致好评的"百味"酒家。

幸福爆棚蟹粉满满

曾经有人开玩笑地问：如果让你连续一周每顿一碗白米饭，但是菜只许选一样，你会选什么？答案脑洞大开，不少老饕都选择：蟹粉。喜欢吃蟹的人，恨不得一年四季都吃。而蟹粉，是螃蟹的精华所在。真正的蟹"粉"吃起蟹来，不分时间不分场合，想到就要吃到。

如果你真的爱吃螃蟹，但苦于无法畅快的品尝蟹粉，那么江南邨的这道清炒蟹粉，你一定要来尝尝。端上桌的蟹粉，你第一反应：量这么大！一只超大的蟹型碗里盛的满满当当，超过3斤的大闸蟹拆出这么一份蟹粉，全部由店里的老师傅每天纯手工拆蟹。丝丝白嫩饱满的蟹肉，与蟹黄、蟹膏混合，口感上更加鲜甜，而且不那么腻。

用调羹盛上满满一勺入口，蟹粉的清鲜甘甜瞬间在口腔中弥漫开来，由于是当天现蒸现拆，蟹粉没有一点腥味。这时候招呼服务员上一碗热乎乎的白米饭，在饭上盛上一大勺蟹粉，点上几滴醋，轻轻拌开拌透，让每粒米都蘸满蟹粉。醋将蟹肉的鲜、蟹膏的绵、蟹黄的油全部激发出来，所有蟹的精华均在其中。一口下去，幸福感爆棚。

鲍参翅肚金黄闪闪

鲍鱼、海参、鱼翅、鱼肚是粤菜高档酒席中的常客，价格不菲。在江南邨点上一份鲍参翅肚羹，就可以让你一次尝遍。鲍参翅肚羹的金黄汤底闪耀夺目，目光所及之处充斥着各式食材，看一眼就能感觉到满满的胶原蛋白，目测吃一盅鲍参翅肚羹，能让女孩的肌肤滋润一整个夏天。

一碗顶级的鲍参翅肚羹，离不开一个顶级汤底，江南邨酒家的金汤全部由自己熬制，用火腿、老鸡、排骨、瘦肉、鸡爪等共同熬制，由专人把控时间和火候，直至将骨头熬成细末后滤出，没有任何添加剂，熬出来的汤醇厚浓郁，颜色金黄夺人眼球，看一眼便食欲大开。

浓厚的汤底让鲍鱼、鱼翅、鱼肚、海参、螺片等悬浮在汤中，鲍鱼Q弹，鱼翅软硬适中，鱼肚入口细腻，海参则煮的胶质感十足，螺片细嫩，厚重的口感之下透着淡淡的咸鲜，仿佛置身汪洋之中，迎面海风习习，多种食材的混合带来了别样的味蕾冲击，口腔中透出微微的甘甜。（陈骏）

[厨之神]

邵龙生 江南邨行政总厨

在江南邨酒家工作近 20 年，是由江南邨自己培养起来的优秀厨师，荣获 2018 橄榄中国实力名厨大奖。邵龙生喜欢钻研烹饪，善于融汇各大菜系，烹饪的菜品得到食客们的一致认可。他擅长制作杭州菜和上海本帮菜，龙井虾仁、宋嫂鱼羹、东坡肉都是他的拿手菜，并吸取粤菜、川菜所长，带领 60 多人的厨师团队，研究了不少创意菜式，为新老食客们带来精益求精的舌尖体验。

金牌香芋煲

金牌香芋煲，是食客必点菜肴之一。端上桌的香芋煲，咕噜噜地冒着热气，酱汁流到石锅上瞬间升起一阵白烟。顾不上烫嘴，急吼吼地夹起一块就往嘴里送，咔嚓一声咬了下去，外脆里糯，芋头细腻绵软，特制的酱料鲜香浓郁，好吃！不少食客吃了不过瘾，打包回家的不在少数。"香似龙涎仍酽白，味如牛乳更全清"，苏东坡对香芋有着极高的评价。别看小小的芋头，却有着很大的讲究，顶级的芋头，芋香浓郁，切开后色如牛奶，吃在嘴里清甜软糯，粉松却不粘牙。季节不同，芋头的状态也会不同，所以江南邨会根据芋头最好的状态来选择原材料。时而选择海南芋头，时而选广西芋头、奉化芋头，以保证芋头以最粉、最甜的状态入菜。

这道金牌香芋煲做起来非常费工夫，要先将芋头蒸熟，人工用手按压揉搓成泥，这个过程非常重要，能将芋头中的粗纤维全部去除，是决定这道菜细腻口感的关键所在。接着初次调味整形，冷冻 24 小时，取出的芋头改刀切成块状，裹上面粉进行油炸，出锅后淋上秘制酱汁即可。（乔其）

海菁会大师工作室成立

上周，"海菁会大师工作室"在上海商贸旅游职校成立。海菁会是活跃在长三角地区的一线总厨、大厨、名师们的综合交流平台。本着"传承不守旧，创新不忘根"的宗旨，海菁会的大师工作室，一方面让大厨们重回课堂，了解世界最新的烹饪动向及食材。另一方面，派遣星级酒店及连锁餐饮企业的烹饪大师和总厨对在校烹饪专业学生实战课程训练，从而培养更多的高素质技能型烹饪人才，有步骤提升学生就业适应能力，让学校与餐饮企业无缝对接，是对基础烹饪人才定向培养的有力尝试和新模式。（肚娘）

【文章来源】阿猫、陈骏、乔其、肚娘：《风起云涌杭帮菜》，《新民晚报》，2019 年 5 月 10 日

130. 东坡肉香楼外楼

　　肉，是个俗物；诗，是件雅事。听说过肉和诗搅和在一起吗？东坡肉就是。这块肉出自名门——北宋大诗人苏东坡。这块肉香得让人无话可说。

　　那年苏东坡在杭州当市长时干了一件大事：疏浚西湖。用以工代赈的办法动员百姓挖湖泥，修六桥。当年正因灾害无以为继的百姓，因苏市长的以工代赈而得以度过灾年。

　　堤成之日，百姓们杀猪宰羊献于苏东坡，苏市长不肯独自受纳，便命厨师将肉烧成小方块大家分享。这就是传说中杭州名菜东坡肉的由来。有活大家干，有肉大家吃，因此"杭民 家有画像（苏东坡画像），饮食必视，又作生祠以报"。

　　苏东坡喜欢吃肉，也会烧肉，他有一句烧肉的心得："慢着火，少着水，火候足时它自美。"他将这一心得写入了诗里。东坡肉就是这么烧出来的，五花肉切成大块，葱姜垫底，加上黄酒、糖、酱油用慢火饷至肉酥，端上餐桌的东坡肉色泽红亮，味醇汁浓，酥烂而形不碎，香糯而不腻口。

　　有人说，东坡肉做得最好的杭州菜馆是"楼外楼"。据说楼外楼建于1848年，迄今151年了，没挪过地方，一直待在孤山六一泉旁。

　　楼外楼的创始人是个落第的秀才，有文化，取的店名也别致，出自南宋旧诗："山外青山楼外楼，西湖歌舞几时休？暖风熏得游人醉，直把杭州作汴州。"如今"楼外楼"这三个字几乎成了杭州传统名菜的符号，楼里楼外飘飞的，是东坡肉的醇香。

　　楼外楼的洪店主不仅店名起得好，还从南宋典籍里挖掘并推广了一些南宋名菜，比如"宋嫂鱼羹"。

　　名菜似乎都有传说相随，宋嫂鱼羹也是。南宋皇帝宋高宗退位做了太上皇，某个春日坐龙舟游西湖，船行到断桥，听说附近有位宋五嫂擅做鱼羹，便让小太监招到船上制作鱼羹，太上皇吃了，果然美味，于是赏金银赐绢绸。

　　那宋五嫂本是汴京人氏，当年一家人随着逃亡的朝廷一路南下，落脚在杭州西湖边做一点湖上小买卖，她那一手南北结合的鱼羹，让南方人尝到特殊的北方口味，更让许多南来之人回忆起汴京的种种，宋嫂鱼羹因此名声大噪。

　　五嫂做的鱼羹，用鳜鱼剔皮去骨切丝，加笋丝、香菇丝、火腿丝及高汤勾芡成羹，淡雅清爽，鲜嫩滑润，味似蟹肉，这是杭州人吃上几百年仍然津津有味的一道名菜。

　　【文章来源】林之：《东坡肉香楼外楼》，《瞭望东方周刊》，2019年第4期

131. 地道的老字号菜馆　老杭州味道

天香楼

西湖醋鱼

推荐菜：东坡肉、西湖醋鱼、龙井虾仁、天香鳜鱼

杭州坊间有句话，叫"城里天香楼，城外楼外楼"，天香楼这个名字出自唐代诗人宋之问的"桂子月中落，天香云外飘"。很多老杭州人摆婚宴、满月酒、生日宴都喜欢来这里。很多家庭，当年父辈在这里摆婚宴，20多年后，孩子辈还在这里摆婚宴，每逢5月和10月这两个结婚高峰期，至少要提前半年预订。

东坡肉、西湖醋鱼、龙井虾仁、叫化童鸡、干炸响铃、油焖春笋这些传统的杭帮菜，都是这家店的拿手菜。就拿东坡肉来说吧，每一块东坡肉，用的都是厚薄均匀的条肉，肥瘦相间。叫化童鸡选的是一斤多重的小本鸡，西湖醋鱼只用一斤三两到一斤五两的草鱼，烧制前还要饿养两天以去泥土气。

天香楼独创的天香糟鸡、天香脆皮鸡、天香酱鸭等天香系列，也很受杭州本地人欢迎。尤其是天香鳜鱼，虽然是清蒸，却用了老底子的虾油露，还是老板特意从舟山找来的老牌鱼露。经过虾油露的浸泡，鱼肉会有一种别致的醉香口味，还真的很难在别处寻到。

新开元

秘制凤爪

推荐菜：古法熏鱼、杭卤套肠、秘制凤爪、红糖麻糍、开元豆沙包

作为享誉全国的"杭帮菜"老字号，新开元的味道已经是南来北往的食客口口相传的"印象杭州"。龙井虾仁、东坡肉、虾爆鳝背、西湖醋鱼……怀旧的杭州菜，传统的家常菜，都能在这里吃到。

老杭州人去他家吃，古法熏鱼必须先来一盘，人多的话那就再来份杭卤套肠，等吃完饭，红糖麻糍、开元豆沙包这两个甜点，也要点一个！

古法熏鱼真是杭州的老味道了，尤其是酱汁，入口酱汁饱满，酥软又香甜，真的一吃难忘，一人就能干掉一盘，打包回家当零食吃也是极好的。

杭卤套肠用的是猪小肠而非大肠，用纯手工套肠，再混入特殊的中草药，煨至 8 小时入味，入口也是又酥又软。

红糖麻糍，这个用糯米做的杭州传统特色小吃，一定要趁热吃，外焦里糯。用鸡蛋清做的开元豆沙包，真是"色香味"俱全，颜值绝对没话说，外形洁白如雪团，入口如同棉花糖一般软绵，但甜而不腻，一个吃完还能再来一个。

张生记

招牌笋干老鸭煲

推荐菜：招牌笋干老鸭煲、古法蒸鲥鱼、杭式烩鱼圆、龙井虾仁

去北京要吃烤鸭，去广州要吃烧鸭，去南京要吃盐水鸭，来杭州可以吃老鸭煲了。作为杭州传统名菜，这道菜古已有之，如今街头小巷随处可见，如果要杭州人给你推荐一家店，十有八九都会"剑指"张生记了。

招牌笋干老鸭煲是张生记的镇店之"煲"，用料是真的扎实，主料鸭子用的是饲养一年以上的中华绿头母鸭，拿秘方腌过之后，再配以金华火腿、天目笋干、江南粽叶，置于砂锅内文火细炖4小时以上。起盖时芳香扑鼻，老鸭酥而不烂，拿筷子往鸭身上轻轻一划，直接就能挑出鸭骨。

张生记的古法蒸鲥鱼也是一绝。鲥鱼可以说是江浙一带独特的美食，张爱玲曾在她的《红楼梦魇》中写过"人生三恨"，一恨鲥鱼多刺，二恨海棠无香，三恨《红楼梦》未完，鲥鱼竟然可以排第一。话说鲥鱼虽多刺，肉却肥嫩至极，最特别的还是鲥鱼的鱼鳞，因为鳞片饱含脂肪，所以古法蒸鲥鱼时不去鱼鳞，直接上盘清蒸，让鳞片的油脂慢慢渗入肉中。吃的时候，鱼鳞鱼肉一筷夹起，入口即化，鲜美又滋润。

他家的杭式烩鱼圆、龙井虾仁等，也都是按传统而制。

奎元馆

虾爆鳝面

推荐菜：片儿川、虾爆鳝面、西湖醋鱼、宁式鳝丝

都说"北方人爱吃面,南方人爱吃米饭",不过杭州人是个例外。有人统计过,杭州面馆的数量足足有兰州的 4 倍之多！坊间还有一条不成文的说法,在杭州请人吃饭,哪怕是满汉全席,要是没有一碗面收底,那也是没招待好。

解放路上的百年老店奎元馆,是很多老杭州人从小吃到大的杭州面馆,尤其是片儿川和虾爆鳝面,是几乎来者必点的两道面。尤其是后者,金庸老先生来的时候也是必点。虾要用河虾,鳝鱼要用大拇指粗的鳝鱼,烹调时还要用"三油"爆炒,即先用菜油爆,次用猪油炒,再用麻油烧。这样出盘,才会虾嫩鳝脆,香气袭人。"杭州奎元馆,面点天下冠"这十个字,就是金庸老先生吃完虾爆鳝面后,留下的点评。

奎元馆的杭帮菜做得也很地道。比如西湖醋鱼,用的草鱼只挑 1.5 斤左右重的,买回来还要先放在店里的大缸里饿养两天,促其吐净泥味,使其肉质结实。切鱼也有讲究,要从鱼身尾部入刀,劈成雌、雄两爿,在鱼的雄爿上,从离鳃盖瓣 4.5 厘米处开始,每隔 4.5 厘米左右斜批一刀,共批 5 刀。在批第三刀时,还要在腰鳍半厘米处切断,使鱼成两段,以便烧煮。工序是麻烦的,但这样的西湖醋鱼烧出来，才足够入味。

在奎元馆，还能吃到地地道道的宁式鳝丝。用的黄鳝到店后，也要在大缸里先饿养三天。这样烧出来的鳝丝，几乎吃不出土腥味。

花中城

金牌稻草鸭

推荐菜：金牌稻草鸭、杭三鲜、东坡肉、宋嫂鱼羹

杭州人喜欢吃鸭子，什么卤鸭、酱鸭、老鸭煲……还有花中城的稻草鸭。花中城开了二十多年，他家的金牌稻草鸭就火了二十多年，拿过"新杭州名菜"，也拿过"杭帮菜108将"金奖……堪称招牌"鸭王"。

花中城的"鸭王"，一定要用180天以上的鸭子，因为"太年轻"的鸭子肉质太嫩，口感太水。很多吃过的食客会说，花中城的"金牌稻草鸭"怎么比"香酥鸭"还要香？因为他家鸭子先用秘制香料腌渍10多个小时不说，还拿香茅草代替普通稻草来烟熏鸭子，不只香味更浓郁，而且更好地去除了鸭肉的腥臊味。腌、熏过后，还要再蒸、炸。这样几轮操作下来，鸭肉才入口酥而不腻，外脆里嫩。

作为杭州最老牌的杭帮菜馆之一，别说东坡肉、宋嫂鱼羹、龙井虾仁这些传统杭州菜了，连最家常的杭三鲜都烧出精致感。他家的杭三鲜，料真的特别足，包括但不限于高山娃娃菜、海参王、献鸡鸡块、时令笋片、蛋皮、肉圆……最特别的地方是用纯青虾泥打制的虾圆，来代替传统的河虾，以保证品质的稳定。当然，最赞的是做汤底用的"吊汤"，一般的小店可能直接用冰冻鸡肉来吊汤，花中城用的新鲜鸡肉，还要加上排骨、猪肉（瘦肉），从早上就开始熬，熬上八九个小时才算吊好，为了保证"吊汤"足够新鲜，每天都是要从早上开始熬的！

【文章来源】宋赟：《地道的老字号菜馆 老杭州味道》，《都市快报》，2019 年 4 月 28 日

132. 保密宣传的"杭州味道"

"西湖忆，三忆酒边鸥。楼外酒招堤上柳，柳丝风约水明楼。风紧柳花稠。鱼羹美，佳话昔年留。泼醋蒸鲜全带冰，乳莼新翠不须油。芳指动纤柔。"这首描写杭州著名老字号"楼外楼"美食的诗词，很好地诠释了那些让舌尖起的美味佳肴和让心灵恬静的美好时光，充满了杭州味道。

一方水土养一方人。在西湖水的滋养孕育下，敢为、务实、包容的杭州保密人，将保密宣传教育也"熬制"出了层次丰富的"杭州味道"。

面对领导干部：高站位的独特风味

领导重视是做好保密工作的关键。杭州市保密局抓住这个"关键少数"开展宣传培训，就像一桌宴席中的主菜，是整桌佳肴的灵魂，必然风味独特。

"杭州论坛"报告会是杭州市委理论中心组学习的平台，以固定开展论坛报告会的方式组织领导干部的学习教育。2018年6月，市保密局邀请国家保密局领导在"杭州论坛"上作题为"以习近平新时代中国特色社会主义思想为指导，做好新时代保密工作"的专题报告，市委理论中心组成员参加了报告会。

杭州市委党校是培训各级党员领导干部的主阵地，拥有专业素质高的师资队伍。多年来，专题保密课被纳入市委党校市管干部进修班、中青班等主体班次。2018年11月，市保密局在市委党校举办全市保密领导干部培训班，通过组织开展习近平新时代中国特色社会主义思想和党的十九大精神解读、国际关系周边形势和保密形势分析、总体国家安全观解读等专题课程讲解，使领导干部进一步认清保密工作的政治性，自觉落实保密工作主体责任，带头遵守保密纪律，发挥好"关键少数"的领头雁作用，全市机关单位分管保密工作的领导或保密办主任共115人参加了培训。

面对涉密人员：追求原汁原味

对涉密人员的宣传教育要做到"严、实、准"，就像一道菜品的火候，要拿捏准确，才能保持味道的原始属性。

近年来，杭州市保密局持续建立涉密人员教育培训长效机制，通过每年两期涉密人员岗位资格培训班，不断强化涉密人员履职能力，努力打造业务精湛的保密人才队伍。

根据新时代形势任务需要，市保密局及时调整培训课程方案，抓实教学内容，采取异地办学模式，选取具有先进保密教育教学经验的地区作为办学地点，"走出去、引进来"，取长补短，不断提高涉密人员的保密素养；进一步丰富教育教学模式，集中组织涉密人员赴保密警示教育基地参观学习，使之博而精、专而能。此外，还要求全市各级保密委员会（保密工作领导小组）组织本单位涉密人员观看保密警示教育片，通过现场教学和视频案例教学的形式，绷紧涉密人员的保密弦。

面对机关干部：符合大众口味

大部分机关干部不是涉密人员，但因工作需要，特殊情况下会知悉一定数量的国家秘密。因此，他们不需要掌握太专业的保密技能，但必须具备基本的保密知识和常识。对于各行各业的机关干部，保密宣传教育要具有普适性，就像一道广受欢迎的菜品，必然要符合大众口味。

"干部学习新干线"是杭州市机关干部在线学习专业知识和公共知识的平台。2018 年 11 月，杭州市保密局把保密知识教育列入"干部学习新干线"教学资源内容，开展以保密法及其实施条例为主要内容的网上学法用法知识竞赛，全市 3000 余名机关干部参与答题，合格率达到 100%。近几年，市保密局还组织开展保密宣传月活动，制作 30 余幅保密知识展板巡回展出，组织机关单位征订保密宣传资料近 2500 份，到各机关单位宣讲保密知识近 50 场次。为了增加机关干部对保密工作的认同感，提高其严守国家秘密的意识，市保密局还组织举办了以"保密情"为主题的书画艺术作品征集活动，面向全市机关单位征集保密相关的书法、绘画、摄影、文字等作品 106 幅，并进行了评比奖励。

面对老百姓：最是人间烟火味

面对社会公众的保密宣传教育不应是教条式的，而要有"烟火气"，老百姓喜爱的永远是那道最朴实的"家常菜"。

"杭州市机关党员广场为民服务活动"是杭州市党员志愿服务的品牌活动，雷峰广场也是市直机关党员志愿者常态化服务示范点，有着很高的市民认可度。2018 年 5 月，市保密局在雷锋广场设立保密宣传窗口，向杭州市老百姓提供保密宣传服务。同时，还将活动情况录制成保密宣传短视频，在"抖音"等新媒体平台上播出。

2018 年 10 月，市保密局借助杭州移动电视一档名为《阿普说法》的普法栏目，制作了一期保密宣传节目《保密知多少》，在全市各类公共交通工具的移动电视上循环播放，覆盖面涉及全市 6000 多辆公交车和 3 条地铁线路，据统计，有超过 600 万人次收看；同月，在淳安县枫树岭镇举办庆祝改革开放 40 周年暨新修订保密法施行 8 周年保密文化下乡活动，深受当地群众欢迎；11 月，通过杭州电视台一档语言类节目《开心茶馆》，创作了一个以军事设施周边违规使用航拍设备造成泄密为内容的保密小品《军迷》，并现场邀请保密领域的专家对小品中涉及的保密知识点进行讲解。

一次次培训、一场场宣讲、一期期节目、一场场活动，丰富多样的内容形式组成了一席充满杭州味道的保密大餐。至味佳肴，沁人心脾；教之导之，历久弥新。

【文章来源】黄熠：《保密宣传的"杭州味道"》，《保密工作》，2019 年第 2 期

133. 《杭州食神漫画杭帮菜》问世

　　近日，一本独特的漫画书——《杭州食神漫画杭帮菜》问世。

　　这本由杭帮菜研究院策划，著名漫画家蔡志忠先生创作的《杭州食神漫画杭帮菜》闪亮登场，走进大众视野。该书以杭州食神袁枚为主角，介绍了 108 道杭帮菜的历史、典故、故事、传说。蔡大师巧妙地用清代乾隆年间的文坛领袖、杭州人袁枚作为主角，《随园食单》内容为主体，对 108 道杭帮菜进行了描述。以 1956 年评出的 36 道杭帮名菜、17 道名点及萧山、余杭、富阳、临安、建德、桐庐、淳安 7 个区县各 5 道代表性名菜点，共 35 道，另外再加 20 道杭州人常吃的特色菜点共同组成了 108 道杭帮菜。

　　通过对 108 道杭帮菜的"品鉴"，不仅让漫画迷们通过漫画享受到杭帮菜的饕餮盛宴，而且传达出杭帮菜背后的深厚历史文化。

　　108 道菜肴，精挑细选，道道乃精品。龙井虾仁、片儿川面和定胜糕，尤其是知味观厨神亲手做的这三道杭帮菜，无论是色泽、外形、还是口感，都堪称一绝。人生在世，有两样东西不可辜负，就是好书和美食。《杭州食神漫画杭帮菜》就是好书和美食的结合体，它是一本极其实用的漫画书，在阅读的过程中诱惑着我们的味蕾，让人垂涎，不由自主想要一场舌尖上的狂欢。

　　【文章来源】李笑寒：《〈杭州食神漫画杭帮菜〉问世》，《饮服时报》，2019 年 5 月 25 日

134. "知味杭州"亚洲美食节5月钱江新城盛大开幕

　　日本寿司、韩国芝士年糕、阿联酋太阳饼、土耳其烤肉……数百个来自世界各地的展位，展示了各国风格迥异的美食文化。作为亚洲文明对话大会的配套活动——"知味杭州"亚洲美食节5月在杭州举行。

　　地铁站有专人不停地在指引："去美食节的请往这边走。""知味杭州"亚洲美食节开幕那天，尽管是工作日，却还是吸引了大批市民涌进位于杭州钱江新城11万平方米的美食文化公园主会场，感受这场"舌尖上的饕餮盛宴"。

　　印度老板娘Rajni说："all sold！！"阿联酋烤串卖了1700串，新丰小笼包卖了664份，后来因为人太多，干脆限制入场了！这一天，一大拨杭州人真是冒雨吃空了一个美食公园！

　　"知味杭州"亚洲美食节开幕，三大主题展区同时亮相。

　　来自56个国家和地区的400多家展商，带着丰富的美食，汇聚一地。到了现场，看到的就是"人山人海"这个词的注释。

这里是吃客的天堂

整个亚洲美食文化公园分为三大主题展区：知味·亚洲街区，风味·国际街区，品味·钱江街区。这也是杭州举办的规模最大、品类最多、范围最广的美食活动。

作为"知味杭州"亚洲美食节的重头戏，亚洲美食文化公园于 5 月 15 日至 19 日下午 3 时 30 分至晚上 9 时，向市民开放。

在亚洲街区，越南小卷粉、泰国秘制冬阴功汤、韩国烤肉等 30 个亚洲国家及地区的美食，让人应接不暇。在这里，观众不仅能吃到这些美食，还能亲眼目睹美食的整个生产过程。亚洲 10 大名厨、日本江户前总料理长、"皇家御厨"榊明生将写入吉尼斯世界纪录的"九龙壁寿司"搬到了现场。忙碌了 1 个多小时后，由 800 个寿司拼接而成的两条巨龙"跃然桌上"。榊明生说："龙不光是（属于）中国，日本最崇敬的也是龙，龙是代表亚洲的吉祥物。我们做的这份九龙壁寿司就是为杭州美食节做的礼物，作为中日关系的一个桥梁、一个纽带。"

这几天的天气并不算"友好"，晴雨相间，但没有阻挡住各地"吃货"的脚步。行走在占地 11 万平方米的公园中，人们常常会叹出同一句话——"雨下这么大，人还这么多！"

如果要用一个字来形容现场，那肯定是"热"。

数不清的烧烤架上滋滋地冒着油，烤肉的大哥甩开膀子，热火朝天。是的，烤肉是美食节的第一大 IP，我们能看到不同地域、不同尺寸的烤肉。

稍微观察了一下，那些个头比较小的烤肉串，生意明显比大块烤肉的要好——小个头烤肉"不占地儿"，吃了这摊，还能吃别摊的。

但大块头烤肉也有其他的好处，比如情侣档，就买一串大号的，然后站在那里你一口、我一口；又比如组团来吃的，小姑娘手里高举着一串大号烤肉，嘴里招呼着"跟紧了，别挤丢了哈"。

日本寿司、韩国芝士年糕和排骨、印度黄油鸡、泰国秘制冬阴功汤、新加坡海南鸡饭、越南河粉、马来西亚肉骨茶、印度尼西亚脆米虾、蒙古红柳牛羊肉串，以及法国红酒与甜点、西班牙火腿、意大利比萨、巴西 BBQ 烤肉、俄罗斯红肠……公园走一圈，若口中不留余香，手上没有打包盒，那算是"意志坚定"的人。

在去美食文化公园的公交车上，我听到一对老夫妻在商量："我们去买点金华烧饼吧。"

周末的亚洲美食文化公园，不只是年轻人的天堂，很多白发苍苍的大伯、大妈也逛得不亦乐乎，而且明显有备而来。楼外楼、知味观、外婆家等都有可以带回家的吃食供应，还有其他城市的特色美食，买点回家慢慢享受也很不错。

我的第一站是新丰小吃，捧着一小碗虾肉馄饨，刚喜滋滋地坐下，冷不丁听到旁边一个爸爸在跟他女儿说："馄饨什么时候不好吃，你怎么老远跑来吃这个。"简直是醍醐灌顶。于是接下来，我吃了武汉的豆皮、香港的奶茶、内蒙古的烤肉、大连的烤鱿鱼、不记得哪里的臭豆腐，还有小龙虾，等等等等。

万人散后不留一片纸屑

晚上9点多，大部分展位已经销售一空准备撤档，夜色里，食客们也逐渐散去。让人赞叹的是，近万人散去后，整个广场不留一片纸屑。很多市民都是手里捏着垃圾，直到找到附近的垃圾分类站点才丢掉。

杭州市保安公司的员工老王，今年50岁，他和50多位同事一起负责大剧院门口这一片区的安保工作。

老王说，他们早上8点到岗，主要工作是维持高峰时段的人流秩序。"现场秩序很好，杭州人素质高，挤来挤去的情况少，垃圾也少，地上基本上看不到塑料瓶这些垃圾。"

穿着橘色工作服、负责美食节环境卫生的保洁人员，拿着簸箕和钳子穿梭在人群中，偶尔拾拾捡捡。

浙江波普环境服务有限公司的徐琴，是保洁队伍中的一员，她说每天美食活动结束后，保洁人员都会及时做好区域道路清扫、清洗、垃圾清运、垃圾桶归位、流动公厕清洗等工作。但她明显感觉到，游客的素质真的提高了，"很少看到有人会随地乱丢垃圾，要么是扔到附近的垃圾箱里，要么就是丢到我们保洁的簸箕里。"

在现场问了几位保洁人员，他们也都有同样的感受：市民丢弃的垃圾并不是很多，而且都会主动分类，地面上只有一些小牙签、小纸片还要他们再去拾捡一下。

我在现场转了一圈，确实，很少看到有随地乱丢的垃圾，有几个食客身边没有能盛放垃圾的容器，索性直接对着垃圾箱吃小龙虾，直接把壳剥在里面。

还有几位杭州阿姨，穿着旗袍相约同行。买好几个摊位的美食后，走到杭州大剧院门口的音乐喷泉边，其中一位阿姨从包里拿出了一张旧报纸，吃完直接把垃圾裹进旧报纸里，再一起丢掉，非常环保。

住在附近钱江新城的高女士和3岁的儿子吃完几个串串后，高女士特地让儿子去扔手里拿着的竹签，"我们小区里也都在进行垃圾分类，从小就要让他有这样的意识"。不过，面对4个垃圾箱，小男孩一下子不知道该扔到哪里，现场的志愿者笑着上前帮忙。

杭州市江干区凯旋街道城市管理科负责人张国军带领着30多位志愿者在现场服务，他们最重要的工作就是引导垃圾分类。

张国军说，现在大部分市民已经很会垃圾分类了，走到垃圾桶边上不是直接就扔，而是先看一下，或者问一下他们，什么颜色的桶扔什么垃圾，这大大减轻了他们的工作量。

波浪文化城北面的风味·国际街区，行人道和商家之间隔了一块草坪，几乎没有一个人为了抄近道直接踩着草坪过去。住在附近的张先生推着婴儿车，带着1岁半的小孙子来美食节玩，特地去前面绕了一圈，"没人往上面（草坪）走的，推个车么更加不能这么走了。"

【文章来源】作者不详:《"知味杭州"亚洲美食节5月钱江新城盛大开幕》，《杭州》，2019年第5期

135. "10 家最值得一去的杭帮菜餐馆"揭晓

西湖国宾馆·紫薇厅的西湖醋鱼

楼外楼的龙井虾仁

经过 14 天的激烈票选（在"快抱"App 上展开的投票活动，总参与人次 2331360，总投票数 3067816），综合胡忠英、王仁孝、王政宏、吴俊霖、何晨五位专家评审意见得出结果。亚洲美食节最重要的评选项目之一"亚洲美食节——10 家最值得一去的杭帮菜餐馆"正式揭晓。

最终，获得 2019"亚洲美食节——10 家最值得一去的杭帮菜餐馆"餐饮店家是（排名不分先后）：楼外楼、中国杭帮菜博物馆、知味观、山外山、西湖国宾馆·紫薇厅、伊家鲜、外婆家、弄堂里、新白鹿、叶马。

楼外楼和知味观堪称杭帮菜的两张名片，分别创建于 1848 年和 1913 年，历史悠久，名声在外，是很多游客来杭的"美食打卡胜地"。楼外楼的东坡肉、西湖醋鱼、叫化童鸡、龙井虾仁，知味观的鲜肉小笼、猫耳朵、糯米素烧鹅，一直为食客们津津乐道。

中国杭帮菜博物馆不但是美食代表餐厅，也承担着杭帮美食文化展示和杭帮菜推广的工作，"展陈馆""钱塘厨房""杭州味道""东坡阁"四大区域构成了一个"可看、可玩、可学、可品"的博物馆。

创建于 1996 年的伊家鲜，是金庸老先生最喜爱的杭帮菜餐馆之一，浓汤象拔蚌、伊家烤鸭等都是"金字招牌"。这次的评选活动，伊家鲜以 763856 票（占比 24.9%）获得网友投票第一名，是人气非常高的杭帮菜餐厅。

"山外青山楼外楼"，始建于 1910 年的百年老店山外山，和楼外楼相辉映，同样是杭帮菜的代表餐厅，他们家的"八宝鱼头皇"也是一道金牌菜肴。西湖边的西湖国宾馆·紫薇厅，既有美食，也有美景，杭帮传统名菜西湖醋鱼、斩鱼圆都做到了极致，是杭州高端宾馆的美食代表。

外婆家、弄堂里和新白鹿是出了名的杭帮菜连锁餐饮品牌，也是传说中的"高人气"排队餐厅。这三家餐厅不仅立足杭州，在全国各地也开了不少分店，让越来越多的人喜欢上了杭帮菜。

叶马餐厅在美食圈非常有名，大型纪录片《江南味道》将这里作为浙菜代表菜馆，很多明星和行业名人都喜欢把这里当作自己的私家厨房。

此外，本届美食节还特别授予张生记、奎元馆、好食堂三家餐厅，2019"亚洲美食节——最值得一去的杭帮菜餐馆·特别人气奖"。这三家餐厅各有特色，这次票数都相当高，可见它们在老百姓心目中的地位，所以特别授予它们人气大奖。

【文章来源】何晨：《"10家最值得一去的杭帮菜餐馆"揭晓》，《都市快报》，2019年5月14日

图书在版编目（CIP）数据

杭帮菜文献集成：中华人民共和国成立以来杭帮菜
文献：全2册/周鸿承编 .—— 杭州：杭州出版社，
2022.8
（杭州全书/王国平总主编）
ISBN 978-7-5565-1884-5

Ⅰ.①杭… Ⅱ.①周… Ⅲ.①饮食—文化—文献—汇
编—杭州—现代 Ⅳ.① TS971.202.551

中国版本图书馆CIP数据核字(2022)第161174号

HANGBANGCAI WENXIAN JICHENG
杭帮菜文献集成
中华人民共和国成立以来杭帮菜文献（全2册）

周鸿承　编

责任编辑　俞倩楠
美术编辑　祁睿一
责任印务　姚　霖
出版发行　杭州出版社（杭州市西湖文化广场 32 号 6 楼）
　　　　　电话：0571- 87997719　邮编：310014
排　　版　杭州美虹电脑设计有限公司
印　　刷　浙江新华数码印务有限公司
经　　销　新华书店
开　　本　710mm×1000 mm　1/16
字　　数　1431 千
印　　张　80
版 印 次　2022 年 8 月第 1 版　2022 年 8 月第 1 次印刷
书　　号　ISBN 978-7-5565-1884-5
定　　价　280.00 元

《杭州全书》

"存史、释义、资政、育人"
全方位、多角度地展示杭州的前世今生

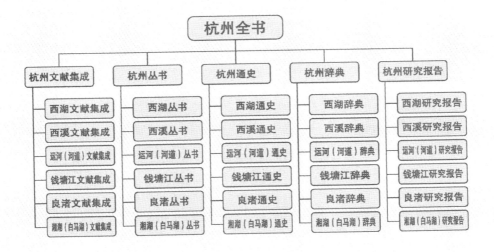

《杭州全书》已出版书目

文献集成

杭州文献集成

1.《武林掌故丛编（第1—13册）》（杭州出版社2013年出版）
2.《武林往哲遗著（第14—22册）》（杭州出版社2013年出版）
3.《武林坊巷志（第23—30册）》（浙江人民出版社2015年出版）
4.《吴越史著丛编（第31—32册）》（浙江古籍出版社2017年出版）
5.《杭郡诗辑（续辑、三辑）》（第33—40册）（浙江古籍出版社2021年出版）
6.《咸淳临安志（第41—42册）》（浙江古籍出版社2017年出版）

西湖文献集成

1.《正史及全国地理志等中的西湖史料专辑》（杭州出版社2004年出版）
2.《宋代史志西湖文献专辑》（杭州出版社2004年出版）
3.《明代史志西湖文献专辑》（杭州出版社2004年出版）
4.《清代史志西湖文献专辑一》（杭州出版社2004年出版）
5.《清代史志西湖文献专辑二》（杭州出版社2004年出版）
6.《清代史志西湖文献专辑三》（杭州出版社2004年出版）
7.《清代史志西湖文献专辑四》（杭州出版社2004年出版）
8.《清代史志西湖文献专辑五》（杭州出版社2004年出版）
9.《清代史志西湖文献专辑六》（杭州出版社2004年出版）
10.《民国史志西湖文献专辑一》（杭州出版社2004年出版）
11.《民国史志西湖文献专辑二》（杭州出版社2004年出版）
12.《中华人民共和国成立50年以来西湖重要文献专辑》
    （杭州出版社2004年出版）
13.《历代西湖文选专辑》（杭州出版社2004年出版）

14.《历代西湖文选散文专辑》（杭州出版社 2004 年出版）

15.《雷峰塔专辑》（杭州出版社 2004 年出版）

16.《西湖博览会专辑一》（杭州出版社 2004 年出版）

17.《西湖博览会专辑二》（杭州出版社 2004 年出版）

18.《西溪专辑》（杭州出版社 2004 年出版）

19.《西湖风俗专辑》（杭州出版社 2004 年出版）

20.《书院·文澜阁·西泠印社专辑》（杭州出版社 2004 年出版）

21.《西湖山水志专辑》（杭州出版社 2004 年出版）

22.《西湖寺观志专辑一》（杭州出版社 2004 年出版）

23.《西湖寺观志专辑二》（杭州出版社 2004 年出版）

24.《西湖寺观志专辑三》（杭州出版社 2004 年出版）

25.《西湖祠庙志专辑》（杭州出版社 2004 年出版）

26.《西湖诗词曲赋楹联专辑一》（杭州出版社 2004 年出版）

27.《西湖诗词曲赋楹联专辑二》（杭州出版社 2004 年出版）

28.《西湖小说专辑一》（杭州出版社 2004 年出版）

29.《西湖小说专辑二》（杭州出版社 2004 年出版）

30.《海外西湖史料专辑》（杭州出版社 2004 年出版）

31.《清代西湖史料》（杭州出版社 2013 年出版）

32.《民国西湖史料一》（杭州出版社 2013 年出版）

33.《民国西湖史料二》（杭州出版社 2013 年出版）

34.《西湖寺观史料一》（杭州出版社 2013 年出版）

35.《西湖寺观史料二》（杭州出版社 2013 年出版）

36.《西湖博览会史料一》（杭州出版社 2013 年出版）

37.《西湖博览会史料二》（杭州出版社 2013 年出版）

38.《西湖博览会史料三》（杭州出版社 2013 年出版）

39.《西湖博览会史料四》（杭州出版社 2013 年出版）

40.《西湖博览会史料五》（杭州出版社 2013 年出版）

41.《明清西湖史料》（杭州出版社 2015 年出版）

42.《民国西湖史料（一）》（杭州出版社 2015 年出版）

43.《民国西湖史料（二）》（杭州出版社 2015 年出版）

44.《西湖书院史料（一）》（杭州出版社 2016 年出版）

45.《西湖书院史料（二）》（杭州出版社 2016 年出版）

46.《西湖戏曲史料》（杭州出版社 2016 年出版）

47.《西湖诗词史料》（杭州出版社 2016 年出版）

48.《西湖小说史料（一）》（杭州出版社 2016 年出版）

49.《西湖小说史料（二）》（杭州出版社 2016 年出版）

50.《西湖小说史料（三）》（杭州出版社 2016 年出版）

西溪文献集成

1.《西溪地理史料》（杭州出版社 2016 年出版）

2.《西溪洪氏、沈氏家族史料》（杭州出版社 2015 年出版）

3.《西溪丁氏家族史料》（杭州出版社 2015 年出版）

4.《西溪两浙词人祠堂·蕉园诗社史料》（杭州出版社 2016 年出版）

5.《西溪蒋氏家族、其他人物史料》（杭州出版社 2017 年出版）

6.《西溪诗词》（杭州出版社 2017 年出版）

7.《西溪文选》（杭州出版社 2016 年出版）

8.《西溪文物图录·书画金石》（杭州出版社 2016 年出版）

9.《西溪宗教史料》（杭州出版社 2016 年出版）

运河（河道）文献集成

1.《杭州运河（河道）文献集成（第 1 册）》（浙江古籍出版社 2018 年出版）

2.《杭州运河（河道）文献集成（第 2 册）》（浙江古籍出版社 2018 年出版）

3.《杭州运河（河道）文献集成（第 3 册）》（浙江古籍出版社 2018 年出版）

4.《杭州运河（河道）文献集成（第 4 册）》（浙江古籍出版社 2018 年出版）

钱塘江文献集成

1.《钱塘江海塘史料（一）》（杭州出版社 2014 年出版）

2.《钱塘江海塘史料（二）》（杭州出版社 2014 年出版）

3.《钱塘江海塘史料（三）》（杭州出版社 2014 年出版）

4.《钱塘江海塘史料（四）》（杭州出版社 2014 年出版）

5.《钱塘江海塘史料（五）》（杭州出版社 2014 年出版）

6.《钱塘江海塘史料（六）》（杭州出版社 2014 年出版）

7.《钱塘江海塘史料（七）》（杭州出版社 2014 年出版）

8.《钱塘江潮史料》（杭州出版社 2016 年出版）

9.《钱塘江大桥史料（一）》（杭州出版社 2015 年出版）

10.《钱塘江大桥史料（二）》（杭州出版社 2015 年出版）

11.《钱塘江大桥史料（三）》（杭州出版社 2017 年出版）

12.《海宁专辑（一）》（杭州出版社 2015 年出版）

13.《海宁专辑（二）》（杭州出版社 2015 年出版）

14.《钱塘江史书史料（一）》（杭州出版社 2016 年出版）

15.《城区专辑》（杭州出版社 2016 年出版）

16.《之江大学专辑》（杭州出版社 2016 年出版）

17.《钱塘江小说史料》（杭州出版社 2016 年出版）

18.《钱塘江诗词史料》（杭州出版社 2016 年出版）

19.《富春江、萧山专辑》（杭州出版社 2017 年出版）

20.《钱塘江文论史料（一）》（杭州出版社 2018 年出版）

21.《钱塘江文论史料（二）》（杭州出版社 2017 年出版）

22.《钱塘江文论史料（三）》（杭州出版社 2017 年出版）

23.《钱塘江文论史料（四）》（杭州出版社 2017 年出版）

24.《钱塘江渔业史料》（杭州出版社 2017 年出版）

25.《钱塘江笔记史料》（杭州出版社 2018 年出版）

26.《钱塘江史书史料（二）》（杭州出版社 2019 年出版）

27.《钱塘江明清实录史料》（杭州出版社 2019 年出版）

28.《钱塘江省府志史料》（杭州出版社 2019 年出版）

29.《钱塘江县志史料》（杭州出版社 2019 年出版）

30.《钱塘江绘画图录（山水卷）》（杭州出版社 2022 年出版）

31.《钱塘江绘画图录（版画卷）》（杭州出版社 2022 年出版）

余杭文献集成

《余杭历代人物碑传集（上下）》（浙江古籍出版社 2019 年出版）

湘湖（白马湖）文献集成

1.《湘湖水利文献专辑（上下）》（杭州出版社 2013 年出版）

2.《民国时期湘湖建设文献专辑》（杭州出版社 2014 年出版）

3.《历代史志湘湖文献专辑》（杭州出版社 2015 年出版）

4.《湘湖文学文献专辑》（杭州出版社 2019 年出版）

5.《湘湖师范期刊文献专辑（一）》（杭州出版社 2021 年出版）

丛　书

杭州丛书

1.《钱塘楹联集锦》（杭州出版社 2013 年出版）

2.《艮山门外话桑麻（上下）》（杭州出版社 2013 年出版）

3.《钱塘拾遗（上下）》（杭州出版社 2014 年出版）

4.《说杭州（上下）》（浙江古籍出版社 2016 年出版）

5.《钱塘自古繁华——杭州城市词赏析》（浙江古籍出版社 2017 年出版）

6.《湖上笠翁——李渔与杭州饮食文化》（浙江古籍出版社 2018 年出版）

7.《行走杭州山水间》（杭州出版社 2021 年出版）

西湖丛书

1.《西溪》（杭州出版社 2004 年出版）

2.《灵隐寺》（杭州出版社 2004 年出版）

3.《北山街》（杭州出版社 2004 年出版）

4.《西湖风俗》（杭州出版社 2004 年出版）

5.《于谦祠墓》（杭州出版社 2004 年出版）

6.《西湖美景》（杭州出版社 2004 年出版）

7.《西湖博览会》（杭州出版社 2004 年出版）

8.《西湖风情画》（杭州出版社 2004 年出版）

9.《西湖龙井茶》（杭州出版社 2004 年出版）

10.《白居易与西湖》（杭州出版社 2004 年出版）

11.《苏东坡与西湖》（杭州出版社 2004 年出版）

12.《林和靖与西湖》（杭州出版社 2004 年出版）

13.《毛泽东与西湖》（杭州出版社 2004 年出版）

14.《文澜阁与四库全书》（杭州出版社 2004 年出版）

15.《岳飞墓庙》（杭州出版社 2005 年出版）

16.《西湖别墅》（杭州出版社 2005 年出版）

17.《楼外楼》（杭州出版社 2005 年出版）

18.《西泠印社》（杭州出版社 2005 年出版）

19.《西湖楹联》（杭州出版社 2005 年出版）

20.《西湖诗词》（杭州出版社 2005 年出版）

21.《西湖织锦》（杭州出版社 2005 年出版）

22.《西湖老照片》（杭州出版社 2005 年出版）

23.《西湖八十景》（杭州出版社 2005 年出版）

24.《钱镠与西湖》（杭州出版社 2005 年出版）

25.《西湖名人墓葬》（杭州出版社 2005 年出版）

26.《康熙、乾隆两帝与西湖》（杭州出版社 2005 年出版）

27.《西湖造像》（杭州出版社 2006 年出版）

28.《西湖史话》（杭州出版社 2006 年出版）

29.《西湖戏曲》（杭州出版社 2006 年出版）

30.《西湖地名》（杭州出版社 2006 年出版）

31.《胡庆余堂》（杭州出版社 2006 年出版）

32.《西湖之谜》（杭州出版社 2006 年出版）

33.《西湖传说》（杭州出版社 2006 年出版）

34.《西湖游船》（杭州出版社 2006 年出版）

35.《洪昇与西湖》（杭州出版社 2006 年出版）

36.《高僧与西湖》（杭州出版社 2006 年出版）

37.《周恩来与西湖》（杭州出版社 2006 年出版）

38.《西湖老明信片》（杭州出版社 2006 年出版）

39.《西湖匾额》（杭州出版社 2007 年出版）

40.《西湖小品》（杭州出版社 2007 年出版）

41.《西湖游艺》（杭州出版社 2007 年出版）

42.《西湖亭阁》（杭州出版社 2007 年出版）

43.《西湖花卉》（杭州出版社 2007 年出版）

44.《司徒雷登与西湖》（杭州出版社 2007 年出版）

45.《吴山》（杭州出版社 2008 年出版）

46.《湖滨》（杭州出版社 2008 年出版）

47.《六和塔》（杭州出版社 2008 年出版）

48.《西湖绘画》（杭州出版社 2008 年出版）

49.《西湖名人》（杭州出版社 2008 年出版）

50.《纸币西湖》（杭州出版社 2008 年出版）

51.《西湖书法》（杭州出版社 2008 年出版）

52.《万松书缘》（杭州出版社 2008 年出版）

53.《西湖之堤》（杭州出版社 2008 年出版）

54.《巴金与西湖》（杭州出版社 2008 年出版）

55.《西湖名碑》（杭州出版社 2013 年出版）

56.《西湖孤山》（杭州出版社 2013 年出版）

57.《西湖茶文化》（杭州出版社 2013 年出版）

58.《宋画与西湖》（杭州出版社 2013 年出版）

59.《西湖文献撷英》（杭州出版社 2013 年出版）

60.《章太炎与西湖》（杭州出版社 2013 年出版）

61.《品味西湖三十景》（杭州出版社 2013 年出版）

62.《西湖赏石》（杭州出版社 2014 年出版）

63.《西湖一勺水——杭州西湖水井地图考略》
（浙江人民美术出版社 2019 年出版）

64.《行走西湖山水间》（杭州出版社 2019 年出版）

65.《西湖摩崖萃珍一百品》（杭州出版社 2019 年出版）

66.《诗缘西子湖》（杭州出版社 2020 年出版）

67.《西湖古版画》（杭州出版社 2020 年出版）

68.《日本人眼中的西湖》（杭州出版社 2021 年出版）

69.《西方人眼中的西湖》（杭州出版社 2021 年出版）

西溪丛书

1.《西溪寻踪》（杭州出版社 2007 年出版）

2.《西溪的传说》（杭州出版社 2007 年出版）

3.《西溪的动物》（杭州出版社 2007 年出版）

4.《西溪的植物》（杭州出版社 2007 年出版）

5.《西溪沿山十八坞》（杭州出版社 2007 年出版）

6.《西溪历代诗文选》（杭州出版社 2007 年出版）

7.《西溪书法楹联集》（杭州出版社 2007 年出版）

8.《西溪历史文化探述》（杭州出版社 2007 年出版）

9.《西溪胜景历史遗迹》（杭州出版社 2007 年出版）

10.《西溪的水》（杭州出版社 2012 年出版）

11.《西溪的桥》（杭州出版社 2012 年出版）

12.《西溪游记》（杭州出版社 2012 年出版）

13.《西溪丛语》（杭州出版社 2012 年出版）

14.《西溪画寻》（杭州出版社 2012 年出版）

15.《西溪民俗》（杭州出版社 2012 年出版）

16.《西溪雅士》（杭州出版社 2012 年出版）

17.《西溪望族》（杭州出版社 2012 年出版）

18.《西溪的物产》（杭州出版社 2012 年出版）

19.《西溪与越剧》（杭州出版社 2012 年出版）

20.《西溪医药文化》（杭州出版社 2012 年出版）

21.《西溪民间风情》（杭州出版社 2012 年出版）

22.《西溪民间故事》（杭州出版社 2012 年出版）

23.《西溪民间工艺》（杭州出版社 2012 年出版）

24.《西溪古镇古村落》（杭州出版社 2012 年出版）

25.《西溪的历史建筑》（杭州出版社 2012 年出版）

26.《西溪的宗教文化》（杭州出版社 2012 年出版）

27.《西溪与蕉园诗社》（杭州出版社 2012 年出版）

28.《西溪集古楹联匾额》（杭州出版社 2012 年出版）

29.《西溪蒋坦与〈秋灯琐忆〉》（杭州出版社 2012 年出版）

30.《西溪名人》（杭州出版社 2013 年出版）

31.《西溪隐红》（杭州出版社 2013 年出版）

32.《西溪留下》（杭州出版社 2013 年出版）

33.《西溪山坞》（杭州出版社 2013 年出版）

34.《西溪揽胜》（杭州出版社 2013 年出版）

35.《西溪与水浒》（杭州出版社 2013 年出版）

36.《西溪诗词选注》（杭州出版社 2013 年出版）

37.《西溪地名揽萃》（杭州出版社 2013 年出版）

38.《西溪的龙舟胜会》（杭州出版社 2013 年出版）

39.《西溪民间语言趣谈》（杭州出版社 2013 年出版）

40.《西溪新吟》（浙江人民出版社 2016 年出版）

41.《西溪商贸》（浙江人民出版社 2016 年出版）

42.《西溪原住民记影》（浙江人民出版社 2016 年出版）

43.《西溪创意产业园》（浙江人民出版社 2016 年出版）

44.《西溪渔文化》（浙江人民出版社 2016 年出版）

45.《西溪旧影》（浙江人民出版社 2016 年出版）

46.《西溪洪氏》（浙江人民出版社 2016 年出版）

47.《西溪的美食文化》（浙江人民出版社 2016 年出版）

48.《西溪节日文化》（浙江人民出版社 2016 年出版）

49.《千年古刹——永兴寺》（浙江人民出版社 2017 年出版）

50.《自画西溪旧事》（杭州出版社 2018 年出版）

51.《西溪民间武术》（杭州出版社 2018 年出版）

52.《西溪心影》（杭州出版社 2018 年出版）

53.《西溪教育偶拾》（浙江人民出版社 2019 年出版）

54.《西溪湿地原住民口述史》（杭州出版社 2019 年出版）

55.《西溪花语》（杭州出版社 2019 年出版）

56.《廿四节气里的西溪韵味》（杭州出版社 2019 年出版）

57.《名人与西溪·漫游篇》（浙江人民出版社 2019 年出版）

58.《名人与西溪·世家篇》（浙江人民出版社 2019 年出版）

59.《名人与西溪·梵隐篇》（浙江人民出版社 2019 年出版）

60.《名人与西溪·乡贤篇》（浙江人民出版社 2019 年出版）

61.《名人与西溪·文苑篇》（浙江人民出版社 2019 年出版）

62.《西溪梅文化》（杭州出版社 2019 年出版）

63.《西溪食经》（浙江科学技术出版社 2020 年出版）

64.《西溪青少年研学读本：民间故事》（杭州出版社 2021 年出版）

65.《西溪青少年研学读本：动物植物》（杭州出版社 2021 年出版）

66.《西溪青少年研学读本：民俗文化》（杭州出版社 2021 年出版）

67.《西溪青少年研学读本：人文景观》（杭州出版社 2021 年出版）

68.《西溪青少年研学读本：诗词散文》（杭州出版社 2021 年出版）

69.《西溪青少年研学读本：研学百科》（杭州出版社 2021 年出版）

运河（河道）丛书

1.《杭州运河风俗》（杭州出版社 2006 年出版）

2.《杭州运河遗韵》（杭州出版社 2006 年出版）

3.《杭州运河文献（上下）》（杭州出版社 2006 年出版）

4.《京杭大运河图说》（杭州出版社 2006 年出版）

5.《杭州运河历史研究》（杭州出版社 2006 年出版）

6.《杭州运河桥船码头》（杭州出版社 2006 年出版）

7.《杭州运河古诗词选评》（杭州出版社 2006 年出版）

8.《走近大运河·散文诗歌卷》（杭州出版社 2006 年出版）

9.《走近大运河·游记文学卷》（杭州出版社 2006 年出版）

10.《走近大运河·纪实文学卷》（杭州出版社 2006 年出版）

11.《走近大运河·传说故事卷》（杭州出版社 2006 年出版）

12.《走近大运河·美术摄影书法采风作品集》（杭州出版社 2006 年出版）

13.《杭州运河治理》（杭州出版社 2013 年出版）

14.《杭州运河新貌》（杭州出版社 2013 年出版）

15.《杭州运河歌谣》（杭州出版社 2013 年出版）

16.《杭州运河戏曲》（杭州出版社 2013 年出版）

17.《杭州运河集市》（杭州出版社 2013 年出版）

18.《杭州运河桥梁》（杭州出版社 2013 年出版）

19.《穿越千年的通途》（杭州出版社 2013 年出版）

20.《穿花泄月绕城来》（杭州出版社 2013 年出版）

21.《烟柳运河一脉清》（杭州出版社 2013 年出版）

22.《口述杭州河道历史》（杭州出版社 2013 年出版）

23.《杭州运河历史建筑》（杭州出版社 2013 年出版）

24.《杭州河道历史建筑》（杭州出版社 2013 年出版）

25.《外国人眼中的大运河》（杭州出版社 2013 年出版）

26.《杭州河道诗词楹联选粹》（杭州出版社 2013 年出版）

27.《杭州运河非物质文化遗产》（杭州出版社 2013 年出版）

28.《杭州运河宗教文化掠影》（杭州出版社 2013 年出版）

29.《杭州运河土特产》（杭州出版社 2013 年出版）

30.《杭州运河史话》（杭州出版社 2013 年出版）

31.《杭州运河旅游》（杭州出版社 2013 年出版）

32.《杭州河道文明探寻》（杭州出版社 2013 年出版）

33.《杭州运河名人》（杭州出版社 2014 年出版）

34.《中东河新传》（杭州出版社 2015 年出版）

35.《杭州运河船》（杭州出版社 2015 年出版）

36.《杭州运河名胜》（杭州出版社 2015 年出版）

37.《杭州河道社区》（杭州出版社 2015 年出版）

38.《运河边的租界——拱宸桥》（杭州出版社 2015 年出版）

39.《运河文化名镇塘栖》（杭州出版社 2015 年出版）

40.《杭州运河旧影》（杭州出版社 2017 年出版）

41.《运河上的杭州》（浙江人民美术出版社 2017 年出版）

42.《西湖绸伞寻踪》（浙江人民美术出版社 2017 年出版）

43.《杭州运河文化之旅》（浙江人民美术出版社 2017 年出版）

44.《亲历杭州河道治理》（浙江古籍出版社 2018 年出版）

45.《杭州河道故事与传说》（浙江古籍出版社 2018 年出版）

46.《杭州运河老厂》（杭州出版社 2018 年出版）

47.《运河村落的蚕丝情结》（杭州出版社 2018 年出版）

48.《运河文物故事》（杭州出版社 2019 年出版）

49.《杭州河道名称历史由来》（浙江古籍出版社 2019 年出版）

50.《杭州古代河道治理》（杭州出版社 2019 年出版）

51.《杭州运河老字号丛书·百年汇昌》（杭州出版社 2021 年出版）

52.《杭州运河老字号丛书·方回春堂》（杭州出版社 2021 年出版）

53.《杭州运河老字号丛书·胡庆余堂》（杭州出版社 2021 年出版）

54.《杭州运河老字号丛书·王星记》（杭州出版社 2021 年出版）

55.《杭州运河老字号丛书·奎元馆》（杭州出版社 2021 年出版）

56.《杭州运河老字号丛书·都锦生》（杭州出版社 2021 年出版）

57.《杭州运河老字号丛书·西泠印社》（杭州出版社 2021 年出版）

58.《杭州运河老字号丛书·孔凤春》（杭州出版社 2021 年出版）

59.《杭州运河老字号丛书·张小泉》（杭州出版社 2021 年出版）

60.《杭州运河老字号丛书·知味观》（杭州出版社 2021 年出版）

61.《杭州运河老字号丛书·前世与今生》（杭州出版社 2021 年出版）

钱塘江丛书

28.《钱塘江游记》（杭州出版社 2014 年出版）

29.《钱塘江茶史》（杭州出版社 2015 年出版）

30.《钱江潮与弄潮儿》（杭州出版社 2015 年出版）

31.《之江大学史》（杭州出版社 2015 年出版）

32.《钱塘江方言》（杭州出版社 2015 年出版）

33.《钱塘江船舶》（杭州出版社 2017 年出版）

34.《城·水·光·影——杭州钱江新城亮灯工程》
（杭州出版社 2018 年出版）

35.《名人与钱塘江·贤宦篇》（杭州出版社 2020 年出版）

36.《名人与钱塘江·文苑篇》（杭州出版社 2020 年出版）

37.《名人与钱塘江·贤达篇》（杭州出版社 2020 年出版）

38.《名人与钱塘江·乡贤篇》（杭州出版社 2020 年出版）

39.《名人与钱塘江·梵隐篇》（杭州出版社 2020 年出版）

良渚丛书

1.《神巫的世界》（杭州出版社 2013 年出版）

2.《纹饰的秘密》（杭州出版社 2013 年出版）

3.《玉器的故事》（杭州出版社 2013 年出版）

4.《从村居到王城》（杭州出版社 2013 年出版）

5.《良渚人的衣食》（杭州出版社 2013 年出版）

6.《良渚文明的圣地》（杭州出版社 2013 年出版）

7.《神人兽面的真像》（杭州出版社 2013 年出版）

8.《良渚文化发现人施昕更》（杭州出版社 2013 年出版）

9.《良渚文化的古环境》（杭州出版社 2014 年出版）

10.《良渚文化的水井》（浙江古籍出版社 2015 年出版）

11.《建构神圣——良渚文化的玉器、图像与信仰》
（浙江古籍出版社 2021 年出版）

余杭丛书

1.《品味塘栖》（浙江古籍出版社 2015 年出版）

2.《吃在塘栖》（浙江古籍出版社 2016 年出版）

3.《塘栖蜜饯》（浙江古籍出版社 2017 年出版）

4.《村落拾遗》（浙江古籍出版社 2017 年出版）

5.《余杭老古话》（浙江古籍出版社 2018 年出版）

6.《传说塘栖》（浙江古籍出版社 2019 年出版）

7.《余杭奇人陈元赟》（浙江古籍出版社 2019 年出版）

8.《章太炎讲国学》（上海人民出版社 2019 年出版）

9.《章太炎家书》（上海人民出版社 2019 年出版）

10.《余杭老古话续编》（浙江古籍出版社 2021 年出版）

11.《余杭山水形胜》（浙江古籍出版社 2021 年出版）

湘湖（白马湖）丛书

1.《湘湖史话》（杭州出版社 2013 年出版）

2.《湘湖传说》（杭州出版社 2013 年出版）

3.《东方文化园》（杭州出版社 2013 年出版）

4.《任伯年评传》（杭州出版社 2013 年出版）

5.《湘湖风俗》（杭州出版社 2013 年出版）

6.《一代名幕汪辉祖》（杭州出版社 2014 年出版）

7.《湘湖诗韵》（浙江古籍出版社 2014 年出版）

8.《白马湖诗词》（西泠印社出版社 2014 年出版）

9.《白马湖传说》（西泠印社出版社 2014 年出版）

10.《画韵湘湖》（浙江摄影出版社 2015 年出版）

11.《湘湖人物》（浙江古籍出版社 2015 年出版）

12.《白马湖俗语》（西泠印社出版社 2015 年出版）

13.《湘湖楹联》（杭州出版社 2016 年出版）

14.《湘湖诗词（上下）》（杭州出版社 2016 年出版）

15.《湘湖物产》（浙江古籍出版社 2016 年出版）

16.《湘湖故事新编》（浙江人民出版社 2016 年出版）

17.《白马湖风物》（西泠印社出版社 2016 年出版）

18.《湘湖记忆》（杭州出版社 2016 年出版）

19.《湘湖民间文化遗存》（西泠印社出版社 2016 年出版）

20.《汪辉祖家训》（杭州出版社 2017 年出版）

21.《诗狂贺知章》（浙江人民出版社 2017 年出版）

22.《西兴史迹寻踪》（西泠印社出版社 2017 年出版）

23.《来氏与九厅十三堂》（西泠印社出版社 2017 年出版）

24.《白马湖楹联碑记》（西泠印社出版社 2017 年出版）

25.《湘湖新咏》（西泠印社出版社 2017 年出版）

26.《湘湖之谜》（浙江人民出版社 2017 年出版）

27.《长河史迹寻踪》（西泠印社出版社 2017 年出版）

28.《湘湖宗谱与宗祠》（杭州出版社 2018 年出版）

29.《毛奇龄与湘湖》（浙江人民出版社 2018 年出版）

30.《湘湖图说》（浙江人民出版社 2018 年出版）

31.《萧山官河两岸乡贤书画逸闻》（西泠印社出版社 2019 年出版）

32.《民国湘湖轶事》（浙江人民出版社 2020 年出版）

33.《清代湘湖轶事》（浙江人民出版社 2020 年出版）

34.《寻味萧山》（杭州出版社 2020 年出版）

35.《名人与湘湖（白马湖）·鸿儒大家篇》（杭州出版社 2020 年出版）

36.《名人与湘湖（白马湖）·文苑雅士篇》（杭州出版社 2020 年出版）

37.《名人与湘湖（白马湖）·贤达名流篇》（杭州出版社 2020 年出版）

38.《名人与湘湖（白马湖）·乡贤名绅篇》（杭州出版社 2020 年出版）

39.《名人与湘湖（白马湖）·御迹臣事篇》（杭州出版社 2020 年出版）

40.《湘湖百桥》（浙江摄影出版社 2021 年出版）

研究报告

杭州研究报告

1.《金砖四城——杭州都市经济圈解析》（杭州出版社 2013 年出版）

2.《民间文化杭州论稿》（杭州出版社 2013 年出版）

3.《杭州方言与宋室南迁》（杭州出版社 2013 年出版）

4.《一座城市的味觉遗香——杭州饮食文化遗产研究》
（浙江古籍出版社 2018 年出版）

西湖研究报告

《西湖景观题名文化研究》（杭州出版社 2016 年出版）

西溪研究报告

1.《西溪研究报告（一）》（杭州出版社 2016 年出版）

2.《西溪研究报告（二）》（杭州出版社 2017 年出版）

3.《湿地保护与利用的"西溪模式"——城市管理者培训特色教材·西溪篇》
（杭州出版社 2017 年出版）

4.《西溪专题史研究》（杭州出版社 2018 年出版）

5.《西溪历史文化景观研究》（杭州出版社 2019 年出版）

6.《旅游符号学视阈中的景观保护与利用研究——以杭州西溪湿地为例》
（杭州出版社 2020 年出版）

7.《杭州西溪湿地审美意象实证研究》（杭州出版社 2021 年出版）

运河（河道）研究报告

1.《杭州河道研究报告（一）》（浙江古籍出版社 2015 年出版）

2.《中国大运河保护与利用的杭州模式——城市管理者培训特色教材·
运河篇》（杭州出版社 2018 年出版）

3.《杭州河道有机更新实践创新与经验启示——城市管理者培训特色教
材·河道篇》（杭州出版社 2019 年出版）

4.《杭州运河（河道）专题史研究（上下）》（杭州出版社 2019 年出版）

钱塘江研究报告

1.《钱塘江研究报告（一）》（杭州出版社 2013 年出版）

2.《潮涌新城：杭州钱江新城建设历程、经验与启示——城市管理者
教材》（杭州出版社 2019 年出版）

良渚研究报告

《良渚古城墙铺垫石研究报告》（浙江古籍出版社 2018 年出版）

余杭研究报告

1.《慧焰薪传——径山禅茶文化研究》（杭州出版社 2014 年出版）

2.《沈括研究》（浙江古籍出版社 2016 年出版）

湘湖（白马湖）研究报告

1.《九个世纪的嬗变——中国·杭州湘湖开筑 900 周年学术论坛文集》
（浙江古籍出版社 2014 年出版）

2.《湘湖保护与开发研究报告（一）》（杭州出版社 2015 年出版）

3.《湘湖文化保护与旅游开发研讨会论文集》
（浙江古籍出版社 2015 年出版）

4.《湘湖战略定位与保护发展对策研究》（浙江古籍出版社 2016 年出版）

5.《湘湖金融历史文化研究文集》（浙江人民出版社 2016 年出版）

6.《湘湖综合保护与开发：经验·历程·启示——城市管理者培训特色教材·湘湖篇》（杭州出版社 2018 年出版）

7.《杨时与湘湖研究文集》（浙江人民出版社 2018 年出版）

8.《湘湖研究论文专辑》（杭州出版社 2018 年出版）

9.《湘湖历史文化调查报告（上下）》（杭州出版社 2018 年出版）

10.《湘湖（白马湖）专题史（上下）》（浙江人民出版社 2019 年出版）

11.《湘湖研究论丛——陈志根湘湖研究论文选》（浙江人民出版社 2019 年出版）

南宋史研究丛书

1.《南宋史研究论丛（上下）》（杭州出版社 2008 年出版）

2.《朱熹研究》（人民出版社 2008 年出版）

3.《叶适研究》（人民出版社 2008 年出版）

4.《陆游研究》（人民出版社 2008 年出版）

5.《马扩研究》（人民出版社 2008 年出版）

6.《岳飞研究》（人民出版社 2008 年出版）

7.《秦桧研究》（人民出版社 2008 年出版）

8.《宋理宗研究》（人民出版社 2008 年出版）

9.《文天祥研究》（人民出版社 2008 年出版）

10.《辛弃疾研究》（人民出版社 2008 年出版）

11.《陆九渊研究》（人民出版社 2008 年出版）

12.《南宋官窑》（杭州出版社 2008 年出版）

13.《南宋临安城考古》（杭州出版社 2008 年出版）

14.《南宋临安典籍文化》（杭州出版社 2008 年出版）

15.《南宋都城临安》（杭州出版社 2008 年出版）

16.《南宋史学史》（人民出版社 2008 年出版）

17.《南宋宗教史》（人民出版社 2008 年出版）

18.《南宋政治史》（人民出版社 2008 年出版）

19.《南宋人口史》（上海古籍出版社 2008 年出版）

20.《南宋交通史》（上海古籍出版社 2008 年出版）

21.《南宋教育史》（上海古籍出版社 2008 年出版）

22.《南宋思想史》（上海古籍出版社 2008 年出版）

23.《南宋军事史》（上海古籍出版社 2008 年出版）

24.《南宋手工业史》（上海古籍出版社 2008 年出版）

25.《南宋绘画史》（上海古籍出版社 2008 年出版）

26.《南宋书法史》（上海古籍出版社 2008 年出版）

27.《南宋戏曲史》（上海古籍出版社 2008 年出版）

28.《南宋临安大事记》（杭州出版社 2008 年出版）

29.《南宋临安对外交流》（杭州出版社 2008 年出版）

30.《南宋文学史》（人民出版社 2009 年出版）

31.《南宋科技史》（人民出版社 2009 年出版）

32.《南宋城镇史》（人民出版社 2009 年出版）

33.《南宋科举制度史》（人民出版社 2009 年出版）

34.《南宋临安工商业》（人民出版社 2009 年出版）

35.《南宋农业史》（人民出版社 2010 年出版）

36.《南宋临安文化》（杭州出版社 2010 年出版）

37.《南宋临安宗教》（杭州出版社 2010 年出版）

38.《南宋名人与临安》（杭州出版社 2010 年出版）

39.《南宋法制史》（人民出版社 2011 年出版）

40.《南宋临安社会生活》（杭州出版社 2011 年出版）

41.《宋画中的南宋建筑》（西泠印社出版社 2011 年出版）

42.《南宋舒州公牍佚简整理与研究》（上海古籍出版社 2011 年出版）

43.《南宋全史（一）》（上海古籍出版社 2011 年出版）

44.《南宋全史（二）》（上海古籍出版社 2011 年出版）

45.《南宋全史（三）》（上海古籍出版社 2012 年出版）

46.《南宋全史（四）》（上海古籍出版社 2012 年出版）

47.《南宋全史（五）》（上海古籍出版社 2012 年出版）

48.《南宋全史（六）》（上海古籍出版社 2012 年出版）

49.《南宋全史（七）》（上海古籍出版社 2015 年出版）

50.《南宋全史（八）》（上海古籍出版社 2015 年出版）

51.《南宋美学思想研究》（上海古籍出版社 2012 年出版）

52.《南宋川陕边行政运行体制研究》（上海古籍出版社 2012 年出版）

53.《南宋藏书史》（人民出版社 2013 年出版）

54.《南宋陶瓷史》（上海古籍出版社 2013 年出版）

55.《南宋明州先贤祠研究》（上海古籍出版社 2013 年出版）

56.《南宋建筑史》（上海古籍出版社 2014 年出版）

57.《金人"中国"观研究》（上海古籍出版社 2014 年出版）

58.《宋金交聘制度研究》（上海古籍出版社 2014 年出版）

59.《图说宋人服饰》（上海古籍出版社 2014 年出版）

南宋研究报告

通　史

西溪通史

辞　典

余杭辞典

杭 | 州 | 全 | 书